세포의 노래

싯다르타 무케르지

이한음 옮김

까치

THE SONG OF THE CELL
by Siddhartha Mukherjee

역자 이한음
서울대학교에서 생물학을 공부했으며, 저서로 『투명 인간과 가상 현실 좀
아는 아바타』 등이 있다. 역서로 『바디』, 『생명이란 무엇인가』, 『침묵의 지구』,
『유전자의 내밀한 역사』, 『DNA : 유전자 혁명 이야기』, 『조상 이야기 : 생명
의 기원을 찾아서』, 『암 : 만병의 황제의 역사』, 『살아 있는 지구의 역사』, 『초
파리를 알면 유전자가 보인다』 등이 있다.

편집, 교정 _ 권은희(權恩喜)

세포의 노래
저자/싯다르타 무케르지
역자/이한음
발행처/까치글방
발행인/박후영
주소/서울시 용산구 서빙고로 67, 파크타워 103동 1003호
전화/02 · 735 · 8998, 736 · 7768
팩시밀리/02 · 723 · 4591
홈페이지/www.kachibooks.co.kr
전자우편/kachibooks@gmail.com
등록번호/1-528
등록일/1977. 8. 5
초판 1쇄 발행일/2024. 2. 26
　　 3쇄 발행일/2024. 6. 17
값/뒤표지에 쓰여 있음

ISBN 978-89-7291-818-9   03470

W. K.와 E. W.에게—최초로 건넌 이들에 속한

부분들의 합에는 부분들만 있을 뿐이다.
세상은 눈으로 재야 한다.
— 월리스 스티븐스

생명은 맥박, 걸음, 더 나아가
세포의 지속되는 율동적인 움직임이다.
— 프리드리히 니체

차례

제3부 피

제4부 지식

제5부 기관

제6부 재탄생

들어가는 말
"생물의 기본 입자"

기본적인 거야. 추론자가 옆 사람에게 놀라워 보이는 효과를 낼 수 있는
사례 중 하나일 뿐이고. 옆 사람이 추론의 토대인 사소한 것을
하나 놓쳤으니까.
— 셜록 홈스가 왓슨에게, 아서 코난 도일, 「등이 굽은 남자」

대화는 1837년 10월 저녁식사 자리에서 이루어졌다. 어둑했을 가능성이 높고, 도시의 가스등이 베를린의 중심가를 밝히고 있었을 것이다. 그날 저녁의 기억은 단편적으로만 남아 있다. 아무런 기록도 남아 있지 않고, 그 뒤로 과학적 서신이 오간 적도 없다. 두 친구, 연구실 동료들이 평소처럼 식사를 하면서 실험에 관해서 이야기를 나누었는데, 그 과정에서 한 가지 중요한 발상이 오갔다는 일화만 남아 있을 뿐이다.* 그중 한 사람인 마티아스 슐라이덴은 식물학자였다. 그의 이마에는 흉한 흉터가 뚜렷이 남아 있었는데, 자살 시도가 남긴 불명예스러운 흔적이었다. 다른 한 사람인 테오도어 슈반은 동물학자로서, 턱 양쪽까지 구레나룻을 길렀다. 두 사람은 베를린 대학교의 저명한 생리학자 요하네스 뮐러 밑에서 일했다.

변호사였다가 식물학자가 된 슐라이덴은 식물 조직의 구조와 발생을 연구하고 있었다. 그는 자신의 일을 "건초 수집Heusammelei"이라고 칭했는

---

* "들어가는 말"의 각주는 미주로 자리를 옮겼다.

데, 튤립, 바위남천, 가문비나무, 볏과 식물, 난초, 세이지, 리난투스, 완두콩, 나리 등 수백 점의 식물 표본을 모았다. 그가 채집한 표본은 식물학자들에게 인기가 많았다.

그날 저녁 슈반과 슐라이덴은 식물발생phytogenesis, 즉 식물의 기원과 발달을 논하고 있었다. 슐라이덴은 슈반에게 식물 표본들을 살펴보다가, 구성과 조직 면에서 한 가지 "통일성"을 발견했다고 말했다. 잎, 뿌리, 떡잎 같은 식물의 조직이 발생할 때, 세포핵이라는 세포 속 구조물이 뚜렷하게 눈에 보인다는 것이었다(슐라이덴은 세포핵의 기능은 몰랐지만, 모양이 독특하다는 점은 알아차렸다).

그러나 아마 더 놀라운 점은 조직의 구성 면에서 심오한 통일성이 엿보였다는 것이다. 식물의 모든 부위는 자율성을 띠는 독립적인 단위들을 브리콜라주bricolage처럼 그러모아 만들어진 것이었다. 바로 **세포**cell라는 단위였다. 1년 뒤 슐라이덴은 이렇게 썼다. "각 세포는 두 개로 늘어난다. 각각은 완전히 독립적인 세포로서 각자 독자적으로 발달한다. 그리고 한 식물의 일부를 이루고 있는 한, 세포 하나하나는 중요하지 않다."

생명 안의 생명. 전체의 일부를 이루는 독립적인 생명체, 즉 단위. 더 큰 생명체 안에 들어 있는 살아 있는 구성단위가 있다는 것이다.

슈반은 귀를 쫑긋했다. 그도 발생하는 **동물**인 올챙이를 관찰하며 세포핵이 눈에 잘 띈다는 사실을 알아차렸다. 또 동물 조직의 미세 구조에 통일성이 있다는 점도 간파했다. 따라서 슐라이덴이 식물 조직에서 관찰한 "통일성"은 생명 전체를 관통하는 더욱 심오한 통일성일 가능성이 있었다.

나중에 생물학과 의학의 역사를 바꾸게 될 미완성이지만 급진적인 생각이 그의 마음에서 형태를 갖추기 시작했다. 아마 바로 그날 저녁, 아니면 그 직후에 그는 슐라이덴을 해부학 강당에 딸린 자신의 연구실로 초청했을 것이다(끌고 갔을 가능성도 있지만). 표본을 모아놓은 곳이었다. 슐라이덴은 현미경으로 표본들을 살펴보았다. 발생하는 동물의 몸속에 뚜렷하게 보이는 세포핵을 비롯하여 식물의 것과 거의 똑같아 보이는 미세 구조들이 있었다.

동물과 식물은 언뜻 보기에는 전혀 다른 생물처럼 여겨질 수 있었다. 그러나 슈반과 슐라이덴은 현미경으로 들여다보면 양쪽의 조직이 기괴할 만치 비슷하다는 사실을 알아차렸다. 슈반의 직감이 옳았던 것이다. 훗날 그는 베를린에서의 그날 저녁이 두 친구가 보편적이면서 본질적인 과학의 진리로 나아가는 계기가 되었다고 회상했다. 동물과 식물이 모두 "세포를 통한 형성이라는 공통의 수단"을 가졌다는 것이다.

1838년 슐라이덴은 관찰한 사항들을 모아서 『식물발생론*Beiträge zur Phytogenesis*』이라는 방대한 분량의 논문을 발표했다. 슐라이덴의 식물 논문에 이어서 1년 뒤 슈반은 동물 세포 연구 논문, 『동물과 식물의 구조와 성장이 일치함을 보여주는 현미경 연구*Mikroskopische Untersuchungen über die Übereinstimmung in der Struktur und dem Wachstum der Tiere und der Pflazen*』를 발표했다. 슈반은 식물과 동물이 비슷하게 조직되어 있다고 상정했다. "완전히 개별적인 독립된 실체들의 집합체"라고 말이다.

약 12개월 간격으로 발표된 두 선구적인 연구를 통해서 살아 있는 세계는 하나의 꼭짓점으로 수렴되었다. 슐라이덴과 슈반은 세포를 처음으로 관찰한 사람도 아니었고, 생물의 기본 단위가 세포임을 처음으로 간파한 사람도 아니었다. 그들이 얻은 깨달음의 핵심은 조직과 기능의 심오한 통일성이 살아 있는 존재들을 관통한다는 전제에 담겨 있었다. 슈반은 "통합의 끈"이 생명의 서로 다른 가지들을 연결한다고 썼다.

슐라이덴은 1838년 말에 예나 대학교에 자리를 얻어서 베를린을 떠났다. 다음 해에는 슈반도 벨기에 루뱅에 있는 가톨릭 대학교에 자리를 구해서 떠났다. 뮐러의 연구실을 나와 흩어졌지만, 그들은 여전히 활발하게 서신을 교환하면서 우정을 나누었다. 세포론의 토대를 닦은 그들의 선구적인 연구는 분명히 베를린에서 함께 지내던 시절로, 친밀한 동료이자 공동 연구자이자 친구였던 시절로 거슬러올라간다. 슈반의 표현을 빌리자면, 그들은 "생물의 기본 입자"를 발견했다.

이 책은 세포의 이야기이다. 인간을 포함한 모든 생물은 이 "기본 입자"로 이루어져 있다는 발견의 연대기이다. 이 자율적인 살아 있는 단위들이 모여서 서로 협력하도록 잘 조직된 집합체—조직, 기관, 기관계—가 어떻게 면역, 생식, 지각, 인지, 수선, 회복과 같은 심오한 형태의 생리 활동들을 할 수 있는가 하는 이야기이다. 거꾸로 세포가 기능 이상을 일으킬 때, 즉 우리 몸이 세포생리학에서 세포병리학으로 넘어갈 때, 세포의 기능 이상이 몸의 기능 이상으로 확대될 때에 어떤 일이 벌어지는가 하는 이야기이기도 하다. 또 마지막으로 세포의 생리학과 병리학에 대한 이해가 깊어지면서 어떻게 생물학과 의학의 혁명을 촉발했는지, 즉 의학에 혁신을 일으키고 그 의학이 인류에게 어떤 변화를 일으켰는가 하는 이야기이기도 하다.

2017-2021년에 나는 「뉴요커*New Yorker*」에 3편의 글을 썼다. 첫 번째 글에서는 세포의학과 그 미래를 다루었다. 특히 암을 공격하도록 가공한 T세포의 발명을 이야기했다. 두 번째 글은 세포의 생태ecology라는 개념을 중심으로 암을 바라보는 새로운 시각을 다루었다. 암세포를 따로 떼어놓고 보는 것이 아니라 그것이 놓인 환경까지 살펴보면서, 왜 몸의 다른 기관보다 그 특정 부위에서 악성 종양이 잘 자라는지를 살펴보는 관점이다. 세 번째 글은 코비드19(이하 코로나) 대유행 초기에 썼는데, 우리의 세포와 몸에서 바이러스가 어떻게 행동하며, 그 행동이 일부 바이러스가 사람에게 일으키는 심각한 생리적 문제를 이해하는 데에 어떻게 도움을 줄 수 있는지를 논

의했다.

나는 이 3편의 주제들 사이에 어떤 연결 고리가 있을지 생각했다. 세 주제의 중심에 놓인 것은 세포와 세포 재가공의 이야기였다. 바로 거기에서 혁명이 일어나고 있었고, 아직 쓰이지 않은 역사(그리고 미래)도 있었다. 그러니 하나로 묶으면 세포, 세포를 조작하는 우리의 능력, 이 혁명이 진행됨에 따라서 펼쳐지고 있는 의학의 변혁을 살펴보는 이야기가 되었다.

이 책은 그 3편의 글이라는 씨앗에서 자라난 줄기와 뿌리와 덩굴손이다. 이 연대기는 네덜란드의 은둔형 직물 상인과 영국의 이단적인 박식가가 서로 약 320킬로미터 떨어진 곳에서 독자적으로 직접 제작한 현미경을 들여다보면서 세포의 증거를 최초로 발견한 시기인 1660−1670년대부터 시작하여 현재까지 이어진다. 지금은 과학자들이 사람 줄기세포를 가공하여 당뇨병과 낫적혈구빈혈 같은 생명을 위협할 수 있는 만성 질환을 앓는 환자들에게 주사하고, 난치성 신경질환을 앓는 사람들의 뇌에 든 세포 회로에 전극을 삽입하는 시대이다. 이어서 이야기는 불확실한 미래의 위험한 벼랑 끝까지 나아간다. 이른바 "미친" 과학자들(그중 한 명은 3년형을 선고받았고 실험이 영구 금지되었다)이 유전자 편집을 이용하여 맞춤 배아를 만들고, 세포 이식을 통해서 타고난 능력과 강화된 능력 사이의 경계가 모호해지는 시대이다.

이 책에 실린 내용의 출처는 다양하다. 인터뷰, 환자와의 상담, 과학자와 함께한(때로 반려견도 함께) 산책, 연구실 방문, 현미경 관찰, 간호사나 환자나 의사와의 대화, 역사 자료, 과학 논문, 개인적인 편지 등이다. 나의 목적은 방대한 의학사나 세포학의 탄생 과정을 기술하려는 것이 아니다. 그 분야에는 로이 포터의 『인류가 받은 가장 큰 혜택 : 인류 의학사*The Greatest Benefit to Mankind : A Medical History of Humanity*』와 헨리 해리스의 『세포의 발견*The Birth of the Cell*』, 로라 오티스의 『뮐러 연구실*Müller's Lab*』 같은 좋은 책들이 나와 있다. 이 책은 그보다는 세포라는 개념과 세포생리학의 이해가 어떻게 의학, 과학, 생물학, 사회 구조, 문화를 바꾸었는가 하는 이야기이다. 우리는 이 단위를 새로운 형태로 조작하는 법, 더 나아가 세포를 합성하여 사람의 몸에 통합하는 법을 터득하는 미래까지도 살펴볼 것이다.

이런 세포 이야기에는 당연히 틈새와 공백이 있기 마련이다. 세포학은 유전학, 병리학, 유행병학, 인식론, 분류학, 인류학과 뒤얽혀 있다. 의학이나 세포학의 특정 분야에 매진하는 이들, 특정한 세포 유형을 정당하게 편애하는 이들은 전혀 다른 렌즈를 통해서 이 역사를 볼 수도 있다. 식물학자, 세균학자, 균학자는 당연히 식물, 세균, 균류에 충분히 초점을 맞출 것이다. 그러나 이 각 분야를 일관성 있게 골고루 다루려고 하다가는 또다른 미로들로 계속 뻗어나가는 미로에 빠지는 꼴이 될 것이다. 그래서 어쩔 수 없이 이 이야기의 다양한 측면들은 각주와 미주로 옮겼다.* 주까지 꼼꼼하게 읽기를 권한다.

독자는 이 여행을 하는 동안 많은 환자들과 만날 것이다. 내가 진료한 환자들도 있다. 이름을 밝힌 환자도 있고, 이름과 신원을 드러낼 만한 항목들을 빼고 익명으로 언급한 환자도 있다. 과학이라는 진화하는 불확실한 세계를 믿고, 이 미지의 영역에 자신의 몸과 마음을 맡긴 이 분들에게 이루 말할 수 없는 고마움을 느낀다. 나 역시 세포학이 새로운 유형의 의학으로 꽃을 피우는 광경을 목격하면서 이루 말할 수 없는 흥분을 느낀다.

---

* 거의 내가 언급하지 않았지만 어쩔 수 없이 의견을 표명해야만 하는 문제들이 있는데 바로 비용, 형평성, 접근성에 관한 것이다. 이 책의 뒷부분에서 단편적으로나마 다루지만, 이런 문제들은 사실 이 책의 지면에서 다룰 수 있는 것보다 훨씬 더 깊은 논의가 필요하다. 게다가 세포의 역사서를 정책, 공중 보건, 비용, 형평성, 포용성의 입문서로 삼을 수도 없다.

서론

우리는 언제나 세포로 돌아갈 것이다.
얼마나 헤매든 간에, 결국에는 세포로 돌아갈 것이다.
— 루돌프 피르호, 1858년

2017년 11월, 나는 몸에 반역을 일으킨 세포 때문에 죽어가던 친구 샘 P.를 지켜보았다.

샘은 2016년 봄에 악성 흑색종 진단을 받았다. 처음에 암은 뺨 가까이에 동전 모양의 반점으로 나타났다. 후광처럼 가장자리가 옅은 색을 띤 흑자색 반점이었다. 늦여름 블록 섬에서 휴가를 함께 보내던 중 화가인 그의 어머니가 처음 발견했다. 어머니는 처음에는 구슬리다가 이윽고 재촉하고 윽박지르면서까지 의사에게 검진을 받아보라고 했지만, 샘은 대형 신문사의 스포츠 분야 필진으로 바쁘게 일하고 있었기 때문에, 뺨에 난 성가신 반점에 신경 쓸 겨를이 없었다. 2017년 3월 내가 그를 검진할 무렵—나는 그의 담당 종양학자가 아니었지만 다른 친구가 샘을 한 번 봐달라고 부탁했다—에는 종양이 엄지만 한 타원형 덩어리로 자라 있었고, 이미 피부에서 전이가 일어났다는 증거도 있었다. 그 부위를 건드리자, 그는 아파서 움찔했다.

암을 접하는 것과 그 이동성을 목격하는 것은 전혀 다르다. 흑색종은 샘의 얼굴을 지나 귀 쪽으로 이동을 시작한 상태였다. 자세히 살펴보니, 여객선이 수면을 가르면서 자취를 남기듯이, 암이 남긴 자주색 점들이 보였다.

속도, 이동성, 민첩성을 다루면서 평생을 보낸 스포츠 저술가인 샘조차도 흑색종의 진행 속도에 깜짝 놀랐다. 그는 내게 끈덕지게 물었다. **어떻게, 어떻게, 대체 어떻게** 수십 년간 피부의 한곳에 완벽하게 자리를 잡고 있던 세포가 갑자기 격렬하게 분열하면서 얼굴 위를 질주할 수 있는 성질을 습득한 거냐고 말이다.

그러나 암세포는 이런 성질들을 "창안하는" 것이 아니다. 새로 만드는 것이 아니라 탈취한다. 아니 더 정확히 말하자면 생존, 성장, 전이에 가장 적합한 세포가 자연적으로 선택된다. 암세포가 성장에 필요한 성분들을 만드는 데에 쓰는 유전자와 단백질은 발생하는 배아가 생애 초기에 마구 불어나면서 커질 때에 쓰는 유전자와 세포로부터 가져오는 것이다. 암세포가 몸에서 넓은 공간을 가로질러 이동할 때 사용하는 생화학적 경로는 몸에서 본래 이동성을 지닌 세포가 옮겨갈 때 이용하는 경로를 징발한 것이다. 암세포에서 마구 세포분열을 일으키는 유전자는 정상 세포에서 세포분열을 일으키는 유전자가 돌연변이를 일으켜 뒤틀린 것이다. 한마디로, 암은 병리학적 거울에 비춘 세포학이다. 그리고 종양학자인 나는 무엇보다도 세포학자이다. 세포의 정상 세계가 거울에 비쳐서 뒤집힌 모습을 보고 있을 뿐이다.

2017년 초봄에 샘의 몸에 그의 T세포를 몸에서 자라는 반역군과 맞서 싸울 군대로 전환할 약물이 투여되었다. 이렇게 생각해보라. 오랫동안, 아마도 수십 년간 샘의 흑색종과 T세포는 본질적으로 서로를 외면한 채로 공존했을 것이다. 그의 면역계는 악성 종양을 알아차리지 못했다. 수백만 개의 그의 T세포가 매일 흑색종과 마주쳤지만, 그냥 지나갔다. 세포 재앙을 못 본 채 지나치는 방관자였던 셈이다.

샘이 처방받은 약은 종양의 투명 망토를 벗겨내고, T세포가 미생물에 감염된 세포를 공격하듯이 흑색종을 "외래" 침입자로 인식하여 공격하도록 만드는 것이었다. 성공한다면 수동적인 방관자는 적극적인 활동가가 될 터였다. 우리는 이전까지 보이지 않던 것을 보이게 하기 위해서 그의 몸에 있던 세포를 가공했다.

이 "투명 망토 벗기기" 의학의 발견은 1950년대에 세포학 분야에서 시작된 급진적인 발전이 누적된 결과였다. T세포가 자신과 남을 어떻게 구별하는지를 이해하고, 이런 면역세포가 외래 침입자 검출에 사용하는 단백질을 찾아내고, 정상 세포가 이런 검출 체계의 공격을 피하는 경로를 밝혀내고, 암세포가 그 경로를 이용하여 자신을 보이지 않게 만드는 방법을 알아내고, 그 악성 세포의 투명 망토를 벗길 분자를 창안한 것이다. 각각의 깨달음은 세포학자들이 단단하게 얼어붙은 땅을 한삽 한삽 파내어 다진 이전의 깨달음들을 토대로 했다.

치료를 받기 시작하자마자, 샘의 몸에서는 내전이 벌어졌다. 투명 망토가 벗겨지면서 암의 존재가 드러나자, T세포는 악성 세포에 달려들었고, 공격이 성공하자 잇달아 다시금 공격이 반복해서 이루어졌다. 면역세포가 종양으로 침투하여 염증의 주기를 촉발함에 따라 뺨이 발갛게 달아오르다가 어느 날 아침에는 뜨거워졌다. 악성 세포들이 텐트를 접고 떠나면서 죽어가며 연기를 피우는 모닥불만 남았다. 몇 주일 뒤에 다시 그를 보니, 타원형 덩어리와 점점이 있던 반점들은 사라진 상태였다. 대신에 커다란 건포도처럼 쪼그라든 죽어가는 종양의 흔적만이 남아 있었다. 증세가 완화된 것이었다.

우리는 축하하기 위해서 커피를 마셨다. 완화는 샘을 신체적으로만 바꾼 것이 아니었다. 심리적으로도 바꾸었다. 몇 주일 만에 처음으로 그의 얼굴에서는 잔뜩 찌푸린 근심의 표정이 사라졌다. 그는 환하게 웃었다.

그러다가 상황이 변했다. 2017년 4월은 잔인한 달이었다. 종양을 공격했던 T세포가 샘의 간을 공격하는 바람에 자가면역 간염이 생겼다. 간에 생긴 이 염증은 면역억제제로도 거의 막을 수 없었다. 10월에는 겨우 몇 주일 전에 재발한 암이 면역세포의 공격을 피해서 새로운 기관에 숨어들고 새로운 자리를 찾으면서 피부, 근육, 허파로 온통 전이되었음이 드러났다.

샘은 이런 승리와 좌절을 겪는 내내 꿋꿋하게 품위를 유지했다. 때때로 그의 통렬한 유머는 나름의 반격처럼 비쳤다. 그는 **암을 말려죽이겠다**고 말하고는 했다. 어느 날 뉴스룸에 있는 그를 방문했을 때, 나는 그에게 어디에 새 종양이 생겼는지 살펴보고 싶은데 화장실 같은 사적인 공간이 있는지 물었다. 그는 쾌활하게 웃음을 터뜨렸다. "화장실에 갈 때면, 새 자리로 옮겨가 있을 거야. 그냥 여기서 보는 게 낫지."

의료진은 자가면역 간염을 억제하기 위해서 면역계의 공격을 무디게 만들었는데, 그러자 암이 다시 증식했다. 의료진이 암을 공격하기 위해서 면역요법을 재개하자, 급성 간염이 재발했다. 어떤 잔혹한 야수들의 전쟁을 지켜보는 것 같았다. 면역세포라는 야수는 묶어놓으면, 목줄을 팽팽하게 당기면서 공격하여 죽이려고 애쓴다. 풀어놓으면 암과 간을 무차별 공격한다. 샘은 내가 처음 종양을 만져본 지 몇 개월이 지난 어느 겨울날 아침에 세상을 떠났다. 결국 흑색종이 이겼다.

2019년 세찬 바람이 부는 어느 오후에 나는 필라델피아에 있는 펜실베이니아 대학교의 학술대회에 참석했다. 약 1,000명의 과학자, 의사, 생명공학 연구자들이 스프러스 가(街)의 석조 강당에 모여 의학의 최전선에서 이루어지는 발전, 유전적으로 변형한 세포를 이식하여 질병을 치료하는 방법에 대한 논의를 펼쳤다. T세포 변형, 유전자를 세포로 전달할 수 있는 새로운 바이러스, 세포 이식의 다음 주요 단계 등에 관한 논의도 있었다. 강단 위아래에서 마치 무아지경에 빠져서 생물학, 로봇학, 과학소설, 연금술을 하나로 뒤섞어 단숨에 아이를 만들어내는 듯한 말들이 쏟아졌다. "면역계 재부팅." "치료용 세포 재가공." "이식된 세포의 장기 존속." 한마디로 미래에 관한 학술대회였다.

그러나 현재도 있었다. 나보다 몇 줄 앞쪽에 에밀리 화이트헤드가 앉아 있었다. 에밀리는 내 큰 딸보다 겨우 한 살 많은 열네 살이었다. 에밀리의 백혈병 완화 상태는 7년째 유지되고 있었다. 아버지인 톰은 내게 말했다. "오늘 학교에 안 간다고 신났죠." 그 말에 에밀리는 빙긋 웃었다.

에밀리는 필라델피아 아동병원에서 치료한 7번 환자였다. 모인 청중 가운데 대부분은 직접적으로든 간접적으로든 에밀리를 알고 있었다. 에밀리가 세포요법의 역사를 바꾸었기 때문이다. 2010년 5월 에밀리는 급성 림프모구 백혈병acute lymphoblastic leukemia, ALL에 걸렸다는 진단을 받았다. 가장 빨리 진행되는 유형의 암에 속하는 이 백혈병은 주로 어린아이들에게 발병한다.

ALL의 치료는 지금까지 고안된 화학요법 중에서도 가장 독한 형태에 속한다. 7-8가지 약물을 조합해서 처방하는데, 일부는 뇌와 척수에 숨어 있는 암세포를 죽이기 위해서 척수액에 직접 주사한다. 손가락과 발가락의 영구 마비, 뇌 손상, 발육 지체, 생명을 위협하는 감염을 비롯하여 아주 많은 심각한 부작용에 시달릴 수도 있지만, 소아 환자의 약 90퍼센트는 이 치료를 통해서 낫는다. 불행히도 에밀리의 암은 표준 치료법에 반응하지 않는 나머지 10퍼센트에 속했다. 에밀리는 치료를 받은 지 16개월 뒤에 재발했다. 결국 남은 유일한 대안인 골수 이식을 받기 위해서 대기자 명단에 이름을 올렸지만, 맞는 기증자를 기다리는 동안 몸은 점점 악화되었다.

에밀리의 어머니인 카리는 내게 말했다. "의료진이 구글에서 생존 가능성 같은 거는 검색하지 말라고 하더군요. 그래서 당연히 검색을 했죠."

카리는 검색 결과를 보고 가슴이 철렁 내려앉았다. 일찍 재발하거나 두 번 재발한 아이가 생존할 확률은 거의 0이라고 나와 있었다. 2012년 3월 초 에밀리가 아동병원을 찾았을 때는 거의 모든 장기에 악성 세포가 빽빽하게 들어차 있는 상태였다. 에밀리를 진료한 소아종양학자 스테판 그룹은 풍성한 콧수염이 돋보이는 점잖고 풍채가 좋은 사람이었는데, 에밀리를 한 임상시험 대상자 명단에 등록했다.

그 임상시험에는 에밀리 자신의 T세포를 몸에 주사하는 과정이 포함되어 있었다. 암을 인식해서 죽일 수 있도록 유전자요법을 통해서 무기화한 T세포였다. 몸의 면역계를 활성화하는 약물을 투여한 샘과 달리, 의료진은 에밀리의 T세포를 몸에서 빼내어 증식시켰다. 이런 유형의 치료법은 이스라엘 연구자 젤리그 에쉬하르의 연구를 토대로 뉴욕 슬론 케터링 연구소의 면역학자 미셸 사들랭과 펜실베이니아 대학교의 칼 준이 개발했다.

우리가 앉아 있는 곳에서 100미터쯤 떨어진 곳에 세포요법 연구동이 있었다. 멸균실, 배양실 등을 강철 문으로 에워싼 금고 같은 곳이었다. 그곳의 연구진은 임상시험에 등록된 환자 수십 명에게서 세포를 추출하여 커다란 통 같은 냉동고에 저장했다. 냉동고마다 TV 애니메이션 「심슨 가족」에 등장하는 인물의 이름이 적혀 있었다. 에밀리의 세포는 광대 크러스티라고 적힌 통에 들어 있었다. 연구진은 에밀리의 T세포 중 일부를 백혈병 세포를 인식하여 죽일 유전자가 발현되도록 변형한 뒤, 대량 증식해서 병원으로 돌려보냈다. 병원에서는 그 세포들을 에밀리의 몸에 주입했다.

주입은 사흘에 걸쳐 이루어졌으며, 대체로 별 탈 없이 진행되었다. 그룹이 세포를 정맥으로 주입하는 동안 에밀리는 아이스크림을 먹었다. 저녁이면 부모와 함께 근처에 있는 숙모의 집에서 지냈다. 처음 이틀 동안은 밤에 아빠에게 업혀서 장난을 치고 놀았다. 사흘째가 되자, 에밀리는 몸을 가누

지 못했다. 토하고 열이 우려스러울 정도로 치솟았다. 식구들은 서둘러 병원으로 향했다. 상황은 급격히 나빠졌다. 콩팥은 망가진 상태였고, 여러 기관들은 기능을 잃기 직전이었으며, 의식도 오락가락했다.

톰은 내게 말했다. "도저히 말이 안 되는 상황이었어요." 여섯 살 딸은 집중치료실로 옮겨졌고, 부모와 그룹은 밤새 아이를 지켜보았다.

에밀리를 치료하던 의사이자 과학자인 칼 준은 내게 솔직히 털어놓았다. "우리는 아이가 죽어가고 있다고 생각했어요. 이 치료를 받은 첫 번째 아이들 중 한 명이 곧 사망할 거라고 교무처장에게 메일을 썼죠. 임상시험이 끝장났다고요. 메일을 저장만 하고 보내지는 않았어요."

연구실에서는 연구원들이 발열 원인을 찾아내기 위해서 밤새도록 일했다. 감염이 일어났다는 증거는 전혀 없었다. 대신에 그들은 사이토카인 cytokine이라는 분자의 혈중 농도가 증가했음을 알아냈다. 염증이 활발하게 진행되고 있을 때 분비되는 신호 분자였다. 특히 인터류킨 6interleukin 6, IL-6이라는 사이토카인은 수치가 정상보다 거의 1,000배 높았다. T세포가 암세포를 마구 죽이는 혼란스러운 상황을 틈타서 폭도들이 날뛰면서 염증 전단지를 뿌려대는 양이 화학물질 전령이 왈칵 분비되고 있었다.

그런데 기이한 운명의 장난처럼, 마침 준의 딸이 염증 질환의 일종인 소아관절염을 앓고 있었다. 덕분에 그는 IL-6를 차단하는 신약이 있음을 알고 있었다. 겨우 4개월 전에 미국 FDA의 승인을 받은 약이었다. 최후의 수단으로 그룹은 서둘러서 병원 약국에 그 약의 허가와 사용을 승인해달라는 요청을 보냈다. 그날 저녁 심사위원회는 IL-6 차단제 사용을 승인했고, 그룹은 집중치료실에 있는 에밀리에게 약물을 주사했다.

에밀리는 이틀 뒤인 일곱 살 생일에 깨어났다. "펑." 준은 양손을 흔들면서 말했다. "펑. 암세포가 그냥 녹아서 사라졌어요. 23일 뒤에 골수 생검을 해보니, 완전히 완화된 상태였어요."

"그렇게 암이 빨리 나은 환자를 한 번도 본 적이 없어요." 그룹은 내게 말했다.

그들은 에밀리의 상태와 놀라운 회복 과정을 잘 관리한 덕분에 세포요법이라는 분야 전체도 구할 수 있었다. 에밀리 화이트헤드는 지금까지도 완화 상태를 유지하고 있다. 골수에서도 혈액에서도 암은 전혀 검출되지 않는다. 에밀리는 완치된 것으로 간주된다.

준은 내게 말했다. "에밀리가 사망했다면, 이 임상시험 자체도 폐지되었을 가능성이 높아요." 그랬다면 세포요법은 아마도 10년이나 그 이상 지체되었을 것이다.

휴식 시간에 에밀리와 나는 준의 동료 의사인 브루스 러빈의 안내를 받으면서 의대를 견학하는 무리에 합류했다. 브루스는 이 대학교에서 T세포를 변형하고 품질을 관리하고 제조하는 시설을 설립한 책임자이며, 에밀리의 세포를 가장 먼저 다룬 사람이기도 하다. 이곳 연구원들은 혼자 또는 짝을 지어서 손을 계속 멸균하면서 배양기 사이로 세포를 옮기고, 시료를 검사하고, 실험 방법을 최적화했다.

이 시설은 에밀리에게는 작은 기념관이기도 했다. 곳곳의 벽에는 에밀리의 사진들이 붙어 있었다. 여덟 살에 머리를 땋고 찍은 사진, 열 살에 명판을 들고 찍은 사진, 열두 살에는 앞니가 빠진 모습으로 버락 오바마 대통령 옆에서 웃고 있는 사진. 관람하던 도중에 에밀리는 거리 맞은편의 병원 창문을 바라보았다. 자신이 거의 한 달 동안 입원해 있던 집중치료실이 그 안에 있었다.

비가 억수같이 쏟아지면서 빗방울이 유리창에 들이치고 있었다.

나는 병원에 자신의 세 가지 판본이 있는 것을 아는 기분이 어떠할지 궁금했다. 오늘 학교를 빼먹고 이곳에 온 에밀리, 집중치료실에서 지내면서 거의 죽을 뻔한 사진 속의 에밀리, 옆방의 광대 크러스티 냉동고에 얼어붙어 있는 에밀리를 말이다.

"입원할 때가 기억나니?" 내가 묻자, 에밀리는 비가 내리는 광경을 내다보면서 말했다.

"아니요. 병원을 떠날 때만 기억나요."

샘의 증세가 좋아졌다가 다시 나빠진 양상과 에밀리의 놀라운 회복 과정을 지켜볼 때, 나는 내가 세포를 질병에 맞서 싸우는 도구로 전용하는 새로운 의학의 탄생을 지켜보고 있다는 사실도 알았다. 바로 세포공학cellular engineering이다. 그런 한편으로 이 과정은 수백 년 된 이야기의 재연이기도 하다. 우리는 세포라는 단위로 구성되어 있다. 우리의 취약성은 세포의 취약성에서 나온다. 세포(샘과 에밀리의 사례에서는 면역세포)를 가공하거나 조작하는 우리의 능력은 새로운 의학의 토대가 되어왔다. 비록 아직은 시작 단계인 의학이기는 하지만. 자가면역 공격을 일으키지 않도록 하면서 흑색종을 더 효과적으로 없앨 수 있도록 샘의 면역세포를 무장시키는 법을 알아냈다면, 샘도 여전히 수첩을 손에 들고서 스포츠 기사를 쓰고 있지 않았을까?

이 두 명은 세포 조작과 재가공의 사례에 해당하는 신인류new human이다. 에밀리는 우리가 이해한 T세포 생물학의 법칙이 10년 넘게, 그리고 바라건대 평생토록 치명적인 질병을 충분히 억제할 수 있음을 보여주는 사례이다. 샘은 T세포의 암 공격과 자가 공격 사이에서 균형을 이룰 방법을 찾는 일에서 우리가 여전히 어떤 중요한 점을 놓치고 있음을 말해주는 사례이다.

미래는 어떻게 될까? 더 명확히 표현해보자. 나는 이 책에서 내내 "신인류"

라는 말을 사용할 것이다. 나는 이 말을 아주 정확한 의미로 쓰고자 한다. 미래를 그린 과학소설에 나올 듯한 "신인류"를 뜻하는 말이 아님을 명백히 밝힌다. AI와 로봇 기술로 강화되고, 적외선 장치를 장착하고, 파란 알약을 삼킴으로써 현실 세계와 가상 세계 양쪽에서 행복하게 살아가는 존재를 말하는 것이 아니다. 검은 옷을 입은 키아누 리브스와는 다르다. 게다가 우리가 지금 가진 능력을 초월하는 증강된 능력을 갖춘 "트랜스휴먼 transhuman"을 가리키는 것도 아니다.

나는 이 말을 (대체로) 독자와 나처럼 보고 느끼지만 변형된 세포로 새롭게 재구성된 사람을 가리키는 의미로 사용한다. 지독한 난치성 우울증을 신경세포(뉴런)를 전극으로 자극하여 치료한 여성. 낫적혈구빈혈의 치료를 위해서 유전자 편집 세포를 이용한 실험적인 골수 이식을 받은 소년. 몸의 연료인 포도당의 혈중 농도를 정상으로 유지하는 호르몬인 인슐린을 생산하도록 가공한 자신의 줄기세포를 주입받은 제1형 당뇨병 환자. 여러 차례 심근경색을 겪은 뒤, 간에 자리를 잡아 동맥을 막는 콜레스테롤의 농도를 영구히 낮추는 바이러스를 주입받아서 다시 심근경색이 일어날 위험이 줄어든 80대. 걷다가 넘어져서 후유증으로 사망까지 초래할 수 있는 불안정한 걸음걸이를 안정시키는 뉴런 또는 뉴런 자극 장치를 이식한 나의 아버지를 의미한다.

나는 이런 "신인류"와 그들의 창조에 사용된 세포 기술이 과학소설에서 상상하는 신인류보다 훨씬 더 흥분을 불러일으킨다고 생각한다. 우리는 끝을 알 수 없는 노고와 애정으로 세심하게 갈고 닦아야 했던 과학과 우직하게 펼친 창의적인 기술을 이용해서 고통을 줄이고자 이런 사람들을 변형해왔다. 암세포를 면역세포와 융합하여 암을 치료할 불멸의 세포를 만들거나, 여자아이의 몸에서 T세포를 추출하여 그것을 바이러스를 이용해 백혈병에 맞서는 무기로 가공하여 몸에 다시 주입하는 일 등을 말이다. 독자는 이 책의 거의 모든 장에서 이런 신인류를 만날 것이다. 그리고 우리가 세포로 몸과 신체 부위를 재건할 방법을 알아냄에 따라서, 현재와 미래에 이들을 카페, 슈퍼마켓, 역, 공항에서, 동네에서, 집안에서 더욱더 자주 마주치게 될 것이다. 사촌들과 조부모와 부모와 형제자매, 더 나아가 아마 자신에게서 그들을 보게 될 것이다.

1830년대 말에 마티아스 슐라이덴과 테오도어 슈반이 모든 동식물 조직이 세포로 이루어졌다고 주장했을 때부터 에밀리가 회복된 봄에 이르기까지, 200년이 채 되지 않는 기간에 하나의 급진적인 개념이 생물학과 의학 전체를 휩쓸면서 두 과학의 거의 모든 측면을 영구히 바꿔놓았다. 살아 있는 복잡한 생물이 작고 독립적이고 자기 조절하는 단위의 집합체라는 개념이다. 살아 있는 칸막이, 1676년 네덜란드의 미생물학자 안톤 판 레이우엔훅이 "살아 있는 원자"라고 표현한 것이다. 인간은 이런 살아 있는 단위들의 생태계였다. 우리는 화소들의 집합체, 복합체이며, 덩어리가 되어서 협력하는 세포들의 결과물이 바로 우리라는 존재였다.

우리는 부분들의 합이었다.

세포의 발견, 인체가 세포들의 생태계라는 새로운 관점은 치료를 위한 세포 조작에 토대를 둔 새로운 의학의 탄생을 알리는 것이기도 했다. 엉덩뼈 골절, 심장마비, 면역결핍, 알츠하이머병, 에이즈, 폐렴, 폐암, 콩팥 기능 상실, 관절염은 모두 세포, 아니 세포계가 비정상적으로 기능한 결과라고 볼 수 있었다. 그리고 모두 세포요법의 대상이라고 볼 수 있었다.

세포학을 새롭게 이해함으로써 가능해진 의학의 변화는 대체로 네 가지 영역으로 나눌 수 있다.

첫 번째는 약물, 화학물질, 물리적 자극을 통해서 세포의 성질을 바꾸는 것이다. 세포 사이의 상호작용, 상호 의사소통, 행동을 바꾼다. 병원체에 맞서는 항생제, 암에 대한 화학요법과 면역요법, 전극으로 뉴런을 자극하는 뇌의 신경세포 회로 조절은 이 첫 범주에 속한다.

두 번째 범주는 세포를 몸에서 몸으로(자기 몸으로 되돌려놓는 것도 포함해서) 옮기는 것이다. 수혈, 골수 이식, 체외수정이 대표적이다.

세 번째 범주는 세포를 이용해서 질병에 치료 효과를 보이는 인슐린이나 항체 같은 물질을 합성하는 것이다.

그리고 네 번째 범주는 더 최근에 나온 것으로, 세포를 유전적으로 변형한 뒤 이식함으로써 새로운 특성을 지닌 세포, 조직, 몸을 만드는 것이다.

항생제와 수혈 같은 이런 요법들 중에는 "세포요법"이라고 생각도 하지 못할 만치 이미 의료 행위에 깊이 배어든 것도 있다. 그러나 그것들 역시 우리의 세포학 이해에서 비롯된 것이다(뒤에서 곧 살펴보겠지만 세균론은 세포론의 연장선상에 있었다). 암의 면역요법 같은 다른 몇몇 치료법들은 21세기에 개발되었다. 한편 당뇨병 치료를 위해서 변형된 줄기세포를 주입하는 것처럼 아직 실험 단계인 치료법들도 있다. 오래된 것이든 새로운 것이든 간에 모두 "세포요법"이다. 그리고 각각의 발전은 의학의 경로를 바꾸었으며, 마찬가지로 인간이 무엇이고 인간으로서 살아간다는 것이 무엇인지에 관한 우리의 개념도 바꾸었다.

1922년 1형 당뇨병을 앓던 열네 살 소년은 개의 췌장 세포에서 추출한 인슐린을 주입하자, 혼수상태에서 깨어났다. 말하자면, 새롭게 태어났다고 할 수 있었다. 2010년 에밀리 화이트헤드가 키메라 항원 수용체chimeric antigen receptor, CAR T세포를 투여받았을 때, 또는 12년 뒤에 낫적혈구빈혈 환자가 최초로 유전자 변형 혈액 줄기세포를 투여받고 병에서 해방되어 살아가게 되었을 때, 우리는 유전자의 세기와 중첩되면서 이어지는 세포의 세기로 넘어가는 중이었다.

세포는 생명의 단위이다. 그러나 그 말은 더 깊은 의문을 낳는다. "생명"이란 대체 무엇인가? 이 의문은 우리를 정의하는 바로 그 개념을 우리가 여전히 제대로 정의하지 못하고 헤매고 있다는 생물학의 형이상학적 난제일 수 있다. 생명은 하나의 특성만으로 정의할 수가 없다. 우크라이나 생물학자 세르히(더 널리 알려진 이름은 세르게이) 초콜로프는 이렇게 말했다. "모든 이론, 가설, 관점은 자신의 과학적 관심과 전제에 부합되는 생명의 정의를 채택한다. 과학 담론 내에서 관습적으로 쓰이는 생명의 정의는 수백 가지에 달하지만, 그 어떤 것도 합의에는 이르지 못했다." (초콜로프는 잘 알고 있었을 것이다. 그 문제로 유달리 골치를 싸매고 있었으니까. 그는 우주생물학자였다. 즉 지구 바깥에서 생명체를 찾는 일을 했다. 생명이라는 용어 자체를 제대로 정의하지도 못한다면, 대체 어떻게 우주에서 생명을 찾을 수 있다는 말인가? 불행히도 초콜로프는 과학자로서 경력의 전성기인 2009년에 세상을 떠났다.)

현재 상황에서 보면, 생명의 정의는 식당 차림표와 비슷하다. 딱 한 가지가 아니라, 줄줄이 나열된 여러 특징들, **행동들**, 과정들 중에서 취사선택해서 나름의 정의를 구성하는 식이다. 살아 있으려면 생물은 번식하고 성장하고 대사하고 자극에 적응하고 체내 환경을 유지할 능력을 갖춰야 한다. 복잡한 다세포 생물은 내가 "창발적emergent" 특성이라고 부르는 것도 가지고 있다. 상처와 침입에 맞서 스스로를 방어하는 메커니즘, 특정한 기능을 갖춘 기관, 기관들 사이에 의사소통을 하는 생리적 체계, 더 나아가 감정과 인지능력에 이르기까지, 세포들로 이루어진 체계로부터 출현하는 특성이다. 그리고 이 모든 특성이 궁극적으로 세포나 세계에서 비롯되는 것은 우연의 일치가 아니다. 따라서 어떤 의미에서 보면, 생명은 세포를 지닌 것, 세포는 생명을 지닌 것이라고 정의할 수도 있다.

이 순환론적인 정의는 무의미하지 않다. 초콜로프가 첫 외계 생명체—

이를테면 알파켄타우리에서 온 어떤 심령체 외계인—을 만나서 그녀/그/그것이 "살아 있는" 존재인지 여부를 묻는다고 한다면, 아마 그는 이 존재가 생명의 특성 목록을 충족시키는지 여부를 물을 것이다. 그러면서 그는 이 존재에게 이런 질문도 할 것이다. "당신은 세포로 이루어져 있나요?" 우리로서는 세포가 없는 생명은 상상하기 어려우며, 마찬가지로 생명이 없는 세포를 상상하기도 불가능하다.

세포의 이야기가 왜 중요한지가 바로 이 사실에 담겨 있다고 할 수 있다. 즉 인체를 이해하려면 세포를 이해할 필요가 있다. 또 의학을 이해하려면 세포를 이해해야 한다. 그러나 가장 본질적인 점은 생명과 우리 자신의 이야기를 하려면 세포의 이야기가 필요하다는 것이다.

그렇다면 세포란 무엇일까? 좁은 의미에서 보면, 세포는 유전자의 암호 해독 기계 역할을 하는 자율적인 살아 있는 단위이다. 유전자는 단백질을 만드는 명령문—원한다면 암호라고 불러도 좋다—을 제공한다. 단백질은 세포에서 거의 모든 일을 하는 분자이다. 세포 내에서 신호들을 조화시키고, 구조물을 만들고, 유전자를 켜고 끔으로써 세포의 정체성과 대사와 성장과 죽음을 조절하는 등의 생물학적 반응들이 일어날 수 있는 것은 단백질 덕분이다. 단백질은 생명의 핵심 요원이며, 생명을 가능하게 하는 분자 기계이다.*

단백질을 만드는 암호를 담고 있는 유전자는 데옥시리보핵산DNA이라는 이중나선 분자에 들어 있다. DNA는 사람의 세포 안에서 더욱 촘촘하

---

* 유전자는 리보핵산(RNA)을 만드는 암호를 제공하고, 세포는 그 RNA에 담긴 암호를 해독하여 단백질을 만든다. RNA는 단백질을 만드는 암호를 전달하는 역할 말고도, 세포에서 다양한 일을 한다. 우리가 아직 다 밝혀내지 못한 것도 있다. RNA는 유전자도 조절하고 몇몇 생물학적 반응에서는 단백질과 협력하기도 한다.

게 감겨서 염색체chromosome라는 실타래처럼 생긴 구조를 이룬다. 우리가 아는 한(그리고 세포로부터 빼내지 않는 한), DNA는 모든 살아 있는 세포에 들어 있다. 과학자들은 DNA가 아닌 다른 분자—예를 들면 RNA 같은—에 명령문을 담은 세포가 있는지 찾아보았지만, RNA에 명령문을 담은 세포는 전혀 없었다.

나는 **암호 해독**decoding이라는 말을 오케스트라의 각 연주자가 악보에서 자기가 맡은 구간을 읽는 것처럼, 세포 안에서 분자가 유전 암호의 특정 구간을 **읽는다**는 의미로 쓴다. 이 악보에는 세포의 노래가 담겨 있다. 해독을 통해서 유전자의 명령문은 물리적으로 구현되어 실제 단백질이 된다. 더 단순하게 표현하면, 유전자는 암호를 가지고, 세포는 그 암호를 해독한다. 따라서 세포는 정보를 형상으로, 유전 암호를 단백질로 전환한다. 세포 없는 유전자는 살아 있지 않다. 불활성 분자에 들어 있는 명령문 책자, 연주자 없는 악보, 읽는 이 없는 책들이 쌓여 있는 고독한 도서관이다. 세포는 유전자 집합에 물질성과 물리성을 부여한다. 세포는 유전자에 **생명을 불어넣는다.**

그러나 세포가 단지 유전자 해독 기계인 것만은 아니다. 유전자에 담긴 암호들을 선택적으로 골라 해독하여 단백질 집합을 합성함으로써, 세포는 통합하는 기계가 된다. 세포는 이 단백질 집합(그리고 단백질이 만든 생화학 산물)을 서로 연관지어 자신의 기능, 즉 **행동**(운동, 대사, 신호 전달, 다른 세포로의 영양분 전달, 외래 물질 탐지)을 조율하여 생명의 특성들을 갖춘다. 그리고 이 행동은 생물의 행동으로서 표출된다. 생물의 대사는 세포의 대사에 의존한다. 생물의 번식은 세포의 번식에 의존한다. 생물의 수선, 생존, 죽음은 세포의 수선, 생존, 죽음에 의존한다. 기관, 더 나아가 생물의 행동은 세포의 행동에 의존한다. 생물의 **생명**은 세포의 생명에 의존한다.

그리고 마지막으로 세포는 분열하는 기계이다. 세포에 든 분자—이번에도 단백질—는 유전체 복제 과정을 시작한다. 이제 세포의 내부 구조에 변화가 일어난다. 세포의 유전물질을 담고 있는 염색체가 분열한다. 세포 분열은 생명을 정의하는 기본 특징들인 성장, 수선, 재생, 더 나아가 번식을 추진하는 원동력이다.

나는 평생을 세포와 함께 지냈다. 현미경으로 반짝거리면서 빛나는 살아 있는 세포를 볼 때마다 첫 세포를 들여다보았을 때의 전율이 다시금 떠오른다. 1993년 가을의 어느 금요일 오후, 면역학을 공부하기 위해서 옥스퍼드 대학교 앨런 타운센드 연구실의 대학원생이 된 지 일주일쯤 뒤, 나는 생쥐의 지라를 짓이겨서 만든 액체를 배양접시에 든 핏빛을 띠는 배지에 넣었다. 배지에는 T세포를 자극하는 성분이 들어 있었다. 주말을 보내고 월요일에 나는 현미경을 켰다. 방은 아주 침침했기 때문에 커튼을 내릴 필요도 없었다. 옥스퍼드는 늘 어두웠다(구름 없는 이탈리아가 망원경을 위한 땅이라면, 안개 자욱한 어두컴컴한 영국은 현미경에 딱 맞는 장소인 듯했다). 배양접시를 현미경에 올려놓고 들여다보니, 배지 밑에 콩팥 모양의 투명한 T세포 덩어리들이 보였다. 덩어리는 내가 내면의 불빛과 빛나는 충만함이라고밖에 묘사할 길이 없는 특징을 드러내고 있었다. 활달하면서 건강한 세포라는 표시였다(세포가 죽으면 그 불빛은 꺼지고, 쪼그라들어 알갱이처럼 변한다. 세포학 전문용어로 표현하면, 농축된 상태로 변한다).

"나를 마주 보는 눈 같아." 나는 그렇게 속삭였다. 그때 놀랍게도 T세포가 **움직였다**. 자신이 죽여 없앨 감염된 세포를 찾아서 의도적으로 목적을 가진 채 말이다. 세포는 살아 있었다.

세포 혁명이 사람에게서 펼쳐지는 광경을 지켜볼 때의 전율은 세월이 흘러도 전혀 약해지지 않았다. 펜실베이니아 대학교 강당 바깥의 형광등

불빛 아래 복도에서 에밀리 화이트헤드를 처음 만났을 때, 나는 마치 그녀가 미래와 과거를 잇는 문으로 들어갈 수 있도록 허락하는 듯한 느낌을 받았다. 나는 처음에 면역학을 전공했고, 이어서 줄기세포 연구로 방향을 틀었다가, 다시 암생물학으로 전공을 바꾸었고, 이윽고 종양학자가 되었다.[*] 에밀리는 이 모든 과거의 삶들을 체화한 존재이다. 내 삶만이 아니라 밤낮으로 오랜 시간 수없이 현미경을 들여다본 수많은 연구자들의 삶과 노력의 총체였다. 에밀리는 세포의 빛나는 심장을 얻고자 하는, 끝없이 우리를 사로잡는 수수께끼를 이해하려는 우리의 욕망을 체화했다. 그리고 우리가 알아낸 세포의 생리에 토대를 둔 새로운 유형의 의학, 즉 세포요법의 탄생을 목격하고자 하는 우리의 고통스러운 열망을 체화했다.

병실에 있는 친구 샘을 만나서 매주 급변하는 완화와 재발의 충격을 지켜보는 일은 정반대의 가슴 아픈 경험이었다. 흥분이 아니라 우리가 배우고 알아야 할 것들이 얼마나 많을까 하는 걱정이 앞서는 경험이었다. 종양학자로서 나는 불량하게 구는 세포, 존재하지 않아야 할 공간을 습격하는 세포, 제멋대로 마구 분열하는 세포에 초점을 맞춘다. 이런 세포는 내가 이 책에서 기술하는 바로 그 행동을 왜곡하고 뒤엎는다. 나는 그런 일이 왜 그리고 어떻게 일어나는지를 이해하고자 한다. 독자의 눈에는 내가 뒤집힌 세계에 사로잡힌 세포학자로 비칠 수도 있겠다. 그러니 세포의 이야기는 과학자로서의 나의 삶과 개인적인 삶의 일부가 되어왔다.

2020년 초부터 2022년까지 이 책을 열심히 집필할 당시에도 코로나는 여전히 대유행하면서 전 세계에서 들불처럼 번지고 있었다. 내 병원, 내가

---

[*] 1996-1999년에는 하버드 의과대학에서 코니 셉코 교수 밑에서 망막의 발달을 연구하면서 신경생물학 분야에도 잠시 기웃거렸다. 신경생물학 분야에서 신경아교세포 연구가 유행하기 한참 전에 그 세포를 연구했다. 나는 발생학자이자 유전학자인 셉코 교수에게 계통 추적의 과학과 기술을 배웠다. 이 책에서 만나게 될 방법이다.

사는 뉴욕 시, 내 나라는 병들고 죽어가는 사람들로 넘쳐났다. 2020년 2월 내가 일하는 컬럼비아 대학교 의료센터의 집중치료실 병상은 자신의 분비물에 익사하는 환자들로 가득했다. 모두 허파에 공기를 넣고 빼내는 인공호흡기를 달고 있었다. 2020년 초봄이 특히 심각했다. 사람들이 서로를 피해 숨으면서, 뉴욕은 거리가 텅텅 비어서 알아볼 수 없을 만치 황량한 거대도시로 변했다. 거의 1년 뒤인 2021년 4–5월에는 인도의 사망자 수가 최악으로 치솟았다. 사람들은 주차장, 뒷골목, 슬럼가, 놀이터에서 시신을 화장했다. 화장장에서는 불이 너무나 자주 너무나 세게 타오르는 바람에 시신을 받치는 금속 틀 자체가 부식되고 녹아내렸다.

나는 처음에는 병원 진료실에 있다가, 그 뒤에는 암 진료 자체가 유명무실해지는 바람에 집에서 가족과 함께 머물게 되었다. 창밖으로 수평선을 바라보면서 나는 다시금 세포를 생각했다. 면역과 세포의 불평분자들. 예일 대학교의 바이러스학자 이와사키 아키코는 사스−코브2SARS-CoV2, 즉 중증 급성호흡 증후군 코로나바이러스 2severe acute respiratory syndrome coronavirus 2가 일으키는 핵심 병리가 "면역 오발immunological misfiring"이라고 내게 말했다. 즉 면역세포의 조절 이상이라는 것이었다. 처음 듣는 용어였지만, 듣는 즉시 큰 충격으로 와닿았다. 즉 이 유행병도 결국은 세포의 질병이었다. 바이러스가 관여하는 것은 맞지만, 세포가 없으면 바이러스는 생명이 없는 불활성 물질이다. 그 감염병을 깨어나게 하고 생명을 불어넣은 것은 바로 우리 세포였다. 코로나 대유행의 핵심 특징을 이해하려면, 바이러스의 특성뿐 아니라 면역세포와 그 불평분자의 생물학을 이해해야 할 것이다.

따라서 얼마 동안 내 생각과 삶의 모든 길이 다시 나를 세포로 돌아가도록 만드는 듯했다. 그 기간에 내가 이 책을 쓸 생각에 빠져 있었던 것인지, 이 책이 내게 쓰라고 재촉하고 있었던 것인지는 불분명하다.

*　　*　　*

『암 : 만병의 황제의 역사』에서 나는 암의 치료제나 암을 예방할 방법을 찾으려는 힘든 노력을 이야기했다. 『유전자의 내밀한 역사』는 생명의 암호를 해독하고 해석하려는 탐구에 자극을 받아 쓴 책이었다. 『세포의 노래』는 전혀 다른 길로 우리를 데려간다. 생명의 가장 단순한 단위인 세포를 통해서 생명을 이해하는 여정이다. 이 책은 치료제를 찾거나 암호를 해독하려는 것이 아니다. 어느 하나의 적을 상정하지 않는다. 세포의 해부구조, 생리, 행동, 주변 세포들과의 상호작용을 이해함으로써 생명을 이해하고자 한다. 세포의 음악을 말이다. 그리고 의학적으로는 세포요법을, 즉 사람의 기본 구성단위를 이용해서 사람을 재건하고 수선할 방법을 추구한다.

그래서 나는 연대순으로 이야기를 펼치기보다는 전혀 다른 구성을 택해야 했다. 이 책의 각 부는 복잡한 생물의 근본적인 특성을 택해서 그 이야기를 탐사한다. 각 부는 축소판 역사, 발견의 연대기이다. 또한 세포의 특정 체계에 의존하는 생명의 근본적인 특성(생식, 자율성, 대사)을 살핀다. 그리고 각 부는 세포의 이해로부터 출현한 새로운 세포학적 기술(골수 이식, 체외수정, 유전자요법, 심층 뇌 자극, 면역요법 같은)의 탄생 과정을 다루고, 인간이 어떻게 만들어지고 어떻게 기능하는지에 관한 기존 개념에 도전한다. 이 책 자체는 부분들의 합이다. 역사와 개인사, 생리학과 병리학, 과거와 미래, 그리고 나 자신이 세포학자이자 의사로서 성장해온 과정이라는 내밀한 역사가 서로 얽히면서 전체를 자아낸다. 세포들의 조직화 과정을 흉내낸다고 할 수도 있다.

2019년 겨울 집필을 시작했을 무렵, 나는 처음에는 루돌프 피르호의 이야기에만 몰두하는 쪽을 택했다. 나는 이 진보적인 견해를 가진 온화한 말씨의 은둔가인 독일 의사이자 과학자에게 푹 빠졌다. 그는 당대의 병리학적인 사회 분위기에 맞서서 자유사상을 옹호하고, 공중보건의 중요성을 설파하고, 인종차별주의를 경멸하고, 스스로 학술지를 발간하고, 당당하게 자신만의 의학을 개척했으며, 조직과 기관의 질병을 세포의 기능 이상을 토대로 이해하는 분야를 창시했다. 그는 그 분야를 "세포병리학cellular pathology"이라고 했다.

결국 나는 새로운 유형의 면역요법으로 암 치료를 받은 에밀리 화이트 헤드에게로, 즉 우리의 세포와 세포요법을 이해할 새로운 길을 연 환자들에게로 돌아갔다. 그들은 세포를 치료에 이용하고 세포병리학을 세포의학으로 전환하려는 우리의 초기 시도들이 어떠했는지를 보여준다. 때로는 성공도 또 때로는 실패도 있었다. 이 책을 그들과 그들의 세포에 바친다.

제1부

발견

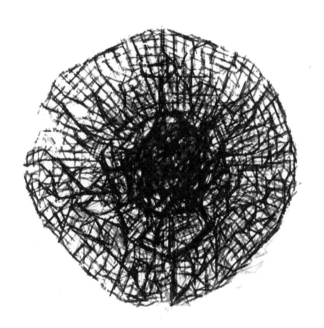

우리, 당신과 나는 단세포로 시작했다.

우리의 유전자는 미미하기는 하지만 서로 다르다. 우리의 몸이 발달하는 방식도 서로 다르고, 우리의 피부, 머리카락, 뼈, 뇌도 서로 다르게 만들어진다. 우리의 인생 경험은 서로 크게 다르다. 나의 삼촌 두 분은 정신질환으로 세상을 떠났다. 아버지는 넘어지신 뒤로 계속 몸이 좋지 않으셨고, 결국 돌아가셨다. 나는 한쪽 무릎에 관절염을 앓고 있다. 한 친구—아주 많은 친구들—는 암에 걸렸다.

그러나 몸과 경험 양쪽에서 큰 차이가 있음에도 당신과 나는 두 가지 공통점이 있다. 첫째, 우리는 단세포 배아에서 나왔다. 둘째, 그 세포가 여러 개로 불어나서 만들어졌다. 당신의 몸과 내 몸에는 그 세포들이 가득하다. 우리는 동일한 물질 단위로 이루어졌고, 동일한 원자들로 만든 두 물질 덩어리와 비슷하다.

우리는 무엇으로 이루어져 있을까? 일부 옛 사람들은 생리혈이 엉겨서 몸을 만듦으로써 우리가 생기는 것이라고 믿었다. 우리가 미리 만들어져 있다고 믿은 이들도 있었다. 즉 축제 행렬 때 보이는 사람 모양의 풍선처럼, 우리가 조상의 몸속에 아주 작은 모습으로 들어 있다가 그냥 부풀어오르는 것이라고 믿었다. 사람이 진흙과 강물로 빚어졌다고 본 이들도 있었다. 자궁 안에서 올챙이처럼 생긴 존재에서 물고기, 입을 지닌 동물을 거쳐서 이윽고 인간으로 서서히 변신한다고 생각한 이들도 있었다.

그러나 당신의 피부와 내 피부, 아니면 당신의 간과 내 간을 현미경으로 들여다보면, 놀라울 만치 똑같다는 사실을 알게 된다. 또 우리 모두가 살아 있는 단위로 이루어져 있다는 것도 깨닫게 된다. 바로 세포이다. 첫 세포가 불어나고 그 세포들이 다시 분열하여 더 많은 세포가 되는 과정이 되풀이되면서 이윽고 우리의 간과 창자와 뇌 등 몸의 정교한 해부학적 건축물들이 서서히 형성되었다.

그런데 사람이 살아 있는 독립된 단위들의 복합체임을 처음으로 깨달은 것은 언제였을까? 이 단위가 몸이 할 수 있는 모든 기능의 토대를 이룬다는 것, 다시 말해서 우리의 생리 활동이 궁극적으로 세포의 생리 활동에 의존한다는 것을 언제 처음으로 알아차렸을까? 거꾸로 우리의 의학적 운명과 미래가 이 살아 있는 단위에 일어나는 변화와 긴밀한 관계임을 알아차린 것은 언제였을까? 우리의 질병이 세포병리학의 결과라는 것은 언제 알았을까?

먼저 이런 질문들을 생물학, 의학, 우리의 인간 개념을 근본적으로 바꿔놓은 발견의 이야기라는 맥락에서 살펴보기로 하자.

기원 세포

보이지 않는 세계

진정한 지식은 자신의 무지를 깨닫는 것입니다.
— 루돌프 피르호, 부친에게 보낸 편지에서, 1830년대

먼저 루돌프 피르호의 목소리가 부드러웠다는 사실에 감사하자. 피르호는 1821년 10월 13일 프로이센의 포메라니아(현재 폴란드와 독일로 나뉘어 있다)에서 태어났다. 부친인 카를은 농부이자 시 재무관이었고, 모친인 요한나 피르호는 결혼 전의 성이 헤세라는 것 외에는 알려진 것이 거의 없다. 루돌프는 근면하고 명석한 학생이었다. 생각이 깊고 집중력도 좋고 언어 능력도 뛰어났다. 그는 독일어, 프랑스어, 아랍어, 라틴어를 배웠고, 학업 성적도 월등했다.

열여덟 살에 그는 "일과 노고로 가득한 삶은 고생이 아니라 축복이다"라는 고등학교 졸업논문을 썼고, 성직자의 길을 갈 준비를 시작했다. 그는 목사가 되어 대중에게 설교를 하며 살아가고자 했다. 그런데 자신의 목소리가 유약하다는 점이 걱정이었다. 신앙은 강한 감화력을 통해서 발산되고 감화력은 감동적인 설교에서 나왔다. 그런데 설교로 사람들을 감화시키고 싶은데, 청중에게 자기 말이 들리지도 않는다면? 은둔 성향에 학문을 선호하고 목소리가 부드러운 젊은이에게는 의학과 과학이 더 나을 듯했다. 1839년 졸업한 피르호는 군대 장학금을 받아서 베를린에 있는 프리드

리히빌헬름 대학교에서 의학을 공부하기로 했다.

1800년대 중반에 피르호가 들어간 의학계는 크게 둘로 나뉘어 있었을 것이다. 해부학과 병리학이라는 분야로, 한쪽은 비교적 발전한 반면, 다른 한쪽은 여전히 진창에서 빠져나오지 못한 상태였다. 16세기에 해부학자들은 인체의 형태와 구조를 점점 더 정확히 기술하기 시작했다. 당대에 가장 유명한 해부학자는 이탈리아 파도바 대학교의 교수인 플랑드르 출신의 과학자 안드레아스 베살리우스였다. 약종상의 아들인 그는 1533년에 외과를 공부해서 개업하기 위해 파리로 왔다. 그런데 외과 해부학이 너무나 엉망임을 알아차렸다. 교과서도 거의 없었고 인체를 체계적으로 보여주는 해부도조차 없었다. 외과의도 학생도 대체로 갈레노스의 해부학에 기대고 있었다. 갈레노스는 129-216년에 살았던 로마 의사였다. 그런데 갈레노스가 수백 년 전에 쓴 인체 해부학 내용은 동물 연구를 토대로 한 것이었고, 몹시 시대에 뒤떨어졌을 뿐 아니라, 부정확할 때가 많았다.

파리 오텔디외 병원의 지하실에서는 썩어가는 시신을 해부했다. 더럽고 탁하고 어두침침한 이 해부실에는 반쯤 야생화된 개들이 해부대 아래를 돌아다니면서 떨어지는 조각들을 뜯어먹었다. 베살리우스는 그런 해부실을 "고기 시장"이라고 묘사했다. 그는 교수들이 "높은 의자에 앉아서 갈까마귀처럼 수다를 떨어대는" 가운데, 조수들이 시신을 제멋대로 자르고 잡아당기고 하면서 인형에서 솜을 끄집어내듯이 장기와 내용물을 끄집어낸다고 썼다.

그는 씁쓸하게 적었다. "의사들은 칼을 잡으려는 시도조차 하지 않으며, 해부를 떠맡은 이발사 조수들은 너무나 무지해서 해부학 교수가 쓴 글을 이해하지 못한다.……그들은 그저 의사의 지시를 따르는 척하면서 시신을 자를 뿐이고, 결코 수술칼을 손에 쥐지 않는 의사들은 그저 거만한 태도로 이래라저래라 말로만 지시를 내릴 뿐이다. 그러니 제대로 가르치는 것이 전혀 없으며, 어리석은 논박을 하며 시간을 보낸다. 해부를 지켜보는 이들이 이런 난장판에서 배우는 것보다 고기 시장의 푸주한이 의사에게 더 많은 것을 가르칠 수 있을 것이다." 그는 냉정하게 결론지었다. "마구 잘라내어 잘못된 순서로 늘어놓은 배의 근육 8개를 제외하면, 내게 신경과 정맥과 동맥은커녕 근육도 뼈도 보여준 사람이 한 명도 없었다."

좌절과 혼란에 빠진 베살리우스는 직접 인체 해부도를 그리기로 결심했다. 그는 때로 하루에 두 번까지도 병원 근처의 시신 안치소에 쳐들어가서 표본을 연구실로 가져왔다. 무연고자 묘지에는 그냥 드러난 채로 백골이 된 시신들도 있었고, 그런 시체는 뼈대 그림을 그리기에 아주 좋은 표본이 되었다. 그리고 파리의 거대한 3층짜리 교수대인 몽포콩을 지나칠 때, 베살리우스는 교수대에 걸려 있는 죄수들의 시신을 보았다. 그는 갓 매달린 시체를 몰래 훔쳐서, 아직 온전한 근육, 내장, 신경을 층층이 벗겨내면서 기관의 위치를 꼼꼼히 그렸다.

베살리우스가 10년에 걸쳐서 그린 복잡한 그림들은 인체 해부학을 혁신시켰다. 때로는 멜론을 꼭지부터 얇게 자르는 식으로 뇌를 수평으로 얇게 잘라내면서, 현대의 컴퓨터축 단층 촬영computerized axial tomography, CAT 영상에서 볼 수 있는 것과 흡사한 그림들도 그렸다. 또 표면을 뚫고 들어가면서 어떤 층들을 지나는지 상상할 수 있도록 해부학적 창들을 차례로 늘어놓는 식으로, 근육 위에 혈관을 겹쳐놓거나 근육을 한겹 한겹 벗긴 그림도 그렸다.

15세기 이탈리아의 화가 만테냐 안드레아가 "예수의 애도"에서 예수의 시신을 묘사한 방식대로, 발 쪽에서 올려다보는 시점으로 사람의 배를 그리고서, 자기 공명 영상magnetic resonance imaging, MRI을 찍는 것처럼 그 그림을 여러 조각으로 나누기도 했다. 그는 화가이자 인쇄업자인 얀 판 칼카르와 함께 기존에 없던 가장 상세하면서 섬세한 인체 해부도를 출판했다.

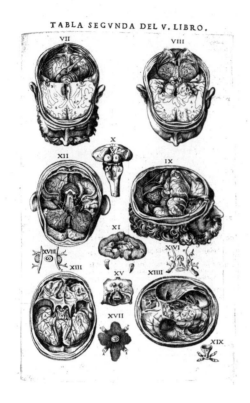

TABLA SEGVNDA DEL V. LIBRO.

베살리우스의 『인체의 구조』(1543)에 실린 도판. 머리를 잇달아 얇게 잘라내면서 위아래 구조들 사이의 관계가 잘 드러나도록 그렸다. 오늘날의 CT 스캐너 영상과 살짝 비슷하다. 얀 판 칼카르의 그림을 실은 『인체의 구조』 같은 책들은 인체 해부학을 혁신시켰지만, 1830년대에 생리학이나 병리학 방면으로는 그에 견줄 만한 교과서가 전혀 없었다.

1543년 『인체의 구조De Humani Corporis Fabrica』라는 제목의 7권짜리 전집이 출간되었다. 제목에 사용된 구조라는 단어는 그 책의 특성과 목적을 알려주는 단서였다. 인체를 신비한 무엇이 아니라 물질로, 즉 영혼이 아니라 구조물로 다루었다는 뜻이다. 이 책은 거의 700장의 그림을 실은 의학 교과서인 동시에, 그 뒤로 수백 년간 인체 해부 연구의 토대가 될 지도와 도식을 담은 과학 논문이기도 했다.

말이 나온 김에 덧붙이면, 바로 그해에 폴란드의 천문학자 니콜라우스 코페르니쿠스는 "천체의 해부학", 즉 『천구의 회전에 관하여De revolutionibus orbium coelestium』라는 기념비적인 책을 냈다. 태양이 확고히 중심에 놓이고 지구가 그 주위를 도는 태양 중심의 태양계를 제시한 책이었다.

베살리우스는 인체 해부학을 의학의 중심에 놓았다.

인체의 구조적 요소들을 연구하는 해부학이 급격한 발전을 이룬 반면, 사람의 질병과 그 원인을 연구하는 병리학은 그런 구심점이 없었다. 지도도 없는 산만한 우주였다. 베살리우스의 책에 상응하는 병리학 책도, 질병을 설명할 일반 이론도 전혀 없었다. 폭로도, 『천구의 회전에 관하여』도 없었다. 16–17세기에는 대부분의 질병을 미아즈마miasma 탓으로 돌렸다. 더러운 물이나 오염된 공기에서 스며나오는 유독한 증기를 뜻했다. 미아즈마에는 미아즈마타miasmata라는 썩어가는 물질의 입자가 들어 있고, 이 입자가 어떻게든 몸에 들어와서 부패를 일으킨다는 것이다(말라리아 같은 질병은 지금도 이 역사를 전하고 있다. 말라리아라는 이름은 이탈리아어 말라mala와 아리아aria가 합쳐진 것으로, "나쁜 공기"라는 뜻이다).

초기 보건 위생 개혁가들은 질병을 예방하고 치료하기 위해서 하수 처리 시설 개혁과 공중위생 향상에 초점을 맞추었다. 그들은 하수도를 파서 오폐수를 내보내거나 감염성이 있는 미아즈마타 안개가 실내에 축적되는 것을 막기 위해서 가정과 공장에 환기구를 설치했다. 이 이론은 논박의 여지가 없는 논리를 둘러쓰고 있는 듯했다. 산업화가 급속히 이루어지면서 임금 노동자와 그 가족이 감당할 수 없을 정도로 유입되고 있던 많은 도시들은 스모그와 오수로 악취가 진동하는 곳이었다. 그리고 질병은 가장 악취가 심하고 인구 밀도가 가장 높은 지역을 찾아다니는 듯했다. 콜레라와 장티푸스는 런던의 이스트엔드(지금은 고급 음식과 값비싼 술을 파는 식당과 상점으로 화려해졌다) 같은 더 가난한 지역과 그 주변으로 반복해서 밀물처럼 밀려들었다. 매독과 결핵도 만연했다. 출산은 두려운 일이었다. 탄생이 아니라 죽음, 즉 아기나 산모 또는 양쪽 모두의 죽음으로 이어질 가능성이 아주 높았다. 도시에서 공기가 깨끗하고 오수가 꽤 잘 배출되는 더 부유한 지역에서는 건강이 유지된 반면, 미아즈마로 뒤덮인 지역에 사는 가난한 이들은 질병에 굴복할 수밖에 없었다. 청결이 건강의 비결이라면, 질병은 불결이나 오염의 증상임이 분명했다.

증기 오염과 미아즈마타라는 개념에는 모호하게 진리가 담겨 있는 듯했고, 도시에서 부자 동네와 빈자 동네를 격리하려는 태도에 완벽한 정당성을 부여하기까지 했다. 그러나 병리학에는 별난 수수께끼가 가득했다. 예를 들면, 오스트리아 빈의 한 산부인과 의원은 옆 의원보다 분만한 산모들의 사망률이 왜 거의 3배나 더 높을까? 불임의 원인은 무엇일까? 완벽하게 건강한 젊은 남성이 갑자기 관절에 극심한 통증을 일으키는 병에 걸리는 이유가 무엇일까?

18-19세기 내내 의사와 과학자는 사람의 질병을 체계적으로 설명할 방법을 찾고자 애썼다. 그러나 궁극적으로는 전반적으로 해부학에 기댄 설명을 만족스럽지 못하게 연장하는 것만이 그들이 할 수 있는 최선이었다. 각 질병이 간, 위장, 지라 등 개별 기관의 기능 이상이라는 것이었다. 그렇지만 이 기관들과 여기저기에서 수수께끼처럼 산발적으로 일어나는 장애들을 연결하는 어떤 더 심오한 조직 원리가 있지 않을까? 인간의 병리를 어떤 체계적인 방식으로 생각할 수도 있지 않을까? 그 답은 가시적인 해부구조가 아니라 어떤 미시적인 해부구조에 들어 있을 수도 있었다. 사실 18세기의 화학자들은 유추를 통해서 물질의 특성—수소의 가연성이나 물의 유동성—이 보이지 않는 입자인 분자와 그 성분인 원자의 창발적인 특성에서 비롯된다는 것을 이미 발견하기 시작한 상태였다. 생물도 비슷하게 조직되어 있지 않을까?

루돌프 피르호는 베를린의 프리드리히빌헬름 의대에 입학할 당시 겨우 열여덟 살이었다. 그 대학교는 프로이센 군대의 의무 장교를 양성하기 위해서 설립되었고, 당연히 학업 과정도 군대식이었다. 학생들은 매주 낮에는 60시간의 강의를 듣고 밤에는 배운 내용을 암기해야 했다(외과대학에서는 선임 군의관들이 학생들에게 불시에 "점호 훈련"을 했다. 누군가가 수업을 빼먹었다면, 학생들 전체가 벌을 받았다). 그는 통해서 부친에게 이렇게 편지를 썼다. "일요일을 빼고 오전 6시부터 밤 11시까지 매일 쉴 새 없이 이런 식으로 일과가 진행됩니다.……너무 지쳐서 저녁이 되면 절로 딱딱한 침대에 눕고 싶어져요. 자는 듯 마는 듯하다가 아침이면 거의 피곤이 가시지 않은 채로 깨어나고요." 학생들은 매일 고기, 감자, 멀건 수프를 배급받았고, 가구가 갖춰진 작고 고립된 방에서 지냈다. 독방cell이었다.

피르호는 암기를 통해서 사실들을 학습했다. 해부학은 제대로 배웠다. 인체 해부도는 베살리우스 이래로 외과의들의 생체 해부와 수많은 부검을 통해 서서히 다듬어졌다. 그러나 병리학과 생리학에는 기본 논리가 없었다. 기관은 왜 작동하며, 무엇이 그렇게 만드는지, 왜 기능 이상을 일으키는지는 전적으로 추측으로 남아 있었다. 군의 지시 사항인 양, 추정을 사실로 받아들이는 수준이었다. 병리학자들은 오래 전부터 질병의 원인이 무엇인지를 놓고 다양한 학파로 나뉘어 있었다. 질병이 오염된 증기에서 기원한다고 보는 미아즈마 학파도 있었다. 질병이 이른바 "체액體液"이라는 몸속의 네 가지 액체와 준액체 사이의 병리적 불균형에서 비롯된다고 믿는 갈레노스 학파도 있었다. 또 질병이 좌절한 정신적 과정의 발현이라고 주장하는 "심리학파psychist"도 있었다. 피르호가 의학계로 들어설 무렵에는 이런 이론들 대부분이 혼란에 빠져 있거나 망각된 상태였다.

1843년 피르호는 의학 학위를 받고서 베를린의 자선병원에 들어갔다. 그곳에서 병리학자이자 현미경학자이자 병원 병리학 표본 관리자인 로베르트 프리오레프와 함께 일하기 시작했다. 대학교의 엄격한 지적 분위기에서 해방된 피르호는 인체의 생리와 병리를 체계적으로 이해할 방법을 찾고 싶었다. 그는 병리학의 역사를 깊이 파고들었다. "[미시 병리학을] 이해하고픈 절박하고도 원대한 욕구가 있어요." 그는 그렇게 썼지만, 그 분야가 지금까지 잘못된 방향으로 나아갔다고 느꼈다. 아마 현미경학자들이 옳을지도 몰랐다. 이 체계적인 답은 가시적인 세계에서는 찾지 못할 수도 있었다. 심장병이나 간경변이 단지 부수적인 현상일 뿐이라면? 맨눈에 보이지 않는 더 깊은 토대에서 일어나는 기능 이상의 창발적 특성이라면?

과거를 깊이 파고들수록 피르호는 자신보다 먼저 이 보이지 않는 세계를 드러낸 선구자들이 있었음을 알아차렸다. 17세기 말 이래로 연구자들은 동물과 식물의 조직이 세포라는 살아 있는 단위 구조로 만들어져 있음을 알아냈다. 이런 세포가 생리와 병리의 핵심에 놓여 있다면? 그렇다면 그 세포는 어디에서 왔을까? 그리고 무슨 일을 할까?

"진정한 지식은 자신의 무지를 깨닫는 것입니다." 피르호는 의대생이던 1830년대에 부친에게 보낸 편지에 그렇게 썼다. "지식에 빈틈이 너무나 많다는 것이 너무나 고통스러워요. 제가 아직 어떤 과학 분야도 택하지 않은 이유가 바로 그거예요.……너무나 불확실하고 저 자신이 너무나 우유부단하게 느껴져요." 피르호는 마침내 자신이 정착할 분야를 찾아냈고, 안절부절못하고 고통스러웠던 심정이 마침내 위안을 받는 듯했다. 1847년 이제 자신감을 얻었는지 그는 이렇게 썼다. "제가 바로 저 자신의 조언자예요." 세포병리학이라는 분야가 존재하지 않는다면, 아예 새로 창안하면 될 터였다. 의사로서 성숙해졌고 의학사를 철저히 훑었기 때문에, 마침내 그는 흔들림 없이 자리를 잡고 빈틈을 메울 수 있게 되었다.

보이는 세포

"작은 동물에 관한 소설 같은 이야기"

부분들의 합에는 부분들만 있을 뿐이다.
세상은 눈으로 재야 한다.
— 월리스 스티븐스

"세상은 눈으로 재야 한다."

현대 유전학은 농사에서 출범했다. 모라비아의 수도사 그레고어 멘델은 브르노의 수도원 텃밭에서 붓으로 꽃가루를 이리저리 옮긴 끝에 유전자를 발견했다. 러시아의 유전학자 니콜라이 바빌로프는 작물 선택에서 영감을 얻었다. 영국의 자연사학자 찰스 다윈도 선택 교배가 낳은 동물 형태의 극단적인 변화에 주목했다. 세포학 역시 그저 그런 실용적인 기술로부터 자극을 받았다. 즉 이 고상한 과학은 보잘것없는 뚝딱거림에서 탄생했다.

세포학을 탄생시킨 그 기술은 그저 보는 기술, 즉 세상을 눈으로 재고 관찰하고 해부하는 기술이었다. 17세기 초에 네덜란드의 안경사인 얀선 자하리아스와 아들인 한스 자하리아스는 볼록 렌즈 두 개를 통의 양쪽 끝에 끼우면 보이지 않는 세계를 확대할 수 있다는 것을 알게 되었다.* 렌즈

---

* 일부 역사가는 얀선 부자의 경쟁자인 안경 제작자 한스 리페르헤이와 코르넬리스 드레벨도 독자적으로 복합현미경을 발명했다고 주장한다. 이런 발명들의 연대를 두고 논란

두 개를 갖춘 이 현미경은 이윽고 "복합현미경", 렌즈가 하나뿐인 것은 "단순현미경"이라고 불리게 되었다. 둘 다 아랍과 그리스 세계에서 이탈리아와 네덜란드의 유리 제조공 작업장으로 전파된 유리 제조기술이 수 세기를 거치면서 개선된 덕분에 나올 수 있었다. 기원전 2세기에 작가인 아리스토파네스는 "불붙이는 구슬burning globe"을 언급했다. 시장에서 장난감으로 파는 유리 구슬인데 빛줄기를 한곳으로 모은다는 것이었다. 불붙이는 구슬을 잘 들여다보면, 작은 세계가 확대되어 보일 수 있다. 이 구슬을 눈만 한 렌즈로 늘리면 단안경單眼鏡이 된다. 단안경은 12세기에 이탈리아 유리 제조공인 아마티가 발명했다고 한다. 또 손잡이에 붙이면 확대경이 된다.

얀선 부자가 도입한 중요한 혁신은 유리 제조기술을 유리를 틀에 끼워 움직일 수 있도록 조작하는 기술과 결합한 것이다. 완벽하게 투명한 렌즈 모양의 유리 한두 개를 금속판이나 관에 끼우고, 나사와 톱니바퀴 등으로 렌즈를 조작하여 움직일 수 있도록 함으로써, 과학자들은 곧 보이지 않던 미시 세계를 들여다볼 방법을 찾아내게 되었다. 이전까지 인류가 전혀 몰랐던 우주 전체, 망원경을 통해서 관찰할 수 있는 거시 우주의 정반대인 우주였다.

은둔 성향의 네덜란드의 한 무역상은 이 보이지 않는 세계를 들여다보는 방법을 독학으로 터득했다. 1670년대에 델프트의 직물 상인인 안톤 판 레이우엔훅은 실의 품질과 결함 여부를 검사할 도구를 원했다. 17세기 네덜란드는 직물 교역의 중심지로서 활기를 띠고 있었다. 비단, 벨벳, 양모, 리넨, 면이 각국의 항구와 식민지로부터 들어와서 유럽 대륙 전역으로 퍼져 나갔다. 레이우엔훅은 얀선 부자의 연구를 토대로 청동판에 렌즈를 하나

이 있지만, 1590–1620년대에 이루어졌을 가능성이 높다.

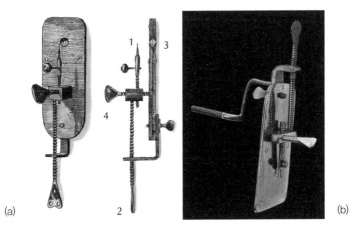

(a) 레이우엔훅의 초기 현미경을 묘사한 그림. 1 표본 핀, 2 큰 나사, 3 렌즈, 4 초점 조정 손잡이.
(b) 청동판에 장착한 레이우엔훅의 실제 현미경.

붙이고 표본을 올려놓을 작은 받침대를 갖춘 단순현미경을 직접 제작했
다. 그는 처음에는 이 현미경을 직물의 품질 등급을 매기는 데 썼다. 그러
나 곧 그는 직접 만든 이 기구에 강박적일 만치 푹 빠져들었다. 그는 마주
치는 온갖 것들에 이 렌즈를 들이댔다.

1675년 5월 26일 심한 폭풍우에 델프트가 물에 잠겼다. 당시 마흔두 살
이던 레이우엔훅은 지붕에서 떨어지는 물을 조금 받아서 하루 동안 놓아
둔 뒤, 현미경에 한 방울을 떨궈 햇빛에 비추면서 살펴보았다. 그 순간 펼
쳐진 광경에 그는 매료되었다. 그가 아는 어느 누구도 그런 광경을 한 번
도 본 적이 없었다. 물에는 수십 종류의 작은 생물들이 돌아다니고 있었
다. 그는 그것들을 "미소동물animalcule"이라고 칭했다. 망원경학자는 거시
세계—푸르스름한 달, 기체로 덮인 금성, 고리를 두른 토성, 불그스름한
화성—를 보아왔지만, 빗방울에서 살아 있는 세계라는 경이로운 우주를
보았다는 사람은 여태껏 아무도 없었다. 그는 1676년에 이렇게 썼다. "내
가 자연에서 발견한 경이 중에서 가장 경이로운 것에 속했다. 물 한 방울에
수천 마리의 생물이 들어 있는 이 장관만큼 내 눈에 크나큰 즐거움을 주는

것은 또 없다."*

그는 생물들의 이 매혹적인 신세계를 눈으로 볼 수 있는 더 정밀한 기구를 제작해서 자세히 살펴보고자 했다. 그래서 그는 베네치아에서 만든 최고 품질의 유리 구슬과 공을 사서 꼼꼼히 갈고닦아 완벽한 렌즈 모양을 만들었다(유리 막대를 불로 달구면서 잡아 늘여서 가느다란 바늘처럼 만든 뒤 톡 부러뜨리면, 부러진 끝부분이 방울처럼 부풀면서 렌즈 모양이 되는데, 그의 렌즈들 중에는 이 방법으로 만든 것도 있음이 밝혀졌다). 그는 청동, 은, 금으로 만든 얇은 금속판에 렌즈를 끼웠고, 이리저리 조작하면서 완벽하게 초점을 맞출 수 있도록 나사 등을 이용해서 점점 더 복잡한 기구를 제작했다. 그가 만든 현미경은 거의 500개에 달했다. 하나하나가 꼼꼼하게 뚝딱거려서 제작한 경이로운 작품이었다.

다른 물에도 그런 생물들이 있을까? 레이우엔훅은 바닷가로 가는 사람에게 "깨끗한 유리병"에 바닷물을 담아서 가져와달라고 부탁했다. 그 물에서도 미세한 단세포 생물들이 헤엄치고 있었다. "생쥐 색깔에 달걀처럼 한쪽이 뚜렷하게 더 뾰족한 몸." 1676년 그는 자신이 발견한 것들을 적어서 당대에 가장 권위 있는 과학협회로 보냈다.

그는 런던 왕립학회에 이렇게 썼다. "1675년에 빗물에서 생물들을 발견했습니다. 새로 구운 오지 그릇에 며칠 담아둔 빗물이었지요.……이 미소동물, 즉 살아 있는 원자는 움직일 때면 뿔을 두 개 내밀어서 계속 움직입니다.……몸의 나머지 부분은 둥그스름하고 끝으로 갈수록 조금 뾰족해지며, 끝에는 몸길이의 거의 4배에 달하는 꼬리가 하나 달려 있습니다."

이 마지막 문장을 끝낼 무렵에 나도 비슷한 집착을 느꼈다. 나도 한 번 보

---

* 레이우엔훅은 1674년에 이미 단세포 미생물이 존재함을 관찰했다. 1676년 왕립학회에 보낸 편지에 고인 빗방울에 들어 있는 그런 생물들이 가장 생생하게 묘사되어 있었다.

고 싶었다. 코로나 대유행으로 집에 틀어박혀 지내던 중에 나는 직접 현미경을, 아니 적어도 내 능력껏 현미경 비슷한 무엇인가를 만들어보기로 했다. 나는 금속판과 돌리는 손잡이를 주문했다. 판에 구멍을 뚫은 뒤, 내가 구입할 수 있는 가장 좋은 작은 렌즈를 거기에 끼워넣었다. 현대의 현미경보다는 달구지나 우주선과 더 비슷해 보였다. 그렇게 수십 개를 만들었다가 곧바로 쓰레기통으로 버리기를 반복한 끝에야 비로소 작동할 만한 것을 하나 만들 수 있었다. 맑은 날 오후에 나는 물웅덩이에 고인 빗물 한 방울을 받침대인 핀에 묻힌 뒤, 장치를 햇빛을 향해 들어올렸다.

아무것도 알아볼 수 없었다. 유령 같은 세계의 그림자처럼 흐릿한 형태들이 시야를 가로지를 뿐이었다. 그냥 뿌옜다. 실망스러웠다. 나는 조심스럽게 손잡이를 돌려서 초점을 맞추려고 했다. 레이우엔훅도 그렇게 했을 것이다. 마치 손잡이가 내 척추를 비트는 양, 기대에 차서 천천히 돌릴 때마다 내 몸도 따라서 돌아가는 것처럼 느껴졌다. 그러다가 갑자기 보였다. 물방울이 선명해지더니, 그 안의 세계가 한눈에 들어왔다. 아메바처럼 생긴 것이 반짝이면서 렌즈 앞을 가로질렀다. 어떤 종류인지 알 수 없는 생물들도 있었다. 나선형 생물도 하나 보였다. 내가 본 가장 부드러운 털들로 가장 아름다운 후광에 둘러싸인 채 움직이는 둥근 방울처럼 보이는 것도 있었다. 도저히 눈을 뗄 수가 없었다. **세포들**이 우글거렸다.

1677년 레이우엔훅은 사람 정자, "생식 미소동물"을 관찰했다. 자신의 것과 임질에 걸린 한 남자에게서 얻은 정액이었다. 그는 정자가 "물에서 뱀이나 뱀장어처럼 헤엄치며 돌아다닌다"고 썼다. 이렇게 열심히 많은 발견을 하고 있었음에도 불구하고, 이 직물 상인은 다른 사람이나 과학자가 자신의 장치를 살펴보지 못하게 막는 것으로 악명이 높았다. 당연히 의심이 쌓였고, 과학자들은 그를 경멸하고는 했다. 왕립학회 사무국장인 헨리 올든버그는 레이우엔훅에게 "남들이 이런 관찰 결과를 확인할 수 있도록 그

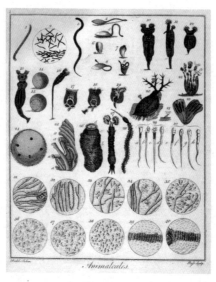

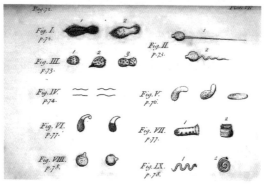

레이우엔훅이 자신의 단안현미경으로 관찰한 "미소동물들." 아래 도판의 "Fig II"는 편모 꼬리를 지닌 세균이나 사람의 정자일 수 있다.

의 관찰 방법을 우리에게 알려주고," 레이우엔훅이 학회에 보낸 약 200통의 편지 중에서 발표에 적합할 만큼의 증거나 과학적 방법을 제시한 것은 절반밖에 되지 않으므로 그림과 입증 자료를 보내달라고 요청했다. 그러나 레이우엔훅은 자신의 장치나 방법을 아주 모호하게만 알려줄 뿐이었다. 과학사가 스티븐 샤핀은 레이우엔훅이 "철학자도 의사도 신사도 아니었다"고 썼다. "대학에 다닌 적도 없고, 라틴어, 프랑스어, 영어도 전혀 몰랐다.……[물에 무생물이 우글거린다는] 그의 주장은 기존의 개연성 체계에 들어맞지 않았고, 그의 신원도 그런 주장의 신뢰성 확보에 아무런 도움이 되지 않았다."

때때로 그는 과묵하면서 신중한 아마추어라는 신분을 즐긴 듯했다. 친구에게 유리병에 바닷물을 담아오라고 꾀는 직물 상인 말이다. 현미경학자가 된 이 포목상이 생물학의 관점을 뒤엎고 있다고 믿을 증거라고는 그가 끌어모은 이런저런 델프트 주민 8명의 말뿐이었다. 그들은 그의 장치로 "헤엄치는 동물들"을 정말로 관찰할 수 있었다고 맹세했다. 이는 한마디로 과학이 남들의 선서에 의존한다는 의미였고, 그 결과 레이우엔훅의 평판은 추락했다. 의심을 받고 불쾌했던 그는 자신에게만 보이는 듯한 축소판 세계로 더 깊이 은거했다. 1716년 그는 분개한 어조로 썼다. "오랫동안 해온 내 연구는 내가 지금 누리는 찬사를 받기 위해서가 아니라 주로 지식을 향한 갈망에서 나온 것입니다. 내 안에는 그 누구보다도 더 강한 갈망이 있어요."

마치 그가 점점 줄어들어서 자신의 현미경에 삼켜진 듯했다. 곧 그는 너무 작아져서 거의 보이지 않는 망각된 존재가 되었다.

레이우엔훅이 물의 미소동물을 묘사한 편지를 발표하기 약 10년 전인 1665년, 영국의 과학자이자 박식가인 로버트 훅도 세포를 보았다. 비록 살아 있는 세포가 아니었고, 레이우엔훅의 미소동물처럼 다양하지도 않았지만 분명히 보았다. 과학자로서 훅은 레이우엔훅과 정반대였을 것이다. 그는 옥스퍼드 워덤 대학에서 공부했고, 다양한 과학 분야들을 섭렵하면서 모든 지식을 닥치는 대로 흡수했다. 훅은 물리학자였을 뿐만 아니라, 건축가, 수학자, 망원경학자, 과학 삽화가, 현미경학자이기도 했다.

당대의 대다수의 신사 과학자들—돈 걱정 없이 자연과학을 탐구할 여유가 있는 부유한 집안의 남성들—과 달리, 훅은 가난한 집안 출신이었다. 장학금을 받고 옥스퍼드에 다니면서, 그는 저명한 물리학자 로버트 보일의 조수로 일했다. 1662년 아직 보일의 밑에 있었음에도, 그는 독자적인 뛰어난 사상가로 인정을 받았고, 왕립학회에 "실험 관리자"로 취직했다.

훅의 지성은 늘어날 때 빛을 내는 고무줄처럼, 빛을 발하면서 융통성을 보였다. 그는 어느 분야로 들어가면, 마치 내부 조명인 양 그 분야를 환하게 비추면서 확장시켰다. 그는 역학, 광학, 물질과학 등 다방면으로 글을 썼다. 1666년 9월 런던 대화재가 일어나서 5일 동안 도시의 5분의 4가 파괴된 뒤, 훅은 저명한 건축가 크리스토퍼 렌을 도와서 건축물들을 조사하고 재건축하는 일에 참여했다. 그는 강력한 새 망원경을 만들어서 화성의 표면도 관측할 수 있었고, 화석을 연구하고 분류하는 일도 했다.

1660년대 초에 훅은 현미경으로 일련의 연구를 시작했다. 안톤 판 레이우엔훅이 만든 것과 달리, 그의 현미경은 복합현미경이었다. 움직일 수 있는 통의 양쪽 끝에 곱게 연마한 두 개의 유리 렌즈를 넣고, 더 선명하게 보이도록 통 안에는 물을 채웠다. 그는 이렇게 썼다. "어떤 대상을 아주 가까이 놓고 들여다보면, 다른 어떤 좋은 현미경보다도 더 확대되고 일부 대상이 더 뚜렷이 보일 것이다. 그러나 그런 현미경은 만들기는 [아주] 쉽겠지만 사용하기는 아주 까다롭다. 렌즈가 작고 대상이 아주 가까이 놓여서이다. 그래서 나는 이 두 문제를 해결하고자 굴절 렌즈를 두 개만 써서 청동으로 통을 만들었다."

1665년 1월 훅은 현미경으로 실험하고 관찰한 내용을 상세히 적은 책, 『마이크로그라피아Micrographia』를 펴냈다. 이 책은 의외로 그해에 대성공을 거두었다. 일기작가 새뮤얼 피프스는 "내 평생 읽은 책 중에서 가장 독창적이다"라고 썼다. 그렇게 확대하기 전까지는 결코 본 적이 없던 미세한 것들을 담아낸 그림들은 독자를 전율시키고 매료시켰다. 벼룩을 아주 크

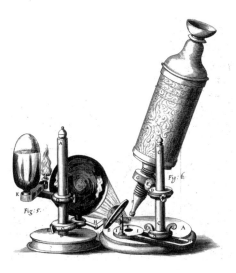

로버트 훅이 사용한 렌즈가 두 개인 복합현미경. 청동 경통에 렌즈 두 개가 끼워져 있고, 경통 아래 받침대에 표본을 놓아, 여러 거울들을 통해서 광원이 계속 표본을 비추도록 되어 있다.

게 확대해서 상세하게 그린 그림도 수십 장 들어 있었다. 몸에 기생하는 이를 아주 크게 확대한 그림도 있었는데, 피부를 물어뜯는 기괴한 입이 한 지면의 8분의 1 크기로 확대되어 있었다. 또 여러 면을 지닌 작은 샹들리에 같은 수백 개의 수정체로 이루어진 집파리의 겹눈 그림도 있었다. "파리의 눈은……거의 격자처럼 보인다." 훅은 개미의 가지뿔을 상세히 그리기 위해서 개미를 술에 취하게 만들기도 했다. 그런데 이런 기생충과 해충의 그림들 사이에 곧 생물학의 뿌리를 뒤흔들 비교적 산만해 보이는 그림이 1점 들어 있었다. 훅이 현미경으로 본 식물 줄기의 단면, 코르크를 얇게 자른 조각이었다.

훅은 코르크가 단지 납작한 단조로운 덩어리가 아니라는 것을 알아냈다. 그는 『마이크로그라피아』에 이렇게 썼다. "아주 깨끗한 코르크 조각을 구해서 펜나이프로 면도날처럼 아주 얇게 깎았다. 깎고 남은 아주 매끄러운 단면을 현미경으로 매우 꼼꼼하게 살펴보니, 작은 구멍으로 가득하다

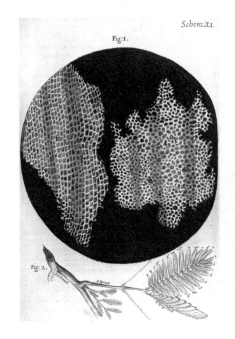

Schem:XI.

Fig:1.

Fig:2.

로버트 훅의 『마이크로그라피아』(1665)에 실린 코르크 조각 그림. 미세한 동식물의 모습을 확대한 그림들이 실린 이 책은 예기치 않게 엄청난 주목을 받으면서 영국 전역에서 인기를 끌었다. 훅이 이 표본에서 본 것은 세포벽이었을 가능성이 높지만, 나중에 그는 물에서 실제 세포를 볼 수 있었다.

는 것을 알 수 있었다." 이 구멍 또는 칸은 그리 깊지 않았지만, "아주 많은 작은 상자들"로 이루어져 있었다. 한마디로 이 코르크 조각은 독립된 다각형 구조를 이룬 "단위들"이 질서정연하게 모여서 하나의 전체를 이룬 것이었다. 벌집이나 수도사의 숙소와 비슷했다.

그는 이 칸에 붙일 만한 좋은 이름이 있는지 찾다가 마침내 세포cell라고 부르기로 했다. "작은 방"이라는 뜻의 라틴어 셀라cella에서 땄다(훅은 실제로 "세포"가 아니라, 식물 세포를 둘러싸고 있는 세포벽을 보았다. 아마 그 안에 실제 살아 있는 세포가 있었겠지만, 그것까지 보았다고 증명할 만한 그림은 전혀 없다). 훅은 "아주 많은 작은 상자들"이 있다고 상상했다. 그는 자신도 모르게 생물, 그리고 인간에 대한 새로운 개념을 내놓았다.

훅은 맨눈으로는 보이지 않는 작고 독립된 살아 있는 단위를 더욱 깊이 살펴보았다. 1677년 11월 왕립학회 모임에서 그는 빗물을 현미경으로 관찰하는 시연을 보였다. 학회 문서에는 이렇게 기록되어 있었다.

시연한 첫 실험은 후춧물이었다. 빗물에……후추를 통째로 넣어서 약 9-10일 놔둔 것이었다. 훅 씨는 일주일 내내 그 안에서 아주 작은 동물들이 아주 많이 이리저리 헤엄치는 것을 발견했다. 유리로 약 10만 배 확대하자, 진드기만 한 크기로 보였다. 따라서 진드기보다 10만 배 작다고 할 수 있었다. 모양은 아주 작고 투명한 달걀형 방울처럼 보였다. 이 달걀형 방울의 가장 큰 쪽은 앞으로 움직였다. 물속에서 온갖 방식으로 이리저리 움직이는 것이 관찰되었다. 그리고 들여다본 이들은 모두 그것들이 동물이라고 진심으로 믿었다. 겉모습을 볼 때 틀릴 리가 없었다.

그로부터 10년이 지나기 전에 안톤 판 레이우엔훅은 훅의 연구를 알고서 그와 서신을 주고받았다. 그러면서 자신이 현미경으로 본 미소동물이 훅이 코르크에서 본 살아 있는 단위―세포―의 집합이나 후춧물에서 본 생물들과 비슷한 것일 수 있음을 알아차렸다. 그러나 1680년 11월에 보낸 이 편지처럼, 비참하고 실망스러운 어조의 편지들도 있다. "작은 동물에 관한 소설 같은 이야기만 한다고 비난하는 말이 종종 들려요." 그러나 1712년에 그는 이렇게 선견지명이 엿보이는 글을 적었다. "아니, 우리는 더 나아가서 이 작은 세계의 가장 작은 입자에서 물질의 무궁무진한 새로운 자원, 다른 우주를 자아낼 수 있는 자원을 발견할지도 모릅니다."

훅은 드문드문 답장을 보냈지만, 레이우엔훅의 편지가 계속 번역되어 왕립학회에서 발표되도록 했다. 그럼으로써 훅은 레이우엔훅의 명성이 후대로 전해지는 데에 기여했을 가능성이 높지만, 그 자신이 세포학적 사고에 끼친 영향은 그보다 한정적이었다. 세포학 역사가인 헨리 해리스는 이렇게 썼다. "훅은 당시에 이런 구조가 모든 동식물을 이루는 기본 단위의 잔류 뼈대라고 주장하지 않았다. 게다가 기본 단위가 있다고 생각했더라도, 반드시 그것이 자신이 관찰한 코르크 구멍과 크기와 모양이 같을 것이라고 는 상상하지 않았을 것이다.” 혹은 “코르크의 살아 있는 세포의 벽을 보았 지만, 그 기능을 오해했고 살아 있는 상태일 때 그 벽 안에 무엇이 들어 있 을지 전혀 감도 잡지 못했음이 분명하다.”* 구멍이 송송 나 있는 죽은 코르 크 조각, 그리고 그의 현미경 그림에서 더 알아볼 수 있는 것이 있을까? 식 물 줄기는 왜 이런 식으로 구성되었을까? 이런 “세포”는 어떻게 생겨날까? 기능은 무엇일까? 모든 생물에 보편적일까? 그리고 이런 살아 있는 칸막 이는 정상적인 몸이나 질병과 무슨 관계가 있을까?

이윽고 훅이 현미경에 품었던 관심은 시들해졌다. 그의 지적 관심사는 한 분야에만 머무르지 못했기 때문에, 그는 광학, 역학, 물리학으로 넘어 갔다. 사실 훅이 거의 **모든** 것에 관심을 가졌다는 사실이야말로 그의 결정 적인 패착이었을 수도 있다. 왕립학회의 표어인 “누구의 말도 믿지 말라 Nullius in verba”는 그 개인의 좌우명이기도 했다. 그는 이 과학 분야에서 저 분야로 건너뛰어서 어느 누구의 말도 믿지 않고 스스로 그 분야에 중요한 기여를 했다고 주장할 수 있는 탁월한 깨달음을 제시하고는 했지만, 어느 한 주제에 대한 완벽한 권위자라는 주장은 결코 할 수 없었다. 그는 과학 자를 한 주제의 권위자라고 보는 당대의 관점이 아니라, 아리스토텔레스 식의 철학자—과학자라는 모형을 따르고 있었다. 즉 세상의 모든 문제에 관심을 가진 탐구자이자 모든 증거의 판정자로서의 과학자였다. 그 결과

---

* 1671년 왕립학회는 2통의 서신을 더 받았다. 1통은 이탈리아의 과학자 마르첼로 말피기 가 보냈고, 다른 1통은 학회 사무국장인 니어마이어 그루가 보냈다. 둘 다 다양한 조직, 특히 식물체에서 세포 같은 것을 관찰했다는 내용이었다. 그러나 레이우엔훅과 훅이 그 들의 연구를 인정했음에도, 말피기와 그루가 세포의 해부구조를 관찰했다는 사실은 17 세기에 대체로 무시되었다. 그루가 그린 식물 줄기의 세포 그림은 역사 속으로 사라졌 지만, 동물 조직을 현미경으로 살펴본 말피기의 이름은 현재 많은 세포 구조에 남아 있 다. 피부의 말피기층과 콩팥의 말피기소체가 대표적이다.

그는 제대로 된 평판을 얻지 못했다.

1687년 아이작 뉴턴은 『자연철학의 수학적 원리 *Philosophiae Naturalis Principia Mathematica*』를 펴냈다. 깊이와 범위 모두에서 옛 관습을 타파하고 과학의 새로운 미래 경관을 제시한 대단히 심오한 책이었다. 그 안에는 뉴턴의 보편 중력법칙도 들어 있었다. 그런데 훅은 중력법칙을 자신이 먼저 정립했고, 자신이 관찰한 내용을 뉴턴이 표절했다고 주장했다.

터무니없는 주장이었다. 사실 훅과 몇몇 물리학자들이 행성들이 보이지 않는 "힘"으로 태양에 끌린다는 주장을 하기는 했지만, 뉴턴이 『프린키피아』에서 논의한 수준의 수학적 엄밀함과 과학적 깊이를 갖춘 분석은 전혀 없었다. 비록 결국은 뉴턴이 웃었다고 말할 수 있겠지만, 훅과 뉴턴의 언쟁은 수십 년간 이어졌다. 아마 거짓일 가능성이 높지만, 훅이 세상을 떠난 지 7년 뒤인 1710년에 왕립학회가 크레인 코트로 이전할 때, 뉴턴이 이전을 감독했는데 훅의 초상화만 빼놓고 갔다는 이야기가 널리 퍼져 있다. 사후에 보복을 했다는 뜻이다. 우주 전체를 눈에 보이게 한 이 광학의 개척자는 우리 눈에 보이지 않게 되었다. 오늘날 훅의 이름을 들을 때 우리는 그가 정확히 어떤 인물이었는지를 떠올리기가, 즉 그의 초상을 떠올리기가 어렵다.

보편적인 세포

"이 작은 세계의 가장 작은 입자"

나는 벌집과 매우 흡사하게 온통 구멍이 송송 나 있지만, 구멍들이 아주
규칙적이지는 않다는 것을 아주 쉽게 알아볼 수 있었다.……
이 구멍, 즉 칸막이는……사실 내가 현미경으로 본 최초의 구멍이었다.
— 로버트 훅, 1665년

현미경으로 식물의 구조를 살펴보기 시작하자마자,
구조의 놀라운 단순성에……주목할 수밖에 없었다.
— 테오도어 슈반, 1847년

생물학의 역사에서 기념비적인 발견이라는 봉우리들 사이에는 침묵의 골
짜기가 놓여 있다. 1865년 그레고어 멘델이 유전자를 발견한 뒤에는 한 역
사가가 "과학사에서 가장 기이한 침묵 중의 하나"라고 부른 것이 이어졌
다. 거의 40년 동안 유전자(즉 멘델이 대충 "인자"와 "원소"라고 부른 것)
는 언급조차 되지 않다가, 1900년대 초에 재발견되었다. 1720년 런던에
서 일하던 의사 벤저민 마튼은 결핵―당시에는 황폐증phthisis 또는 소모병
consumption이라고 했다―이 호흡계의 감염병이며, 미생물을 통해서 전파
될 가능성이 높다고 추론했다. 그는 이 잠재적 감염원을 "아주 작은 생물"
이자 "살아 있는 감염contagium vivum"이라고 칭했다(살아 있다는 단어에 주
목하자). 마튼이 그 의학적 발견을 더 깊이 파고들었다면 아마도 현대 미
생물학의 아버지가 되었겠지만, 그 영예는 거의 한 세기 뒤에 활동한 미생

물학자 로베르트 코흐와 루이 파스퇴르에게 돌아갔다. 각각 미생물을 질병과 부패와 연관지었다.

그러나 이런 역사의 골짜기를 들여다보면, 침묵이나 비활동 상태와는 거리가 멀다는 것을 알게 된다. 과학자들이 발견의 규모, 보편적 특성, 설명력을 살펴보느라 분투하는 유달리 왕성한 배태기임이 드러난다. 그 발견은 살아 있는 체계들에 두루 적용되는 보편적인 원리일까, 아니면 닭이나 난초나 개구리에게만 적용되는 특징일까? 지금까지 설명할 수 없던 관찰 결과를 설명할까? 그 배후에 조직화의 또다른 차원이 놓여 있을까?

이런 침묵의 골짜기는 어느 정도 이 같은 질문들에 답할 장치와 모형을 개발하는 데에 시간이 걸리기 때문에 생긴다. 유전학은 생물학자 토머스 모건의 연구를 기다려야 했다. 그는 1920년대에 초파리 형질의 유전을 연구하여 유전자가 물리적으로 존재한다는 것을 증명했다. 더 나아가 유전학은 X선 결정학의 탄생도 기다려야 했다. DNA 같은 물질의 삼차원 구조 해석에 사용되는 이 기법은 1950년대에 유전자의 물리적 형태를 이해하는 데에 기여했다. 1800년대 초에 존 돌턴이 처음 내놓은 원자론도 1890년에 음극선관이 발명되고, 20세기 초에 원자의 구조를 해명할 양자물리학 모형의 구축에 필요한 수학 방정식이 나오기를 기다려야 했다. 세포학은 원심분리기, 생화학, 전자현미경을 기다려야 했다.

그런 한편으로 아마 어떤 실체—현미경으로 보이는 세포나 유전의 단위로서의 유전자—를 기술하는 차원에서 그 보편성, 조직 체계, 기능, 행동을 이해하는 쪽으로 나아가는 데에 필요한 개념적, 즉 발견적 변화도 기다려야 할 것이다. 원자론적 주장들은 가장 대담한 것들이다. 세계를 단일한 실체—원자, 유전자, 세포—를 활용해서 근본적으로 재편하자고 말하는 것이다. 우리는 세포를 다른 방식으로 **생각해야** 한다. 렌즈를 통해서 보이는 대상이 아니라, 모든 생리화학적 반응이 일어나는 기능적 자리, 모든 조직의 편제 단위, 생리와 병리를 통일하는 자리로 보아야 한다. 생물 세계가 연속적으로 이어져 있다고 보는 관점에서 벗어나서 불연속적이고 분리된 자율적인 원소로 이루어져 있다고 보는 관점으로 옮겨가야 한다. 비유를 들면, 우리는 예전의 "살"(연속적이고 형태가 있고 가시적인)을 보면서 "피"(보이지 않는 입자 같고 불연속적인)를 상상해야 한다고 말할 수 있다.

세포학에서는 1690-1820년이 바로 그런 골짜기였다. 훅이 얇게 깎은 코르크에서 세포, 아니 더 정확히 말하면 세포벽을 발견한 이래로, 많은 식물학자와 동물학자는 현미경으로 동식물 표본을 살펴보면서 미세 구조를 파악하는 법을 배웠다. 레이우엔훅은 1723년 세상을 떠날 때까지 현미경을 계속 들여다보면서 보이지 않는 세계의 원소—그의 표현에 따르면 "살아 있는 원자"—를 계속 기록했다. 이 보이지 않는 세계를 처음 접했을 때의 전율을 그는 결코 잊지 못했다(아마 나도 그럴 것이다).

17세기 말과 18세기 초에 마르첼로 말피기와 마리 프랑수아 그자비에 비샤 같은 현미경학자들은 레이우엔훅의 "살아 있는 원자"가 반드시, 즉 오직 하나의 세포로만 이루어진 것이 아님을 알아차렸다. 더 복잡한 동식물에서는 그것들이 모여서 조직을 이루었다. 특히 프랑스의 해부학자 비샤는 인체 기관들에서 21가지(!) 형태의 기본 조직을 구분했다. 안타깝게도 그는 결핵에 걸리는 바람에 서른 살에 사망했다. 비록 이런 기본 조직들의 구조 중에 틀린 것도 간혹 있었지만, 그는 세포학에서 신체 조직과 세포들의 협력 체계를 연구하는 조직학으로 나아갔다.

현미경학자인 프랑수아 빈센트 라스파이는 이런 초기 관찰로부터 세포의 **생리학** 이론을 구축하고자 노력을 기울였다. 그는 세포가 어디에나, 즉 동물과 식물의 모든 조직에 있다는 사실을 인정하는 차원을 넘어, 세포가 왜 존재하는지를 이해하고자 했다. 무엇인가 하는 일이 있으니 존재하는 것임이 틀림없다고 믿었다.

라스파이는 세포가 하는 일이 있다고 믿었다. 독학한 식물학자, 화학자, 현미경학자인 그는 1794년 프랑스 남동부 보클뤼즈, 카르팡트라에서 태어났다. 그는 가톨릭 서약을 거부하고 자신이 깨어 있는 자유사상가라고 여겼고, 언제나 도덕적, 문화적, 학술적, 정치적 권위를 부정하는 쪽에 섰다. 그는 과학협회에 들어가려다가 그런 곳들이 배타적이고 낡은 방식을 고수한다는 것을 알아차렸고, 의대도 마찬가지라고 보고 입학하지 않기로 했다. 그러나 1830년대 7월혁명 당시에는 프랑스를 해방시키기 위해서 주저하지 않고 비밀협회에 가입했고, 그 일로 1832년부터 1840년 초까지 투옥되었다. 교도소에서 그는 동료 재소자들에게 소독, 위생, 청결을 가르쳤다. 1846년 라스파이는 정부 정복을 시도했다는 혐의로 다시 재판을 받았다. 정식 의학 학위가 없음에도 동료 재소자들을 진료했다는 죄목도 포함되었다. 검찰이 그 재판에 조금 변명하는 태도를 보이기는 했지만, 그는 벨기에로 추방되었다. "오늘 법정에는 저명한 과학자가 나와 있습니다. 의대에 들어가서 교수진으로부터 학위를 받겠다고 마음을 먹기만 한다면 의사로서 존경을 받을 만한 의학 지식을 갖춘 사람입니다." 라스파이는 특유의 태도로 거부했다.

1825-1860년에 이렇게 정치적 활동을 하는 와중에도, 라스파이는 정식으로 생물학 교육을 전혀 받지 않았음에도 식물학, 해부학, 법의학, 세포학, 소독법 등 다양한 분야의 논문을 50편 넘게 발표했다. 게다가 이전의 과학자들을 넘어서 세포의 조성, 기능, 기원도 조사하기 시작했다.

세포는 무엇으로 이루어져 있는가? 그는 1830년대 말에 마치 세포생화학의 세기의 도래를 예견하는 양, "각 세포는 주변 환경으로부터 선택적으로 필요한 것만 취한다"라고 썼다. "세포는 다양한 선택 수단을 가지고 있으며, 그리하여 물, 탄소, 염기가 세포벽의 구조 안으로 서로 다른 비율로 들어온다. 특정한 벽이 특정한 분자를 통과시킨다고 상상하기는 어렵지 않다." 라스파이는 선택적 다공성 세포막, 세포의 자율성, 대사 단위로서의 세포라는 개념도 제시했다.

세포는 무슨 일을 할까? 그는 이렇게 썼다. "세포는……일종의 실험실이다." 그 말이 무엇을 뜻하는지 잠시 생각해보자. 라스파이는 화학과 세포의 기본 가정들만을 이용해서, 세포가 조직과 기관이 제 기능을 하도록만드는 화학적 과정들을 수행한다고 추론했다. 다시 말해서, 세포 덕분에 **생리 활동이 가능해진다**는 것이다. 그는 세포를 생명을 유지하는 반응들이 일어나는 자리라고 상상했다. 그러나 생화학은 아직 유아기에 있었기 때문에, 이 세포 "실험실" 안에서 일어나는 화학과 반응은 라스파이에게 보이지 않았다. 그는 오직 이론적으로, 즉 가설로 제시할 수밖에 없었다.

마지막으로 세포는 어디에서 올까? 라스파이는 1825년 자신의 원고 첫머리에 "세포에서 세포가 나온다Omnis cellula e cellula"라고 썼다. 자신의 요지를 증명할 도구도 실험방법도 없었던 그는 그 이상 자세히 조사하지는 않았다. 그러나 이미 세포가 무엇이며 무엇을 하는가라는 기본 개념을 바꾸었다.

비정통적인 정신은 비정통적인 보상을 받는다. 사회와 협회 모두를 경멸했던 라스파이는 유럽의 과학계에서 결코 인정을 받지 못했다. 그러나 현재 카타콤에서 생제르망 거리까지 뻗어 있는 파리에서 가장 긴 거리 중하나에 그의 이름이 붙어 있다. 라스파이 거리를 걷다 보면, 자코메티 기념관을 지나치게 된다. 각자 작은 섬 같은 받침대 위에서 외로이 영원한 깊은 상념에 빠진 채 뼈만 남은 듯한 앙상한 인체 조각들이 전시된 곳이다. 이 거리를 걸을 때마다 나는 세포학의 완고하고 저항심 충만했던 개척자를 떠올린다(비록 라스파이는 깡마르지 않았지만). 세포가 생물의 생리 실험실이라는 개념은 내게 와닿는다. 나의 배양기에서 자라는 모든 세포는 실험실 내의 실험실이다. 내가 옥스퍼드 연구실에서 현미경으로 본 T세포는 다른 세포들 안에 숨어 있는 바이러스 병원체를 찾아서 액체 속을 헤엄치는 "감시 실험실"이었다. 레이우엔훅이 현미경으로 본 정자 세포는 남성에게서 유전정보를 모아서, DNA에 담고, 번식을 위해서 난자로 전달할 강력한 헤엄치는 모터를 붙인 "정보 실험실"이었다. 말하자면 세포는 생리를 실험하고, 분자를 안팎으로 전달하고, 화학물질을 만들고 파괴한다. 생명을 가능하게 하는 반응들의 실험실이다.

다른 시대, 아마도 다른 장소에서 단일한 자율적인 형태의 살아 있는 물체—세포—가 발견되었다면, 생물학에 그렇게 큰 야단법석을 일으키지 않았을지도 모른다. 그러나 세포의 발견이 이루어질 당시에 세포학은 공교롭게도 17-18세기 유럽 과학계를 휩쓸고 있던 생명에 관한 가장 격렬한 두 논쟁과 충돌을 빚게 되었다. 둘 다 오늘날에는 난해해 보이지만, 세포론에 가장 심각한 문제를 제기하는 것에 속했다. 1830년대에 그 분야가 슬며시 고개를 내밀 때, 세포학자들은 이 도전과제들에 정면으로 맞서야 했다. 그래야만 그 분야가 성숙할 수 있었다.

첫 번째 논쟁은 생기론자들로부터 나왔다. 생물이 자연계에 널리 퍼져 있는 것들과 동일한 화학물질로부터 생겨날 수 없다고 확신하는 생물학자, 화학자, 철학자, 신학자의 집단이다. 생기론은 아리스토텔레스 시대부터 있었지만, 생기론과 18세기 말의 낭만주의가 융합되면서 자연이 어떤 화학물질이나 물리적 물질이나 힘으로 환원할 수 없는 특수한 "유기적" 생기로 채워져 있다는 황홀한 묘사를 낳았다. 1790년대 프랑스의 조직학자 마리 프랑수아 그자비에 비샤와 1800년대 초 독일의 생리학자 유스투스 폰 리비히는 생기론을 지지하는 영향력 있는 인물이었다. 1795년 그 운동은 새뮤얼 테일러 콜리지에게서 가장 풍성한 시적 목소리를 얻었다. 콜리지는 산들바람이 하프를 울려서 단순한 음으로 환원할 수 없는 음악을 빚어내는 것처럼, 모든 "물활론적 자연"이 이 생명력이 관통하여 흐를 때 떨림을 통해서 출현한다고 상상했다. "그리고 모든 물활론적 자연이/다양한 틀로 짜인 유기적 하프이기만 하다면/그것들을 휩쓸고 갈 때 이 떨림은 생각이 된다/유연하고 드넓은 지적 산들바람이/각자의 영혼이자, 모두의 신이다."

생기론자들은 살아 있는 존재의 체액과 몸을 구별하는 어떤 신성한 표지가 틀림없이 존재한다고 생각했다. 하프에 부는 바람 같은 것 말이다. 사람은 단지 "생명 없는" 무기 화학반응들의 집합이 아니었고, 설령 우리가 세포로 이루어졌다고 해도 세포 자체는 이런 생명력이 있는 체액을 지닐 것이 틀림없었다. 생기론자들은 세포 자체에는 아무런 문제도 제기하지 않았다. 그들은 신성한 창조주가 6일에 걸쳐서 모든 생물을 빚어낼 때 단일한 기본 단위를 이용해서 만드는 쪽을 택했을 수도 있다고 생각했다(겨우 6일 만에 온갖 생물을 서둘러 만든다면, 동일한 구성단위로 코끼리와 노래기를 만드는 편이 훨씬 더 쉬울 테니까). 그들이 고심한 부분은 세포의 기원이었다. 일부 생기론자들은 사람이 사람의 자궁 안에서 태어나는 것처럼, 세포가 세포 안에서 태어난다고 보았다. 반면에 무기물 세계에서 화학물질이 결정을 이루는 것처럼, 생명력을 지닌 체액에서 세포가 자발적으로 "결정화한다"고 추측한 이들도 있었다. 이 사례에서는 살아 있는 물질을 생성하는 것이 살아 있는 물질이었다. "자연 발생spontaneous generation" 개념은 생기론에서 자연적으로 따라나왔다. 모든 살아 있는 계에 배어 있는 이 생명력을 가진 체액은 세포도 포함해서, 스스로 생명을 만들 수 있는 필요충분 조건이었기 때문이다.

생기론자들에게 맞서고 있는 쪽은 살아 있는 화학물질과 자연의 화학물질이 동일하며, 생물이 생물로부터 나온다고—자연 발생이 아니라 출생과 발생을 통해서—주장하는 소규모의 싸울 태세가 된 집단이었다. 1830년대 말에 독일의 과학자 로베르트 레마크는 현미경으로 개구리 배아와 닭의 피를 살펴보았다. 그는 닭의 피에서 아주 희귀한 사건인 세포의 탄생이 이루어지는 순간을 포착하기를 바라면서 계속 지켜보았다. 지켜보고 또 지켜보았다. 그러던 어느 날 밤늦게 드디어 보았다. 현미경 아래에서, 한 세포가 부르르 떨면서 커지고 부풀어오르더니 둘로 쪼개져서 "딸" 세포를 낳았다. 황홀하다고밖에 표현할 수 없는 기쁨이 등줄기를 따라 솟구쳤다. 기존 세포가 분열하여 세포가 생긴다는 명백한 증거를 발견했기 때문이다. 라스파이가 밋밋하게 첫머리에 넣은 문구 그대로 세포에서 세포가 나왔다.* 그러나 레마크의 선구적인 관찰은 거의 무시당했다. 유대인인 그는 대학에서 전임 교수가 될 수 없었기 때문이다(한 세기 뒤 저명한 수학자였던 그의 손자는 아우슈비츠의 강제수용소에서 죽음을 맞이했다).

생기론자들은 생명력을 가진 체액이 엉겨서 세포가 생긴다는 주장을 고수했다. 그들이 틀렸음을 증명하려면, 비생기론자들은 세포가 어떻게 생겨나는지 설명할 방법을 찾아야 했다. 생기론자들은 결코 해낼 수 없을 것이라고 믿었다.

1800년대 초에 끓어오르던 두 번째 논쟁은 전성설preformation이었다. 사람의 태아가 아주 작기는 해도 수정이 이루어진 이후 자궁에서 처음 형성될 때 이미 온전한 형태를 갖추고 있다는 개념이었다. 전성설의 역사는 길고도 다채로웠다. 아마 설화나 신화에서 나왔을 텐데, 초기 연금술사들도 받아들였다. 1500년대 중반에 스위스의 연금술사이자 의사인 파라셀수스

---

* 독일의 식물학자 후고 폰 몰도 식물의 분열 조직에서 세포에서 세포가 생겨나는 광경을 관찰했다. 레마크와 피르호는 폰 몰의 연구를 알고 있었다. 폰 몰의 연구는 나중에 테오도어 보베리와 발터 플레밍 같은 이들을 통해서 확장되었다. 그들은 식물과 성게 세포에서 세포분열의 단계들을 관찰했다.

는 태아의 몸속에 "사람처럼 생긴" "투명한" 아주 작은 사람이 이미 들어 있다고 썼다. 태아 속에 모든 인간의 형체가 이미 존재한다고 너무나 확신한 나머지 일부 연금술사는 달걀에 정자를 넣어서 품으면 온전한 사람이 발생할 것이라고 생각할 정도였다. 사람을 만드는 명령문이 정자에 이미 다 들어 있다고 생각했기 때문이다. 1694년 네덜란드의 현미경학자 니콜라스 하르트수커는 정자의 머리 안에 머리, 손, 발을 모두 갖춘 아주 작은 사람이 종이접기 작품처럼 접혀서 들어 있는 그림을 발표했다. 그는 현미경으로 분명히 관찰했다고 밝혔다. 그러니 세포학자들은 미리 형성된 주형이 이미 수정란 안에 들어 있지 **않다면**, 수정란에서 어떻게 사람 같은 복잡한 생물이 형성될 수 있는지를 증명해야 했다.

새로운 과학이 확고히 자리를 잡고, 세포의 세기가 열리려면, 생기론과 전성설이 무너지고 세포론이 그 자리를 대신해야 했다.

1830년대 중반 프랑수아 빈센트 라스파이가 교도소에서 복역 중이고, 루돌프 피르호는 아직 의대에서 공부하고 있을 때, 마티아스 슐라이덴이라는 독일의 젊은 변호사는 자신의 직업에서 좌절을 맛보고 있었다. 그는 자기 머리에 총알을 박아넣으려고 했지만, 빗나가는 바람에 실패했다. 자살 시도가 실패하면서 마음이 조금 가라앉자, 그는 법조계를 떠나서 자신이 진정으로 좋아하는 식물학에 몰두하기로 결심했다.

그는 현미경으로 식물 조직을 살펴보기 시작했다. 현미경은 이제 훅이나 레이우엔훅이 사용하던 것보다 훨씬 더 정교해져 있었다. 우수한 렌즈와 세밀하게 조정되는 손잡이로 초점을 절묘하게 맞출 수 있었다. 식물학자로서의 슐라이덴은 당연히 식물 조직의 특성에 관심이 많았고 줄기, 잎, 뿌리, 꽃잎을 살펴볼 때마다 훅이 발견한 바로 그 동일한 단일 구조를 발견했다. 그는 조직이 작은 다각형 단위들의 덩어리로 이루어져 있다고 썼다. "완전히 개별적이고 독립적이며 분리된 존재, 세포 자신들의 집합"이었다.

슐라이덴은 자신이 발견한 것을 동물학자 테오도어 슈반과 논의했다. 마음이 맞는 믿을 만한 동료이자 평생에 걸친 공동 연구자였다. 슈반도 동물 조직에서 현미경 아래에서만 보이는 조직 체계를 관찰했다. 모두 단위들, 즉 세포들로 이루어져 있었다.

슈반은 1838년 논문에 이렇게 썼다. "동물 조직의 대부분은 세포에서 나오거나 세포로 이루어져 있다. [기관과 조직의] 아주 다양한 모습은 단순한 기본 구조가 서로 다른 식으로 연결되어 생기며, 비록 다양하게 변형되어 있기는 해도 이 구조는 본질적으로 동일한 것, 즉 **세포**이다." 복잡한 동식물 조직은 이런 살아 있는 단위로 만들어졌다. 레고 블록으로 조립한 고층 건물이었다. 조직화 체계도 동일했다. 섬유 같은 근육 세포는 적혈구나 간 세포와 완전히 달라 **보일지도** 모르지만, "비록 다양하게 변형되어 있기는 해도" 동일한 것이었다. 살아 있는 생물을 만드는 데 쓰인 살아 있는 단위였다. 슈반이 꼼꼼히 살펴본 모든 조직에 더 작은 생명의 단위가 있었다. 훅이 "아주 많은 작은 상자들"이라고 묘사한 바로 그것이었다.

슈반이나 슐라이덴이 세포의 어떤 새롭거나 몰랐던 특성을 발견한 것은 아니었다. 그들에게 명성을 안겨준 것은 새로운 발견이 아니라, 그 주장 자체의 대담함이었다. 그들은 훅, 레이우엔훅, 라스파이, 비샤, 네덜란드의 의사이자 과학자인 얀 스바메르담 같은 선배들의 연구를 대조하고 종합하여 급진적인 명제로 제시했다. 두 사람은 이 모든 연구자들이 밝혀낸 것이 어떤 조직이나 어느 동식물의 특수하거나 독특한 성질이 아니라, 생물학에 두루 통용될 보편적인 원리임을 깨달았다.* 세포는 무슨 일을 할

---

* 과학사학자들이 세포학의 초창기를 더 자세히 들여다볼수록, 슈반과 슐라이덴이 세포론을 최초로 명료하게 제시한 인물들인지 여부도 점점 더 모호해져왔다. 특히 과학자

까? 생물을 만든다. 자신들이 얼마나 폭넓고 일반적인 주장을 내놓았는지가 서서히 뚜렷해지자, 슐라이덴과 슈반은 세포론의 두 원리를 제시했다.

1. 모든 생물은 하나 이상의 세포로 이루어져 있다.
2. 세포는 생물의 구조와 조직의 기본 단위이다.

그러나 세포가 어디에서 왔는지는 슈반과 슐라이덴조차도 도무지 알아내기가 어려웠다. 동식물이 독립된 자율적인 살아 있는 단위로 이루어진다면, 그 단위는 어디에서 나올까? 아무튼 동물의 세포는 최초의 수정란에서 출현할 것이 틀림없으며, 생물을 만들려면 그 세포는 수백 개, 아니 수십억 개로 불어나야 했다. 그렇다면 세포는 어떤 과정을 통해서 출현하고 증식할까?

슈반과 슐라이덴은 독일 생물과학계라는 고상한 세계를 좌지우지하고 있던 인물인 생리학자 요하네스 뮐러에게 반해서 그의 제자가 되었다. 과학사학자 로라 오티스는 내게 뮐러를 "갈등하던, 수수께끼 같은, 과도기적인 인물"이라고 묘사했다. 뮐러는 모순에 사로잡힌 과학자였다. 한편으로는 생명체가 특별한 성질을 가진다는 생기론을 믿으면서도, 살아 있는 세

얀 푸르키녜와 가브리엘 구스타프 발렌틴 같은 그의 제자들의 혁신적인 연구는 상대적으로 무시되어온 듯하다. 이것이 어느 정도는 과학 민족주의의 부산물일 수도 있다. 슈반, 슐라이덴, 피르호는 독일에서 활동하면서 당대의 고상한 과학 언어라고 여겨지던 독일어로 저술한 반면, 푸르키녜와 제자들은 브레슬라우에서 활동했다. 그 도시는 공식적으로는 프로이센에 속했지만, 주로 폴란드 사람들이 사는 변두리 시골 마을로 치부되었다. 1834년 푸르키녜와 발렌틴은 새 현미경을 구해서 조직을 연구했고, 몇몇 동식물이 단일한 구성요소로 이루어져 있다고 주장하는 논문을 프랑스 학사원에 보냈다. 그러나 슈반 및 슐라이덴과 달리, 그들은 모든 생명체를 통일하는 보편적인 원리를 주장하지는 않았다.

계를 통일할 과학적 원리를 끊임없이 추구했다.* 통일 원리를 추구하는 뮐러에게서 영향을 받은 슐라이덴도 세포의 기원이라는 문제에 매달렸다. 슐라이덴이 현미경으로 본 세포들이, 즉 잘 배열된 아주 많은 단위들이 조직 내에서 어떻게 생겨날 수 있는지를 설명할 수 있는 방법은 화학물질에서 잘 배열된 아주 많은 단위들을 생성하는 화학 과정과 연관짓는 것뿐이었다. 바로 **결정화**crystallization 과정이었다. 뮐러는 세포가 생명력을 지닌 체액에서 일종의 결정화 과정을 통해서 생기는 것이 분명하다고 주장했고, 슐라이덴은 이견을 내놓을 수가 없었다.

그러나 슈반은 현미경으로 조직을 연구하면 할수록, 점점 더 이 이론을 뒤엎어야 하는 상황에 놓였다. 이런 이른바 살아 있는 결정은 어디에 있는가? 그는 저서 『현미경 연구』에 이렇게 썼다. "사실 우리는 생물의 성장을 결정화와 비교해왔지만……[결정화는] 불확실하고 역설적인 측면이 아주 많다." 그러나 역설적이라고 해도 슈반조차도 생기론의 교리를 넘어설 수 없었다. 맞지 않는다는 것이 눈에 보임에도 그러했다. 그는 이렇게 주장했다. "주된 결과는 발생의 토대를 이루는 공통 원리가……결정의 형성을 관장하는 법칙과 거의 똑같다는 것이다." 그는 갖은 애를 썼음에도 불구하고, 세포가 어떻게 생겨나는지를 이해할 수 없었다.

1845년 가을 베를린에서 막 의대를 졸업한 스물네 살의 루돌프 피르호는 배가 부풀고 지라가 손으로 만져질 만치 커져 있고 피로가 도저히 가시지

---

* 뮐러의 여러 저술들에는 그가 생기론을 놓고 속으로 갈등했음이 뚜렷이 드러난다. 한 예로 선구적인 저서 『생리학의 편람Handbuch der Physiologie』 서문에서 그는 생명이 생명력을 가진 체액에서 생기는지 "평범한" 무기물에서 생기는지는 불확실하다고 썼다. "그러나 어쨌든 간에 궁극적 요소들이 유기체에서 결합되는 양식뿐 아니라, 그 조합에 영향을 미치는 에너지도 아주 특별하며, 그 어떤 화학 과정을 통해서도 재생될 수 없다는 점을 인정해야 한다."

않는 쉰 살의 여성을 진료해달라는 의뢰를 받았다. 그는 그녀의 피를 한 방울 빼서 현미경으로 검사했다. 피에는 백혈구가 유달리 많았다. 피르호는 그 증상을 백혈구증가증leukocythemia이라고 했다가, 나중에 줄여서 그냥 백혈병leukemia이라고 했다. 혈액에 백혈구가 많은 병이었다.

스코틀랜드에서도 비슷한 사례가 보고되었다. 1845년 3월의 어느 저녁에 존 베넷이라는 스코틀랜드 의사는 다급한 왕진 요청을 받고서 스물여덟 살의 점판암 시공 인부를 진찰했다. 환자는 원인도 모른 채 죽어가고 있었다. 베넷은 이렇게 썼다. "그는 안색이 거무스름하며, 대체로 건강하고 차분하다. 그는 20개월 전에 일을 하다가 몹시 피곤함을 느꼈는데, 그 상태가 줄곧 이어지고 있다고 말한다. 6월에 마침내 배 왼쪽에 종양이 생긴 것을 알아차렸고, 그 뒤로 4개월 동안 종양은 점점 커지다가 더 이상 자라지 않았다고 한다."

그 뒤로 몇 주일 사이에 그 환자의 겨드랑이, 사타구니, 목에도 커다란 종양이 자랐다. 다시 몇 주일이 지나 베넷이 시신을 부검하니, 혈액이 백혈구로 가득했다. 베넷은 환자가 감염으로 사망한 것이라고 주장했다. "다음 사례는 특히 가치가 있어 보인다. 혈관계 전체에 생기는 진정한 고름이 있음을 보여주는 역할을 할 것이기 때문이다." 그는 그것을 자연적인 "피의 곪음"이라고 했다. 생기론자들이 그랬듯이 그도 암묵적으로 자연 발생으로 돌아갔다. 그러나 다른 부위에는 감염이나 염증이 일어났다는 징후가 전혀 없었다. 의사들은 그 사실에 당혹스러워했다.

스코틀랜드 사례는 의학적 호기심을 자극하거나 특이한 현상으로 취급되었지만, 직접 그런 특이한 사례를 접한 피르호는 흥미를 느꼈다. 생명력을 지닌 체액의 결정화를 통해서 세포가 생겨난다는 슈반, 슐라이덴, 뮐러의 말이 옳다면, 어떻게 그리고 왜 피에서 갑자기 결정화가 이루어져서 수많은 백혈구가 생겨난 것일까?

피르호는 이 세포의 기원 문제에 빠져들었다. 그는 갑자기 아무런 이유 없이 백혈구 수천만 개가 생겨난다는 것을 도저히 상상할 수가 없었다. 피르호는 이 수많은 비정상적 백혈구가 다른 세포에서 생겼을 수도 있지 않을까 하고 생각하기 시작했다. 이 세포들은 암세포가 단조로우면서 모습이 비슷하듯이, 서로 **비슷해 보이기**까지 했다. 그는 세포가 나뉘어 두 딸세포를 만든다는 것을 보여준 후고 폰 몰의 식물 세포 관찰 연구를 알고 있었다. 그리고 물론 개구리와 닭의 세포에서 세포가 생겨날 때까지 끈덕지게 현미경을 들여다본 레마크도 있었다. 그런데 그 과정이 동식물에서 일어날 수 있다면, 사람의 피에서도 일어나지 말라는 법은 없지 않을까? 그리고 자신이 본 백혈병이 생리적 과정인 세포분열이 마구 날뛰면서 일어난 것이라면? 기능 이상 세포가 기능 이상 세포를 낳고, 문제가 생겨서 이 세포 생성이 계속되면서 백혈병을 일으킨 것이라면?

피르호의 생애를 관통하는 주제들은 놀라울 만치 일관성을 유지했다. 단호하면서 꾸준한 탐구심과 기존의 지혜와 정통적인 설명에 대한 회의론이었다. 1848년 이 꾸준함은 정치적 차원으로 확대되었다. 그해에 앞서서 슐레지엔 지역에 기근이 들었다. 이어서 치명적인 장티푸스가 그 지역을 휩쓸었다. 언론과 대중의 분노 앞에서 내무부와 교육부는 뒤늦게 감염병을 조사할 위원회를 설치했다. 위원으로 지명된 피르호는 슐레지엔으로 향했다. 프로이센 제국에서 폴란드와 국경을 맞대고 있는 지방이었다(지금은 대부분 폴란드에 속한다). 그곳에서 몇 주일을 지내면서, 그는 그 지방의 병리가 주민들의 병리가 되었다는 사실을 깨닫기 시작했다. 피르호는 분개한 어조로 유행병을 다룬 글을 써서, 자신이 막 창간한 「병리해부학과 생리학과 임상 의학의 기록 보관소*Archiv für Pathologische Anatomie und Physiologie und für Klinische Medicin*」라는 의학지(나중에 「피르호 아카이브

Virchows Archiv」라고 잡지명을 바꾸었다)에 실었다. 그는 이 병이 감염원뿐만 아니라 수십 년에 걸친 정치적 혼란과 사회적 무관심 때문에 생긴 것이라고 결론지었다.

비판을 제기하는 피르호의 글은 주목을 받았다. 그는 자유주의자—당시 독일에서는 위험하면서 경멸의 의미가 담긴 용어였다—라고 낙인찍혔고, 요주의 인물이 되었다. 1848년 돌발적인 대중 혁명 운동이 유럽을 휩쓸자, 피르호도 거리로 나가서 시위에 동참했다. 그는 「의료 개혁*Die Medizinische Reform*」이라는 간행물도 창간했다. 그 지면을 통해서 그는 자신의 과학적 신념과 정치적 신념을 통합하여 정부에 맞서는 철퇴로 삼을 수 있었다.

당대의 가장 명석한 연구자 중 한 명으로 자리를 잡은 사람이라고 해도 이런 반정부 활동은 왕당파의 심기를 건드렸다. 반란은 진압되었고, 일부 지역에서는 잔혹하게 진압이 이루어졌다. 피르호에게는 자선병원에서 사직하라는 명령이 떨어졌다. 어쩔 수 없이 그는 정치적 글을 쓰지 않겠다고 선언하는 문서에 서명을 한 뒤, 조용히 치욕을 감내하면서 뷔르츠부르크의 더 조용한 대학으로 떠났다. 이목을 끌지도, 문제를 일으킬 일도 없이 지낼 수 있는 곳이었다.

활기차고 부산한 베를린에서 나른한 교외 지역인 뷔르츠부르크로 옮길 때 피르호가 어떤 마음이었을지 추측하고픈 유혹이 든다. 1848년의 혁명이 준 역사적 교훈이 있다면, 국가와 시민이 호혜적 관계에 있다는 것이었다. 즉 전체는 부분들로 이루어져 있고, 부분들은 전체를 이루고 있다. 단한 부분이 병들거나 방치되면 병이 전체로 확산될 수 있었다. 암세포 하나가 수십억 개의 악성 세포로 불어나서 복잡한 치명적인 병이 될 수 있는 것과 마찬가지였다. 피르호는 이렇게 썼을 것이다. "몸은 모든 세포가 시민인 세포 국가이다. 질병은 그저 외부 세력의 활동으로 촉발된 시민들의 갈등이다."

바쁘게 돌아가는 베를린과 그 정치로부터 격리된 뷔르츠부르크에서 피르호는 세포학과 의학의 미래를 바꿀 두 가지 추가 원리를 정립하는 일을 시작했다. 그는 동식물의 모든 조직이 세포로 이루어져 있다는 슈반과 슐라이덴의 믿음을 받아들였다. 그러나 세포가 생명력을 가진 체액에서 자연적으로 발생한다는 믿음까지 받아들일 수는 없었다.

그런데 세포는 어디에서 나왔을까? 슈반과 슐라이덴이 그랬듯이 통일시킬 원리가 나올 때가 무르익었고, 피르호는 준비가 되어 있었다. 모든 증거는 선배들이 펼쳐놓은 상태였다. 그는 그저 그 왕관을 집어서 머리에 쓰기만 하면 되었다. 피르호는 세포로부터 세포가 생긴다는 이 특징이 **일부** 세포와 **일부** 조직에만이 아니라 **모든** 세포에 들어맞는다고 했다. 비정상적이거나 특이한 성질이 아니라, 식물, 동물, 인간에 걸친 생명의 보편적인 특징이었다. 세포 하나가 분열하여 2개가 되고, 2개가 4개가 되는 식으로 죽 이어진다. 그는 "세포에서 세포가 나온다"라고 썼다. 라스파이의 문구가 피르호의 핵심 원리가 되었다.

세포는 생명력을 지닌 체액이나 한 개별 세포의 생명력을 지닌 체액 내에서 응결되는 것이 결코 아니었다. "결정화" 같은 것은 전혀 없었다. 결정화는 환상일 뿐이었다. 그런 현상을 관찰한 사람은 아무도 없었다. 이때쯤 세포를 들여다본 현미경학자들은 3세대째에 이르렀다. 그리고 과학자들은 다른 세포에서 세포가 분열을 통해서 생겨나는 것을 관찰했다. 세포의 기원을 설명하기 위해서 어떤 특별한 화학물질이나 신성한 과정을 동원할 필요가 전혀 없었다. 새로운 세포는 이전 세포의 분열로부터 생겨났다. 그것이 전부였다. 피르호는 이렇게 썼다. "생명은 오로지 직접적인 계승을 통해서만 생겨난다."

*　　*　　*

세포는 세포에서 나왔다. 그리고 세포의 생리는 정상적인 생리의 토대이다. 피르호의 첫 원리가 정상 생리에 관한 것이라면, 두 번째 원리는 그것을 뒤집은 것으로, 의학이 비정상을 이해하는 방식을 재구성했다. 그는 세포의 기능 이상이 몸의 기능 이상을 일으키는 것이 아닐까 생각하기 시작했다. **모든 병리가 세포의 병리라면?** 1856년 늦여름에 피르호는 베를린으로 돌아와달라는 요청을 받았다. 점점 높아지는 과학적 명성 앞에서 젊은 시절의 정치적 과오는 용서가 되었다. 얼마 뒤 그는 가장 큰 영향을 끼친 책인 『세포병리학*Die Cellularpathologie*』을 내놓았고, 1858년 봄 베를린의 병리학 연구소에서 강의를 시작했다.

세포병리학은 의학계를 뒤흔들었다. 대대로 해부 병리학자들은 질병을 조직, 기관, 기관계의 손상이라고 생각했다. 피르호는 그들이 질병의 진정한 원천을 놓치고 있다고 주장했다. 그는 세포가 생명과 생리의 기본 단위라면, 병든 조직과 기관에서 관찰되는 병리적 변화도 병든 조직의 단위, 다시 말해 세포에서 일어난 병리적 변화까지 거슬러올라갈 것이라고 추론했다. 따라서 병리를 이해하려면 의사는 눈에 보이는 기관만이 아니라 그 기관의 눈에 보이지 않는 단위의 본질적인 손상을 살펴볼 필요가 있었다.*

기능과 그 반대인 **기능 이상**이라는 단어는 중요했다. 정상 세포는 몸의

---

* 피르호는 이전 세기의 스코틀랜드 외과의 존 헌터와 그의 동생인 윌리엄 헌터뿐 아니라 파도바의 병리학자인 조반니 모르가니의 연구도 떠올렸다. 헌터 형제, 모르가니를 비롯한 많은 병리학자와 외과의들이 시행한 부검은 어떤 기관이 병에 걸렸을 때 반드시 그 병든 조직이나 기관의 해부구조에서 병리학적인 변화가 발견된다는 것을 보여주었다. 예를 들어, 결핵에 걸렸다면, 허파에 육아종이라는 고름이 차 있는 하얀 돌기들이 가득했다. 심장 기능 상실이 일어난 사람은 심장의 근육질 벽이 대개 얇고 지쳐 보였다. 피르호는 이런 각 사례에서 **세포** 기능 이상이 병의 진정한 원인이라고 보았다. 현미경 수준에서 볼 때, 망가진 심장은 심장 **세포**가 망가진 결과였다. 결핵의 고름이 찬 육아종은 항산균 질병에 **세포**가 반응한 결과였다.

청결과 생리를 확보하는 정상적인 일을 "했다." 정상 세포는 단지 수동적이면서 구조적인 특징이 아니었다. 행동가, 활동가, 행위자, 일꾼, 건설자, 창작자였다. 생리에서 핵심 기능들을 맡았다. 그리고 이런 기능들이 어떻게든 파괴되었을 때, 몸은 질병에 걸렸다.

이 이론의 강력한 힘과 적용 범위도 바로 그 단순함에서 나왔다. 의사가 질병을 이해하고자 할 때, 살펴보아야 하는 것은 갈레노스의 체액, 정신 이상, 내면의 히스테리, 신경증, 미아즈마, 또는 신의 의지가 아니었다. 해부 구조의 변화나 다양한 증상—점판암 시공 인부의 혈중 백혈구 증가에 따른 열과 덩어리—은 모두 세포의 변형과 기능 이상까지 올라갈 수 있었다.

본질적으로 피르호는 슈반과 슐라이덴이 정립한 두 원리("모든 생물은 하나 이상의 세포로 이루어진다", "세포는 생물의 구조와 조직의 기본 단위이다")에 더 중요한 세 가지 원리를 추가함으로써 세포론을 다듬었다.

3. 모든 세포는 다른 세포에서 나온다Omnis cellula e cellula.
4. 정상 생리는 세포 생리의 기능이다.
5. 질병, 생리의 파괴는 세포의 생리 파괴의 결과이다.

이 다섯 가지 원리는 세포학과 세포의학의 기둥이 되었다. 인체를 이런 단위들의 집합으로 보게 함으로써 인체에 대한 우리의 이해를 혁신시켰다. 세포를 인체의 근본적인 "원자" 단위라고 봄으로써 인체의 원자론적 개념을 완성했다.

루돌프 피르호는 말년을 몸이 협력하는 사회 조직—세포들이 다른 세포들과 협력하는—이라는 자신의 이론뿐 아니라 국가가 협력하는 사회 조직이라는 자신의 믿음을 옹호하면서 보냈다. 국가는 사람들이 다른 사람들과 협력하는 곳이라는 것이다. 사회가 점점 인종차별적이고 반유대적

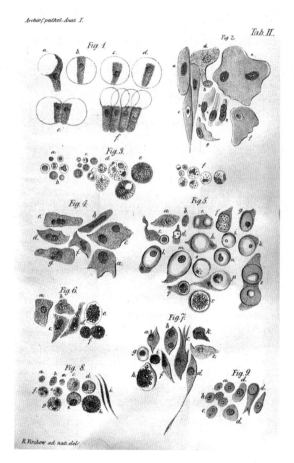

1847년경 「피르호 아카이브」에 실린 그림. 세포와 조직의 구성을 보여준다. 그림 2에서는 서로 붙어 있거나 지지하고 있는 세포들이 보인다. 그림 3f는 과립과 여러 방향으로 불룩한 핵을 지닌 세포(호중구)를 비롯하여 혈액에 있는 다양한 세포들을 보여준다.

인 분위기에 휩싸이고 있을 때, 그는 시민 사이의 평등을 열렬하게 주장했다. 질병은 모두를 평등하게 했다. 의학은 차별하도록 되어 있지 않았다. "병원은 진료가 필요한 모든 아픈 사람들에게 열려 있어야 한다. 돈이 있든 없든, 유대인이든 이교도든 간에."

　1859년 그는 베를린 시의원으로 선출되었고, 1880년대에는 제국의회

의원으로 활동하기에 이르렀다. 그는 독일에서 과격한 민족주의의 악성 형태가 재발하는 광경을 보고 있었다. 그 민족주의는 이윽고 나치 국가로 정점을 찍게 되었다. 나중에 "아리안족" 인종 우월성이라고 불리게 될 것과 금발에 푸른 눈에 하얀 피부를 지닌 "순혈" 국민이 지배하는 국가라는 핵심 신화는 병리 현상으로서 전국을 이미 사악하게 휩쓸고 있었다.

피르호는 특유의 태도로 기존 상식을 거부하고 쇄도하는 인종 분열의 신화를 억누르려고 시도했다. 1876년 그는 머리색과 피부색을 파악하기 위해서 독일인 676만 명을 조사하는 연구에 착수했다. 조사 결과는 그 국가 신화가 거짓임을 보여주었다. 아리안족 우월성의 표지를 지닌 독일인은 3분의 1에 불과했고, 그중 절반 이상은 그런 특징들을 일부만 지니고 있었다. 갈색 머리에 하얀 피부이거나 금발이나 갈색 머리에 푸른 눈이나 갈색 눈인 이들도 있었다. 또 유대인 아이들 중 47퍼센트는 그런 특징들을 일부 지니고 있었고, 11퍼센트는 금발에 푸른 눈이었다. 즉 이상적인 아리안족과 구별이 불가능했다. 그는 1886년 「병리학 아카이브*Archive of Pathology*」에 이 자료를 발표했다. 과학적 자료가 있음에도 불구하고 피르호가 그토록 열정적으로 펼친 시민의 개념을 무너뜨리고 뻔뻔하게 인종을 창안하는 데 성공할 신화 구축의 대가이자, 오스트리아 태생의 독일 대중 선동가가 탄생하기 3년 전이었다.

피르호는 말년에 도시의 하수 시설과 위생에 초점을 맞추어 사회 개혁과 공중 보건 향상에 많은 시간을 쏟았다. 그는 의사에서 연구자, 인류학자, 활동가, 정치가로 옮겨가면서 인상적인 (그리고 많은) 서류, 편지, 강의록, 저술을 남겼다. 그러나 세월의 흐름 앞에서도 굳건히 남아 있는 것은 젊을 때의 저술들, 즉 질병의 세포론을 추구하던 탐구심이 가득했던 젊은이의 생각을 담은 글들이다. 1845년 선견지명을 담은 강연에서 피르호는 생명,

생리, 배아 발생을 세포 활동의 산물이라고 정의했다. "생명은 대체로 세포 활동이다. 생명 세계의 연구에 현미경이 쓰이기 시작하면서, 첨단 연구들은……모든 동식물이 처음에……한 세포로부터 세포가 생겨나고 그 세포로부터 다시 새로운 세포가 생겨나고 그 세포들이 모여서 새로운 형태로 변형된 끝에……놀라운 생물을 이루게 된 것임을 보여주었다."

그는 질병의 토대에 관해서 문의한 과학자에게 답한 편지에서 세포를 병리의 장소라고 말했다. "모든 질병은 살아 있는 몸에 있는 세포 단위들이 많든 적든 변형됨으로써 일어나며, 모든 병리적 혼란, 모든 치료 효과는 관련된 특정한 살아 있는 세포 요소들을 적시하는 것이 가능할 때에야 궁극적으로 설명될 것입니다."

이 두 문단—생명과 병리의 단위가 세포라고 주장한 문단과 세포가 질병의 단위 장소라고 주장하는 문단—은 내 사무실의 벽에 걸려 있다. 세포학, 세포요법, 세포로부터 신인류가 탄생하는 과정을 생각할 때면, 나는 필연적으로 그 내용으로 돌아간다. 말하자면, 이것은 이 책에서 내내 울려퍼질 두 멜로디이다.

2002년 겨울, 나는 보스턴의 매사추세츠 종합병원에서 진료한 환자들 중에서도 증상이 가장 복합적인 환자를 만났다. 당시 나는 전공의 3년 차였다. 스물세 살이던 M.K.는 낫지 않는 심각한 폐렴을 앓고 있었는데, 항생제도 전혀 듣지 않았다. 그는 창백한 얼굴로 덜덜 떨면서 병상에 웅크리고 있었고, 몸은 열 때문에 축축했으며, 열은 불규칙하게 오르내리는 듯했다. 부모는 서로 육촌지간이기도 한 이탈리아계 미국인이었는데, 지쳐서 멍한 표정으로 병상 옆에 앉아 있었다. 만성 감염에 너무나 오래 시달린 탓에 제대로 자라지 못해서 환자의 몸은 겨우 열두세 살에 불과해 보였다. 후배 전공의도 간호사도 손에서 수액과 항생제를 투여할 정맥을 찾지 못하는 바람에, 목정맥을 찾아서 주삿바늘을 꽂아달라고 나를 불렀다. 바늘이 마치 바짝 마른 양피지에 꽂히는 느낌이었다. 피부는 종잇장같이 투명했으며, 촉감도 바삭거리는 듯했다.

M.K.는 특정한 유형의 중증 복합 면역결핍증severe combined immuno-deficiency, SCID에 걸렸고, B세포(항체를 만드는 백혈구)와 T세포(침입한 미생물 세포를 죽이고 면역 반응을 증진시킨다)의 기능에 이상이 생겼다는 진단을 이미 받는 상태였다. 또 그의 혈액에는 기괴한 영국 정원처럼 미생물들이 자라고 있었다. 흔한 것도 있었고 별난 종류도 있었다. 사슬알균, 황색포도알균, 표피포도알균, 기이한 균류, 발음하기조차 어려운 이름의 희귀한 세균 종들이 돌아다녔다. 마치 몸이 살아 있는 미생물 배양접시로 변한 듯했다.

한편 진단 결과 중에는 아무런 의미도 없는 항목들도 있었다. 그를 검진했을 때 B세포 수가 예상보다 더 적게 나왔지만, 우려할 정도는 아니었다. 질병에 맞서는 면역계의 보병인 항체의 혈중 농도도 마찬가지였다. MRI와 CAT 영상에는 악성 질병을 시사할 혹도 덩어리도 전혀 보이지 않았다. 그러자 추가로 혈액 검사를 하라는 지시가 내려졌다. 이런 일들이 일어나는 동안 모친은 퉁퉁 부은 눈으로 말없이 계속 환자의 곁을 지켰다. 보조 침대에서 틈틈이 눈을 붙이면서 매일 밤 무릎에 아들의 머리를 뉘인 채 토닥토닥 재우려고 애썼다. 이 젊은이는 대체 왜 그렇게 심하게 앓는 것일까?

세포의 기능에 뭔가 더 문제가 있는데 우리가 놓치고 있는 것은 아닐까? 매서운 추위가 몰아치던 11월의 어느 날 나는 보스턴에서 밤늦게까지 책상 앞에 앉아서—눈이 두껍게 쌓여 거리가 꽉 막힌 상태여서 집으로 차를 몰고 가다가는 이리저리 미끄러질 가능성이 높았다—머릿속으로 이런저런 가능성을 떠올렸다. 인체 해부와 비슷하게 세포의 병리를 체계적으로 해부할 필요가 있었다. 이 환자의 온몸 세포 지도를 작성할 필요가 있었다. 나는 피르호의 강의 교과서를 펼쳐서 몇몇 구절을 다시 읽었다. "모든 동물은 그 자체가 생명력을 가진 단위들의 합이다. ……이른바 개체는 언제나 부분들의 사회적 협약을 나타낸다." 이어서 그는 모든 세포가 "설령 다른 부위들로부터 자극을 받아서 하는 것이라고 해도, 나름의 특수한 활동을 한다"고 썼다.

"부분들의 사회적 협약." "모든 세포는 다른 세포로부터 자극을 받는다." 하나의 접속점이 망 전체를 망가뜨리는 세포 연결망, 즉 일종의 사회 연결망을 상상해보자. 가운데의 중요한 부위가 찢긴 실제 어부의 그물을 생각해보자. 그물을 던질 때마다 가장자리 중 어느 한 군데가 축 늘어지는 것을 보면, 우리는 거기에 문제가 있다고 판단할 수 있다. 그러면 그 문제의 실제 근원, 진원지를 놓치게 될 것이다. 우리는 주변부에 초점을 맞추겠지만, 물고기가 빠져나가는 곳은 중심부이기 때문이다.

다음 주에 병리학자들은 환자의 혈액과 골수를 실험실로 가져와서 마치 외과수술을 하는 양 세포들을 부분집합별로 낱낱이 해부하기 시작했다. 나는 "피르호식 분석"이라고 부르고 싶다. 나는 그들에게 강조했다. "B세포는 무시합시다. 핏속의 세포 하나하나를 훑으면서, 처진 그물의 중심부를 찾는 겁니다." 미생물을 탐색하면서 혈액과 기관을 돌아다니는 호중구(중성구)는 정상이었고, 비슷한 기능을 하는 다른 백혈구인 대식세포(큰포식세포)도 마찬가지였다. 그런데 T세포의 수를 세면서 분석하자 답이 곧바로 튀어나왔다. 수가 심하게 적었고, 미성숙한 상태였고, 거의 제 기능을 하지 못하고 있었다. 드디어 망가진 그물의 중심부를 찾아낸 것이다.

다른 모든 세포의 비정상과 면역계의 붕괴는 T세포 기능 이상의 증상들에 불과했다. T세포의 붕괴가 면역계 전체로 연쇄적으로 영향을 미치면서 연결망 전체를 무너뜨린 것이다. 이 젊은이는 최초의 진단과는 달리 변형 SCID에 걸리지 않았다. 고장 난 루브 골드버그 장치(쉬운 일을 쓸데없이 복잡한 과정을 거쳐서 하도록 만든 장치/옮긴이) 같았다. T세포 문제가 B세포 문제를 낳았고, 그런 식으로 일이 연쇄적으로 진행되면서 면역계를 완전히 무너뜨렸다.

다음 몇 주일에 걸쳐서 우리는 골수 이식으로 M.K.의 면역 기능을 회복시키려고 시도했다. 일단 새로운 골수를 이식하면, 정상으로 기능하는 기증자의 T세포가 불어나서 면역력을 회복시킬 수 있을 터였다. 그는 이식 수술을 견뎌냈다. 골수세포가 다시 자라났고, 면역력이 회복되었다. 감염 증상은 약해졌고, 그는 다시 성장하기 시작했다. 세포가 정상으로 돌아오자, 몸도 정상으로 돌아왔다. 그 뒤로 5년 후에도 그는 여전히 감염 증상이 없었고, 면역 기능이 회복되고 B세포와 T세포 사이의 의사소통도 정상으로 유지되고 있었다.

M.K.의 사례를 생각하고 병실에 있던 그의 모습을 떠올릴 때마다—부친은 아들이 좋아하는 이탈리아 미트볼을 싸들고 눈길을 헤치고 보스턴의 노스엔드까지 터벅터벅 걸어왔다가 손도 대지 않은 채 침대 옆에 놓인 음식과 진료 기록지에 물음표와 함께 가위표를 계속 적으면서 난감해하고 당혹스러워하는 의사들을 지켜보고는 했다—나는 루돌프 피르호와 그가 내놓은 "새로운" 병리학도 생각한다. 병이 어떤 기관에 있는지 찾아내는 것만으로는 부족하다. 그 기관의 어느 **세포**가 원인인지를 이해할 필요가 있다. 면역 기능 이상은 B세포 문제나 T세포 기능 이상, 면역계를 이루는 다른 수십 종류의 세포 중 다른 어느 하나의 이상으로 생길 수 있다. 예를 들면, 에이즈 환자는 사람 면역결핍 바이러스HIV가 면역 반응을 조절하는 일을 돕는 CD4 T세포라는 특정한 세포를 죽임으로써 면역력이 약해진다. B세포가 항체를 만들지 못해서 생기는 면역결핍증도 있다. 겉으로 보이는 질병의 증상들은 서로 겹칠 수 있지만, 특정한 면역결핍증의 진단과 치료는 원인을 정확히 짚어내지 않는다면 불가능하다. 그리고 원인을 짚어내

는 일은 한 기관계를 해부하여 구성단위의 조성과 기능을 파악하는 과정을 수반한다. 바로 세포 말이다. 피르호는 매일 내게 상기시킨다. "모든 병리적 혼란, 모든 치료 효과는 관련된 특정한 살아 있는 세포 요소들을 적시하는 것이 가능할 때에야 궁극적으로 설명된다."

정상 생리 또는 질병의 중심이 어디인지 알아내려면, 먼저 세포를 살펴보아야 한다.

병원성 세포

미생물, 감염, 항생제 혁명

소라게처럼 미생물도 자신이 먹고 사는 일에만 매달리면 된다. 남들과
조화도 협력도 할 필요가 전혀 없다. 물론 때때로 힘을 합치는 미생물도
있기는 하다. 정반대로 4개의 세포로 이루어진 일부 조류藻類부터 37조
개의 세포로 이루어진 사람에 이르기까지 다세포 생물의 세포는 독립성
을 포기하고 서로 끈끈하게 달라붙어 있다. 서로 다른 기능을 맡고, 더 큰
공공선을 위해서 자신의 생식을 억제하면서 맡은 기능을 충족시키는 데
필요한 만큼만 성장한다. 세포가 반역을 일으킬 때, 암이 생길 수 있다.
— 엘리자베스 페니시, 「사이언스*Science*」, 2018년

루돌프 피르호만이 1850년대에 병리 현상을 파헤치다가 세포를 이해하는
쪽으로 나아간 것은 아니었다. 안톤 판 레이우엔훅이 그보다 약 2세기 앞
서서 현미경으로 본 꿈틀거리는 미소동물은 자율적인 단세포 생물일 가능
성이 높았다. 즉 미생물이다. 그리고 비록 그런 미생물의 대다수는 무해하
지만, 일부는 사람의 조직에 침투해서 염증, 부패, 치명적인 질병을 일으킬
수 있다. 세포(여기서는 미생물 세포)를 병리학 및 의학과 처음으로 긴밀하
게 연관지은 것은 바로 세균론germ theory이었다. 독립적인 살아 있는 세포
인 미생물 중 일부가 사람에게 질병을 일으킬 수 있다는 이론이다.

미생물 세포와 인체의 질병의 연관성은 수세기 동안 과학자와 철학자들
을 사로잡았던 질문의 답으로서 출현했다. 부패의 원인이 무엇일까? 부패
는 과학적 문제만이 아니라 신학적 문제이기도 했다. 일부 기독교 교리에

는 성인과 국왕의 시신은 부패하지 않는다고 나와 있었다. 특히 죽음, 부활, 승천의 중간 단계에서 기다리고 있을 때 그렇다고 했다. 그러나 성인과 범죄자의 부패 속도에 아무런 차이도 없는 듯하자, 신학적 재고가 이루어져야 했다. 부패의 원인이 무엇이든 간에, 분명히 신의 법칙에 따라 행동하지 않았으니까. 어쨌거나 천국으로 올라가는 성인의 시신을 버려진 사체처럼 썩어가면서 해체되는 모습과 조화시키기는 쉽지 않았다.

1668년 프란체스코 레디는 "곤충의 발생 실험"이라는 논문을 발표하여 논쟁을 불러일으켰다. 레디는 물질이 썩어가는 첫 징후 중 하나인 구더기가 희박한 공기에서 나오는 것이 아니라, 파리가 낳은 알에서만 나올 수 있다고 결론을 내렸다. 자연 발생이라는 생기론의 교리를 다시금 반박한 사례였다. 레디가 쇠고기나 생선을 얇은 모슬린 천으로 덮어서 공기는 통하게 하고 파리는 앉지 못하게 하자 구더기가 생기지 않은 반면, 공기와 파리에 노출시킨 고기나 생선에서는 구더기가 우글우글 자라났다. 더 이전의 미아즈마 이론은 고기의 부패가 내부에 있거나 공기에 떠다니는 미아즈마로부터 일어난다고 보았다. 레디는 부패가 살아 있는 세포(구더기 알)가 공기로부터 고기에 내려앉을 때 일어난다고 주장했다. 그는 이렇게 썼다. "모든 생명은 생명으로부터 나온다Omne vivum ex vivo." 실험생물학의 창시자로 알려진 그는 한마디로 피르호의 훨씬 더 대담한 선언의 선조격인 선언을 한 셈이었다. 그는 생명이 생명에서 나온다고 주장했다. 세포에서 세포가 나온다는 개념에서 겨우 한 발짝 떨어져 있었을 뿐이다.

1859년 파리에서 루이 파스퇴르는 레디의 실험을 더욱 확장했다. 그는 둥근 플라스크의 목을 백조의 목처럼 S자 모양으로 구부린 뒤, 그 안에 고기즙을 넣고 끓였다. 그 백조 목 병을 공기 중에 그대로 놓아두자, 고기즙은 멸균 상태를 유지했다. 공기의 미생물이 굽은 목을 통해서 들어가기가 어려웠기 때문이다. 그러나 플라스크를 기울이거나 목을 부러뜨려서 즙을 공기에 노출시키자, 즙은 미생물이 자라면서 탁해졌다. 파스퇴르는 세균 세포가 공기와 먼지를 통해서 운반된다고 결론지었다. 부패, 즉 썩음은 생물의 내부 분해 작용으로, 즉 내면의 죄악이 육화한 형태로부터 생기는 것이 아니었다. 분해는 이런 세균 세포가 즙에 내려앉을 때에만 일어났다.

분해와 질병은 겉보기에는 전혀 달랐지만, 파스퇴르는 양쪽 사이의 중요한 연결 고리를 만들었다. 그는 누에의 감염, 포도주의 부패, 동물 사이의 탄저균 전파를 연구했다. 그는 이 모든 사례들에서 감염이 떠다니는 미아즈마 입자나 신의 처벌이 아니라, 미생물의 침입으로 일어난다는 것을 밝혀냈다. 즉 단세포 생물이 다른 생물로 들어가서 병리적 변화와 조직 손상을 일으킨다는 것이었다.

독일 볼슈타인에서는 로베르트 코흐라는 직위는 낮았지만 의학 교육을 받은 젊은 의무관이 임시로 만든 연구실에서 파스퇴르 이론을 가장 혁신적으로 발전시켰다. 1876년 초에 그는 감염된 소와 양에서 탄저균*Bacillus anthracis*을 분리하여 현미경으로 살펴보는 방법을 터득했다. 현미경 아래에서 막대 모양의 투명한 미생물이 흔들거리고 있었다. 나약해 보였지만, 치명적인 세균이었다. 이 세균은 건조나 열에 아주 강한 둥근 휴면 포자도 형성할 수 있었다. 물을 떨구거나 취약한 숙주에 넣으면, 이 포자는 휴면 상태에서 깨어나 치명적인 삶을 재개했다. 막대 모양의 탄저균으로 자란 뒤에는 빠르게 불어나면서 질병을 일으켰다. 코흐는 탄저균에 감염된 소의 피 한 방울을 뽑아서 멸균한 나무칼로 살짝 쨴 생쥐 꼬리에 묻힌 뒤 기다렸다. 1876년에 이르기까지 체계적이면서 과학적인 방식으로 질병을 한 생물에서 다른 생물로 옮기는 실험을 한 과학자가 전혀 없었다는 것은 생물학의 역사에서 믿어지지 않는, 더 나아가 불가해한 일로 남아 있다.

탄저균은 세포를 죽이는 독소를 분비한다. 생쥐에게서는 탄저균 병터가 생겨났다. 지라는 세포들이 죽으면서 검게 부풀었고, 허파에도 군데군데

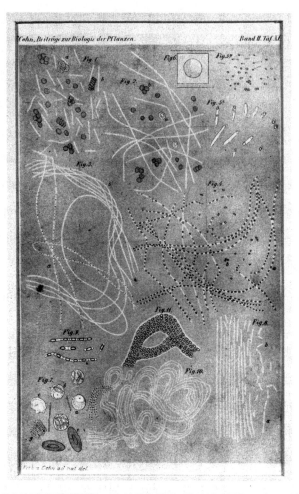

로베르트 코흐가 탄저균을 관찰한 그림. 실 같은 긴 탄저균과 작고 둥근 포자도 보인다.

비슷한 검은 병터가 생겼다. 코흐가 현미경으로 지라를 조사하니, 수많은 죽은 생쥐 세포들 사이에서 막대 모양의 세균이 흔들거리면서 우글거리고 있었다. 그는 같은 실험을 20번 되풀이했다. 생쥐에 접종하고 지라를 꺼내고 피 한 방울을 채취해 다른 생쥐에게 접종하는 과정을 반복했다. 매번 접종된 생쥐는 탄저병에 걸렸다. 코흐의 마지막 실험은 가장 독창적이었다. 그는 유리 통을 멸균한 뒤 죽은 소의 눈에서 체액을 뽑아서 그 안에 떨어뜨렸다. 그런 뒤 탄저균에 감염된 생쥐에서 떼어낸 지라 조각을 방울에 떨구었다. 같은 막대 모양의 세균이 그 액체에서 **빽빽**하게 자라나서 투명한 액체가 미생물 세포로 탁해졌다.

코흐의 실험은 꾸준하면서 체계적이었다. 또 아주 정밀했다. 루이 파스퇴르는 연관을 통한 인과성을 가정했다. 포도주의 부패는 세균의 과다 증식과 관련이 있었다. 고기즙의 부패는 미생물의 접촉과 연관되었다. 반면에 코흐는 인과성을 더 체계적으로 정립하고 싶었다. 먼저 그는 병든 동물로부터 미생물을 분리했다. 이어서 병원체를 건강한 동물에 옮기면 같은 병이 생긴다는 것을 보여주었다. 그런 뒤 접종한 동물에게서 미생물을 다시 분리하여 순수한 형태로 배양한 다음, 그 미생물도 다시 병을 일으킬 수 있다는 것을 보여주었다. 그 논리를 누가 무너뜨릴 수 있겠는가? 그는 일지에 이렇게 썼다. "이 사실로 볼 때 탄저균이 정말로 탄저병의 원인과 감염원인지를 둘러싼 모든 의구심은 바로 잠잠해진다."

탄저균 실험의 결론을 내린 지 8년 뒤인 1884년 코흐는 자신의 관찰과 실험을 토대로 미생물 질병의 인과성 이론을 구성하는 네 원리를 제시했다. 미생물이 특정한 질병을 일으킨다고 주장하기 위해서(예를 들면, 사슬알균이 폐렴을 일으키거나 탄저균이 탄저병을 일으키는 식으로), 그는 다음 원리들을 제시했다. (1) 생물/미생물 세포는 건강한 개체에게는 없고 병든 개체에게서 발견되어야 한다. (2) 미생물 세포는 병든 개체로부터 분리되고 배양되어야 한다. (3) 배양한 미생물을 건강한 개체에게 접종하면 그 병의 핵심 특징들이 재현되어야 한다. (4) 미생물을 접종한 개체로부터 다시 분리하여 원래의 미생물과 일치함이 확인되어야 한다.[*]

---

[*] 코흐의 질병 인과성 원리들은 대부분의 감염병에 적용되지만, 숙주 인자들을 고려하지 않으며 비감염병에는 적용하기 어렵다. 예를 들면, 흡연은 폐암을 일으키지만, 모든 흡연자가 폐암에 걸리는 것은 아니다. 우리는 암 환자에게서 담배 연기를 분리해서 뿜어

코흐의 실험과 그의 원리는 생물학과 의학 전체로 깊이 울려퍼졌고, 파스퇴르의 생각에도 영향을 미쳤다. 그러나 지적으로 가까움에도(아니 아마도 그 때문에) 코흐와 파스퇴르는 그 뒤로 수십 년에 걸쳐서 격렬한 경쟁을 벌였다(물론 1870년대의 프랑스-프로이센 전쟁도 프랑스인과 독일인 사이의 과학적 동료 의식 함양에 좋지 않은 영향을 미쳤다). 파스퇴르는 코흐와 거의 동시에 탄저균 논문을 발표했는데, 박테리디아bacteridia라는 프랑스 용어를 쓰면서, 거의 복수의 기쁨을 누리는 듯한 어조로 코흐의 용어를 잘 보이지 않는 각주에 처박아놓았다.* "독일인들의 탄저균에 해당." 그러자 코흐도 조롱조로 과학적 모욕을 가했다. 1882년 프랑스의 한 학술지에 그는 이렇게 썼다. "지금까지 파스퇴르의 탄저균 연구는 아무 성과도 내놓지 못했다."

본질을 따지자면, 그들의 과학적 다툼은 사소한 것이었다. 파스퇴르는 연구실에서 배양을 반복하면 세균 세포가 병을 일으키는 능력이 약해질 수 있다고, 생물학 전문 용어로 말하면 약독화할 수 있다고 주장했다. 파스퇴르는 약독화한 탄저균을 백신으로 사용하자고 했다. 약해진 세균이라면 병을 일으키지 않으면서 면역력을 강화할 것이라고 보았다. 그러나 코흐는 미생물이 병원성을 계속 띠기 때문에, 독성이 약해진다는 주장이 헛

도 그 병을 다른 사람에게 옮길 수 없다. 간접 흡연이 폐암을 일으킬 수 있다는 사실은 분명하지만 말이다. HIV는 분명히 에이즈를 일으키지만, HIV에 노출된 모든 사람이 그 바이러스에 감염되어 에이즈에 걸리는 것은 아니다. 숙주의 유전학이 바이러스가 세포에 침투할 능력에 영향을 미치기 때문이다. 또 신경퇴행 질환인 다발경화증 환자에게서는 미생물이나 원인 물질을 분리하여 그 병을 다른 사람에게 옮길 수 없다. 시간이 흐르면서 역학자들은 비감염병의 인과성을 판단할 더 넓은 기준을 마련하게 되었다.

* 프랑스 과학자 카시미르 다벤도 탄저병 표본에서 막대 모양의 미생물을 관찰했고, 박테리디아라는 이름을 붙였다. 파스퇴르는 프랑스 동료에게 과학적 경의를 표하는 동시에 독일인을 경멸하는 의도로 그 용어를 썼다.

소리라고 보았다. 머지않아 두 사람 모두 옳다는 것이 드러났다. 일부 미생물은 약해질 수 있는 반면, 그렇지 않은 미생물도 있었다. 그러나 양쪽을 종합하면, 파스퇴르와 코흐의 연구는 병리학의 새로운 방향을 가리키고 있었다. 그들은 적어도 살펴본 동물과 배양 환경에서는 자율적이고 살아 있는 미생물 세포가 부패와 질병을 모두 일으킬 수 있음을 보여주었다.

그런데 미생물 세포가 일으키는 부패와 인간의 질병은 어떻게 연결되는 것일까? 양쪽이 어떻게 이어지는지 단서를 처음으로 포착한 사람은 헝가리의 산과의사 이그나즈 제멜바이스였다. 그는 1840년대 말에 빈의 산과병원에서 조수로 일했다. 병원은 1병동과 2병동, 2개의 병동으로 나뉘어 있었다. 19세기에 출산은 생명을 탄생시키는 과정인 동시에 거의 그만큼 생명을 앗아가는 과정이기도 했다. 산모의 5-10퍼센트는 산후에 감염, 즉 산욕열로 사망했다. 제멜바이스는 병원에서 한 가지 기이한 양상이 나타난다는 사실을 알아차렸다. 2병동에 비해 1병동이 산욕열로 사망하는 산모의 비율이 상당히 더 높았다. 이 차이는 입소문을 타고 빈에 널리 퍼졌기 때문에 사실상 누구나 아는 비밀이었다. 그래서 임신부는 애원하거나 구슬리거나 부정한 방법을 써서라도 2병동에 입원하려고 애썼다. 현명하게도 일부 여성은 1병동이 길거리보다 훨씬 더 위험하다고 생각해서 아예 이른바 길거리 출산, 즉 병원 바깥에서 출산을 하는 쪽을 택했다.

제멜바이스는 깊은 생각에 잠겼다. "병동 바깥에서 출산하는 사람들이 이 파괴적인 미지의 풍토병에 걸리지 않는 이유가 무엇일까?" 그는 아주 드물게 "자연" 실험을 할 기회가 왔음을 알아차렸다. 같은 조건에 놓인 두 여성이 같은 병원의 서로 다른 문으로 들어왔다. 한 명은 건강한 아기를 낳고 퇴원했고, 다른 한 명은 시신 안치소로 보내졌다. 이유가 무엇일까? 수사관이 용의자를 한 명씩 제외시키는 것처럼, 제멜바이스는 머릿속에서 원인들의 목록을 작성한 뒤 하나하나 지워나갔다. 과밀 상태도, 산모의 나이도, 환기 부족도, 분만에 걸리는 시간도, 산모들이 한 병실에 있었는지 여부도 아니었다.

1847년 제멜바이스의 동료 의사인 야코프 콜레치카가 부검을 하다가 칼에 베였다. 곧 몸에 열이 나고 상처 부위가 썩어갔다. 제멜바이스가 도울 수 있는 방법은 거의 없었지만, 그는 콜레치카의 증상이 산욕열을 앓는 여성들의 증상과 판박이임을 알아차렸다. 따라서 바로 거기에 답이 있을 가능성이 높았다. 1병동은 외과의들과 의대생들이 운영했는데, 그들은 별생각 없이 병리학과와 산과병동을 오갔다. 시신을 해부하고 부검을 한 다음 곧바로 분만실로 가고는 했다. 반면에 2병동은 산파들이 운영했고, 그들은 시신과 접촉할 일도 없었고 부검도 하지 않았다. 제멜바이스는 외과의와 의대생이 장갑을 끼지 않은 채 으레 임신부를 진찰하다가 부패하는 시신에 있던 어떤 물질—그는 그것을 "사체 물질cadaverous material"이라고 했다—을 옮기는 것이 아닐까 하고 추측했다.

제멜바이스는 학생과 의사들에게 산과병동으로 들어가기 전에 염소액으로 손을 씻으라고 고집했다. 그는 두 병동의 사망 기록을 꼼꼼히 기록했다. 손씻기의 영향은 놀라웠다. 1병동의 사망률이 무려 90퍼센트 감소했다. 1847년 4월의 사망률은 거의 20퍼센트로, 산모 5명 중 1명이 산욕열로 사망했다. 엄격하게 손을 씻도록 조치를 한 뒤인 8월에는 산모의 사망률이 2퍼센트로 떨어졌다.

결과는 놀라웠지만, 제멜바이스는 그런 가시적인 결과를 설명할 방법이 전혀 없었다. 피였을까? 체액이었을까? 입자였을까? 빈의 나이 많은 외과의들은 세균론을 믿지 않았고, 병동을 오갈 때 손을 씻으라는 젊은 조수의 견해에는 전혀 관심이 없었다. 제멜바이스는 조롱과 괴롭힘에 시달렸고, 승진에서 배제되었으며, 이윽고 병원에서 쫓겨났다. 사실 산욕열이 "의사의 역병"—의원병, 즉 의사가 일으키는 병—이라는 개념을 빈의 의대 교수들이 받아들일 리가 없었다. 제멜바이스는 점점 좌절에 빠졌고 유럽 전역의 산과의사와 외과의에게 비난하는 편지를 보냈지만, 모두 그를 괴짜라고 무시했다. 그는 결국 부다페스트의 교외에 틀어박혔지만, 그의 정신은 더욱 파탄났다. 이윽고 그는 정신병원에 갇혔고 그곳에서 경비원들에게 맞아서 뼈가 부러지고 발이 썩어갔다. 그는 1865년에 사망했다. 다쳐서 생긴 패혈증으로 사망했을 가능성이 높다. 병균, 즉 그가 감염원이라고 여기고서 정체를 파악하려고 애쓴 바로 그 "물질" 때문이었다.

제멜바이스가 부다페스트로 떠밀려간 지 얼마 지나지 않은 1850년대에 존 스노라는 영국 의사는 런던 소호 지역에서 맹위를 떨치던 콜레라 유행의 경로를 추적하고 있었다. 스노는 질병을 증상과 치료라는 관점에서만 본 것이 아니라, 지리와 전파도 기여 요인이라고 생각했다. 그는 그 유행병이 거리와 경관 전체에서 특정한 양상으로 퍼지고 있으며, 원인을 알려줄 단서가 거기에 있을 것이라고 직감했다. 스노는 지역 주민들이 그 병에 걸린 시간과 위치를 조사했다. 그런 뒤 마치 영화를 거꾸로 돌려보듯이, 시간과 공간을 되짚어가면서 병의 기원, 오염원, 원인을 찾아나섰다.
　스노는 오염원이 공기에 떠다니는 눈에 보이지 않는 미아즈마타가 아니라 브로드 가에 있는 특정한 우물이라고 결론지었다. 연못에 던진 돌을 중심으로 잔물결이 퍼져나가듯이, 그 우물로부터 유행병이 퍼져나간, 아니 흘러나온 듯했다. 나중에 스노가 사망자가 나온 곳을 막대로 표시하면서 유행병 지도를 그리자, 막대들이 그 우물을 에워싸고 있는 모습이 되었다 (현재 대다수의 역학자들에게 더 친숙한, 사망자를 점으로 표시한 지도는 1960년대에 그려졌다). "거의 모든 사망자들이 우물에서 짧은 거리 안에서 나왔다. 다른 거리의 우물에 훨씬 더 가까이 있는 집들에서 발생한 사망자

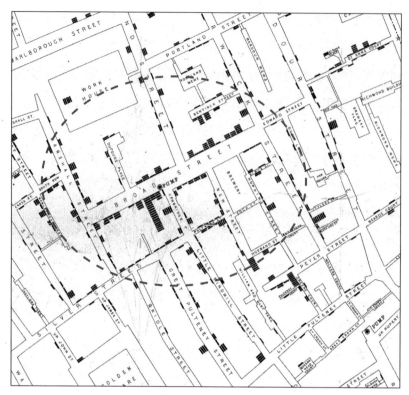

1850년대 런던 브로드 가 우물 주변의 콜레라 사망자 현황을 파악한 존 스노의 그림. 화살표는 우물의 위치이며(저자가 덧붙였다), 검은 막대의 높이는 그 집의 사망자 수를 나타낸다(스노가 파악한 지역을 에워싸는 원은 저자가 덧붙인 것이다).

는 10명이었다. 유족에게 물어보니, 그중 5명은 가까이 있는 우물보다 브로드 가의 우물이 물맛이 더 좋다면서 늘 그곳의 물을 길어 먹었다고 했다. 다른 3명은 브로드 가 우물 가까이 있는 학교에 다닌 아이들이었다."

그런데 오염원에서 나온 물질은 무엇이었을까? 1855년경에 스노는 물을 현미경으로 살펴보기 시작했다. 그는 그 물질이 증식할 수 있는 무엇이라고 확신했다. 즉 사람을 감염하고 재감염할 수 있는 구조와 기능을 지닌 입자라고 보았다. 그는 저서 『콜레라 전파 양상에 관하여On the Mode of Communication of Cholera』에 이렇게 썼다. "스스로 번식하는 특성을 지닌 콜레라의 병원성 물질은 어떤 구조를 지닐 것이 틀림없으며, 세포일 가능성이 가장 높다."

아주 예리한 통찰이었다. 세포라는 단어를 썼다는 점에서 더욱 그렇다. 본질적으로 스노는 의학의 서로 다른 세 이론과 분야를 일부 통합했다. 먼저 역학은 집단 수준에서 사람의 질병의 양상을 설명하려고 애썼다. 역학 epidemiology이라는 분야는 사람들 위를 "떠다니는" 셈이었다. 어원이 에피 epi(위)와 데모스demos(사람들)인 것도 그 때문이다. 집단에서의 전파, 발병율과 이환율罹患率의 증감, 특정한 지리적 또는 물리적 분포의 존재 유무—이를테면 브로드 가 우물로부터의 거리—라는 관점에서 인간의 질병을 이해하려고 시도했다. 한마디로 역학은 위험을 평가하도록 고안된 분야였다.

그러나 스노는 추론한 위험에서 물질로, 즉 역학 이론에서 병리학 이론으로도 나아갔다. 그 물에 있는 무엇인가—역시나 세포—가 감염의 원인이었다. 지리, 즉 질병의 지도는 그 근본 원인을 알려주는 단서일 뿐이었다. 어떤 물질이 시공간을 이동하면서 질병을 퍼뜨린다는 신호였다.

두 번째 분야인 세균론은 아직 유아기에 있었는데, 몸을 침입해서 그 생리를 혼란에 빠뜨리는 미생물이 감염병을 일으킨다는 개념을 제시했다.

세 번째 분야의 이론이 가장 대담했다. 바로 세포론이었다. 질병을 일으키는 보이지 않는 미생물이 사실은 그 물을 오염시킨 독립된 살아 있는 생물—세포—이라는 이론이었다. 스노는 현미경으로 콜레라균을 직접 보지는 못했다. 그러나 그 원인 요소가 몸에서 증식한 뒤 하수로 다시 배출되었다가 감염 주기를 재개한다는 것을 본능적으로 이해했다. 감염 단위는 스스로를 복제할 수 있는 살아 있는 실체여야 했다.

이 대목을 쓰고 있자니, 이 기본 틀—세균, 세포, 위험—이 지금도 의학에서 진단 기술의 아주 중요한 뼈대를 이루고 있다는 생각이 떠오른다. 환자를 볼 때마다 나는 병의 원인을 이 세 가지 기본 질문들을 통해서 탐색하고 있음을 깨닫는다. 세균이나 바이러스 같은 어떤 외래 요인일까? 내부에서 생기는 세포 생리의 교란일까? 병원체에의 노출이나, 집안 병력이나, 환경 독소 같은 어떤 특정한 위험의 결과일까?

젊은 종양학자 시절에 나는 이전까지는 건강했는데 갑자기 피로감에 시달리게 된 교수를 만난 적이 있다. 팔다리에 힘이 하나도 없어서 침대에서 아예 일어나지도 못하는 일이 며칠씩 이어지기도 했다. 그는 여러 전문의들을 찾아다니면서 진료를 받았고, 상상할 수 있는 온갖 병에 걸렸다는 말을 들어야 했다. 만성피로 증후군, 루푸스, 우울증, 정신신체 질환, 잠재암 등등. 이 오진 목록은 계속 늘어났다.

그는 온갖 검사를 받았지만, 혈액 검사에서 만성 빈혈이 있다는 결과를 제외하면 모두 음성이었다. 그러나 적혈구 수가 적다는 것은 질병의 원인이 아니라 증상이다. 병원 순례를 하는 와중에도 그의 쇠약증은 점점 심해졌다. 또 등에 기이한 발진도 일어났다. 마찬가지로 원인 모를 증상이었다. 며칠 뒤 그는 다시 병원을 찾았지만, 도무지 뭐라고 진단을 내릴 수가 없었다. 그때 X선 사진에 허파를 둘러싼 두 겹의 가슴막주머니에 얇은 막처럼 체액이 고여 있는 것이 보였다. 이제 나는 어떤 병인지 확실히 진단을 내렸다. 당연히 암이었다. 줄곧 숨어 있었던 것이다. 나는 두 갈비뼈 사이로 주삿바늘을 찔러넣어서 체액을 소량 빼내어 병리학 연구실로 보냈다. 나는 체액에서 암세포가 발견될 것이고, 그러면 다 해결될 것이라고 확신했다.

그러나 환자에게 추가로 영상을 찍고 생검을 받으라고 하기도 전에, 슬며시 의구심이 들기 시작했다. 나 자신의 진단이 과연 확실한지 본능적으로 의구심이 피어났고, 그래서 나는 그를 내가 아는 최고의 내과의에게로 보냈다(때때로 다른 시대에서 온 거의 시대착오적인 인물처럼 보이는 별난 의사였다. "환자의 냄새를 맡는 거 잊지 마." 이 의학계의 프루스트[그의 소설에는 냄새를 맡고서 추억을 떠올린다는 내용이 실려 있다/옮긴이]는 전에 내게 그렇게 조언하면서 냄새만으로 진단할 수 있는 질병을 죽 읊었다. 나는 그의 연구실에 선 채로 쩔쩔매면서 듣고 배웠다).

다음 날 그 내과의가 나를 불렀다.

"환자가 어떤 위험을 접했는지 물어봤어?"

나는 애매하게 그렇다고 웅얼거렸지만, 부끄럽게도 오로지 암을 진단하는 쪽에만 초점을 맞췄다는 사실을 깨달았다.

"환자가 인도에서 태어나서 3년 동안 살았다는 거 알았어? 그 뒤로 일곱 번이나 인도를 여행했다는 건?" 그가 물었다. 나는 그런 질문을 할 생각조차 하지 못했다. 환자는 내게 어릴 때부터 죽 매사추세츠 벨몬트에서 살았다고 했고, 나는 환자가 어디에서 태어났으며 언제 미국으로 이주했는지 같은 질문을 더 할 생각은 아예 하지 않았다.

"그리고 허파 체액을 세균학 연구실로 보냈겠지?" 현명한 프루스트 의사가 물었다.

이때쯤 내 얼굴은 발갛게 달아올라 있었다.

"왜지?"

"당연히 재활성화 결핵 때문이지."

고맙게도 병리학 연구실은 내가 보낸 체액의 절반을 그대로 보관해둔 상태였다. 3주일 사이에 그 체액에서 결핵의 원인균인 결핵균이 증식했다. 환자는 적절한 항생제 치료를 받았고 서서히 회복되었다. 몇 달 지나지 않아서 모든 증상은 사라졌다.

나는 이 창피한 일화로부터 한 가지 교훈을 얻었다. 지금도 나는 정체 모를 병을 앓는 환자를 진찰할 때면, 존 스노와 환자의 냄새 맡기를 좋아하는 내과의 친구를 떠올리면서 속으로 중얼거린다. 세균, 세포, 위험.

세균론을 적용하자 의학에 변화가 일어났다. 루이 파스퇴르가 부패 실험을 끝낸 지 몇 년 뒤(그리고 로베르트 코흐가 미생물이 동물 모형에서 질병을 일으킨다는 것을 결정적으로 증명하기 10여 년 전)인 1864년 스코틀랜드 글래스고에서 조지프 리스터라는 젊은 외과의가 "부패 연구Recherches sur la putréfaction"라는 파스퇴르의 논문을 우연히 접했다. 그는 영감 어린 비약을 통해서 파스퇴르가 백조 목 플라스크에서 관찰한 부패와 자신이 병동에서 보는 수술 감염을 연관지었다. 고대 인도와 이집트에서도 의사는 끓는 물로 도구를 소독했다. 그러나 리스터의 시대에 외과의는 미생물에 오염될 가능성 자체에 거의 주의를 기울이지 않았다. 수술은 이루 말할 수 없이 비위생적인 방식으로 이루어졌다. 마치 인류 역사의 위생 지식을 일부러 거부하는 듯했다. 예를 들면, 한 환자의 상처에서 빼낸 고름으로 덮인 수술 탐침을 소독도 하지 않은 채 다른 환자의 몸에 그냥 찔러넣었다. 사실 외과의는 "기특한 고름laudable pus"이라는 말을 썼다. 고름이 치유 과정의 일부라고 생각했기 때문이다. 수술칼이 피와 고름이 덕지덕지 붙은 수술실 바닥에 떨어지면, 의사는 마찬가지로 오염된 앞치마에 그냥 쓱 닦은 뒤 쾌활하게 그 칼로 다음 환자를 수술했다.

　리스터는 세균이 감염을 일으킨다고 확신했고, 그 세균을 없앨 용액에 수술 도구를 담가서 끓이기로 결심했다. 그런데 어떤 용액이 좋을까? 그는 석탄산이 오폐수의 악취 제거에 쓰인다는 것을 알았다. 그렇다면 석탄산이 하수도 주변에서 미아즈마를 생성하는 세균을 죽일 가능성이 높다고 생각했다. 이렇게 잇달아 영감 어린 생각의 비약을 거쳐서, 그는 수술 도구를 석탄산에 넣고 끓이기 시작했다. 그러자 수술 후 감염률이 급감했다. 상처도 빠르게 치유되었고, 패혈성 쇼크—모든 수술 과정의 끔찍한 파국—도 급격히 줄어들었다. 처음에 외과의들은 리스터의 이론을 거부했지만, 자료들은 점점 더 논란의 여지가 없을 만큼 명백해졌다. 제멜바이스처럼 리스터도 세균론을 의료 행위로 전환했다.

1860년대부터 1950년대까지 한 세기가 채 되지 않는 기간에, 감염을 막는 확립된 유일한 방법들인 살균, 위생, 소독은 미생물 세포를 죽이는 항생제의 발명으로 대폭 개선되었다. 1910년 파울 에를리히와 하타 사하치로가 발견한 아르스페나민arsphenamine이라는 비소 유도체가 최초의 항생제였다. 그들은 그 물질이 매독을 일으키는 미생물을 죽일 수 있다는 것을 알았다. 곧이어 항생제가 계속해서 발견되기 시작했다. 1928년 알렉산더 플레밍이 곰팡이 핀 배양접시에서 발견한 곰팡이가 분비하는 항생물질인 페니실린, 1943년 앨버트 샤츠와 셀먼 왁스먼이 흙에 사는 세균에서 분리한 스트렙토마이신이 대표적이다.

의학의 모습을 바꾼 약물인 항생제는 대체로 미생물 세포와 숙주 세포를 구분하는 무엇인가를 공격하기 때문에 효과가 있다. 페니실린은 세포벽을 합성하는 세균 효소를 파괴함으로써 세균은 벽에 "구멍"이 송송 뚫려서 죽는다. 사람 세포에는 그런 세포벽이 없기 때문에, 페니실린은 세포벽이 온전해야 살아갈 수 있는 세균 종들을 없애는 마법의 총알이다.

독시사이클린, 리팜핀, 레보플록사신 같은 강력한 항생제들은 세균 세포와 사람 세포에서 차이가 나는 분자 성분을 인식한다. 이런 의미에서 모든 항생제는 "세포 약"이다. 즉 미생물 세포와 사람 세포의 차이에 의존하는 약이다. 세포학을 더 깊이 이해할수록, 우리는 더 미묘한 차이들을 파악할 수 있을 것이고, 더 강력한 항미생물제를 만들 수 있을 것이다.

항생제와 미생물 세계를 떠나기 전에, 차이를 구별하는 문제를 잠시 살펴보기로 하자. 지구의 모든 세포, 즉 모든 생물의 모든 기본 단위는 생물의 세 역domain, 즉 세 갈래 중 하나에 속한다. 첫 번째 가지는 세균이다. 세포막으로 둘러싸여 있고, 동물과 식물의 세포에 있는 특정한 세포 구조들이 없으며, 자기만의 독특한 구조들을 지닌 단세포 생물이다(위에서 말한 항생제의 특이성은 바로 이런 차이에서 나온다).

세균은 파괴적이고, 사나우면서, 기괴하게 잘 살아간다. 세균은 세포 세계를 지배한다. 우리는 세균을 병원체라고 생각하는데, 바르토넬라, 폐렴사슬알균, 살모넬라 등 그들 중 소수가 질병을 일으키기 때문이다. 그러나 우리의 피부, 창자, 입에는 아무런 병도 일으키지 않는 세균이 수십억 마리나 우글거리고 있다(과학 저술가 에드 용의 선구적인 저서 『내 속엔 미생물이 너무도 많아I Contain Multitudes』는 우리가 세균들과 긴밀하면서 대체로 공생관계를 맺고 있음을 파노라마처럼 보여준다). 사실 세균은 무해하거나 실질적으로 도움이 된다. 창자의 세균은 소화를 돕는다. 일부 연구자들은 피부의 세균이 훨씬 더 해로운 미생물이 정착하는 것을 막는다고 추측한다. 한 감염병 전문가는 내게 사람이 "전 세계로 세균을 운반하는 멋져 보이는 가방"일 뿐이라고 말했다. 그 말이 옳을지도 모른다.

세균의 수와 회복력에 나는 깜짝 놀란다. 일부는 거의 끓는 온도의 물이 솟구치는 해저 열수 분출구에서 산다. 그들은 증기를 뿜어내는 주전자 안에서도 쉽게 번성할 수 있을 것이다. 위산 속에서 번성하는 종류도 있다. 반면에 지구의 가장 추운 곳에서, 연간 10개월은 땅이 꽁꽁 얼어붙는 곳에서도 마찬가지로 편하게 살아가는 듯한 종류도 있다. 이들은 자율적이고, 이동성이 있고, 의사소통하며, 증식한다. 체내 환경을 일정하게 유지하는 강력한 항상성 메커니즘도 지닌다. 또 완벽하게 자족적인 은둔자이지만, 협력하여 자원을 공유할 수도 있다.

우리—당신과 나—는 두 번째 가지, 즉 진핵생물역에 속한다. **진핵생물**eukaryote이라는 단어는 학술 용어이다. 우리의 세포, 동물, 균류, 식물의 세포가 핵nucleus—"핵심"이라는 뜻의 그리스어 카리온karyon에서 유래—이라는 특수한 구조를 가진다는 뜻이다. 곧 알게 되겠지만, 세포핵은 염색체가 들어 있는 곳이다. 세균은 핵이 없으며, 원핵생물prokaryote이라고 불린다. "핵 이전"의 생물이라는 뜻이다. 세균에 비해 우리는 훨씬 더 한정된 환경과 제한된 생태적 지위에서만 살 수 있는 허약하고 나약하고 까다로운 존재이다.

그리고 세 번째 가지는 고세균역이다. 약 50년 전만 해도 이 생물들의 가지가 제대로 발견되지 않았다는 점이야말로 분류학의 역사에서 가장 놀라운 사실일 것이다. 1970년대 중반 일리노이 대학교의 생물학 교수 칼 우즈는 비교유전학—다양한 생물들의 유전자를 비교하는 분야—으로 우리가 몇몇 난해한 미생물만이 아니라 생명의 **역** 전체를 잘못 분류해왔다는 추론 결과를 내놓았다. 수십 년 동안 우즈는 변두리로 밀려난 상태에서 홀로 용감하게 지독한 전쟁을 치렀다. 그는 분류학이 핵심을 놓쳤을 뿐 아니라, 역 전체를 놓치고 있다고 주장했다. 고세균은 세균과 "거의 같지도" 않고 진핵생물과 "거의 같지도" 않다고 단언했다(분류학자가 "거의 같다"라고 말하는 것은 부모가 아이에게 "귀찮게 하지 말고 저리 가"라고 말하는 것과 같다).

많은 저명한 생물학자들은 우즈의 연구를 조롱하거나 그냥 무시했다. 1998년 생물학자 에른스트 마이어는 윗사람이 생색을 내면서 가르치려는 듯한 태도로 우즈에 관한 글을 썼는데("진화는 유전형이 아니라……표현형의 문제이다"), 쟁점을 완전히 오해한 글이었다. 우즈가 논쟁하고 있던 것은 진화가 아니라, 분류였기 때문이다. 그리고 분류는 바로 유전자의 문제이다. 박쥐와 새는 신체적 특징들, 즉 표현형을 보면 거의 같을 수 있다. 비밀을 드러내는 것은 그들의 유전자 차이이다. 양쪽은 서로 다른 분류군에 속한다. 「사이언스」는 우즈를 "흉터투성이 혁명가"라고 묘사했다. 그러나 수십 년 뒤인 지금, 그의 이론은 대체로 받아들여지고 타당함이 확인되고 옹호되고 있다. 따라서 고세균은 생물의 세 번째 역으로 분류된다.

언뜻 볼 때, 고세균은 대체로 세균처럼 생겼다. 아주 작으며 동물이나 식물의 세포에 있는 구조들 중 몇 가지가 없다. 그러나 고세균은 세균, 식물, 동물, 균류의 세포와 명백히 다르다. 사실 우리는 지금도 다른 생물들에 비해 고세균을 잘 모른다. 런던 유니버시티 칼리지의 진화생물학자 닉 레인은 『바이털 퀘스천The Vital Question』에서 고세균이 생물계의 체셔 고양이(『이상한 나라의 앨리스』에 나오는 이상한 고양이로, 모습은 사라져도 목소리는 들린다/옮긴이)라고 했다. 세포의 이야기를 온전히 다 하려면 반드시 필요하지만, "부재를 통해서만 존재"를 주장한다는 것이다. 다시 말해서 그들은 다른 두 역을 정의하는 특징들이 없다는 사실을 통해서 정의된다. 어느 정도는 최근까지 우리가 그들을 연구하지 않았기 때문이기도 하다.

이렇게 생명이 세 개의 역으로 나뉨에 따라서, 세포에 대한 우리 이야기의 경로에도 본질적인 구분이 이루어진다. 사실 이 책에는 상호 교차하는 두 이야기가 있다. 첫 번째 이야기는 세포학의 역사이다. 우리는 이 첫 이야기의 드넓은 영역을 여행해왔다. 1600년대 말 세포를 시각화한 레이우엔훅과 훅에서 2세기 뒤 조직과 기관의 발견에 이르기까지, 파스퇴르와 코흐가 세균이 부패와 질병의 원인임을 발견하고 1910년 에를리히가 최초의 항생제를 합성하기까지이다. 또 우리는 "모든 세포는……일종의 실험실이다"라는 라스파이의 눈부신 선견지명에 담긴 세포 생리의 기원에서부터 세포가 정상 생리와 병리의 장소라는 젊은 피르호의 대담한 주장에 이르기까지 살펴보았다.

그러나 그것은 세포학의 역사이지, 세포의 역사가 아니다. 세포의 역사는 세포학의 역사보다 수십억 년 더 오래되었다. 최초의 세포, 즉 우리의 가장 단순하면서 가장 원시적인 조상은 약 35억–40억 년 전에 지구에 출현했다. 지구가 탄생한 지 약 7억 년쯤 뒤이다(생각해보면 놀라울 만치 짧은 기간이다. 지구 역사의 겨우 5분의 1이 지나기 전부터 생물은 이미 번식을 하고 있었다). "최초의 세포"는 어떻게 출현했을까? 어떤 모습이었을까? 진화생물학자들은 수십 년간 이런 문제들을 붙들고 씨름해왔다. 가장 단순한 세포—"원시세포protocell"라고 하자—는 스스로 번식할 수 있는 유전정보를 갖춰야 했다. 세포의 원래 복제 체계는 리보핵산, RNA라는 단일 가닥 분자로 이루어졌을 것이 거의 확실하다. 사실 실험실에서 단순한 화학물질들을 원시 지구의 대기 조건과 비슷한 조건에서 점토층 사이에 가둬두면, RNA의 전구물질procurser과 더 나아가 RNA 분자가 생성될 수 있다.

그러나 RNA 가닥에서 자기 복제하는 RNA 분자로의 전이는 결코 사소한 진화적 업적이 아니다. 먼저 그런 분자는 두 개가 필요했을 가능성이 높다. 하나는 주형 역할(즉 정보 보유자)을 하고, 다른 하나는 주형의 사본을 만드는 역할(즉 복제자)을 했을 것이다.

이 두 RNA 분자—주형과 복제자—가 서로 만났을 때, 아마 지구 생명의 역사에서 가장 중요하면서 폭발적인 진화적 연애가 시작되었을 것이다. 그러나 이 연인들은 이별을 피해야 했다. RNA 두 가닥이 서로 멀리 흩어진다면, 복제는 전혀 일어나지 않을 것이고 따라서 세포 생명체도 생겨나지 않았을 것이다. 따라서 이 구성요소들을 가둬둘 어떤 구조, 둥근 막이 필요했을 가능성이 높다.

이 세 가지 구성요소(막, RNA 정보 보유자, 복제자)가 갖춰졌을 때 최초의 세포가 탄생했다고 할 수 있을 것이다. 자기 복제하는 RNA 체계가 둥근 막 안에 갇혀 있다면, 그 공간 안에서 RNA 사본이 더 많이 만들어지고 막도 늘어나면서 세포의 크기가 커졌을 것이다.

생물학자들은 어느 시점에 이르렀을 때, 막으로 감싸인 이 공이 쪼개져서 각각 RNA 복제 체계가 들어 있는 두 개의 공이 되었다고 믿는다(잭 쇼스택 연구진은 지방 분자로 이루어진 막에 둘러싸인 단순한 공 모양의 구조가 지방 분자를 더 흡수하면서 커지다가 이윽고 둘로 쪼개질 수 있다는 것을 실험을 통해서 보여주었다). 그리고 이때부터 원시세포는 현대 세포의 조상으로 나아가는 기나긴 진화적 행군을 시작했을 것이다. 진화는 점점 더 복잡한 특징을 지닌 세포를 선택했을 것이고, 이윽고 정보 보유자도 RNA에서 DNA로 대체되었다.

세균은 약 30억 년 전에 그 단순한 조상으로부터 진화했고, 오늘날까지 진화를 계속하고 있다.* 고세균도 적어도 세균만큼 오래되었을 것이고, 아마 거의 같은 시기에 출현했을 것이다. 정확한 연대를 놓고 아직 시끌벅적하면서 격렬한 논쟁이 이어지고 있다. 그들도 오늘날까지 존속하면서 진화하고 있다.

그런데 세균도 아니고 고세균도 아닌 세포는 어떨까? 다시 말해서 우리의 세포는? 약 20억 년 전(마찬가지로 정확한 연대는 논쟁거리이다) 진화는 사람 세포, 식물 세포, 균류 세포, 아메바 세포의 공통 조상인 세포가 출현하면서 기이하면서도 불가해한 전환점을 돌았다. 레인은 이렇게 썼다. "이 조상은 대체로 세균에게는 없는 수천 개의 새로운 유전자가 만들어내는 정교한 나노 기계를 통해서 작동되는 정교한 내부 구조와 유례없는 분자 동력을 갖추었기 때문에, '현대' 세포라고 할 수 있었다." 최근에

---

* 이 책은 이 세 번째 세포 집단인 고세균은 잠깐씩만 언급하고 넘어갈 것이다. 일부 생물학자는 현대 세포의 특징들을 세균과 고세균 사이의 일종의 협력하는 모임으로 설명할 수 있다고 주장한다. 즉 양쪽이 융합된 것이 현대 세포라는 것이다. 그러나 고세균, 또는 어떤 공통 조상의 진화가 핵을 가진 세포의 진화에 얼마나 기여를 했는지는 논쟁거리이다. 이런 논쟁은 생명의 초기 역사를 탐구하는 진화생물학자에게는 필수적이지만, 이 책의 범위를 벗어난다.

새로 나온 증거는 이 "현대" 진핵세포가 고세균에서 출현했음을 시사한다. 다시 말해서 생명은 두 역, 즉 세균역과 고세균역만 있을 뿐이며, 진핵생물("우리" 세포)은 고세균에서 비교적 최근에 뻗어나온 가지라는 것이다. 아마 우리는 늦게 출현한 생물, 생명의 두 주요 역을 조각할 때 남은 톱밥일지도 모른다.

이제부터는 이 현대 세포를 만나보기로 하자. 우리는 그 세포의 정교한 내부 구조를 살펴볼 것이다. 번식과 발달을 가능하게 하는 "유례없는 분자 역동성"을 알아볼 것이다. 세포들의 조직 체계, 즉 형태와 기능이 분화한 다세포 체계가 어떻게 기관과 기관계의 형태와 기능을 갖추고, 몸의 항상성을 유지하고, 부러진 발목을 치유하고, 부패에 맞서 싸울 수 있는지를 알아볼 것이다. 그리고 이 지식을 이용하여 질병을 완화하거나 치유할 신인류의 기능적 부품을 만들 기계를 개발하는 미래도 생각해보자.

그러나 여기에서 답하고 싶지 않으며 답할 수도 없는 질문이 하나 있다. 현대 세포의 기원은 진화적 수수께끼이다. 그 족보나 계통의 자취는 아주 희미하게 남아 있을 뿐이며, 가까운 친척의 흔적도 전혀 없고, 현재 살아 있는 생물 중에서 그들과 가깝거나 중간 형태인 것도 전혀 없다. 레인은 이를 "설명되지 않은 공백……생물학의 핵심에 놓인 블랙홀"이라고 부른다.

이제 이 현대 진핵세포의 해부 구조, 기능, 발달, 분화를 살펴보기로 하자. 그러나 이 두 번째 이야기, 즉 우리 세포의 기원에 관한 이야기는 이 책도, 진화과학도 아직은 완전히 들려줄 수가 없다.

제2부

하나와 여럿

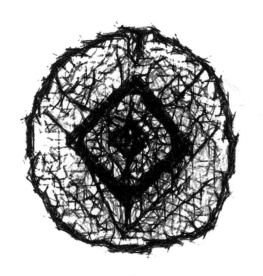

영어의 생물organism과 조직된organized이라는 단어는 어원이 같다. 오르가논 organon이라는 그리스어(더 나중의 오르가눔organum이라는 라틴어)에서 나왔는데, 무엇인가를 해내기 위해서 설계된 기구나 도구, 더 나아가 논리법을 의미한다. 세포가 생명의 기본 단위, 즉 생물을 구성하는 살아 있는 도구라면, 무엇을 하기 위해서 "설계 되었을까?"

첫째, 세포는 독립적으로 살아가는 단위로서 생존하도록, 자율성을 가지도록 진화했다. 그리고 이 자율성은 조직화, 즉 세포의 내부 해부구조에 의존한다. 세포는 화학 물질이 담긴 방울이 아니다. 그 안에는 세포가 독자적으로 기능을 할 수 있도록 해주는 독특한 구조, 즉 하부 단위가 들어 있다. 이 하부 단위는 에너지를 공급하고, 노폐물을 내보내고, 양분을 저장하고, 유독한 산물을 격리하고, 세포의 내부 환경을 유지하도록 설계된다. 둘째, 세포는 증식하도록 설계되어 있다. 그래서 세포 하나가 생물의 몸을 이루는 모든 세포들을 생산할 수 있다. 마지막으로 다세포 생물의 세포(적어도 최초의 세포)는 제각기 다른 일을 맡은 세포들로 분화하여 발달하도록 설계되어 있다. 그래서 조직, 기관, 기관계라는 몸의 다양한 부위들을 형성할 수 있다.

따라서 이것들은 세포의 첫 번째이자 가장 기본적인 특성에 속한다. 바로 자율성, 번식, 발달이다.*

수백 년간 우리는 이런 기본 특징들이 확고부동하다고 생각했다. 세포의 내부 구조와 내부 항상성은 미리 갖춰진 내부 설비와 비품이었다. 그리고 블랙박스였다. 생식과 발생은 또다른 블랙박스인 자궁 내에서 일어났다. 그러나 세포를 점점 더 깊이 이해할수록, 우리는 이 블랙박스를 뜯어서 살아 있는 단위의 기본 특성을 바꿀 수 있다는 것을 알게 되었다. 세포의 어느 하부 단위가 기능에 결함이 생긴다면 수선할 수 있을까? 그렇다면 어느 정도까지 가능할까? 다른 종류의 내부 환경, 다른 세부 구조, 따라서 다른 특성을 지닌 세포를 만들 수도 있을까? 이미 하고 있는 것처럼 자궁 밖에서 사람의 생식이 가능하다면, 그렇게 인공적으로 만든 배아의 유전자를 조작하는 것도 가능할까? 그렇다면 생명의 첫 번째이자 가장 기본적인 특성들을 건드릴 때의 위험은 무엇이고 그것을 어디까지 허용할 수 있을까?

---

* 단세포 생물에서는 "발달"을 그 생물의 성숙이라고 생각할 수도 있다. 단세포 미생물의 성숙은 현재 잘 밝혀져 있다. 다세포 생물의 발달(발생)은 더 복잡하다. 세포들의 증식, 성숙, 저마다 다른 위치로의 이동, 다른 세포들과의 관계, 분화한 기능을 지닌 분화한 구조들인 기관과 조직의 형성을 포함한다.

조직된 세포

세포의 내부 구조

> 나에게 생명을 지닌 유기물 액포[세포]를 준다면,
> 조직된 세계 전체로 갚을 것이다.
> ─ 프랑수아 빈센트 라스파이

> 세포학은 마침내 한 세기에 걸친 꿈을 실현시키고 있다.
> 질병을 세포 수준에서 분석하는 일, 최종 제어를 향한 첫 단계를 말이다.
> ─ 조지 펄레이드

루돌프 피르호는 1852년에 이렇게 주장했다. "세포는 그 안에······자신의 존재를 관장하는 법칙들을 갖춘 생명의 닫힌 단위이다." 무엇보다도 에워싸인 자율적인 살아 있는 단위─자신의 존재를 관장하는 법칙들을 갖춘 "닫힌 단위"─는 경계가 있어야 한다.

그 경계를 정의하는 것은 막membrane이다. 자아의 바깥 한계이다. 몸은 피부라는 다세포 막으로 둘러싸여 있다. 정신도 마찬가지인데, 자아라는 막으로 둘러싸여 있다. 집과 국가도 마찬가지로 막으로 둘러싸여 있다. 내부 환경을 정의한다는 것은 그 가장자리를 정의하는 것이다. 내부가 끝나고, 외부가 시작되는 곳을 정의하는 것이다. 가장자리가 없다면, 자아도 없다. 세포가 **되려면**, 세포로 존재하려면, 자아와 비자아를 구별해야 한다.

그런데 세포의 경계란 무엇일까? 한 세포가 끝나고 다른 세포가 시작되는 지점은 어디일까? 세포는 자신을 에워싼 막으로 시작하고 끝난다.

막은 역설을 안고 있다. 아무것도 드나들지 못하도록 철저히 밀봉해야만 막은 내부의 통합성을 유지할 수 있다. 하지만 그렇게 하면 살아가기 위해서 불가피한 요구 조건—그리고 부담—에 세포가 어떻게 대처할 수 있을까? 세포는 영양소가 드나들 수 있도록 구멍이 필요하다. 바깥의 신호를 받아서 처리하는 지점도 필요하다. 생물이 굶주리고 있다면, 세포는 에너지를 아끼고 대사를 중단해야 할까? 세포는 노폐물을 배출해야 하는데 배출할 문을 어디에 어떻게 만들어야 할까?

그런 입출구는 모두 통합성이라는 규칙의 예외 사례가 된다. 어쨌거나 밖으로 나가는 문은 안으로 들어오는 문이기도 하다. 바이러스 같은 미생물은 영양소 섭취나 노폐물 배출 경로를 이용해서 세포로 들어올 수 있다. 한마디로 다공성은 생명의 본질적인 특징인 동시에 본질적인 취약성이기도 하다. 완벽하게 밀봉된 세포는 완벽하게 죽은 세포이다. 그러나 막에 문을 만들어서 밀봉 상태를 깨면, 세포는 위험에도 노출된다. 세포는 양쪽을 다 받아들여야 한다. 바깥으로 닫혀 있는 한편으로, 열려 있어야 한다.

그런데 세포막은 무엇으로 이루어져 있을까? 1890년대에 생리학자(말이 나온 김에 덧붙이자면 찰스 다윈의 사촌) 어니스트 오버턴은 다양한 물질이 들어 있는 수백 가지 용액에 다양한 세포를 담그는 실험을 했다. 그는 기름에 녹는 화학물질은 세포로 들어가는 경향이 있는 반면, 기름에 녹지 않는 물질은 들어가지 못한다는 점을 알아차렸다. 그래서 오버턴은 세포막이 기름기 있는 층임이 틀림없다고 결론지었다. 그러나 지방에 녹지 않는 이온이나 당 같은 물질이 어떻게 세포를 드나드는지는 설명할 수 없었다.

오버턴의 관찰은 수수께끼를 더 심화시켰다. 세포막은 두꺼울까, 얇을까? 한 겹의 지방 분자(지질*)로 이루어져 있을까, 여러 겹으로 된 구조일까?

---

* 나중에는 더 세분되었다. 가장 풍부한 성분은 "머리"에 하전 분자인 인산염이 있고 긴 탄소 가닥인 "꼬리"가 달린 특정한 형태의 지질이었다. 지질막 안에서 콜레스테롤 같은

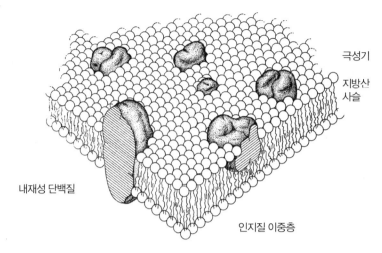

극성기

지방산
사슬

내재성 단백질

인지질 이중층

세포막의 구조를 보여주는 모형. 지질 이중층을 이루는 각 지질은 머리를 밖으로, 꼬리를 안쪽으로 향하고 있다. 머리는 물에 녹는 인산 이온인 반면(따라서 물이 있는 세포의 안쪽과 바깥쪽을 향해 있다), 꼬리는 인산 이온에 연결된 탄소와 수소로 이루어진 긴 가닥이며 물에 녹지 않는다(그래서 이중층의 안쪽을 향해 있다). 막에 떠다니는 덩어리 같은 구조는 통로, 수용체, 구멍 역할을 하는 단백질이다.

두 생리학자는 독창적인 연구를 통해서 세포막의 위상학적 구조를 명확히 밝혀냈다. 1920년대에 에버트 호르터르와 프랑수아 그렌델은 적혈구 개수를 정확히 센 뒤에 그 표면에 있는 지방을 모조리 뽑아내어 한 층으로 쫙 펼쳐놓고서 표면적을 계산했다. 그 면적을 적혈구 수로 나누자, 세포 하나의 표면적이 얼마인지가 나왔다. 추출한 지방의 표면적은 적혈구 총 표면적의 거의 2배였다.

이 값은 뜻밖의 진실을 알렸다. 세포막은 두 겹의 지질로 이루어진 것이 틀림없었다. 즉 지질 **이중층**bilayer이다. 종이 두 장을 완전히 겹쳐서 붙인 뒤 삼차원 형태로, 즉 공 모양으로 만든다고 상상해보라. 그 공이 세포라면, 두 겹의 종이는 세포 이중막이 된다.

분자들도 발견되었다.

당이나 이온 같은 분자가 지질 이중층을 어떻게 드나드는가, 또 세포가 외부와 어떻게 소통하는가라는 퍼즐의 마지막 조각은 호르터르와 그렌델의 실험으로부터 거의 50년이 지난 1972년에 발견되었다. 가스 니컬슨과 시모어 싱어라는 두 생화학자는 세포막에 단백질이 박혀서 문이나 통로 역할을 한다는 모형을 내놓았다. 즉 지질 이중층은 균일하거나 단조로운 막이 아니라, 본래 구멍이 많은 막이었다. 이중층의 안팎을 관통하면서 끼워진 채로 막에서 이리저리 떠다니는 단백질은 특정한 분자를 막 안팎으로 통과시키고, 다른 단백질이나 분자가 세포 바깥에 달라붙을 수 있게 한다.

니컬슨과 싱어는 여러 구성요소들이 조합된 막의 이 모자이크 같은 구조를 세포막의 유동 모자이크 모형fluid mosaic model이라고 했다. 나중에 전자현미경 사진을 통해서 이 모형이 정확하다는 것이 드러났다.

우주비행사가 낯선 우주선을 탐사한다고 상상하는 것처럼, 세포의 안으로 들어가서 탐사한다고 상상하면 아마 이해하기가 더 쉬울 것이다. 멀리서 볼 때는 우주선/세포의 바깥 윤곽이 보일 것이다. 난모세포卵母細胞, oocyte의 길쭉한 회백색 공 모양이나 적혈구의 붉은 원반 모양이다.

세포막에 더 다가가면 바깥층이 더 뚜렷이 보이기 시작한다. 유동적인 표면에서 까딱거리고 있는 단백질이 보인다. 신호를 전달하는 수용체도 있고, 세포를 다른 세포와 붙이는 분자 접착제 역할을 하는 단백질도 있다. 통로 역할을 하는 것도 있다. 운이 좋다면 어떤 영양소나 철 이온이 단백질에 난 구멍을 통해서 세포 안으로 들어가는 것을 볼 수도 있다.

이제 우주선에 탑승하자. 그냥 선체 속으로 뛰어들면 안에 들어올 수 있다. 이중층의 두께는 겨우 10나노미터로 사람 머리카락 굵기보다 1만 배 더 얇기 때문에 금방 통과한다.

주변을 둘러보라. 바다의 유동적인 수면을 밑에서 올려다보는 것처럼 위쪽으로 세포막의 안쪽 표면이 출렁거리고 있다. 단백질의 안쪽 부분도 부표의 아래쪽처럼 막에 박힌 채 흔들리고 있다.

들어가면 먼저 원형질protoplasm 또는 세포질cytoplasm, cytosol이라고 하는 세포 내 액체 속을 헤엄치게 된다. 원형질은 19세기에 생물학자들이 살아 있는 세포와 살아 있는 동물에게서 발견한 "생명력을 가진 체액"이다.[*] 많은 세포학자들이 세포 안에 액체가 있다는 점을 알아차렸지만, 원형질이라는 용어는 1840년대에 후고 폰 몰이 처음 사용했다. 원형질은 경이로울 만치 복잡한 화학물질 수프이다. 어떤 곳은 진한 콜로이드 용액 같고, 어떤 곳은 거의 물 같다.[**] 원형질은 생명을 유지하는 양육 젤리이다.

1840년대 폰 몰의 원형질 연구 이후에 거의 반세기 동안 세포학자들은 세포를 형태도 없이 흐물거리는 액체로 차 있는 물방울이라고 상상했다. 그러나 일단 세포 안에 들어가면, 아마 몸이 형태를 유지하는 뼈대를 지니는 것처럼, 세포질이 세포의 형태를 유지하는 분자 "뼈대"를 지니고 있다는 점이 가장 먼저 눈에 들어올지도 모른다.[***] 이 세포뼈대cytoskeleton는 주

---

[*] 사실 원형질은 아주 중요하기 때문에, 1850년대에는 생명의 기본 단위를 세포가 아니라 원형질이라고 해야 할지를 놓고 격렬한 논쟁이 벌어졌을 정도이다. 한쪽에서는 세포가 그저 원형질을 담고 있는 통에 불과하다고 주장했다. 독일의 세포학자 로베르트 레마크는 이 개념의 강력한 지지자였다. 결국은 세포 이론가들이 이겼지만, "원형질론자"는 세포가 우선이기는 하지만 모든 세포에 이 생명력을 가진 체액이 들어 있다는 식으로 타협점을 찾았다. 세포의 원형질 내에 여러 소기관들이 있다는 발견도 원형질이 생물의 유일한 필요 충분 기본 단위라는 개념을 약화시켰을 수 있다.

[**] 최근에는 원형질의 물리적 특성의 차이—묽거나 반쯤 유동적이거나 진한 젤리 같은—에 초점을 맞춘 연구가 많아지고 있다. 세포 내에 떠다니는 화학물질들이 물방울처럼 모인 곳은 특정한 생화학 반응이 일어나는 자리 역할을 할 수 있다. 여러 중요한 반응에서 그런 한정된 "상(phase)"(학계에서 쓰는 말)이 중요하다는 점은 잘 알려져 있으며, 열심히 연구 중이다.

[***] 1904년 식물학자 니콜라이 콜스토프는 원형질이 그런 짜임새 있는 내부 구조를 갖추

로 액틴actin이라는 밧줄 같은 단백질로 된 섬유와 튜불린tubulin이라는 단백질이 만드는 관 모양의 구조로 이루어진다.* 그러나 뼈와 달리 세포 안에 이리저리 얽혀 있는 이런 밧줄 같은 구조는 정적이지도 않고 단지 구조 역할만 하는 것도 아니다. 이 뼈대는 조직화의 내부 체계를 이룬다. 세포뼈대는 세포의 구성요소들을 얽어매며, 세포의 운동에 필요하다. 백혈구는 미생물에 다가갈 때, 다른 단백질들뿐 아니라 액틴 섬유를 이용해서 촉진 부위를 앞으로 내민다. 외계인의 엑토플라즘(ectoplasm, 어떤 신비한 에너지가 흐릿하게 물질적인 형태로 구현된 것/옮긴이)이 움직이는 양, 원형질을 젤처럼 뭉쳤다가 풀었다가 하면서 앞으로 밀어낸다.

세포뼈대에 얽매여 있거나 원형질 액체에 떠다니는 단백질은 수천 가지나 되며, 온갖 생명 반응들(호흡, 대사 노폐물 처리 등)을 수행한다. 원형질 속을 헤엄치고 있으면, 아주 중요한 또다른 분자와 마주칠 것이 확실하다. 바로 리보핵산, 즉 RNA라고 하는 긴 실 같은 분자이다.

RNA 가닥은 4개의 하부 단위로 이루어진다. 아데닌(A), 사이토신(C), 우라실(U), 구아닌(G)이다. 한 가닥은 ACUGGGUUUCCGUCGGGGCCC처럼 그런 하부 단위 수천 개로 이루어져 있다. 이 가닥은 단백질을 만드는 메시지, 즉 암호를 지니고 있다.** 이 암호는 긴 종이에 죽 찍혀 있는 모스 부호처럼 명령문의 집합이라고 볼 수도 있다. 한 RNA는 세포핵에서 갓 만들어져서 인슐린을 만들라는 명령문을 지니고 세포질로 들어왔을 수도 있

었다고 주장했다. 나중에 고성능 현미경을 통해서 세포뼈대의 다양한 요소들이 관찰되면서 그의 주장이 옳다는 것이 입증되었다.

* 세포뼈대에 기여하는 단백질들은 더 있다. 일부 세포에서는 중간 섬유(intermediate filament)라는 세 번째 유형의 단백질도 기여한다. 중간 섬유를 구성하는 단백질은 70가지가 넘는다.

** RNA는 유전자의 켜짐과 꺼짐을 조절하는 일을 돕고 단백질의 합성을 돕는 등 여러 기능을 하지만, 이 책에서는 암호 전달 기능에 초점을 맞출 것이다.

다. 다른 단백질의 암호를 지닌 다른 RNA 가닥들도 주변에 떠다닌다.

이런 명령문은 어떻게 해독될까? 왼쪽이나 오른쪽을 돌아보면, 리보솜 ribosome이라는 커다란 거대분자가 눈에 띌 것이다. 여러 성분들이 모여 만들어진 집합체로서 루마니아계 미국인 세포학자 조지 펄레이드가 1940년대에 처음 기술했다. 몰라볼 수가 없다. 예를 들면, 간 세포에는 리보솜이 수백만 개나 있다. 리보솜은 RNA에 달라붙어서 그 명령문을 해독하여 단백질을 합성한다. 이 세포 단백질 공장은 그 자체가 단백질과 RNA로 이루어져 있다. 생명의 또다른 흥미로운 재귀 사례이다. 단백질이 있기 때문에 다른 단백질들이 만들어질 수 있다.

단백질 합성은 세포의 주요 업무 중 하나이다. 단백질은 생명의 화학반응을 통제하는 효소를 만든다. 세포의 구조 성분이 되고, 바깥에서 오는 신호의 수용체이기도 하다. 막에 구멍과 통로를 만들고, 자극에 반응하여 유전자를 켜고 끄는 조절인자이기도 하다. 즉 단백질은 세포의 일꾼이다.

또다른 거대분자도 마주칠 수 있다. 이 분자는 원통형 고기 분쇄기처럼 보인다. 세포의 쓰레기 처리기인 프로테아좀proteasome으로, 단백질이 죽는 곳이다. 프로테아좀은 단백질을 구성성분으로 분해한 뒤, 그 조각들을 원형질로 내보낸다. 그럼으로써 합성과 분해의 주기가 완결된다.

세포의 원형질 속을 계속 헤엄치다 보면 막에 붙어 있던 더 큰 구조들을 여럿 마주칠 수밖에 없다. 이런 구조를 우주선 안에 설치된 이중막으로 되어 있는 방이라고 상상할 수도 있다. 에너지를 생산하는 방, 저장하는 방, 신호를 내보내고 받는 방, 노폐물을 내보내는 방도 있다. 현미경학자와 세포학자가 기술을 갈고닦아서 세포를 점점 정밀하게 들여다봄에 따라서, 나름의 조직과 기능을 갖춘 수십 개의 하부 구조들이 발견되었다. 베살리우스를 비롯한 해부학자들이 몸에서 찾아낸 콩팥, 뼈, 심장 같은 기관들과 비슷했다. 생물학자들은 이것들을 세포소기관organelle이라고 부른다. 세포 안에 든 작은 기관이라는 뜻이다.

세포 안에서 볼 가능성이 높은 이런 구조들 중에서 콩팥 모양의 소기관은 비록 모호하게 묘사되기는 했지만, 가장 먼저 알려진 것에 속한다. 1840년대에 리하르트 알트만이라는 독일의 조직학자가 동물 세포에서 발견했다. 이 소기관은 나중에 미토콘드리아mitochondria라고 이름이 바뀌었고, 세포의 발전소임이 드러났다. 이 화로는 끊임없이 타오르면서 생명에 필요한 에너지를 생산한다. 미토콘드리아의 기원은 논쟁거리이다. 가장 흥미로우면서 널리 받아들여진 이론은 세포소기관이 사실 약 10억 년 전에는 산소와 포도당을 이용하는 화학반응으로 에너지를 생산하는 능력을 갖춘 미생물 세포였다는 것이다. 이 미생물 세포는 다른 세포에 삼켜지고 포획되었다가 일종의 협력관계를 맺었다. 이 현상을 세포내공생endosymbiosis이라고 한다.

1967년 진화생물학자 린 마굴리스는 "분열하는 세포의 기원에 관하여 On the Origin of Mitosing Cells"라는 논문에서 이 과정을 기술했다. 닉 레인은 『바이털 퀘스천』에서 마굴리스가 복잡한 생물이 "'일반적인' 자연선택을 통해서가 아니라 광란의 연합을 통해서 진화했으며, 세포들이 서로 아주 긴밀하게 협력하다가 서로의 안으로까지 들어가게 되었다"고 주장했다고 설명한다. 너무 급진적이면서, 너무 일찍 내놓은 주장이었다. 샌프란시스코와 뉴욕의 거리에서는 젊은 남녀들이 열정적으로 서로를 탐닉하면서 사랑의 여름(Summer of Love, 1967년 히피 문화가 정점일 때 벌어진 대규모 현상을 가리키는 말/옮긴이)을 즐겼지만, 과학 학술대회장에서 마굴리스의 집어삼키기 이론은 온갖 회의론과 맞닥뜨렸다. 세포내공생이라는 사랑의 여름을 꿈꾸었던 그녀는 조롱과 거부라는 기나긴 겨울을 맞이했다. 수십 년이 지난 뒤에야 비로소 과학자들은 미토콘드리아와 세균이 구조도 비슷할 뿐 아니라 분자와 유전자 측면에서도 공통점이 많다는 사실을 알아차리기 시작했다.

미토콘드리아는 모든 세포에 들어 있지만, 근육 세포, 지방 세포, 특정한 뇌 세포 등 에너지를 가장 많이 필요로 하고 에너지 저장량을 조절하는 세포에 유달리 빽빽하게 들어 있다. 난자를 향해 헤엄칠 에너지를 충분히 제공할 수 있도록 정자의 꼬리에도 잔뜩 들어 있다. 세포 안에서 분열하지만, 세포가 승식할 때에야 미토콘드리아도 분열하여 양쪽 딸세포로 나뉘어 들어간다. 즉 자율적인 삶이 아닌, 세포 내에서만 살아갈 수 있다.

미토콘드리아는 자체 유전자와 유전체를 지니며, 그것들은 세균의 유전자 및 유전체와 닮은 점이 있다. 이 점도 원시적인 세포가 다른 세포에 집어삼켜져서 공생하게 되었다는 마굴리스의 가설을 뒷받침한다.

세포는 어떻게 에너지를 생성할까? 빠른 것과 느린 것, 두 가지 경로가 있다. 빠른 경로는 주로 세포의 원형질에서 일어난다. 포도당은 효소들을 통해서 점점 더 작은 분자로 연쇄적으로 분해되며, 그 과정에서 에너지가 생성된다. 이 과정은 산소를 이용하지 않으므로, 혐기성嫌氣性이라고 한다. 에너지 측면에서 보면, 이 빠른 경로의 최종 산물은 아데노신삼인산 adenosine triphosphate, 즉 ATP라는 화학물질이다.

ATP는 살아 있는 거의 모든 세포에서 에너지의 중앙 통화이다. 에너지를 필요로 하는 모든 화학적 또는 물리적 활동—근육 수축이나 단백질 합성 같은—은 ATP를 이용한다. 즉 "태운다."

당을 더 천천히 태워서 에너지를 생산하는 반응은 미토콘드리아에서 일어난다(미토콘드리아가 없는 혐기성 세균 세포는 빠른 경로만 사용할 수 있다). 여기에서 해당 작용(당을 화학적으로 분해하는 과정)의 최종 산물은 궁극적으로 물과 이산화탄소를 생산하는 반응 회로로 들어간다. 이 반응 회로는 산소를 이용하며(그래서 호기성好氣性이라고 한다) 기적이라고 할 만치 효율적으로 에너지를 생산한다. 마찬가지로 ATP의 분자라는 형태로 훨씬 더 많은 에너지를 생성한다.

빠른 연소와 느린 연소의 조합은 포도당 한 분자로부터 약 32개의 ATP를 얻는다(실제로는 조금 더 적다. 모든 반응이 완벽하게 효율적이지는 않기 때문이다). 하루 동안 우리는 몸의 수십억 개의 작은 세포에서 작은 연료통 수십억 개를 만들어서 10억 개의 작은 엔진을 가동한다. 물리화학자 유진 라비노비치는 이렇게 썼다. "조용히 타오르는 이 작은 불꽃 수십억 개가 모두 꺼진다면, 심장도 뛰지 못하고, 식물도 중력을 거슬러 자라지 못하고, 아메바도 헤엄치지 못하고, 어떤 감각도 신경을 타고 전달되지 못하고, 사람의 뇌에서 어떤 생각도 반짝이지 못한다."

이제 막에 붙어 있으면서 세포 안에서 구불구불 이리저리 복잡하게 연결되어 미로처럼 뻗어 있는 통로들의 망을 만나보자. 이것도 세포소기관이며, 소포체endoplasmic reticulum라고 한다.

이 구조는 1940년대 말에 뉴욕 록펠러 연구소에서 조지 펄레이드와 함께 일하던 세포학자 키스 포터와 알베르 클로드가 처음으로 학계에 보고했다.* 이 경로의 기능과 이 기능이 세포의 생물학에서 핵심적인 역할을 한다는 것을 밝혀낸 실험은 과학에서 가장 기념비적인 여정에 속한다.

펄레이드는 빙 돌아서 세포학 분야로 들어왔다. 그는 1912년 루마니아의 이아시(당시 지명은 야시)에서 태어났다. 철학 교수였던 부친은 아들도 철학자가 되기를 원했지만, 조지는 더 "손에 잡히는 구체적인" 분야에 끌렸다. 그는 의학을 공부했고 수도인 부쿠레슈티에서 의사로 일하기 시작했다. 그러다가 곧 세포학에 푹 빠졌다. 루돌프 피르호처럼 펄레이드도 세

---

* 프랑스의 세포학자 샤를 가르니에는 1897년 광학현미경으로 소포체를 처음 관찰하기는 했으나, 그것이 어떤 기능을 하는지는 전혀 언급하지 않았다.

포학, 세포병리학, 의학을 통일하고 싶었다. 그는 훗날 이렇게 썼다. "세포학은 마침내 한 세기에 걸친 꿈을 실현시키고 있다. 질병을 세포 수준에서 분석하는 일, 최종 제어를 향한 첫 단계를 말이다."

1940년대에 펄레이드는 뉴욕의 연구자 자리를 제안받았다. 전쟁으로 쑥대밭이 된 유럽에서 미국까지 가는 길은 비참한 순례 여행이었다. 그는 황폐해진 암울한 폴란드에서 수속을 기다리면서 몇 주일 동안 억류된 상태로 지내야 했다. 펄레이드의 동료는 내게 이렇게 말했다. "그는 자신을 『천로역정The Pilgrim's Progress』에 나오는 크리스천의 과학판인 양 생각했어요. 뉴욕으로, 아니 여기서는 세포의 중심으로 향하는 길을 막는 수천 가지의 온갖 장애물과 함정을 어떻게든 피하면서 가죠."

1946년 당시 서른네 살이던 펄레이드는 마침내 뉴욕에 도착했다. 그는 뉴욕 대학교에서 연구자 생활을 시작했고, 이어서 록펠러 연구소에 자리를 얻었다. 1948년에는 조교수로 임용되었고 연구소의 가장 오래된 건물 중 한 곳의 "꾀죄죄한 지하 감옥" 같은 지하 3층에 연구실을 얻었다.

아무리 볼품없다고 해도, 이 지하 감옥은 세포학자들에게는 안식처임이 드러났다. 펄레이드는 이렇게 썼다. "이 새로운 분야에는 전통이라는 것이 거의 없다. 이 일을 하는 사람은 모두 자연과학의 다른 분야를 거쳐서 왔다." 그래서 그는 다른 모든 과학 분야로부터 이것저것 끌어오고 빌리고 훔쳐서 사실상 자신의 분야, 현대 세포학을 창시했다. 펄레이드는 포터 및 클로드와 중요한 공동 연구도 시작했다. 곧 그 연구실은 세포 내 구조와 기능이라는 분야의 지적 토대가 되었다. 나중에 까마득히 솟아오를 학문을 건설할 주춧돌이 된 셈이다.

현미경을 들여다보던 로버트 훅과 안톤 판 레이우엔훅이 17세기에 세포학을 혁신시켰듯이, 펄레이드, 포터, 클로드는 세포 내부를 "보는" 더욱 추상적인 방법을 발견했다. 먼저 그들은 세포를 터뜨린 뒤 고속 원심분리기로 돌려서 내용물을 밀도 차이에 따라 나누었다. 원심분리기가 아찔한 속도로 돌 때, 세포 내용물 중 가장 무거운 성분은 맨 아래로 가라앉고 더 가벼운 성분은 위에 뜨면서 관의 위아래로 층이 생긴다.

이제 층별로 뽑아서 분석하면, 각 성분이 어떤 구조를 가지고 있고 어떤 생화학 반응을 담당하는지를 파악할 수 있었다. 산화, 합성, 해독, 노폐물 처리 같은 반응이다. 이어서 세포를 가장 얇은 조각으로 잘라서 전자현미경으로 살펴봄으로써, 연구자들은 동물 세포에서 이런 구성성분과 반응이 어느 부위에 있는지를 추적할 수 있었다.

이것도 "보는" 것이었지만, 두 종류의 렌즈가 쓰였다. 한편에는 생화학의 추상적인 렌즈가 있었다. 세포 내용물을 원심 분리한 뒤, 분리된 각 층을 이루는 화학반응과 성분을 알아내는 것이다. 다른 한편에는 전자현미경의 물리적 렌즈가 있었다. 각 화학적 기능이 세포 내의 어느 구조와 위치에서 나타나는지를 파악하는 것이다. 펄레이드는 이 두 가지 관찰방법의 융합을 진자가 현미경 해부구조와 기능적 해부구조 사이를 오락가락한다는 식으로 표현했다. "전통적으로 현미경학자들이 짐작했던 것처럼 구조는 생화학과 융합될 수밖에 없었고 세포 내 성분들의……생화학은 새롭게 발견된 구조의 기능을 알아내는 최상의 방법인 듯했다."

양쪽 모두가 이기는 탁구 경기였다. 현미경학자가 세포 내 구조를 보면, 생화학자는 그것이 어떤 기능을 하는지 알아낼 것이었다. 거꾸로 생화학자가 기능을 알아내면, 현미경학자는 그 기능을 하는 구조가 무엇인지를 알아낼 터였다. 펄레이드, 포터, 클로드는 이 방법으로 세포의 빛나는 중심으로 들어갔다.

모든 세포에 들어 있는 구불구불한 통로인 소포체로 돌아가보자. 이 구조는 육감적이다. 주름치마처럼 지나치다 싶을 만치 레이스가 끝없이 달

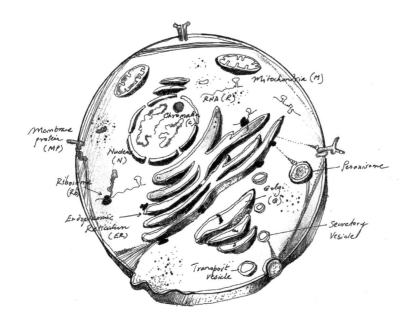

저자의 세포 그림. ER(소포체), N(핵), R(RNA), CM(세포막), C(염색질), P(퍼옥시좀), G(골지체), M(미토콘드리아), Rb(리보솜), MP(막단백질) 같은 다양한 하부 구조가 보인다. 세포 안의 가닥들은 세포뼈대의 구성요소들이다. 이 그림은 척도를 무시하고 그린 것이다.

려 있다. 개의 췌장에서 얻은 세포를 아주 강력한 현미경으로 들여다보자, 소포체 막의 바깥쪽 가장자리에 작은 입자들이 빽빽하게 달라붙어 있다는 것이 드러났다.

펄레이드는 물었다. 이 엄청나게 많은 구조는 대체 무슨 일을 할까? 다른 연구자들의 연구로부터 그는 소포체가 단백질을 합성하고 내보내는 일과 관련이 있다는 것을 알았다. 단백질은 세포의 거의 모든 일을 수행한다. 포도당을 대사하는 일을 하는 효소처럼, 어떤 단백질은 합성된 뒤에세포 안에 그대로 머물면서 기능을 수행한다. 반면에 인슐린이나 소화 효소처럼 세포가 혈액이나 창자로 분비하는 단백질도 있다. 또 수용체와 구멍처럼 세포막에 끼워지는 단백질도 있다. 그렇다면 단백질은 어떻게 목적지에 다다를까?

1960년 펄레이드는 공동 연구자들, 특히 필립 시케비츠와 함께 방사성 물질—분자 횃불—을 이용해서 세포에 든 단백질에 꼬리표를 붙인 뒤, 시간이 흐르면서 어떻게 되는지 추적했다. 그는 세포에 방사성 물질을 고용량으로 충전시킴으로써 합성되는 모든 단백질에 꼬리표를 붙인 뒤, 이 단백질의 움직임을 시각화하는 전자현미경을 써서 위치를 추적했다.*

그는 첫 방사성 신호가 리보솜에서 나오는 것을 알고서 안도했다. 리보솜은 단백질이 합성되는 곳이었다(펄레이드가 본 소포체의 가장자리에 다닥다닥 붙어 있던 작고 조밀한 입자가 바로 리보솜이었다). 놀랍게도 그 뒤에 단백질 중 일부는 리보솜에서 소포체로 이동하는 것으로 드러났다.**

단백질의 순례 여행을 추적하니, 단백질이 소포체를 통해서 골지체Golgi apparatus라는 특수한 공간으로 들어간다는 것이 드러났다. 이 구조는 이탈리아의 현미경학자 카밀로 골지가 1898년에 발견했지만 어떤 기능을 하는

---

* 1961년경에 키스 포터는 하버드로 자리를 옮겼고, 클로드는 더 일찍 벨기에 루뱅 대학교로 떠났다. 대신 세포를 쪼개서 연구하는 다른 연구자들이 펄레이드의 연구실에 들어왔다. 시케비츠, 루이스 그린, 콜빈 레드먼, 데이비드 D. 사바티니, 다시로 유타카와 전자현미경 전문가인 뤼시엥 카로와 제임스 제이미슨이었다. 이 두 집단의 능력을 조합함으로써, 펄레이드는 소포체를 통해서 단백질이 움직이는 양상을 추적했다.

** 펄레이드의 발견 이후로 사바티니와 독일 이민자 귄터 블로벨은 단백질이 세포 밖으로 분비되거나 세포막에 끼워지기 위해서 소포체로 전달되는 방식에 관한 가장 선구적인 발견을 해냈다. 짧게 말하면, 단백질에 분비되거나 막에 끼워질 운명이라고 가리키는 신호는 우표처럼 단백질 서열에 이미 붙어 있다. 특정한 세포 경로가 이 우표를 인식하고 미리 정해진 목적지로 이 단백질을 이끈다. 더 자세히 말하면 이렇다. 사바티니와 블로벨은 분비되거나 막에 끼워지는 단백질은 서열에 특정한 신호—아미노산 서열—가 들어 있음을 알아냈다. 리보솜이 RNA를 해독하여 단백질을 합성할 때, 신호 인식 입자(signal recognition particle, SRP)라는 분자 복합체가 이 신호를 인지하여 단백질을 소포체로 끌어간다. 세포질에서 소포체로 들어가는 구멍을 통해서 이 단백질은 소포체 안으로 운반된다.

지는 알려지지 않았다. 꼬리표가 붙은 단백질은 골지체의 한 곳이 부풀어 올라서 끊겨나온 분비 과립secretory granule에 담겨서 최종 목적지로 향했다. 즉 세포 밖으로 배출되었다(생물학자 제임스 로스먼, 랜디 셰크먼, 토마스 쥐트호프는 배출되는 유형이 아닌 단백질이 어떻게 세포 안에서 알맞은 위치로 가는지를 처음으로 연구했다. 그들은 단백질의 세포 내 추적 연구로 2013년에 노벨상을 받았다). 여정의 거의 모든 지점에서 단백질은 조금씩 변형된다. 일부가 잘리거나, 당이 붙어서 화학적으로 달라지거나, 다른 단백질에 감싸이거나 결합된다(이런 변형을 일으키는 신호는 대개 단백질 서열 내에 담겨 있다).

이 전체 과정을 정교한 우편 체계라고 상상할 수도 있다. 유전자의 암호(RNA)가 편지(단백질)로 번역되면서 일이 시작된다. 단백질은 세포의 편지 작성기(리보솜)를 통해서 작성, 즉 합성된다. 그런 뒤 우편함(단백질이 소포체로 들어가는 구멍)으로 들어간다. 우편함으로 들어간 편지는 중앙 우체국(소포체)으로 보내지고, 거기에서 분류기(골지체)를 거쳐서 배송함(분비 과립)으로 들어간다. 세포가 최종 목적지를 판단할 수 있도록 단백질에는 우편번호(우표)까지 붙는다. 펄레이드는 이 "우편 체계"가 세포 안에서 대부분의 단백질이 알맞은 위치로 향하는 방식임을 깨달았다.

펄레이드, 포터, 클로드의 선구적인 연구는 세포 내 구조라는 새로운 세계를 열었다. 현미경과 생화학이라는 두 관찰방법을 병용하자 상승효과가 일어났다. 생물학자들이 이런 방법들을 세포에 적용하자, 그런 기능적이면서 해부학적으로 정의된 세포 내 구조가 수십 가지 발견되었다. 같은 록펠러 연구소의 벨기에 생물학자 크리스티앙 드 뒤브는 리소좀lysosome이라는 효소가 잔뜩 들어 있는 구조를 발견했다. 리소좀은 세포 내 "위장"처럼, 낡은 세포 성분들과 침입한 세균과 바이러스를 소화한다.

식물 세포에는 엽록체라는 구조도 있다. 빛을 포도당으로 바꾸는 광합

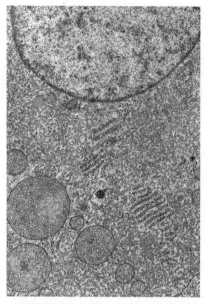

(a) 사람 태아의 부신 세포에 든 소포체(ER). 위쪽의 반원은 핵이며, 중앙의 나란히 뻗은 구조는 거친면 소포체이고, 그 주위로 매끈면 소포체가 있다.

(b) 리보솜에서 소포체와 골지체를 거쳐서 분비 과립으로 단백질이 이동하는 과정을 묘사한 저자의 그림. 단백질이 합성되면서 소포체로 들어가고 있다는 점을 유념하자. 단백질은 소포체에서 변형되는데, 당 사슬이 붙을 수도 있다. 단백질은 골지체로 옮겨진 다음, 더 변형을 거친 뒤 분비 과립에 담겨서 세포 밖으로 배출되거나 다른 과립에 담겨 세포 내의 다른 곳으로 운반된다.

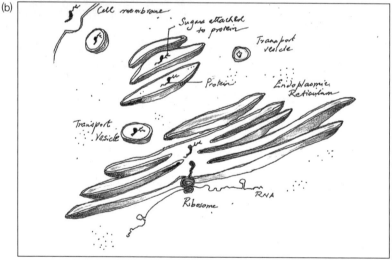

성이 이루어지는 곳이다. 미토콘드리아처럼 엽록체도 자체 DNA를 가지며, 따라서 다른 세포에 삼켜진 미생물에서 기원했음을 시사한다. 퍼옥시좀peroxisome이라는 구조도 있는데, 막으로 감싸인 이 구조도 드 뒤브가 발견했다. 예를 들면 퍼옥시좀에서는 분자의 산화 같은 생명에 가장 치명적인 반응에 속하는 것이 격리되어 진행되며, 강력한 반응성을 지닌 화학물질인 과산화수소가 생성된다. 퍼옥시좀이 터져서 그 안의 독소가 방출되면, 세포는 자신의 반응성 내용물에 공격을 받게 될 것이다. 다른 독소를 분해하는 독소로 채워진 이 성배를 세포는 잘 감싸놓는다.

나는 가장 본질적이면서 여전히 가장 신비로운 세포소기관을 마지막까지 남겨두었다. 바로 세포핵이다. 세균은 핵이 없지만, 모든 식물 세포와 사람을 비롯한 모든 동물의 세포처럼 핵을 지닌 세포는 유전물질, 즉 생명의 명령문 책자를 핵에 보관한다. 바로 DNA, 유전체를 위한 보관소이다.

세포핵은 명령 중추이자, 세포의 함교이다. 생명의 신호 대부분을 받고 퍼뜨리는 곳이다. 단백질을 만드는 암호인 RNA는 핵에서 유전암호를 복제한 뒤, 핵 밖으로 나간다. 우리는 핵을 생명의 중추 중의 중추라고 상상할 수도 있다.

세포해부학자 로버트 브라운은 1836년 난초 세포에서 핵을 관찰했다. 그것이 세포의 중심에 있는 것을 보고서 그는 핵심을 뜻하는 그리스어에서 따온 이름을 붙였다. 그러나 그 기능, 즉 핵이 세포의 기능에 가장 중요하다는 사실은 한 세기가 지난 뒤에야 밝혀졌다. 모든 세포처럼, 핵도 다공성 이중막으로 감싸여 있다. 비록 구멍 자체는 그다지 중요하게 여겨지지 않았지만 말이다.

앞에서 말했듯이, 세포핵은 긴 데옥시리보핵산 가닥으로 이루어진 유전체를 담고 있다. DNA 이중나선은 히스톤histone이라는 분자를 칭칭 감으면서 정교하게 압축 포장되어 있으며, 더욱 칭칭 감겨서 염색체라는 구조를 이룬다. 한 세포의 DNA를 이어서 철사처럼 죽 펼치면 약 2미터가 된다. 그리고 사람 몸에 있는 모든 세포의 DNA를 이어서 죽 펼치면 지구에서 달까지의 거리를 60번 이상 오갈 수 있을 것이다. 지구에 사는 사람의 모든

DNA를 이어서 펼치면, 안드로메다 은하까지 거리의 2.5배에 달할 것이다.

핵도 세포의 내부 액체인 세포질처럼 잘 짜여 있지만, 아직 우리는 핵이 어떤 식으로 조직되어 있는지는 거의 모른다. 핵을 연구하는 과학자들은 핵이 분자 섬유로 이루어진 자체 뼈대를 지닌다고 믿는다. 단백질은 핵막의 구멍을 통해 세포질에서 핵으로 들어가 DNA에 결합해서, 유전자를 켜고 끈다. 호르몬도 단백질에 결합해서 드나든다. 보편적인 에너지원인 ATP도 구멍을 빠르게 드나든다.

유전자를 켜고 끄는 과정은 세포에 정체성을 부여하므로 대단히 중요하다. 유전자 켜짐/꺼짐은 뉴런이 뉴런이 되도록, 백혈구가 백혈구가 되도록 지시한다. 생물이 발달하는 동안, 유전자—아니 유전자에 암호로 담긴 단백질—는 세포에 몸의 어디에 있는지를 알리고 장래의 운명을 지시한다. 유전자는 호르몬 같은 외부 자극을 받아서 켜지고 꺼지며, 이런 자극은 세포의 행동도 변화시킨다.

세포가 분열할 때 모든 염색체는 복제되며, 두 사본은 서로 분리된다. 사람 세포에서는 핵막이 녹아 사라지면서 염색체의 두 사본이 서로 반대편으로 끌려가서 새로 생겨난 두 딸세포로 들어가고, 다시 핵막이 생겨나서 염색체를 둘러싼다. 본질적으로 새로운 핵과 염색체를 지닌 딸세포를 재생하는 것과 같다.

그러나 핵에는 아직도 수수께끼로 남아 있는 부분이 많다. 세포의 이 명령 중추로 들어가는 문 중에는 여전히 찔끔만 열린 것들이 있다. 한 생물학자는 이렇게 표현했다. "우리는 유전학자 J. B. S. 홀데인이 우주에 관해서 한 말이 세포핵에는 참이 아님이 증명되기를 바랄 수밖에 없다. '이제 나는 우주가 우리가 가정하는 것보다 더 기이할 뿐 아니라, 우리가 가정할 수 있는 것보다 더 기이하다는 의구심이 든다.' 세포핵이 우리가 예전에 생각했을 법한 것보다 더 복잡할 수 있다는 것을 명심한다면, 이 믿음 자체는 우리와 학생들과 후대 연구자들에게 이 주제를 더 깊이, 저 아래 손짓하는 곳까지 파고들도록 힘을 줄 수도 있다. 이 일을 해낼 것이라고 믿지 못할 이유는 전혀 없다. 그러니 기운을 내자."

막, 원형질, 리소좀, 퍼옥시좀, 핵. 우리가 접한 세포의 하부 단위들은 세포의 존재에 대단히 중요하다. 세포가 독립적인 삶을 꾸리고 유지할 수 있도록 분화한 기능들을 수행한다. 세포의 위치, 조직, 조율은 아주 중요하다. 한마디로 세포의 자율성은 해부구조에 있다.

그리고 그 자율성 덕분에 살아 있는 계의 한 가지 본질적인 특징이 가능해진다. 내부 환경의 고정성을 유지하는 능력, "항상성homeostasis"(대체로 "고요함과 관련된"이라는 뜻의 그리스어 호메오homeo와 스타시스stasis라는 단어에서 유래했다)이라는 현상이다. 이 개념은 프랑스의 생리학자 클로드 베르나르가 1870년대에 처음 내놓았고, 1930년대에 하버드 대학교의 생리학자 월터 캐넌이 더욱 발전시켰다.

베르나르와 캐넌에 앞서 여러 세대의 생리학자들은 동물을 기계들의 집합, 역동적인 부품들의 합이라고 묘사했다. 근육은 모터였다. 허파는 한 쌍의 풀무였고, 심장은 펌프였다. 맥박치고, 팽창하고 수축하고, 펌프질한다. 생리학은 운동, 활동, 일에 초점을 맞추었다. 가만히 있지 말고, 무엇인가를 하라.

베르나르는 이 논리를 뒤집었다. 그는 1878년에 이렇게 썼다. "내부 환경의 일정함은 자유롭고 독립적인 생활의 조건이다." 이렇게 생리학의 초점을 활동에서 일정함의 유지로 옮김으로써, 베르나르는 생물의 몸이 작동하는 방식에 관한 우리의 개념을 바꾸었다. 역설적이게도 생리적 "활동"의 한 가지 주안점은 항상성을 유지하는 것이었다. 무엇인가를 하지 말고, 가만히 있어라.

베르나르와 캐넌은 생물과 기관의 항상성을 연구했지만, 세월이 흐르면서 항상성은 점점 세포, 더 나아가 생명의 근본적인 특징이라고 받아들여졌다. 세포의 항상성을 이해하려면, 다시금 세포를 바깥 환경과 분리하는, 따라서 내부에서 일어나는 반응을 격리시키고 독립시킬 수 있는 막으로 돌아가야 한다. 마찬가지로 세포 내부 공간의 항상성을 유지하기 위해서 막은 원하지 않는 물질을 세포 밖으로 내보내는 펌프도 갖추었다. 원형질에는 세포 바깥의 화학적 환경이 변할 때도 세포의 산성이나 알칼리성이 변하지 않도록 완충시키는 화학물질이 들어 있다. 세포는 에너지를 필요로 하며, 미토콘드리아는 그것을 제공한다. 프로테아좀은 불필요하거나 이상이 생긴 단백질을 폐기한다. 일부 세포는 바깥에서 공급되는 영양소가 줄어들 때를 대비해 영양소를 확보하기 위해서 특수한 저장 소기관도 갖추고 있다. 대사의 유독한 부산물은 퍼옥시좀으로 보내져서 분해된다.

이제 자율성과 항상성을 떠나서 세포의 다른 특징들을 살펴볼 때가 되었다. 생식, 기능 분화, 분열하여 다세포 생물을 형성할 능력이다. 그 전에 이 장에서 다룬 놀라운 발견들을 잠시 되짚어보도록 하자. 1940년부터 1960년까지의 20년은 세포 안의 기능 구조를 해부하기 위해서 애쓰던 세포학자들에게 가장 풍요로우면서 생산적인 시기였다고 할 수 있다. 그보다 거의 정확히 한 세기 전에 슈반, 슐라이덴, 피르호 같은 이들이 세포학의 토대를 닦던 시기와 비슷한 대담함과 탁월함이 있었다. 그 시기에 나온 깨달음들이 오늘날에 "평범해" 보인다면("미토콘드리아는 세포의 에너지 공장이다" 같은 말은 모든 고등학교 과학 교과서에서 찾아볼 수 있다), 종종 그렇듯이 이런 발견이 당시에 일으킨 짜릿한 경이감을 우리가 잊었기 때문이다. 나는 세포의 발견에서 세포 내부의 구조해부학을 거쳐서 마지막으로 기능해부학으로 넘어간 것을 과학의 가장 영감 어린 성취 중 하나라고 묘사하는 것이 과장은 아니라고 생각한다.

기능해부학의 발견으로 우리는 세포를, 더 나아가 생명을 정의하는 특징들을 통합적으로 볼 수 있었다. 앞에서 말했듯이, 자동차가 그냥 엔진 옆에 기화기가 놓인 것이 아니듯이, 세포는 그냥 부품들을 나란히 놓은 체계가 아니다. 각 부품들의 기능을 조화시켜서 생명의 기본 특징을 만들 수 있어야 하는 통합 기계이다. 1940-1960년에 과학자들은 세포의 각 부위들을 **통합하여** 자율적인 살아 있는 단위가 어떻게 기능하며 "살아 있게" 되는지를 이해하기 시작했다.

이런 근본적인 발견들은 필연적으로 새로운 의학의 발전을 촉발했다. 맨눈 해부학과 생리학이 18-19세기에 수술과 약물의 새 시대를 열었듯이, 세포 내 기능의 해부학과 생리학은 20세기에 질병과 치료의 새로운 장이 있음을 선포했다. 우리는 콩팥이 망가지거나, 심장이 약해지거나, 뼈가 부러질 때처럼 한 기관의 기능이 망가질 때 질병이 생긴다는 것을 오래 전부터 알고 있었다. 그렇다면 **세포소기관**의 기능이 망가진다는 것은 무슨 말일까?

2003년 여름 재레드라는 열한 살의 아이스하키 선수는 두 눈의 시력을 잃기 시작했다. 눈앞이 서서히 흐릿해지는 중에도 재레드는 운동에 최선을 다했지만, 얼음판에 그려진 선조차 잘 보이지 않게 되었다. 부모는 무슨 병인지 알아내고자 미네소타, 로체스터에 있는 메이요 병원의 안과의를 찾아갔다.

일주일 뒤 병원은 원인을 밝혀냈다. 재레드는 레베르 유전성 시신경 병증Leber hereditary optic neuropathy, LHON을 앓고 있었다. 안과의는 재레드의 부모에게 차분하게 알렸다. "매우 유감스럽게도, 아드님은 시력을 잃을 겁니다." 대개 이 유전병은 미토콘드리아에 들어 있는 mtND4라는 유전자의 돌연변이로 생긴다(이 유전자는 인간 유전체 계획이 출범하기 2년 전인 1988년에 발견되었고 위치도 밝혀졌다). 아직 알려지지 않은 이유로, 이 유전자는 눈의 망막 신경절 세포의 기능에 영향을 미친다. 이 세포는 망막의 정보를 시신경으로, 따라서 뇌로 보내는 일을 한다.

아이에게서 일단 발병하면 병은 가차 없이 진행된다. 처음에는 시신경 유두에 모여 있는 신경 섬유들이 부풀기 시작한다. 그런 뒤 시신경이 위축되고, 망막 신경이 가늘어지고 칙칙해진다. 재레드는 가장 흔한 형태의 LHON 돌연변이를 물려받았다. 약 1만6,000개의 염기로 이루어진 미토콘드리아 유전체의 11778번 뉴클레오타이드에 돌연변이가 일어난 것이다.[*]

재레드는 일기에 이렇게 썼다. "11778. 내 하키 사물함, 자전거 자물쇠, 아니면 학교 사물함의 번호 조합이었으면 얼마나 좋을까. 대신에 그 숫자는 열한 살에 내 몸에 병의 잠금장치를 풀어 결국 내 삶을 영원히 바꿀 11778번 자리의 뉴클레오타이드에 일어난 유전자 돌연변이를 가리켜…… 눈이 멀다니, 대체 왜? 난 열한 살이야. 난 하키 선수라고. 난 여자애들을 좋아하고 걔들도 나를 좋아해. 친구도 많고 걱정거리는 전혀 없어. 눈이 먼다고? 내가 앞을 못 보게 된다면 어떻게 되는 거지? 아무것도 볼 수 없어지면?……그냥 아빠가 고쳐주겠지. 그러면 친구들과 놀 수 있을 거야."

그러나 아버지는 갖은 애를 썼지만, 고쳐줄 수 없었다. 재레드의 신경절

---

[*] 미토콘드리아 돌연변이는 독특하다. 다른 돌연변이는 대부분 부모 양쪽으로부터 물려받을 수 있는 반면에, 미토콘드리아는 모계로만 물려받을 수 있기 때문이다. 미토콘드리아는 독립적으로 존재하지 않는다. 세포 안에서만 살아갈 수 있다. 세포가 분열할 때 분열하여 두 딸세포로 나뉘어 들어간다. 여성의 몸에서 난자가 생길 때, 그 난자에 들어 있는 미토콘드리아는 모두 여성의 것이다. 수정 때 정자는 DNA를 난자로 집어넣지만, 미토콘드리아는 전혀 들어가지 않는다. 따라서 자녀의 몸에 있는 미토콘드리아는 모두 모계에서 온 것이다. 재레드가 물려받은 mtND4 유전자의 돌연변이도 어머니에게서 왔어야 한다. 그런데 어머니는 그 병이 없었으므로, 난자가 형성될 때 우연히 돌연변이가 일어났을 가능성이 높다.

세포는 썩기 시작했다. 부모는 나름 머리를 써서 아들의 주의를 기타 연주 쪽으로 돌렸다. 재레드는 촉감과 소리만으로 연주하는 법을 배웠다. 서서히 하지만 가차 없이 시력을 잃어갔지만, 연주 실력은 꾸준히 늘었다. "기타 교습소에서 부모님께 처음으로 엉망으로 연주를 들려드린 지 8년이 지난 지금, 로스앤젤레스의 뮤지션즈 인스티튜트에 다니고 있어요. 이 우수한 음대에 다니는 최초의 맹인 학생일 거예요. 아주 좋아요. 악보를 읽어야 하는 다른 학생들을 내가 충분히 따라갈 수 있을 거라고 믿고서 입학시키지 않았을까요?" 재레드는 시력을 잃었지만, 음악을 찾아냈다.

2011년 중국 허베이의 안과의들은 AAV2라는 바이러스에 정상적인 ND4 유전자를 끼워넣었다. 이 바이러스는 사람과 영장류 세포에 침입하지만 명백하거나 급성인 어떤 질병도 일으키지 않으므로, ND4 같은 "외래" 유전자를 세포 안으로 들여보내는 용도로 쓰일 수 있다. 연구진은 액체 한 방울에 수백만 개의 이 유전자 변형 바이러스 입자가 떠다니도록 증식했다. 그런 뒤 아주 작은 바늘로 환자의 각막 가장자리를 찔러서 이 농밀한 바이러스 수프를 망막 바로 위의 유리체 층에 주사했다.

연구진은 자신들이 위험한 인계철선이 깔린 지역으로 들어가고 있음을 잘 알았다. 1999년 9월, 간이 단백질 분해의 부산물을 제대로 대사하지 못해서 암모니아의 혈중 농도가 거의 독성을 일으키는 수준까지 높아지는 가벼운 대사 질환을 앓고 있던 제시 겔싱어라는 십대 청소년에게 유전자 변형 아데노바이러스를 주입하는 치료가 이루어진 적이 있었다. 의료진은 실험적인 요법인 이 바이러스의 주입으로 제시의 병이 완치될 것이라고 기대했다. 그러나 제시는 이 바이러스에 급격한 면역 반응을 일으켰고, 곧 치명적인 장기 손상이라는 비극이 벌어졌다. 그의 사망은 곧바로 엄청난 여파를 미쳤다. 21세기의 첫 10년 동안 유전자요법 분야는 깊은 겨울을 맞이해야 했다. 유전자 변형 바이러스를 사람의 몸에 주입하려고 시도하는 연구자는 거의 없었고, 규제 당국도 그 분야를 엄격하게 규제했다.

그러나 망막은 특수한 부위이다. 물방울 하나에 들어 있는 바이러스만으로도 세포들을 충분히 감염시킬 수 있을 뿐 아니라, 망막은 면역 면에서도 독특한 이점이 있다. 정소와 마찬가지로 몸에서 면역 반응이 활발하지 않아서 감염원에 심각한 반응이 일어날 가능성이 극히 낮은 몇 곳 중 하나이다. 게다가 겔싱어 사건 이후로 유전자요법 운반체가 대폭 개선되었기 때문에, 과학자들도 해로운 반응을 유발하지 않으면서 유전자를 전달할 수 있을 것이라고 확신했다.

2011년 중국 의사들은 LHON 환자 8명을 모집해서 소규모 임상시험을 진행했다. 초기에는 성공의 조짐이 엿보였다. 바이러스는 유전자를 망막 신경절 세포로 운반했고, 세포는 정상 ND4 단백질을 합성했으며, 그 단백질은 미토콘드리아로 들어갔다. 그 뒤로 36개월에 걸쳐서 환자 8명 중 5명은 시력이 향상되었다.

이 글을 쓰는 지금도 연구는 계속되고 있다. 연구진은 참여한 환자들의 특성을 자세히 분석하고 관찰 기간을 늘리고 있다. 루메보크Lumevoq라고 불리는 이 바이러스 제품은 현재 시력 상실 초기에 있는 LHON 환자들을 대상으로 후기 임상시험을 진행 중이다. 2021년 5월에 연구진은 이 이른바 레스큐RESCUE 시험이 완료되었다고 발표했다. 유전자요법이 이 돌연변이로 시력 장애가 나타난 지 6개월이 되지 않은 환자들의 시력 상실 진행을 멈출 수 있는지 알아본 임상시험이었다. 임상시험 연구의 기준을 모두 준수한 이 플라세보 대조, 이중 맹검, 다기관, 무작위 임상시험에는 환자 39명이 참여했다(바이러스가 더 적은 용량으로 주입된 환자 1명을 제외하고, 나머지 38명은 평가가 가능한 환자였다). 연구진은 환자의 한쪽 눈에 바이러스를 주입하고, 다른 쪽 눈에는 플라세보(바이러스가 전혀 없는)를 주사했다. 24주째에 치료군과 대조군(치료를 받지 않은) 모두 시력이 불가피하게 계속 감퇴되었다. 그러다가 48주째에는 양쪽 눈에서 시력 상실이 일정한 수준으로 유지되었다. 그런데 놀랍게도 96주째에 치료군에 속한 이들의 약 4분의 3에게서 치료를 받은 눈과 받지 않은 눈이 둘 다 시력이 상당히 개선되었다. 따라서 이 임상시험은 성공인 동시에 수수께끼를 안겨주었다. 유전자 치료를 한 눈은 나아질 것이라고 예상했지만, 치료를 받지 않은 눈도 나아진 이유는 무엇일까? 양쪽 눈의 망막 신경절 세포들이 연결되어 있거나 우리가 알지 못하는 다른 어떤 연결 메커니즘이 있는 것일까? 바이러스가 혈액으로 새어나가서 다른 눈에 영향을 미친 것일까?

안타깝게도 재레드처럼 시력을 완전히 잃은 사람에게는 ND4 유전자를 교체하는 요법이 혜택을 주지 못할 가능성이 높다. 시력을 회복시키기에는 이미 늦었다. 반응할 세포가 죽은 상태라면, 세포소기관의 기능을 바로잡는 방식이 소용이 없을 수 있다. 세포소기관은 적합한 세포라는 맥락에 놓여야만 기능을 발휘할 수 있다.

이런 임상시험이 계속 진행되고 혜택이 계속 유지된다는 사실이 드러난다면—아직 "만약"의 단계는 끝나지 않았다—루메보크는 이윽고 약물로 등록될 것이다. 그러나 미토콘드리아의 기능을 바꾸려고 시도하는 세포 변형 요법의 출현은 이미 의학에 새로운 방향을 알려왔다.

1950–1960년대에 약학과 외과학에서는 기관 지향 치료법이 폭발적으로 증가했다. 막힌 혈관을 우회해서 심장으로 혈관을 연결하거나, 병든 콩팥을 대신할 장기를 이식하는 등이었다. 약물 쪽으로도 신세계가 펼쳐졌다. 항생체, 항체, 혈액 응고를 막거나 콜레스테롤을 줄이는 화학물질도 출현했다. 반면에 지금 이야기하는 것은 세포소기관 지향 요법이다. 망막 신경절 세포의 미토콘드리아 기능 이상을 회복시키는 요법이다. 이는 세포 해부학, 즉 세포 내 구획들을 해부하는 연구와 병든 상태의 기능 이상이 정

확히 어떤 것인지를 파악하는 연구가 수십 년에 걸쳐 누적된 결과이다. 물론 이는 유전자요법이기는 하지만, 유전자가 속한 실제 환경에서 이루어지는 세포요법이기도 하다. 다시 말해서 인체의 본래 해부학적 위치에서 병든 세포의 기능을 회복시키는 것이다.

분열하는 세포
세포 생식과 IVF의 탄생

재생산 같은 것은 없다.……두 사람이 아기를 가지기로 한다면,
생산 활동에 참여하는 것이다.
— 앤드루 솔로몬, 『부모와 다른 아이들 *Far from the Tree*』

세포는 분열한다.

아마 세포의 한살이에서 가장 기념비적인 순간은 딸세포를 낳을 때일
것이다. 모든 세포가 생식을 할 수 있는 것은 아니다. 일부 뉴런처럼 영구
적으로 또는 최종적으로 분열함으로써 더 이상 분열하지 못하는 세포도
있다. 그러나 그 역은 참이 아니다. 즉 모든 세포는 다른 세포로부터 나온
산물이다. 세포는 세포로부터 나온다. 프랑스의 생물학자 프랑수아 자코
브는 이렇게 말한 바 있다. "모든 세포의 꿈은 두 세포가 되는 것이다"(물
론 그 꿈을 아예 버린 세포를 빼고).

개념상 동물의 세포분열은 대체로 두 가지 목적이나 기능으로 나눌 수
있다. 생산production과 재생산reproduction(이 영어 단어는 "재생산"과 "생
식" 양쪽으로 번역되는데, 이 책에서는 "생산"과 대비시켜서 생식을 이야기
할 때도 종종 있기 때문에 맥락에 따라 "재생산"이라는 말로 번역한 곳도
있다/옮긴이)이다. 나는 생산이라는 말을 생물을 만들거나 성장시키거나
수선할 새로운 세포를 만든다는 의미로 쓴다. 피부 세포가 분열하여 상처

를 치유할 때, T세포가 분열하여 면역 반응을 일으킬 때, 세포는 새 세포를 만들어서 조직이나 기관을 생성하거나 특정 기능을 충족시킨다.

그러나 몸에서 정자나 난자가 생성되는 것은 전혀 다른 문제이다. 재생산을 위해서, 즉 새로운 기능이나 기관이 아니라, 새 생물을 만들기 위해서 분열하는 것이다.

사람을 비롯한 다세포 생물에서는 기관과 조직을 만들기 위해서 새 세포를 생산하는 과정을 체세포분열mitosis이라고 한다. "실"을 뜻하는 그리스어 미토스mitos에서 나온 단어이다. 반면에 생식을 위해서, 즉 새 생물을 위해서 새로운 세포인 정자와 난자를 만드는 과정은 감수분열meiosis이다. "줄어든다"는 뜻의 그리스어 메이온meion에서 유래했다.

체세포분열은 군의관으로 있다가 군대에 환멸을 느낀 뒤 생물학 분야에서 새로운 열정을 찾고자 했던 독일의 군의관이 발견했다. 정신과의의 아들인 발터 플레밍은 1860년대에 의학을 공부했다. 루돌프 피르호처럼 그도 군의관 양성 대학에 다녔고, 피르호처럼 교육 과정이 너무 경직되어 있고 엄격하다는 것을 알아차리고 세포를 연구하는 쪽으로 눈을 돌렸다. 사람을 비롯한 모든 다세포 생물은 세포로 이루어져 있었지만, 세포 하나가 수십억 개로 늘어나서 세포들로 이루어진 생물을 만드는 과정은 수수께끼였다. 1870년대에 플레밍은 특히 세포의 해부구조에 흥미를 느꼈고, 혹시라도 세포 내부의 구조가 드러날지도 모른다고 기대하면서 아닐린aniline 염료와 그 유도체를 이용해서 조직을 염색하기 시작했다.

처음에는 거의 아무것도 보이지 않았다. 대개는 세포핵 안에 들어 있는 실 같은 물질들만 희미하게 보일 뿐이었다. 세포핵은 대개 막으로 둘러싸인 둥근 모양이었는데, 스코틀랜드의 생물학자 로버트 브라운이 1830년대에 처음 발견했다.

플레밍은 동료인 빌헬름 폰 발다이어하르츠의 제안을 따라서, 핵에 든 실 같은 구조에 염색체chromosome라는 이름을 붙였다. 말 그대로 "염색된 물체"라는 뜻이었다. 그는 염색체의 기능과 세포분열 때의 움직임이 궁금했다. 분열하는 세포를 현미경으로 계속 바라보자 호기심이 커져갔다. 바라보았지만 살펴보지는 않았다. 살펴보는 것, 즉 진정으로 알아보는 것은 통찰을 수반한다. 폰 몰과 레마크 같은 과학자들도 세포분열을 관찰했지만, 그 과정의 조율이나 단계에 관해서는 거의 아무런 결론도 내리지 못했다. 플레밍은 그들이 세포를 보고 있었을 뿐, 세포 안을 보지는 않았음을 알아차렸다. 1878년 그는 중요한 깨달음을 얻었다. 그는 분열하는 세포의 염색체를 파란 염료로 물들임으로써 분열 과정 전체를 현미경으로 지켜볼 수 있었고, 그럼으로써 세포 안에서 염색체와 핵이 어떻게 움직이는지를 포착할 수 있었다.

염색체는 무엇을 했을까? 그리고 세포핵, 아니 그 안에 든 염색체는 세포분열과 어떤 관계가 있었을까? 1878년과 1880년에 두 편으로 나누어 발표한 논문에서 그는 이렇게 물었다. "세포분열 동안 어떤 힘들이 작용할까?" "세포에서 눈에 보이는 형태를 지닌 구조들[세포분열 때의 핵과 염색체]의 위치 변화는 어떤 계획에 따르는 것일까? 만일 그렇다면, 어떤 계획일까?"*

---

* 나중에 테오도어 보베리와 월터 서턴은 염색체를 유전과 연관지음으로써 그 다음의 논리적 연결 고리를 찾아냈다. 한마디로 그들은 유전형질의 대물림을 염색체의 해부학적/물리적 대물림과 연관지었고, 그럼으로써 유전자(그리고 유전)가 염색체에 들어 있다고 파악했다. 그레고어 멘델은 완두 실험을 통해서 유전자를, 대물림되면서 부모로부터 자식에게로 특징, 즉 형질을 전달하는 "인자"라는 추상적인 개념으로만 파악할 수 있었다. 그는 결코 이 인자의 물리적 위치를 알아낼 수 없었다. 서턴과 보베리를 비롯한 이들은 형질(따라서 유전자)의 대물림이 염색체의 대물림을 통해서 일어난다는 증거를 최초로 내놓았다. 그 뒤에 초파리 유전학자 토머스 모건을 비롯한 이들은 이 이론을 토대로 마침내 유전자가 염색체에 있음을 확인했다. 수십 년 뒤 프레더릭 그리피스, 오즈월

그가 발견한 계획은 놀라울 만치 체계적이었다.* 군사 훈련 계획처럼 정확하게 단계가 정해져 있었다. 도롱뇽의 유생에게서—포유류와 양서류와 어류의 분열하는 세포에서—플레밍은 거의 모든 세포를 관통하는 세포분열의 공통 리듬을 발견했다. 흥분을 불러일으키는 결과였다. 그 이전의 어떤 과학자도 그렇게 다양한 생물들의 세포가 분열할 때 거의 동일하면서 리드미컬한 계획을 따른다는 상상을 해본 적조차 없었다.

플레밍은 실 같은 염색체가 굵은 다발처럼 뭉치는 것이 첫 단계라고 보았다. 그는 그 다발을 "스카인skein"이라고 불렀다. 이때는 염료도 단단히 들러붙어 있었다. 현미경 아래에서 염색체는 짙은 남색으로 염색된 실타래처럼 보였다. 이어서 뭉친 염색체가 두 배로 불어났다가 특정한 축을 따라서 둘로 갈라졌다. 그는 불빛이 폭발하면서 둘로 갈라지는 광경을 떠올렸다. "핵 속의 형체들이 분열 때 스스로 편제되어 연속된 단계들을 거치기 시작했다." 핵막은 사라졌고, 핵도 갈라지기 시작했다. 이윽고 가운데에 핵막이 생기면서 세포 자체도 두 딸세포로 갈라졌다.

딸세포에서 염색체는 다시 천천히 풀려서 희미한 실 같은 "휴지 단계"로 돌아갔고, 딸세포의 핵도 돌아왔다. 마치 세포분열을 시작했던 과정이 거꾸로 진행되는 듯했다. 염색체가 처음에 두 배로 늘어난 뒤 절반으로 갈라지면서 세포분열이 이루어지므로, 딸세포의 염색체 수는 보존되었다. 염색체 46개가 92개로 늘어났다가, 반으로 나뉘어 다시 46개가 되었다. 플레밍

드 에이버리, 제임스 왓슨, 프랜시스 크릭, 로절린드 프랭클린 같은 이들은 염색체의 핵심을 이루는 분자인 DNA가 유전정보의 보유자임을 밝혀냈다. 이어서 미국 국립보건원의 마셜 니런버그 연구진은 유전자가 어떻게 해독되어 단백질을 만들고, 그럼으로써 생물의 형태와 특징을 생성하는지를 알아냈다.

* 식물학자 카를 빌헬름 폰 네겔리는 플레밍의 실험이 비정상적이라고 생각했지만, 그는 멘델의 논문도 괴팍하다고 내쳤다. 세포분열의 보편 원리가 모든 생물에게서 명확히 드러난 것은 수십 년이 흐른 뒤였다.

체세포분열 단계들을 보여주는 발터 플레밍의 그림. 처음에 염색체는 핵 안에 헝클어진 실처럼 보인다. 붙어 있는 두 세포의 핵 안에 풀려 있는 염색체들이 보인다. 이어서 이 실들이 뭉쳐서 굵은 다발을 이룬다. 핵막이 사라지고, 염색체들은 마치 어떤 힘에 끌리는 양 세포의 양쪽으로 분리된다. 완전히 분리되면(마지막에서 두 번째 그림), 세포가 쪼개져서 두 개의 새로운 세포가 된다.

은 이를 동형homotypic, 즉 "보존적" 세포분열이라고 했다. 모세포와 딸세포의 염색체 수가 결국에는 같아지는, 즉 보존되는 분열이었다.[*] 1880년대에서 1900년대 초 사이에 생물학자 테오도어 보베리, 오스카르 헤르트비히, 에드먼드 윌슨은 플레밍이 기술한 이 단계들을 하나하나 깊이 살펴봄으로써, 세포분열 과정을 아주 상세히 밝히는 데에 기여했다.

플레밍은 이 과정이 하나의 주기를 이룬다고 결론지었다. 실 같은 염색체가 뭉쳐서 스카인을 이룬 뒤, 갈라지고, 이어서 휴지 상태로 돌아간다는 것이다. 그런 다음 세포가 다음 분열 주기에 다다를 때 다시 뭉치고 불어난다고 보았다. 마치 생명의 숨결이 반복되듯이 뭉침, 분열, 흩어짐이 되풀이되었다.

그러나 생식으로 이어지는 다른 유형의 세포분열도 있어야 했다. 돌이켜보면, 이런 유형의 세포분열이 체세포분열과 같은 방식으로 진행될 수 없다는 사실은 금방 이해가 간다. 초보적인 수학 문제이다. 체세포분열 때 모세포와 딸세포의 염색체 수가 같다고 말한 바 있다. 즉 46개(사람 세포의 염색체 수)에서 시작하면, 염색체 수는 두 배(92개)로 늘었다가, 절반으로

---

[*] 다른 두 세포학자 에두아르트 슈트라스부르거와 에두아르 판 베네딘도 염색체가 분리되고 이어서 세포막이 나뉘면서 두 딸세포가 생기는 과정(체세포분열)을 관찰했다.

나뉘어 각 딸세포에 들어간다. 즉 46개로 돌아간다.

그렇다면 생식할 때에는 염색체 수가 어떻게 달라질까? 정자와 난자가 모세포와 염색체가 동일하게 46개라면, 수정란의 염색체는 두 배인 92개가 될 것이다. 그 다음 세대로 가면 184개로 불어날 것이고, 그 다음 세대는 368개로 늘어나는 식으로 세대가 지날수록 기하급수적으로 불어날 것이다. 곧 세포는 불어난 염색체로 터져버릴 것이다.

따라서 정자와 난자를 생성할 때에는 염색체 수가 먼저 절반인 23개로 줄어들어야 한다. 그래야 수정이 이루어지면서 46개로 회복된다. 감소에 이은 복원이라는 이런 유형의 세포분열은 1870년대 중반에 테오도어 보베리와 오스카르 헤르트비히가 성게에서 관찰했다. 1883년 벨기에의 동물학자 에두아르 판 베네던도 선충에서 감수분열을 관찰함으로써, 더 복잡한 동물들에서 이 과정이 공통적으로 나타난다는 것을 확인했다.

한마디로 다세포 생물의 한살이는 체세포분열과 감수분열이라는 조금 단순한 엎치락뒤치락 게임으로 재구성할 수 있을 듯하다. 사람은 몸의 모든 세포에 들어 있는 46개의 염색체에서 시작하여 정소와 난소에서 각각 감수분열을 통해 염색체가 23로 줄어든 정자와 난자를 만든다. 정자와 난자가 만나서 접합자接合子를 형성할 때, 염색체는 다시 46개로 회복된다. 접합자는 세포분열, 즉 체세포분열을 통해서 각각 46개의 염색체를 가진 세포로 이루어진 배아로 자란 뒤, 점진적으로 성숙한 조직과 기관—심장, 허파, 혈액, 콩팥, 뇌—을 갖춘다. 생물이 성숙함에 따라서 이윽고 생식샘(정소나 난소)이 발달하고, 그 안의 각 세포에는 46개의 염색체가 들어 있다. 이제 여기에서 다시 엎치락뒤치락 게임이 벌어진다. 생식샘의 세포는 암수 생식세포를 만들 때, 감수분열을 통해서 염색체 수가 23개인 정자와 난자를 생성한다. 그리고 수정을 통해서 46개로 회복된다. 접합자는 태어나고, 이 주기는 되풀이된다. 감수분열, 체세포분열, 감수분열. 절반으로 줄어들고, 회복되고, 성장한다. 절반으로 줄어들고, 회복되고, 성장한다. 무한히 반복된다.

세포의 분열을 통제하는 것은 무엇일까? 플레밍은 체세포분열의 체계적인 단계들을 목격했다. 그런데 누가, 아니 무엇이 이 단계들을 수행하는 것일까? 플레밍이 선구적인 세포분열 연구 결과를 발표한 지 수십 년이 지나고, 세포학자들은 분열하는 세포의 한살이를 몇 단계로 나눌 수 있다는 사실을 알아차렸다.

먼저 이 주기를 아예 내버린 세포에서 시작하자. 영구적 또는 준영구적으로 휴지 상태에 있는 세포이다. 지금은 이 단계를 G0기라고 부른다. G는 분열 주기의 "사이gap"를 뜻하며, G0은 쉬고 있는 상태라는 뜻이다. 사실 이런 세포 중 일부는 **영구**히 분열하지 않을 것이며, 체세포분열 이후 단계이다. 대부분의 성숙한 뉴런이 바로 그렇다.

세포는 분열 주기에 들어가기로 결정할 때, G1이라는 새로운 간기에 돌입한다. 들어갈까 말까 생각하면서, 세포분열이라는 물에 발가락을 살짝 담그는 것에 가깝다. G1기의 세포는 현미경 아래에서 눈에 보이는 변화는 거의 없지만, 분자 수준에서는 이 첫 번째 간기에 엄청난 변화가 진행된다. 세포분열을 조율하는 단백질들이 합성되고, 미토콘드리아도 복제된다. 세포는 대사와 유지에 매우 중요한 분자들을 합성하고 모음으로써, 두 딸세포에 할당할 분자들의 수를 늘린다. 또 세포분열이라는 엄청난 일을 수행할지 말지를 세포가 결정하는 최초의 중요한 심사 시점이기도 하다. 진행할까? 아니면 그만둘까? 특정한 영양소가 없다면, 또는 적절한 호르몬 환경이 조성되지 않았다면, 세포는 G1기에 머무르기로 결정할 수도 있다. 즉 돌이킬 수 없는 지점을 바로 **앞둔** 시점이다.

G1기에 이어지는 단계는 독특하다. 염색체가 복제된다. 따라서 새로운

DNA가 합성된다. 이 일에는 에너지, 집중, 초점의 급격한 전환이 필요하다. 이를 S기라고 하며, S는 합성synthesis, 즉 염색체를 복제하는 합성을 가리킨다. 앞에서 우리가 원형질에서 헤엄쳤듯이, 세포 안에서 헤엄치면서 지내고 있다면, 세포 활동의 중심지가 세포질에서 핵으로 옮겨간 것을 느낄 수도 있다. DNA를 복제하는 효소들이 염색체에 달라붙는다. 또다른 효소들은 꼬여 있는 DNA를 풀기 시작한다. DNA의 구성단위들이 핵으로 운반된다. DNA 복제 효소들이 모인 복잡한 기구가 염색체에 줄줄이 달라붙어서 사본을 합성한다. 그리고 복제된 염색체를 떼어놓는 기구도 세포 안에서 생성되기 시작한다.

세 번째 단계야말로 아마 가장 수수께끼 같으면서도 가장 이해가 덜 되어 있는, 두 번째 휴지기인 G2기이다. 염색체를 합성해서 복제했는데, 왜 세포는 분열을 멈출까? 왜 새로 합성한 DNA 가닥을 낭비할까? G2기는 세포분열 이전의 마지막 심사 시점으로서 존재한다. 염색체에 전위translocation, DNA의 끊김, 극심한 돌연변이, 결실 같은 치명적인 문제가 있을 수도 있기 때문이다. 따라서 이 시기는 세포가 DNA가 온전한지 검사하고 또 검사함으로써 DNA 손상, 즉 염색체에 심각한 문제가 없는지를 확인하는 시간이다. DNA를 훼손하는 방사선이나 화학요법을 받은 세포는 이 단계에서 멈출 수도 있다. 유전체 지킴이라는 단백질들, 그중에서 특히 p53 종양 억제자는 유전체를 훑어서, 새 세포를 만들기 전에 세포가 건강한지 점검한다.*

---

* 심사 지점이라는 측면에서 보면, G2기는 완벽하게 단순한 해결책처럼 보인다. 그러나 그 일이 섬세하게 균형을 잡으면서 수행되어야 한다는 점을 깨닫고 나면 생각이 달라진다. 우리가 아는 한, G2기 "멈춤"은 대체로 세포에서 재앙을 일으킬 돌연변이를 검출하기 위한 것이다. 돌연변이는 S기에서 생긴다. 모든 복사기가 고유의 오류율을 지니듯이, 합성 시기에 새로운 DNA 사본을 만드는 분자 기계도 실수를 한다. 오류 중에는 곧바로 복구되는 것도 있지만, 그렇지 않은 것도 있다. G2기는 모든 돌연변이를 검출하고, 모든

마지막 단계는 M기—실제로 분열이 일어나는 시기—로서, 세포가 두 딸세포로 갈라지는 시기이다. 핵막이 사라진다. 분리될 염색체들은 플레밍이 염료로 염색해서 보았던 더욱 조밀한 구조로 뭉친다. 복제된 염색체들을 서로 분리할 분자 기구도 완전히 조립된다. 이제 복제된 염색체들은 요람에 나란히 누워 있는 쌍둥이처럼 세포의 한가운데에 나란히 늘어서서, 각자 반대쪽으로 끌어당겨진다. 절반은 세포의 한쪽, 다른 절반은 반대쪽으로 당겨져서 모인다. 이제 세포의 한가운데가 움푹 들어가면서, 세포질이 반으로 나뉜다. 모세포는 두 개의 딸세포가 된다.

2017년 나는 폴 너스와 함께 네덜란드의 평원을 차를 타고 지났다. 그는 빌보 배긴스(『반지의 제왕』에 나오는 호빗/옮긴이)가 나이를 먹고 더 현명해진 모습을 연상시키는 환한 웃음에, 영국 억양이 특징인 옹골차 보이는 인물이었다. 우리는 위트레흐트의 빌헬미나 아동병원에서 강연을 할 예정이었기 때문에, 암스테르담에서 그곳까지 함께 차를 타고 갔다. 너스는 다정하고 겸손하며 친절한 사람이었다. 내가 만나자마자 호감을 느끼는 부류의 과학자였다. 우리 주변의 풍경은 밋밋하고 균일했다. 비탈진 메마른 들판에 건초와 밀짚이 쌓여 있었고 이따금 부는 돌풍에 돌아가는 풍차가 군데군데 보였다.

회전, 주기. 기계의 회전을 추진하는 에너지 역학, 즉 풍속의 증감. 분열하는 세포는 그런 기계, 그러니까 분열과 휴식을 주기적으로 반복하는 기계였을까? 너스는 에든버러에서 박사후 연구원으로 있을 때, 세포의 주기가 어떻게 조절되는지 궁금해졌다. 세포가 분열할지 여부, 또는 언제 분열

실수를 찾아내고, 모든 오류를 교정하기 위해서 존재한다. 이 일이 완벽하게 이루어진다면, 돌연변이체는 결코 생성되지 않을 것이고, 진화도 완전히 중단될 것이다. 따라서 G2기는 언제 살펴보고 언제 살펴보지 않을지를 아는 판단력을 갖춘 지킴이여야 한다.

할지를 결정하는 데에 어떤 요인들이 관여할까? 1870-1880년대에 플레밍과 보베리를 비롯한 이들은 세포분열이 몇 단계로 이루어진다는 것을 관찰했다. 그렇다면, 이 단계들을 수행하고 조절하는 분자와 신호는 무엇일까? 세포는 언제 G1기에서 S기로 나아갈지를 어떻게 알까?

너스는 노동자 집안 출신이었다. 그는 2014년 한 기자에게 말했다. "아버지는 블루칼라 노동자셨어요. 어머니는 청소부셨고요. 누이들은 모두 열다섯에 학업을 그만뒀습니다. 나만 달랐어요. 시험을 통과했고, 어찌어찌하여 대학교에 들어갔고 장학금을 받았고 박사학위도 땄죠." 대학을 나와서 수십 년이 지난 뒤에야, 너스는 "누나"가 사실은 어머니라는 사실을 알게 되었다. 어머니가 미혼모였기 때문에, 할머니가 엄마인 척하고 너스를 키웠다. 오랜 세월이 흐른 뒤, 너스가 60대가 되어서야 할머니는 마침내 그에게 그 비밀을 털어놓았다. 그는 우리가 위트레흐트를 향해 가는 동안 덤덤하게 그 이야기를 들려주었다. 그의 눈이 반짝거렸다. "생식은 결코 보이는 것처럼 단순하지가 않아요." 그가 심드렁하게 덧붙였다.

에든버러 대학교에서 너스의 지도교수였던 머독 미치슨은 분열 효모라는 특정한 효모 균주의 세포 주기를 연구했다. 사람의 세포와 흡사하게 가운데가 갈라져서 증식을 하기 때문에 **분열**이라는 이름이 붙었다. 더 흔한 효모는 "출아법"으로 증식한다. 세포가 분열할 때 딸세포가 작은 싹처럼 돋아나서 자란 뒤 떨어져 나오는 방식이다.

1980년대에 너스는 제대로 분열하지 않는 효모 돌연변이체를 만들기 시작했다. 거의 800킬로미터 떨어진 시애틀에서 세포학자 리 하트웰도 비슷한 전략을 채택했다. 그도 다른 효모 균주의 돌연변이체를 만들어서 세포 주기와 세포분열에 영향을 미치는 유전자를 사냥하는 일에 나섰다. 그는 출아 효모의 한 종류인 빵효모를 이용했다.

하트웰과 너스는 돌연변이체가 세포분열을 통제하는 정상 유전자를 발견하게 해주리라고 기대했다. 정상 생리를 밝혀내기 위해서 생리 기능을 교란하는 오래된 생물학적 비법이었다. 해부학자는 동물의 동맥을 자르거나 이어붙인 뒤, 몸의 어느 부위로 더 이상 피가 흐르지 않는지를 추적함으로써, 그 동맥의 기능을 알아낼 수 있다. 또 유전학자는 한 유전자에 돌연변이를 일으켜서 유전적 과정—예를 들면 세포분열—을 망가뜨림으로써 체세포분열 과정을 통제하는 기능의 주요 조절인자를 밝혀낼 수 있다.

1982년 여름 케임브리지 대학교의 세포학자 팀 헌트는 발생학 강의를 돕기 위해서 멋진 풍광이 돋보이는 매사추세츠, 코드 곶에 있는 우즈홀 해양 생물학 연구소로 향했다. 관광객들은 고래 그림이 찍힌 셔츠와 리넨 셔츠 차림으로 곶으로 와서 조개구이를 먹고 널찍한 모래 해안을 돌아다녔다. 과학자들은 얕은 바위 웅덩이에서 조개와 그보다 더 흔하게는 성게를 채집하러 이곳을 찾고는 했다.

특히 성게 알은 귀한 자원을 제공했다. 크고 실험하기 좋은 모형 동물이기 때문이다. 성게 암컷에 소금물을 주입하면, 주황색 알 수십 개가 들어 있는 생식소를 내뱉을 것이다. 알을 성게 정자로 수정시키면, 접합자는 시계처럼 규칙적으로 분열을 시작하여 새로운 다세포 동물을 만들기 시작할 것이다. 1870년대 플레밍에서 1900년대 초의 발생학자 어니스트 에버렛 저스트와 1980년대의 헌트에 이르기까지, 과학자들은 감미로운 살(이 동물을 **먹을** 생각을 누가 했을까?)을 지닌 가시투성이 둥근 동물을 수정, 세포분열, 발생학을 연구할 모형 체계로 삼았다. 초파리가 초기 유전학에 기여했듯이, 성게는 세포 주기 연구에 기여했다.

헌트는 단백질 합성이 수정 뒤에 어떻게 조절되는지를 연구하고자 했지만, 좌절을 겪으면서 연구를 그만둘 지경까지도 갔다. "1982년경에 성게 알의 단백질 합성 조절 연구는 거의 중단된 상태였다. 학생들과 내가 시도

한 모든 발상은 틀렸음이 드러났고, 그 체계의 토대 자체에 본질적으로 결함이 있었다.”

그러다가 1982년 7월 22일 저녁 어스름이 깔릴 때, 헌트는 한 가지 놀라운 현상을 접했다. 수정된 성게 세포가 분열하기 정확히 10분 전에, 한 풍부한 단백질의 농도가 정점에 이르렀다가 그 뒤에 사라졌다. 풍차의 날개가 정확한 속도로 도는 것처럼, 율동적이고 규칙적이었다. 저녁 세미나와 그날 밤 포도주와 치즈를 곁들인 대화에서 그는 하버드의 마크 커시너를 비롯한 과학자들도 정자와 난자의 생성 때, 즉 감수분열 동안 세포가 어떻게 한 단계에서 다음 단계로 넘어가는지를 놓고 당혹스러워한다는 것을 알게 되었다. 헌트는 단백질의 증감이 한 단계에서 다음 단계로 넘어가는 신호일 수 있다는 생각에 푹 빠져들었다. 아마 그는 포도주를 다 마시기도 전에 연구실로 돌아갔을 것이다.

그 뒤로 10년 동안 헌트는 휴대용 실험실—“시험관과 주사기, 배지, 심지어 연동 펌프”—을 꾸린 여행가방을 들고서 해마다 코드 곶으로 돌아가서 세포 주기의 단계들을 진행시키는 메커니즘이 무엇인지를 알아내려고 애썼다. 1986년 겨울 헌트 연구진은 체세포분열 단계들에 발맞춰서 증감이 일어나는 단백질들을 더 찾아냈다. S기(염색체가 복제되는 시기)와 완벽하게 발맞춰서 증감이 일어나는 단백질도 있었다. G2기(세포분열이 일어나기 전 두 번째 심사 시기)에 딱 맞춰서 농도가 오르내리는 단백질도 있었다. 헌트는 이런 단백질들을 사이클린cyclin이라고 했다. 그가 주기 연구에 푹 빠진 사람이었으니까. 곧 그는 자신이 붙인 이름이 너무나 딱 들어맞는다는 사실을 알게 되었다. 이 단백질들은 불가사의할 만치 세포분열 주기의 단계들에 딱 맞춰서 활동하는 듯했다. 그리하여 그 이름이 굳어졌다.

한편 너스와 하트웰은 돌연변이체 사냥 접근법을 효모 세포에 적용하여 세포 주기를 조절하는 유전자를 찾는 일에 매진하고 있었다. 그들도 세포 분열의 단계들과 관련이 있는 유전자를 몇 개 찾아냈다. 1980년대 말에 그들은 그 유전자들에 cdc, 더 뒤에는 cdk라는 이름을 붙였다.* 이런 유전자가 만드는 단백질은 CDK 단백질이라고 했다.

그러나 이런 발견들 사이에는 한 가지 불편한 수수께끼가 숨어 있었다. 그들의 탐구는 명백히 수렴되고 있었지만, 그들이 발견한 단백질들은 서로 달랐다. 하나만 예외였다. 너스가 돌연변이체에서 발견한 유전자 중 하나는 실제로 사이클린을 닮은 유전자였다.

이유가 무엇일까? 헌트는 세포 주기의 조절인자를 탐색하다가 왜 사이클린 단백질을 발견하게 된 것일까? 그리고 하트웰과 너스가 발견한 세포분열 조절 단백질들은 왜 (대체로) 사이클린과 다른 것들이었을까? 마치 두 수학자 집단이 같은 문제에 매달린 끝에 서로 다른 답을 내놓은 듯했다. 그런데 적어도 방법 면에서 보면 양쪽이 모두 옳은 듯했다. 그렇다면 사이클린은 CDK와 무슨 관계가 있을까?

1980–1990년대에 헌트, 하트웰, 너스는 다른 연구자들과 함께 모든 관찰 결과를 종합했다. 본질적으로 세포 주기에서 사이클린과 CDK의 역할을 조화시켰다. 이 단백질들은 협력하여 세포분열의 단계들을 조절한다.

---

* 처음에는 "세포분열 주기(cell division cycle)"의 줄임말인 cdc라고 했다가, 더 뒤에는 cdc/cdk라고 썼고, 나중에는 cdk라고 했다. 여기서 k는 이런 유전자가 만드는 단백질이 효소 활성을 띤다는 것을 가리킨다. 이들은 표적 단백질에 인산기를 붙이는 일을 하는 키나아제(kinase)이며, 표적 단백질은 대개 인산기가 붙으면 활성을 띤다. 설명을 단순화하기 위해서, 이 책에서는 유전자는 소문자인 cdk, 단백질은 대문자인 CDK로 쓴다 (원문에서는 사이클린을 언급할 때 유전자는 소문자, 단백질은 대문자로 시작하지만, 우리말로는 따로 구분할 수 없으므로 필요에 따라서 사이클린에 유전자나 단백질이라는 말을 덧붙이기로 한다/옮긴이).

협력자이자 동료이다. 기능적, 유전적, 생화학적, 물리적으로 연결되어 있다. 세포분열의 음과 양이다.

지금은 사이클린 단백질 중 하나가 특정한 CDK 단백질에 결합하여 활성을 띠게 한다는 것이 알려져 있다. 이 활성은 세포에서 연쇄적인 분자 사건들을 촉발함으로써—핀볼처럼 한 활성 분자가 다른 분자의 활성을 촉발하는 식으로—궁극적으로 세포에 세포 주기의 한 단계에서 다음 단계로 넘어가도록 "명령한다." 헌트는 그 수수께끼의 절반을 풀었다. 너스와 하트웰은 나머지 절반을 풀었다. 그림으로 살펴보자.

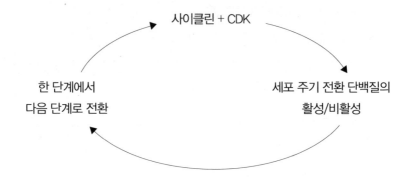

너스는 위트레흐트로 가는 동안 내게 말했다. "우리는 같은 것을 그저 다른 방향에서 보고 있었던 거예요. 뒤로 물러나서 보면, 정말로 같은 것임이 드러나죠. 같은 물체의 서로 다른 그림자만 보고 있었던 거예요." 우리 주위에서 풍차의 날개가 빙 돌면서 다시금 한 주기를 마무리하고 있었다.

사이클린과 CDK는 협력하지만, 전환 단계별로 서로 다른 단백질 쌍이 관여한다. 한 특정한 사이클린-CDK 조합은 G2기에서 M기로 넘어가는 단계의 주된 조절인자 역할을 할 수도 있다. 사이클린은 CDK를 활성화하고, 그 CDK는 다른 단백질들을 활성화함으로써 이 전환을 촉진한다. 사이클린이 분해되면 CDK도 활성이 사라지며, 세포는 다음 단계로 나아가라는 다음 신호를 기다린다.

또다른 사이클린-CDK 조합은 G1기에서 S기로의 전환을 조절한다. 다른 수십 가지 단백질도 세포분열의 조절에 관여하지만, 사이클린과 CDK의 긴밀한 관계가 필수적이다. 이들은 협력하여 세포 주기를 조절한다. 플레밍이 거의 한 세기 전에 관찰한 오케스트라의 주요 지휘자들이다.

세포 주기나 세포분열의 동역학을 이해한 결과, 의학과 생물학의 거의 모든 분야에서 변화가 일어났다. 암세포를 분열시키는 것은 무엇이며, 우리는 이 악성 분열을 막을 약물을 찾을 수 있을까?* 혈액 줄기세포는 어떤 환경에서는 분열하여 자신의 사본을 만들고("자기-재생"), 또 어떤 환경에서는 성숙한 혈액 세포를 만들어야("분화") 할지를 어떻게 알까? 배아는 어떻게 하나의 세포에서 자라날까? 2001년 세포가 분열을 조절하는 메커니즘을 밝힌 연구가 여러 분야에 두루 중요한 영향을 미쳤음을 인정받아 하트웰, 헌트, 너스는 노벨 생리의학상을 공동 수상했다.

아마 세포분열, 즉 체세포분열과 감수분열에 개념적으로 가장 가까운 의학 분야는 사람의 생식을 인공적으로, 즉 의학적으로 돕는 체외 수정in vitro fertilization, IVF 분야일 것이다(여기에서 **인공적**이라는 단어는 조금 어

---

* 사이클린과 CDK가 세포분열에 핵심적인 역할을 한다는 점을 생각할 때, 사이클린이나 CDK를 차단할 수 있는 암 치료법이 거의 나온 적도 없고 효과가 있는 것도 거의 없다는 사실이 흥미롭다. 주된 이유는 세포분열이 생명에 필수적인 보편적인 현상인 탓에, 암 치료의 표적으로 삼기에는 너무 위험하기 때문이다. 분열하는 암세포를 죽이는 한편으로 분열하는 정상 세포도 죽임으로써 감당하지 못할 독성을 일으킬 것이다. 1990년대 말에 CDK군의 두 구성원인 CDK4/6을 억제하는 약물들이 발견되었다. 거의 20년 뒤 임상시험을 통해서 이런 약물들의 새로운 세대들을 저용량으로, 유방암에 처방되는 항체약인 허셉틴 같은 약물들과 함께 투여하면 일부 유방암 환자들의 생존 기간을 늘릴 수 있다는 것이 드러났다. 암을 치료할 사이클린과 CDK 억제제를 찾으려는 노력은 계속되고 있다. 비록 그런 약물의 주위에는 늘 독성이라는 유령이 어른거리고 있지만 말이다.

색해 보인다. 모든 의학이 "인공적인" 것이 아니던가? 그렇다면 항생제로 폐렴을 치료하는 것도 "인공적 면역"이라고 해야 하지 않을까? 분만 때 아기를 받는 것도 "태아의 인공적 배출"이라고 해야 할까? 그래서 나는 "인공 생식artificial reproduction"이라는 말이 더 널리 쓰이기는 하지만, "의학 보조medically assisted" 생식이라는 용어를 쓸 것이다).*

세포요법 전문가에게는 놀라울 만치 자명하지만, 외부 사람들은 들으면 깜짝 놀랄 사실로부터 이야기를 시작해보자. 바로 체외 수정이 **세포요법**이라는 것이다. 사실 사람에게 가장 흔히 쓰이는 세포요법에 속한다. 지난 40여 년간 생식 대안으로 이용된 IVF로 약 800만−1,000만 명의 아이가 태어났다. IVF 아이 중에는 현재 어른이 되어 자식을 기르는 사람도 많다. 대개 IVF의 도움 없이 낳은 자녀들이다. 사실 너무나 친숙해서 우리는 IVF를 세포요법이라고 상상조차 하지 않지만, 세포요법임에는 분명하다. 고대부터 존재하던 인류의 고통 중 하나인 불임을 완화시키기 위해서 사람의 세포를 치료적으로 조작하는 것이다.

이 기술이 처음 탄생할 때에는 위태위태했다. 사실 미성숙한 상태로 태어나는 바람에 거의 사라질 뻔했다. IVF의 탄생에 수반되었던 과학적 원한, 사적인 경쟁심, 대중의 반대—더 나아가 의학계의 반대—는 그 성공에 힘입어 대체로 사그라들었지만, 이 기술은 처음에 격렬한 소동과 논란을 일으켰다.

---

* "의학 보조 생식"은 약, 호르몬, 수술, 사람 세포의 체외 조작을 통해서 사람의 생식을 돕는 의학 전체를 가리킨다. 이 분야는 범위가 넓다. 사람 정자와 난자의 생성을 촉진하고 추출하여 저장하는 일도 포함될 수 있다. 정자와 난자를 몸 바깥에서 수정시키거나 배아를 배양한 뒤 자궁으로 이식하여 출산을 시도하는 방법도 포함될 수 있다. 이 목록에 기존 생식 전략들과 점점 결합되고 있는 신기술들도 포함될 수 있을 것이다. 사람의 정자, 난자, 배아의 유전자를 가공하여 새로운 유형의 세포와 더 나아가 새로운 유형의 사람을 만드는 기술들이다.

1950년대 중반 비정통적이면서 비밀스러운 성향의 컬럼비아 대학교 산부인과 교수인 랜드럼 셰틀즈는, 체외 수정을 통해서 사람 아기를 탄생시킨다는 계획에 착수했다. 그는 불임을 치료하고 싶었다. 자녀가 7명이던 그는 집에도 거의 가지 않고 연구에 매달렸다. 연구실에는 아주 커다란 어항과 여러 개의 시계가 있었다. 그는 시계들이 계속 째깍거리는 가운데 간이침대에서 잠을 잤다. 전공의들은 종종 한밤중에 구겨진 녹색 수술복 차림으로 복도를 돌아다니는 그를 보았다.

처음에 셰틀즈는 배양접시와 시험관에서 실험을 했다. 기증자로부터 사람 난자를 채취한 뒤, 사람의 정자로 수정시키고 배아를 6일 동안 배양하는 데에 성공했다. 그는 논문을 계속 냈고, 컬럼비아 대학교의 마클 상을 비롯하여 여러 상도 받았다.

그러다가 셰틀즈의 경력에 기이한 전환점이 찾아왔다. 1973년 그는 플로리다에 사는 존 델 지오와 도리스 델 지오 부부의 임신을 돕기로 했다. 셰틀즈는 배양접시에서 수정시키는 것에서 배아를 이식하는 쪽으로, 자신의 연구를 확장한다는 사실을 병원 당국이나 연구위원회에 보고하지 않았다. 게다가 자신이 속한 산과학과장에게도 말하지 않았다.

1973년 9월 12일, 뉴욕 대학병원의 한 부인과 의사가 도리스에게서 난자를 채취했다. 존은 난자와 자신의 정액이 든 병을 가지고 택시를 타고 셰틀즈의 연구실로 향했다. 도심의 교통정체를 뚫고 오느라 1시간쯤 걸리지 않았을까 싶다. 뉴욕 역사상 아마 가장 긴장된 택시 운행 순위에 들 것이다.

한편 셰틀즈의 상관은 그 실험 소식을 듣고서 격분했다. 실제 자궁에 이식하기 위해서 체외에서 사람 배아—시험관 아기—를 만든다는 것은 유례가 없는 일이었고, 의학적 및 윤리적으로 이루 말할 수 없는 혼란을 불러일으킬 것이 명백했다. 출처는 의심스럽지만, 상관이 연구실로 뛰쳐들어와서 수정란이 든 배양기를 벌컥 여는 바람에 실험을 망쳤다는 이야기도 있다. 델 지오 부부는 정서적 피해를 입었다면서 병원을 상대로 소송을 제기하여 5만 달러를 받았다.

놀랄 일도 아니지만, 셰틀즈—어항, 간이침대, 시계, 한밤중의 녹색 수술복—는 학과에서 해임되었고 곧이어 대학에서도 쫓겨났다. 그는 버몬트의 한 병원에 들어갔고, 그곳에서 비정통적인 방식을 고수하다가 다시 말썽을 일으켰고, 결국 라스베이거스에 직접 개인 병원을 차렸다. 그곳에서 IVF를 이용하여 사람 아기를 만든다는 꿈을 계속 추구했다.

한편 영국에서도 로버트 에드워즈와 패트릭 스텝토라는 두 과학자가 체외수정을 시도 중이었다. 셰틀즈와 달리, 이들은 시험관에서 사람 배아를 만들려면, 과학적 및 윤리적 문제들에도 대처해야 한다는 사실을 외면하지 않았다. 그들은 연구 계획서와 논문을 작성하고, 학회에서 연구 결과를 발표하고, 병원 위원회와 학과에 실험 의도를 알리는 등의 일을 충실히 수행했다. 그들은 관습을 하나하나 타파하면서 천천히 체계적으로 일을 진행해갔다. 독불장군이기는 했지만, 과학사가 마거릿 마시의 말을 빌리자면 "신중한 독불장군"이었다.

철도 노동자인 부친과 제분소 직원인 모친을 둔 에드워즈는 세포분열과 염색체 이상에 관심을 가진 유전학자이자 생리학자였다. 그는 제2차 세계대전 당시 영국군에서 4년을 복무한 뒤 동물학 학사 학위를 받았다. 그는 대학생 시절을 "재앙"이라고 묘사했다. "장학금은 다 떨어졌고, 빚도 있었다. 다른 학생들과 달리, 나의 부모님은 부자가 아니었다.……나는 집에다가 돈을 달라고 편지를 쓸 수가 없었다. '아빠, 100파운드만 보내주세요. 시험을 못 봐서요.'"

그러나 에드워즈는 에든버러 대학교에서 동물유전학을 공부할 기회를 얻었고, 그곳에서 생식을 연구하는 일에 관심을 가지게 되었다. 그는 처음에는 생쥐 정자로 실험을 하다가 난자로 바꾸었다. 유능한 동물학자인 아내 루스 파울러와 함께 그는 생쥐에 배란 유도 호르몬을 주사하면, 비슷한 발생 단계에 있는 난자가 수십 개 생성될 수 있으며, 따라서 원칙적으로 그것들을 채취하여 배양접시에서 수정시킬 수 있음을 보여주었다. 에드워즈는 여러 대학교를 전전하다가 1963년에 케임브리지 대학교로 와서 사람 난자의 성숙 과정을 연구하기 시작했다. 부부는 딸 5명과 함께 바튼 가에서 조금 떨어진 곳에 아담한 집을 구했고, 그는 난방이 거의 되지 않는 방 7개가 미로처럼 이어진 생리학 연구동 꼭대기의 연구실에 들어갔다.

생식생물학 분야, 특히 난자와 정자의 성숙과 세포 주기를 연관짓는 분야는 아직 유아기에 있었다. 세포 주기의 토대를 마련한 팀 헌트의 성게 연구는 수십 년 뒤에나 나올 예정이었고, 폴 너스와 리 하트웰에게 명성을 안겨줄 세포분열 유전자도 아직 발견되지 않은 상태였다.

에드워즈는 하버드의 과학자 존 록과 미리엄 멘킨의 연구를 알고 있었다. 그들은 1940년대 중반에 부인과 수술을 받는 여성들로부터 거의 800개에 달하는 난자를 채취하여, 사람의 정자로 수정을 시도했다. 성공 여부는 오락가락했다. 멘킨은 학술 논문에 이렇게 썼다. "사람 난자를 체외 수정시키기 위해서 온갖 시도를 했다." 그러나 그 연구는 록이나 멘킨이 예상한 것보다 더 복잡하다는 것이 드러났다. 그들은 난자를 수정시키지 못할 때가 더 많았다.

1951년 매사추세츠 우스터 연구소에서 생식을 연구하던 거의 알려지지 않은 과학자 장밍줴는 난자만이 아니라 정자도 마찬가지로 체외 수정에 지장을 줄 수 있음을 알아차렸다. 그는 토끼를 연구했는데, 정자가 난자를 수정시킬 수 있으려면 먼저 활성화해야—그는 "수정능 획득capacitation"이라고 했다—한다고 주장했다. 그는 정자를 암컷의 자궁관에서 접할 수 있는 조건과 화학물질에 노출시키면 수정능 획득이 이루어진다고 추론했다.

에드워즈는 런던 밀힐에 있는 국립의학연구소의 정중한 침묵이 깔린 도서관에 몇 달 동안 죽치고 앉아서 이 모든 사전 실험 사례들을 꼼꼼히 집요하게 살폈다. 수많은 실패의 사례들을 연구하는 것처럼 보였지만, 그는 사람 난자를 체외에서 수정시키는 시도를 다시 하고 싶었다. 처음에 그는 에지웨어 종합병원의 부인과 의사 몰리 로즈와 함께 난자를 "성숙시키는" 연구를 했다. 본질적으로 정자를 받아들이도록 만든다는 의미였다. 그러나 토끼와 생쥐의 난자와 달리, 사람의 난자는 성숙이 잘 이루어지지 않았다. 그는 이렇게 썼다. "3시간, 6시간, 9시간, 12시간이 지나도 어느 난자도 어떤 식으로든 간에 아무런 변화가 없었다. 그냥 가만히 나를 바라보고 있었다." 난자는 난공불락처럼 보였다.

그러다가 1963년의 어느 날 아침 에드워즈는 중요한 깨달음을 얻었다. 단순하면서도 심오한 깨달음이었다. "사람 같은 영장류 난자의 성숙 프로그램이 그저 설치류의 것보다 더 오래 걸리는 것이 아닐까?" 이번에도 에드워즈는 로즈로부터 난자를 작은 통 분량으로 얻은 뒤, 성숙할 때까지 마냥 기다려보기로 했다.

그는 조바심을 내는 자기 자신을 꾸짖으면서 이렇게 썼다. "너무 일찍 쳐다볼 생각을 말자. 정확히 18시간이 지난 뒤에 보니, 이런, 세포핵에 아무런 변화가 없었다. 성숙의 기미가 전혀 없었다." 또다시 실패였다. 이제 남은 난자는 두 개뿐이었다. 난자들은 배양접시에서 전혀 위축되는 기색 없이 고집스럽게 그를 바라보고 있었다. 24시간째에 에드워즈는 하나를 꺼내어 살펴보았다. 아주 희미하게 성숙의 기미가 엿보이는 듯했다. 세포핵에서 무엇인가 변화가 일어나고 있었다.

이제 남은 난자는 하나뿐이었다.

그는 28시간째에 마지막 난자를 꺼내어 염색했다.

"믿을 수 없을 만치 흥분되었다. 염색체들이 막 난자의 중앙으로 행군을 시작하고 있었다." 세포는 성숙해 있었다. 수정될 준비가 된 것이다. "마지막 하나 남은 난자에 인간 프로그램의 비밀 전체가 펼쳐졌다."

여기에서 얻은 교훈은 무엇일까? 우리는 토끼처럼 번식하지 않는다. 우리의 난자는 좀더 유혹할 필요가 있다.

에드워즈의 외로웠던 10년이 끝나가고 있었다. 그러나 그가 해결해야할 또다른 난제가 있었다. 로즈가 제공한 난자는 다양한 부인과 수술을 받은 여성들로부터 얻은 것이었기 때문에, 체외 수정이 이루어질 가능성이 매우 낮았다. 따라서 실험 재료로는 가장 편리하게 얻을 수 있었지만, 로즈의 수술 환자들로부터 얻은 난자는 재착상에 가장 적합하지 않은 것들이었다. 실험을 끝내려면, 다른 원천에서 얻은 사람 난자가 필요했다.

그런 난자는 패트릭 스텝토의 환자들로부터 얻었다. 난자 기증에 동의한 난소 질환 환자들이었다. 스텝토는 맨체스터 인근의 안개로 덮인 쇠퇴하는 직조업의 도시, 올덤에 자리한 종합병원의 부인과 상담의사였다. 그는 특히 난소 복강경 검사에 관심이 많았다. 아랫배를 조금 절개한 뒤 구부러지는 복강경을 넣어서 난소와 주변 조직을 살펴보는 검사였다. 부인과 의사들은 몸속을 최소한으로 침입하는 이 기법을 경멸하고는 했다. 침습적 개복 수술에 비해 부정확하다고 보았기 때문이다. 한 의학 학술대회에서 저명한 부인과 의사는 오만하게 선언했다. "복강경 검사는 아무짝에도 쓸모없습니다. 난소를 눈으로 본다는 것은 불가능해요." 그러자 과묵하고, 온화한 말씨의 스텝토는 일어나서 자신의 방법을 옹호해야 했다. "너무나 잘못 생각하시는 겁니다. 배 안 전체를 살펴볼 수 있어요."

마침 로버트 에드워즈도 그 자리에 있었다. 부인과 의사들이 스텝토를 비웃을 때 에드워즈는 귀를 쫑긋했다. 복강경으로 난자를 채취하는 것이 자신의 성공에 중요하다는 사실을 깨달았기 때문이다. 침습적 수술을 통해서 얻는 난자와 달리, 복강경 채취는 여성에게 훨씬 더 편한 방법일 것이다. 그리고 아마 수정란을 자궁에 다시 착상시키고 싶어할 여성에게도 딱 맞는 방법일 수 있었다.

발표가 끝난 뒤, 여기저기서 청중이 논쟁과 말싸움을 벌이고 있을 때 에드워즈는 느긋하게 휴게실로 스텝토를 찾아갔다.

"패트릭 스텝토 선생님이시죠?" 그는 점잖게 물었다.

"네."

"저는 밥 에드워즈입니다."

그들은 체외 수정에 관해서 이런저런 생각을 주고받았다. 1968년 4월 1일, 에드워즈는 올덤으로 가서 스텝토를 만났다. 그들은 실험 계획을 세웠고, 스텝토는 복강경 수술로 채취한 난자를 에드워즈에게 보내주기로 했다. 올덤은 케임브리지에서 꼬박 5시간을 가야 했지만, 그들은 주저하지 않았다. 스텝토의 병원에서 채취한 난자를 에드워즈의 연구실로 가져오려면 하루의 꽤 많은 시간을 매연이 자욱하고 비에 젖은 랭커셔 카운티의 소도시들을 느릿느릿 나아가는 열차를 타고 보내야 했을 것이다. 실험방법은 단순해 보였지만, 세부적으로 들어가면 복잡했다. 어떤 배양액을 써야 난자와 정자가 계속 살아 있을까? 난자를 채취한 뒤 얼마나 시간이 흐른 뒤에 배양액에 정자를 넣어야 할까? 세포분열을 얼마나 한 뒤에 수정란을 착상시켜야 몸속에서 생존할 수 있을까? 어느 배아를 골라야 할지 어떻게 알 수 있을까?

에드워즈는 케임브리지 동료인 의사 배리 배비스터로부터 배양액의 알칼리도를 높이면 수정률이 대폭 올라간다는 사실을 알게 되었다. 바로 그것이 장밍줴를 좌절시켰던 정자 수정능 획득의 비밀 가운데 일부였다. 에드워즈는 정자를 활성화하는 다른 비결들도 획득했다. 그리고 배지에서 난자를 성숙시키고 정확히 언제 정자를 넣어야 할지도 알아냈다. 난자당 정자의 개수가 몇 개인지도, 즉 양쪽의 비율과 배아를 배양할 액체의 정확한 조성도 알아내야 했다. 에드워즈와 스텝토는 체외 수정의 문제들을 하나씩 풀어나갔다. 1968년 늦겨울의 어느 오후 에드워즈와 함께 일하는 과학자이자 간호사인 진 퍼디는 중요한 실험을 했다. 그녀는 이렇게 썼다. "이 난자들은 배지 혼합액에서 성숙하기 직전이었고……배리가 만든 액체도 일부 첨가되어 있었다. 36시간 뒤 우리는 수정할 준비가 되었다고 판단했다."

그날 저녁 배비스터와 에드워즈는 병원으로 차를 몰고 와서, 현미경으로 배지를 살펴보았다. 현미경 아래에서는 경이로운 광경이 펼쳐지고 있었다. 사람 생애의 첫 단계였다. 퍼디는 이렇게 말했다. "정자가 첫 번째 난자로 막 들어가고 있었다.……한 시간 뒤 우리는 두 번째 난자를 살펴보았다. 그렇다, 수정의 가장 초기 단계가 펼쳐졌다. 정자는 의심의 여지 없이 난자로 들어가 있었다. 우리가 해낸 것이다.……난자들을 더 살펴볼 때마다 증거가 계속 나왔다. 일부 난자는 수정 초기 단계에 있었다. 정자의 머리는 난자 안으로 깊숙이 들어가서 꼬리만 보였다. 단계가 더 진행되어 핵이 2개인 난자들도 있었다. 각각 [정자와 난자에서 온] 두 핵이 배아에 유전 성분을 기증했다." 그들은 체외 수정에 성공했다.

에드워즈, 스텝토, 배비스터는 1969년 「네이처Nature」에 "체외에서 성숙된 사람 난모세포의 체외 수정 초기 단계"라는 논문을 발표했다. 불행히도 이 실험을 수행한 진 퍼디는 저자 명단에 오르지 못했다. 과학계에서 여성을 배척하는 기존 관습을 따랐기 때문이다. 훗날 에드워즈와 스텝토는 그녀의 기여를 인정하려는 시도를 몇 차례 했다. IVF는 퍼디의 손에서 탄생했기 때문이다. 연구실에서 IVF를 통해서 사람 배아를 최초로 만든 사람이 바로 그녀였다. 또 나중에 병원에서 최초의 IVF 아기를 받은 사람도 그녀였다. 그녀는 자신의 성과를 과학계에서 제대로 인정을 받기 전인 1985년 흑색종에 걸려서 겨우 서른아홉에 세상을 떠났다.

그 연구 결과가 알려지자마자 곧 대중, 과학계, 의학계에서 대소동이 벌어졌다. 모든 방면에서 곧바로 공격이 쏟아졌다. 일부 부인과 의사는 불임을 질병이라고 생각하지 않았다. 그들은 생식이 건강과 행복에 반드시 필요한 것이 아니므로, 생식을 못 한다고 해서 "병"이라고 볼 이유가 없다고 주장했다. 한 역사가는 이렇게 썼다. "아마 지금은 이해하기 어렵겠지만 당시 영국 부인과 의사들은 대부분 불임에 전혀 관심이 없었다. 스텝토는 유달리 예외적인 사람이었다.……인구 과잉과 가족계획이 주된 관심사였고, 불임은 잘해야 극소수의 부적절한 미미한 문제이거나 심하게는 인구 억제에 긍정적인 기여를 하는 요인이라고 치부되었다." 영국과 미국에서 부인과 연구의 상당 부분은 피임에, 즉 세상에 아기를 덜 내보내는 쪽에 초점이 맞춰져 있었다. 한 학술 논문에 따르면, 미국에서 "1965년에서 1969년 사이에 피임법 개발 연구는 6배 이상 증가했고, 민간 자선재단의 연구비 지원은 30배로 증가했다"고 한다.

한편 종교 단체는 사람 배아가 특별한 지위에 있다고 지적했다. 사람의 몸에 착상시키려는 의도로 실험실 배양접시에서 배아를 만드는 것이 사람의 "자연적인" 생식이라는 가장 신성불가침한 법칙에 위배된다는 것이었다. 그리고 윤리학자들은 사람을 끔찍한 위험으로 내몰면서 혜택은 거의 얻지 못한 1940년대 나치의 실험을 떠올리게 한다면서 지나친 반응을 보였다. 이 방법으로 태어난 아기나 그런 태아를 품은 엄마가 어떤 미지의 위험을 안고 있다는 것이 드러난다면?

"수정 초기 단계"가 발표된 지 거의 10년이 지난 뒤에야 비로소 의학계는 불임이 사실상 "병"임을 인정했다. 1970년대 중반에 산과 의사들과 실험실 연구원들은 처음으로 협력하여 IVF를 통해서 아기를 탄생시키는 일에 나섰다.

1977년 11월 10일, 쌀알보다 약 25배 작은 살아 있는 배아 세포 덩어리가 레슬리 브라운의 자궁에 착상되었다. 이 서른 살의 영국 여성과 남편인 존은 9년 동안 자연 임신을 위해서 갖은 애를 썼지만 실패했다. 레슬리의 자궁관이 막혀 있었기 때문에, 난자가 정상임에도 난소에서 수정이 이루어질 자궁관이나 자궁으로 오는 길이 해부학적으로 차단되어 있었다. 이 시술은 올덤 종합병원에서 이루어졌는데, 난소에서 직접 난자를 채취하여 에드워즈와 퍼디의 방법에 따라 성숙시킨 뒤 존의 정자로 수정했다. 배아 세포가 움찔거리면서 분열을 시작하는 모습을 맨 처음 지켜본 사람은 퍼디였다. 말하자면 유리병에서 포착된 세포 태동이었다.

약 9개월 뒤인 1978년 7월 25일 병원 수술실에 연구자, 의사, 정부 관계자가 발 디딜 틈 없이 모여들었다. 자정이 가까워질 무렵 산과의사인 존 웹스터가 제왕절개로 여자아이를 받았다. 분만 과정은 철저히 비밀로 유지되었다. 스텝토는 원래 다음 날 아침에 분만이 이루어질 것이라고 발표했지만, 전날 자정으로 시간을 바꾸었다. 어느 정도는 병원 바깥에 진을 치고 있던 기자들을 속이기 위해서였다. 저녁 일찍 그는 자신의 차를 타고 병원을 나왔다. 연구진이 퇴근한다고 기자들이 믿게 하려는 정교한 속임수였다. 그는 밤에 몰래 병원으로 돌아갔다.

분만은 놀라울 만치 평범하게 이루어졌다. 웹스터는 이렇게 회상했다. "[아기는] 인공호흡이 전혀 필요 없었고, 아기를 검진한 소아과의사는 아무런 문제도 없다고 했어요. 우리는 혹시라도 아기가 우리가 미처 간파하지 못한 입천장갈림증이나 다른 어떤 사소한 장애를 지니면 어쩌나 하는 걱정을 조금 했지요.……그랬다가는 바로 이 기술 때문에 그런 문제가 생겼다고 사람들이 떠들어댈 테고, 그러면 이 연구 자체가 사실상 끝장날 테니까요." 그래서 손톱, 눈썹, 발가락, 관절, 피부 할 것 없이 하나하나 샅샅이 살폈다. 아기는 천사처럼 완벽했다.

웹스터에 따르면, "떠들썩한 환영" 같은 것은 전혀 없었다. 출산이 끝난 뒤, 산과 의사는 침대로 가서 밤새 푹 잤다. "사실 너무 피곤했어요. 근처 숙소로 가서 저녁을 좀 먹었죠. 찬장에서 술병을 꺼내서 한잔할 마음조차 들지 않았어요."

아기는 루이즈 브라운이라는 이름을 얻었다. 중간 이름은 기쁨이라는 뜻의 조이Joy였다.

다음 날 아침 브라운의 탄생 소식이 언론을 장식했다. 다음 주 내내 모녀의 사진을 찍기 위해서 카메라와 수첩을 든 기자들이 병원 앞에 죽치고 있었다. 루이즈 브라운은 "시험관 아기test-tube baby"라고 불렸다. 이상한 용어이다. 수정 때 시험관은 거의 쓰이지 않기 때문이다(실제로 수정에 쓰인 커다란 유리병은 런던 과학박물관에 전시되어 있다). 루이즈 브라운의 탄생은 분노, 축하, 안심, 자부심의 해일을 일으켰다. 미시간에 사는 한 여성은 「타임Time」에 분노에 가득 찬 편지를 보냈다. "브라운 부부는……아이의 품격을 떨어뜨리고 아이를 제도화했으며, 의학적 보조 출산 행위 여부를 떠나서 바로 그 행위 때문에 그들은 서구 윤리의 타락의 상징이라고 보아야 합니다." 미국의 누군가는 익명으로 분무기로 가짜 피를 섬뜩하게 뿌린 부서진 시험관이 든 소포를 브리스톨의 브라운의 집으로 보냈다.

그러나 루이즈 브라운을 기적의 아기라고 부른 이들도 있었다. 「타임」의 7월 31일자 표지에는 시스티나 대성당 천장을 장식한 미켈란젤로의 벽화 "아담의 창조"에서 신의 손가락과 아담의 손가락이 맞닿은 유명한 부위를 딴 그림이 실렸다. 두 손가락 사이에 시험관이 놓여 있고, 시험관 안에 배아가 그려져 있다는 점만 달랐을 뿐이다. 바로 자궁 속의 루이즈 브라운이다. 여태껏 아이를 가질 수 없었던 남녀는 이 돌파구를 통해서 특별한 희망을 얻게 되었다. 불임은 치유되었다. 적어도 생존 가능한 정자와 난자를 가진 이들이라면 말이다.

루이즈 조이 브라운은 현재 마흔세 살이다. 어머니의 부드럽고 후덕한 모습과 아버지의 환한 웃음을 물려받았고, 적갈색 머리는 예전에는 곱슬곱슬했지만, 지금은 금발로 물들이고 곧게 폈다. 그녀는 운송회사에서 일하며 브리스톨 인근에서 살고 있다. 그녀는 네 살 때 자신이 "남들과는 좀 다르게 태어났다"는 말을 들었다. 이 문장은 과학의 역사에서 진정한 과소평가 중 하나일 듯하다.

로버트 에드워즈는 이 업적으로 2010년에 노벨상을 받았다. 안타깝게도 그는 그해 12월에 열린 시상식에는 참석하지 못하고 세상을 떠났다. 에드워즈보다 열두 살 연상인 스텝토는 1988년에 사망했다. 그리고 랜드럼 셰틀즈는 2003년 라스베이거스에서 세상을 떠났는데, 죽는 날까지도 자신이 IVF를 먼저 개발했으나 상관들의 인습적 태도 때문에 자신의 노력이 묻히고 말았다고 주장했다.

이 책은 세포와 의학의 전환을 다룬다. 그리고 체외 수정이 의학에서 가장 널리 쓰이는 세포요법에 속하기는 하지만, 그 역사에는 독특한 점도 하나 있다는 사실을 염두에 두어야 한다. 그 기술을 생명에 들여온 것이 세포학이 아니라 생식생물학과 산과학 양쪽에서 일어난 발전들이 중첩되면서 나타난 상승효과였다는 사실이다.

루이즈 브라운의 탄생이 생식의학의 재탄생을 알린 반면에, IVF의 방법적 측면은 세포학의 최전선이 빠르게 옮겨가는 와중에도 다소 무덤덤하게 현상 유지 차원에 머물러 있었다. 처음에 난자 성숙 과정에서 염색체가 비정상적으로 분열하는 것을 보고 생식에 관심을 가지게 되었던 에드워즈조차도(그가 1962년에 발표한 논문은 "성체 포유류 난소 난모세포의 감수분열"이었다), 1980년대에 너스, 하트웰, 헌트가 발견한 감수분열과 체세포 분열의 분자 제어, 세포 주기, 염색체 분리를 비롯하여 그 뒤로 이어진 발전에 관해서는 거의 아무런 논문도 쓰지 않았다. 더욱 이상한 점은 에드워즈와 헌트가 케임브리지 동료였고, 너스가 일하던 곳과 80킬로미터도 떨어져 있지 않았다는 사실이다. 게다가 수정과 배아 성숙을 연구하다 보면 자연스럽게 이어질 것이라고 예상되는 세포생리학의 측면들—세포분열의 동역학, 정자와 난자의 생산, 접합자의 체세포분열 단계들—이 시야의 주변부에서 어른거리고 있었음에도 그러했다.

요컨대 IVF는 주로 호르몬 개입과 그에 따르는 산과 기술이라고 인식되었다. 난자와 정자를 채취하여 정해진 방법에 따라서 일을 진행하면, 아기가 태어났다. 그 사이에 연구실에서 이루어지는 일들, 수정시키고 배아를 성숙시키고 하는 일들은 그저 그 사슬의 한 연결 고리에 불과했다. 배양기는 말 그대로 블랙박스였다. 축축하고 따뜻하다는 점만 다를 뿐이었다. 그리고 난자나 정자의 생식 능력을 어떻게 하면 더 높일 수 있을까, 착상시키기에 가장 좋은 배아를 어떻게 고를까 하는 문제들—둘 다 세포학 및 염색체와 세포의 평가와 긴밀한 관계에 있다—은 미해결 상태로 남아 있었다.

그러나 너스, 하트웰, 헌트의 깨달음이 마침내 이 분야로 스며들면서 변화를 일으키기 시작했다. 사람의 생식 분야를 매우 성가시게 했던 의문들에 답하기 위해서는 **세포** 생식을 이해해야만 한다는 사실이 점점 명백해지고 있다. 여기에서 다시금 모든 질병은 세포의 질병이라는 루돌프 피르호의 좌우명이 떠오른다. 그래서 현재 IVF는 사이클린과 CDK의 어휘를 배우는 중이다. 예를 들면, 어떤 여성들은 호르몬 자극을 해도 난자를 채취하기가 어려운데, 그 이유가 무엇일까? 2016년에 한 연구진은 너스, 하트웰, 헌트가 발견한 바로 그 분자들, 즉 사이클린과 CDK가 이 과정에 관여한다는 것을 보여주었다. 그런 조합 중 하나인 CDK-1과 특정 사이클린 분자의 조합이 난자에서 불활성 상태로 남아 있는 한, 그 세포는 휴면 상태를 유지한다. 잠자코 G0기에 머물러 있다. 이 분자들이 방출되고 활성을 띨 때, 난자는 성숙하기 시작한다. 한편 난자가 "너무 일찍" 성숙한다면, 시간이 흐르면서 난자의 수는 점점 줄어든다. 그렇다면 호르몬 자극을 한다고 해도, 애초에 난자가 고갈된 상태일 수도 있다. 그런 상황이라면 불임이다.

흥미롭게도 새로 개발된 한 약물은 바로 이런 휴면 상태에서 깨어나서 일찍 성숙하는 난자를 표적으로 삼을 수 있다. 짐작하겠지만 현재 실험 단계에 있는 이 분자는 사이클린-CDK 활성을 차단함으로써 작용한다. 원리상 그런 약물은 사람 난자를 "휴면" 상태로 되돌려놓음으로서 특정한 유형의 난치성 불임 여성들을 대상으로 한 IVF의 성공률을 높일 수 있을 것이다.

2010년 스탠퍼드 대학교 의과대학의 한 연구진은 더 단순한 방법으로 세포 주기의 동역학에 더 깊이 의존하는 IVF 도구를 개발하는 일에 나섰다. 의학 보조 생식 분야를 계속 좌절에 빠뜨리고 있는 문제들 중 하나는 수정된 배아가 생존 가능한 태아 단계까지 다다를 확률이 3분의 1에 불과하다는 점이다. 그래서 이 확률을 높이기 위해서 배아를 여러 개 착상시킨다. 그 결과 쌍둥이와 세쌍둥이 출산율이 높아지는데, 그에 따른 의학적 및 산과학적 문제들도 증가한다.

단세포 접합자 단계에서 건강하고 성숙한 배아로 발달할 가능성이 가장 높은 배아를 식별하는 일이 가능할까? 그런 접합자를 미리 알아낼 수 있을까? 다시 말해서, 착상을 하기 전에 알아냄으로써, 한 아기만 낳을 때의 성공률을 높이는 것이 가능할까? 스탠퍼드 연구진은 사람 배아 242개를 모아서 단세포 접합자에서 속이 빈 배반포胚盤胞라는 다세포 공 모양으로 발달할 때까지의 성숙 과정을 상세히 촬영했다. 배반포까지 발달한다는 것은 배아가 건강하면서 생존 가능함을 말해주는 초기 신호에 해당한다. 배반포는 두 부분으로 이루어져 있다. 바깥 세포층은 발달하는 태아의 생명 유지체계인 태반과 탯줄을 만들고, 체액으로 차 있는 내부의 빈 공간의 벽에 붙어 있는 속세포덩이는 태아로 발달한다. 바깥 세포층과 속세포덩이 모두 수정란이 급속히 체세포분열을 거듭해서 생긴다.

단세포 배아 중 약 3분의 1만이 배반포를 형성하므로 IVF의 임상 성공률이 3분의 1에 불과하다고 나온다. 찍은 영상을 거꾸로 돌리면서 소프트웨어로 다양한 변수들의 변화를 측정한 끝에 연구진은 단 3개의 인자만으로 배반포 형성 여부를 예측할 수 있다는 것을 알아냈다. 첫 세포가 처음으로 분열하기까지 걸리는 시간, 첫 분열과 두 번째 분열 사이의 기간, 두 번째와 세 번째 체세포분열의 동시성이었다. 이 세 가지 변수를 적용하자 배반포 형성(따라서 착상에 성공할 가능성)을 올바로 예측할 확률이 93퍼센트까지 올라갔다. 쌍둥이나 세쌍둥이를 임신함으로써 높은 위험을 안을 필요 없이, IVF로 배아 1개만 착상시켜도 성공할 확률이 90퍼센트라고 상상해보라.

또한 동시성, 체세포분열 간격, 세포분열의 신뢰성이라는 이 척도들이 거의 30년 전에 폴 너스 연구진이 효모의 세포 주기를 해부할 수 있게 해준 것들이라는 말을 들으면 정신이 멍해질 수도 있다.

제멋대로 주무른 세포

룰루, 나나, 그리고 신뢰 위배

일단 저지르고, 나중에 생각하라
— 한 격언을 뒤집은 말

2017년 6월 10일 생물리학자였다가 유전학자가 된 허젠쿠이는 중국 선전의 남방과학기술대학에서 두 부부를 만났다. 허젠쿠이는 JK라는 별명으로도 불렸다. 모임은 합성 가죽 의자와 검은 영사기 화면이 있는 평범한 회의실에서 이루어졌다. 라이스 대학교의 교수이자 JK의 예전 지도교수인 마이클 딤, 베이징 유전체학 연구소의 공동 설립자인 유 준도 참석했다. 유는 나중에 자신들은 그냥 자기 일을 생각하면서 옆에 앉아 있었을 뿐이라고 해명했다. 아마 유가 서열 분석을 했던 누에 유전체의 복잡한 사항을 논의하고 있었을 것이다. "딤과 나는 다른 문제를 논의하고 있었습니다."

우리는 그 모임에 관해서 잘 모른다. 저화질 동영상이 촬영되었으나, 스크린샷 몇 장이 남아 있을 뿐이다. 부부들은 한 의학적 절차에 동의하러 JK를 찾았다. IVF이기는 한데, 한 가지 중요한 변화를 추가한 IVF였다. JK는 자궁에 착상시키기 전에 배아의 유전자를 영구히 바꿀 생각이었다. 즉 "형질 전환"을 한 유전자 편집 아기를 만들 생각이었다.

그로부터 2년 남짓 지난 2019년 12월 30일 허젠쿠이는 사전 동의 규정을 위반하고 불법 의료 행위를 한 죄로 3년형을 선고받았다. JK의 일화를 언급하지 않고서는 생식생물학, 즉 세포의학의 탄생을 이야기하기가 불가능할 것이다. 사람 아기를 변형시키려는 유혹, 과학적 열망의 어긋남, 배아 유전자요법의 미래를 취약한 어정쩡한 상태로 내몬 일화이다.

그러나 그 이야기를 하려면, 먼저 반세기쯤 이전으로 돌아가야 한다. 늘 선견지명이 있었으며, 나중에 IVF로 명성을 얻은 로버트 에드워즈는 1968년에 조금 모호해 보이는 주제를 다룬 논문을 냈다. 토끼 배아의 성 결정이었다. 의학 보조 생식에 관심을 가지기 전, 에드워즈는 배아의 염색체 비정상을 검출할 수 있지 않을까 하는 생각을 계기로 생식생물학에 관심을 가지게 되었다. 예를 들면, 유전 장애인 다운 증후군은 정자나 난자에 21번 염색체가 하나 더 추가되어 생긴다. 에드워즈는 배아에서—아마 속이 빈 공 모양의 배반포 단계에서—그런 염색체 이상을 검출할 수 있을지, 염색체가 비정상적인 배아를 착상 전에 골라서 폐기할 수 있을지 알고 싶어졌다. 그는 그럴 수 있다면 부부가 착상 전에 다운 증후군 같은 염색체 이상이 있는 배아를 골라낼 수 있을 것이라고 추론했다. 사실상 착상시킬 "좋은" 배아를 고를 수 있을 터였다.

1968년 에드워즈는 토끼 난자를 수정시켜서 배반포가 될 때까지 배양했다. 그는 흡인 피펫pipette으로 배반포가 움직이지 못하게 한 채—진공청소기로 물풍선이 움직이지 않게 고정하는 것과 비슷하다—경이로운 손놀림으로 미세한 수술 가위를 이용해서 배반포의 바깥 세포층에서 세포를 하나 떼어냈다. 그렇게 여러 배아에서 약 300개의 세포를 떼어냈다. 그런 뒤 떼어낸 세포들의 염색질을 염색하여 X와 Y 염색체를 다 가진 배아를 선별했다. 즉 수컷 배반포를 골라냈다(암컷 배반포는 2개의 X 염색체를 가진다). 1968년 4월 「네이처」에 실린 논문에서 에드워즈와 공동 저자인 리처드 가드너는 암수 토끼 배아를 선택적으로 착상시킴으로써 포유류 후손의 생물학적 성별을 정할 수 있다고 썼다. 자연에서는 불가능한 일이었다. "성별이 파악된 배반포의 이식을 통한 만삭 토끼의 성비 조절"이라는 이 논문은 에드워즈 특유의 절제된 표현으로 시작하고 끝난다. "사람을 포함한 여러 포유동물에게서 자식의 성별을 조절하려는 시도가 무수히 이루어져왔다.……이제 토끼 배반포의 성별을 정확히 정할 수 있으므로, 암수 배아의 다른 차이점들도 검출이 가능할 수 있다." 에드워즈는 유전적 평가를 토대로 한 배아 선별법을 창안했다.

1990년대에 IVF와 유전적 기술은 에드워즈의 기법을 사람 배아에 시도할 수 있을 수준까지 발전해 있었다. 런던 해머스미스 병원의 과학자 앨런 핸디사이드는 집안에 X−연관 질병 내력이 있는 부부들에게 도움을 주고 있었다. 남자아이만 이런 질병에 걸릴 위험이 있었다. 에드워즈가 토끼를 대상으로 했듯이, 핸디사이드 연구진은 착상 전에 배아의 성별을 파악하여 여성 배아만 착상시킴으로써 X−연관 질병을 지닌 아기가 태어날 위험을 아예 없앨 수 있음을 보여주었다. 이 기법은 착상 전 유전 진단 preimplantation genetic diagnosis, PGD이라고 하며, 흔히 배아 선택이라고도 한다. PGD는 곧 다운 증후군, 낭성섬유증, 테이삭스병, 근긴장성 이영양증 같은 질병들을 걸러내는 데에도 쓰이게 되었다.

그러나 확실하게 말해두자면, 배아 선택은 본질적으로 **부정**의 과정이다. 즉 남성으로 태어날 배아를 제거해서 특정한 유전적 유산을 획득한 배아를 선택하는 것이다. 그럼에도 유전자 룰렛을 통해서 배아에 특정한 유전자를 배당하는 근본적인 과정 자체를 바꿀 수는 없다. 다시 말해서 특정한 유전자 조합을 지닌 배아를 제외할 수는 있지만, 새로운 유전자 집합을 가진 배아를 (아예 새롭게) 만들 수는 없다. 나와 있는 것을 얻는 것이지, 뒤엎고 다시 시작하는 것이 아니다. 양쪽 부모의 유전자 조합 중에서 고르는 것이지, 미리 정해진 조합이라는 틀을 결코 넘어서는 것이 아니라는 말이다.

그러나 부모에게 없는 유전적 특징(그리고 미래)을 가진 사람 배아를 만들고 싶다면? 또는 배아의 유전체에서 일부 정보를 바꾸고 싶다면? 이를테면 치명적인 질병을 일으킬 수도 있는 유전자를 무력화할 수 있다면? 2012년 유방암 가족력이 있는 한 여성이 나를 찾아왔다. 유방암 위험 증가는 BRCA-1 유전자에 돌연변이가 생겼기 때문이다. 이 돌연변이는 이리저리 엇갈리면서 집안 사람들에게 대물림되었다. 그녀와 두 딸 중 한 명도 해로운 변이체를 지녔다. 내가 그 딸의 배아에서 돌연변이 유전자를 회복시키는 의학적 전략을 찾아내어 그녀를 도울 수 있었을까? 내가 제안할 수 있는 것은 거의 없었다. 미래에는 그녀나 그녀의 딸이 배아 선택을 통해서 BRCA-1 돌연변이를 지닌 배아를 제거할(솎아낼) 수도 있을 것이라는 예측만 빼고 말이다.

　또는 부모 모두 질병 관련 유전자의 두 사본 **양쪽**에 돌연변이가 있다면? 부친의 두 사본뿐만 아니라 모친의 두 사본에도 있다면? 낭성섬유증을 앓는 남성이 아기를 가지고 싶은데, 공교롭게도 자신이 사랑하는 여성도 낭성섬유증을 앓고 있다면? 이 경우 그들의 자녀들은 **모두** 양쪽 사본에 돌연변이를 지닐 수밖에 없고, 필연적으로 그 병에 걸리게 된다. 과학자는 그들의 아이가 그 유전자의 정상 사본을 적어도 하나는 지니도록 할 수 있을까? 다시 말해서 사람 배아를 부정적인 과정인 배아 선택뿐 아니라, **긍정적인 과정의 표적으로도 삼을 수 있을까**? 유전자를 덧붙이거나 바꾸는 일, 즉 유전자 편집을 할 수 있을까?

　수십 년간 과학자들은 동물 배아를 대상으로 이를 시도했다. 1980년대에 그들은 유전자 변형 세포를 생쥐 배반포에 끼워넣는 데에 성공했다. 여러 단계를 거쳐서 의도적이면서 영구적으로 변형된 유전체를 지닌 "형질 전환" 생쥐도 탄생시켰다. 곧 형질 전환 소와 양도 태어났다. 모두 비슷한 기술들로 태어난 동물들이었다. 이런 동물들은 변형된 유전자를 지닌 정자나 난자를 만듦으로써, 변형된 유전자를 다음 세대로 물려주었다.

그러나 동물에 사용한 방법을 사람에게 적용하기란 쉽지 않았다. 넘어야 할 높은 기술적 장벽들이 있었다. 그리고 유전적 개입을 윤리적으로 우려하는 목소리도 있었다. 인간 우생학을 우려하는 말들도 으레 따라나오기 때문에 시도 자체를 꺼리게 했다. 형질 전환 인간, 즉 자식에게 대물림될 영구적으로 변형된 유전체를 지닌 사람을 만들겠다는 꿈은 보류된 상태로 남았다.

그러다가 2011년 놀라운 신기술이 출현했다. 세포에 적용하기가 훨씬 더 쉬운, 따라서 초기 단계의 사람 배아에도 적용될 가능성이 높은 유전자 변형 방법을 과학자들이 찾아냈다.* 유전자 편집gene editing이라는 이 기술은 세균의 방어체계에서 나온다.

유전자 편집, 즉 유전체에 직접적이고 의도적으로 특정한 변화를 일으키는 방법은 여러 가지가 있지만, 가장 흔히 쓰이는 것은 캐스9Cas9라는 세균 단백질이다. 이 단백질을 사람 세포에 집어넣어서 바꾸고자 하는 유전체의 특정 지점을 "안내하도록", 즉 가리키도록 할 수 있다. 대개 유전체의 그 특정 지점을 잘라서 표적 유전자를 무력화시킨다. 세균은 이 체계를 써서 침입한 바이러스의 유전자를 자름으로써 침입자를 무력화한다. 제니퍼 다우드나, 에마뉘엘 샤르팡티에, 장펑, 조지 처치를 비롯한 유전자 편집의

---

* 이 분야에 기여한 과학자들이 너무 많아서 일일이 언급하기란 불가능하지만, 몇몇 두드러진 이들이 있다. 1990년대에 스페인의 과학자 프란시스 모히카는 세균 유전체에 바이러스 방어체계가 있다는 것을 처음으로 알아차렸다. 2007-2011년 프랑스의 다니스코 유산균 공장에서 일하던 필리프 호르바트와 리투아니아 빌뉴스에 사는 비르기니유스 식스니스는 이런 유형의 면역을 이해하는 데에 기여했다. 그리고 2011-2013년 제니퍼 다우드나, 에마뉘엘 샤르팡티에, 장펑은 이 체계를 유전적으로 조작하여 DNA의 원하는 부위를 자를 수 있도록 했다. 이 명단은 짧게 줄인 것이다. 더 상세한 이야기는 온라인에서 찾아볼 수 있다. "CRISPR Timeline," Broad Institute, https://www.broadinstitute.org/what-broad/areas-focus/project-spotlight/crispr-timeline.

개척자들은 이 세균 방어체계를 변형하여 사람 유전체를 의도적으로 편집할 수 있게 했다.

사람의 유전체 전체가 방대한 도서관이라고 생각해보자. 이 책은 단 4개의 문자로만 쓰여 있다. DNA의 네 구성성분인 A, C, G, T이다. 사람 유전체는 이런 문자 30여 억 개로 이루어져 있다. 우리는 양쪽 부모로부터 유전체를 받으므로, 세포 하나에 60여 억 개가 들어 있다. 책으로 가득한 도서관이라는 비유로 돌아가서 책 한 권이 1쪽당 약 250개의 단어가 들어 있고 300쪽으로 이루어져 있다면, 우리 자신은, 아니 우리를 만들고 유지하고 수선하는 명령문은 약 8만 권 분량에 달한다고 생각할 수 있다.

공략 지점으로 안내하는 역할을 하는 RNA 조각과 조합한 캐스9로, 사람 유전체에서 우리가 원하는 변화를 일으킬 수 있다. 8만 권이 있는 도서관에서 1권의 1쪽에 담긴 한 문장의 한 단어를 찾아서 지우는 것에 비유할 수 있다. 이따금 오류가 생겨서 의도하지 않은 단어도 지우기는 하지만, 전반적인 신뢰도는 놀라운 수준이다. 더 최근 들어서는 이 체계를 단어를 지우는 차원을 넘어서 새 정보를 덧붙이거나 더 미묘한 변화를 일으키는 등 유전자에 아주 다양한 변화를 일으킬 수 있도록 변형시키고 있다. 캐스9는 찾아서 없애는 지우개이다. 도서관 비유를 이어가자면, 8만 권이 소장된 대학 도서관에서 새뮤얼 피프스의 『일기Diary』 제1권의 서문에서 Verbal을 Herbal로 바꿀 수 있다. 도서관에 있는 다른 모든 책의 모든 문장의 모든 단어는 대체로 건드리지 않은 채 말이다.

JK는 2017년 3월에 선전 화미 여성아동병원의 의료윤리위원회가 사람 배아의 유전자를 편집하는 자신의 연구를 승인했다고 주장했다. 그는 이렇게 썼다. "위원회는 7명의 위원으로 구성된다. 위원회가 위험과 혜택을 포괄적으로 논의한 끝에 승인하자는 결론에 다다랐다는 말을 들었다." 나중에 병원은 실험 계획서를 읽은 적도 승인한 적도 없다고 부인했다. 게다가 승인에 다다랐다는 "포괄적 논의"를 기록한 문서도 전혀 없고, 실험 계획서를 승인했다는 7명이 누구인지도 알려져 있지 않다.

JK가 사람 배아에서 편집하겠다고 제시한 유전자는 CCR5였다. HIV가 침입할 때 이용한다고 알려진 면역 관련 유전자이다. 델타 32라는 자연적인 돌연변이로 인해서 기능을 잃은 CCR5 유전자를 쌍으로 가진 사람은 HIV 감염에 저항성을 보인다는 것이 이전 연구들을 통해서 드러났다.

그러나 허젠쿠이의 실험 논리는 여기에서 무너지기 시작한다. 첫째, 부부들은 남편이 관리 중인 만성 HIV 감염 상태여서 선택되었다. 부인은 감염되지 않았다. IVF를 위해서 세척을 거친 정자로 HIV가 전파될 위험은 0이다. 한마디로 이런 배아가 HIV에 감염될 위험은 HIV 음성인 부부가 임신한 배아가 감염될 위험과 별반 다르지 않다. 더욱이 면역 반응의 중요한 측면들을 조율하는 CCR5가 제 기능을 하지 못하면, 웨스트나일 바이러스나 독감 바이러스(중국에서 특히 흔하다) 등 다른 바이러스에 심각하게 감염될 가능성이 더 높아질 수 있다는 증거가 있다. 그러니 JK는 사람 배아에 뚜렷한 혜택도 없으면서 나중에 생명을 위협할 수도 있는 유전자를 편집하기로 한 셈이었다. 그리고 부부들이 그 실험에 어떤 부작용이 있을 수 있는지 사전에 설명을 들었는지, 사전 동의가 실제로 이루어졌는지 여부도 불분명하다. JK는 유전자 편집 인간을 세계 최초로 만들겠다고 달려드는 바람에 본질적으로 사람을 임상 연구의 대상자로 삼을 때의 거의 모든 윤리적 원칙을 뒤집었다.

그 뒤로 언제 무슨 일이 일어났는지 재구성하기란 쉽지 않지만, 2018년 1월 초에 한 여성에게서 난자 12개를 채취한 뒤 남편의 세척된 정자로 수정이 이루어졌다. JK의 발표 슬라이드로 판단할 때, 그가 미세 바늘로 난자에 정자 하나를 주입한 듯하다. 세포질 내 정자 주입intracytoplasmic sperm injection이라는 방법이다. 그와 동시에 그는 CCR5 유전자를 자르기 위해서 RNA 분자와 함께 캐스9 단백질도 난자에 주입한 것이 틀림없다.

JK는 6일 뒤에 단세포 접합자 중 4개가 "생존 가능한 배반포"로 자랐다고 썼다. 그로부터 얼마 지나지 않아서 그는 편집이 이루어졌는지 알아내기 위해서 배반포의 바깥 세포층을 생검했을 것이 틀림없다.

"배반포 중 2개가 성공적으로 편집되었다." 1개는 CCR5 유전자 쌍이 모두 편집되었고, 다른 1개는 한쪽 사본만이 편집되었다. 그러나 JK가 얻은 유전자 편집본은 사람에게서 자연적으로 나타나는 델타 32 돌연변이와는 달랐다. 그는 그 유전자에 다른 돌연변이를 일으킨 것이었고, 따라서 HIV에 저항하는 효과가 있을 수도 있고 없을 수도 있었다. 이전까지 그런 유전자 편집을 한 사람이 아무도 없었기 때문에, 어느 쪽인지 알기는 불가능하다. 그리고 유전자의 양쪽 사본 모두에 돌연변이가 일어난 배아는 1개뿐이었다. 다른 1개는 온전한 사본을 하나 가지고 있었다. 연구진은 배반포에서 떼어낸 세포를 생검해서 유전자 편집이 유전체의 다른 부위에서도 우발적으로 이루어졌을 가능성을 살펴보았다. 비표적off-target 편집이 일어났는지 여부를 살핀 것이었다. 생검한 세포에서 의도하지 않은 편집이 한 군데 이루어졌을 가능성이 있다고 나왔지만, 연구진은 뒷받침할 증거가 거의 없었음에도 불구하고 "무관한" 변이라고 결론지었다.

이런 여러 가지 경고 신호가 있었음에도, JK 연구진은 2018년 초에 편집된 배아 2개를 엄마의 자궁에 착상시켰다. 직후에 그는 스탠퍼드에서 박사후 연구원으로 있을 때 지도교수였던 스티브 퀘이크에게 "성공"이라는 제목으로 이메일을 보냈다. "희소식입니다! 임신이 이루어졌어요. 유전체 편집에 성공했습니다!"

퀘이크는 즉시 우려를 표했다. 2016년 스탠퍼드에서 JK와 만난 그는 윤리위원회의 승인을 받고 환자들로부터 사전 동의를 받으라는 말을 되풀이하면서 JK를 구슬리고 이어서 엄하게 주지시켰다. JK가 조언을 구한 스탠퍼드 소아과 교수 맷 포티어스도 그랬다. 포티어스는 이렇게 회상했다. "30분, 아니 45분 동안 그런 시도가 잘못된 것이라고, 결코 의학적으로 정당화될 수 없다는 말을 온갖 이유를 들어서 이야기했어요. 그는 충족되지 않은 의학적 수요에 대처하고 있는 것이 아니었어요. 공개적으로 말한 적이 없었지요." JK는 만남 내내 얼굴을 붉힌 채 말없이 듣고만 있었다. 그렇게 호된 비판을 받으리라고는 예상하지 못했기 때문이다.

퀘이크는 JK의 이메일을 생명윤리학자인 동료에게 보냈다. "참고하세요. 아마 최초의 사람 생식계통 편집 사례일 겁니다.……그에게 IRB[생명윤리위원회] 승인을 받으라고 강력하게 촉구했는데, 내가 아는 바로는 받은 것 같아요. 그의 목표는 HIV 양성인 부모의 임신을 돕겠다는 거예요. 아직 축하하기는 좀 이르지만, 출산이 이루어진다면 엄청난 뉴스가 될 겁니다."

동료는 답장을 보냈다. "이미 그런 일이 일어났을 거라고 마침 지난주에 다른 사람에게 말했답니다. 분명히 엄청난 뉴스가 되겠지요."

실제로도 엄청난 뉴스가 되었다. 2018년 11월 28일 홍콩에서 열린 사람 유전체 편집 국제 정상회의에서 JK는 검은 바지에 줄무늬 와이셔츠 차림으로 가죽 가방을 들고 연단에 올랐다. 영국의 유전학자 로빈 러벌배지가 그를 소개했다. 러벌배지는 허젠쿠이가 유전자 편집 사람 아기의 탄생을 발표할 것이라는 말을 막 들은 참이었고, 언론이 끓어오를 것이라고 예상했다. 폭탄선언이 나올 것이라는 말이 이미 언론에 새어나갔기 때문에 기자, 윤리학자, 과학자 할 것 없이 청중은 저마다 질문을 하려고 연단을 뚫어지게 바라보고 있었다. 러벌배지는 머뭇거리면서 JK를 소개했다.

이 자리에 계신 분들께 상기시키자면…음…우리는 허 박사님께 자신이 한 일을…음…특히 과학의 측면에서, 또…음…다른 측면들도 설명할 기회를 드리고자 합니다. 그러니 발표할 때 질문을 삼가주시기 바랍니다. 말씀드렸다시피, 너무 소란스럽거나 방해가 심하면 발표를 중단시킬 권한이 제게 있으니까요.……우리는 박사님의 발표 내용이 무엇인지 몰랐다는 점을 말씀드립니다. 사실 허 박사님이 이 분과에서 발표하겠다는 자료를 제게 보내긴 했습니다만, 지금 발표하려는 연구 내용은 전혀 포함되어 있지 않았어요.

JK의 발표는 딱딱하고 모호했다. 마치 미리 준비한 원고를 읽는 소련 외교관과 비슷했다. 그는 슬라이드를 덤덤하게 넘기면서, 마치 그냥 구경꾼인 듯한 태도를 보이면서 밋밋하게 그 실험을 설명했다. 그는 한 배반포에서 떼어낸 세포를 생검해서 CCR5 유전자의 양쪽 사본이 기능 상실되었을 "가능성이 높다"는 것을 알아냈다. 비록 앞에서 말했듯이, 두 돌연변이는 사람에게서 자연적으로 나타나는 델타 32 돌연변이와 달랐지만 말이다.* 다른 배아는 온전한 사본 하나와 자연에서 발견되지 않는 새로운 돌

---

* JK의 방법으로 아기의 유전체에 도입한 돌연변이의 정확한 특성을 이해하려면, 유전자의 구성부터 살펴보아야 한다. 유전자는 DNA에 "쓰여 있다." DNA는 A, C, T, G라는 네 구성단위가 줄줄이 이어진 사슬이다. CCR5 같은 유전자는 이런 구성단위들의 특정한, 말하자면 ACTGGGTCCCGGGG 같은 식으로 늘어선 서열이다. 대다수의 유전자는 이 구성단위들, 즉 문자들이 수천 개까지 이어질 수 있다. 사람의 CCR5–델타 32라는 자연적인 돌연변이는 유전자의 한가운데에 있는 서열 중 32개가 없어진 것이며, 이 돌연변이 유전자는 불활성 상태를 유지한다. 그러나 JK는 이 32개 문자 결실을 재현한 것이 아니었다. 유전자 편집 기술로 그냥 한 유전자를 표적으로 삼아서 그 일부를 제거했을 뿐이다. 어떤 돌연변이를 정확히 재현하는 일은 기술적으로 훨씬 더 어렵다. 대신에 JK는 지름길을 택했다. 그 결과 태어난 쌍둥이 중 한 명은 CCR5 유전자의 한쪽 사본에 문자 15개(32개가 아니라)가 빠져 있고, 다른 한쪽 사본은 온전하다. 다른 한 명은 한쪽

연변이를 지닌 사본 하나를 가지고 있었다. HIV에 내성을 제공할 수도, 제공하지 않을 수도 있었다. JK는 산모가 유전자 편집이 이루어지지 않은 두 배아가 아니라 편집이 이루어진 두 배아를 모두를 착상시키는 쪽을 택했다고 했다. 그 경로가 훨씬 더 위험한데, 그녀는 어떻게 그런 결심을 했을까? 그리고 그 선택을 할 때, 그녀에게 누가 윤리적 및 의학적 지침을 알려주었을까? 마치 그런 문제들은 고려조차 하지 않은 듯했다.

JK는 2018년 10월 "유전자 편집" 쌍둥이가 태어났다고 발표했다. 그런데 이상하게도 그는 실험 논문을 동료 심사를 거치는 의학 학술지에 발표한 것이 아니라, 그냥 온라인 대중 매체에 올렸고, 출생 날짜도 11월로 바꾸었다. JK는 두 여아가 건강해 보인다면서 룰루와 나나라고 이름을 붙였다. 그는 아기들의 실제 신원은 밝히기를 거부했다. 탯줄혈액과 태반에서 얻은 쌍둥이의 세포를 조사했더니 돌연변이가 존재함을 보여주는 단편적인 결과들이 나왔지만, 답하지 못한 중요한 질문들이 남아 있었다. 몸의 모든 세포에 그 돌연변이가 있을까, 아니면 일부 세포에만 있을까?* 새로운 비표적 돌연변이도 생겼을까? CCR5이 제거된 세포는 HIV에 저항성을 띨까?

JK는 자신의 원고에서 "성공적"이라는 말을 여러 번 되풀이했다. 그러나

사본에 문자 4개가 누락되어 있고, 다른 한쪽 사본에는 문자 1개가 추가되어 있다. 어느 쪽도 사람에게서 자연적으로 나타나는 CCR5-델타 32 돌연변이는 아니다.

* 허젠쿠이가 답하지 못했고 여전히 미해결로 남아 있는 근본적인 과학적 의문들이 몇 가지 있다. 그가 크리스퍼 체계를 이용해서 배아에 변화를 일으켰을 때, 배아의 모든 세포가 유전적으로 바뀌었을까 아니면 일부 세포만 바뀌었을까? 일부만 바뀌었다면 어느 세포일까? 한 생물의 세포들 중 일부만 유전적으로 바뀌고 나머지는 그대로일 때를 섞임증(mosaicism)이라고 한다. 룰루와 나나는 유전적 모자이크일까? 두 번째 부류의 질문은 유전적 조작의 비표적 효과에서 나온다. 다른 유전자들도 변형되었을까? CCR5만 바뀌었는지 여부를 판단할 때 세포 하나하나의 유전체 서열을 조사했을까? 그렇다면 세포 몇 개를 조사했을까? 우리는 알지 못한다.

스탠퍼드의 법학자이자 생명윤리학자 행크 그릴리는 이렇게 썼다. "여기에서 성공적이라는 말은 모호하다. 수백만 명이 지닌 것으로 알려진 CCR5의 염기쌍 32개 결실이 이 배아들에서는 일어나지 않았다. 대신에 배아/이윽고 태어난 아기는 새로운 돌연변이를 지녔으며, 그런 돌연변이가 어떤 효과를 일으킬지는 불분명하다. 게다가 HIV에 '일부 내성'을 가진다는 말이 무슨 뜻일까? 얼마나 일부일까? 그리고 그것이 사람에게서 전혀 나타난 적이 없는 CCR5 돌연변이를 지닌 배아를 출산하기 위해서 자궁에 착상시키는 것을 정당화할 수 있을 정도였을까?"

JK의 발표에 이은 질의 응답 시간은 의학사에서 가장 초현실적인 순간에 속한다고밖에 말할 수 없을 듯하다. 발표가 끝나자 전문가로서 엄청난 자제력을 발휘하면서 러벌배지와 포티어스는 정중하고 체계적으로 JK의 데이터를 파고들었다. 그들은 그에게 유전자 편집이 룰루와 나나에게 해로운 영향을 미칠 가능성이 있는지, 사전 동의를 어떻게 받았는지, 부부들을 어떤 방법으로 연구에 참여시켰는지를 물었다.

대답은 오락가락했다. JK가 마치 몽유병에 걸린 채 자신의 실험과 윤리적 문제 사이를 걷고 있는 듯했다. "우리 연구진에 속하지 않은 사람…음…약 네 명이 사전 동의서를 읽어주었습니다." 그는 더듬거리면서 그렇게 말했지만, 그들이 누구인지는 밝히지 않으려고 했다. 그러다가 자신이 직접 동의를 받았다고 인정하면서, 두 교수—아마도 마이클 딤과 유 준—가 몇몇 참가자들로부터 동의서를 받는 모습을 지켜보았다고 했다(그러나 딤과 준은 회의실의 한쪽에서 누에의 유전학을 논의하고 있었다고 하지 않았던가?). 더 깊이 따져묻자 교묘하게 얼버무리는 듯한 답이 나왔다. HIV의 세계적 대유행과 새로운 약물의 필요성을 언급하면서도, 쌍둥이에게 실제로 한 유전자 편집 이야기는 거의 하지 않는 식이었다. 토의는 정상

회의 주최자 중 한 명이면서 노벨상 수상자인 데이비드 볼티모어가 연단에 올라서 과장되게 고개를 가로저으면서 JK의 임상 연구를 가장 압도적으로 비판하는 평가를 내리는 것으로 끝이 났다. "나는 실험 과정이 투명했다고 보지 않습니다. 우리가 알아낸 것은 그것뿐이군요.……투명성 결핍 때문에 과학계의 자율 규제가 실패한 사례라고 봅니다."

이어서 청중과의 질의 응답 시간이 있었다. 발표 내내 입을 꾹 다물고 있어야 했던 청중 사이에서 온갖 질문들이 터져나왔다. 한 과학자는 일어서서 그 실험이 어떤 "충족되지 않은 의학적 수요"에 대처한 것인지 물었다. 어쨌거나 쌍둥이가 HIV에 감염될 위험은 0이 아니었던가?

허젠쿠이는 룰루와 나나가 HIV 음성이라고 해도 HIV에 노출되었을 가능성이 있다고 모호하게 언급했다. HEUHIV exposed but uninfected 상태라는 것이다. 그러나 그 주장도 믿기 어려울 만치 약한 논리에 기댄 것이었다. 어쨌거나 엄마는 HIV에 감염되지 않았고, 정자 세척과 체외 수정 과정에서 배아가 바이러스에 노출될 가능성이 완전히 배제되었을 것이기 때문이다. 그런 뒤 그는 청중에게 자신이 그 실험을 했다는 데에 "뿌듯함"을 느낀다고 말함으로써, 청중을 아연실색하게 만들었다. 사전 동의 문제를 더 깊이 파고든 질문들도 있었다. 그 실험을 둘러싼 비밀주의를 물고 늘어진 이들도 있었다. 왜 대중이나 과학계의 어느 누구도 그런 실험이 실시된다는 말을 듣지 못했을까?

결국 JK의 발표—아마 사람 배아에 유전자 편집을 한 최초의 과학자라는 영예를 확보하려는 의도였을—는 아수라장으로 끝났다. 뾰족한 마이크를 든 기자들은 그에게 질문을 하려고 강당 밖으로 우르르 몰려나갔다. 마치 정치범을 삼엄하게 호송하는 양, 주최측 인사들이 빽빽하게 그를 에워싼 채로 이동했다.

유전자 편집 체계의 개척자 중 한 명이자 2020년 공동 연구자인 에마뉘엘 샤르팡티에와 함께 노벨상을 받은 생화학자 제니퍼 다우드나는 JK의 발표에 "소름이 끼치고 멍해졌다"고 기억한다. 그 중국 생물리학자는 발표를 하기에 앞서서 다우드나와 접촉을 시도했다. 아마 그녀의 지지를 받으려는 의도였겠지만, 그녀는 소스라치게 놀랐다. 홍콩에 도착할 무렵, 그녀의 이메일 수신함에는 조언을 달라는 절실한 어조의 이메일이 가득했다. 그녀는 이렇게 회상했다. "솔직히 말하면, 나는 이건 가짜일 거야, 그렇지? 장난이겠지 하고 생각했어요. '아기가 태어났음.' 누가 메일 제목에 이런 말을 쓰겠어요? 그냥 제정신이 아닌, 거의 우스꽝스러운 방식으로 충격을 주려는 것 같았어요." 그 발표는 다우드나의 직감이 옳았음을 확인해주었다. JK는 양심의 가책 따위는 거의 없이 선을 넘었다. 생명윤리학자 R. 알타 차로는 이렇게 단언했다. "허 박사의 발표를 듣고 나니, 잘못된 방향으로 성급하고 불필요하고 거의 쓸모없는 일을 했다고 결론을 내릴 수밖에 없다."

2019년 말 JK는 중국에서 3년형을 선고받았다. 또 앞으로 그 어떤 IVF 연구에도 참여하는 것이 금지되었다. 한편 이 글을 쓰는 2021년 6월 현재 러시아 최대 규모의 국영 IVF 시설 중 한 곳에서 일하는 땅딸막하고 열정적인 유전학자 데니스 레브리코프는 유전성 난청을 일으키는 유전자를 편집할 계획이라고 발표했다. GJB2라는 유전자의 돌연변이 형태를 쌍으로 물려받으면 난청이 생긴다. 달팽이관 이식을 하면 말은 어느 정도 들을 수 있지만, 기이하게도 음악은 들리지 않는다. 게다가 이식을 받은 뒤에는 몇 개월 동안 재활 훈련을 해야 한다.

레브리코프는 스텝토와 에드워즈의 뒤를 이어서 "신중한 독불장군"이 되겠다고 약속한다. 그러나 신중함 여부를 떠나서, 그는 어쨌거나 독불장군이 되고 싶어한다. 그는 비록 규제 당국의 승인을 받고 엄격한 기준에 따라 사전 동의를 받으려고 노력하겠지만, 어쨌거나 배아의 유전적 조작을 진행할 것이라고 말한다. 레브리코프는 이 과정을 하나하나 밟아갈 것이라고 한다. 데이터를 발표하고, 유전체 서열을 꼼꼼히 분석하여 표적과 비표적 효과를 파악할 것이며, 또한 자신의 요법이 오로지 그 유전자의 돌연변이를 쌍으로 지닌 난청 부부이면서 귀가 멀지 않은 아이를 원하는 이들에게만 적용될 것이고, 완전한 동의를 받을 것이라고 주장한다. 그는 그런 부부를 5쌍 찾았으며, 그중 모스크바에 사는 GJB2에 돌연변이가 있으면서 딸이 난청인 부부는 그의 제안을 진지하게 고려하고 있다고 한다.

전 세계의 의학계와 과학계는 현재 사람 배아의 유전자 편집에 적용할 규칙과 기준을 정립하기 위해서 힘을 모으고 있다. 전 세계적으로 연구를 잠정 중단하자고 주장하는 이들도 있지만, 이를 강제할 권한이 있는 기구는 없다. 유전자 편집을 예외적으로 심한 고통을 주는 질병을 치료하는 용도로만 허용하자고 주장하는 이들도 있다. 그런데 유전성 난청은 거기에 속할까?

비록 과학과 생명윤리 분야의 국제기구들이 이 문제에 답하기로 결심할 수는 있겠지만, 사람 배아에 대한 유전자 편집 실험을 허용하거나 막을 권한이나 권력을 가진 기관은 전무하다.

앞에서 말했듯이 체외 수정은 인체를 심오한 수준으로 조작할 수 있는 세포 조작이다. 배아 선택, 유전자 편집, 더 나아가 새 유전자를 유전체에 도입하는 것은 배양접시에서 세포 생식(정자와 난자의 만남)과 세포 생산의 시작 단계(초기 배아의 발생)에 결정적으로 의존한다. 일단 사람 배아의 생성이 자궁 밖에서 이루어지기 때문에, 즉 다양한 단계의 배아에 미세 주입하고 배아를 배양하고 동결하고 추려내고 유전적으로 변형하고 발생시키고 생검할 수 있기 때문에, 온갖 변형을 일으키는 유전 기법들을 얼마든지 적용할 수 있다.

허젠쿠이는 모든 단계에서 끔찍한 선택을 했다. 유전자도 실험 대상자도 실험 방법도 목적도 전부 잘못되었다. 그는 도저히 어찌할 수 없는 신기술의 유혹에 홀린 것이기도 했다. 즉 그는 "최초"가 되고자 했다. 자신의 연구가 노벨상으로 가는 티켓이라고 자주 떠벌렸다. 그는 자신을 에드워즈나 스텝토와 비교하고는 했지만, 내가 보기에는 현대판 랜드럼 셰틀즈 같다. 몹시 야심이 크고 고집 세고 과학에 열의가 넘치지만, 실험 대상자로서의 사람과 어항의 물고기가 다르다는 점을 알지 못하는 듯하다.

이는 그의 선택을 용서하자는 것이 아니다. 같은 기술을 갖춘 다른 과학자들은 자제력을 발휘했다. 그러나 배아 선택이든 유전자 편집이든 간에, 질병을 억제하기 위해서 (또는 능력 증진을 위해서) 사람 배아를 유전적으로 조작하는 일은 날이 갈수록 의학의 필연적인 목적지가 되어가는 듯하다. 불임의 치료법으로 시작된 것이 이제 사람 취약성의 치료법으로 전용되고 있다. 그리고 이 치료법의 핵심에는 점점 더 다룰 수 있는 여지가 많아지고 점점 더 중요해지고 있는 세포가 있다. 바로 수정란, 사람 접합자 말이다.

이제 우리는 단세포 접합자의 비좁은 세계에서 발생하는 배아로 옮겨가려 하고 있다. 그러나 여기에서 잠시 멈춰서 이런 질문을 해보자. 대체 우리는 왜 단세포 세계를 떠난 것일까? "우리"는 왜 "우리"가 된 것일까? 즉 왜 다세포 생물이 되었을까? 효모 세포나 어떤 단세포 조류 종을 예로 들어보자. 이 단세포 또는 생물학자 닉 레인이 현생 세포modern cell라고 부르는 것은 사람을 비롯한 훨씬 더 복잡한 생물의 세포가 지닌 특징들을 거의 다 갖추고 있다. 수가 많고, 자신의 환경에서 아주 잘 살아가며, 지구의 온갖 다양한 곳에서 번성할 수 있다. 이들은 서로 소통하고, 번식하고, 대사하며, 신호를 주고받는다. 핵과 미토콘드리아를 비롯하여 자율적인 세포로서 아주 효율적으로 기능할 수 있게 해주는 세포소기관들을 대부분 갖추고 있다. 이 점은 또다른 의문을 낳는다. 그렇다면 대체 왜 이들은 다세포 생물을 형성하기로 했을까?

진화생물학자들은 1990년대 초에 이 의문을 탐구하기 시작할 당시에 진핵생물(핵을 지닌 세포) 중에서 단세포 생물에서 다세포성을 지닌 생물로의 전이가 까마득히 높은 진화적 장벽을 오르는 과정을 수반했을 것이라고 추론했다. 아무튼 효모 세포가 어느 날 아침에 깨어나서 문득 여러 세포로 이루어진 생물로 살아가는 편이 더 낫다고 결정했을 리는 없다. 헝가리의 진화생물학자 라슬로 너지의 표현을 빌리자면, 그들은 다세포성으로의 전이가 "크나큰 유전적 [따라서 진화적] 장애물들이 수반되는 주요 전이라고 보았다."

그러나 최근에 일련의 실험과 유전적 연구를 통해서 얻은 증거들은 전혀 다른 이야기를 들려준다. 우선 다세포성이 아주 오래 전에 출현했다는 것이다. 약 20억 년 전 남세균과 녹조류 화석과 함께 고사리가 내미는 첫싹처럼 생긴 나선형 화석도 출현하기 시작했다. 나름의 이유가 있어서 서로 달라붙은 양 보이는 세포 집합체였다. 작은 정맥(세정맥)처럼 보이는 방사성 구조와 여러 세포로 이루어진 잎처럼 생긴 "생물"도 약 5억7,000만 년 전에 출현하여 바다 밑에서 번성했다. 개별 세포들이 모여서 집합체를 이룬 해면동물이었다. 미생물 군체가 스스로 조직되어 새로운 유형의 존재를 예고하는 새로운 "존재"가 된 것이다.

그러나 아마 다세포성의 가장 놀라운 특징은 단 한 번이 아니라 아주 많이 여러 번 다양한 종에서 각각 **독자적으로** 진화했다는 것이다. 마치 다세포가 되려는 욕구가 너무나 강력하고 만연해서 진화가 장벽을 반복해서 뛰어넘은 듯하다. 유전적 증거도 명백히 그렇다는 것을 시사한다. 고립을 넘어서 집단을 이루면 선택적 이점이 아주 많기 때문에 자연선택의 힘은 집합체를 이루라는 압력을 반복해서 가한다. 진화생물학자 리처드 그로스버그와 리처드 스트래스먼은 단세포에서 다세포성으로의 전환을 "작은 주요 전이minor major transition"라고 했다.

단세포성에서 다세포성으로의 "작은 주요 전이"는 어느 정도는 실험실에서 연구하고 재현할 수 있다. 2014년 미네소타 대학교의 마이클 트라비사노와 윌리엄 랫클리프 연구진은 단세포 생물에서 다세포성이 어떻게 진화했는지를 시사하는 가장 흥미로운 실험 중 하나를 시행했다.

　금속테 안경을 쓴 랫클리프는 마른 몸에 열정이 넘치는 사람으로, 세월이 흘러도 한결같이 대학원생처럼 보인다. 그러나 애틀랜타에 대형 연구실을 가지고 있는 그는 논문 인용도가 매우 높은 교수이다. 2010년 어느 날 아침 생태, 진화, 행동 분야의 연구로 곧 박사학위를 받을 예정이었던 랫클리프는 트라비사노와 다세포성의 진화를 놓고 이야기를 나누고 있었다. 그들은 다양한 단세포 생물들이 저마다 다른 이유로, 또 저마다 다른 경로를 통해서 다양한 형태의 다세포 생물로 진화했다는 것을 알고 있었다.

　랫클리프는 그 실험을 이야기하면서 웃음을 터뜨렸고, 톨스토이의 고전 소설에 나오는 유명한 첫 문장에 빗대었다. "행복한 가정은 모두 비슷하지만, 불행한 가정은 저마다 다른 방식으로 불행하다." 그는 다세포의 진화에서는 그 논리가 뒤집힌다고 내게 말했다. 다세포성을 향해 진화한 모든 단세포 생물은 저마다 독특한 경로를 취했다는 것이다. 저마다 다른 방식으로 "행복해졌다." 즉 진화적으로 더 적응했다. 반면에 단세포 생물들은 비슷한 단세포 상태로 남았다. 랫클리프의 표현을 빌리자면, "뒤집힌 안나 카레리나 상황"이다.

트라비사노와 랫클리프는 효모를 연구했다. 그래서 2010년 12월 크리스마스 휴가 기간에 랫클리프는 가장 놀라우면서도 단순한 진화 실험 중 하나를 시작했다. 그는 플라스크 10개를 천천히 흔들면서 효모 세포가 자라도록 한 다음, 플라스크를 45분 동안 가만히 놔두었다. 그러자 단세포 효모는 떠 있었고, 뭉쳐 있어서 더 무거운 다세포 집합체("덩어리")는 가라앉았다(이 과정을 몇 번 반복한 뒤, 그들은 배양액을 원심분리기에서 저속으로 돌리면 양쪽 효모를 더 효율적으로 분리할 수 있다는 것을 알아차렸다). 랫클리프는 원래의 10개의 플라스크 각각에서 중력으로 가라앉은 다세포 덩어리만 꺼내어 다시 배양하는 과정을 60번 이상 반복했다. 즉 매번 가라앉은 효모 덩어리만 꺼내어 다시 배양했다. 여러 세대에 걸친 선택과 증식을 모사한 것이다. 병에 담긴 다윈의 갈라파고스 제도였다.

10일째에 랫클리프가 실험실에 도착했을 때 많은 눈이 내리고 있었다. "미네소타 특유의 크고 무거운 방울 같은 눈송이지요." 그는 신발과 외투에서 눈을 떨어내면서 플라스크를 살펴보았다. 그 즉시 어떤 변화가 일어났음을 알아차렸다. 10번째 배양액은 아주 맑았다. 바닥에 침전물만 쌓여 있을 뿐이었다. 현미경으로 들여다보니, 바깥과 똑같은 풍경이 펼쳐졌다. 10개 배양액의 침전물 모두 새로운 유형의 다세포 집합체가 선택되는 방향으로 수렴이 이루어졌다. 수백 개의 효모 세포가 모여서 여러 가지를 뻗은 결정 같은 모양을 이루고 있었다. **살아 있는 눈송이였다.** 일단 뭉치자, 이 "눈송이"는 덩어리 형태로 계속 살아갔다. 다시 배양을 해도 단세포로 돌아가지 않고 이 구성 형태를 유지했다. 다세포성으로 뛰어넘자, 진화는 되돌아가기를 거부했다.

랫클리프는 세포분열이 이루어진 뒤 모세포와 딸세포가 그대로 달라붙어 있음으로써 이 집합체—그는 "스노플래키snowflakey"라고 불렀다—가 형성된다는 것을 알아냈다. 다 자란 자녀들이 부모 집을 떠나기를 거부하면서 계속 함께 사는 복합 가족처럼, 이 양상은 세대를 거쳐도 계속되었다.

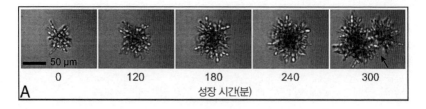

눈송이 효모의 한살이. 눈송이 형태는 더 큰 덩어리를 선택하는 과정이 반복되면서 단세포 효모 세포로부터 진화했다. 이 커다란 덩어리 형태는 시간이 흘러도 유지되고 단세포로 돌아가지 않는다. 즉 진화적으로 다세포성을 선택한 것이다. 성장하는 가지에 새 세포가 붙어 자라나면서 덩어리는 점점 커진다. 처음에 눈송이는 너무 길게 자란 나뭇가지가 더 이상 버티지 못하고 부러지듯이, 크기의 물리적 긴장 때문에 쪼개졌다. 그러나 세대가 지나면서 특수한 세포가 진화했고, 이 세포들은 덩어리의 특정한 부위에서 자체 프로그램에 따라서 의도적으로 자살을 함으로써 쪼개지는 홈을 만들어서 덩어리를 나눈다.

실험을 계속할수록 눈송이 덩어리가 점점 많아지자, 연구진의 머릿속에는 다른 의문이 떠올랐다. 덩어리는 어떻게 증식한 것일까? 덩어리에서 세포 하나가 떨어져 나와서 손가락을 뻗으면서 자라나 별 모양의 새로운 다세포 덩어리를 만든다는 단순한 모형도 제시할 수 있을 것이다. 그러나 연구진은 덩어리가 일정한 크기에 다다르면 한가운데가 갈라지면서 새로운 덩어리를 만든다는 것을 알아냈다. 복합 가족이 두 복합 가족으로 나뉘었다. 랫클리프는 내게 말했다. "경이로웠죠. 플라스크에서 일어나는 진화, 다세포성의 진화였어요."

처음에 다세포 덩어리의 증식은 물리적 제약 때문에 일어났다. 스노플래키가 너무 커지면, 크기가 일으키는 물리적 긴장 때문에 쪼개질 수밖에 없었다. 그러다가 또다른 놀라운 일이 벌어졌다. 덩어리가 계속 진화함에 따라서 중앙에 있는 한 세포 집합이 일종의 자체 프로그램에 따라서 의도적인 자살을 함으로써 덩어리 한가운데에 홈, 분할선 또는 고랑을 만들었다. 그럼으로써 모체 덩어리는 둘로 쪼개졌다.

나는 랫클리프에게 눈송이를 세대를 이어가면서 계속 배양한다면, 어떤 일이 일어날 거라고 생각하는지 물었다. 그는 이미 수천 세대째 이어가고 있으며, 평생토록 5만 세대나 10만 세대까지 계속하고 싶다고 했다. "이미 새로운 특성들이 출현하는 것을 관찰했어요." 그는 마치 이 새로운 존재의 미래를 상상하는 양, 먼 곳을 바라보면서 답했다. "지금 덩어리는 단세포보다 약 2만 배 더 커요. 그리고 세포들은 서로 얽는 방법을 갖추는 쪽으로 진화했어요. 지금은 분리하기가 어려워요. 스스로 죽은 세포들의 고랑을 만들 때를 빼고는요. 또 일부 세포들은 맞닿은 부위의 벽을 녹이기 시작했고요. 우리는 그들이 이 커다란 덩어리 내부에서 양분이나 신호를 전달하는 일종의 소통 통로를 만들기 시작한 것이 아닐까 알아내려고 애쓰는 중이죠. 산소 전달 메커니즘을 생성할지 알아보기 위해 헤모글로빈 유전자를 넣기도 했어요. 식물처럼 빛을 에너지로 전환할 수 있는지 알아보려고 다른 유전자들도 넣기 시작했고요."

진화생물학자들은 효모뿐 아니라 변형균, 조류 등 여러 단세포 생물을 대상으로 이 실험을 다양하게 변형해왔는데, 한 가지 일반적인 원리가 도출되었다. 적절한 진화적 압력을 받을 때, 단세포가 겨우 몇 세대 사이에 다세포 집합체가 될 수 있다는 것이다. 더 오래 걸리는 종류도 있다. 한 실험에서는 750세대가 지난 뒤에야 단세포 조류가 다세포 집합체가 되었다. 그래도 진화의 시간으로 보면 눈 한 번 깜박이거나 시계가 한 번 똑딱할 시간에 불과하지만, 조류 세포로 보면 750번의 생애이다.

우리는 단세포가 그렇게 특이하게도 다세포 덩어리를 이루려고 하는 이유를 놓고 그저 이론을 세우고 실험을 할 수 있을 뿐이다. 실제로 자연선택의 힘이 작용하는 것을 보려면, 시간을 거꾸로 돌려야 할 것이다. 그러나 주된 이론들은 분화와 협력이 에너지와 자원을 절약하면서 상승효과를 일으키는 새로운 기능이 발달할 수 있게 해준다고 주장한다. 예를 들면, 집합체의 한 부위는 노폐물 처리를 담당하고, 다른 부위는 먹이를 얻는 일을 맡을 수 있다. 그럼으로써 다세포 덩어리는 진화적 이점을 얻는다. 실험과 수학 모형으로 뒷받침되는 한 유력한 가설은 다세포성이 더 큰 몸집과 빠른 움직임을 뒷받침하기 위해, 따라서 포식을 피하거나(눈송이만 한 몸은 삼키기가 어렵다) 먹이가 더 많은 곳을 향해 더 빨리 더 조화롭게 이동할 수 있도록 하기 위해서 진화했다고 주장한다. 진화는 집합체를 향해 나아갔다. "생물"이 먹히지 않기 위해, 또는 마찬가지로 먹기 위해 경쟁할 수 있기 때문이다. 어느 답이 옳은지는 알 수 없을지도 모른다. 아니 아마 답이 여러 개일 수도 있다. 우리가 아는 것은 다세포성의 진화가 우연의 산물이 아니라, 목적과 방향을 가지고 일어났다는 것이다. 랫클리프의 효모 실험을 이야기할 때 말했듯이, 특정한 세포들은 자체 프로그램에 따라 자살하는 능력, 즉 자기 희생 능력을 획득함으로써 덩어리를 둘로 나눈다. 이는 특정한 정해진 위치에서 세포 분화가 일어났다는 징후이다. 그리고 랫클리프가 발견했듯이, 현재 그의 다세포 집합체는 세대를 거치면서 계속 성장하면서 해부구조의 깊숙한 곳으로 양분을 전달할 통로를 개발하는 단계에 와 있을지도 모른다.

여기에서 쓴 단어들을 주목하자. **분화, 해부구조, 위치.** 아마 어느 시점이 되면 랫클리프는 자신의 덩어리를 "생물"이라고 부르기 시작할 것이다. 이미 그는 그들이 해부구조를 어떻게 획득하는지를 해부하기 시작했다. 그는 어떻게 세포들이 나뉘어서 분화한 구조를 만드는지, 무엇이 분화한 기능을 획득하게 하는지, 그런 구조가 어떻게 덩어리 내에서 자신의 위치를 파악하는지 알고자 한다. 새로 형성되고 있는 통로를 어떻게 보아야 할까? 세포 혈관? 영양 전달계? 원시적인 신호 전달 기구? 세포학자는 이런 "생물"이 크기와 복잡성이 증가함에 따라, 체계적으로 조직된 기능적인 해부구조가 형성되고 분화한 세포가 출현하는 양상을 기술할 때, 이 단어를 쓰고 싶은 유혹을 느낄지도 모른다. 바로 "발생"이다.

발생하는 세포

세포가 생물이 되다

생명은 "존재한다"라기보다는 "되어간다"라고 할 수 있다.
— 이그나스 될링거, 19세기 독일의 자연사학자, 해부학자, 의학 교수

이쯤에서 잠시 짬을 내어 사람 접합자의 생성을 생각해보자. 정자는 거의 대양을 건너는 것이나 다름없는 거리를 헤엄쳐서* 난자를 뚫고 들어간다.

---

* 정자는 주로 편모라는 긴 꼬리를 채찍처럼 휘둘러서 헤엄친다. 편모 밑동에서 여러 단백질 분자들이 상호작용하여 미세하지만 강력한 모터를 구성하며, 이 모터가 꼬리에 연결되어 끊임없이 채찍 운동을 일으킨다. 분자 모터를 미토콘드리아들이 빙 둘러서 감싸고 있으면서, 정자가 난자에 다다를 때까지 격렬하게 꼬리를 흔드는 데에 필요한 모든 에너지를 제공한다. 채찍질하는 커다란 편모와 정반대로, 비슷한 단백질들로 이루어진 훨씬 더 작고 움직이는 털 같은 돌기나 섬유인 섬모도 있다. 섬모는 세포학에서 핵심적인 역할을 한다. 다양한 종류의 세포들은 섬모를 써서 몸속을 이리저리 움직인다. 섬모들을 끊임없이, 때로 한 방향으로 휘저으면서 움직인다. 사례를 몇 가지 들어보자. 창자 안쪽 벽을 이루는 세포들은 섬모를 이용해서 영양소를 몸속으로 들여보내고, 백혈구는 섬모로 혈관 속을 돌아다니면서 감염으로부터 몸을 보호할 수 있다. 자궁관의 세포는 섬모를 써서 새로 방출된 난자를 수정이 이루어질 지점으로 밀어내며, 호흡기의 안쪽 벽을 이루는 세포들은 끊임없이 섬모를 휘둘러서 점액과 외래 입자를 몸 밖으로 밀어낸다. 그리고 생물이 발생할 때, 섬모는 배아 내에서 세포의 이동을 촉진한다. 제 기능을 하는 섬모가 없다면, 인체는 생식도 발생도 수선도 거의 불가능할 것이다. 일부 아이들은 원발 섬모운동 이상증(primary ciliary dyskinesia)이라는 희귀한 유전 질환을 앓는다. 섬모에 문제가 생겨서 세포들이 몸의 고속도로와 샛길을 바쁘게 돌아다닐 수 없는 병이다. 그 결과 숨길에 점액과 외래 물질이 쌓여서 만성 코막힘과 잦은 호흡기 감염 같은 여러 전신 증상들이 나타날 수 있다. 게다가 이 환자들 중 약 절반은 선천 장기 위

두 세포가 만날 때 난자의 표면에 있는 특수한 단백질에, 그것에 딱 들어 맞는 정자의 수용체가 끼워진다. 일단 정자 하나가 난자를 뚫고 들어가면, 난자 내에서 이온의 물결이 퍼지면서 일련의 반응이 촉발되어 다른 정자가 들어오지 못하게 막는다.

아무튼 우리는 세포 수준에서 보면, 일부일처형이다.

아리스토텔레스는 그 뒤의 태아 형성 단계들이 일종의 생리혈 조각 과정이라고 상상했다. 그는 태아의 "형상"이 모체에서 나오는 생리혈이라고 주장했다. 아빠는 혈액을 태아 형상으로 빚을 "정보"를 가지고 있고, 생명의 숨결을 불어넣고 온기를 제공할 정자를 준다. 비록 왜곡된 것이기는 해도, 여기에는 나름의 논리가 있었다. 잉태를 하면 생리가 사라지는데 그 피가 어디로 가겠는가? 아리스토텔레스는 태아를 빚어내는 데에 쓰인다고 추론했다.

완전히 틀린 체계였지만, 거기에도 약간의 진리가 담겨 있었다. 아리스토텔레스는 전성설preformation이라는 오래된 개념을 타파했다. 전성설은 호문쿨루스homunculus라는 아주 작은 사람이 이미 만들어져 있지만—눈과 코와 입과 귀를 다 갖춘 채로—물을 부으면 실물 크기로 팽창하는 장난감처럼 쪼그라들고 접혀서 정자 안에 들어 있다는 이론이었다. 전성설은 고대부터 18세기 초까지 많은 과학자들의 생각을 사로잡았다.

반면에 아리스토텔레스는 태아 발생이 궁극적으로 그 형상으로 이어지는 **일련의 개별 사건들**을 통해서 일어난다고 보았다. 생성은 단지 팽창이 아니라, 말 그대로 생성을 통해서 이루어진다는 것이다. 생리학자 윌리엄

───────

치 이상(congenital organ displacement)에도 시달린다. 발생 때 세포의 기능 이상으로 생기는 문제들이다. 예를 들면, 심장이 가슴의 왼쪽이 아니라 오른쪽에 있기도 한다. 원발 섬모운동 이상증을 앓는 여성은 자궁관의 세포가 난자를 수정이 이루어질 위치로 보낼 수 없어 불임이 되고는 한다.

하비는 1600년대에 이렇게 썼다. "일부 동물들에서는 한 부위가 다른 부위보다 먼저 만들어지며, 그 뒤에 같은 재료로부터 영양, 부피, 형태를 한꺼번에 받는다." 아리스토텔레스의 이론은 나중에 후성설epigenesis이라고 불리게 된다. 생성이 발생하는 접합자의 위에서epi 가해지는 일련의 발생학적 변형을 통해서 이루어진다는 개념이 엉성하게나마 담겨 있었다.

1200년대 중반 화학에서 천문학에 이르기까지 다양한 분야에 관심이 많았던 독일의 수도사 알베르투스 마그누스는 새와 다른 동물들의 배아를 연구했다. 아리스토텔레스처럼 그도 태아 형성의 초기 단계가 정자와 난자 사이에서 치즈처럼 물질이 엉기는 것이라고 잘못 믿었다. 그러나 마그누스는 후성설을 대폭 발전시켰다. 그는 배아에서 다양한 기관들이 형성되는 것을 처음으로 알아차린 사람에 속했다. 튀어나온 곳이 전혀 없던 부위에서 눈이 불룩해지고, 배아의 양쪽에 거의 불룩하지 않았던 곳에서 닭의 날개가 뻗어나왔다.

그로부터 거의 5세기 뒤인 1759년, 독일 재봉사의 아들인 스물다섯 살의 카스파르 프리드리히 볼프는 『발생론Theoria Generationis』이라는 박사 논문을 썼다. 논문에서 그는 배아 발생 시에 일어나는 일련의 변화들을 기술함으로써 마그누스의 관찰을 더욱 발전시켰다. 볼프는 현미경으로 새를 비롯한 동물의 배아를 연구하는 독창적인 방법을 고안했다. 또한 그는 기관의 발달을 단계적으로 관찰할 수 있었다. 태아의 심장은 처음에 고동치는 움직임에서 시작되며, 창자는 구불구불한 관에서 생겨났다.

볼프의 흥미를 끈 것은 발생의 **연속성**이었다. 그는 새로운 구조의 형성 과정을 추적하여 더 이전의 구조들을 알아낼 수 있었다. 최종 형태가 초기 배아에 있는 그 어느 것과도 닮은 구석이 거의 없는 사례도 많았다. 그는 이렇게 썼다. "새로운 부위들을 기술하고 설명해야 하며, 동시에 그 역사도 제시해야 한다. 설령 확고하고 지속적인 형태를 이루지 않았고 여전히 계속 변하고 있음에도 그렇다"(강조는 저자). 독일의 시인 요한 볼프강 폰 괴테는 배아 형태에서 성숙한 생물로의 일련의—그리고 기적 같은—변태가 자연이 "논다"는 징후라고 보았다. 그는 1786년에 이렇게 썼다. "그 형태를 보고 있으면 자연이 늘 놀고 있음을, 그리고 그 놀이가 다양한 생명을 낳는다는 것을 인식하게 된다." 태아는 수동적으로 부풀어서 생명이 되는 것이 아니었다. 자연은 배아의 초기 형태를 가지고 "놀았다." 아이가 점토를 가지고 놀면서 주무르고 빚어서 성숙한 생물 형태를 만들듯이 말이다.

알베르투스 마그누스와 그 뒤에 카스파르 볼프가 관찰한 태아의 기관들이 연속적으로 변하는 양상—자연의 놀이—은 마침내 전성설 학파를 무너뜨렸다. 배아 발생의 **세포학** 이론으로, 즉 발생하는 배아의 모든 해부 구조가 세포분열을 통해서 형성된다는, 즉 세포분열을 통해서 다양한 구조들이 만들어지고 다양한 기능을 수행하게 된다는 이론으로 대체되었다. 자연사학자 이그나스 될링거는 1800년대에 이렇게 썼다. "생명은 '존재한다'라기보다는 '되어간다'라고 할 수 있다."

자궁을 떠다니는 우리의 접합자로 돌아가보자. 이 수정된 세포는 곧 두 개로 나뉘고, 두 개는 다시 네 개로 나뉘는 과정이 되풀이되면서 이윽고 공 모양의 세포 덩어리가 된다. 세포들은 계속 분열하면서 움직인다. 간호사이자 과학자인 진 퍼디가 로버트 에드워즈의 연구실에서 이 활기찬 과정을 관찰한 바 있다. 이윽고 세포 덩어리들의 한가운데에 빈 공간이 생기면서 배아는 물이 차 있는 물풍선처럼 변한다. 새로 형성된 세포들은 풍선의 벽을 이룬다. 이 구조를 배반포라고 한다. 그리고 안쪽으로 살짝 튀어나온 작은 세포 덩어리는 분열을 계속하여 공의 안쪽 벽에서 떨어지기 시작한다. 공의 바깥 벽, 즉 풍선의 껍질은 엄마의 자궁에 붙어서 태반, 태아를 둘

러싼 막, 탯줄이 된다. 공 안에 걸려 있는 작은 박쥐처럼 생긴 세포 덩어리는 태아로 발달할 것이다.[*]

그 뒤에 이어지는 일련의 사건들은 발생학의 진정한 경이를 보여준다. 세포 풍선의 벽에 매달려 있는 작은 세포 덩어리인 속세포덩이는 격렬하게 분열하여 두 층의 세포를 형성하기 시작한다. 바깥층은 외배엽ectoderm, 안층은 내배엽endoderm이라고 한다. 그리고 임신 약 3주일 뒤에 세 번째 세포층이 두 층 사이로 침입하여 자리를 잡는다. 아이가 침대의 부모 사이로 비집고 들어오는 것과 비슷하다. 이 중간층은 중배엽mesoderm이라고 한다.

외배엽, 중배엽, 내배엽이라는 배아의 이 세 층은 인체의 모든 기관의 토대이다. 외배엽은 몸에서 바깥 표면과 접하는 모든 것을 만든다. 피부, 털, 손발톱, 이, 심지어 눈의 수정체까지 만든다. 내배엽은 창자와 허파 등 안쪽 표면과 접하는 모든 것을 생성한다. 근육, 뼈, 피, 심장 등 그 사이에 있는 모든 것은 중배엽에서 생긴다.

이제 배아는 활동의 마지막 단계를 진행할 준비가 되어 있다. 중배엽 안에서 일련의 세포들이 가느다란 축을 따라 배열되어 척삭脊索, notochord이라는 막대 같은 구조를 형성한다. 척삭은 배아의 앞쪽에서 뒤쪽까지 뻗어

---

* 이 말은 조금 단순화한 것인데, 되도록 발생학의 전문용어를 사용하지 않으려고 애를 쓰다 보니 나온 결과이다. 더 깊이 살펴보고 싶은 독자를 위해서 설명하면 이렇다. 배반포의 벽은 영양막이라고 하는데, 초기 배아를 감싸는 막인 융모막과 양막, 영양소를 공급하는 난황주머니라는 구조를 만든다. 융모막이 자궁을 파고들어서 태반을 형성할 때 난황주머니는 퇴화한다. 그리하여 태반은 영양분의 주된 공급원이 된다. 혈관이 들어 있는 배꼽과 줄기를 통해서 배아는 모체의 혈액 순환망과 연결되어 기체와 영양소의 교환이 이루어진다. 영양막의 발생을 상세히 개괄하고 싶은 독자에게는 다음 문헌을 추천한다. Martin Knöfler et al., "Human Placenta and Trophoblast Development: Key Molecular Mechanisms and Model Systems," *Cellular and Molecular Life Sciences* 76, no. 18 (September 2019): 3479-96, doi:10.1007/s00018-019-03104-6. 출처: https://pubmed.ncbi.nlm.nih.gov/31049600/.

있다. 척삭은 발생하는 배아의 GPS가 될 것이다. 체내 기관들의 위치와 축을 정하고 유도물질inducer이라는 단백질을 분비하는 기준점 역할을 한다. 척삭 바로 위쪽에서는 바깥층인 외배엽의 일부가 함입하여, 즉 안으로 접혀 들어가서 관을 만든다. 이 관은 뇌, 척수, 신경을 포함한 신경계가 될 것이다.

발생학의 많은 역설 중의 하나는 사람 배아의 기본 틀을 설정하는 척삭이 배아 발생 단계에서부터 성인이 되는 기간에 구조와 기능을 잃는다는 것이다. 성인의 몸에서 척삭은 뼈 사이에 박힌 속질이라는 잔존 세포로만 남아 있다. 결국 배아의 제작 총괄자는 자신이 만든 그 동물의 뼛속 감옥에 갇힌 신세가 된다.

척삭과 신경관이 생성된 뒤에는 세 층(신경관까지 포함하면 네 층)에서 각 기관들이 형성되기 시작한다. 심장, 간, 창자, 콩팥의 초기 형태이다. 임신 약 3주째에 심장은 첫 박동을 시작할 것이다. 일주일 뒤 신경관의 한 부위가 불룩해지면서 사람의 뇌가 형성될 곳을 알린다. 이 모든 것이 하나의 세포에서, 즉 수정란에서 시작되었음을 기억하자. 의사인 루이스 토머스는 글 모음집인 『메두사와 달팽이The Medusa and the Snail』에 이렇게 썼다. "어느 시점에 사람 뇌의 모든 부위를 후손으로 지니게 될 하나의 세포가 출현한다. 그 세포가 존재한다는 것 자체가 바로 지구에서 가장 경이로운 일 중 하나일 것이다."

그러나 방금 내가 쓴 글은 관찰 내용을 기재한 것이다. 배아 발생을 추진하는 메커니즘은 무엇일까? 이런 세포와 기관은 자신이 무엇이 될지를 어떻게 알까? 배아가 몸의 알맞은 장소에서 알맞은 시간에 조직과 기관과 기관계의 각 부위를 만들 수 있도록 하는 세포-세포와 세포-유전자의 엄청나게 복잡한 상호작용을 단 몇 문단에 담기란 불가능하다. 이런 상호작용하나하나는 거장의 작품, 수백만 년에 걸친 진화를 통해서 완벽하게 다듬어진 여러 악부로 구성된 정교한 교향곡이다. 여기서 우리는 그 교향곡의 기본 주제만 포착할 수 있을 뿐이다. 발생하는 세포가 발달한 생물로 변신할 수 있게 해주는 기본 메커니즘과 과정을 말이다.

1920년대에 억세고 무뚝뚝해 보이는 독일의 생물학자 한스 슈페만은 제자인 힐데 만골트와 함께 이 수수께끼를 푸는 일에 나섰다. 아마 발생학의 역사에서 가장 흥미로운 실험 중 하나일 것이다. 안톤 판 레이우엔훅이 유리구슬을 갈아서 절묘할 만치 투명한 렌즈를 만드는 법을 배웠듯이, 슈페만과 만골트는 유리관을 분젠버너로 가열하여 반쯤 녹았을 때 천천히 쭉 잡아당겨서 끝이 거의 보이지 않을 만치 가늘게 늘여서 유리 피펫과 바늘을 제작하는 법을 터득했다(사실 세포학의 역사는 유리의 역사라는 렌즈를 통해서 쓸 수도 있다). 이런 피펫, 바늘, 흡입기, 가위, 미세 조작기를 활용해서 슈페만과 만골트는 개구리 배아가 아직 둥근 모양일 때, 즉 복잡한 구조나 기관이나 층이 형성되기 한참 전에 특정 부위의 조직을 조금 떼어낼 수 있었다.

슈페만과 만골트는 아주 초기의 개구리 배아에서 그런 조직 덩어리를 떼어냈다. 이전 실험들을 통해서 그들은 배아의 다양한 부위들이 몸의 어느 부위가 될지를 추적했기 때문에, 이 세포 덩어리가 척삭 앞쪽 끝, 창자의 일부, 그리고 주변 기관 중 일부가 되리라는 것을 이미 알고 있었다. 이 덩어리는 나중에 "형성체organizer"라고 불리게 된다.

그들은 이 조직을 다른 개구리 배아의 표면 안쪽에 이식한 뒤 올챙이로 자랄 때까지 지켜보았다. 곧 현미경 아래에서 야누스처럼 생긴 괴물이 보이기 시작했다. 예상했듯이, 이 키메라 올챙이는 척삭과 창자가 2개였다. 하나는 자신의 것, 다른 하나는 기증자의 것이었다. 배아는 자랄수록 점점 더 괴물이 되었다. 한 몸에 두 상체가 나란히 붙어 있는 올챙이로 발달했

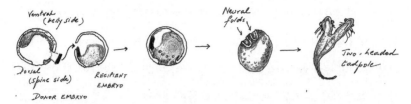

슈페만과 만골트의 실험 논문에 실린 그림. 배아의 등쪽 입술(dorsal lip)에서 떼어낸 조직을 다른 배아에 이식했을 때, 신경주름이 2개 생기고 이윽고 머리가 2개인 올챙이가 되는 과정을 묘사했다. 아주 초기의 개구리 배아(기관이나 구조가 형성되기 전)에서 등쪽 입술 일부를 떼어내어 다른 배아에 이식한다. 이제 배아는 그런 입술이 2개이다. 자신의 것과 기증자의 것이다. 슈페만과 만골트는 이식된 형성체가 자체적으로 신경관과 창자를 만들고 결국에는 온전한 두 번째 올챙이가 머리를 만드는 것을 지켜보았다. 다시 말해서, 등쪽 입술의 세포에서 나오는 신호는 주변과 위쪽의 배아 세포들에 머리와 신경계를 비롯한 구조를 만들도록 유도한다. 따라서 형성체 세포는 이웃 세포들의 운명을 결정할 능력이 있는 것이 틀림없다.

다. 각 상체는 온전한 신경계와 머리를 갖추고 있었다. 이식한 조직은 스스로 재편되었을 뿐만 아니라, 자기 주변의 숙주 세포들에 **자신의** 설계도에 적혀 있는 운명을 택하라고 명령했다. 슈페만의 표현에 따르면, 온전한 두 번째 머리가 자라도록 "유도했다."*

과학자들이 새로운 신경계와 머리를 만들라고 세포들을 "내모는" 단백질의 정체를 알아낸 것은 그로부터 수십 년이 흐른 뒤였다. 그러나 배아의 다양한 구조들이 단계적으로 발생하는 원리를 밝혀낸 사람은 슈페만과 만골트였다. 형성체 세포처럼 일찍 발달하는 세포는 국부적으로 작용하는 인자를 분비하며, 그런 인자는 더 나중에 발달하는 세포의 운명과 형태를 정하고, 후자는 다시 기관들과 기관들을 연결하는 과정을 촉발할 인자를 분비한다.** 배아의 성장은 하나의 **공정**, 연쇄 과정이다. 각 단계에서 기존

---

* 이 사례에서는 이식된 세포 덩어리가 척삭의 앞쪽 끝에 있던 것이었기 때문에 두 개의 머리와 신경계가 형성되었다. 척삭의 뒤쪽 끝과 중배엽을 이식해서 개구리 배아의 뒤쪽 부위를 발달시키는 실험은 해부학적 이유로 훨씬 더 어렵다.

** 여기서 한 가지 의문이 생긴다. 형성체는 어떻게 운명을 결정지을까? 더 앞서서 발달한

세포는 새로 출현하고 새로 옮겨온 세포들에게 어디로 가서 무엇이 되라고 말하는 단백질과 화학물질을 분비한다. 다른 층의 형성과 더 뒤에 조직과 기관의 형성을 지시한다. 그리고 이런 층을 이루는 세포들은 자신의 위치와 고유의 특성에 반응하여 유전자를 켜거나 끔으로써 자신의 정체성을 획득한다. 한 단계는 이전 단계에서 오는 신호에 의존한다. 초기 발생학자들이 그토록 생생하게 포착했던 후성설은 바로 그런 식으로 묘기를 부린다.

1970년대부터 발생학자들은 이 과정이 실제로는 더욱 복잡하다는 것을 알아차리기 시작했다. 세포 내 유전자가 생성하는 내부 신호와 주변 세포가 유도하는 외부 신호 사이에는 복잡한 상호작용이 일어난다. 외부 신호(단백질과 화학물질)는 세포에 도달해서 유전자를 활성화하거나 억제한다. 또 자신들끼리도 상호작용한다. 서로의 작용을 상쇄하거나 증폭시킴으로써, 궁극적으로 세포가 특정한 운명, 자세, 연결, 위치를 채택하도록 한다.

그것이 바로 우리의 세포들이 집을 짓는 방식이다.

1957년 독일 제약사인 그뤼넨탈 화학은 탈리도마이드thalidomide라는 경이로운 안정제이자 항우울제를 개발했다. 회사는 공격적으로 판매에 나섰다. 특히 임신부를 겨냥했다. 당시는 임신부가 "불안하고 감정적"이므로 진정시킬 필요가 있다고 여기는 여성 비하 풍조가 만연해 있었기 때문이다. 탈리도마이드는 곧 40개국에서 승인을 받았고, 수만 명에게 처방되었다.

독일 제조사는 탈리도마이드가 미국에서도 대박을 칠 것이라고 기대했

세포로부터 나온 신호를 통해서이다. 그리고 거슬러 올라가면 이 신호는 모두 단세포 수정란에서 나온 것이다. 수정란에는 이미 특정한 단백질 인자들이 세포질에서 농도 기울기를 이루면서 퍼져 있다. 수정란이 분열을 시작하자마자, 미리 있던 이 농도 기울기는 신호 역할을 함으로써 배아의 각 부위에 있는 세포들의 미래를 결정하기 시작한다.

다. 미국 의사들은 환자를 진정시키는 일에 더욱더 열의를 보였고 미국이 유럽보다 규제도 더 약했기 때문에, 애초부터 미국 시장을 염두에 두었을 것이 뻔했다. 1960년대 초에 그뤼넨탈은 약물을 미국 전역에 공급할 협력사를 찾기 시작했다. 미국 식품의약청FDA이라는 장애물만 넘으면 되었는데, 심사가 조금 성가시기는 해도 단순한 서류 작업으로 해결되리라고 생각했다. 회사는 머렐이라는 완벽한 협력사를 구했다. 머렐은 합병으로 리처드슨–머렐이라는 제약 대기업이 되어 있었다.

한편 FDA는 1960년 초에 프랜시스 켈시를 새 심사관으로 임명했다. 캐나다 태생인 마흔여섯 살의 이 여성은 시카고 대학교에서 박사 학위와 의학 학위를 받았다. 잠시 학교에서 약리학을 가르쳤고(그때 약물의 안전성을 평가하는 법을 배웠다) 사우스다코타에서 개업의 생활을 하다가("안전한" 약물도 용량을 잘못 쓰거나 엉뚱한 환자에게 투여하면 심각한 부작용이 생길 수 있음을 터득했다) FDA에 취직했다. 장기간 근속하면서 승진을 거듭한 끝에, 그녀는 신약과장이자 의료기기 관리부의 과학 및 의료 업무 부부장을 맡았다. 중간 관리자였다. 머렐은 그냥 문지기라고 생각했다. 공룡 제약사가 개발하고 다른 대기업이 판매할 눈부신 신약의 앞길에 놓인 대수롭지 않은 많은 보도블록 중 하나라고 말이다.

머렐이 미국에 제출한 탈리도마이드 승인 신청 서류는 FDA를 돌고 돌아서 이윽고 켈시의 책상에 놓였다. 켈시는 서류를 읽었는데 그 약물이 안전하다는 확신이 들지 않았다. 데이터는 너무나 좋아 보였다. 그녀는 이렇게 회상했다 "좋다는 말만 잔뜩 있었어요. 위험이 전혀 없는 완벽한 약물이란 있을 수가 없는데요."

1961년 5월 머렐 임원진이 FDA에 그 약물을 일반 의약품으로 승인해 달라고 압력을 가하자, 켈시는 FDA 역사상 가장 중요한 서류 중 하나라고 볼 수 있는 혹독한 답변서를 내놓았다. "약물이 안전하다는 입증 책임은……**신청자에게 있다**"(강조는 저자). 앞서서 그녀는 밤새도록 사례 보고서를 읽고 또 읽었다. 1961년 2월에 그녀는 그 치료를 받은 환자 중 일부가 중증 말초신경병증을 보였다는 영국 의사의 보고 자료를 접했다. 그 약을 먹은 간호사가 팔다리에 심한 장애가 있는 아기를 출산했다는 내용도 있었다. 그녀는 그 의사의 사례를 들이댔다. "영국에서 그 약물이 말초신경염과 관련이 있다는 명백한 증거가 나왔다는 사실을 귀 회사가 알고 있으면서도 솔직하게 털어놓지 않았다는 사실을 심히 우려하고 있습니다."

머렐 임원진은 법적 조치를 취하겠다고 위협했지만, 켈시는 더 깊이 파고들었다. 그녀는 이미 그 약물이 선천성 결함과 관련이 있다는 보고들을 접한 상태였다. 그래서 약물이 안전하다는 증거를 달라고 했다. 말초신경뿐 아니라 임신부에게도 안전하다는 증거 자료였다. 머렐이 다시 승인을 받으려고 시도하자, 켈시는 탈리도마이드가 안전하다는 것을 입증하든지, 못 하겠다면 신청을 철회하라고 고집했다.

수도 워싱턴에서 머렐과 켈시 사이의 싸움이 점점 격렬해지고 있을 때, 유럽에서 더 불길한 보고들이 조금씩 흘러나오기 시작했다. 영국과 프랑스에서 임신 중에 이 약물을 처방받은 여성들이 심한 선천성 기형을 지닌 아기를 출산한다는 사실이 알려지기 시작했다. 어떤 아기들은 비뇨계가 기형이었다. 심장에 문제가 있는 아기들도 있었다. 소화계에 결함이 있는 아기들도 있었다. 가장 눈에 띄게 끔찍한 모습은 팔다리가 심하게 짧거나 아예 없이 태어난 아기들이었다. 그 뒤로 몇 년 사이에 기형인 채 태어난 아기가 약 8,000명 보고되었고, 자궁 안에서 죽은 태아도 약 7,000명에 달할 수 있다. 양쪽 다 실제 피해 수준은 훨씬 더 높았을 것이다.

유럽에서 이렇게 위험을 경고하는 사례들이 잇달아 쏟아지고 있음에도, 머렐은 그 약물에 여전히 자신만만한 태도를 보였다. 켈시가 반대했음에도, 회사는 "임상시험용 약"이라고 하면서 미국 의사 약 1,200명에게 그 약을 뿌렸다(또다른 제약사인 스미스클라인프렌치도 그 환자 시험에 관여했다). 1962년 2월 머렐은 차분한 어조로 그 약을 계속 처방하라고 권고하는 편지를 의사들에게 보냈다. "임신 중 탈리도마이드 복용과 신생아의 기형 사이에 인과관계가 있다는 증거는 아직 전혀 없습니다."

유럽에서 사례들의 물결이 정점으로 치닫고 있던 7월경에 FDA는 관계자들에게 긴급 공지를 발송했다. "이 상황에 대중이 엄청난 관심을 보이고 있다는 점을 고려할 때, 이것이 본 기관이 오랫동안 내린 지시들 중에서 가장 중요한 것에 속할 것입니다. 고지한 기간 안에⋯⋯늦어도 [1962년] 8월 2일 목요일 아침까지 최선을 다해 의사들에게 알려야 합니다." 그 달에 모든 처방은 중단되었다. 탈리도마이드는 죽었다.

가을에 FDA는 머렐이 탈리도마이드를 "임상시험"의 일부로서 처방하면서 법을 어겼는지, 정부에 제출한 안전성 서류에서 관련 정보를 숨김으로써 얼버무렸는지 여부를 조사하기 시작했다. FDA 법무관들은 각각 별개인 법 위반 사례를 24가지 추렸다. 1962년 법무부 차관 허버트 J. 밀러는 그 약이 "최고의 전문가인 의사들"에게 배포되었고 피해를 입었음이 명확하게 증명된 "기형아가 단 한 명"뿐이라는 어처구니없는 주장을 하면서 그 회사를 기소하지 않기로 결정했다. 양쪽 주장 다 사실이 아니었다. 차관은 "형사 소추는 정당하지도 바람직하지도 않다"고 결론지었다. 그 사건은 종결되었다. 한편 머렐은 FDA에 낸 신청을 조용히 철회했고 향후 신청을 무기한 연기했다. 탈리도마이드는 이루 헤아릴 수 없을 만치 큰 범죄와 관련이 있었다. 그럼에도 밝혀진 범죄자는 한 명도 없었다.

탈리도마이드는 어떻게 선천성 결함을 일으킬까? 접합자가 발생할 때, 세포들은 외부 인자(그 세포가 어디에 있고 무엇이 될지를 알리는 이웃 세포에서 오는 단백질과 화학물질)와 내부 인자(이런 신호에 반응하여 켜지고 꺼지는 유전자가 만드는 세포 내 단백질)를 통합함으로써 자신의 정체성과 자세를 결정할 필요가 있다.

현재 우리는 탈리도마이드가 세포에서 다른 특정한 단백질을 분해하는 단백질 중 하나(또는 몇 가지)에 결합한다는 것을 안다. 즉 특정한 단백질 분해자로 작용한다. 세포 내 단백질 제거자이다. 사이클린 유전자를 다룰 때 말했듯이, 세포에서 특정한 단백질을 적절히 분해하는 것은 세포의 신호들을 통합하는 능력에 대단히 중요하다. 분열하고, 분화하고, 내부와 외부의 단서를 통합하고, 운명을 결정하는 데에 쓰이는 신호들이다. 세포학에서는 단백질의 **부재**도 단백질의 존재 못지않게 세포의 성장, 정체성, 자세 조절에 중요할 수 있다.

특히 연골 세포, 특정한 면역 세포, 심장 세포는 단백질의 통제된 파괴 양상을 탈리도마이드가 변형시킬 때 영향을 받을 가능성이 높다. 비록 아직은 표적이라고 추정할 뿐인 것들도 있기는 하지만 말이다. 세포는 자신이 받는 신호들을 통합할 수 없기 때문에, 죽거나 기능 이상을 일으킬 가능성이 높다. 다양한 다수의 세포들이 탈리도마이드에 영향을 받음으로써, 수십 가지의 선천성 기형이 나타난 것이다. 이 효과는 매우 강력하다. 20밀리그램 알약 한 알만으로도 선천성 결함을 일으키기에 충분했다. 전 세계 수만 명의 여성들은 탈리도마이드로 인해서 돌이킬 수 없는 선천성 결함으로 자신의 아기가 유산되거나 사산되거나 기형이 되었음에도, 그 사실을 알지 못한다.

프랜시스 켈시는 거대 제약사의 무자비한 살육에 맞서서 규제의 최후의 보루를 지킴으로써 수만 명의 목숨을 구했을 가능성이 높다. 1962년 그녀는 대통령 명예 훈장을 받았다. 이 장은 그녀의 공적과 끈기를 기리는 역할을 한다.

이 책이 세포의학의 탄생을 다루는 것이라면, 그 사악한 이면의 탄생도 다루어야 한다. 바로 세포독의 탄생과 죽음이다.

제2부의 제목을 "하나와 여럿"이라고 지은 것은 우리의 이야기가 단세포에서 다세포 생물로 넘어간다는 점뿐 아니라, 과학에서 긴장을 야기하는 핵심 요인들 중 하나를 담기 위해서였다. 생물학자들은 홀로 또는 둘이 일하기도 하지만, 세포처럼 그들도 합쳐져서 과학계를 이룬다. 그리고 과학계는 모든 인류 공동체에 속하고 그 공동체에 반응해야 한다. 하나와 여럿뿐 아니라 "많은 다수"도 있다.

우리는 제2부에서 세포의 근본 특성들을 살펴보았다. 자율성, 조직화, 세포분열, 생식, 발생이다. 이런 근본 특성들을 주무르고자 할 때, 허용 가능한 한계와 위험은 무엇이고, 신기술이 발전할 때 "주무른다"를 대하는 우리의 인식은 어떻게 바뀔까? 예를 들면, 체외 수정, "의학 보조" 생식은 처음에는 과격하고 금지해야 하고 더 나아가 혐오스럽기까지 하다고 여겨졌지만, 세월이 흐르면서 정상적인 것이라고 인식이 바뀌었다. 그리고 러시아의 생물학자 데니스 레브리코프가 청각 장애 부부의 배아에 유전자 편집을 하겠다고 나섬에 따라서, 우리는 정상 관념을 교란하는 더욱 새로운 생식 조작방식들을 마주하기에 이르렀다. 탈리도마이드 일화는 발생하는 태아를 (자신도 모르게) 주무르는 것이 위험하다고 명확히 경고하는 사례이다. 그러나 최근 들어 자궁에 있는 태아의 선천성 결함을 교정하는 수술이 대폭 발전하고 있으며, 태아를 표적으로 삼는 약물 전달체계가 동물 모형을 통해서 개발되고 있다. 인류의 탄생 이래로 손대지 않은 채 진화한 "자연적인" 과정은 과거의 일이고, 발생하는 세포를 "주무르는 것"은 우리의 불가피한 미래일까?

이 말은 어느 정도는 부정할 수 없는 사실이다. 우리는 세포의 블랙박스를 활짝 열어젖혔다. 이제 다시 뚜껑을 닫는다는 것은 장엄한 미래의 가능성을 배제하는 꼴이 될 수도 있다. 그렇다고 해서 지침도 규제도 없이 마냥 열어놓는 것은 사람의 생식과 발생을 조작하는 문제에서 무엇이 허용 가능하고 불가능한지에 관해 어떤 암묵적인 세계적인 합의에 도달했다고 가정하는 셈이 될 것이다. 그러나 결코 그렇지 않다. 우리는 우리 세포의 기본 특징이 우리의 운명, 드러난 운명이라고 받아들이고는 했다. 지금은 이런 특징들을 과학이 합병한 정당한 영토로 취급하기 시작했다. 운명을 개척하고 있는 셈이다.

생식과 발생을, 즉 배아를 조작하여 유전자를 바꾸는 행위를 둘러싼 논쟁은 이 글을 쓰고 있는 지금도 전 세계에서 달아오르고 있다(그리고 나는 『유전자의 내밀한 역사』에서 이런 기술의 위험뿐 아니라 전망을 폭넓게 다룬 바 있다). 이런 논쟁은 쉽게 해결되지 않을 것이다. 세포의 근본 특징들뿐 아니라 인간의 기본 특징들에도 영향을 미치기 때문이다. 합리적인 답, 아니 적어도 타협안이라도 찾을 수 있는 방법은 오로지 과학적 개입의 한계와 발전하고 있는 세포 기술의 최전선을 둘러싸고 진화하고 있는 논쟁에 꾸준히 참여하는 것밖에 없다. 모든 사람은 이 논쟁의 당사자이다. 이 논쟁에는 하나, 여럿, 그리고 "많은 다수"가 관여한다.*

---

* 사람 세포의 변형을 둘러싼 대중 논쟁에 '꾸준히 참여한다'라는 말이 모호하고 현학적인 답처럼 들린다고 생각할 독자도 있을 것이다. 누가 목소리를 내고 어떻게 낸다는 말일까? 그런 목소리가 어떤 식으로 인정을 받고 지지를 받을까? 비용과 접근성 문제는 어떻게 처리할까? 여기서는 몇 마디만 하고 넘어가기로 하자. 우선 나는 규제 정책 쪽으로 더 구체적인 방안을 제시하는 것을 의도적으로 피해왔다. 그리고 뒤에서 세포요법과 유전자요법의 윤리 문제를 다룰 것이다. 그렇지만 재조합 DNA의 이용을 둘러싼 애실로마 회의가 바로 그 유전자 조작의 윤리적 범위를 둘러싼 공개 토론의 장이었고—처음에 모호하고 형식적이라고 비판을 받기는 했지만—결국 효과적인 정책으로 이어진 가치 있는 대중 논의를 촉발하는 데에 놀라운 기여를 했다는 점을 언급해두자. 이 부분에 대해서도 비슷한 세계적인 노력이 필요할지 모르며, 이미 진행되고 있다.

제3부

피

다세포성의 획득, 즉 단세포 생물이 스스로 여러 세포들로 이루어진 생물로 조직되는 진화적 전이 과정은 불가피한 것이었을 수도 있지만, 쉽지는 않았다. 다세포 생물은 서로 다른 기능을 수행할 분화한 별개의 기관들을 진화시킬 필요가 있었다. 그런 생물들은 자기 방어, 자기 인지, 몸속에서의 신호 전달, 소화, 대사, 저장, 노폐물 배출 등 다양한 요구 사항들을 처리하기 위해서 기능적 단위들을 진화시켜야 했다.

몸의 모든 기관은 이런 특징들을 보여주는 사례들이다. 세포들 사이의 협력과 세포 분화를 통해서 기관의 기능을 달성한다. 그러나 아마도 피야말로 세포 체계 전체가 어떻게 이런 기능을 달성하는지를 기술하기에 가장 좋은 모형일 것이다. 혈액의 끊임없는 순환은 산소와 영양소를 모든 조직으로 운반하는 몸의 중앙 고속도로 역할을 한다. 또 상처가 생겼을 때 공동으로 대처할 수 있도록 한다. 혈소판과 응고 인자는 갑자기 생기는 상처에 빨리 대처할 수 있도록 순환계를 통해서 몸을 돌아다니면서 살핀다. 또 피는 감염에도 반응할 수 있다. 백혈구는 같은 혈관계를 돌아다니면서 병원체 맞서서 층층이 방어 전선을 구축한다.

이런 체계 하나하나를 생물학적으로 파악하려는 노력은 새로운 세포의학의 탄생으로 이어져왔다. 수혈, 면역 활성화, 혈소판 조절 등이 대표적이다. 따라서 우리는 단세포로부터 이제 다세포의 체계로 나아간다. 협력, 방어, 인내, 자기 인지 등 다세포성의 혜택과 취약성을 구현한 여러 증표들로 나아갈 것이다.

쉬지 않는 세포

혈액 순환

세포는⋯⋯연결점이다. 여러 분야, 방법, 기술, 개념, 구조, 과정의
연결점이다. 세포가 생명에, 생명과학과 그밖의 것들에 중요한 이유는
연결점이라는 이 놀라운 지위 덕분이자 그런 연결관계에 내재한
세포의 무궁무진한 잠재력 덕분이다.
—모린 A. 오말리(미생물 철학자), 슈타판 뮐러빌레(과학사학자), 2010년

나 자신이 너무나 우유부단하고 잠시도 가만히 있지 못하는 것 같아요.
—루돌프 피르호, 부친에게 보낸 편지, 1842년

우리의 이야기가 어디까지 다다랐는지를 생각해보자. 세포의 발견으로 시
작한 이야기는 세포의 구조, 생리, 대사, 호흡, 해부구조를 지나왔다. 잠깐
이기는 하지만 우리는 단세포 미생물의 세계와 그 세계의 발견이 어떻게
의학을 변모시켰는지도 살펴보았다. 소독법과 더 나아가 항생제의 발견
이 그렇다. 그다음에 세포분열을 살펴보았다. 기존 세포로부터 새로운 세
포의 생산(체세포분열)과 유성생식을 위한 세포 생성(감수분열)이다. 세포
분열의 네 단계(G1, S, G2, M)와 그 핵심 조절인자인 사이클린과 CDK 단
백질도 만났다. 그 단백질들이 음과 양처럼 조화롭게 춤을 추면서 기능을
발휘하는 모습도 살펴보았다. 세포분열을 이해함에 따라서 암의학과 체외
수정IVF에 어떤 변화가 일어났고, 생식기술이 세포학과 결합되면서 어떻게
우리를 사람 배아에 대한 개입이라는 윤리적으로 낯선 풍경으로 내몰았는

지도 다루었다.

그러나 지금까지 우리가 살펴본 세포는 분리된 것들이다. 몸에 침입해서 감염을 일으키는 단세포 미생물, 외로운 행성처럼 배양접시에 홀로 떠 있는 분열하는 접합자, 각각 다른 병에 담긴 채 맨해튼의 병원 사이를 택시로 옮겨지던 난자와 정자, 유전자요법을 통해서 퇴행을 막은 망막 신경절 세포가 모두 그러했다.

그러나 다세포 생물에서 한 세포는 홀로 있기 위해서, 즉 홀로 살아가기 위해서 존재하는 것이 아니라, 생물의 요구를 충족시키기 위해 존재한다. 생태계의 일부로 기능해야 한다. 전체의 통합된 부분이어야 한다. "세포는……연결점nexus이다." 모린 A. 오말리와 슈타판 뮐러빌레는 2010년에 그렇게 썼다. 모든 세포는 "그런 연결관계에 내재한 무궁무진한 잠재력"을 토대로 살아가고 기능한다.

이제 이 **연결관계**, 즉 세포와 세포, 세포와 기관, 세포와 생물 사이의 관계를 살펴보기로 하자.

나는 월요일에는 주로 피와 함께 시간을 보낸다. 나의 전공은 혈액학이다. 나는 혈액을 연구하고 백혈구의 암과 전암pre-cancer을 비롯한 혈액 질병을 치료한다. 월요일에는 실험대의 검은 상판에 아침 햇살이 아직 비껴들고 있을 이른 아침에 출근한다. 나는 덧문을 닫고 혈액 표본을 현미경으로 들여다본다. 피 한 방울이 슬라이드 위에 넓게 펼쳐지면서 단세포들이 여기저기 흩어진 막을 이룬다. 각 세포는 특수한 염료로 염색되어 있다. 각 슬라이드는 책의 서문이나 영화 예고편과 비슷하다. 그 안에 든 세포들은 환자를 직접 보기도 전에 그 환자의 이야기를 들려주기 시작할 것이다.

나는 어두운 방에서 옆에 실험일지를 놓고 현미경 앞에 앉아 있다. 나는 표본을 바꾸면서 중얼거린다. 내 오랜 습관이다. 지나가는 사람이 보면 정신이 오락가락한다고 생각할지도 모른다. 매번 표본을 살펴볼 때마다 나는 의대에서 혈액학 지도교수가 알려준 방법을 중얼거린다. 늘 잉크가 새어나오는 펜을 주머니에 꽂고 다니던 그 키 큰 교수는 내게 이렇게 가르쳤다. "혈액의 주요 세포 성분들을 나눠. 적혈구. 백혈구. 혈소판. 각 세포 유형을 따로따로 검사하게. 유형별로 관찰한 사항을 적어. 체계적으로 단계를 진행하고. 개수, 색깔, 형태, 모습, 크기를."

여기까지는 하루 중 내가 좋아하는 일을 하는 시간이다. 개수, 색깔, 형태, 모습, 크기. 나는 체계적으로 진행한다. 나는 정원사가 식물을 살펴보는 방식으로 세포를 살펴보기를 좋아한다. 전체만이 아니라 부분 내의 부분도 살핀다. 잎, 엽상체, 고사리 주변의 흙 냄새, 딱따구리가 높은 나뭇가지에 구멍을 내는 방식도. 피는 내게 말을 한다. 다만 내가 주의를 기울일 때뿐이지만 말이다.

그레타 B.는 빈혈을 진단받은 중년 여성이었다. 의사는 생리 때문이라고 추측하고서 철분제를 처방했다. 그러나 상태는 나아지지 않았다. 몇 걸음 걷기만 해도 숨이 가빠왔다. 해발 약 1,800미터의 시에라네바다 산맥으로 휴가를 갔을 때에는 아예 숨쉬기조차 힘들었다. 의사는 철분제 처방량을 더 늘렸지만, 아무 소용이 없었다.

그레타의 병은 그녀를 처음 진료한 의사들이 추측한 것보다 더 수수께끼 같다는 사실이 드러났다. 혈구의 수를 세어보니, 단순한 빈혈이 아니었다. 예상대로 적혈구 수가 정상보다 적은 것은 맞았다. 그런데 백혈구 수도 마찬가지였다. 나이를 고려한 정상 범위보다 아주 조금 적었다. 게다가 혈소판도 아주 근소한 차이이기는 했지만, 정상 범위에는 미치지 못했다.

현미경으로 보니, 그레타의 혈액에 더 복잡한 이야기가 담겨 있음이 드러났다. 나는 새로운 지역에 온 야생동물이 주변을 살피듯이 표본을 죽 눈으로 훑었다. 멈추고, 냄새를 맡고, 머릿속에 언뜻 떠오르는 생각을 음미하는 식이다. 적혈구는 거의 정상처럼 보였다. 거의. 나는 그 단어에 밑줄을 그었다. 표본을 훑어보는데, 중앙에 파란점이 비치는 조금 이상해 보이는 적혈구들이 눈에 띄었다. 대부분의 성숙한 적혈구에는 없는 세포핵 찌꺼기가 남아 있다는 의미였다. 적혈구는 골수에서 성숙할 무렵에 대개 핵을 방출한다. "핵 찌꺼기가 있으면 안 되지." 나는 소리 높여 중얼거리면서 일지에 기록했다.

가장 이상해 보이는 것은 백혈구였다. 정상 백혈구는 크게 두 종류로 나뉜다. 림프구와 백혈구이다(이 둘의 차이는 뒤에서 살펴볼 것이다). 그레타의 혈액에서는 백혈구의 한 종류인 호중구Neutrophil가 가장 기이해 보였다. 정상적인 호중구는 세포핵이 3-5개의 엽으로 이루어져 있다. 좁은 해협을 통해서 섬 3개나 5개가 서로 연결되어 있는 제도와 비슷하다. 그런데 그레타의 호중구는 핵의 엽이 2개뿐이었고, 완벽하게 둥근 엽 2개가 가느다란 파란 줄로 연결되어 있었다. 18세기의 안경과 비슷했다. 나는 "코안경Pince-nez 세포"라고 적었다. 간디가 썼던 안경이다. 그리고 호중구 중 적어도 2개는 헝클어진 듯이 보이는 염색질이 들어 있는, 크게 부푼 핵을 지니고 있었다. 미성숙 혈구, 즉 혈구모세포였다. 악성 백혈구가 될 것임을 예고하는 첫 징후였다.

나는 일지에 적은 내용을 읽어보았다. 혈액의 두 주요 세포 성분인 백혈구와 적혈구는 비정상이었다. 골수 생검을 하니 그녀가 골수 형성 이상 증후군을 앓고 있다는 것이 확인되었다. 골수가 정상 혈구를 생산하지 못하는 증상을 보이는 증후군이었다. 이 증후군을 진단받은 환자 중 3분의 1은 더 심해지면 백혈병, 즉 백혈구의 암에 걸린다.

그레타는 철분제를 끊고서 실험 약물을 투여받기 시작했다. 약 6개월 동안 그녀의 혈구 수는 정상으로 돌아왔다가 빈혈이 재발했고, 골수의 혈구모세포 비율도 다시 증가하기 시작했다. 정상적인 상황에서는 혈구모세포가 기껏해야 골수의 5퍼센트에 불과한데 그녀의 혈구모세포 비율은 몇 배 더 높았다. 이상 증후군이 명백히 백혈병으로 진행되는 과정에 있음을 시사했다. 이제는 화학요법으로 백혈병을 없애거나, 병의 진행을 억제할 가능성이 있는 다른 실험 약물을 시도하는 것밖에 방법이 없었다.

의과대학에 다닐 때 교수들은 내게 피의 언어로 말하는 법을 가르쳤다. 긴 세월이 흐른 뒤인 지금은 피가 내게 하는 말을 알아들을 수 있다. 사실 피는 모든 사람에게 시시콜콜 온갖 이야기를 한다. 사람에게서 피는 장거리 의사소통, 즉 전달의 중심축이기 때문이다. 피는 호르몬이든 영양소든 산소든 노폐물이든 간에 운반을 하고, 모든 기관과 연결되고—말하고—이 기관에서 저 기관으로 돌아다니면서 말을 전한다. 자기 자신에게도 말을 한다. 특히 피의 세 세포 성분인 적혈구, 백혈구, 혈소판은 정교한 신호 전달과 대화 체계에 참여한다. 혈소판은 서로 엉겨서 피떡을 형성한다. 혈소판은 혼자서는 피떡을 형성할 수 없지만, 상처가 나면 수백만 개가 모여서 혈액의 단백질들과 힘을 합쳐서 출혈을 막는다. 백혈구는 혈액에서 체계가 가장 복잡하다. 세포들의 체계, 즉 나름의 세포계를 이루어서 서로 신호를 주고받으면서 면역 반응, 상처 치유, 미생물과의 전투, 침입자 수색을 한다. 혈액은 연결망이다. 면역결핍증이 있는 젊은 폐렴 환자인 M.K.의 사례처럼, 이 망의 한 부분이 망가지면 망 전체가 망가질 수 있다.

혈액이 기관들 사이의 의사소통 또는 전달 기관이라는 개념은 역사가 깊다. 150년경 페르가몬의 갈레노스—로마 검투사들을 치료하는 그리스인 외과의이자 나중에 루치우스 아우렐리우스 코모두스 황제의 주치의가 되었다—는 정상적인 몸이 네 가지 체액이 "균형"을 이룬 상태라고 주장했다. 혈액, 점액, 황담즙, 흑담즙이다. 이 질병의 체액 이론은 갈레노스 이 전부터 있었다. 아리스토텔레스도 그런 말을 쓴 적이 있었고, 베다 의사들도 체액들의 상호작용을 종종 언급했다. 그러나 이 이론을 가장 소리 높여 옹호한 사람은 갈레노스라고 할 수 있다. 그는 질병이 몸의 체액 중 하나가 균형을 잃을 때 생긴다고 주장했다. 폐렴은 점액의 과다로 생겼다. 황달(즉 간염)은 황담즙에서 비롯되었다. 암은 흑담즙이 쌓여서 생겼고, 흑담즙은 멜랑콜리아melancholia, 즉 우울증과도 관련이 있었다(멜랑콜리아는 말 그대로 "흑담즙"이라는 뜻이다). 비유 차원에서는 혹할 만하지만 실질적으로는 결함이 많은 조악한 이론이었다.

네 체액 중에서 가장 친숙한 것은 혈액이었다. 혈액은 검투사의 상처에서 왈칵 쏟아졌다. 동물을 도살하여 실험에 쓰일 피를 쉽게 얻을 수 있었다. 사실 혈액은 사람의 어휘에 널리 배어 있었다. 갈레노스는 혈액이 처음에는 따뜻하고 활기차고 붉지만, 다친 검투사가 쏟아내는 피처럼 몸에서 흘러나오면 푸르둥둥하고 활기를 잃고 차가워진다는 것을 알아차렸다. 그는 혈액의 정상 기능을 열, 에너지, 영양과 관련지었다. 피의 붉음은 온기와 생기의 징후였다. 갈레노스는 피가 영양과 열을 장기에 나눠주기 위해서 존재한다고 생각했다. 그는 심장이 몸의 화로라고 상상했다. 열을 생성하고 녹이는 기계이고, 허파는 풀무처럼 심장을 식혔다. 혈액이 몸의 "식용유"라고 본 아리스토텔레스의 개념을 고쳐 말한 것이었다. 혈액은 심장에서 가열된 음식을 수거해서 식품 운반차처럼 계속 따뜻하게 유지하면서 뇌, 콩팥 같은 기관으로 전달했다.

1628년 영국의 생리학자 윌리엄 하비는 『동물의 심장과 혈액의 운동에 관한 해부학적 연구Exercitatio Anatomica de Motu Cordis et Sanguinis in Animalibus』라는 책을 써서 그 이론을 뒤엎었다. 초기 해부학자들은 혈액이 한 방향으로 흐른다고 생각했다. 심장에서 창자로 향하며, 창자는 막다른 골목에 해당했다. 그러나 하비는 혈액이 계속 원을 그리면서 순환한다고 주장했다.

심장으로 들어왔다가 나가고, 운송 경로를 다 돌고 나면 다시 심장으로 돌아온다고 했다. 가열 통로와 냉각 통로가 따로 있는 것이 아니었다. "나는 내심 어떤 움직임, 말하자면 원을 그리는 움직임이 있을 것이라는 생각이 들기 시작했다.……피는 허파와 심장을 지나서 온몸으로 뿜어진다. 살에 있는 구멍을 지나서 정맥으로 들어가고, 모든 주변부에서 중앙으로, 작은 정맥에서 더 큰 정맥으로 돌아와서 이윽고 [다시 심장으로] 들어간다." 심장은 화로나 공장이 아니었고, 화로나 공장을 식히는 풀무도 없었다. 심장은 이 두 회로를 움직이는 하나의 펌프, 아니 서로 붙어 있는 두 개의 펌프였다(하비의 심장 연구는 뒤에서 다시 살펴볼 것이다).

그런데 혈액이 순환 운동을 하는 목적은 무엇일까? 이렇게 쉴 새 없이 계속 원을 그리면서 온몸으로 피가 운반하는 물질은 무엇일까?

물론 다른 온갖 것들도 운반하지만, 주로 운반하는 것은 세포, 즉 적혈구이다. 레이우엔훅은 혈액에 적혈구가 떠다니는 것을 보았다. 1675년 8월 14일에 그는 이렇게 썼다. "건강한 몸속의 이 붉은 혈구[적혈구]는 작은 모세 정맥과 동맥을 통과하려면 아주 유연하고 나긋나긋해야 할 것이고, 통과할 때 타원형으로 변했다가 더 큰 방으로 빠져나오면 다시 둥근 모양으로 돌아갈 것이 분명하다." 선견지명이 담긴 개념이었다. 아주 가는 모세혈관을 지나갈 때 혈구는 모양이 변형되며, 빠져나오면 다시 원반 모양을 회복한다. 17세기 이탈리아의 해부학자 마르첼로 말피기도 이 붉은 혈구를 보았다. 네덜란드의 의사이자 과학자인 얀 스바메르담도 1658년 몸니의 위장에서 막 빨아먹은 사람 피를 한 방울 뽑아서 적혈구를 관찰했다. 1770년대 영국의 해부학자이자 생리학자인 윌리엄 휴슨은 적혈구의 모양을 더 꼼꼼하게 연구했다. 그는 적혈구가 둥근 방울이 아니라, 막 꾹 눌린 원형 베개처럼 가운데가 움푹 들어간 원반 모양이라고 결론지었다.

휴슨은 적혈구가 워낙 많으므로 어떤 기능을 하는 것이 틀림없다고 추측했다. 그러나 적혈구가 무엇을 운반하는가라는 수수께끼, 즉 왜 그렇게 쉴 새 없이 순환하며, 왜 모양을 비틀면서까지 의도적으로 작은 모세혈관으로 비집고 들어가는가라는 수수께끼는 여전히 해결되지 않았다. 1840년 독일의 생리학자 프리드리히 휘네펠트는 지렁이의 적혈구에서 단백질을 찾아냈다. 그는 그 단백질이 많다는 사실에 놀랐지만—적혈구 건조량의 90퍼센트 이상이 단 한 종류의 단백질로 이루어져 있다—무슨 기능을 하는지는 알아내지 못했다. 그 단백질에 붙인 이름인 헤모글로빈hemoglobin은 그저 어떤 세포에 들어 있는지를 표현했을 뿐이다. 피에 든 방울이라는 뜻이다.

그러나 1880년대 말의 생리학자들은 이 "방울"의 중요성을 이해하기 시작한 상태였다. 그들은 헤모글로빈에 철이 들어 있으며, 그 철에 산소가 결합한다는 것을 알아차렸다. 산소는 세포 호흡에 쓰이는 분자였다. 하비, 스바메르담, 휘네펠트, 레이우엔훅의 관찰들은 하나의 이론으로 귀결되고 있었다. 바로 적혈구의 주된 목적이 헤모글로빈에 결합된 산소를 온몸의 기관들로 운반하는 것이라는 이론이었다. 적혈구는 허파에서 산소를 받아서 심장으로 간다. 심장은 그 피를 동맥을 통해서 온몸으로 보낸다.*

혈액의 액체 성분인 혈장은 세포 외에 생리에 중요한 다른 물질들도 운반한다. 이산화탄소, 호르몬, 대사 산물, 노폐물, 영양소, 응고 인자, 신호 화학물질 등이다.

체내 순환의 한 가지 놀라운 특징은 모든 순환이 그렇듯이 반복적이라는 것이다. 적혈구는 모든 신체 부위로 산소를 운반하며, 때가 되면 몸 전

---

* 그런데 산소 운반에, 왜 **세포**가 필요할까? 헤모글로빈이 그냥 혈장에 자유롭게 떠다니면서 몸속을 돌아다니면 안 될까? 이 수수께끼는 아직도 해결되지 않았으며, 헤모글로빈의 구조와 관련이 있다. 이 흥미로운 주제는 이 책의 끝부분에서 다시 살펴볼 것이다.

체로 피를 보내는 바로 그 일을 하는 기관인 세포의 근육으로 돌아온다. 심장은 적혈구에 산소를 불어넣은 뒤, 산소를 지닌 적혈구를 다시금 온몸으로 보낸다. 이 순환 과정을 끝없이 되풀이한다. 한마디로, 순환은 심장에 의존하며, 심장의 핵심 기능은……순환에 의존한다. 몸에서 모든 물질의 전달, 따라서 **모든** 기관의 작동은 우리의 세포들 중에서 가장 쉴 새 없이 돌아다니는 것에 의존한다.

그러나 혈액이 할 수 있는 또다른 종류의 전달이 있다. 혈액은 한 사람에게서 다른 사람에게로 전달될 수 있다. 현대 세포요법의 최초 형태인 수혈은 수술, 빈혈 치료, 암 세포요법, 외상 의학, 골수 이식, 분만 안전, 면역학의 미래의 토대를 이루게 된다.

수혈은 처음에는 그다지 성공률이 높지 않았다. 사람에게 수혈하는 초기 실험은 섬뜩함과 광기 사이에 걸쳐 있었다. 1667년 프랑스의 국왕 루이 14세의 주치의 장-바티스트 드니스는 한 소년의 몸에 거머리들을 여러 차례 붙여서 피를 뺀 다음, 양의 피를 수혈하는 실험을 했다. 소년은 기적처럼 살아남았다. 수혈한 양이 아주 적어서 알레르기 반응을 일으키지 않았기 때문일 가능성이 높다. 같은 해에 드니스는 동물의 피를 정신질환을 앓고 있던 앙투안 모루아라는 남자에게 수혈했다. 본래 성향이 차분하다고 알려진 동물인 송아지의 피라면 모루아의 과열된 광기를 가라앉힐 수 있을 것이라고 생각해서였다. 여기에서도 혈액이 정신의 일부를 맡고 있다는 갈레노스의 혈액 개념이 근거가 되었다. 불행히도 세 차례 수혈을 받은 모루아는 그냥 불가사의하게 차분해지는 차원을 넘어섰다. 그는 알레르기 반응으로 얼굴과 몸이 부풀어오른 채 죽었다. 모루아의 부인은 드니스를 살인죄로 고발했고, 그는 가까스로 징역형을 면했다. 그는 진료 행위를 그만두었다. 그 사건은 프랑스에 얼마간 소동을 일으켰고, 동물의 피를 사람에게 수혈하는 실험은 금지되었다.

그러나 17-18세기 내내 수혈 연구는 계속되었다. 과학자들은 일란성 쌍둥이 사이의 수혈은 문제가 없는 반면, 이란성 쌍둥이를 포함한 형제자매 사이에는 거부 반응이 일어난다는 사실을 알아차렸다. 이는 수혈이 성공하려면 유전적 화합성이 필요함을 시사했다. 그러나 이 화합성이 무엇인지는 수수께끼로 남아 있었다.

1900년 오스트리아의 과학자 카를 란트슈타이너는 사람의 수혈을 더 체계화하는 문제에 매달렸다. 이전에는 거머리에 피를 빨린 소년이나 정신질환이 있는 사람에게 양이나 소의 피를 집어넣는 등 제정신이 아닌 듯한 수혈 시도들이 이루어졌지만, 란트슈타이너는 오로지 수혈 방법만을 파고들었다. 피는 액체 기관이었다. 몸속을 자유롭게 돌아다녔다. 그런데 왜 한 몸에서 다른 몸으로는 자유롭게 이동할 수 없을까?

란트슈타이너는 한 사람(A)의 피를 다른 사람(B)의 혈청과 섞은 뒤, 시험관과 슬라이드에서 어떤 반응이 일어나는지 지켜보았다. 혈청은 혈장과 달리 혈액이 엉긴 뒤에 남은 액체이다. 항체를 비롯한 단백질은 들어 있지만, 세포는 전혀 없다. A에게서 얻은 혈청을 A의 피와 섞었을 때에는 아무런 반응도 일어나지 않았다. 화합성이 있다는 표시였다. 그는 이렇게 썼다. "혈구를 자신의 혈청과 섞는 것과 똑같은 결과가 나왔다." 그 혼합물은 액체 상태로 남아 있었다. 그러나 A의 피를 B의 혈청과 섞었을 때처럼, 다른 혼합물에서는 엉김이 일어나서 반쯤 고체인 미세한 덩어리들이 생겼다(나를 가르친 혈액학 교수는 그것을 "딸기 주스에 들어 있는 씨" 같다고 표현했다). 그 불화합성은 A의 **세포**가 B의 세포를 거부해서 생기는 것일 리가 없었다. 혈청에는 세포가 없기 때문이다. 그보다는 A의 피에 B의 세포를 공격하는 단백질이 있느냐 없느냐의 문제일 것이 틀림없었다. 나중에

이 단백질이 항체임이 드러났다. 그 단백질은 면역 불화합성의 표지였다.[*]

란트슈타이너는 다양한 기증자의 피를 섞고 맞춰보는 실험을 거듭한 끝에, 사람의 피를 A, B, AB, O형의 네 집단으로 나눌 수 있다는 것을 알아차렸다.[**] 어느 혈액형인지 알면 수혈 화합성을 알 수 있었다. A형인 이들은 A형(그리고 O형)인 사람들의 피만 받을 수 있었다. B형은 B형(그리고 O형)의 피만 받을 수 있었다. O형은 가장 유별났다. O형의 피는 A형이나 B형에 반응하지 않았다. 이 집단에 속한 이들은 모두에게 피를 줄 수 있는 반면, 같은 O형 사람의 피만 받을 수 있었다. 네 번째이자 마지막 주요 혈액형인 AB도 곧이어 발견되었다. 이들은 모든 기증자로부터 피를 받을 수 있었지만, 같은 AB형인 사람에게만 피를 줄 수 있었다. 란트슈타이너는 A형, B형, O형(만능 헌혈자), AB형(만능 수혈자) 이 네 기본 혈액형의 관계를 하나의 표로 작성함으로써(1936년에 출판한 논문집에 재수록되었다) 수혈의 토대를 닦았다. 의학적 및 생물학적으로 대단히 중요한 발전이었기 때문에, 그 표 하나로 란트슈타이너는 1930년 노벨 생리의학상을 받았다.

시간이 흐르면서 혈액형은 더 세분되었다. 적혈구 표면에 레서스Rhesus, Rh 인자라는 단백질이 있는 Rh 양성과 Rh 인자가 없는 Rh 음성처럼 각 혈액형 내에서 화합성을 판단하는 요인들이 더 추가되었다. A^+, B^-, AB^- 하는 식이었다.

혈액 화합성의 발견은 수혈 분야를 혁신시켰다. 1907년 뉴욕의 마운트시

---

[*] 나중에 항체가 적혈구의 표면에 있는 독특한 당 집합에 반응한다는 것이 밝혀졌다.

[**] 란트슈타이너는 처음에 세 가지 혈액형만 발견해서 A, B, C라는 이름을 붙였다. 그러나 1936년에 발표한 논문집에서는 이미 네 가지 혈액형을 구분했다. 바로 A, B, AB, O형이다.

나이 병원에서 루번 오튼버그는 란트슈타이너의 화합성 반응을 이용하여 최초로 사람들 사이의 안전한 수혈을 시작했다. 오튼버그는 헌혈자와 수혈자의 혈액형을 맞춤으로써 서로 호환되는 사람들 사이에 안전하게 피를 옮길 수 있음을 보여주었다. 수혈은 서서히 체계적이고 안전한 과학으로 변모했다. 혈액형에 맞게 수혈을 시작한 지 5년 남짓 지난 뒤인 1913년 오튼버그는 이렇게 썼다.

"수혈 뒤 사고가 무척 잦아서 많은 의료인들이 절실한 사례를 제외하면 수혈을 권하기를 주저할 정도였다. 그러나 우리가 1908년에 이 문제를 관찰하기 시작한 뒤로, 세심한 예비 검사를 통해서 그런 사고를 막을 수 있었다.······125건의 사례를 관찰한 결과 이 견해가 옳다는 것이 확인되었고, 우리는 불행한 증상들을 절대적으로 확실하게 막을 수 있다고 믿는다."

그러나 설령 그렇다고 해도 초기 수혈은 여전히 아주 성가셨다. 시간을 맞추는 것이 매우 중요했다. 피가 들어찬 주사기를 배턴처럼 넘기면서 바쁘게 이어달리기 경주를 하는 것과 비슷했다. 의료진 한 명이 헌혈자의 팔에 꽂은 바늘을 통해서 피를 빼면, 다른 사람이 그 붉은 액체를 들고서 최대한 빨리 다른 진료실로 뛰어가고, 또다른 사람이 그 피를 받아서 수혈자의 팔에 주사했다. 아니면 외과의는 헌혈자의 동맥을 수혈자의 정맥과 **물리적으로** 연결하여—말 그대로 혈액을 통해서 연결하여—피가 공기와 접촉하지 않고 헌혈자의 순환계에서 수혈자의 순환계로 직접 흘러들게 할 수도 있다. 그러나 그런 방법을 쓰지 않았을 때, 피라는 액체는 몸 밖으로 나오면 금방 상했다. 그냥 놔두면 피는 몇 분 사이에 엉겨서 생명을 살리는 액체에서 쓸모없는 젤 덩어리로 변했다.

야전에서 수혈을 쉽게 활용하려면 몇 가지 기술 발전이 이루어져야 했다. 라임즙에 들어 있는 단순한 염인 시트르산나트륨을 첨가하자, 피가 엉기는 것을 막아서 저장 기간이 늘어났다. 제1차 세계대전이 일어난 1914

년, 아르헨티나의 의사 루이스 아고테는 시트르산을 첨가한 피를 한 환자에게 수혈했다. 수요가 기술의 발전을 앞당긴 눈부신 사례이다. 1922년 영국의 외과의 제프리 케언스는 이렇게 썼다. "수혈 기술의 대폭적인 발전은 전쟁이 발발한 시기와 거의 일치했다. 전선의 부상을 치료할 필요성이 연구를 자극한 것처럼 보였다." 혈액의 보존 기간을 늘린 또 한 가지 발전은 냉동 기술이었다. 파라핀 코팅이 된 보관 주머니의 사용, 단순한 당(포도당)의 첨가도 피가 상하는 것을 막은 추가 혁신이었다. 전 세계 병원에서 수혈 횟수가 급증했다. 1923년 마운트시나이 병원의 수혈 횟수는 123건이었는데, 1953년에는 연간 3,000건이 넘었다.

실제 수혈 시험—말하자면 현장 시험—은 양차 세계대전의 피비린내 나는 전쟁터에서 이루어졌다. 포탄은 팔다리를 찢어놓았다. 내부 출혈도 일어났다. 총알에 잘린 동맥에서는 몇 분 사이에 피가 모조리 빠져나갈 수 있었다. 1917년경 미국이 연합국에 합류하여 독일을 비롯한 동맹국과 싸울 때, 두 군의관인 브루스 로버트슨 소령과 오즈월드 로버트슨 대위는 급격한 혈액 상실로 쇼크가 일어난 병사에게 수혈할 방법을 개발했다. 또 중상을 입은 병사를 소생시키는 데에는 혈장도 널리 쓰였다. 혈장 수혈은 혈액 상실의 단기적인 해결책에 불과했지만, 혈장은 보관이 더 쉬웠고 혈액형을 따지고 맞출 필요가 없었기 때문이다.

두 로버트슨은 성이 같을 뿐, 친척이 아니었다. 미국 의무대의 프랑스 전선에서 복무하던 오즈월드는 혈액을 이동하는 기관이라고 생각하기 시작했다. 혈액은 사람의 몸속이나 사람 사이뿐 아니라 국경과 전쟁터 사이도 쉴 새 없이 오갔다. 그는 한곳에서 회복 중인 병사에게서 O형의 피를 빼서 멸균한 2리터짜리 유리병에 시트르산, 포도당과 함께 담은 뒤 톱밥과 얼음을 채운 탄약통에 넣어 전쟁터로 운송했다. 사실상 오즈월드는 최초의 혈액은행 중 하나를 설립했다(더 공식적인 은행은 1932년 레닌그라드에 설립되었다).

감사의 편지가 쏟아졌다. 한 병사는 1917년 브루스 로버트슨 소령에게 이렇게 썼다. "6월 13일 선생님이 제 다리를 잘랐고, 누군가의 피를 받기 전까지 제가 죽을 확률은 약 3분의 1이라고 생각하셨죠.……제게 피를 준 사람의 이름과 주소 좀 알려주실 수 있을까요? 편지를 써야 할 것 같아서요."

약 20년 뒤에 제2차 세계대전이 발발할 무렵에는 피를 보관하고 혈액형을 검사하고 수혈을 하는 일이 야전에서 흔히 이루어졌다. 제1차 세계대전에 비해 부상으로 야전병원까지 온 병사들의 사망률이 거의 절반으로 떨어졌다. 어느 정도는 수혈 덕분이었다. 1940년대 초에 미국은 미국 적십자사의 도움을 받아서 헌혈과 혈액은행을 장려하는 전국 운동을 펼쳤다. 전쟁이 끝날 무렵까지 적십자사가 모은 피는 1,300만 단위에 달했고, 몇 년 사이에 병원 1,500곳에 혈액은행이 설립되었다. 지역 헌혈 센터 46곳, 광역 센터도 31곳이 설치되었다.

1965년 「내과 학회지*Annals of Internal Medicine*」에는 이런 기사가 실렸다. "전쟁은 인류에게 결코 후한 선물이 아니었다. 혈액과 혈장 이용의 활성화와 대중화가 이루어졌다는 점은 예외일 수 있다.……스페인 내전, 제2차 세계대전, 한국전쟁에 힘입어서이다." 수혈과 혈액 보관—세포요법—이야말로 아마 다른 어떤 의학적 발전보다도 전쟁이 남긴 가장 중요한 의학적 유산일 것이다.

수혈이 발명되지 않았다면, 현대의 수술, 안전한 분만, 암 화학요법의 발전도 사실상 불가능했을 것이다. 1990년대 말에 나는 지금껏 내가 목격한 사례들 가운데 가장 극심한 출혈을 일으킨 간 기능 상실 남성을 소생시켰다. 간 전문의도 도저히 이유를 알 수 없는 원인으로 간경변을 앓고 있던 보스턴에 사는 60대 남성이었다. 식당을 운영했던 그는 술을 즐기기는 했지만, 간이 망가질 정도까지 마시지는 않았다고 주장했다. 만성 바이러스 감염도 없었다. 어떤 유전적 요인이 음주 습관과 결합되어 만성 세포 염증을 일으켰고, 이윽고 간이 기능을 상실하고 쪼그라들었다. 황달에 걸려서 눈은 누렇게 떴고, 혈액에서 합성되는 단백질인 알부민 수치도 위험할 만치 낮았다. 혈액도 제대로 엉기지 않았다. 이 증상도 간 질환의 징후이다. 피가 엉기는 데에 필요한 인자들 중 일부를 간이 생산하기 때문이다. 이제 그는 입원한 채 이식할 간을 기다리고 있었다. 그렇지만 전반적으로 그는 건강을 유지하고 있었고 통상적인 진단 장치들이 그의 상태를 지켜보고 있었다.

입원 첫날 저녁은 별 탈 없이 지나갔다. 그러다가 갑자기 환자는 욕지기를 느꼈고, 혈압이 떨어졌다. 작은 모니터에서 삑삑 경고음이 울렸다. 혈압 측정기가 계속 숫자를 읽고 또 읽고 있었다. 뭔가 문제가 생겼다. 몇 분 지나지 않아서 마치 어떤 뚜껑이 열린 양 여기저기에서 창자 안으로 피가 쏟아져 들어왔다. 간 기능 상실은 종종 위장과 식도의 혈관을 팽창시켜서 약하게 만드는데, 일단 혈관이 터지면, 피가 멈추지 않고 왈칵왈칵 계속 쏟아질 수 있다. 게다가 간경화로 피가 응고되지 않기 때문에, 출혈은 재앙으로 치달을 수 있다. 중환자실의 의료진은 출혈을 멈추려고 애쓰면서, 응급 호출을 보냈다. 그날 밤 호출을 받은 선임 전공의는 나였다.

병실로 들어가니 의료진이 정신없이 움직이고 있었다. 정맥에 꽂은 수액줄이 너무 가늘었다. "수액줄이 필요해요." 내 목소리가 너무 크고 자신만만하게 나와서 나도 깜짝 놀랐다. 우리는 수액줄을 새로 두 개 더 연결했지만, 들어가는 수액이 피가 빠져나가는 속도를 따라잡지 못했다.

이미 환자는 몸을 떨면서 의식을 잃어가고 있었고, 악담, 시트콤 등장인물, 유년기의 기억 등 온갖 말들을 정신없이 떠들어대다가, 어느 순간 불길하게도 말이 뚝 끊겼다. 그의 몸에 손을 대보니, 발이 얼음처럼 차가웠다. 핵심 장기에 든 피를 지키기 위해서 피부 밑의 혈관이 수축되어 있었다. 한편 병실 바닥에 깔려 있던 흰 수건은 붉게 물들어 있었다. 내 신발에도 피가 붙어서 말라가고 있었다. 수술복도 적자색으로 물들어서 뻣뻣해졌다. 간호사가 피에 젖은 수건을 새것으로 갈았지만, 몇 분 지나지 않아 다시 붉게 물들었다.

외과 전공의가 힘겹게 목정맥을 찾아서 커다란 수액줄을 끼우는 사이에, 나는 수액 주삿바늘을 꽂을 곳을 찾아 미친 듯이 사타구니를 살폈다.

맥박, 맥박, 맥박을 찾아. 나는 속으로 중얼거렸다. 혈압이 계속 떨어지고 있어서 맥박은 아주 약하게 뛰고 있었다. 응급 의료진은 수혈의 초창기를 떠올리게 하는 일종의 안무에 맞춰 바쁘게 움직였다. 혈액을 배턴 삼아 바쁘게 이어달리기 경주가 벌어지고 있었다.

혈액 주머니가 도착하기까지 몇 시간이 흐른 듯했지만, 실제로 이 모든 과정이 채 10분도 걸리지 않았다. 우리는 혈액 주머니 두 개를 매달았다. "부드럽게 눌러요." 내 말에 간호사는 몇 분 동안 주머니를 부드럽게 쥐어짰다. "더 세게요." 나는 마치 시간을 빨리 가게 할 수 있는 양 다시 지시했다. 그의 상태가 안정된 것은 혈액 주머니 11개, 아니 아마 12개 분량의 피가 들어간 뒤였다. 정확히 몇 개인지 세는 것을 잊을 정도였다. 우리는 혈액 응고를 돕기 위해서 응고 인지와 혈소판이 든 주머니도 한두 개 매달았다. 두 시간이 지나자 맥박이 돌아왔고, 출혈도 줄어들고 있었다. 그날 밤 늦게 출혈은 멈추었다. 피부도 다시 따뜻해졌고, 들리는 말에도 반응하기 시작했다. "왼손을 움직여보세요." 그가 왼손을 움직였다. "발가락을 움직여보세요." 발가락이 움직였다. 나는 이루 말할 수 없는 기쁨을 느꼈다. 그는 다음 날 깨어나서 손에 얼음물 컵을 들 정도까지 회복되었다.

그날 밤 일들 가운데 내 머릿속에 계속해서 남아 있는 장면은 6층의 텅 빈 복도를 걸어 욕실로 들어가서 분무기로 신발을 소독한 뒤 말라붙은 피를 떨어내던 모습이다. 가죽에 너무나 깊이 핏물이 배어 메스꺼울 정도였다. 「맥베스*Macbeth*」의 한 장면이 떠오르는 순간이었다. 더 이상 얼룩을 닦아낼 수가 없었다. 그래서 신발을 쓰레기통에 버렸고, 다음 날 아침 구내 상점에서 새 신발을 샀다.

그날 밤 이후로 나는 **피로 목욕했다**는 말을 결코 입에 올리지 않는다. 실제로 피로 목욕을 한 극소수의 사람에 속하니까.

치유하는 세포

혈소판, 응고, "현대의 유행병"

오만한 카이사르도 죽어 진흙이 되었고,
그 진흙은 구멍을 메워 추위를 막는 데 쓰이겠지.
오, 세상을 떨게 하던 그 흙이
벽에 발라져 겨울바람을 막고 있다니.
— 윌리엄 셰익스피어, 『햄릿Hamlet』, 제5막 1장

외과의나 간호사, 또는 내가 보스턴에서 그날 밤 환자의 출혈을 막았다는 말은 제법 그럴싸하게 들릴 것이다. 그러나 우리는 옆에서 도왔을 뿐, 출혈을 막은 주역은 세포, 아니 세포 조각이었다.

1881년 이탈리아의 병리학자이자 현미경학자인 줄리오 비초제로는 사람의 피에 아주 작은 세포 조각들이 들어 있다는 것을 발견했다. 거의 눈에 보이지 않을 만치 작고 부서진 조각들이었다. 그 뒤로 수십 년 동안 혈액학자들은 피에 떠다니는 이 조각들이 무엇인지 궁금해했다. 1865년 독일의 현미경 해부학자 막스 슐체는 그것을 "과립 파편granular fragment"이라고 서술했다. 슐체는 그것이 피가 엉긴 곳에서 발견되므로 혈구가 부서진 것이라고 생각했고, "사람의 피를 깊이 연구하려는 사람이라면 사람 피의 이 과립을 연구하기를 적극 권고하는 바이다"라고 썼다.

비초제로는 그것이 혈액의 독자적인 구성성분임을 알아차렸다. "최근 들어 몇몇 연구자들은 적혈구나 백혈구와 별개로 이 입자가 늘 존재하는

것이 아닐까 추측해왔다. 이전의 연구자들 중에서 이 입자를 이용해서 살아 있는 동물의 피 순환을 관찰한 이가 아무도 없다는 사실이 놀랍다." 그는 그 조각에 이름을 붙였다. 피아스트린piastrine이었는데, 납작하고 둥근 판 모양이라는 뜻의 이탈리아어였다. 영어 단어platelet도 작은 판이라는 뜻이다.

비초제로는 현미경학자였을 뿐만 아니라 본업은 생리학자였다. 혈액에서 이 세포 조각들을 관찰하자, 그는 그것이 어떤 기능을 하는지 궁금해지기 시작했다. 그냥 파편일까? 즉 혈액이라는 붉은 바다에 떠다니는 쓰레기일까? 그는 토끼의 동맥을 바늘로 찔러서, 그 상처 부위에 혈소판이 쌓이는 것을 관찰했다. 그는 이렇게 썼다. "혈류에 휩쓸려서 떠다니는 혈소판이 상처 부위에 다다르자마자 쌓인다. 처음에는 (혈소판) 2개나 4개, 6개만 보인다. 곧바로 수백 개로 늘어난다. 대개 그 사이에 백혈구도 몇 개 끼어 있고는 한다. 조금씩 부피가 늘어나다가 곧 혈관 내부를 **혈전**[피떡]이 채우고, 혈액 흐름은 점점 방해를 받는다."

혈소판은 생겨나는 방식부터 특이하다. 1900년대 초 보스턴의 혈액학자 제임스 라이트는 골수의 세포를 보여주는 새로운 염색법을 개발했다. 초기의 달걀 모양의 핵이 서서히 펼쳐지면서 여러 엽으로 이루어진 핵으로 성숙하는 호중구, 빽빽하게 모여서 발달하는 적혈구 등 여러 종류의 세포들 사이에서 그는 세포학의 법칙을 부정하는 양 보이는 커다란 세포를 하나 발견했다. 하나의 핵이 아닌 10여 개의 엽

혈관 손상 부위에서 엉김이 커지면서 피떡이 형성되는 과정을 설명한 비초제로의 논문에 실린 그림. 호중구처럼 보이는 커다란 세포가 염증에 끌려서 왔다가 혈소판에 둘러싸인 모습도 보인다.

으로 이루어진 핵을 지닌 세포였다. 핵의 내용물을 복제하기는 하지만 세포분열을 멈춘, 즉 딸세포를 탄생시키지 않는 모세포에서 나온 듯했다. 이 거대한 세포는 성숙한 뒤에 약 1,000개의 조각으로 산산이 부서지는 쪽을 선호했다. 실제로 라이트는 이 거대 핵세포(여러 핵엽을 지닌 커다란 세포)를 계속 추적하여 그것이 마치 불꽃놀이를 하는 양 터지면서 작은 파편, 즉 혈소판 수천 개가 쏟아지는 것을 관찰했다.

이 초기 해부학 연구 결과가 나오자, 연구자들은 이 세포의 기능과 생리를 집중적으로 연구하기 시작했다. 비초제로가 관찰했듯이, 혈소판은 피떡의 핵심 성분임이 드러났다. 상처, 즉 터진 혈관에서 나오는 신호에 반응하여, 혈소판은 상처 부위로 몰려들고 점점 더 많은 혈소판을 불러모으는 양상이 진행되면서 출혈을 막는다. 즉 혈소판은 치유하는 세포(아니, 더 정확히 말하면 세포 조각)이다.

한편 연구자들은 혈액에 출혈을 멈추는 또다른 체계가 있다는 것도 발견했다. 혈액에 떠다니는 일련의 단백질들이 상처를 감지하여 빽빽하게 그물처럼 혈소판들을 옭아매어 엉긴 혈소판을 단단히 붙잡아 출혈을 막도록 도왔다. 혈소판과 피떡 형성 단백질이라는 이 두 체계는 서로 소통하면서 상승효과를 일으켜 피떡이 안정적으로 형성되도록 만든다.

연구자들은 혈소판의 기능을 망가뜨리는, 따라서 피떡 형성을 방해하는 다양한 유전 장애를 조사함으로써, 혈소판이 어떻게 상처를 감지하는지를 더 자세히 밝혀냈다. 1924년 핀란드의 혈액학자 에리크 폰 빌레브란트는 발트 해의 올란드 제도에 사는 다섯 살 소녀의 사례를 보고했다. 소녀의 피는 제대로 엉기지 않았다. 폰 빌레브란트는 그 집안 사람 가운데 비슷한 피떡 형성 장애가 있는 사람들이 몇 명 더 있다는 것과 그들이 모두 혈소판 기능에 지장을 주는 유전 질환을 앓고 있음을 알아냈다. 1971년에 마침내 연구자들은 범인을 찾아냈다. 이 질환을 앓는 이들은 피떡 형성에 핵심적인 단백질이 없거나 결함이 있었고, 그 단백질에는 폰 빌레브란트를 기리는 차원에서 폰 빌레브란트 인자von Willebrand factor, vWf라는 이름이 붙었다.

폰 빌레브란트 인자는 혈액을 타고 돌아다니며, 혈관벽 세포 아래에 전략적으로 자리를 잡기도 한다. 혈관에 상처가 나면 이 인자가 밖으로 노출된다. 혈소판에는 vWf에 결합하는 수용체가 있기 때문에 상처로 혈관이 노출되면 "감지"가 가능하다. 그리하여 혈소판은 상처 부위에 모이기 시작한다.

그러나 피떡 형성은 훨씬 더 복잡한 과정이다. 다친 세포에서 분비되는 단백질은 더 멀리까지 신호를 보내서 혈소판을 상처 부위로 불러오는 역할을 한다. 그럼으로써 피떡 형성 과정을 강화한다. 혈액에 떠다니는 응고 인자들이 상처를 검출할 때 이용하는 감지기들은 더 있다. 이 방면으로도 연쇄적인 변화가 촉발된다. 이 과정을 통해서 이윽고 피브리노겐fibrinogen이라는 단백질이 피브린fibrin이라는 그물망을 이루는 단백질로 전환된다. 그물에 갇힌 고등어처럼, 혈소판은 피브린 그물에 갇혀서 이윽고 완숙한 피떡을 형성한다.

고대 인류는 상처를 막아서 항상성을 유지해야 하는 온갖 일들을 겪었겠지만, 현대인의 삶은 정반대의 문제를 일으킨다. 혈소판 활성이 너무 왕성해서 나타나는 현상들이다. 상처 치유 과정이 병리학적인 양상을 띤다는 뜻이다. 루돌프 피르호라면, 세포의 생리가 뒤집혀서 세포의 병리가 된다고 표현했을지도 모르겠다. 1886년 현대 의학의 개척자 중 한 명인 윌리엄 오슬러는 심장의 판막과 몸 전체로 향한 커다란 아치 모양의 혈관인 대동맥에 혈소판이 잔뜩 든 혈전이 형성된 사례를 기술했다. 거의 30년이 지난 1912년 시카고의 한 심장 전문의는 55세의 은행가가 "마치 고장이 난 양

푹 쓰러진" 수수께끼 같은 사례를 기술했다. 환자를 검진한 의료진은 심장으로 피를 보내는 동맥이 혈전으로 막혔다는 것을 알아냈다. 이 증상은 흔히 "심장마비heart attack"라고 불리게 되었다. 이런 위기가 갑작스럽고 빠르게 찾아온 탓에 이 단어가 붙었다.

따라서 고대 인류에게는 상처 치유를 위해서 혈소판을 활성화할 약물이 필요했겠지만, 현대인은 이 활성을 **약화시킬** 약물을 찾고 있다. 게다가 우리의 생활양식, 수명, 습관, 환경—지방이 과도한 식단과 운동 부족, 당뇨병, 비만, 고혈압, 특히 흡연—은 플라크(판)가 쌓이게 만든다. 플라크는 고속도로 가장자리에 위험하게 쌓여서 사고를 일으키기 쉬운 쓰레기 더미처럼, 동맥의 벽에 달라붙은 콜레스테롤이 잔뜩 들어 있으면서 염증을 일으키는 석회화가 된 덩어리이다.* 플라크가 터지거나 깨지면, 몸은 상처가

---

* 콜레스테롤 대사의 메커니즘 및 그것과 심장병의 관계를 규명하고 콜레스테롤 수치를 조절하는 새로운 약물이 개발된 것은 빈틈없는 임상 관찰, 세포학, 유전학, 생화학이 어떻게 협력하여 수수께끼 같은 임상 문제를 해결할 수 있는지를 보여주는 모범 사례이다. 그 이야기는 혈중 콜레스테롤 농도가 유달리 높은, 특이한 증상을 지닌 몇몇 가족을 임상 관찰하는 것으로 시작된다. 1964년 존 데스포타라는 세 살 아이가 시카고의 일차 진료 의사에게 실려왔다. 아이의 피부에는 콜레스테롤이 들어찬 황갈색 돌기들이 잔뜩 돋아 있었다. 혈중 콜레스테롤 농도도 정상의 6배였다. 열두 살 무렵에는 아이의 동맥에 콜레스테롤 플라크가 형성된 징후가 보였고, 아이는 때때로 가슴 통증을 겪었다. 존은 콜레스테롤이 비정상적으로 쌓이는 유전적 성향을 지닌 것이 분명했으므로—열두 살에 심장마비 증상을 보였다—의료진은 피부 조직을 채취하여 콜레스테롤을 연구하는 두 과학자에게 보냈다. 그 뒤로 10년 동안 마이클 브라운과 조 골드스타인은 존과 같은 사례들을 분석한 끝에 정상 세포의 표면에, 핏속을 도는 콜레스테롤이 풍부한 특정한 입자와 결합하는 수용체가 있다는 사실을 발견했다. LDL, 즉 저밀도 지질단백질(low-density lipoprotein) 콜레스테롤에 결합하는 수용체였다. 정상 조건에서는 세포가 콜레스테롤을 받아들여서 대사를 하기 때문에, 피에 든 채로 순환하는 LDL 콜레스테롤 농도는 낮게 유지된다. 그러나 존 데스포타 같은 사람들은 유전자 돌연변이로 인해서 이 내재화와 대사 과정에 문제가 있다. LDL 콜레스테롤 혈중 농도가 높으면, 결국 심장동맥을 비롯한 동맥에 걸쭉한 플라크가 형성됨으로써 가슴 통증과 심장마비로 이어질 수

났다고 인식한다. 그 결과 연쇄적인 상처 치유 과정이 촉발되어 진행된다. 혈소판이 마구 몰려들어서 "상처"를 막는다. 문제는 그 막음이 상처를 밀봉하는 것이 아니라, 심장근으로 들어가는 중요한 혈액 흐름을 차단한다는 것이다. 치유하는 혈소판이 치명적인 혈소판으로 전환된다.

의사이자 역사가인 제임스 르 파누는 이렇게 썼다. "현대의 심장병 유행은 1930년대에 매우 갑작스럽게 시작되었다. 의사들은 그 심각함을 어렵지 않게 알아차렸다. 동료들 중 상당수가 초기 희생자에 속했기 때문이다. 건강해 보였던 중년의 의사들이 아무런 뚜렷한 이유도 없이 갑자기 쓰러져 세상을 떠나고는 했다.……이 새로운 병에 붙일 이름이 필요했다. 심장의 동맥에 혈전이 생기는 것이 원인인 듯했다. 섬유질과 콜레스테롤이라는 지방으로 이루어진 걸쭉한 물질로 혈관이 좁아져서였을 것이다."

만약 여러분이 1950-1960년대의 지역 신문에 실린 부고를 읽는다면—매우 음습한 성향이겠지만—이 현대의 유행병이 탄생하는 순간을 목격할 수 있을 것이다. 신문 부고란은 "갑작스러운 가슴 통증"을 겪은 뒤 쓰러져 사망한 남녀의 이름들로 가득했다. 1950년 캘리포니아 멘도시노의 53세 경찰서장 엘머 스위트, 1952년 미네소타 파인시티의 77세 수리공 존 애덤

있다. 그 뒤로 몇 년에 걸쳐서 브라운과 골드스타인은 콜레스테롤 대사를 교란하는 희귀한 유전자 돌연변이를 수십 가지 발견했다. 이어서 이 연구를 종합함으로써 심장 전문의들은 높은 LDL 콜레스테롤 혈중 농도가 희귀한 유전자 돌연변이를 지닌 사람들뿐 아니라 인류 집단 전체에서 심장마비의 위험을 증가시키는 콜레스테롤 침적을 일으키는 주범임을 알아차렸다. 이는 리피토를 비롯한 콜레스테롤 저감 약물의 개발로 이어졌고, 심장병에 엄청난 긍정적인 영향을 미쳤다. 브라운과 골드스타인은 1985년 노벨상을 받았다. 그들의 연구는 수백만 명의 목숨을 구했다. 1980년대에 브라운과 골드스타인의 연구실에서 일하던 헬렌 홉스와 조너선 코언은 LDL 콜레스테롤의 내재화와 대사에 영향을 미치는 다른 유전자들도 밝혀냈고, 이 연구는 LDL 콜레스테롤의 농도를 낮추고 심장마비를 예방하는 차세대 약물 개발로 이어졌다.

스, 1962년 40세의 방적공장장 고든 미첼, 1963년 61세의 로이드 레이 루크싱어 등등. 심장마비 사망자 수가 늘어남에 따라서, 약리학자들은 혈전 형성의 연쇄 과정을 차단할 약물을 찾는 일에 몰두했다. 그중 가장 두드러진 약물은 아스피린이었다. 그 활성 성분인 살리실산salicylic acid은 원래 버드나무 추출물에서 발견되었는데, 고대 그리스, 수메르, 인도, 이집트에서 염증, 통증, 열을 억제하는 데에 사용되었다.

1897년 독일 제약사인 바이엘에서 일하는 젊은 화학자 펠릭스 호프만은 살리실산의 변이체變異體인 화학물질을 합성하는 방법을 찾아냈다. 이 약물은 아스피린aspirin, 또는 아세틸살리실산acetyl salicylic acid의 약자인 ASA라고 불렸다(아스피린의 a는 아세틸기, spir는 살리실산을 추출한 식물인 느릅터리풀의 학명Spiraea ulmaria에서 나왔다).

호프만의 아스피린 합성은 화학의 경이였지만, 분자로부터 의학으로 나아가는 경로는 험난했다. 바이엘의 임원인 프리드리히 드레서는 아스피린에 회의적이었고, 그 약이 심장을 "약하게" 만든다고 주장하면서 거의 생산을 중단시켰다. 그는 다른 약물인 헤로인을 기침약과 진통제로 개발하는 쪽에 더 집중했다. 그러나 호프만은 아스피린을 생산하라고 더욱 목소리를 높였고, 참다 못한 바이엘 임원진은 그를 해고하기 직전까지 갔다. 이윽고 알약은 생산되어 대중에게 판매되었다. 역설적이게도 드레서의 우려를 불식시키려는 양 처음에 두통, 통증, 열을 완화시키려는 목적으로 판매된 약물은 포장지에 "심장에 영향을 미치지 않음"이라고 적혀 있었다.

1940−1950년대에 캘리포니아 교외에서 병원을 운영하던 로런스 크레이븐은 심장마비를 예방하는 용도로 환자들에게 아스피린을 처방하기 시작했다. 크레이븐은 먼저 자신에게 실험을 했다. 권장량보다 훨씬 더 많은 12알까지 복용량을 늘리자 저절로 코피가 터지면서 많은 피를 쏟기 시작했다. 휴지로 코를 틀어막으면서 그는 아스피린이 강력한 항응고제임을

확신했다. 크레이븐은 거의 8,000명에게 아스피린을 처방했다. 이후 그는 그들의 심장마비 발병률이 뚜렷이 낮아졌다는 것을 알아차렸다.

그러나 전통적인 의과학자가 아니었던 크레이븐은 아스피린을 투여한 사람과 비교할 투여하지 않은 사람들로 이루어진 대조군을 따로 설정하지 않았다. 그의 연구는 수십 년간 무시되었다. 1970-1980년대에야 대규모 무작위 임상시험을 통해서 아스피린이 심장마비의 예방과 치료에 가장 효과적인 요법 중 하나임이 증명되었다.

1960년대에 혈소판의 생물학을 더 깊이 조사하자, 아스피린이 어떻게 응고를 막는지가 드러났다. 혈소판은 몇몇 다른 세포들과 함께 화학물질을 생산하여 상처가 났음을 알리고 자기 자신도 활성을 띤다. 저용량의 아스피린은 이런 상처를 감지하는 화학물질 생산의 핵심 요소를 차단함으로써, 혈소판 활성을 억제하고 따라서 혈액 응고도 줄인다. 아스피린은 지난 세기의 심장마비 예방 기구들 중에서 가장 중요한 약물에 속할 것이다.

심장마비, 즉 심근경색은 심장동맥 어딘가에 있는 플라크가 파열되어 혈액 응고를 자극할 때에 일어난다. 1990년대에 나는 반질반질한 구두에 세련된 귀족적인 분위기를 풍기는 머리가 벗겨진 80대 의사가 운영하는 내과 병동에서 수련의 생활을 했다. 그는 자신이 의학을 배우던 시절에는 그저 산소를 들이마시면서 누워 쉬면서 유리 주사기로 모르핀을 투여하여 진정시키는 것이 심장마비의 유일한 치료법이었다고 말해주었다. 현재의 진단 검사 및 치료법과는 거리가 멀었다. 지금은 병원으로 최대한 빨리 이송한다(매분 매초가 지날수록 심장근은 그만큼 죽어가기 때문에, 돌이킬 수 없는 손상이 발생한다). 구급차에서는 심전도로 심장의 전기 활동을 측정하면서 무선으로 병원으로 전송한다. 아스피린을 투여하고 산소 호흡기를 단 채로 환자는 급속히 심장 도관 삽입 병실로 향한다. 이곳에서는 환자에게 정맥 주사로 혈전을 빠르게 녹이는 혈전용해제라는 약물을 투여하거나 풍선처럼 부풀릴 수 있는 장치를 이용해 막힌 동맥을 넓히는 수술을 한다.

나의 지도 의사는 신체검사만으로도 심장동맥 질환을 진단할 수 있다고 주장했다. 먼저 그는 환자의 위험 요인들을 머릿속에서 죽 목록으로 만든다. 피할 수 있는 것도 있고 그렇지 않은 것도 있다. 비만, 특정한 콜레스테롤의 높은 수치, 만성 흡연, 고혈압, 심장동맥 질환의 가족력 같은 것들이다. 그는 가지고 다니는 계산기로 각 위험 요인에 점수를 매겨서 더한다. 그런 다음 청진기를 환자의 목에 대고서 잡음, 꼴딱거리는 소리를 듣는다. 이 소리는 목에서 뇌로 피를 보내는 목동맥에 플라크가 쌓여 있는지를 말해줄 수도 있다. 한 동맥에 지방 덩어리가 쌓여 있다면 대개 다른 곳에도 쌓여 있음을 시사했다. 그리고 그는 환자가 걷거나 달릴 때 가장 미미한 따끔거림까지 포함해서 가슴 통증을 겪은 사례를 꼼꼼히 기록한다. 그런 뒤 마술사처럼 당당하게 환자가 심장동맥 질환에 걸렸는지 여부를 선언하고는 그 말이 맞는지 확인하는 검사를 맡긴다. 그의 진단은 대개 옳았다. 그는 똑같이 당당한 태도를 슬며시 드러내면서, 심장으로 피를 보내는 심장동맥을 "생명의 강"이라고 불렀다.

강가에 점점 쌓이는 쓰레기와 흙더미처럼, 심장동맥 플라크는 대개 수십 년에 걸쳐 쌓인다. 그러면서 혈관 안쪽 통로로 점점 불룩 튀어나와서 결코 완전히 막지는 않을지라도 혈액의 흐름을 늦춘다. 플라크에는 콜레스테롤, 염증을 일으킨 면역세포, 칼슘 같은 성분들이 들어 있다. 플라크가 쌓이면 동맥의 속 공간이 좁아지며, 그 결과 혈액의 흐름이 느려지면서 심장근이 산소가 든 혈액을 필요한 만큼 충분히 얻기 위해 꽉 조여져서 협심증(가슴조임증)이라는 통증이 이따금 일어난다.

그러나 통증은 훨씬 더 심각한 위기의 전조일 수 있다. 어느 날 플라크가 찢어지면서 강의 한가운데로 쓸려나갈 수 있다. 그러면 몸의 상처 검출기인 혈소판이 떨어져 나간 상처 부위로 몰려들어 혈관을 막는다. 본래 상처에 생리적 반응을 일으키는 것이, 플라크에 병리 반응을 초래한다. 강의 흐름이 느려지다가 이제는 꽉 막히고, 심장마비가 일어난다.

여러 해에 걸쳐서 약리학자들은 심장마비를 예방하거나 치료하는 다양한 약물과 기법을 발견했다. 물론 혈소판이 엉기지 않게 막는 아스피린도 그중 하나이다. 활성 혈전을 분해하는 혈전용해제도 있고, 혈소판이 활성을 띠지 않도록 하는 혈소판 억제제도 있다. 또 예방 쪽에서는 혈액에 방울처럼 알갱이로 떠다니는 LDL이라는 콜레스테롤 종류의 수치를 떨어뜨리는 약물 중 하나인 리피토Lipitor가 있다. 리피토 같은 약물은 LDL 수치를 낮춤으로써 콜레스테롤이 풍부한 덩어리가 동맥에 쌓이지 않게 예방한다.

그러나 이런 약물은 평생 매일 먹어야 한다. 보스턴의 신생 생명공학 기업인 버브 세러퓨틱스는 최근에 LDL 콜레스테롤의 혈중 농도를 낮추는 대담한 전략을 제시했다. 창업자인 유전학자이자 심장병 전문의인 세카르 카티레산은 나보다 몇 년 앞서서 매사추세츠 종합병원에서 전공의 과정을 밟았다. 그곳의 방침은 "각자 한 가지 일을 하고 한 명을 가르쳐라"였다. 가장 경험이 많은 의사가 선임 전공의를 가르치고, 그 전공의가 아래 전공의들과 수련의들을 가르쳤다. 내가 수련의일 때 세카르가 선임 전공의였고, 나는 그에게서 집중치료실에서 몸부림치는 환자의 목정맥으로 정맥 주사선을 집어넣거나 목정맥을 통해서 여성의 심실로 도관을 넣어 그 안의 압력을 정확히 재는 법을 배웠다. 여러 해가 지난 뒤에 나는 세카르가 지극히 개인적인 일로 심장병에 관심을 가지게 되었다는 사실을 알게 되었다. 당시 40대였던 그의 형이 달리기를 하고 돌아와서 심장마비로 쓰러져 사망했다. 이후 수십 년간 세카르는 선구적인 연구를 통해서, 변형된 형태로 유전될 때 심장마비 위험을 증가시키는 유전자를 수십 가지 찾아냈다.

이른바 나쁜 콜레스테롤을 생성하고 운반하고 순환시킬 수 있는 중요한 단백질 중 상당수는 간에서 합성된다. 허젠쿠이가 사람 배아의 유전자를 변형할 때 사용한 유전자 편집기술을 떠올려보라. 본질적으로 그는 사람 세포의 유전자 대본을 고쳐 쓴 셈이다. 세카르도 버브도 사람 배아의 유전자를 바꾸는 일에는 관심도, 욕심도 전혀 없다. 오히려 그들은 유전자 편집기술로 사람의 간 세포에서 콜레스테롤과 관련이 있는 단백질을 만드는 유전자를 불활성화하고 싶어한다. 몸에서 간을 제거하지 않으면서 말이다. 버브의 과학자들은 도관을 간으로 이어지는 동맥에 삽입하는 방법을 고안해왔다(세카르가 심장학 분야에서 수십 년간 의사로 일하면서 얻은 경험이 도움이 되었다). 이 도관으로 유전자 편집 효소를 아주 작은 나노 입자에 담아 간에 집어넣을 것이다. 나노 입자 안에 든 유전자 편집 효소들이 방출되어 간 세포에서 유전자의 대본을 바꿀 것이다. 그러면 콜레스테롤 대사가 촉진됨으로써 혈중 콜레스테롤 농도가 대폭 떨어질 것이다. 본질적으로 LDL 대사 경로를 활성화하는 것이다. 이 치료는 평생에 한 번만 받으면 된다. 유전자는 일단 바뀌면, 평생 바뀐 채로 남는다. 성공한다면 버브의 유전자요법은 우리를 콜레스테롤 수치가 영구히 낮게 유지되고, 심장동맥 질환의 위험이 낮고, 심근경색으로부터 안전한 인간으로 변신시킬 것이다. 심장병을 막는 세포 재공학의 궁극적인 업적이 될 것이다. 생명의 강(나의 지도 의사가 즐겨 쓴 표현)은 영원히 맑게 흐를 것이다.

지킴이 세포

호중구와 병원체에 맞선 투쟁

> 1736년 나는 네 살배기 귀여운 아들을 흔히 유행하는 천연두로 잃었다.
> 그 뒤로 오랫동안 나는 아들에게 접종을 하지 않았다는 사실을
> 몹시 후회했으며, 지금도 여전히 그렇다.
> ― 벤저민 프랭클린

피는 아주 붉으므로―피 하면 으레 떠오르는 색깔이 될 만치―인류는 오랜 세월 백혈구가 있다는 사실 자체도 몰랐고 백혈구를 관찰한 적도 없었다. 1840년대에 프랑스 파리의 병리학자 가브리엘 앙드랄은 현미경을 들여다보다가 두 세대에 걸친 현미경학자들이 놓친 듯한 것을 발견했다. 피에 또다른 종류의 세포가 있었다. 적혈구와 달리 이 세포는 헤모글로빈이 없었고, 핵이 있었으며, 모양이 불규칙했고 때로 손가락 같은 위족偽足이 뻗어나온 것도 있었다. 이 세포에는 백혈구라는 이름이 붙여졌다(하얗다는 것은 그냥 빨갛지 않다는 의미이다).

1843년 윌리엄 애디슨이라는 영국 의사는 이 하얀 세포―그는 "무색 혈구"라고 했다―가 감염과 염증에 중요한 역할을 한다는 통찰력이 담긴 주장을 했다. 애디슨은 결절을 묘사한 부검 보고서들을 모으고 있었다. 결절은 고름이 차 있는 하얀 혹인데, 대개 결핵과 연관지었지만 다른 몇몇 감염 때에도 생겼다. 한 사례 보고서를 검토하면서 그는 이렇게 적었다. "20세의 건강한 젊은 남성은 밭은기침을 하면서 옆구리가 조금 아프다고 했

다." 곧 증세는 "기침을 할 때 깊숙한 곳에서 모호한 점액 거품이 들끓으면서 아주 독특하게 걸진 소리가 나는" 양상으로 진행되었다. 환자는 4개월 뒤 "극심하고 급격하게 쇠약해질 때 수반되는 온갖 증상들"로 사망했다. 환자를 부검한 애디슨은 허파가 "상당히 많은 결절들"로 가득한 것을 보았다. 슬라이드에 놓인 결절은 으깨지거나 녹아서 방울처럼 변하기도 했다. 현미경으로 보니 이 방울은 고름과 수천 개의 백혈구로 이루어져 있었다. 마치 염증이 난 자리로 이 세포들이 불려온 듯했다. 일부는 "과립으로 채워져" 있었다. 애디슨은 백혈구가 이 과립을 몸의 감염 부위로 운반하는 것이 아닐까 추론했다.

그런데 백혈구와 염증은 무슨 관계가 있을까? 1882년 방랑벽이 있는 동물학 교수 엘리(또는 일리야) 메치니코프는 오데사 대학교의 동료들과 다툰 뒤 시칠리아의 메시나로 훌쩍 떠나서 개인 연구실을 차렸다. 그는 신경질적이었고 우울한 기미도 있었으며—그는 평생 두 번 자살을 시도했는데, 한번은 병원성 세균을 삼켰다—종종 기존 과학계와 불화를 빚었지만, 실험의 진리를 꿰뚫어보는 눈을 가지고 있었다.

따뜻하고 얕고 바람이 부는 연안에서 늘 해양생물을 풍족하게 잡을 수 있는 메시나에서 메치니코프는 불가사리로 실험을 시작했다. 어느 날 저녁 아내가 아이들을 데리고 동네 서커스장의 유인원을 보러 갔을 때, 메치니코프는 자신의 경력을 규정짓고 면역에 대한 우리의 이해방식을 바꿀 실험을 설계하기 시작했다. 그 불가사리는 반투명해서 그는 불가사리의 몸속을 돌아다니는 세포를 계속 지켜볼 수 있었다. 특히 상처가 난 뒤에 세포들이 어떻게 움직이는지에 관심이 많았다. 불가사리의 팔 하나를 가시로 찌르면 어떻게 될까?

그는 밤잠을 설치고 다음 날 아침 연구실로 돌아왔다. 한 무리의 이동하는 세포들—"두꺼운 방석층"—이 가시 주위로 바쁘게 몰려들었다. 본질적으로 그는 염증과 면역 반응의 첫 단계를 관찰했다. 면역세포가 상처 부위로 몰려들고, 외래 물질(이 사례에서는 가시)을 검출함으로써 활성을 띠는 양상을 말이다. 메치니코프는 면역세포가 마치 어떤 힘이나 유인 물질에 추진되는 양 자동적으로 염증 자리로 향하는 것을 주목했다(나중에 그는 이 유인 물질이 상처를 입은 세포가 분비하는 케모카인chemokine과 사이토카인임을 알아냈다). "이동 세포들이 외래 물질 주위로 몰려드는 과정은 혈관이나 신경계의 도움 없이 이루어진다. 단순하게는 이 동물이 혈관도 신경계도 없기 때문이다. 따라서 가시 주위로 세포들이 모이는 것은 일종의 자발적인 행동 덕분이다."

그 뒤로 몇 년에 걸쳐서 메치니코프는 이 개념, 즉 면역세포가 염증 지점으로 적극적으로 호출된다는 개념을 토대로 일련의 실험을 수행했다. 그는 자신의 관찰 결과를 다른 생물과 다른 유형의 상처에까지 확대 적용했다. 흔히 물벼룩*Daphnia*이라고 하는 작은 갑각류의 창자에 감염성 포자를 집어넣었다. 그는 면역세포가 그 염증 자리로 갈 뿐 아니라, 그 자리에 모인 감염원이나 자극 물질을 **먹어치우려고** 한다는 것을 발견했다. 그는 이 현상을 포식작용phagocytosis이라고 칭했다. 면역세포가 감염원을 먹어치운다는 뜻이었다.

1880년대 중반에 일련의 논문을 내놓은 메치니코프는 이윽고 노벨상을 받았다. 그는 생물과 침입자 사이의 관계를 요약하기 위해서 "싸우다", "전투하다", "드잡이질하다"라는 뜻의 독일어 캄프Kampf를 사용했다. 그는 영구적인 투쟁처럼 보이는, "생물 내에서 펼쳐지는 드라마"가 있다고 했다(기존 과학계와 그의 영구적인 투쟁을 염두에 둔 것처럼 비치기도 한다). 메치니코프는 이렇게 썼다. "전투는 두 요소[미생물과 포식세포] 사이에서 일어난다. 때때로 포자는 증식에 성공한다. 미생물은 이동 세포를 녹일 수 있는 물질을 분비하면서 증식한다. 전반적으로 그런 사례는 드물다. 이동

세포가 감염성 포자를 죽이고 소화함으로써 그 생물에 면역성을 띠는 일이 훨씬 더 흔하다."

메치니코프가 발견한 포식세포의 사람 판본인 대식세포macrophage, 단핵구 monocyte, 호중구neutrophil는 상처와 감염에 가장 먼저 반응하는 세포에 속한다. 호중구는 골수에서 생산된다. 산성이나 염기성을 띤 염료로는 염색되지 않고 중성 염료로만 염색할 수 있어서 그런 이름이 붙었다. 즉 "중성을 좋아하는" 혈구라는 뜻이다.*

호중구는 혈액으로 들어오면 며칠밖에 살지 못한다. 그렇지만 그 짧은 삶은 찬란하기 그지없다! 감염으로 자극을 받은 세포는 골수에서 성숙한 뒤 혈관으로 쏟아져 들어간다. 잔뜩 부풀어오른 핵에, 곁에 과립을 다닥다닥 붙이고 전투 태세를 갖춘 젊은 병사들이 물밀듯이 전쟁터로 급파된다. 호중구는 곡예사처럼 혈관을 꿈틀거리며 나아가면서 조직 속으로 빠르게 침투하는 특수한 메커니즘을 갖추었다. 마치 무엇인가에 이끌리는 양 감염과 염증이 일어난 곳으로 미친 듯이 몰려간다. 이는 어느 정도는 호중구가 상처 부위에서 방출되는 사이토카인과 케모카인의 농도 기울기를 예민하게 감지하기 때문이다. 호중구는 날렵하고 활기차면서 기동력을 갖춘

---

* 염료에 따라서 백혈구를 분류하는 이 방식도 파울 에를리히가 생물학에 기여한 선구적인 업적 중의 하나이다. 그는 수천 가지의 염료를 시험한 끝에, 세포나 그 구성성분에 결합하는 놀라운 능력을 지닌 염료들을 찾아냈다. 처음에 에를리히는 이 결합 특징을 이용해서 세포들을 분류했다. 중성 염료에 결합해서 파랗게 물드는 것은 **호중구**, 다른 비산성 염료와 결합하는 것은 **호염기구** 하는 식이었다. 그는 이 개념을 특이 친화성이라고 불렀는데, 화학물질과 특정한 세포의 특이 친화성을 세포를 염색하는 용도만이 아니라 세포를 죽이는 용도로도 쓸 수 있을지도 모른다고 생각했다. 이 개념을 토대로 이윽고 그는 1910년 항생제인 살바르산을 발견했고, 암을 치료할 마법의 탄환을 발견하려는 욕망도 품게 되었다. 그는 악성 세포에 특이 친화성과 독성을 띠는 화학물질을 찾아내고자 했다.

면역 공격용 기계이다. 임무 수행 중인 살해자이자, 지킴이 세포이다.

감염 현장에 도착하면 호중구는 정교한 부대 배치에 나선다. 먼저 혈관 가장자리로 접근하면서 모인다. 그런 뒤 벽에 있는 특정한 단백질에 붙었다 떨어졌다 하면서 벽을 타고 굴러가기 시작한다. 이윽고 혈관 가장자리에 더욱 촘촘히 모인 뒤 조직 속으로—허파나 피부—기운차게 밀려든다. 그런 뒤 과립에 담긴 독성 물질을 미생물에게 쏟아붓는다. 이어서 미생물이나 그 파편을 삼킴으로써 조각을 내재화하여 리소좀, 즉 미생물을 분해하는 유독한 효소로 채워진 특수한 소기관으로 보낸다.

이 초기 면역 반응의 한 가지 놀라운 특징은 그 세포들, 특히 호중구와 대식세포가 본래 일부 세균과 바이러스의 표면이나 내부에 들어 있는 단백질(그리고 다른 화학물질)을 인식하는 수용체로 무장하고 있다는 것이다. 잠시 짬을 내어 그 점을 생각해보자. 다세포 생물인 우리는 아주 장구한 진화의 역사 동안 오랜 맞수처럼 미생물과 전쟁을 벌여왔기 때문에, 서로를 통해서 규정될 정도가 되었다. 우리는 서로 발맞춰 춤을 추고 있다. 일차적으로 반응하는 우리의 면역세포는 본래 특정한 병원체(이를테면 사슬알균)에만 있는 것이 아니라 모든 세균과 바이러스에 폭넓게 존재하는 분자를 미생물 세포나 손상된 세포에서 알아보고 달라붙도록 되어 있는 패턴 인식 수용체를 가지고 있다. 일부 수용체는 세균 세포벽에는 있고 동물 세포막에는 없는 단백질을 인식한다. 일부 수용체는 특정 세균의 헤엄치는 꼬리에만 들어 있는 단백질에 결합한다. 또다른 수용체는 바이러스에 감염된 세포가 보내는 신호를 감지한다. 일반적으로 이런 수용체는 두 부류로 나뉜다. "손상 연관 분자 유형"(세포가 손상될 때 방출되는 물질)을 인식하는 것과 "병원체 연관 분자 유형"(미생물 세포의 성분)을 인식하는 것이다. 한마디로 이들은 침입과 병원성을 알리는 물질의 냄새를 맡으면서 손상과 감염의 유형을 찾아 몸속을 돌아다닌다.

호중구나 대식세포는 세균 세포와 마주칠 때, 이미 싸울 준비가 되어 있다. 이들이 드러내는 것은 "학습된", 즉 적응된 유형의 면역 반응이 아니다. 이 반응은 이들에 내재되어 있으며, 반응 감지기는 원래부터 호중구 안에 들어 있다. 요약하자면, 미생물이나 그 미생물의 무엇인가가 우리 몸을 자극한 기억이 우리 세포의 표면에 사진의 음화처럼 뒤집힌 형태로 찍혀 있다. 우리와 그들은 하나이다. 즉 그들은 우리 몸에 들어오지 않을 때에도 우리 투쟁의 상징으로서 이미 우리 안에 있다.

1940년대에 호중구와 대식세포 같은 세포들 그리고 그 세포들과 관련된 신호와 케모카인으로 이루어지는 이 유형의 면역 반응은 "선천면역계"라고 불리기 시작했다.* 선천적이라고 불리는 이유는 어느 정도는 감염을 일으키는 미생물의 그 어떤 측면에도 적응하거나 학습할 필요가 전혀 없이, 본래부터 우리가 지닌 면역이기 때문이다(B세포, T세포, 항체로 이루어지는 면역 반응의 적응적 유형은 다음 장에서 다루기로 하자). 또 어느 정도는 면역계 중 가장 오래된 진영이고 따라서 우리 조상들이 지니고 있던 것이기 때문이기도 하다. 메치니코프가 처음에 관찰했듯이, 불가사리에도, 물벼룩, 상어, 코끼리, 로리스원숭이, 고릴라, 당연히 사람에게도 있다.

선천 반응 중에는 거의 모든 다세포 생물에 존재하는 것도 있다. 파리는

---

* 선천면역계에는 비만 세포, 자연살해 세포, 가지세포 등 여러 세포들이 더 있다. 이 각각의 세포는 병원체를 향한 초기 면역 반응에서 저마다 다른 기능을 수행한다. 이들의 공통점 중 하나는 특정한 병원체만 골라서 공격하는 쪽으로 학습하거나 적응하는 능력이 없다는 것이다. 게다가 특정한 병원체에 관한 기억도 전혀 간직하지 않는다(비록 일부 자연살해 세포 집단이 특정한 병원체에 제한적이기는 하지만 적응 기억을 지닌다는 것이 최근 연구로 밝혀지기는 했다). 일차 반응자 세포인 이들은 감염, 염증, 상처로 분비되는 일반 신호에 활성을 띠며 B세포와 T세포 반응을 불러내고 활성화하는 한편으로 세포를 공격하고 죽이고 먹어치우는 메커니즘을 갖추고 있다.

선천면역계만 지닌다. 이 체계의 유전자에 돌연변이가 일어난다면, 파리—부패와 관련된 바로 그 동물—는 미생물에 감염되어 부패되기 시작한다. 나는 세포학을 공부하면서 선천면역계가 파괴된 파리가 세균에 산 채로 먹히는 광경을 본 적이 있는데, 지금까지도 자주 떠오르는 장면 중 하나이다.

선천면역계는 가장 오래된 것일 뿐 아니라, 면역에 가장 중요한 일차 반응자이다. 우리는 면역 하면 으레 B세포와 T세포, 항체를 떠올리지만, 호중구와 대식세포가 없다면 썩어가는 파리와 같은 운명에 처할 것이다.

중심에 놓임에도, 아니 아마도 그 중심에 놓인다는 점 **때문에**, 선천면역계는 의학적으로 조작하기가 어렵다는 점이 드러났다. 그러나 우리는 이미 한 세기 넘게 선천면역을 조작해왔다. 아마 모르고 한 일이었겠지만 말이다. 선천면역의 조작이라는 이 오래된 사례는 바로 백신 접종이다. 물론 백신이 처음 발명될 당시에는 선천면역이라는 용어 자체도, 보호 메커니즘도 알려지지 않았다. 백신이라는 단어도 백신 접종이 중국, 인도, 아랍 세계에서 널리 이루어진 지 수세기 뒤에야 나왔다.

2020년 4월 인도 콜카타의 후덥지근한 아침에—내 호텔방 바깥에서는 매들이 따뜻한 상승 기류를 타고 빙빙 돌면서 하늘 높이 올라가고 있었다—나는 여신 시탈라의 사원을 방문했다. 시탈라는 천연두 치유를 관장하는 여신이다. 그 사원은 뱀의 여신인 마나사도 함께 모셨다. 마나사는 독사에 물린 사람을 치료하고 독액으로부터 사람들을 보호하는 여신이었다. 시탈라의 이름은 "차가운 존재"라는 뜻이다. 신화에는 그녀가 제물이 불타고 난 뒤 차갑게 식은 재에서 출현한다고 나와 있다. 그녀는 6월 중순에 도시를 달구는 여름의 견디기 힘든 분노의 열기뿐 아니라, 염증이라는 내면의 열기도 흩어버린다고 한다. 그녀는 아동을 천연두로부터 보호하고 천연두의 고통을 치유한다고 여겨진다. 항염증 여신인 셈이다.

사원은 콜카타 의과대학에서 몇 킬로미터 떨어진 대학가 모퉁이에 있는 작고 습한 공간이었다. 실내는 물을 뿌려서 습했는데, 거기에 당나귀를 타고서 열기를 식히는 물단지를 든 여신의 신상이 있었다. 베다 시대 이래로 죽 그런 모습으로 묘사되었다. 안내자는 사원이 250년 되었다고 알려주었다. 아마 우연의 일치가 아니겠지만, 한 수수께끼의 브라만 종파가 갠지스 평원을 돌아다니면서 티카tika를 널리 퍼뜨리던 시기와 일치한다. 티카는 천연두 환자의 몸에 난 고름물집을 떼어서 쌀밥과 약초로 만든 반죽과 섞은 뒤, 아이의 피부에 작은 상처를 내고 그 상처에 발라서 접종하는 행위였다(티카는 "표지"라는 뜻의 산스크리트어에서 나왔다).

1731년 한 영국 의사는 그 행위를 믿지 못하겠다는 태도로 기술했다. "그 상처는 흔히 고름물집이 생기면서 작게 곪았다.……구멍이 곪고 열이 나거나 발진이 생기지 않는다면, 아이는 더 이상 감염되지 않았다."

인도의 티카 의사는 아랍 의사에게서, 아랍 의사는 중국 의사에게서 그것을 배웠을 가능성이 높다. 일찍이 900년부터 중국 의사들은 천연두에서 살아남은 이들이 다시는 그 병에 걸리지 않는다는 사실을 알아차리고서, 그 병에 걸린 사람을 돌보는 일을 그들에게 맡겼다. 한 번 병에 걸리고 나면, 마치 몸이 첫 노출의 "기억"을 간직한 듯이 그 병에 다시는 걸리지 않았다. 중국 의사들은 이 개념을 활용하기 위해서 천연두 환자의 몸에 생긴 딱지를 떼어내서 말린 뒤 곱게 갈아서 가루로 만든 다음, 은으로 된 긴 대롱을 써서 아이의 코에 불어넣었다. 백신 접종은 외줄타기와 비슷했다. 가루에 살아 있는 바이러스가 너무 많이 들어 있으면, 아이는 면역이 아니라 질병을 얻었다. 100명에 1명꼴로 그런 지독한 결과가 나왔다. 그러나 아이가 접종과 "고름물집"에서 살아남는다면, 그저 약하게 앓을 뿐 심하든 가볍든 다른 증상은 전혀 없을 것이고, 평생 면역이 될 것이다.

1700년대에 이 접종은 아랍 세계 전역에 퍼져 있었다. 1760년대에 수단의 전통적인 치료사들은 티시테레 엘 지데레Tishteree el Jidderee, 즉 "천연두를 구입하고" 있었다. 치료사는 대개 여성이었고, 앓는 아이의 엄마에게서 접종에 쓸 가장 잘 익은 고름물집을 가격을 흥정하여 구입했다. 절묘할 만치 신중한 기법이었다. 가장 노련한 치료사들은 바이러스 물질을 몸은 보호하는 반면, 질병은 일으키지 않을 딱 맞는 양으로 제공하는 성숙한 딱지를 구별할 수 있었다. 유럽에서 천연두를 가리키는 단어인 마마variola는 변이variation에서 유래했는데, 고름물집의 크기와 모양이 다양함을 가리킨다.

18세기 초에 튀르키예 주재 영국 대사의 아내인 메리 워틀리 몬터규는 천연두에 감염되어 완벽했던 피부에 곰보 자국이 남았다. 튀르키예에서 그녀는 마마 접종이 이루어지는 것을 보았고, 1718년 4월 1일 평생의 친구인 세라 치스웰에게 놀랍다는 편지를 썼다.

이곳에는 뜨거운 열기가 가라앉을 무렵인 가을, 9월 내내 일을 하러 나서는 나이 든 여성들이 있어.……할머니는 가장 좋은 천연두 물질이 가득 담긴 호두껍질을 들고 와서 어떤 정맥을 째면 좋겠는지 물어봐. 말하면 곧바로 커다란 바늘로 피부를 째고(살짝 긁히는 정도로 아플 뿐이야) 바늘 귀에 얹을 수 있는 만큼의 물질을 정맥에 집어넣은 뒤, 이 상처에 껍데기 조각을 대고 묶어. 그런 식으로 정맥 네댓 곳을 시술해. 그러면 그 부위에서 열이 나기 시작하는데, 사람들은 이틀 동안 누워 있어. 사흘까지 가는 경우는 드물어. 얼굴에 나는 고름물집이 이삼십 개를 넘는 일은 거의 없고, 얽은 자국이 남는 경우도 전혀 없어. 8일이 지나면 앓기 전과 똑같아져. 앓는 동안에는 상처 부위에 궤양이 생기지만, 걱정할 필요가 없다고 생각해. 해마다 수천 명이 이 치료를 받는데, 프랑스 대사는 다른 나라에서 물을 들고 다니듯이, 이곳에서는 그냥 심심해서 천연두를 들고 다닌다고 농담처럼 말해. 이 치료를 받고 죽은 사람은 아무도 없어. 내가 이 실험이 안전하다고 확신한다고 믿어도 좋아. 내 사랑하는 아들에게 해볼 생각이거든.

그녀의 아들은 결코 천연두에 걸리지 않았다.

마마 접종은 유산을 하나 더 남겼다. **면역**이라는 단어가 아마 그때 처음으로 쓰였을 것이다. 1775년 의학을 잠깐 기웃거렸던 네덜란드의 외교관 헤라르트 판 스비턴은 마마 접종으로 일어나는 열과 천연두 내성을 기술하기 위해서 이무니타스immunitas라는 단어를 썼다. 따라서 면역학과 천연두의 역사는 떼려야 뗄 수 없이 얽혀 있었다.

아마 꾸며낸 이야기일 테지만, 1762년 약재상의 실습생인 에드워드 제너는 낙농장에서 일하는 한 소녀가 이런 말을 하는 것을 들었다고 한다. "나는 절대로 천연두에 안 걸릴 거야. 우두에 걸렸거든. 마마 얽은 자국으로 얼굴이 엉망이 될 일은 없을 거야." 아마 그가 동네에서 떠도는 속설을 주워들은 것일 수도 있다. "우유 짜는 아가씨의 우유 같은 피부"라는 말이 흔히 떠돌았으니까 말이다. 1796년 5월 제너는 더 안전한 천연두 백신 접종법을 제시했다. 천연두의 친척 바이러스인 우두는 심한 고름물집도 전혀 생기지 않고 사망 위험도 전혀 없는 덜 심각한 형태의 병을 일으켰다.

제너는 낙농장에서 일하는 젊은 여성 세라 넬메스의 고름물집을 채취하여 자기 집 정원사의 여덟 살 난 아들 제임스 핍스에게 접종했다. 7월에 아이에게 다시 접종을 했는데, 이번에는 천연두 딱지에서 채취한 물질을 접종했다. 제너는 인체 실험 윤리의 거의 모든 한계를 넘었지만(예를 들면, 사전 동의를 받았다는 기록도 없고, 그 뒤에 아이에게 치명적일 수도 있는 살아 있는 바이러스로 "도전"을 했다), 그 방법은 분명히 효과가 있었다. 핍스는 천연두에 걸리지 않았다. 처음에 의료계는 반대했지만, 제너는 백신 접종을 꾸준히 확대했고, 이윽고 널리 백신 접종의 아버지라는 찬사를 받게 되었다. 사실 "소"를 뜻하는 라틴어 바카vacca에서 유래한 백신vaccine 이라는 단어에는 제너의 실험에 대한 기억이 담겨 있다.

그러나 이 이야기에는 오해를 일으킬 수 있는 대목들이 있다. 세라 넬메스에게 우두 자국을 만든 바이러스는 우두가 아니라 마두horsepox였을 가능성이 높다. 제너는 1798년에 자비 출판한 책에서 이 사실을 인정했다. "따라서 그 병은 말에서 소의 젖꼭지로, 소에서 사람에게로 옮겨진다." 게다가 서양에서 가장 먼저 백신 접종을 한 사람이 제너가 아닐 수도 있다. 1774년 영국 도싯 옛민스터 마을의 건장하고 부유한 농부인 벤저민 제스티도 낙농장에서 일하는 여성들이 우두에 걸리고 나면 천연두에 감염되지 않는다는 이야기가 사실이라고 믿고서 감염된 소의 젖통에서 우두 딱지를 채취하여 아내와 두 아들에게 접종했다고 한다. 제스티는 의사들과 과학자들에게 조롱의 대상이 되었다. 그러나 그의 아내와 아이들은 천연두가 유행할 때 감염되지 않고 살아남았다.

그런데 어떻게 접종이 면역을 일으켰을까? 특히 장기 면역을? 몸에서 생성되는 몇몇 인자들은 감염을 막을 수 있을 뿐 아니라 여러 해에 걸쳐서 감염의 기억을 간직할 수 있는 것이 틀림없다. 뒤에서 말하겠지만, 백신 접종은 대체로 미생물에 맞서는 특정한 항체를 자극함으로써 효과를 일으킨다. 항체는 B세포에서 나오며, B세포 중 일부는 수십 년 동안 살기 때문에 병원체의 세포 기억을 간직하고 있다. 첫 접종이 이루어지고 오랜 시간이 흐른 뒤에도 말이다. B세포가 어떻게 기억을 생성하고, T세포가 어떻게 면역을 돕는지는 다음 장에서 살펴보기로 하자.

그러나 백신 접종이 먼저 선천면역계를 조작한다는 사실은 덜 알려져 있다. 접종된 백신은 B세포와 T세포를 자극하기 훨씬 전에 먼저 일차 반응자 세포—대식세포, 호중구, 단핵구, 가지세포—를 활성화한다. 접종물을 포착하는 것은 바로 이런 세포들이다. 접종물을 자극제와 함께 섞었다면 더욱 그렇다. 앞에서 말한 쌀밥과 약초로 만든 반죽은 의도하지는 않았지만, 자극제 역할을 했을 것이다. 그 뒤에 포식작용을 비롯한 다양한 신호 전달 과정을 통해서 이 세포들은 접종물을 소화하고 처리하면서 면역 반응을 촉발한다.

그리고 바로 여기에 면역학의 핵심 난제가 들어 있다. 고대의 비적응적 선천면역계, 즉 미생물을 무차별적으로 공격하도록 고안된 체계를 무력화하면, 특정한 미생물의 기억을 선별적으로 간직하는 체계인 적응적 B세포와 T세포도 덩달아 무력해진다. 생쥐의 선천면역계를 유전적으로 불활성화하면, 생쥐는 백신에 거의 반응하지 않는다. 선천면역계가 제 기능을 하지 못하는 사람들—대개 희귀한 유전 질환을 앓는 아이들—은 면역력에 심각한 문제가 있으며, 백신에 아주 미미한 반응을 보인다. 선천면역력이 없는 파리가 비극적인 면역 실패로 죽는 것처럼, 그들도 세균과 곰팡이 감염으로 목숨을 잃는다. 미생물에 감염되고 짓눌리고 먹힌다.

백신 접종은 항생제, 심장 수술, 새로운 약물 등 다른 모든 유형의 의학적 개입보다도 인류의 건강에 더 지대한 영향을 미쳤다(안전한 출산도 백신 접종에 견줄 만하다). 오늘날에는 치명적인 사람 병원체를 막는 백신들이 나와 있다. 디프테리아, 파상풍, 볼거리, 홍역, 풍진 백신이다. 또 자궁암의 주요 원인인 사람유두종 바이러스의 감염을 막는 백신도 있다. 코로나 대유행을 일으킨 바이러스인 사스-코브2를 막는 백신도 하나가 아니라 몇 종류 나와 있다.

그러나 백신 접종 이야기는 과학적 합리주의가 점진적으로 발전하는 이야기가 아니다. 이 이야기에서 영웅은 백혈구를 처음 발견한 애디슨이 아니다. 포식세포를 발견함으로써 보호 면역으로 나아가는 문을 열었다고 할 수 있는 메치니코프도 아니다. 세균 세포에 맞서는 선천면역 반응을 발견한 과학자들도 이 의학적 이정표의 배후에 있는 영웅이라는 찬사를 받을 자격에는 미치지 못한다.* 오히려 그 역사는 불분명한 소문, 잡담, 속설에 속한다. 영웅은 이름 모를 이들이다. 최초로 마마 고름물집을 말려서 사용한 중국의 의사들, 바이러스 물질을 갈아서 쌀밥과 반죽해서 아이들에게 접종한 수수께끼의 시탈라 종파 신자들, 가장 잘 익은 흉터를 고를 줄 알았던 수단의 치료사들처럼 말이다.

2020년 4월의 어느 아침, 나는 뉴욕 연구실의 현미경 앞에 앉았다. 조직 배양액이 담긴 플라스크에는 박사후 연구원 한 명이 키우고 있는 이동성 단핵구가 가득했다.

그래, 여기 있구나. 나는 그렇게 중얼거렸다. 연구실에 아직 아무도 나오지 않았으므로, 남의 귀에 신경 쓸 필요 없이 홀로 내면의 대화를 나눌 수 있는 시간이었다. 병원체와 그 잔해를 "먹을" 수 있는 선천면역계의 세포인 이 단핵구는 유전자 변형을 통해서 초강력 포식세포가 된 것들이었다. 허기가 10배나 더 강했다. 즉 정상적인 포식세포가 먹는 양보다 10배나 더 많은 세포 물질을 먹고 싶어하고, 10배나 더 빨리 먹게 만드는 유전자를 삽입했다. 과학자 론 베일과 공동으로 진행 중인 이 연구는 새로운 유형의 면역을 가공하는 일을 수반한다. 앞에서 말했듯이, 단핵구는 대식세포나 호중구와 마찬가지로 특정한 자극에 선별적으로 반응하지 않는다. 대신에 많은 세균과 바이러스에 공통된 인자에 결합하는 수용체를 가지고 있으며, 세포가 다치거나 염증이 생겼을 때 일반적으로 보내는 구조 신호를 받아서 그쪽으로 이동한다.

---

* 선천면역과 선천면역 반응을 활성화하는 유전자에 관한 지식의 많은 부분은 1990년대에 찰스 제인웨이, 루슬란 메지토프, 브루스 보이틀러, 율레스 호프만의 실험을 통해서 나왔다.

그런데 특정한 세포를 먹고 죽이도록 단핵구를 유도할 수 있다면? 일반적인 감염 양상을 검출하는 것이 아니라, 이를테면 암세포의 표면에만 있는 특정한 단백질을 공략하는 유전자를 넣어서 무장시킨다면? 대개 큰 부대의 보병으로 배치되던 병사는 이제 특정한 표적을 사냥하도록 파견하는 저격병이 된다. 우리가 시도하는 것이 바로 그 일이었다. 암세포의 단백질에 결합하여 과다 활성을 띠는 형태의 포식작용을 불러일으킬 수 있도록, 단핵구에 유전자를 집어넣어서 새로운 유형의 수용체를 발현시키고자 했다. 일이 잘 된다면, 단핵구는 유례없이 게걸스럽게 암세포를 먹어치울 것이다. 본질적으로 우리는 무차별적으로 세포를 먹어치우는 성향을 지닌 단핵구와 특정한 표적을 뒤쫓는 능력을 갖춘 B세포 사이의 어딘가에 놓인 중간 세포를 만들고자 했다. 생명 세계에는 결코 존재한 적이 없는 유형의 세포, 즉 키메라를 말이다. 우리는 그런 세포가 선천면역의 무차별적인 유독성의 분노와 적응면역의 더 선별적인 살해 능력을 융합함으로써, 전반적으로 염증 반응을 일으키지 않으면서 암세포에 강력한 타격을 줄 것이라고 기대했다.

초기 동물 실험에서 우리는 생쥐에게 종양을 이식한 다음 이 초포식세포 수백만 개를 주입했다. 이 세포들은 종양을 산 채로 먹어치웠다. 지금 우리는 이 세포를 대량 증식하여 온갖 메커니즘을 적용하면서 유방암, 흑색종, 림프종을 없애는 용도로 활용할 수 있을지를 조사하고 있다.

내가 그 4월 아침에 연구실에서 초포식세포가 암세포를 먹어치우는 광경을 처음 본 후로 거의 2년이 흘렀다. 그리고 기이한 우연의 일치로 이 문장을 쓰고 있는 지금, 2022년 3월 9일 아침에 치명적인 T세포 암에 걸린 콜로라도에 사는 젊은 여성이 최초로 이 실험적 치료를 받고 있다(이 치료법은 FDA와 심사위원회의 승인을 거쳤다).

이 치료가 효과가 있는지를 알려면 몇 달이 걸릴 것이다. 결과에 관해서 내가 들은 내용은 그저 여성이 이 치료를 합병증 없이 무사히 받았다는 것뿐이다. 치료가 이루어지는 광경을 머릿속으로 그려볼 때면, 그녀의 정맥으로 한 방울씩 똑똑 약물이 떨어져 들어가는 느낌이 고스란히 와닿는 듯하다. 그녀는 무슨 생각을 하고 있을까? 어디를 보고 있을까? 혼자 있을까?

그날 밤 오전 4시쯤에야 겨우 잠이 들었는데, 어린 시절로 돌아간 꿈을 꾸었다. 델리에 사는 열 살 소년이던 나는 물방울을 생각하고 있었다. 그 꿈에 다른 것이 나올 리가 없었으니까. 그 도시는 7-8월에는 우기였고, 그 기간에 나는 한 가지 놀이를 했다. 비가 내리기 시작하면, 창가에 서서 입을 벌리고서 빗방울을 받아먹는 놀이였다. 꿈속에서는 처음에 빗방울을 입에 받았지만, 갑작스럽게 눈에 물방울이 떨어졌다. 그러더니 멀리서 천둥이 치더니 비가 그쳤다.

연구실에서 이루어진 발견이 사람의 의학으로 넘어갈 때의 두려움과 기대와 흥분이 뒤섞인 그 들뜬 느낌은 말로 표현하기가 어렵다. 발명가인 토머스 에디슨은 천재성이 90퍼센트의 땀과 10퍼센트의 영감으로 이루어진다고 정의했지만, 내게는 천재성이라고 할 만한 것이 없다. 그저 땀만 느낄 뿐이다. 그 임상시험에 참여한 여성의 모습이 내 머릿속에서 계속 어른거린다. 내가 비슷한 감정을 느낀 순간은 두 아이가 탄생한 직후였던 듯하다.

그런데 이 역시 탄생의 순간이다. 아마도 새로운 요법이 탄생하고 있을 것이다. 그리고 신인류도 함께.

나는 현미경 전원을 끈 뒤 시탈라의 별난 사원을 생각했다. 또 선천면역을 식히거나 가열해서 우리의 의학적 필요를 충족시킬 행위자로 만드는 데에 얼마나 오랜 시간이 걸렸는지, 그리고 얼마나 힘들었는지를 생각했다. 차가운 여신인 시탈라는 까탈스러운 면모도 있다고 알려져 있다. 화를 불러일으키면 그녀는 천연두, 열, 역병으로 몸을 황폐하게 만들 수도 있다. 가까운 미래에 우리는 선천면역계가 암세포에 분노를 터뜨리게 할 방법을 알아낼 것이다. 자가면역 질환이라면 그 분노를 진정시키고, 반면에 증강시켜서 병원체에 맞설 새로운 세대의 백신을 만드는 법도 알아낼 것이다. 일단 선천면역계에 사람의 악성 세포를 공격하도록 가르친다면, 우리는 염증을 다스릴 완전히 새로운 유형의 세포요법을 창안하는 셈이다. 비유하자면 암에 마마 접종을 한다고 말할 수도 있을 것이다.

방어하는 세포

몸이 몸을 만날 때

몸이 몸을 만나서
호밀 밭에서
몸이 몸에 키스하면
소리를 질러야 하나.
— 로버트 번스, "호밀 밭에서", 1782년

콜카타에 있는 시탈라 여신의 사원에서 또다른 여신인 마나사도 모시는 것은 결코 우연의 일치가 아니다. 마나사는 뱀의 여신이자 뱀독과 뱀에 물린 상처로부터 보호해주는 여신이다. 그녀는 대개 장엄하거나 냉엄하게, 때로 코브라 위에 서 있고 뒤에서 코브라들의 머리가 후광처럼 펼쳐진 모습으로 묘사된다. 뱀들은 메두사의 머리처럼 뒤엉킨 그녀의 머리카락을 타고 내려온다. 벵골 지역의 마나사 초상화는 더욱 무시무시하다. 뱀의 몸을 하고 있고 온몸이 뱀들에 휘감겨 있기도 하다.

고대로부터 내려오는 이 두 해악의 결합은 하나의 오래된 기억을 떠올리게 한다. 17세기 인도에서는 뱀과 천연두가 쌍둥이 악마처럼 함께 출몰했기 때문에, 각각으로부터 사람들을 지키는 두 여신을 하나의 사원에 모시는 것도 당연할지 모른다(인도에서는 지금도 뱀에 물리는 사고가 연간 8,000건 발생하는데, 세계에서 가장 많다).

선천면역계 이야기가 시탈라에서 시작한다면, 두 번째 유형인 적응면역계—항체, B세포, T세포로 이루어진—의 이야기는 뱀에 물린 상처로 시작할 수밖에 없다.

이 전설은 너무나 판본이 다양해서 실제와 허구를 구별하기가 어렵다. 1888년 여름, 베를린에 있는 로베르트 코흐의 연구실에서 일하던 파울 에를리히는 자신이 실험하던 바로 그 결핵 균주에 감염되었다. 그는 침에서 세균을 검출하기 위해서 직접 고안한 항산성 염색법으로 자가 진단을 내렸다. 나일 강의 따뜻한 공기가 도움이 될 것이라고 여긴 그는 요양을 하러 이집트로 갔다.

이집트에 머물던 어느 날 아침 에를리히는 환자의 치료를 도와달라는 다급한 요청을 받았다. 누군가의 아들이 뱀에 물렸는데, 동네 사람들이 에를리히가 의사라는 것을 알고 그를 찾았다. 소년이 살아남았는지 여부는 알려지지 않았지만, 소년의 부친은 에를리히에게 자신이 겪었던 특이한 일을 들려주었다. 그도 어릴 때 뱀에 물린 적이 있었고, 어른이 되어서도 몇 차례 물렸다고 한다. 처음 물렸을 때는 간신히 목숨을 건졌는데, 그 뒤로는 물릴 때마다 점점 더 가볍게 앓고 끝났다는 것이다. 이 특정한 종의 독에 여러 차례 노출됨에 따라서 그 독에 거의 내성을 띠게 된 것이 분명했다. 이런 이야기는 다양한 형태로 인도의 뱀꾼들 사이에 널리 퍼져 있다. 어릴 때 피부를 살짝 째서 뱀독을 조금 바르는 것으로 시작해서 자라면서 점점 더 많이 바른다는 이야기도 퍼져 있다. 몇 번 하고 나면 뱀독에 내성을 띤다고 한다.

그 부친의 이야기는 에를리히의 마음속에 새겨졌다. 그 사람은 뱀독에 반응을 일으켜서 항뱀독소가 생겼고, 그 면역 기억을 간직한 것이 분명했다. 그런데 인체에 보호 면역을 일으키게 한 메커니즘은 무엇이었을까? 말린 천연두 고름물집에 단 **한** 차례 노출되는 것만으로도 그 병에 평생 면역이 되는 이유는 무엇일까?

이집트에서 돌아온 직후인 1890년대 초에 에를리히는 생물학자 에밀 폰 베링을 만났다. 최근에 베를린에 설립된 왕립 프로이센 감염병연구소에 새롭게 합류한 폰 베링은 일본에서 온 객원 과학자 기타자토 시바사부로와 함께 곧 특이 면역을 조사하는 일련의 실험에 착수했다. 그중에서 가장 극적인 결과를 낳은 실험은 에를리히에게 이집트 남성의 보호 면역을 암묵적으로 떠올리게 했다. 기타자토와 폰 베링은 파상풍이나 디프테리아를 일으키는 세균에 노출된 동물의 혈청을 다른 동물에게 주입하여 그 병에 면역을 가지도록 할 수 있다는 것을 보여주었다. 폰 베링은 디프테리아 논문에 붙인 살짝 산만한 각주에서 혈청의 활동을 기술하기 위해서 독일어로 **항독소**antitoxisch라는 단어를 처음으로 썼다.

남은 문제는 이것이었다. 이 **항독소**가 무엇이고, 어떻게 생겨났을까? 폰 베링은 그것이 혈청의 특성이라고 상상했다. 일종의 추상적인 개념으로 제시한 것이었다. 그렇지만 혹시 몸에서 만들어지는 진짜 **물질**은 아닐까? 에를리히는 "면역의 실험 연구들"이라는 다양한 추정이 담긴 1891년 논문에서 동료 과학자들에게 그 물질의 가능성뿐 아니라 **물질적** 특성도 조사하라고 권했다. 그는 대담하게 항체Anti-Körper라는 단어를 창안했다. 몸Körper이라는 독일어에서 착안한 이 단어는 그가 항체가 실제 화학물질임을 점점 더 확신하고 있었음을 보여준다. "몸"이 자신을 지키기 위해서 만드는 물질이었다.

그런 항체는 어떻게 만들어졌을까? 그리고 어떻게 한 독소에만 작용하고 다른 독소에는 작용하지 않는 특이성을 띨 수 있을까? 1890년대에 에를리히는 원대한 이론을 이미 구축하고 있었다. 그는 몸의 모든 세포에는 표면에 엄청나게 많은 종류의 단백질—그는 곁사슬side chain이라고 했다—이 붙어 있다고 주장했다. 본래 화학자인 그는 다시 염료 제작 쪽에 초점

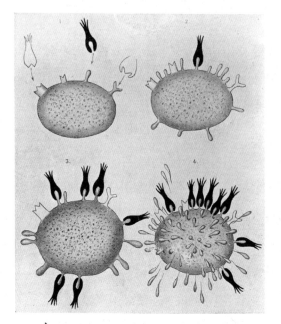

항체가 생성되는 과정을 보여주는 에를리히의 그림. 이 독일 과학자는 B세포(그림 1)가 세포 표면에 여러 곁사슬을 지닌다고 상상했다. 항원(검은 분자)이 그런 곁사슬 하나에 결합하면(2), B세포는 다른 곁사슬들을 빼고 그 특정한 곁사슬을 더욱 많이 만들며(3), 이윽고 그 항체를 분비하기 시작한다(4).

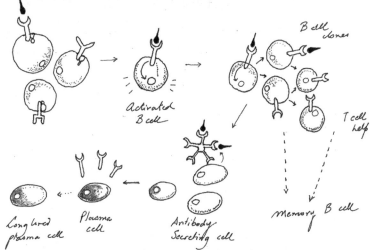

저자가 에를리히와 비슷한 그림을 이용해서 클론 선택을 통해서 실제 항체가 생성되는 과정을 묘사한 그림. 각 B세포는 표면에 독특한 수용체가 붙어 있다. 특정한 B세포에 항체가 결합하면, 그 세포는 부풀어서 수명이 짧은 항체 분비 세포를 생성한다(처음 분비되는 항체는 대개 항체 5개의 복합체인 5량체이다). 이윽고 항체를 분비하는 형질 세포가 형성된다. 이 형질 세포 중 일부는 오래 사는 형질 세포가 된다. 활성 B세포는 T세포의 도움을 받아서 기억 B세포가 된다.

을 맞추었다. 그는 각 화학물질의 곁사슬에 저마다 다른 염료를 붙이면 각기 다른 색깔을 띠게 할 수 있음을 알고 있었다. 그렇다면 항체에도 그렇게 할 수 있을 터였다. 화학물질의 곁사슬을 바꾼다면, 항체의 결합 특성, 즉 특이 친화성을 바꿀 수 있지 않을까? 독소나 병원성 물질이 세포의 그런 곁사슬 하나에 결합하면, 세포는 그 항체의 생산을 늘렸다. 에를리히는 그런 노출이 되풀이되면, 세포가 항체를 아주 많이 만들 것이고 항체는 결국 혈액으로 분비될 것이라고 추정했다. 그리고 혈액에 항체가 돌아다님으로써 면역 기억이 생긴다는 것이었다. 항체가 결합하는 물질, 즉 독소나 외래 단백질은 곧 항원antigen이라고 불리게 되었다. 항체를 **생성하는** 물질이라는 뜻이었다.

에를리히의 이론은 여러 옳은 것들로부터 잘못 구성한 산물이었다. 그는 열쇠가 자물쇠에 결합하듯이 항체가 들어맞는 항원에 결합한다고 올바로 추측했다. 또 항체가 결국 혈액으로 분비되고 한 가지 면역 기억 유형의 원천이라고 추측했다는 점에서도 옳았다. 그러나 에를리히의 곁사슬 이론은 많은 의문을 낳았다. 단백질 자체는 결국 파괴되거나 배출됨으로써 수명이 한정되어 있는데, 어떻게 면역 기억은 평생 지속될 수 있을까?

결국 과학적 기억으로 남은 것은 에를리히의 이론이 아니라 그가 창안한 단어였다. 다른 연구자들은 "면역체immune body", "쌍수용체amboceptor", "연결체copula" 같은 용어들을 제시했다. 이런 용어들이 항체의 특성을 더 정확히 포착했을 수도 있다. 그러나 후대의 연구자들은 **항체**라는 단어의 시적 단순함에 더 끌렸다. 항체는 다른 물질에 꽉 결합하는 몸—단백질—이었다. 그리고 항원은 항체를 생성시키는 물질이었다. 한 과학자는 이렇게 썼다. "이 두 단어는 로미오와 줄리엣 또는 로렐과 하디처럼 서로 떨어질 수 없는 쌍이 될 운명이었다." 이 두 화학물질처럼, 양쪽의 이름도 떼어낼 수 없는 쌍처럼 하나로 맞물렸다. 이 둘은 영구히 결합되었다.

*　　*　　*

1940년대 초에 조류를 대상으로 한 실험을 통해서 항문(총배설강) 근처에 있는 파브리치우스 주머니bursa of Fabricius라는 별난 기관의 세포가 항체를 만든다는 것이 드러났다. 발견자인 16세기 해부학자 아콰펜덴테의 히에로니무스 파브리치우스의 이름을 땄다. 이 항체를 만드는 세포에는 B세포라는 이름이 붙었다. 주머니bursa에서 비롯된 이름이다. 사람을 비롯한 포유류는 이런 총배설강 주머니가 없다. 우리 몸은 주로 골수bone marrow—다행히도 같은 B로 시작하는—에서 B세포를 만들어 림프절에서 성숙시킨다.

그때까지 항체가 항원에 달라붙은 곁사슬 수용체를 지닌 세포에서 만들어진다는 에를리히의 곁사슬 이론은 대체로 온전히 유지되고 있었다. 항체 분자의 진정한 "모양"은 여러 해가 지난 뒤에 발견되었다. 1959–1962년에 각각 옥스퍼드 대학교와 뉴욕의 록펠러 연구소에서 일하던 제럴드 에델먼과 로드니 포터는 항체가 뾰족한 머리가 2개인 Y자 모양의 분자임을 알아냈다. Y자의 두 머리는 갈퀴발처럼 작용하면서 항체에 결합한다. 대부분의 항체는 결합하는 갈퀴발이 2개이다. Y자의 자루, 즉 줄기는 여러 목적을 지닌다. 대식세포, 즉 잡아먹는 세포는 우리가 포크의 자루를 이용해서 음식물을 입으로 가져가듯이, 항체의 줄기로 항체에 결합된 미생물과 바이러스와 펩타이드 조각을 삼킨다. 손이 포크를 쥐듯이, 대식세포의 특정한 수용체가 자루를 움켜쥔다. 사실 이것이 바로 엘리 메치니코프가 관찰한 현상인 포식작용의 한 가지 메커니즘이다.

Y자의 줄기 또는 자루에는 또다른 목적도 있다. 일단 세포에 결합하면, 혈액으로부터 일련의 유독한 면역 단백질들을 끌어들여서 미생물을 공격하게 만든다. 한마디로 항체는 여러 부위로 이루어진 분자라고 볼 수 있다. 항원에 달라붙은 갈퀴발과 면역계와 소통하면서 강력한 분자 살해자가 될 수 있는 자루로 이루어진다. 항원 결합자와 면역 활성자라는 항체의

이 두 기능은 면역 갈퀴라는 형태의 한 분자로 결합됨으로써 맡은 일을 완벽하게 수행한다.

그러나 여기에서 10년 전으로 돌아가보자. 항체의 갈퀴 모양이 알려지기 한참 전인 1940년대에 에를리히의 개념은 심오하면서 난해한 철학적, 수학적 의문들을 제기했다. 그 이론의 핵심은 백만 가지 모양의 가시가 나 있는 어느 신화 속의 고슴도치처럼, 세포의 표면에 각기 다른 항원에 결합할 수 있는 **미리 만들어진 수용체**가 수백 가지, 아니 수천 가지 붙어 있다는 것이었다. 면역 반응은 이런 수용체 중 하나가 우연히 한 항원에 결합될 때, 그 항체를 마구 만들어내는, 즉 한 종류의 가시를 잔뜩 뿌려대는 과정을 수반했다.

그러나 그렇게 많다는 것이 말이 되지 않았다. 미리 만들어진 항체가 세포의 표면에 몇 개나 붙어 있을 수 있을까? 고슴도치에게 가시가 몇 개나 날 수 있을까? 항원들이라는 우주 전체가 세포의 수용체들에 "반영되어" 있을까? 즉 세포는 무한히 많은 가시가 달린 고슴도치일까? B세포에 그런 항체들의 거울상 우주를 만들 만큼의 **유전자**가 충분히 들어 있는 것이 가능할까? 에를리히가 옳다면, 우리 B세포 하나하나는 면역 반응을 일으킬 수 있는 모든 것들의 거울상 우주를 언제나 간직하고 있어야 한다. 상상할 수 있는 모든 항원에 결합할 수 있도록 말이다. 힌두교의 주요 신들 중 하나인 크리슈나의 어머니 야쇼다라는 어린 아들이 더러운 흙을 삼키자 입을 벌렸다. 그 안을 들여다보자 몸속에 우주 전체가 들어 있었다. 별, 행성, 수백만 개의 태양, 회전하는 은하, 블랙홀이 전부 있었다. 우리의 B세포 하나하나에도 거울상 우주가, 즉 우주에 있는 모든 항원과 짝을 짓는 항체가 들어 있을까?

1940년 캘리포니아 공과대학의 전설적인 화학자 라이너스 폴링은 답을 제시했다. 너무나 잘못되어서 이윽고 진실이 어디에 있는지를 가리키게 될 답이었다. 폴링은 전설적이라고 할 과학적 업적을 이루었다. 그는 단백질 구조의 핵심 특성을 밝혀냈으며, 화학 결합의 열역학도 기술했다. 반면에 그는 놀라울 만치 틀릴 수도 있었다. 명석함 못지않게 성질이 괴팍하기로도 유명했던 양자물리학자 볼프강 파울리는 한 학생의 논문을 읽고서 "너무 형편없어서 틀릴 건더기조차 없었다"라고 말했다고 한다. 학술대회에서 아무렇지도 않게 불쑥 대담하면서 상궤를 벗어난 이론들을 내놓고는 하던 폴링은 그 말을 거꾸로 뒤집은 듯했다. 그의 가설이나 모형은 때로 너무나 틀려서 나쁘다고조차 할 수 없었다. 폴링의 동료들은 그가 충동적으로 내놓는 이론에 익숙해져 있었다. 심지어 그런 이론을 소중히 여기기까지 했다. 폴링 모형의 내부 모순을 분석함으로써, 다시 말해서 그 제안이 어디가 잘못되었고 왜 옳을 수 없는지를 추론함으로써, 그들은 진정한 메커니즘, 즉 진실에 도달할 수 있음을 종종 알아차렸다.

폴링은 항체가 항원을 만나면 항원 때문에 모양이 비틀리고 뒤집힌다고 상상했다. 한마디로 녹은 밀랍을 틀에 부어서 데스마스크를 만들듯이 항원(이를테면 세균 단백질의 일부)이 항체를 생성하거나 빚는 틀 역할을 함으로써 항체의 모양을 "지령한다"—그가 쓴 표현—는 것이다.

그러나 연구자들은 폴링의 항체 지령설instruction theory을 유전학 및 진화의 원리와 조화시키기가 어려웠다. 아무튼 단백질은 유전자에 암호로 담겨 있으며, 유전자의 암호가 고정되어 있으면 그 암호로부터 만들어지는 단백질의 구조도 고정되어 있다. 항체, 즉 단백질은 미라가 된 항체를 덮어서 그 형태를 완벽하게 드러내는 일종의 모양이 변하는 장례용 천이 아니라, 미리 정해진 물리적 형태를 지닌 생화학물질이다.

가능한 답은 하나뿐이었다. 항체의 구조가 유연하다면, 항체를 생성하는 유전자도 유연해야 한다. 바로 돌연변이를 통해서 말이다. 스탠퍼드의 유전학자 조슈아 레더버그는 폴링의 개념에 도전하여 대안을 제시했다. "항원이 항체 특이성의 명령문을 담고 있을까, 아니면 돌연변이로 생기는 세포주cell line를 선택할까?" 적어도 이론상 레더버그에게는 답이 명백했다. 세포학과 유전학에서, 아니 사실상 생물학 세계의 대부분의 영역에서 학습과 기억은 대개 명령이나 열망이 아니라 돌연변이를 통해서 일어난다. 기린의 긴 목은 기린의 조상들이 대대로 나무의 더 높은 곳에 다다르기 위해서 목이 길어지기를 열망한 결과가 아니다. 돌연변이와 자연선택을 통해서 척추 구조가 늘어나서 목이 긴 포유류가 생긴 것이다. 대체 항체는 어떻게 항원의 모양에 들어맞게 비틀리는 법을 "배우는" 것일까? 항체는 왜 항원에 맞추어 자발적으로 모양을 바꿀 수 있는 부드러운 중세의 옷감처럼 어울리지 않는 행동을 할까?

물론 레더버그는 옳았다. 항체 생성 수수께끼의 정답은 1957년 오스트레일리아의 면역학자가 「오스트레일리아 과학회지Australian Journal of Science」에 게재한 모호한 논문에 묻혀 있다는 것이 나중에 드러났다(면역학 교수들은 지금도 그 논문을 읽은 적이 없다고 고백한다). 1950년대에 프랭크 맥팔레인 버넷은 닐스 예르네와 데이비드 탤메이즈의 연구를 살펴본 끝에, 폴링도 에를리히도 그 수수께끼의 답에 도달하지 못했다는 사실을 알아차렸다. 항체는 명령문이나 열망을 통해서 생성된 것이 아니었다. 게다가 하나의 B세포가 잠재적인 모든 항체에 결합할 모든 잠재적 항체의 우주를 담을 수 있는 것도 아니었다.

　버넷은 에를리히의 견해를 거부했다. 앞에서 말했듯이, 에를리히의 개념은 모든 세포가 엄청나게 다양한 항체를 갖추고 있고—무한히 많은 가시를 지닌 고슴도치—, 항원이 결합하면 그 특정한 항체가 선택된다는 것이다. 그러나 버넷은 모든 B세포가 하나의 항원에 결합하는 하나의 수용체만 지니고, 선택되는 것이 항체가 아니라 세포이며, 그 항체가 결합되면 그 세포가 불어나는 것이 아닐까 추론했다. 단백질은 명령에 따라 자라지 않지만, 세포는 자란다. 세포 표면 단백질에 하나의 항원 결합 수용체가 있는 B세포는 적절한 신호를 받으면, 바로 그 일을 할 수 있다.

버넷은 신다원주의 논리로부터 예리한 비교를 이끌어낼 수 있다고 주장했다. 한 섬에 사는 핀치들을 상상해보자. 핀치마다 조금씩 다른 독특한 부리를 만드는 돌연변이를 지닌다. 어떤 부리는 크고 납작하고, 어떤 부리는 가늘고 뾰족하다. 이제 천연자원이 갑자기 줄어든다고 상상하자. 초파리가 폭풍우에 휩쓸려 몰살되고 모든 부드러운 과일이 사라지는 바람에, 먹이는 딱딱한 껍데기로 감싸인 씨만 남는다. 바닥에 떨어진 씨를 깰 수 있는 부리가 굵은 핀치는 자연적으로 선택되어 살아남을 수 있는 반면, 꽃꿀을 빠는 부리가 가느다란 핀치는 죽을 것이다.

한마디로 개별 세포처럼 개별 핀치도 무한히 많은 부리들의 목록이나 우주를 가지고 있다가 그 환경에 가장 적합한 부리를 선택하는 식으로 그 환경에 적응하는 것이 아니다. 오히려 자연선택은 그 자연재해가 일어난 상황에서 때마침 그에 딱 맞는 부리를 지닌 개체를 고른다. 그런 선택된 핀치 집단은 불어난다. 그리고 이전 재앙의 기억은 지속된다.

버넷은 그 비유를 B세포로 확장했다. 몸에 엄청나게 많은 B세포들이 돌아다닌다고 상상해보자. 세포마다 저마다 다른 수용체가 표면에 붙어 있다. 각 세포는 저마다 부리가 다른 핀치이다. 각 수용체를 항체라고 상상하자. B세포의 표면에 붙어 있다는(그리고 그 세포를 활성화하는 신호 전달 분자들의 연결망에 연결되어 있다는) 점만 다를 뿐이다. 항원이 그런 B세포 중 하나(클론)에 결합하면, 자극을 받아서 같은 B세포들을 마구 생산하기 시작한다. 우연히 딱 맞는 부리(항체)를 지닌 핀치(B세포)가 선택되는 것이다. 이는 자연선택이 아니라 **클론** 선택clonal selection이다. 즉 항체에 결합할 수 있는 개별 세포를 선택하는 것이다.

알맞은 수용체를 지닌 B 림프구가 외래 항원을 만나면, 한 가지 놀라운 일이 벌어진다. 루이스 토머스는 『세포라는 대우주*The Lives of a Cell: Notes of a Biology Watcher*』(1974)에서 이렇게 썼다. "연결이 이루어지고 특정한 수용체를 지닌 특정한 림프구가 특정한 항원과 마주칠 때, 자연에서 가장 위대한 축소판 장관 중 하나가 펼쳐진다. 세포는 커지고, 새로운 DNA가 아주 빠른 속도로 불어나기 시작하면서 모세포blast라는 이름에 알맞은 것이 된다. 그런 뒤 분열하면서 복제되어 모두 같은 수용체를 지닌 똑같은 세포들로 이루어진 새로운 집단을 만들기 시작한다." 결국 "올바른" 수용체(항원과 가장 잘 결합하는)를 지닌 B세포 클론이 마구 불어나서 다른 모든 B세포보다 많아지면서 주류가 된다. 알맞은 부리를 지닌 핀치가 자연선택을 통해서 "선택되는" 것과 아주 비슷한 다윈주의적 과정이다.

에를리히가 1891년에 상상했듯이, 이런 모세포는 이제 혈액으로 이 수용체를 분비하기 시작한다. 수용체는 B세포의 막에서 떨어져 나와 혈액에 자유롭게 떠다니는 항체가 "된다."* 그리고 항체는 표적에 결합하면, 연쇄 반응을 일으켜서 미생물을 중독시킬 단백질들을 만들어내고, 대식세포를 불러내어 게걸스럽게 먹어치우도록, 즉 포식작용을 일으키도록 할 수 있다. 수십 년 뒤 연구자들은 이런 활성 B세포 중 일부는 그냥 사라지지 않는

---

* 약간 단순화한 것이기는 하지만, 여기에 항체 생성의 기본 원리는 오롯이 담겨 있다. 항원으로 B세포 수용체가 활성을 띠고, 그 수용체가 혈액으로 분비되고, 시간이 흐르면서 항체가 다듬어지고, 형질 세포가 항체를 계속 분비하고, 일부 활성 B세포는 기억 B세포로 전환된다는 것이 핵심이다. 뒤에서 다시 설명하겠지만, 일부 항체 분비 세포, 즉 형질 세포도 오래 존속한다. 둘 다 이전 감염의 기억을 간직하는 데에 쓰이는 듯하다. 도움 T 세포는 이 기억 과정에서 핵심적인 역할을 한다. 이 세포들은 다음 장들에서 살펴볼 것이다.

다는 것도 알아냈다. 기억 세포memory cell라는 형태로 몸에 존속한다. 토머스는 이렇게 썼다. "새로운 집단[항체에 자극받은 세포들]은 기억 장치나 다름없다." 돌발 감염이 끝나고 미생물이 청소되면, 이 B세포 중 일부는 더 잠잠해지기는 하지만 동굴에 숨은 핀치처럼 어딘가에 계속 남아 있다. 몸이 항원과 다시 만나면, 기억 B세포는 다시 활성을 띤다. 휴면 상태에서 깨어나 활동을 시작하고, 이윽고 항체를 생성하는 형질 세포로 성숙한다. 그럼으로써 면역 기억을 재생한다. 요약하자면, 에를리히는 면역 기억이 단백질의 형태로 존속할 것이라고 상상했을지도 모르지만, 그 기억을 저장하는 것은 단백질이 아니다. 이전 접촉의 기억을 간직한 것은 전에 자극을 받았던 B세포이다.

각각의 B세포는 어떻게 독특한 항체를 얻는 것일까? 다윈의 핀치는 정자와 난자의 돌연변이를 통해서 각자의 부리를 갖추었다. 돌연변이는 각 부리의 형태를 바꾸었다. 이런 돌연변이는 세포주를 통해서 후대로 이어진다. 핀치의 모든 세포의 DNA에 들어 있고, 한 세대에서 다음 세대로 온전히 전달된다. 따라서 굵은 부리 핀치는 굵은 부리 핀치를 낳을 것이고, 그 뒤의 세대들도 그럴 것이다.

1980년대에 일본의 면역학자 도네가와 스스무는 일련의 탁월한 실험에서 B세포도 돌연변이를 통해서 독특한 항체를 획득한다는 것을 보여주었다. 비록 정자와 난자에서와 달리 이런 세포들에서는 돌연변이가 정확히 조절되는 형태로 일어나지만 말이다. B세포는 유전적 모듈을 서로 뒤섞고 끼워맞춤으로써 항체 생성 유전자 집합을 재편한다. 옷을 이리저리 맞춰 입는 듯하다. 이 비유는 그 과정을 지나치게 단순화하지만, 매우 중요하다. 예를 하나 들면, 한 항체는 빈티지 재킷과 노란 바지에 검은 베레모라는 세 유전자 모듈의 혼합물일 수 있다. 다른 항체는 검은 외투와 파란 바지와 뾰족구두라는 다른 모듈들로 이루어져 있다. 모든 B세포가 시도할 수 있는 유전적 모듈들이 들어 있는 커다란 옷장이 있다. 셔츠 50벌, 모자 30개, 신발 12켤레 등을 상상해보라. 성숙한 B세포가 되려면, 그저 옷장을 열어서 독특한 유전자 모듈 조합을 골라서 재배열하여 항체를 생성하기만 하면 된다.

그런 유전자 재배열도 돌연변이이다. 비록 B세포에서 고도로 조절되면서 이루어지는 신중한 돌연변이이기는 하지만. 특수한 기구가 개별 B세포에서 유전자 재배열을 일으켜 저마다 독특한 입체 구조를 갖춤으로써, 특정한 항원에 결합할 독특한 친화성을 지닌 항체를 만든다. 성숙한 B세포는 저마다 다른 유전적 재배열 덕분에, 표면에 자신만의 독특한 수용체를 지닐 수 있다. 어떤 항원이 수용체에 결합하면 그 B세포는 활성을 띤다. 그러면 표면에 붙어 있던 수용체를 항체 형태로 혈액으로 분비하는 단계로 넘어간다. 그 B세포에 돌연변이가 더 많이 쌓이면서 항원에 결합하는 항체는 점점 더 다듬어진다.* 이윽고 B세포는 항체 생산을 촉진하는 방향으로 구조와 대사가 변형됨으로써 오로지 항체 생산만 하는 세포로 성숙한다. 이제는 항체 생산을 전담하는 세포, 즉 형질 세포가 된다. 형질 세포 중 일부는 오래 존속하면서 감염의 기억을 간직한다.

새롭게 알게 된 B세포, 형질 세포, 항체에 대한 지식은 의학에 예기치 않은 방식으로 영향을 미쳤다. 이미 우리는 선천면역계—대식세포와 단핵구 등—가 백신의 효과에 어떤 역할을 하는지 살펴본 바 있다. 그러나 백신의 궁극적인 활성은 적응면역계에 달려 있다. 항체를 생성하는 것은 B세포이며, 이 항체는 대개 장기 면역을 책임진다(앞에서 말했듯이, T세포도 장기 면

---

* 이 과정을 친화성 성숙(affinity maturation)이라고 하는데, 항체가 항원에 밀어지지 않을 만치 강하게 결합하는 친화력을 갖출 때까지 지속된다.

역에 기여한다). 대식세포나 단핵구는 미생물 파편을 소화하거나 감염된 자리로 B세포를 불러올 수는 있지만, 미생물의 일부에 결합하는 것은 항체를 분비하는 B세포이다. 미생물에 결합하는 수용체를 지닌 세포는 활성화되어 클론을 생산하며, 혈액으로 항체를 분비하기 시작한다. 마지막으로 일부 B세포는 자신의 내부 풍경을 바꾸어 기억 B세포가 됨으로써 원래 접종원의 기억을 간직한다.

그러나 백신을 떠나서 항체의 발견은 파울 에를리히의 마법의 탄환이라는 환상을 재점화시켰다. 어떻게든 간에 항체가 암세포나 미생물 병원체를 공격하도록 할 수 있다면, 항체는 그런 세포를 막는 천연 약물 역할을 할 것이다. 그 어떤 약물과도 다른, 표적을 공격하여 죽이는 맞춤 약물 말이다.

그런 약물 같은 항체를 생성하는 문제를 해결한 사람은 아르헨티나에서 온 케임브리지 대학교의 과학자 세사르 밀스테인이었다. 밀스테인은 원래 세균 세포의 단백질 화학을 연구하러 온 방문 학생이었다. 그 연구실은 방한 칸짜리였다. 그는 화학 용액의 산성도를 측정하기 위해서 pH 미터가 필요했는데, 옆 방에 있던 전설적인 단백질 화학자인 프레더릭 생어가 생화학과에서 유일하게 그 장비를 가지고 있었다. 두 사람은 pH를 측정하면서 잡담을 나누다가 이윽고 가까운 친구가 되었다. 생어는 분자생물학 분야의 기념비적인 업적인 단백질의 구조를 밝힌 연구로 1958년 노벨상을 받았다. 그리고 1980년에는 DNA의 서열을 분석하는 방법을 고안한 연구로 두번째 노벨상을 받았다.

1961년 밀스테인은 아르헨티나로 돌아가서 말브란 연구소의 분자생물학과장을 맡았다. 고국으로 돌아가서 일하겠다는 희망찬 열정을 품었지만, 그곳은 곧 악몽으로 변했다. 아르헨티나는 분열을 일으키는 민족주의

파벌들의 격렬한 전쟁터가 되었다. 밀스테인이 수도인 부에노스아이레스에 정착한 지 1년쯤 지난 1962년 3월 29일, 또 한 차례의 유혈 정치 쿠데타가 벌어지면서 전국은 분열되었다. 아르헨티나 역사상 네 번째 쿠데타였고, 그 뒤로도 두 차례 더 일어났다.

아르헨티나 전역이 혼란에 빠져들었다. 유대인은 대학에서 쫓겨났고, 밀스테인의 학과 일부는 해체되었으며, 공산주의자는 사살되었고, 민간인 특히 유대인은 교도소로 끌려갔다. 이름도 배경도 유대인계였고 자유주의 사상에 공감하던 밀스테인은 반대파나 공산주의자로 몰려서 잡혀갈지도 모른다는 불안감에 시달리면서 지냈다. 생어는 폭넓은 인맥을 활용하여 밀스테인이 밀항으로 아르헨티나를 떠나 케임브리지로 돌아오도록 조치했다. 연구실 꼭대기 층에서 pH 미터를 함께 쓴 인연은 그를 지키는 부적이자 그를 다시 영국으로 오게 해준 티켓이 되었다.

케임브리지로 돌아온 밀스테인은 세균 단백질에서 항체로 관심 대상을 바꾸었다. 항체의 특이성에 매료된 그는 B세포로 마법의 탄환을 만드는 상상에 빠져들었다. 특정한 하나의 항체를 분비할 수 있는 하나의 형질 세포를 골라서 항체 공장으로 만들 수 있지 않을까? 그 항체가 신약이 될 수 있지 않을까?

문제는 개별 형질 세포가 불멸이 아니라는 것이었다. 형질 세포는 며칠 동안 자란 뒤 그 상태로 존속하다가 이윽고 쪼그라들어서 죽는다. 밀스테인은 독일의 생물학자 게오르게스 쾰러와 함께 매우 비정통적이면서 탁월한 해결책을 내놓았다. 그들은 세포에 달라붙을 수 있는 바이러스를 이용해서 B세포를 암세포와 융합했다. 나는 여전히 그 개념에 경이로움을 느낀다. 그들은 어떻게 좀비로 죽어가는 존재를 소생시킨다는 **생각**을 떠올렸을까? 그 결과 생물학에서 가장 기이한 세포 중 하나가 탄생했다. 형질 세포는 항체 분비 성질을 간직했고, 암세포는 불멸성을 제공했다. 연구진은 이 특별한 세포를 혼성세포hybridoma라고 했다. 혼성hybrid과 암종carcinoma 의 접미사oma를 합친 단어이다. 이 불멸의 형질 세포는 이제 한 종류의 항체를 항구적으로 분비할 수 있었다. 우리는 이런 단일 유형의 항체(즉 클론)를 단일 클론 항체monoclonal antibody, MoAb라고 한다.

밀스테인과 쾰러는 1975년 「네이처」에 논문을 발표했다. 논문이 발표되기 몇 주일 전에 영국 정부가 운영하는 국립 연구개발 공단NRDC은 그런 항체가 상업적으로 폭넓게 응용될 수 있다는 보고를 받았다. 새로운 고도의 특이성을 갖춘 약물의 토대가 될 수 있다는 내용이었다. 그러나 NRDC는 그 방법이나 물질에 아무런 특허도 신청하지 않기로 했다. 보고서에는 이렇게 적혀 있었다. "당장은 현실에 적용될 가능성이 있는지를 식별하기가 어렵다는 것이 확실하다." 단일 클론 항체의 적용 가능성을 경시한 그 섣부른 판단 때문에, NRDC와 케임브리지 대학교는 그 뒤로 수십 년간 벌어들였을 법한 수십억 달러의 수익을 날린 셈이다.

그 항체가 어떤 실용적인 의미를 함축하고 있는지는 곧바로 드러났다. 단일 클론 항체는 검출자나 세포 제조자로 쓰일 수 있었다. 그러나 가장 중요하면서 수익성이 높고 가장 잘 알려진 응용 사례는 의학 분야였다. 그 항체는 온갖 새로운 약물이 될 수 있었다.

약물은 대개 표적에 결합하여, 파울 에를리히의 말처럼 자물쇠에 끼워지는 열쇠가 되어 표적을 불활성화하거나 때로는 활성화함으로써 작용한다. 예를 들면, 아스피린은 혈액 응고와 염증에 관여하는 효소인 고리형 산소화효소cyclooxygenase라는 자물쇠에 결합한다. 같은 논리에 따라서, 다른 단백질에 결합하도록 고안된 항체도 약물로 만들 수 있었다. 항체가 암세포의 표면에 있는 단백질에 결합하여 암세포를 죽이는 연쇄 작용을 촉발할 수 있다면 어떨까? 또는 류머티즘성 관절염을 일으키는 과다 활성 면역세포의 단백질을 인식한다면?

*　　*　　*

1975년 8월 보스턴에 사는 53세의 남성 N. B.는 겨드랑이와 목의 림프절이 부어오르고 아프기 시작했다. 또 밤에 잘 때면 땀을 잔뜩 흘렸고, 너무나도 몸이 피곤했다. 그런데도 그는 꼬박 1년을 버틴 뒤에야 보스턴에 있는 시드니파버 암연구소의 의사를 찾았다.* 종양학자의 검진 결과, 림프샘이 부었을 뿐 아니라 배를 촉진할 때 만져질 정도로 지라가 아주 크게 부풀었다는 사실이 드러났다.

이어서 그들은 연구실에서 분석한 자료들도 살펴보았다. 환자의 백혈구 수는 정상을 약간 웃도는 수준이었다. 그런데 혈액에 든 백혈구들은 놀라운 양상을 드러냈다. 림프구의 수가 증가했을 뿐 아니라, 악성인 것처럼 보였다. 의료진은 부어오른 림프절 하나에 가늘고 긴 바늘을 집어넣어서 조직 표본을 채취하여 병리학자에게 분석을 의뢰했다. N. B.는 림프종이라는 진단을 받았다. 광범위 저분화 림프구 림프종diffuse, poorly differentiated, lymphocytic lymphoma, DPDL이었다.

진행형 DPDL—지라, 림프절, 돌아다니는 림프구가 다 부어 있는—은 예후가 불분명한 질환이다. 의료진은 악성 세포로 가득 차 있는 환자의 지라를 수술로 절제하고, 화학요법을 시작했다. 정맥을 통해서 세포를 죽이는 약물이 잇달아 주입되었다. 그런데 전부 다 효과가 없었다. 백혈구는 계속 불어났다.

연구소의 종양학자 리 내들러는 새로운 계획을 내놓았다. 림프종 세포는 표면에 단백질이 많다. 그 세포를 생쥐에게 주입하면, 생쥐는 그 악성 세포에 맞서는 항체를 형성한다. 내들러는 밀스테인과 쾰러의 방법을 변형하여 N. B.의 암세포를 이용해서 그의 종양 세포에 맞서는 항체를 생성하

---

* 현재는 대너파버 암연구소라고 불린다.

게 한 다음, 반응이 있기를 바라면서 그 항체가 든 혈청을 투여했다. 이는 맞춤 암 요법, 아니 더 정확하게 말하면 맞춤 암 **면역**요법의 극단적인 사례였다.

처음에 혈청을 25밀리그램 투여하자, 림프종은 무시하는 듯했다. 두 번째로 75밀리그램을 투여하자, 백혈구 수가 뚜렷하게 감소하는 효과가 나타났다. 암은 반응했지만 곧바로 다시 돌아왔다. 세 번째로 150밀리그램을 투여하자 다시금 반응이 일어났다. 혈액의 림프종 세포 수가 거의 절반으로 줄어들었다. 그러나 나중에 N. B.의 종양 세포는 이 항체에 내성을 띠게 되었고 더 이상 반응하지 않았다. 내들러의 이른바 혈청요법은 중단되었고, N. B.는 숨을 거두었다.

그러나 내들러는 림프종 세포의 막에서 항체의 표적이 될 만한 단백질을 찾는 일을 계속했다. 마침내 그는 CD20이라는 이상적인 후보를 찾아냈다. 그런데 CD20에 결합하는 항체를 림프종 약물로 만들 수 있을까?

그곳으로부터 약 4,800킬로미터 떨어진 스탠퍼드 대학교의 면역학자 론 레비도 림프종을 공격할 항체를 찾고 있었다. 1970년대 초에 레비는 이스라엘 바이츠만 연구소에서 안식년을 보낸 뒤 돌아왔다. 그 연구소의 연구원인 노먼 클라인먼은 항체—아마도 암에 맞설 항체—를 생산할 수 있는 단일 형질 세포를 분리할 방법을 개발했지만, 세포의 수명이 너무 짧아서 별 소용이 없어 보였다. 레비는 내게 말했다. "우리는 한 종류의 항체를 생산할 수 있는 단일 형질 세포를 분리했지만, 아니나 다를까 으레 죽고 말았죠."

"그런데 1975년에 갑자기 밀스테인과 쾰러가 형질 세포를 암세포와 융합할 방법을 내놓은 거예요. 이 융합으로 항체를 형성하는 세포는 영원히 살 수 있었죠." 레비의 얼굴에 활기가 돌았다. 그는 손으로 책상을 두드리기 시작했다. "그건 계시였어요. 대박이었죠. 역설적이게도 암세포[형질 세포와 융합된]의 불멸성을 이용하여 암에 맞서는 항체를 생산하는 불멸의 세포를 만들 수 있게 된 거죠. 불에 맞불을 놓을 수 있게 된 셈이에요."

레비는 B세포 림프종, 즉 B세포의 암에 맞서는 항체를 찾아나섰다. 처음에는 개인 맞춤 항체요법에 초점을 맞추었다. 각 환자에 맞춘 독특한 항체를 찾는 일이었다. 그는 항체를 만드는 IDEC라는 회사를 설립했다. 그러나 만들어진 항체에 반응하는 환자들도 일부 있었지만, IDEC와 레비는 곧 그 접근법에는 넘을 수 없는 절대적인 한계가 있음을 깨달았다. 회사가 과연 얼마나 많은 항원을 겨냥하여 얼마나 많은 항원을 만들 수 있을까?

회사는 내들러가 정상과 악성 B세포 양쪽의 표면에서 발견한 분자인 CD20에 결합하는 단일 클론 항체를 생산하여 면역을 일으키는 방법도 시도했다. 레비는 그 방법을 미덥지근하게 여겼다. 그는 그 실험적인 개입이 "면역계를 파괴해서 안전하지 않을 것"이라고 믿었다고 내게 말했다. "그래도 IDEC는 아무튼 임상시험을 하자고 나를 설득했어요."

레비는 잘못 생각했을 뿐 아니라 믿어지지 않을 만치 운이 좋았다. 다행히도 사람은 CD20을 지닌 B세포를 없애도 살 수 있다. 어느 정도는 B세포가 일단 항체를 분비하는 세포, 즉 형질 세포로 성숙하면 표면에 CD20이 없어져서 그 항체에 걸리지 않기 때문이다. CD20을 지닌 림프종 세포를 공격하면 불가피하게 같은 수용체를 지닌 정상 B세포도 동시에 공격을 받음으로써 면역력이 어느 정도 저하되겠지만, 그 때문에 죽지는 않을 것이다. 항체를 형성하는 형질 세포들은 여전히 남아 있을 것이다. 레비는 말했다. "작동할 가능성이 조금은 있었어요." 1993년 그는 데이비드 멀로니와 리처드 밀러와 함께 그 연구를 시작했다.

이 항체를 처음으로 투여받은 환자 중 한 명은 언변이 아주 유려한 내과의 W. H.였다. 그녀는 CD20이 특징인, 서서히 진행되거나 무활동 상태의 암인 소포림프종을 앓았다. 레비는 이렇게 회상했다. "그녀는 처음 투여하자마자 반응했어요." 그러나 그녀는 1년 뒤 재발했고, 다시 실험적인 단일 클론 항체요법을 받아야 했다. 이번에는 완전한 반응을 보여 종양이 녹아서 사라졌다. 그러나 이 양상은 되풀이되었다. 그녀는 1995년에 세 번째로 재발했고, 단일 클론 항체와 화학요법을 조합한 치료를 받았다. 다시금 반응이 일어났다.

1997년 FDA는 이 치료제인 리툭시맙rituximab을 승인했다. 현재는 리툭산Rituxan이라는 제품명으로 판매되고 있다. 그해에 W. H.의 림프종은 재발했다. 리툭산은 강력한 타격을 가했지만, 그 병은 1998년과 2005년, 이어서 2007년에 또다시 찾아왔다. 처음 진단을 받은 지 25년이 지난 뒤에도 그녀는 여전히 살아 있다. 리툭산은 다양한 암뿐 아니라 암 이외의 질병을 치료하는 데에도 쓰여왔다. 화학요법과 결합하여 희귀한 림프종뿐 아니라 CD20을 지닌 공격적이면서 치명적인 림프종까지도 치료하거나 더 나아가 완치했다. 2000년대 초에 나는 CD20가 발현되는 세포를 수반하는 아주 특이한 지라암에 걸린 젊은 남성을 만났다. 그는 매일 열에 시달렸고 걷을 수조차 없었다. 우리는 수술로 그의 부어오른 지라를 제거했다. 너무나 커져서 표준 수술 쟁반에 담을 수도 없어서 손수레를 이용해 병리학과까지 밀고 달려가야 했다. 그런 뒤 그에게 리툭산을 투여했다. 림프절 종양은 서서히 녹았고, 열도 떨어졌다. 그 뒤로는 20년째 재발하지 않고 있다.

리툭산은 암에 맞서는 최초의 단일 클론 항체에 속한다. 지금은 허셉틴(특정한 유형의 유방암 치료에 쓰인다), 애드세트리스(호지킨 림프종), 레미케이드(크론병과 건선관절염 같은 면역 질환) 등 여러 가지 단일 클론 항체들이 쓰이고 있다. 나는 레비에게 영국의 NRDC가 항체요법의 "실제 응용 가능성"에 매우 의구심을 품었다는 이야기를 들려주었다. 그는 웃음을 터뜨렸다. "우리조차도 확신하지 못했는걸요."

그는 자신도 놀랐다고 했다. "세포로 세포와 싸운다니. 사실 그 항체를 처음 만들었을 때는 우리도 그것으로 무엇을 할 수 있을지 감조차 잡지 못했어요."

식별하는 세포

T세포의 미묘한 지능

가슴샘의 기능을 알아내기까지 수백 년이 걸렸다.
— 자크 밀러, 2014년

1961년 런던에서 박사과정 중이던 서른 살의 자크 밀러는 과학자들 대다수가 오랫동안 잊고 지낸 사람 기관의 기능을 발견했다. 그 기관은 갈레노스가 심장 위쪽에 자리한 "불룩하고 부드러운 샘"이라고 부른 가슴샘이다. 가슴샘thymus의 영어 단어는 허브의 일종인 타임thyme의 타원형 잎과 모양이 비슷해서 붙여진 이름이다. 2세기에 의술을 펼친 갈레노스도 나이를 먹을수록 가슴샘이 서서히 쪼그라든다는 것을 알아차렸다. 그리고 동물 성체의 몸에서 이 기관을 떼어내도, 몸에는 별 변화가 없었다. 점점 작아지고 쪼그라들면서 없어도 되는 기관이었다. 그런 기관이 과연 사람의 삶에서 필수적인 역할을 할 수 있을까? 의사와 과학자는 가슴샘이 맹장이나 꼬리뼈와 마찬가지로 진화가 내버린 흔적기관이라고 생각하기 시작했다.

그러나 그것이 태아가 발생하는 동안에 어떤 기능을 할 수도 있지 않을까? 밀러는 아주 작은 집게와 가장 가느다란 수술실을 이용해서 태어난 지 약 16시간 된 생쥐에서 가슴샘을 떼어냈다. 그러자 뜻밖의 놀라운 결과가 나타났다. 림프구 혈중 농도, 즉 대식세포나 단핵구를 제외하고서 혈액에 실려 돌아다니는 백혈구의 수가 급감했고, 생쥐는 흔한 감염에 점점 더 취약해졌다. B세포의 수도 줄어들었지만, 이전까지 알려지지 않았던 유형의 다른 몇몇 백혈구들은 더욱 급격히 줄어들었다. 이 생쥐들 중 상당수는 생쥐간염 바이러스에 감염되어 죽었다. 병원성 세균이 지라에 잔뜩 들어차 있는 생쥐도 많았다. 더욱 기이하게도 밀러가 동물의 옆구리에 외래 피부를 이식해도 이식 거부 반응이 생기지 않았다. 오히려 그대로 붙은 채 살아 있었고 거기에서 "무성한 털"이 자라났다. 마치 생쥐가 자기 조직과 외래 조직을 구별할 능력을 전혀 갖추지 못한 듯했다. "자기" 감각을 잃은 상태 였다.

1960년대 중반에 밀러를 비롯한 연구자들은 가슴샘이 결코 흔적기관이 아님을 깨달았다. 신생아의 가슴샘에서는 다양한 면역세포, 그러니까 B세포가 아니라 T세포(thymus의 T)가 성숙했다.

그런데 B세포는 미생물을 죽이는 항체를 생성하는데, T세포가 하는 일은 무엇일까? T세포가 없는 생쥐는 왜 감염에 취약하고, 즉시 거부 반응을 일으켜야 마땅할 이식된 외래 피부를 왜 순순히 받아들였을까? 어떻게, 왜 자기 감각을 잃은 것일까? 다 떠나서 "자기"란 무엇을 말하는 것일까?

인체에서 가장 중요한 역할을 하는 세포 중 하나의 생리가 1970년대까지도 수수께끼로 남아 있었다는 사실은 과학으로서의 세포학이 당시 유아기에 있었음을 잘 보여준다. T세포가 발견된 것은 겨우 약 50년 전이었다. 그리고 밀러의 실험이 이루어진 지 거의 20년이 지난 1981년, 이 세포는 인류 역사를 규정하는 유행병 중 하나의 진원지가 되었다.

앨런 타운센드의 연구실은 옥스퍼드 대학교 가장자리의 언덕 위에 들어선 분자의학 연구소에 있었다.* 1993년 가을에 내가 면역학 대학원생으로 앨

---

* 지금은 웨더럴 분자의학 연구소로 이름이 바뀌었다.

런의 연구실에 들어갔을 때, T세포의 기능이라는 수수께끼는 아직 다 풀리지 않은 상태였다. 연구소는 강철과 유리로 된 현대식 건물이었다. 정문 안 내실의 경비원은 웨일스 억양이 강한 여성이었는데, 꼭 신분증을 확인한 뒤에 들여보냈다. 누구든 간에 신분증이 없으면, 들여보내지 않았다. 매일 신분증을 찾느라 주머니를 뒤적거리는 짓을 2년 동안 되풀이한 끝에, 나는 마침내 용기를 내서 물어보았다. "24개월 동안 매일 얼굴을 보지 않았나요? 내 얼굴 몰라요?"

그녀는 무뚝뚝한 얼굴로 나를 쳐다보았다. "나는 내 일을 하고 있을 뿐입니다." 그녀의 일이 침입자를 찾아내는 것일까? 마치 내가 밤에 애스턴마틴을 타고 언덕 꼭대기까지 와서 무케르지 가면을 쓰고 내 T세포 배지에 영양액을 넣는 비밀 임무를 수행 중인 제임스 본드 같은 느낌이 들었다. 훗날 이 시절을 되돌아보면서 나는 그녀가 정말로 성실한 사람이었음을 조금씩 이해하게 되었다. 그녀는 면역력을 내부화했다.

앨런의 연구실에서 나는 과학자들을 계속해서 매료시킨, 그러나 그들에게 좌절감을 안겨주는 문제를 배정받았다. 헤르페스 단순 바이러스HSV, 거대 세포 바이러스cytomegalovirus, CMV, 엡스타인바 바이러스Epstein-Barr virus, EBV 같은 만성 바이러스는 어떻게 사람 몸속에 계속 숨어 지내는 반면, 인플루엔자 같은 바이러스는 감염 뒤에 완전히 제거되는 것일까? 왜 만성 바이러스는 면역계에, 특히 T세포에 괴멸되지 않는 것일까?*

---

* 현재 우리는 이런 바이러스들에서 저마다 면역 검출을 회피하는 특수한 방법이 진화했다는 것을 안다. 이를 바이러스 면역회피(immune-evasion)라고 한다. EBV를 보면, 면역학자 마리아 마수치의 연구와 대학원생 시절에 내가 한 연구는 동일한 답을 내놓았다. EBV의 유전체에는 많은 유전자가 들어 있다. 그러나 일단 B세포에 들어가면, EBV는 이 유전자들을 대부분 끌 수 있다. EBNA1와 LMP2 이 두 개는 예외이다. T세포의 입장에서는 EBNA1 단백질이 검출하기에 딱 좋은 후보일 텐데, 놀랍게도 T세포는 이 단백질을 알아보지 못한다. 어느 정도는 EBNA1이 세포 내에서 잘 조각나지 않기 때문

그 연구실은 내가 한 번도 접해본 적이 없는 열정으로 가득한, 바쁘게 돌아가는 지적 낙원이있다. 오후 4시가 되면 낡은 청동 종이 땡땡 울리고, 연구소 사람들은 모두 구내 식당으로 내려가서 묽고 미적지근하면서 거의 마시기조차 힘든 차를 마시고 거의 씹을 수조차 없이 딱딱한 비스킷을 먹었다. 면역학의 개척자 중 한 명인 이타 아스코나스는 이따금 구석에서 추종자들과 담소를 나누고는 했다. 케임브리지 출신으로 노벨상을 받은 유전학자 시드니 브레너도 이따금 들러서 우리가 새 실험 결과를 들려줄 때마다 기뻐하며 모충 두 마리가 기어가는 듯한 특유의 덥수룩한 눈썹을 치켜올리면서 수다를 떨었다.

이탈리아에서 온 박사후 연구원 빈첸초 케룬돌로가 내 직속 선배였다. 케룬돌로는 엔조라는 별명으로 불렸는데, 키가 작고 수다스럽고 활달했다. 내가 처음 연구실에 들어갔을 때, 그는 몇 주일 동안 나를 아예 무시했다. 마치 누군가가 엉뚱한 곳에 떨궈놓은 성가신 실험 장비인 양 나를 쌩 지나치면서 바쁘게 연구실을 돌아다녔다. 그는 연구 논문을 마무리하느라 바빴기 때문에, 신입 대학원생에게 면역학의 복잡한 내용을 일일이 가르치는 일에 시간과 정력을 투자할 가치를 거의 느끼지 못하는 듯했다.

엔조의 연구에는 생쥐와 사람의 세포를 감염시킬 바이러스를 제조하는

이기도 하다. 뒤에서 곧 설명하겠지만, 앨런 타운센드는 T세포가 주조직 적합성 복합체(major histocompatibility complex, MHC)라고 하는 분자에 끼워진 바이러스 단백질 조각—펩타이드—만 인식할 수 있다는 것을 밝혀냈다. 그런데 EBNA1은 결코 펩타이드로 쪼개지지 않는다. LMP2는 다른 면역회피 수단을 쓸 듯한데, 아직 밝혀지지 않았다. HSV도 다른 면역회피 방식을 동원한다. 이들은 펩타이드가 운반되어 MHC 분자에 끼워지는 메커니즘을 무력화한다. CMV도 나름의 회피 전략을 편다. MHC, 즉 T세포가 CMV에 감염된 세포를 검출할 수 있도록 하는 바로 그 분자를 파괴할 수 있는 단백질을 만든다.

일도 포함되어 있었다. 그 바이러스는 사람의 세포에 유전자를 집어넣는 데에 쓰였다. 그래야 유전자의 기능을 검사할 수 있었다. 바이러스를 증식하려면, 즉 바이러스 입자를 더 많이 만들려면, 배양하는 세포층에 그 바이러스를 감염시켜야 했다. 그런 뒤 배지 전체를 시험관에 넣고서 정확히 세 번의 동결과 해동을 거쳐서 바이러스를 추출했다. 정확성과 끈기가 요구되는 실험 절차였다. 동결과 해동을 거치지 않으면, 세포에 든 바이러스 입자를 방출시킬 수 없었다. 반면에 이 과정을 너무 오래하면, 바이러스가 전멸할 수도 있었다. 어느 날 아침 연구실에 오자마자 엔조가 시험관 앞에서 난감해하는 모습을 보았다. 그가 사용할 바이러스를 준비하는 일을 같은 이탈리아인 연구원이 맡았는데, 말도 없이 휴가를 가는 바람에 엔조는 시험관에 든 바이러스를 추출했는지 여부를 알 수 없는 상황에 놓였다. 중요한 순간이었다. 바이러스의 양이 적으면 논문에 꼭 필요한 중요한 실험 전체를 망치게 될 터였다. 그는 한숨을 내쉬면서 이탈리아어로 욕설을 내뱉었다. 도대체가.

나는 그에게 좀 봐도 되겠냐고 물었다. 그는 내게 시험관을 건넸다.

시험관 바닥에 거의 보이지 않을 만치 옅게 연구원이 끼적거린 글자들이 보였다. C, S, C, S, C, S.

"동결이 이탈리아어로 뭐죠?"

"콩젤라레Congelare." 엔조가 답했다.

"해동은요?"

"스콩젤라레Scongelare."

그렇다면 연구원은 동결, 해동, 동결, 해동, 동결, 해동이라고 적은 셈이었다. 이탈리아어 모스 부호처럼 보이도록 적었을 뿐이다. C, S, C, S, C, S. 동결과 해동을 3번씩 했다.

엔조는 나를 뚫어지게 쳐다보았다. 어쨌든 나를 지도하는 것이 시간 낭비는 아니었을 듯하다. 그는 실험을 끝낸 뒤 내게 커피 한잔하겠냐고 물었고, 두 잔을 준비했다. 우리 사이에 얼어붙어 있었던 무엇인가가 녹았다.

우리는 친구가 되었고, 그는 내게 바이러스학, 세포 배양, T세포 생물학, 이탈리아 속어, 맛있는 볼로네제 요리법을 가르쳤다. 나는 매일 아침 그와 일하러 쉴 새 없이 쏟아지는 비를 뚫고서 자전거로 언덕을 오르고, 마찬가지로 비가 내리는 가운데 저녁에 자전거를 타고 퇴근했다. 나는 원하는 시간에 연구실을 들락거렸다. 때로는 내 실험 재료가 배양기에 들어가 있는 동안 한밤중에 오가기도 했다. 내 머릿속은 T세포, 그리고 T세포와 만성 바이러스의 상호작용으로 가득했다. 나는 자전거를 타고 언덕을 내려오면서 머릿속으로 데이터를 죽 훑고 바이러스가 세포 안에서 살아가는 모습을 상상하면서 내 실험을 생각하고 또 생각했다. 엔조는 내게 말했다. "T세포 바이러스학을 이해하려면 바이러스처럼 생각하는 법을 배워." 그래서 나는 그렇게 했다. 어느 오후에는 EBV가 되었고, 다음날에는 헤르페스 바이러스가 되기도 했다(후자가 되려면 유머 감각이 조금 필요했다).

나는 옥스퍼드를 떠난 뒤에도 엔조와 함께 논문을 발표하는 등 공동 연구를 이어갔다. 그는 내 실험에 필요한 세포를 제공했고, 나는 그가 주방에서 실험할 만한 내 모친의 요리법을 제공했다. 우리는 전 세계의 세미나장에서 만났고, 그때마다 떨어져본 적이 없는 사람들처럼 대화를 이어나갔다. 우리의 관심사는 거의 동시에 면역학에서 암, 이어서 암의 면역학으로 옮겨갔다. 수십 년이 흐르는 동안, 나는 그의 제자에서 동료이자 친구로 성숙했다. 그러나 나는 엔조가 만족할 만한 에스프레소를 결코 만들 수가 없었다. 한번은 기어코 마시게 해보았지만, 그는 뱉어내고 말았다. 볼프강 파울리의 표현을 빌리면, 너무 형편없어서 맛볼 여지조차 없었던 셈이다.

2019년 초에 나는 엔조가 진행성 폐암에 걸렸다는 소식을 들었다. 그 충격에 나는 잠시 손가락 하나 까딱할 수 없었다. 며칠이 지나도록 마음을 추스를 수가 없어서 도무지 그에게 전화를 걸 엄두가 나지 않았다. 일이 주일이 지난 뒤에야 비로소 나는 뉴욕에서 그에게 전화를 걸 수 있었다. 그는 곧바로 전화를 받았다. 그는 자신의 상태를 있는 그대로 이야기했다. 아마 그가 밝혀내고자 평생을 바친 수수께끼를 지닌 T세포는 그의 암과 맞서 싸울 방법을 찾아낼 수도 있지 않을까? 앨런 타운센드는 「네이처 면역학Nature Immunology」에 엔조의 이야기를 실었다. "우리는 '암과 싸운다'라는 말을 듣고는 하지만, 그 말은 그가 자신에게 반역한 세포들에 맞서서 벌인 집요하면서 개인적이면서 힘겨운 면역학적 전투를 제대로 담아내지 못한다. 그는 자신의 본거지와 전 세계에서 동원할 수 있는 모든 자원을 끌어들이고 자신의 심오한 지식과 경험을 모조리 끌어모아서 그 일에 매달렸다. 그는 학생들과 동료들이 늘 자신의 최신 연구 결과를 접할 수 있도록 빠짐없이 세미나를 열면서 굳건하게……이 일을 해냈다. 사람이 얼마나 크나큰 용기를 낼 수 있는지를 잘 보여주었다."

2020년 내가 옥스퍼드로 가서 강연을 하기 몇 주일 전에 엔조가 세상을 떠났다는 소식이 들렸다. 나는 옥스퍼드로의 여정을 취소했다. 그날 저녁 나는 연구실에 말없이 앉아 내 스승이자 볼로네제 선생님이자 친구를 회상했다. 지난 기억들이 뚜렷해질 때까지 떠올리고 또 떠올렸다. 멍하고 무기력해지고 울적해졌다. 그렇게 몇 시간이 지난 뒤에야 비로소 슬픔이 북받치면서 파도가 밀려들듯이 눈물이 왈칵왈칵 쏟아졌다.

콩젤라레, 스콩젤라레.

안쪽 세계와 바깥 세계는 막을 통해서 분리되어 있다. 감염 시에 T세포는 무엇을 할까? 사람의 면역계가 보는 식으로, 미생물의 두 병리학적 세계가 있다고 상상하자. 세포 바깥에서, 즉 림프액이나 혈액에서 세균이나 바이러스가 떠다니는 "바깥" 세계가 있다. 세포 안에 들어가서 살아가는 바이러스의 "안쪽" 세계가 있다.

형이상학적인, 아니 그보다는 현실적인 문제를 일으키는 세계는 후자이다. 앞에서 말했듯이, 세포는 외부로부터 자신을 밀봉하는 막으로 에워싸인 자율적인 실체이다. 세포의 내부, 즉 세포질과 핵은 세포가 표면으로 보내는 신호나 수용체를 제외하고는 대체로 외부에서 알 수 없는 닫힌 성소이다.

그러나 바이러스가 세포 안에서 살고 있다면? 예를 들면, 독감 바이러스가 세포 안으로 침투하여 그 단백질 제조 기구를 약탈하고 세포 자신의 것과 구별할 수 없는 바이러스 단백질을 생산하게 한다면? 바이러스가 하는 일이 바로 그것이다. 즉 "현지화한다." 독감 바이러스는 숙주를 시간당 수천 개의 바이러스 입자를 생산하는 진정한 바이러스 공장으로 만든다. 그런데 항체는 세포 안으로 들어갈 수 없다. 그렇다면 정상 세포로 위장하고 있는 이런 일탈 세포를 어떻게 식별할까? 즉 어떤 바이러스가 우리 몸의 모든 세포를 완벽한 미생물 성소로 삼지 못하도록 막는 것은 무엇일까?

나는 이 모든 질문들의 답이 캘리포니아에서 옥스퍼드에 있는 앨런 타운센드의 연구실로 나를 이끌던 유혹적인 노래를 부르는 세포 안에 들어 있음을 곧 알아차리게 되었다. 거의 기적 같은 수준의 민감성을 갖추고 바이러스에 감염된 세포와 그렇지 않은 세포를 식별할 수 있는 세포, 자기self와 비자기nonself를 식별할 수 있는 세포 안에 말이다. 바로 신묘하면서 현명하고 식별 능력이 있는 T세포이다.

1970년대에 오스트레일리아에서 일하던 면역학자 롤프 칭커나겔과 피터 도허티는 T세포가 어떻게 인지하는지를 밝혀낼 첫 번째 단서를 찾아냈다. 그들은 이른바 살해 T세포에서 시작했다. 바이러스에 감염된 세포를 감지해서 그 세포가 쪼그라들어 죽을 때까지 독소를 끼얹음으로써, 세포 안으로 피신한 미생물을 제거하는 T림프구였다. 이런 세포 독성(세포를 죽이는) T세포는 표면에 특정한 표지를 지녔다. 단백질의 일종인 CD8이다.

칭커나겔과 도허티는 이 CD8-양성 T세포가 **자기**라는 맥락에서만 바이러스 감염을 인지할 능력을 지닌다는 사실을 발견했다. 다시 말해서, 우리의 T세포는 다른 사람의 몸이 아니라 **자신의 몸**에서 생성된 세포가 바이러스에 감염될 때에만 알아볼 수 있다.[*]

살해 T세포의 두 번째 특징도 마찬가지로 당혹스러웠다. CD8 T세포는 같은 몸에서 생긴 세포를 알아볼 수 있었지만, 같은 몸에서 생긴 감염된 세포만을 죽였다. 바이러스에 감염되지 않으면 죽지 않는다. 마치 T세포가 서로 별개인 두 질문을 할 수 있는 듯했다. 첫째, 내가 조사하는 세포가 내 몸에 속한 것일까? 다시 말해서 자기일까? 둘째, 그 세포가 바이러스나 세균에 감염되어 있을까? 자기가 바뀌었을까? 양쪽 다 참일 때에만, 즉 자기이면서 감염되어 있을 때에만 T세포는 표적을 죽인다.

한마디로 T세포는 자기를, 그것도 어쩌다가 감염체를 지니게 된 **변형된 자기**를 인식하도록 진화했다. 그런데 어떻게? 칭커나겔과 도허티는 유전학적 기법을 이용해서 자기의 검출이 MHC I형이라는 분자 집합을 통해서 이루어진다는 것을 알아냈다.[**]

MHC 단백질은 마치 액자처럼 작용한다. 딱 맞는 액자, 즉 맥락("자기 자신")이 없다면, T세포는 그림을 볼 수조차 없다. "자기"의 일그러진 판본

---

[*] T세포와 표적 세포가 "들어맞지 않는다"면, 즉 표적 세포가 다른 몸에서 유래하여 표면에 다른 단백질 표지를 지닌다면, 면역계는 감염 여부에 상관없이 그냥 그 세포를 죽일 것이다. 이는 이식 거부 반응의 토대이기도 하다. 낯선 이의 세포를 몸에 이식한다면, 그 세포는 거부될 것이다. 이 "비자기" 인지는 뒤에서 더 살펴볼 것이다.

[**] MHC I형 단백질은 수천 가지 변이체가 있다. 사람마다 독특한 MHC I형 유전자 조합을 지닌다. T세포가 처음 검출하는 것은 이 자기 MHC이다. 감염된 세포와 CD8 T세포가 한 사람의 것이라면(같은 MHC I형인), 인지가 일어나고 감염된 세포는 죽는다.

조차도 알아보지 못한다. 또 액자에 그림(아마도 바이러스의 일부— 감염된 자기)이 끼워지지 않으면, T세포는 감염된 세포를 알아볼 수 없다. 즉 병원체와 자기, 그림과 액사가 둘 다 필요하다.*

칭커나겔과 도허티는 이 수수께끼의 한 조각을 풀었다. T세포가 감염된 "자기"를 인식한다는 것이다. 그러나 두 번째 조각도 마찬가지로 까다로웠다. 이 분자, 즉 MHC I형이 관여하는 것은 분명하지만, 세포는 어떻게 자기가 **변형되었음**을 알리는 것일까? 다시 말해, 자기가 감염되었음을 어떻게 알릴까? CD8 세포는 독감 바이러스가 안에 들어 있는 자기-세포를 어떻게 찾아낼까?

나의 지도교수이자, 그 뒤로 여러 해 동안 가까운 친구가 되어준 앨런 타운센드는 1990년대에 이 문제를 파고들었다. 런던의 밀힐에 있을 때부터 시작해서 옥스퍼드로 자리를 옮긴 뒤에도 연구를 계속했다. 앨런은 내가 만난 과학자들 중에서 가장 명석하면서 선견지명이 있는 인물에 속한다. 때때로 그는 옥스퍼드 하면 떠오르는 전형적인 학자의 모습을 보여주기도 한다. 그는 낯선 나라에서 열리는 학술대회에 참석하는 것을 경멸한다. **열대**라는 단어는 그에게 공포심만 불러일으킬 뿐이다. 그는 거의 매일 고기로 속을 채운 물렁한 패스티로 점심을 때우며, 영국인 특유의 통렬한 완곡어법을 구사하는 습관을 완벽하게 다듬었다. 누군가가 내놓은 생각이 어리석다거나 비과학적이라고 여겨지면, 그는 어딘가 먼 곳으로 시선을 돌리고는 잠시 뜸을 들였다가 이렇게 말했다. "아! 이 개념은……뭐랄까……

---

* 여기에는 아마 심오한 진화 논리가 배경으로 깔려 있을 것이다. 대식세포나 단핵구에 들어 있는 펩타이드 조각은 감염이 정말로 일어났음을 시사한다. 자유롭게 떠다니는 펩타이드, 즉 포식세포가 제공하는 알맞은 액자에 담겨 있지 않은 펩타이드는 우연히 생기거나 더 안 좋은 상황이라면 사람 세포의 잔해일 수도 있다. "자기"의 조각에 면역 반응을 일으킨다면 자가면역 반응이 촉발될 것이다. T세포의 면역 작용은 파국적인 결과를 빚어낼 수 있다.

음……좀 **미묘해** 보여." 나는 연구실 회의 때마다 그 미묘하다는 말을 꽤 자주 들었다고 고백해야겠다.

1980년대 말과 1990년대 초에 타운센드는 다른 연구자들과 함께 살해 T 세포가 바이러스에 감염된 세포를 어떻게 검출하는지를 조사했다. 이번에도 그의 연구 대상은 CD8 살해 T세포였다. 특히 그는 독감 바이러스에 감염된 세포에 관심이 있었다. 이런 감염된 세포를 어떻게 알아보고 없앨까? 칭커나겔과 도허티가 먼저 보여주었던 것처럼, 타운센드도 CD8 T세포가 같은 몸에서 생긴 독감 바이러스 감염 세포를 죽인다는 것을 알았다. 즉 자기 인지에 의존했다. 그러나 앞에서 말했듯이, 그 자기 세포가 죽임을 당하려면 감염되어 있어야—그리고 바이러스 단백질을 발현해야—했다. 과연 어떤 바이러스 단백질을 알아보는 것일까? 연구자들은 이런 살해 T세포 중 일부가 독감 바이러스에 감염된 세포에 들어 있는 핵단백질 nucleoprotein, NP이라는 바이러스 단백질을 검출한다는 것을 알아냈다.[*]

그러나 수수께끼가 시작되는 지점이 바로 거기였다. 안과 밖의 문제 말이다. 앨런은 내게 말했다. "그 단백질 NP는 결코 세포 표면으로 나오지 않아." 우리는 강연을 끝내고 택시를 타고 돌아오는 중이었다. 비스듬히 비치는 영국 특유의 저녁 햇빛에 부서진 사금파리 조각들이 이따금 반짝거렸고, 택시가 리전트 가, 이어서 버리 가를 지나는 동안 창으로 일부 조명이 비치고 견고한 문이 있는 집들이 끝없이 늘어서 있는 광경이 펼쳐졌다. 집에 있는 사람이 머리를 밖으로 내밀지 않는다면, 집집마다 돌아다니면서

---

[*] 이 핵단백질은 세포 안에서 만들어지는 독감 단백질 중 하나이다. 만들어진 뒤에는 감싸여서 독감 바이러스 입자가 된다. 이 단백질은 세포 표면으로 나오지 않으므로 어떤 신호도 내지 않는다. 따라서 앨런 타운센드의 수수께끼는 T세포가 어떻게 그것을 검출할 수 있느냐였다.

조사하는 탐정은 이런 집들 안에 누가 사는지 어떻게 알 수 있을까?

세포막 때문에 T세포는 세포 안으로 들어갈 수 없는데, 감염된 세포 안에 든 성분에 어떻게 접근할 수 있는 것일까?

"NP는 언제나 세포에 들어 있어." 앨런은 말을 계속했다. 그 실험을 떠올릴 때면 그의 눈이 반짝거렸다. 마치 빛이 나는 듯했다. 그는 독감 바이러스에 감염된 세포의 표면에서, 즉 T세포가 검출할 수 있는 지점에서 NP의 가장 희미한 흔적이라도 찾을 수 있을지 알아보기 위해서 고강도의 민감도를 갖춘 검사를 진행했다. 몇 주일에 걸쳐서 시료를 정제하고 또 정제했다. 그러나 없었다. NP는 세포막 바깥으로 결코 고개를 내밀지 않는다. "세포 표면 단백질이라는 측면에서 보면, NP−검출 T세포의 눈에 띄는 것은 전혀 없어. 세포 표면에서는 볼 수 없어. 거기에 있지도 않아. 그런데도 T세포는 너무나도 잘 알아차리지." 택시가 깜빡거리는 불빛 앞에서 멈추었다. 마치 답을 기다리는 양 말이다.

그렇다면 T세포는 어떻게 NP를 검출할까? 1980년대 말에 중요한 발견들이 이루어졌다. 앨런은 CD8 살해 T세포가 세포 표면으로 삐죽 튀어나온 온전한 NP를 인지하는 것이 아님을 알아냈다. T세포가 검출하는 것은 바이러스 펩타이드, 즉 NP가 분해되어 나온 작은 조각이었다. 그리고 중요한 점은 이 펩타이드가 올바른 "틀"에 끼워져서 T세포에게 "내놓아져야" 한다는 것이었다. 이 사례에서는 MHC I형 단백질에 실려서, 즉 탑재되어서 세포 표면으로 운반되어야 했다. 그것이 바로 자기, 그러나 변형된 자기임을 알리는 방식이었다.

MHC I형 단백질, 즉 칭커나겔과 도허티가 살해 T세포 반응에 관여한다고 밝혀낸 바로 그 단백질은 사실 운반체, 펩타이드 운반 짐꾼, "액자"였다. MHC는 안에 든 것을 밖으로 꺼내고 있었다. 세포 안에 있는 것들을 건져서 끊임없이 밖으로 내보내고 있었다.

MHC를 스파이, 쿠바에 있는 우리의 정보원이라고 상상해보라. 이 요원은 세포 내부의 상황을 면역계가 알아볼 수 있는 수기 신호로 보낸다. T세포는 알맞은 정보원이 필요하다. 이는 자기 인지라는 요구 조건에 해당한다. 또 올바른 수기 신호도 필요하다. 세포 안에 외래 병원체가 있다는 요구 조건에 해당한다. 이는 생물이 지닌 또 한 가지 암호이다. 올바른 내부 정보원과 올바른 수기 신호가 결합될 때, 즉 자기 MHC가 바이러스 펩타이드 조각을 운반해서 보여줄 때 T세포는 그 세포를 죽이러 나선다.

생물학에서 가장 감동적인 순간은 아마도 어떤 분자의 구조가 기능과 딱 들어맞음을 발견할 때일 것이다. 분자의 모양과 하는 일이 완벽하게 맞아 떨어지는 것을 볼 때 말이다. DNA 하면 으레 떠오르는 이중나선을 보라. 네 문자로 이루어진 모스 부호처럼, DNA는 A, C, T, G 이 네 가지 화학물질의 독특한 서열(ACTGGCCTGC 같은)에 정보를 담기에 딱 맞는 분자처럼 보인다. 또 이중나선은 복제가 어떻게 일어나는지 이해할 수 있게 해준다. 양쪽 가닥은 음과 양처럼 상보적이다. 한쪽 가닥의 A는 다른 가닥의 T, C는 G와 짝을 이룬다. 세포가 분열하기 위해서 DNA 사본을 만들 때, 양쪽 가닥은 갈라져서 짝을 지을 새 가닥을 만드는 주형이 된다. 음은 양의 생성을 이끌고, 양은 음을 빚어낸다. 그럼으로써 음과 양이 짝지은 새로운 DNA 이중나선이 두 개 형성된다.

정자의 꼬리는 마구 휘둘러 정자를 난자를 향해 밀고 가는 진짜 꼬리처럼 보인다. 단백질들이 모여서 만들어진 것이라는 점이 다를 뿐이다. 이 꼬리를 빙빙 돌리는 모터는 진짜 모터를 닮았다. 가동 부품들이 원형으로 배열된 형태이다. 그리고 모터를 꼬리와 연결함으로써 원 운동을 프로펠러처럼 헤엄치는 운동으로 바꾸는 갈고리는 정확히 이 변환을 이루기 위해서 가공된 부품처럼 보인다.

MHC I형 단백질도 그렇다. 현재 캘리포니아 공과대학의 결정학자 패멀라 비외르크만이 마침내 밝혀낸 그 구조는 기능과 완벽하게 들어맞는 듯했다. 짐작했을지도 모르겠지만, 그 분자는 양쪽으로 벌어진 핫도그 빵을 들고 있는 손처럼 보인다. 양쪽 빵, 즉 MHC 분자의 일부가 나선 모양으로 말려 있는 두 부분 사이의 한가운데에는 완벽한 홈이 나 있다. 바이러스 펩타이드는 두 빵 사이의 홈에 끼워지는 소시지이다. 그 소시지가 끼워져야 T세포에게 내놓을 준비가 된다.

"모든 것이 딱 들어맞았지. 모든 것이 딸깍 하고 끼워졌어." 앨런의 말이다. 외래 요소(홈에 끼워진 바이러스 펩타이드)와 자기 요소(MHC 분자의 나선형 가장자리)가 이제 둘 다 T세포에게 보인다. 앨런은 그 구조를 보는 순간 무한한 감명을 받았다. 실제로 바이러스 펩타이드가 T세포 앞에 놓아지는 장면까지 상상할 수 있었다. 그는 「네이처」에 이렇게 썼다. "MHC 분자의 결합 자리의 삼차원 구조를 처음으로 보는 순간, 면역학자라면 누구나 가슴이 마구 두근거릴 것이다." 항원 인지의 "구조적 토대"를 설명하기 때문이다. 이 I형 분자의 모양은 면역학자들이 제기한 천 가지 의문들에 답하는 한편으로 천 가지 의문을 더했다. 앨런은 1987년에 쓴 그 글에 윌리엄 버틀러 예이츠의 시에서 따온 제목을 붙였다.

여전히 새로운 형상들을
낳는 그런 형상들

실제로 펩타이드가 결합된 MHC라는 형상은 새로운 형상들을 낳았다. MHC I형의 무엇 때문에 T세포가 인지할 수 있는 것일까? 그리고 운반 단백질인 MHC I형이 자기와 외래 요소를 함께 내놓는 분자 접시라면, T세포의 표면에서 그에 대응하는 인지 분자는 어떤 구조일까? MHC 펩타이드 복합체를 검출하는 단백질은 어떤 모양일까?

MHC I형의 분자 구조가 밝혀진 바로 그 무렵에 스탠퍼드의 마크 데이비스, 토론토의 탁 막, 휴스턴의 제임스 앨리슨을 비롯한 몇몇 연구자들은 T세포 수용체를 만드는 유전자를 찾아냈다. T세포에서 펩타이드와 결합한 MHC를 인지하는 분자이다. 그리고 그 구조가 마침내 드러났을 때, 다시금 구조와 기능이 아주 잘 들어맞는다는 것이 드러났다.

T세포 수용체는 쭉 뻗은 두 손가락처럼 보인다. 두 손가락은 일부가 자기에 닿는다. 펩타이드의 양옆을 감싸고 있는 MHC 분자의 튀어나온 돌쩌귀 부위이다. 또 일부는 홈에 들어 있는 외래 펩타이드에 접촉하여 자기와 외래 펩타이드를 동시에 인지한다. 감염된 세포를 검출하는 데 필요한 두 요구 조건이 구조에 담겨 있다. 손가락의 한 부위는 자기에 닿아 있고, 다른 부위는 비자기와 접촉한다. 양쪽이 모두 닿을 때, 인지가 이루어진다.

형태와 기능의 일치는 생물학의 가장 아름다운 개념들 중 하나이며, 오래 전 아리스토텔레스 같은 사상가들이 처음으로 제시했다. MHC와 T세포 수용체라는 두 분자의 구조에서 우리는 면역학과 세포학의 기본 주제들을 알아볼 수 있다. 우리 면역계는 자기와 그 왜곡된 형태를 둘 다 알아보도록 만들어졌다. 진화를 통해서 변형된 자기를 검출하도록 설계되었다. 앨런은 선구적인 글에서 이렇게 결론 내렸다. "이제 T세포 인지를 합리적인 방식으로 탐구할 수 있다."

구조와 기능의 일치라는 문제는 잠시 제쳐두자. 타운센드는 T세포 인지 문제의 해결책이 다른 문제를 낳았다는 것을 알아차렸다. 그리고 그것은 새로운 형상을 낳았다. 바이러스 단백질—NP라고 하자—은 어떻게 세포 안에서 합성되어 T세포가 발견할 수 있는 바깥으로 나갈까?

타운센드를 비롯한 연구자들은 분자들을 더 깊이 연구함으로써 세포 안쪽에 있는 것을 꺼내어 바깥 세계에 내놓는 이 일을 해내는 정교한 내부 기구를 밝혀내기 시작했다. 지금 우리는 이 과정이 세포 내부에서 바이러스 단백질이 만들어지자마자 시작된다는 것을 안다. 세포는 그 단백질이 자신이 정상적으로 만드는 것에 속하는지, 외래 단백질인지 여부를 알지 못한다. 바이러스 단백질에는 "바이러스"의 것이라고 알리는 특징이 전혀 없다.

따라서 모든 단백질처럼 NP도 결국 세포 내부의 노폐물 처리 기구로 보내진다. 세포의 고기 분쇄기인 프로테아좀이 그것을 더 작은 조각(펩타이드)으로 쪼갠 뒤, 펩타이드를 세포질로 내보낸다. 이 펩타이드는 특수한 통로를 통해서 한 작은 방으로 운반되며, 그곳에서 MHC I형에 실린다. 바이러스 펩타이드를 실은 I형 단백질은 그것을 세포 표면으로 운반하여 T세포 앞에 내놓는다. I형 분자는 구조가 시사하듯이, 세포의 안에 있는 것을 꺼내어 T세포가 검사할 수 있도록 계속해서 시식용으로 제공하는 분자 접시와 비슷하다.

세포 자체의 분자 기구를 다른 용도로 활용하는 가장 영리한 방법 중 하나이다. 몸이 본래 지닌 노폐물 처리 공장을 활용해서 바이러스 단백질을 마치 여느 단백질을 폐기하는 것처럼 다룬다. 단백질 운반 차량에 실어서 배출구 밖으로 밀어내어 세포 표면으로 내보낸다.

안은 이제 밖이 된다. 세포는 안쪽의 생활을 엿보게 해줄 조각들을 표본 추출하여 딱 맞는 액자에 끼워서 면역계가 검사할 수 있도록 밖으로 내놓았다. CD8 세포는 여기저기 쿵쿵거리며 돌아다니면서 이런저런 세포들이 안에서 이것저것 뽑아서 세포 표면으로 내놓은 온갖 펩타이드들을 살펴볼 것이다. 그중에는 당연히 바이러스의 펩타이드도 섞여 있다. 그리고 외래 펩타이드가 자기 MHC에 실려 있는 것(변형된 자기)을 발견할 때에만 면역 반응을 촉발하여 감염된 세포를 죽일 것이다.

*　　*　　*

지금까지 우리는 세포의 "안쪽" 세계에, 즉 세포 안에 들어간 병원체에 초점을 맞추었다. 그러나 "바깥" 세계, 즉 몸속에서 병원체가 자유롭게 떠다니는 곳도 나름의 의문을 불러일으킨다. 세포 **바깥**에 있는 바이러스와 세균은 어떻게 T세포 반응을 활성화할까?

원리상 생물로서는 바이러스가 표적 세포를 감염시키기 전, 즉 아직 혈액이나 림프계에서 떠다닐 때 T세포 반응을 활성화하는 편이 여러모로 더 나을 것이다. 그러면 면역 반응의 다양한 측면들을 임박한 감염에 대비시킬 수 있다. 몸에 경보를 울려서 열, 염증, 항체 생산 등 초기에 감염을 막기 위한 모든 활동을 촉발할 수 있다.

앞에서 논의했듯이, 선천면역계의 세포들, 즉 대식세포, 호중구, 단핵구는 몸을 끊임없이 순찰하면서 상처와 감염의 징후를 찾는다. 감염 징후를 찾아내면, 이 세포들은 감염 지점으로 몰려들어서 세균 세포나 바이러스 입자를 소화한다. 즉 집어삼킨다. 그들은 침입자를 게걸스럽게 먹어서 내부화한 뒤 특수한 방으로 보낸다. 이런 방, 특히 리소좀은 바이러스를 조각내는 효소들로 가득하다. 이런 방에서 단백질은 분해되어 펩타이드가 된다.

비록 감염을 일으키는 내부화는 아니지만, 이것도 "내부화internalization"의 한 형태이다. 여기에서 바이러스는 외래 물질임이 확연해지면서 파괴된다. 아직 바이러스가 세포로 들어가서 새로운 바이러스 입자를 만들어 "현지화하기" 전에 벌어지는 일이다. 앞에서 말한 앨런 타운센드의 연구는 바이러스가 세포 안에 안전하게 틀어박힌 뒤에 일어나는 CD8 T세포 반응에 초점을 맞추었다. 그렇다면 몸의 감시체계가 병원체를 검출하자마자 T세포 반응을 일으키는 것은 무엇일까?

지금은 워싱턴 대학교 의과대학의 교수로 있는 에밀 우나누에는 1990

1 에밀리 화이트헤드. 재발 가능성이 있는 난치성 급성 림프모구 백혈병에 걸려 필라델피아의 아동병원에서 최초로 치료를 받은 소아 환자이다. 실험적인 치료법도 골수 이식도 없던 시절에 이 병은 치명적이었다. 의료진은 에밀리의 T세포를 채취해서 유전자를 변형하여 암에 맞서는 무기로 만든 다음, 다시 에밀리의 몸에 주입했다. 이 변형된 세포를 키메라 항원 수용체 T세포, 줄여서 CAR-T세포라고 한다. 에밀리는 일곱 살 때인 2012년 4월에 치료를 받았으며, 지금도 아주 건강하게 살고 있다.

2 자신의 병리학 연구실에 서 있는 루돌프 피르호. 1840-1850년대에 피르호는 뷔르츠부르크와 베를린에서 병리학자로 일하면서 의학과 생리학에 혁신을 일으켰다. 그는 세포가 모든 생물의 기본 단위이고, 인간의 질병을 이해할 열쇠가 세포의 기능 이상을 이해하는 것이라고 주장했다. 그의 책 『세포병리학』은 병을 이해하는 우리의 시각을 바꿔놓았다.

3 안톤 판 레이우엔훅의 초상화. 네덜란드 델프트에 사는 은둔 성향의 까칠한 직물 상인인 그는 1670년대에 처음으로 단안현미경으로 세포를 들여다본 사람들 중한 명이었다. 그는 자신이 본 세포들—원생동물, 단세포 균류, 사람 정자 등—을 "미소동물"이라고 했다. 이런 현미경을 500개 넘게 만들었는데, 하나하나가 섬세한 가공과 손재주의 경이로운 산물이었다. 영국의 박식가 로버트 훅은 약 10년 더 앞서 세포벽으로 둘러싸인 식물 세포를 관찰했지만, 믿을 만한 훅의 초상화는 남아 있지 않다.

ANTONI VAN LEEUWENHOEK.
LID VAN DE KONINGHLYKE SOCIETEIT IN LONDON.

4 1880년대에 루이 파스퇴르는 세균 세포("병균")가 감염과 부패의 궁극적인 원인이라는 대담한 주장을 펼쳤다. 독창적인 실험을 통해서 그는 공기에 떠다니는 보이지 않는 "미아즈마타"가 부패와 인간 질병의 원인이라는 개념을 타파했다. 인간 질병이 자율적이고 스스로 증식하는 병원성 세포(즉 병균)로 생길 수 있다는 개념은 세포론에 힘을 보탰고, 세포론이 의학과 긴밀한 관련을 맺도록 이끌었다.

5 로베르트 코흐(1843–1910). 독일의 미생물학자인 그도 파스퇴르와 마찬가지로 "세균론"을 내놓았다. 그의 주된 공헌은 질병의 "원인" 개념을 정립한 것이었다. "원인"이라고 불릴 자격 기준을 명확히 함으로써, 그는 의학에 과학적 엄밀함을 부여했다.

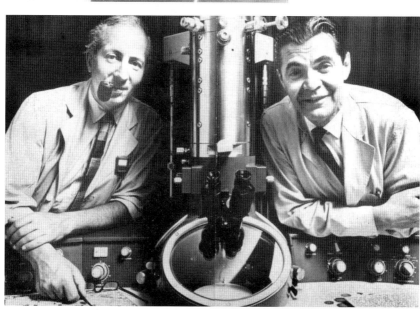

6 1960년대에 록펠러 연구소의 전자현미경 옆에 선 조지 펄레이드(오른쪽)와 필립 시케비츠. 펄레이드의 세포학과 생화학 연구진은 키스 포터, 알베르 클로드와 함께 세포 내부의 해부구조와 세포 내 구획물, 즉 "세포소기관"의 기능을 밝혀내는 데에 기여했다.

7 영국의 간호사이자 발생학자인 진 퍼디(1945–1985)와 생리학자 로버트 에드워즈 (1925–2013). 1968년 2월 28일 케임브리지의 연구실에서 찍었다. 퍼디가 체외 수정시킨 사람 난자가 든 배양 접시를 배양기에서 꺼내서 에드워즈에게 건네고 있다. 퍼디, 에드워 즈, 산과의사 패트릭 스텝토는 체외 수정(IVF) 기법을 함께 개발했다. 9년 뒤인 1978년에 최초의 "시험관 아기"인 루이즈 브라운이 태어났다. 퍼디는 생식생물학과 IVF에 기여한 공로를 제대로 인정받지 못한 채, 1985년에 암으로 사망했다.

8 중국의 과학자 허젠쿠이 (또는 "JK")가 2018년 11월 28일 홍콩에서 열린 사람 유전체 편집 국제 정상회 의에서 발표하는 모습. JK 는 2개의 사람 배아에 유 전자 조작을 했다고 발표 하여 과학자와 윤리학자 를 충격에 빠뜨렸다. 비밀 리에 야심차게 실험을 진행 한 그는 이 연구로 인정을 받기를 기대했지만, 대신에 과학계로부터 비난을 받았 다. 타당성도 거의 없고 제 대로 감독도 받지 않은 채 수행했기 때문이다.

9 아기를 안고 있는 힐데 만골트 (1898–1924), 1924년. 만골트와 한스 슈페만은 단세포 수정란이 이윽고 다세포 생물로 발생하는 과정을 밝힌 주요 실험들을 수행했다.

10 탈리도마이드로 인해 불구가 된 아이들이 다니던 영국 유치원. 탈리도마이드는 임신 중 "불안"과 입덧을 막기 위해서 임산부에게 처방되었다. 이 약의 세포학적 효과 때문에 태어난 아기들은 다양한 선천적 결함을 안고 있었다. 지금 우리는 그 약이 심장 세포와 연골 세포를 비롯한 몸의 여러 세포에 영향을 미칠 수 있다는 것을 안다. 1967년에 찍은 이 사진 속의 아이는 연필을 쥐는 보조기의 도움을 받아서 글쓰기를 배우는 중이다. 탈리도마이드는 세포, 특히 생식이라는 맥락에서 세포에 개입하는 약물이 파괴적인 영향을 미칠 수 있다는 교훈을 준다.

11 프랜시스 켈시(1914–2015). 1962년 7월 31일 워싱턴 식품의약청의 자신의 사무실에서 신약 보고서가 쌓여 있는 탁자 옆에 선 모습. 켈시는 독일 약물 탈리도마이드의 미국 내 판매 신청을 승인하지 않았다. 다른 나라들에서 다양한 이름으로 팔린 이 약을 임신 초기에 먹으면 기형인 신생아를 출산했다.

12 1944년 6월 6일 비에르빌 쉬르 메르. 노르망디 해안의 이 "오마하 해변"에서 의무대원이 부상당한 병사에게 수혈을 하고 있다. 세포요법인 수혈은 이 전쟁에서 많은 목숨을 구했다.

13 파울 에를리히와 하타 사하치로, 1913년경. 생화학자인 이들은 매독과 파동편모충증 같은 감염병을 치료할 신약을 개발했다. B세포가 항체를 생성하는 방식을 설명하는 에를리히의 이론은 1930년대에 열띤 논쟁을 불러왔다. 결국 그가 틀렸음이 드러났지만, 몸에서 특정한 침입자에 결합하여 공격하는 "항체"가 만들어진다는 그의 개념은 적응면역을 이해하는 토대가 되었다.

14 티머시 레이 브라운. "베를린 환자"라고 불린 그는 처음으로 에이즈가 완치된 사람 중 한 명이다. 2012년 5월 23일 프랑스 마르세유에서 열린 HIV와 신종 감염병 국제 심포지엄에 참석했을 때의 모습이다. 10여 년 동안 HIV에 감염되어 있던 브라운은 세포를 HIV 감염에 저항성을 띠게 한다는 것이 입증된 CCR5 델타 32 세포 표면 수용체의 변이체를 자연적으로 지닌 "기증자"의 세포를 골수에 이식하는 실험적인 치료를 받았다. 독일 혈액학자 게로 휘터 연구진이 이식 과정을 맡았다. 그 치료가 없었다면 브라운은 결국 백혈병으로 사망했을 것이다. 그러나 그는 HIV에 내성을 띰으로써 살아남았다. 기증자의 세포가 제공한 자연적인 감염 내성 덕분일 가능성이 높다. 이 사례는 HIV 백신을 만드는 방식에 관한 심오한 의문들을 낳았다.

15 산티아고 라몬 이 카할, 1876년. 카밀로 골지가 개발한 염색법의 도움을 받아 카할이 그린 신경계 그림들은 뇌와 신경계의 작동방식에 관한 우리의 개념에 혁신을 일으켰다. 카할의 그림은 과학에서 가장 아름다우면서도 계시적인 그림에 속한다.

16 프레더릭 밴팅과 찰스 베스트. 1921년 8월 토론토 대학교 의학동 지붕에서 개와 함께 있는 모습. 밴팅과 베스트는 독창적인 실험을 고안해서 몸의 포도당 농도를 조절하는 핵심 요소인 인슐린 호르몬을 찾아내고 정제했다.

17 2005년 9월 기초 의학 연구에 주는 상인 래스커상을 공동 수상한 제임스 틸(왼쪽)과 어니스트 매컬러. 조혈 줄기세포를 찾아낸 선구적인 연구를 인정받아 상을 수상했다.

18 2001년 8월 8일 워싱턴 시애틀에서 열린 기자 회견 뒤 2001년 노벨 생리의학상 수상자 릴런드 "리" 하트웰(왼쪽)이 1990년 노벨상 수상자 E. 도널 토머스에게 말을 거는 모습. 프레드허친슨 암연구 센터의 회장이자 명예 소장이면서 워싱턴 대학교의 유전학 교수이기도 한 하트웰은 세포가 분열하는 방식을 알아낸 업적으로 상을 받았다. 토머스는 골수 이식 연구로 상을 받았다. 서로 별개인양 보이는 세포학의 이 두 분야는 지금 공통의 주제를 찾아서 협력을 모색하고 있다(예를 들면, 이식된 혈액 줄기세포를 어떻게 하면 잘 구슬려서 분열하여 새로운 피를 만들게 할 수 있을까?)

년대에 세포 바깥의 미생물에 T세포가 어떻게 반응을 일으키는지 연구하기 시작했다. 그는 이런 유형의 면역 검출도 타운센드가 발견했던 것과 거의 비슷한 원리를 따른다는 사실을 알아냈다.

일단 삼켜져서 리소좀으로 보내진 세균과 바이러스는 분해되고 펩타이드로 조각난다.* 그리고 MHC I형 분자가 세포 내부의 펩타이드를 액자에 넣어서 T세포에 내놓는 것처럼, MHC II형이라는 친척 단백질 집단은 주로 외부 펩타이드를 T세포에 내놓는다. 구조도 비슷하다. 한가운데 펩타이드가 끼워질 홈이 나 있는 둘로 쪼갠 빵을 들고 있는 손 모양이다.

대강 요약하자면 이렇다.

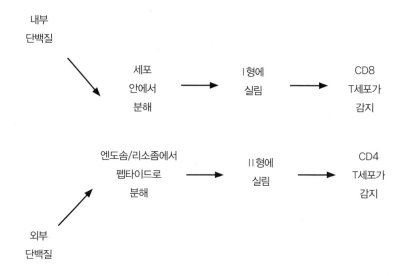

바로 여기에서 면역 반응은 공격의 두 번째 진영도 동원하면서 다양해진다. 칭커나겔과 도허티가 발견했듯이, MHC I형이 내놓는 내부 펩타이드는 CD8 살해 T세포라는 T세포 집단이 검출한다. 앞에서 말했듯이, CD8

---

* 여기에서 주의할 점이 하나 있다. 세포의 내부에서 생기는 펩타이드—대개 노폐물—중 일부도 파괴를 위해 리소좀으로 보내진 뒤 MHC II형에 실려서 내보내진다.

세포는 감염된 세포를 죽이며, 그 과정에서 바이러스를 제거한다.

반면에 세포 바깥에 있는 병원체에서 나오는 펩타이드의 대부분(그리고 세포 내부에서 리소좀으로 들어간 것 중 극소수)는 MHC II형이 내놓는다. 이 펩타이드는 CD4 T세포라는 다른 T세포 집단이 검출한다.

CD4 T세포는 살해자가 아니다(여기에도 나름의 논리가 있다. 바이러스는 이미 죽어서 조각난 상태이다. 죽은 바이러스가 있다고 T세포에게 알리는 세포를 죽일 이유가 어디 있겠는가?). 이 T세포는 그보다는 **편성자**이다. MHC II 펩타이드 복합체가 감지되면, CD4 세포는 면역 반응을 조율하기 시작한다. B세포에게는 항체 합성을 시작하라고 촉구한다. 대식세포의 포식 능력을 증진시키는 물질을 분비한다. 또 해당 부위로 향하는 혈류량을 늘리고 감염에 맞설 B세포를 비롯한 다른 면역세포들을 부른다.

CD4 세포가 없으면 선천면역에서 적응면역으로의 전환, 즉 병원체 검출에서 B세포의 항체 생산으로 이어지는 과정이 제대로 진행되지 않을 것이다. 이런 특징들을 갖추고 있고 특히 B세포 항체 반응을 지원하기 때문에 이 유형의 세포를 "도움helper" T세포라고 한다. 즉 이 세포는 선천면역계와 적응면역계를 잇는 일을 한다. 이들은 대식세포와 단핵구를 B세포 및 T세포와 연관 짓는다.*

---

* 병원체와 우리의 전투가 너무나 필사적이고 끊임없이 일어나기 때문에 이 도우미조차도 다른 도우미들이 필요하다. 많은 다양한 세포들—우리가 앞에서 만난 단핵구, 대식세포, 호중구—은 도움 및 살해 T세포를 끌어들이기 위해서 펩타이드/MHC 복합체, 즉 자기 내부의 내용물을 담은 분자 접시를 내놓는다. 아무튼 이것은 바이러스에 감염된 세포를 감시하는 전반적인 체계이다. 한편 T세포를 끌어들이는 쪽으로 분화한, 본질적으로 항원을 제출하는 쪽으로 특화한 세포도 있다. 병원체를 검출하고 면역 반응을 촉발하는 것이 이 세포의 주된, 아니 유일한 기능일 수도 있다. 과학자 랠프 스타인먼이 발견한 이 세포는 주로 지라에 살며, 수십 개의 가지를 뻗는다. T세포에게 와서 살펴보라고 손짓하는 듯하다. 스타인먼은 1970년대에 현미경을 들여다보다가 이 세포를 발견했는데, 그 뒤로 거의 40년을 이 세포의 기능을 알아내는 일에 매달렸다. 이 세포는 바

항원을 처리해서 T세포 인지의 주축을 담당하는 CD4와 CD8 세포 앞에 내놓는 과정은 느리지만 꼼꼼하면서 체계적이다. 도심의 분자 범죄자 무리를 소탕하고픈 욕구에 총을 쥔 손이 근질거리는 보안관인 항체와 달리, T세포는 집 안에 누가 숨어 있는지를 살피면서 소리 없이 이 집 저 집을 돌아다니는 탐정이다. 루이스 토머스는 『세포라는 대우주』에 이렇게 썼다. "말벌처럼 림프구도 탐사용으로 유전적으로 프로그램이 되어 있지만, 각 림프구는 저마다 다른 혼자만의 생각을 가지도록 허용된 듯하다. 그들은 감지하고 감시하면서 조직을 훑으며 돌아다닌다." 그러나 B세포와 달리 T세포는 총을 쏘면서 술집에서 뛰쳐나오는 범죄자를 찾고 있는 것이 아니다. 파이프 담배를 피우며 우산을 들고 다니면서 누군가의 흔적을 살피

이러스와 세균을 가두는 가장 효율적인 메커니즘 중 하나이자, 펩타이드/MHC 복합체를 내놓는 가장 효율적인 처리 시스템 중 하나를 지니며, T세포를 활성화하는 단백질들을 표면에 가장 빽빽하게 간직하고 있으며, 적응면역과 선천면역 반응 모두를 활성화하는 분자 경보 신호를 발하는 가장 강력한 메커니즘 중 하나도 지니고 있다. 이것이 바로 "가지세포(dendritic cell)"이다. 영어 단어는 가지를 뜻하는 그리스어에서 나왔다. 세포에서 많은 가지와 손가락이 뻗어 있기 때문이다(이 가지 하나하나가 T세포가 결합할 자리를 만들기 위해서 진화한 것이라고 상상할 독자도 있을 듯하다). 이 세포는 다면적인 면역계의 모든 측면들을 조정하면서 감염에 반응하도록 촉발할 수 있으므로 비유적인 차원에서도 많은 가지들을 뻗고 있는 셈이다. 아마 가지세포는 병원체에 면역을 일으키는 일차 반응자들 중 첫 번째 주자일 것이다. 랠프 스타인먼은 2017년 9월 30일 뉴욕에서 영면했다. 노벨상 위원회가 그의 발견을 인정하고 상을 주기 며칠 전이었다(그 결과 안타깝게도 상은 정해졌지만 수상자가 없는 상황이 얼마 동안 이어졌다. 노벨상은 사후에는 수여되지 않기 때문이다. 그러나 스타인먼의 수상은 그가 세상을 떠나기 한참 전에 결정되었기 때문에, 그 영예는 그에게 돌아갔다). 전 세계의 과학자, 의사, 그의 제자들로부터 추도사와 헌사가 쏟아졌다. 내가 보기에 시애틀의 면역학자 필 그린버그가 쓴 추도사의 제목이 우리를 세포학의 근원으로 돌아가게 하는 만드는 가장 함축적인 제목인 듯하다. 현미경을 들여다보면서 생물학의 새로운 우주를 개척한 판 레이우엔훅, 훅, 피르호에게로 말이다. 추도사의 제목은 "랠프 M. 스타인먼 : 사람, 현미경, 세포, 그리고 훨씬 더 많은 것들"이다. 이 책에 실린 연구자들의 이야기는 거의 다 그 세 단어로 요약된다. 과학자, 현미경, 세포.

는 박식한 셜록 홈스와 약간 비슷하다. 안에 있는 누군가가 남긴 흔적이나 바깥 쓰레기통에 버려진, 이름이 일부 남아 있는 찢긴 편지 조각 같은 것들 말이다(쓰레기통에 쌓인 구겨진 편지지 조각들을 MHC 분자에 실어서 내놓은 펩타이드라고 생각할 수도 있다).

면역계는 이중성을 띤다. 한 인지 체계는 세포라는 맥락이 전혀 필요하지 않는 반면(B세포와 항체), 다른 인지 체계는 외래 단백질이 세포의 맥락에서 제출되어야만 촉발된다(T세포). 바로 이 이중성 덕분에 몸은 바이러스와 세균을 항체를 통해 혈액에서 제거할 뿐 아니라, 안전하게 틀어박혀 지냈을 수도 있을 감염된 세포를 T세포를 통해 제거할 수 있다.

앨런이 말하는 미묘하다는 말과 정반대의 의미로, 진정으로 미묘하다.

1979년과 1980년에 이 병의 첫 환자들이 병의원을 찾기 시작했다. 1979년 겨울 로스앤젤레스의 의사 조엘 와이즈먼은 기이한 병으로 병원을 찾는 환자들이 갑자기 늘어났다는 것을 알아차렸다. 대부분 20-30대의 남성들이었다. "소모열, 체중 감소, 부어오른 림프절이 특징인 단핵구증 유사 증후군." 한편 미국 반대편 지역에서도 비슷하게 특이한 질병을 앓는 환자들이 갑자기 출현하기 시작했다. 1980년 3월 뉴욕에서는 닉이라는 환자가 기이한 소모성 질환에 걸렸다. "피로, 체중 감소, 서서히 진행되는 전신 소모."

1980년 초가 되자 환자들은 더욱 늘어났다. 주로 뉴욕과 LA에 사는 젊은 남성이었고, 상당수는 이전까지 면역력이 심하게 약해진 환자들에게서만 볼 수 있었던 유형의 폐렴에 걸린 상태였다. 이 폐렴은 거의 교과서에서만 접할 수 있었던 병원체인 폐포자충에 감염되어 생겼다. 이 병은 워낙 드물어서 유일한 치료약인 펜타미딘은 연방정부가 운영하는 약국에서만 취급했다. 1981년 4월 미국 질병통제센터CDC의 한 약사는 그 항균제의 수요가 거의 3배로 증가했고, 그 약을 요청한 곳 대부분이 뉴욕과 LA의 여러 병원들이라는 것을 알아차렸다.

1981년 6월 5일은 하나의 이정표가 세워진 날이었다. 젊은 남성 5명이 폐포자충 폐렴PCP을 앓고 있으며, 매우 특이하게도 그들 모두 LA에서 서로 몇 킬로미터 떨어지지 않은 곳에 산다는 내용이 담긴 「이환율과 사망률 주간 보고서*Morbidity and Mortality Weekly Report*」(MMWR)가 나온 날이었다. CDC가 매주 전국의 질병 양상을 파악하여 내놓는 자료였다. 환자들이 다른 남성과 성적 접촉을 한 남성들이라는 사실은 나중에야 드러났다. "면역 결핍증의 임상 증상이 없으며, 지금까지 건강했던 5명이 폐포자충에 감염되었다는 것이 특이하다.……검사를 받은 3명은 모두 세포 면역 기능이 비정상이었고, 4명 중 2명은 최근에 동성애 접촉을 했다고 대답했다. 이 모든 관찰은 **세포-면역 기능 이상**[강조는 저자]이 이들을 기회 감염에 취약하게 만드는 공통의 노출과 관련이 있을 가능성을 시사한다."

이어서 아메리카 대륙의 양쪽 연안에서 피부와 몸의 점막에 희귀한 암이 생긴 남성들이 병원을 찾기 시작했다. 미국에서는 거의 찾아볼 수 없었던 이 카포시 육종은 무통성 악성 종양이었는데, 나중에야 바이러스 감염과 관련이 있다는 사실이 드러났다. 대개 피부에 자청색 병터가 생기는데, 적도 부근 아프리카의 풍토병 지대에 사는 이들과 일부 나이든 지중해 남성들에게서 이따금 발병했다. 그러나 뉴욕과 LA에서 발생한 이 육종은 가장자리가 보라색을 띠고 까지면서 팔다리의 피부를 잠식하는 공격적이고 침습적인 암이었다. 1981년 3월 「랜싯*Lancet*」에는 또다른 그런 특이한 환자 8명의 사례 보고가 실렸다. 그때쯤 소모병을 앓던 닉은 무해한 집고양이를 비롯하여 모든 동물에 기생하는 대개는 비침습적인 흔한 병원체인 톡소포자충에 의해서 뇌에 구멍이 송송 나면서 사망한 상태였다.

1981년 늦여름에는 이전까지 면역력이 심각하게 저하된 환자에게서만 볼 수 있었던 특이한 질병이 갑자기 출현한 것처럼 보였다. 매주 「MMWR」

에는 서로 관련이 없어 보이는 질병들로 이루어진 천의 얼굴을 가진 유행병이 떠돌고 있음을 알리는 암울한 내용들이 연이어 실렸다. 폐포자충 폐렴, 크립토코쿠스 수막염, 톡소포자충증 환자도 더 늘어났고, 낯선 무통성 바이러스가 갑자기 활동성으로 변하면서 젊은 남성들에게 보라색 육종이 생겨났고, 격렬하고 특이한 림프종도 뜬금없이 출현했다.

역학적으로 볼 때 유일한 공통점은 이런 질병들이 동성애를 하는 남성들을 극히 선호한다는 것뿐이었다. 비록 1982년경에는 혈액 응고 장애인 혈우병 환자들처럼 자주 수혈을 받는 이들도 그런 질병들에 걸릴 위험이 높다는 사실이 명확해졌지만 말이다. 그리고 거의 모든 사례에서 면역이, 특히 세포 면역이 재앙 수준으로 붕괴했다는 징후들이 있었다. 1981년 「랜싯」의 한 호에는 그 병을 "게이 손상 증후군"이라고 부르자는 투고가 실렸다. "게이 연관 면역결핍증", 또는 더 심술궂게(명백히 차별적인 의도로) "게이암"이라고 부르는 이들도 있었다. 1982년 7월 의사들이 원인을 밝히려고 분투하는 동안, 병명은 획득 면역결핍 증후군acquired immunodeficiency syndrome, 줄여서 에이즈AIDS로 바뀌었다.

그런데 이 면역력 붕괴의 원인은 무엇이었을까? 1981년에 뉴욕과 LA의 세 연구진은 서로 독자적으로 환자들을 연구하여 세포 면역계가 무너졌음을 알아냈다(「MMWR」 1981년 6월호에도 "세포 면역"의 붕괴가 언급되었다). 면역세포를 유형별로 상세히 살펴보자, 곧 CD4 도움 T세포가 수가 적을 뿐 아니라 기능에도 중대한 결함이 있음이 밝혀졌다. CD4 세포는 혈액 1세제곱밀리미터에 약 500-1,500개가 정상이다. 그런데 증상이 심한 에이즈 환자는 50개에 불과했고, 심지어 10개까지 줄어들기도 했다. 한 연구진은 에이즈가 "특정한 T세포 집단, 즉 CD4+ T 도움/유도 세포가 선택적으로 사라진다는 점이 특징인 최초의 인간 질병"이라고 기술했다. 이제 혈액 1세제곱밀리미터에 든 CD4 도움 T세포의 수가 200개 이하일 때 에이즈라는 진단이 내려졌다.

곧 바이러스 같은 어떤 감염원이 관여한다는 점이 명확해졌다. 그 감염원은 동성 간 및 이성 간의 성관계를 통해서 성적으로, 또 수혈로, 대개 마약을 주사할 때 쓰는 감염된 주삿바늘을 통해서 혈액으로 전파될 수 있었다. 그런데 통상적인 검사에서는 기존에 알려져 있던 그 어떤 바이러스나 세균도 검출되지 않았다. 미지의 원천에서 오는 미지의 바이러스가 어떻게든 간에 세포 면역을 공격함으로써 나타나는 감염병이었다. 또 그런 바이러스가 생물학적으로도 비유적으로도, 본래 자신을 죽이도록 설계된 바로 그 체계를 죽이는 완벽한 병원체였기 때문에 초대형 악재이기도 했다.

1983년 3월 20일에 마침내 프랑스 연구자 뤼크 몽타니에가 프랑수아즈 바레시누시와 함께 에이즈를 일으키는 바이러스의 정체를 밝혀냈다. 그들은 「사이언스」에 몇몇 에이즈 환자의 림프절에서 새로운 바이러스를 분리했다고 발표했다. 다음 해에 그 병이 유럽과 아메리카 전역을 휩쓸면서 수천 명의 목숨을 앗아가고 있는 동안, 바이러스학자들은 이 바이러스가 정말로 에이즈를 일으키는지를 놓고 논쟁을 벌였다. 1984년 국립암연구소의 생명의학 연구자 로버트 갤로 연구진이 이 논쟁을 영구히 종식시켰다. 그들은 「사이언스」에 그 새 바이러스가 에이즈를 일으킨다는 명백한 증거를 제시한 논문 4편을 발표했다. 그 바이러스에는 사람 면역결핍 바이러스 human immunodeficiency virus, HIV라는 이름이 붙었다. 갤로 연구진은 그 바이러스를 배양하고 항체를 개발하는 방법을 기술함으로써, 감염 검사법의 토대를 마련했다.

우리는 대개 에이즈를 바이러스 질병이라고 생각한다. 그러나 에이즈는 세포 질병이기도 하다. CD4-양성 T세포는 세포 면역의 교차로에 놓여 있다. 그것을 "도움" 세포라고 부르는 것은 토머스 크롬웰을 중간 관리자라고 부르는 것과 같다. CD4 세포는 도우미라기보다는 면역계 전체의 총괄 기획자이자 조정자, 거의 모든 면역 정보가 지나가는 중앙 통제소이다. 이 세포는 다양한 기능을 한다. 앞에서 말했듯이, 다른 세포가 MHC II형 분자에 실어서 내놓는 병원체 펩타이드를 검출하면 일을 시작한다. 면역 반응을 촉발하고, 활성화하고, 경보를 보내고, B세포가 성숙할 수 있도록 하고, CD8 T세포를 감염 지점으로 부른다. 면역 반응의 여러 측면들 사이의 소통을 가능하게 하는 인자들을 분비한다. 즉 선천면역과 적응면역 사이, 면역계 모든 세포들 사이를 연결하는 중심 다리이다. 따라서 CD4 세포의 붕괴는 빠르게 연쇄반응을 일으켜서 면역계 전체의 붕괴로 이어진다.

금요일 오후에 나를 찾아온 키 크고 마른 남성은 증상이 하나뿐이라고 했다. 체중이 빠지고 있다는 것이다. 열도 오한도 없었고 자면서 땀도 흘리지 않았다. 그런데도 체중이 빠르게 계속 줄어들었다. 매일 체중계에 올라갈 때마다 체중이 약 500그램씩 빠졌다. 그는 보여주겠다고 일어났다. 지난 6개월 사이에 허리띠의 구멍을 하나씩 조였는데, 이제는 마지막 구멍에 버클을 끼워야 했다. 그런데도 바지가 허리에서 흘러내렸다.

나는 좀더 상세히 질문을 했다. 그는 로드아일랜드에 사는 퇴직한 부동산 중개인이었다. 결혼을 한 적이 있지만, 지금은 홀로 살고 있었다. 그는 정서적으로 특이한 성향을 보였다. 자신의 의학적 증상과 위험은 아주 솔직하게 털어놓은 반면, 사생활은 가장 모호하게 얼버무리면서 전혀 드러내려고 하지 않았다.

"마약 주사를 맞은 적은요?" 내가 물었다.

"없어요." 그는 힘주어서 대답했다. "한 번도요."

"가족 중에 암에 걸린 분이 있나요?"

"있어요." 그의 부친은 잘록창자암으로 세상을 떠났고, 모친은 유방암을 앓았다.

"콘돔 없이 성관계를 가진 적은요?"

그는 무슨 미친 소리냐는 표정으로 나를 쳐다보았다.

"없어요." 그는 여러 해 동안 홀로 금욕 생활을 했다고 주장했다.

나는 신체검사를 했다. 아무런 문제도 없었다. "기본 검사를 해볼게요." 무증상 체중 감소는 골치 아픈 의학적 수수께끼이다. 우리는 드러나지 않은 출혈이나 암의 징후가 있는지도 살펴보기로 했다. 결핵에 걸렸을 가능성은 낮아 보였다. HIV에 감염되었을 가능성도 낮았지만, 그 문제는 나중에 다시 살펴볼 수도 있었다.

진료가 끝나자 그는 자리에서 일어섰다. 그는 맨발에 운동화를 신고 있었다. 그런데 그가 돌아설 때 내 눈에 뭔가가 언뜻 보였다. 신발 바로 위 한쪽 발목에 자청색 병터가 눈에 띄었다.

"잠시만요. 신발 좀 벗어보세요."

나는 병터를 자세히 살펴보았다. 크기가 강낭콩만 하게 불룩 튀어나와 있었고, 짙은 가지색을 띠었다. 카포시 육종처럼 보였다. "CD4 수 검사도 추가하죠." 그런 뒤 조심스럽게 덧붙였다. "HIV 검사도 해볼까요?" 그는 동요하지 않는 듯했다.

일주일 뒤 검사 결과가 나왔다. 그는 확실히 에이즈에 걸렸다. CD4 수는 정상의 10분의 1에 불과했고, 자청색 병터의 카포시 육종 생검 결과도 내가 예측했던 것처럼 양성이었다. 에이즈를 규정하는 병 중 하나였다.

나는 그를 HIV 전문의에게 보냈다. 다음에 다시 내가 진료를 볼 때에도 그는 여전히 자신은 HIV/에이즈와 관련된 위험한 행동을 한 적이 결단코 없다고 격렬하게 부정했다. 그 어떤 남성이나 여성과도 콘돔 없이 성관계를 가진 적이 없고, 마약 주사도 맞은 적이 없고, 수혈도 받은 적이 없다고 했다. 마치 바이러스가 뜬금없이 그의 몸에 들어간 듯했다. 더 이상 물어볼 여지도 전혀 없었다. 우리 사이에는 뚫고 들어갈 수 없는 사생활이라는 장벽이 놓여 있었다. 살만 루슈디는 1981년 소설 『한밤의 아이들Midnight's Children』에서 하얀 천에 난 구멍을 통해서만 환자인 젊은 여성을 검사하도록 허락된 의사의 이야기를 썼다. 때때로 나는 천에 난 구멍을 통해서만 그 환자를 엿볼 수 있는 양 느껴졌다. 무엇이 보일까? 동성애 공포증? 부정? 성적 수치심? 마약 중독? 우리는 항바이러스 치료를 시작했다. 그의 CD4 수는 기대했던 것보다 더 느리기는 했지만, 나날이 꾸준히 올라가기 시작했다. 체중도 얼마 동안 일정한 상태로 유지되었다.

그러다가 다시 줄어들기 시작했다. 게다가 예상과 달리, 자청색 새로운 병터가 팔에 두 군데나 더 생겨났다. 새로 멍이 든 것일까? 카포시 육종일까? 그러나 시기가 전혀 맞지 않았다. 그때쯤 그는 열과 오한 상태를 지속적으로 오가기 시작했다. 겨드랑이에 부은 덩어리가 생겼고, 새로 생긴 짙푸른 병터는 커져갔다. 며칠 뒤 그는 응급실로 실려왔다.

그의 상태는 걷잡을 수 없이 빠르게 악화되었다. 혈압이 급강하했고, 발가락이 창백해졌다. 혈액 배지에서는 에이즈 환자에게서 종종 보이는 바르토넬라균bartonella이 증식했다. 그러자 상황은 다시금 혼란에 빠졌다. 그의 피부에 새로 생긴 짙푸른 병터는 카포시 육종이 아니라, 바르토넬라균이 혈관에 일으킨 염증 때문에 종양처럼 부풀어오른 것이었다. 한 환자에게 생긴 똑같은 두 병터가 전혀 다른 원인으로 생길 확률이 얼마나 될까? 때로 의학적 수수께끼는 우리가 상상할 수 있는 것보다 더 심오하다.

우리는 증상이 가라앉을 때까지 항생제인 독시사이클린과 리팜핀을 투여했다. 그는 2주일간 입원했다. 나는 그가 입원한 주에 보러 갔는데, 그는 다시금 과묵한 자신으로 돌아가 있었다. 바르토넬라균은 거의 언제나 고양이에게 긁혀서 감염되는데, 대개는 긁힌 피부로 벼룩이 그 균을 옮기면서 걸린다.

우리는 잠시 말없이 앉아 있었다. 마치 숨기고 알아내려는 이 전투에서 어떤 전략을 펴는 것이 좋을지 저마다 고심하는 듯했다.

"고양이 키우시죠? 고양이를 키운다는 말은 하지 않으셨네요."

그는 어리둥절한 표정으로 나를 쳐다보았다. "안 키우는데요."

그는 HIV에 걸릴 위험한 일을 전혀 하지 않았다. 마약도 하지 않았다. 콘돔 없는 성관계도 하지 않았다. 고양이도 키우지 않았다. 고양이에게 긁힌 적도 없었다. 나는 어깨를 으쓱하고는 포기했다.

다행히도 그는 감염 증상에서 회복되었다. 항바이러스제는 효과가 있었고, CD4 수도 정상으로 돌아왔다. 그러나 원인이라는 블랙박스는 완벽하게 봉인된 채로 남았다. 개인의 수수께끼가 의학의 수수께끼보다 더 깊을 때도 있다.

서너 가지 약물을 조합하는 항바이러스제 요법은 HIV의 치료 양상을 바꾸었다. 그 바이러스에 쓰이는 약물은 해마다 늘어나고 있다. 바이러스의 증식을 효과적으로 막는 약도 있고, 바이러스가 자신의 RNA를 복제하거나 숙주 유전체에 합쳐지는 것을 막는 약도 있으며, 바이러스가 감염성 입자로 성숙하는 것을 막는 약도 있고, 바이러스가 취약한 세포에 융합되는 것을 막는 약도 있다. 총 대여섯 가지 유형의 약물이 있다. 이런 약을 이용한 치료는 효과가 아주 좋아서, 현재 HIV 환자는 바이러스에 감염된 징후를 전혀 보이지 않으면서 수십 년 동안 살아갈 수 있다. 의학 용어로 표현하자면, **미검출** 상태로 살아간다. 완치된 것은 아니지만, 몸에 바이러스가 거의 없을 만큼 낮게 유지되므로 남에게 옮길 수가 없다.

또한 전 세계의 연구실들에서 감염을 예방함으로써, 장기간 여러 약물을 투여하는 치료를 받을 필요성을 아예 없애는 HIV 백신도 개발 중이다. 사실 가장 야심적인 약물 임상시험들 중 일부는 치료에서 예방으로 옮겨

가고 있다. 한 연구에서는 항바이러스제인 네비라핀을 두 차례 투여하면
—HIV 양성인 산모에게 출산 전에 한 번 투여하고, 생후 사흘 이내에 신생
아에게 한 번 투여하면—그 바이러스가 아기에게 전파될 위험이 25퍼센트
에서 약 12퍼센트로 줄어든다는 것을 보여주었다. 비용은 약 4달러이다.
거의 매달 임신부나 성관계 후 위험이 높은 사람의 감염을 막는 더 강력한
약물 조합이 새로운 임상시험에 돌입한다.

그러나 HIV 백신을 기다리는 사이에, 세포요법을 활용하여 세포 질병
을 완치시킬 방법이 적어도 하나는 있는 듯하다. 2007년 2월 7일 HIV 양성
인 티머시 레이 브라운은 골수 이식을 받았다. 시애틀 출신인 브라운은 베
를린에서 대학을 다니던 1995년에 에이즈 진단을 받았다. 그는 당시 새로
나온 프로테아제 억제제를 비롯하여 항바이러스제로 치료를 받은 뒤, 10
년 동안 아무런 증상 없이 살았다. CD4 수는 정상보다 조금 낮게 유지되
었고, 바이러스도 무검출 상태였다.

그러던 2005년 그는 갑자기 기운이 없고 쇠약해진 느낌을 받았고, 자전
거로 늘 다니던 거리도 끝까지 타고 갈 수 없을 지경에 이르렀다. 검사를
해보니, HIV는 억제된 상태였지만, 어느 정도 빈혈 증세가 있었다. 골수
생검을 하자 급성 골수성 백혈병에 걸렸음이 드러났다. 치명적인 형태의
백혈구암이었다(브라운은 극도로 운이 나빴다. 이 암과 HIV는 연관성이
약하기 때문이다. HIV 감염자는 특정한 림프종에 걸릴 위험이 높고, 급성
골수성 백혈병에 걸릴 위험도 2배 높아지기는 하지만 더 많은 연구가 필요
하다).

그는 처음에 표준 화학요법을 받았지만, 2006년 백혈병이 재발했다. 의
료진은 고용량 화학요법으로 악성 세포를 모조리 죽인 뒤—이때 질병에
맞서는 방어력도 잃는다—맞는 기증자로부터 골수를 이식받는 것이 어떻
겠냐고 제안했다. 맞는 기증자를 찾는 일은 대개 어렵지만, 놀랍게도 브라

운은 국제 등록 기관에서 맞는 기증자를 무려 267명이나 찾아냈다. 이렇게 선택의 폭이 넓어졌기 때문에, 베를린의 실험적인 성향의 혈액학자 게로 휘터는 그에게 CCR5에 자연적으로 돌연변이를 지닌 기증자를 택하자고 제안했다. CCR5는 HIV가 CD4 세포로 들어갈 때 이용하는 보조 수용체이다. 어떤 이들은 CD4 세포를 비롯한 모든 세포의 CCR5 유전자에 CCR5 델타 32라는 자연적인 돌연변이가 있다. 중국의 유전학자 허젠쿠이가 유전자 편집을 통해서 룰루와 나나에게 집어넣고자 했던 것이 바로 이 돌연변이이다. 이 돌연변이 CCR5 유전자를 쌍으로 물려받은 사람은 HIV 감염에 저항성을 띤다. 따라서 브라운에게 하는 골수 이식은 혁신적인 치료일 뿐 아니라 평생 한 번만 이루어질 실험이 될 터였다.

휘터는 베를린에서 치료를 받던 다른 환자가 HIV에 저항성을 띠게 하는 유전자를 물려받았다고 여기고서 HIV 치료약을 끊었다는 사실을 알고 있었다. 투약을 중단했지만, 그 환자의 바이러스 수치는 증가하지 않았다. 이는 시사점이 있기는 했지만, 환자의 유전적 배경이 HIV에 감염될 위험성에 영향을 미칠 수 있다는 확고한 증거는 아니었다.

휘터는 브라운의 사례가 의미 있는 도약의 상징이 되리라는 것을 알았다. 한 가지는 숙주가 아니라 줄기세포 기증자가 내성 유전자를 제공하기 때문이다. 그리고 비록 이식의 주된 목표가 티머시 브라운의 백혈병을 완치하는 것이라고 해도, 같은 세포요법으로 HIV 감염을 막는 시도까지 하지 말라는 법은 없지 않은가?

안타깝게도 이식을 받은 지 1년 남짓 지나서 브라운의 백혈병은 재발했고, 같은 기증자의 줄기세포로 두 번째 이식을 받아야 했다. 몹시 힘들고 고통스러운 과정이었다. 브라운은 암 진단을 받은 지 20주년이 되는 2015년에 회고하는 글에서 이렇게 썼다. "나는 정신착란을 일으켰고, 시력을 거의 잃었으며, 온몸이 거의 마비되었다." 회복에는 몇 달, 더 나아가 몇 년이 걸렸다. 그는 서서히 걷는 법을 다시 배웠고, 시력도 회복되었다. 그러나 첫 이식 때 계획한 대로 HIV 약은 계속 끊은 상태였다. 그리고 자연적으로 저항성을 띠는 CCR5 델타 32를 지닌 새로운 줄기세포가 이식된 덕분에 그는 HIV 음성을 유지했다. 즉 그의 백혈병은 완치되었다. 그리고 아마 더욱 놀랍겠지만 HIV도 사라졌다.

브라운의 사례는 지금도 의학계에서 폭넓게 논의되고 있다. 처음에는 "베를린 환자"라고 익명으로 언급되었지만, 브라운은 미국으로 돌아온 해인 2010년 초에 언론과 학술지에 자신의 신원을 밝히기로 결심했다. 그는 13년째 HIV 음성 상태를 유지했고, 자신이 "완치되었다"고 말하기 시작했다. 2020년 백혈병이 재발하면서 쉰네 살의 나이로 사망했지만, 그때까지도 혈액에 HIV가 있다는 징후는 전혀 없었다.

여기에서 분명히 해둘 사실이 하나 있다. HIV의 세계적 대유행은 CCR5 델타 32 기증자로부터 골수 이식을 받아서는 해결되지 않으리라는 것이다. 이 치료는 너무나 비싸고, 너무나 독성이 강하고, 너무나 엄청난 노력이 필요하므로, 많은 인류 집단에게 적용할 실용적인 방안이라고 볼 수 없다.

그러나 브라운의 이야기에는 백신 및 항바이러스제의 개발과 관련된 강력한 교훈들과 미해결된 질문들이 담겨 있다. 우선, 혈액에서 HIV의 세포 저장소를 변형시킨다면, 이 병을 완치시키거나 적어도 바이러스혈증viremia을 영구히 억제할 가능성이 있다. 티머시 브라운의 HIV 완치 이후에 런던에서 또다른 환자가 골수 이식을 통해서 HIV가 완치되었다. 이 두 건이 특이한 사례가 아니라면, HIV가 혈액이 아닌 다른 곳에 숨어 있다가 투약을 중단하면 재활성화가 이루어지는 "비밀" 저장소가 존재할 가능성이 낮아진다. 수십 년 동안 연구자들이 우려한 점이었다(내가 말하는 것은 CD4 T 세포만이 아니라 혈액 자체이다. 한 예로, 마찬가지로 혈액에 들어 있는 대식세포도 HIV의 저장소 역할을 한다고 알려져 있다).

브라운이 스스로 완치되었다고 여긴 뒤에도 몸에 휴면 상태의 HIV 저장소가 남아 있었는지 여부는 알아내기가 불가능하지만, 그가 10여 년간 바이러스가 없는 상태로 살았다는 것은 사실이다. 그리고 남아 있던 대식세포에 그런 저장소가 있었다면, 아마 그 바이러스는 문이 잠긴 창고에 갇힌 사람처럼, 영원히 갇혀서 CD4 양성 T세포에 감염할 수가 없었을 것이다.

어떤 요인들이 완치 가능성에 기여했을까? 특정한 HIV 균주? 이식 이전의 낮은 바이러스 농도? 이식 뒤 브라운의 면역계 "가공"? 이런 질문들의 답은 차세대 HIV 치료법들을 이끌 것이다. 우리는 바이러스가 어디에 숨어 있는지, 그 저장소를 어떻게 공격할지, 세포가 감염에 어떻게 저항하는지를 알게 될 것이다. 가장 중요한 점은 면역계에 이 가장 교활한 병원체를 어떻게 인식할 수 있는지를 가르칠 방법을 알아내리라는 것이다.

관용적인 세포

자기, 자가독성 공포, 면역요법

내가 생각하는 것은 당신도 생각할 것이다.
내 모든 원자들은 당신의 원자들이기도 하니까.
— 월트 휘트먼, "나 자신의 노래", 1892년

이제 이 질문으로 돌아갈 때이다. 자기란 무엇일까? 앞에서 내가 말했듯이, 생물은 기본 단위들의 협력하는 연합체이다. 세포들의 의회이다. 그런데 그 연합체의 시작점과 끝점은 어디일까? 외래 세포가 그 연합체에 가입하려고 시도한다면, 어떻게 될까? 어떤 신분증이 있어야 별 탈 없이 가입할 수 있을까? 『이상한 나라의 앨리스』에서 애벌레가 앨리스에게 물은 것처럼 말이다. "넌 누구니?"

해저의 해면동물은 서로를 향해 가지를 뻗다가, 일단 이웃에 가까이 다가가면 더 이상 가지가 자라지 않는다. 한 해면동물학자는 이렇게 묘사했다. "다른 종끼리, 아니 같은 종의 다른 개체들끼리도 가장자리가 서로 접하지 않으면서 뚜렷한 경계를 이룬다." 세포가 한 해면동물로부터 다른 해면동물로, 더 나아가 한 사람에게서 다른 사람에게로 옮겨가지 못하게 막는 것은 무엇일까? 해면동물은 자기 자신을 어떻게 알까?

먼저 앞 장의 이야기와 암묵적으로 관련이 있는 질문에 답할 필요가 있다.

나는 T세포가 변형된 자기를 인지한다고 썼다.* 그러나 그 말을 꼼꼼히 살펴보면, 온갖 의문들이 끝없이 쏟아지고, 갖은 수수께끼들이 튀어나온다. 이 말을 두 부분으로 나누어보자. 첫째, T세포는 변형된 자아를 어떻게 알까? 다시 말해서, 바이러스나 세균의 펩타이드가 있을 때는 표적을 죽이고, 자기 펩타이드가 있을 때는 죽이지 말아야 한다는 것을 어떻게 알까? 세포는 모든 자기 펩타이드들, 즉 한 세포에 있는 수억 개에 달하는 가능한 모든 펩타이드의 목록을 가지고 있지는 않다. 그렇다면 T세포가 자기 몸을 공격하지 않도록 하는 메커니즘은 무엇일까? 둘째, 자기란 무엇일까? T세포는 펩타이드를 운반하는 액자, 즉 MHC 분자가 다른 데에서 오지 않고 자기 몸에서 나왔다는 것을 어떻게 알까?

먼저 자기 문제를 살펴보자. 언뜻 보면, 조금은 억지스러운 문제 같기도 하다. 사람은 다른 사람의 세포가 몸에 침입하여 자리를 잡고서 자기 세포인 양 애쓰는 상황을 걱정할 필요가 거의 없다(그런 환상으로부터 영감을 얻은 공포 영화와 책이 꾸준히 나오고 있기는 하다). 그러나 해면동물처럼 모든 먹이 조각이 귀하고 위험이 상존하며 한정된 자원을 차지하기 위해서 영역 다툼을 하는 등 경쟁이 일상적인 더 원시적인 다세포 생물에게는 다른 자기의 침입 가능성이 사소한 문제가 아니다. 그런 생물은 질문을 해야 한다. 내가 끝나고 네가 시작되는 지점은 어디일까? 그런 생물의 자기는

---

* 세포학에서 '자기'와 '비자기'의 구분은 T세포만의 문제가 아니다. 아기를 임신한 엄마도 '비자기'를 몸에 품고 있다. 엄마의 몸이 이 외래 몸을 거부하지 못하게 막는 것이 무엇일까? 또 우리 창자에는 면역 관용의 우산 아래에서 살아가는 미생물이 수억 마리는 된다. 어떻게 이런 세균들은 용납하면서, 침입한 병원균은 공격하는 것일까? 세포학자들은 지금도 이 질문들의 답을 찾고 있다. 아마 우리가 관용을 더 깊이 이해하게 된다면, 이 책의 개정판에서 이런 문제들도 다룰 수 있지 않을까? 그러나 지금은 세포학에서 가장 잘 이해된 것이 T세포 관용이므로, 거기에 초점을 맞춰 이야기를 진행할 것이다.

경계가 엄격하게 정해져야만 존재할 수 있다. 그런 생물은 자신의 세포 하나하나에 끊임없이 물어야 한다. "넌 누구니?"

세포학이 탄생하기 오래 전, 아리스토텔레스는 자기를 존재의 핵심이자, 몸과 영혼의 통일체라고 보았다. 그는 자기의 **물리적** 경계가 몸과 그 해부 구조를 통해서 정해진다고 주장했다. 그러나 자기라는 총체는 물리적 그릇과 거기에 담긴 형이상학적 실체의 통일체라고 보았다. 즉 영혼으로 채워진 몸이었다. 또한 아리스토텔레스는 원칙적으로 외래 영혼이 물리적 그릇에 침입할 가능성이 있다고 생각했을지도 모르지만—사실 심령술사들은 비정상적인 정신과 행동을 "사로잡힘"으로 설명했다—그 문제를 깊이 파고들지는 않은 듯하다. 일단 물리적 그릇을 한 영혼이 차지했다면, 다른 영혼이 침입하거나 융합할 수 있는지 여부에는 개의치 않았다.

정반대로 기원전 5-기원전 2세기 인도의 일부 베다 철학자들은 개인이 자기를 잃은 몰아沒我 상태에서 우주와 융합되는 것을 환영했다. 그들은 몸과 영혼, 더 나아가 개인의 몸과 우주적 영혼을 구분하는 그리스의 이원론二元論을 거부했다. 그들은 자기를 아트만atman이라고 했다(산스크리트어에는 아트만 외에도 자기를 가리키는 단어가 많지만, 이 단어가 우리가 논의하는 맥락과 가장 잘 맞는다). 한편 보편적이면서 다수성을 띤 자기는 브라흐만Brahman이었다. 이 철학자들은 자기가 아트만과 브라흐만의 이상적인 융합, 아니 더 정확히 말하자면 솔기 하나 없이 우주적 자기가 개인적 자기와 연결되어 관통하는 흐름이라고 생각했다. 그러나 이 융합/흐름은 정신 수양을 통해서 이루어야 하는 목표였다. 개인과 영적 집합체를 단일한 존재로 통합하는 우주 생태계였다. "그것이 바로 너이다Tat Twam Asi"라는 말은 『우파니샤드Upaniṣad』를 관통하고 있으며, 어느 하나의 물리적 몸뿐 아니라 우주 전체에 스며 있는 무한한 자기를 가리킨다. 『우파니샤드』

는 그것, 즉 우주가 너, 즉 자기에 배어 있고 스며들어 있다고 말한다. 이상적인 몸에서는 우주가 개인을 관통하여 흐른다(부정적인 의미를 함축한 **침입하다**라는 표현은 의도적으로 쓰이지 않고 있다).

최근 들어 과학은 개인의 몸과 우주적 몸의 이 같은 무한함을 연상시키는 양상을 생태계에서 발견해왔다. 생물들이 속한 생태계 전체는 관계들의 망으로 연결되어 있고, 어느 정도는 경계로 둘러싸인 자기가 지워지는 양상도 보여준다. 사람의 몸과 나무 그리고 그 나무에 사는 새는 그런 망을 통해서 연결되어 있다. 생태학자들은 이제야 겨우 그 망을 해독하기 시작했다. 새는 나무의 열매를 먹고 배설물로 씨를 퍼뜨린다. 보답으로 나무는 새에게 횃대를 제공한다. 생태학자들은 이것이 침입이 아니라, 상호 연결이라고 말한다.

그러나 생태적 상호 연결은 물리적이지도 경쟁적이지도 않다. 관계적이고 공생적이다. 이 주제는 뒤에서 다시 다룰 것이다. 그러나 물리적 융합은 세포학자에게 한 가지 근본적인 수수께끼를 제시한다. 물리적 자기들의 융합을 뜻하는 키메라증chimerism이라는 개념은 뉴에이지식 환상이 아니라 오래된 문제이다. 세포 자기는 다른 세포 자기와 섞이는 것을 그다지 좋아하지 않는다. 한 해면동물이 다른 해면동물과 융합하여 더없이 행복한 한없는 우주적 브라흐만 해면동물이 되지 않으려고 그토록 기를 쓰는 이유가 달리 어디에 있겠는가?

T세포에 같은 도전 과제를 던져보자. 앞에서 말했듯이, T세포는 세포 표면에 붙은 MHC 단백질이 외래 펩타이드를 끼워서 내놓을 때 활성을 띤다. 게다가 같은 몸에서 나온 MHC가 외래 펩타이들을 내놓을 때에만 활성을 띤다. 마치 틀, 즉 맥락이 맞을 때에만 T세포가 활성을 띠는 듯하다. 여기에서 "맞다"는 그 틀이 자기로부터 나왔고, 운반하는 것이 외래 물질일 때

를 말한다. 그런데 T세포는 자기를 어떻게 알까?

초기 생리학자들도 비자기nonself의 거부—그리고 경계의 엄격한 정의—가 인체 조직의 한 특징임을 알아차렸다. 인도의 외과의들, 특히 기원전 800-600년 무렵에 살았던 수슈루타는 이마의 피부를 코에 이식하는 수술을 했다(고대 인도에서는 이런 수술이 드물지 않았다. 범죄자와 반역자의 코를 베는 형벌이 흔했기 때문에, 의사들은 잘린 코를 재건할 방법을 고안했다). 그러나 초기 의사들은 동종이식, 즉 한 몸에서 떼어낸 피부를 다른 몸에 이식했을 때 이식을 받은 사람에게서 거부 반응이 일어난다는 것을 알아차렸다. 이식된 피부가 푸르뎅뎅해지고 물러지면서 괴사했다.

제2차 세계대전 기간에 이식의 토대에 놓인 과학을 이해하려는 노력이 재개되었다. 특히 군인이든 민간인이든 간에 폭탄이나 화재로 피부가 손상되거나 화상을 입거나 벗겨지는 일이 잦았기 때문에, 피부 이식이 간절히 필요한 상황이었다. 영국 정부는 부상과 치유 연구를 위해서 의료연구위원회 내에 전쟁부상 위원회를 부설했다.

1942년 "가슴, 오른쪽 옆구리, 오른쪽 팔에 넓게 화상"을 입은 22세의 여성이 글래스고 왕립병원에 입원했다. 외과의 토머스 깁슨은 옥스퍼드 동물학자 피터 메더워와 함께 그녀의 오빠에게서 피부를 조금 떼어내 상처 부위에 이식했다. 안타깝게도 이식된 조직은 금방 거부 반응을 일으켰고, 쪼그라들어서 상처 부위에 작은 얼룩처럼 남았다. 그들은 다시 이식을 시도했지만, 거부 반응은 더 빨리 일어났다. 이식편들을 검사하고 침투한 세포를 살펴본 메더워와 깁슨은 이식편을 거부하는 것이 면역계, 특히 T세포임을 알아차리기 시작했다. 메더워는 비자기가 T세포가 매개하는 자기의 면역을 통해서 인식된다고 주장했다.

메더워는 영국의 면역학자 피터 고어, 미국의 유전학자 클래런스 쿡 리틀의 연구를 알고 있었다. 그들은 각자 독자적으로 한 생쥐의 조직을 다른 생쥐에게 이식하는 실험을 했다. 생쥐 기증자와 수용자가 같은 혈통이면, 이식된 조직—대개 종양—은 "받아들여지고" 자랄 것이다. 그러나 한 혈통에서 다른 혈통의 생쥐에게로 종양을 옮기면, 면역학적으로 거부될 것이다(리틀은 때로 소모적이고 강박적으로 보일 만치 "유전적 순수성"에 집착한 듯했다. 그는 이식 실험용 생쥐의 순혈 혈통들을 만들어냈다. 이 순혈 생쥐들은 T세포 관용 실험 분야에 대단히 중요하게 쓰였다. 그는 실험용 개의 순혈 혈통도 만들고자 애썼고, 순혈 닥스훈트들도 모아서 반려동물로 길렀다. 그러나 바로 그 본능 때문에 그는 미국 우생학 운동의 열렬한 지지자가 되었고, 그 결과 과학자로서의 평판은 훼손되었다*).

그런데 이 화합성이나 관용을 담당하는, 즉 자기 대 비자기를 인지하는 인자들은 무엇이었을까? 화합성과 종양 이식을 둘러싼 견해 차이가 거의 매주 쏟아지는 대학 학과들의 불협화음에서 멀리 떨어져서 깊이 사색할 수 있는 곳을 찾던 클래런스 리틀은 1929년에 대서양 연안에 자리한 메인 주, 바 하버에 16헥타르 면적의 잭슨 연구소를 설립했다. 그곳에서 그는 평온하게 생쥐 수천 마리를 교배할 수 있었다. 창 밖으로는 멋진 풍경이 펼쳐졌다. 기나긴 여름이면 교정은 북대서양의 초자연적인 분위기를 자아내는 햇빛으로 가득했다. 대조적으로 이식 분야는 여전히 혼란스러웠다. 점점 늘어나는 수백 건의 뒤죽박죽인 관찰 결과들이 도저히 해결할 수 없는 생물학적 수수께끼를 빚어내고 있었다. 그래서 리틀은 별 관심을 두지 않았다.

리틀은 혈통들 사이에 종양을 순차적으로 이식하는 실험을 통해서, 이식의 면역 거부 반응에 하나가 아니라 여러 유전자가 관여한다는 것을 알아차렸다. 1930년대 초에 잭슨 연구소는 자기 대 비자기를 정의하는 수수께끼의 화합성 유전자들을 사냥하는 연구자들의 본거지가 되어 있었다.

---

* 이식 분야의 거장임에도 불구하고 리틀은 1950년대에 담배 제조업체들과 공모한 일로도 비판을 받게 된다. 그는 담배의 안전성을 주장하는 담배연구소 소장도 맡았다.

젊은 과학자 조지 스넬은 리틀의 이식 연구를 더 깊이 살펴보고자 연구소에 왔다. 다트머스 대학교와 하버드 대학교를 나온 그는 생쥐를 대를 이어 교배하면서 서로의 이식편을 받아들이거나 거부할 혈통들을 만들어냈다. 그는 넓은 바다처럼 차분하며 나서지 않고 고집이 강한 성격에 말이 거의 없는 사람이었다. 적어도 14세대 동안 혈통을 유지한 생쥐 집단 전체가 연구실 화재로 죽자, 그는 아예 기존 자료를 버리고 새롭게 번식시키기 시작했다.

자기 대 비자기 관용을 지켜보면서 선택적 교배를 계속하는 고된 노력은 이윽고 보상을 받았다. 면역학적으로 말하자면, 스넬은 이윽고 쌍둥이 자기들을 여럿 만들어냈다. 서로의 조직이 완벽하게 호환될 수 있는 생쥐들이었다. 그런 생쥐 중 한 마리의 피부나 조직을 호환될 수 있는 다른 개체에게 이식하면, 마치 자기의 것인 양 받아들일, 즉 관용할 것이다. 가장 중요한 점은 서로에게 이식했을 때 거부가 일어난다는 것만 제외하면 유전적으로 거의 동일한 두 생쥐 혈통을 근친 교배를 통해서 만들어냈다는 점이다.

스넬은 이 동물들을 통해서 자기와 비자기의 유전학을 조사했다. 1930년대 말에 그는 고어의 연구를 토대로 삼아 관용을 결정하는 유전자들의 범위를 점점 좁혀나갔다. 그는 이것들에 H 유전자라는 이름을 붙였다. 조직적합성histocompatibility 유전자라는 뜻으로, 외래 조직을 자기로 받아들이는 능력을 가리킨다. 스넬은 이 H 유전자들이 면역학적 자기의 경계를 정의한다는 것을 깨달았다. 생물들의 H 유전자들이 같다면, 한 개체로부터 다른 개체로 조직을 이식할 수 있었다. 같지 않다면 이식은 거부되었다.

그 뒤로 수십 년에 걸쳐서 생쥐에게서 조직적합성 유전자들이 더 많이 발견되었는데, 모두 17번 염색체에 다닥다닥 붙어 있었다(사람은 대개 6번 염색체에 들어 있다). 아마 이 분야의 가장 심오한 발전은 H 유전자들의 정체가 마침내 드러났을 때 이루어졌을 것이다. 그 유전자들은 대부분 제 기능을 하는 MHC 분자를 만드는 것으로 드러났다. T세포가 표적을 인지하는 데에 관여하는 바로 그 분자 말이다.

잠시 한 걸음 물러나서 살펴보자. 여느 과학에서처럼 면역학에서도 서로 별개인 양 보이는 관찰들과 설명이 불가능해 보이는 현상들이 하나의 기계론적인 답으로 수렴될 때 원대한 종합의 순간을 맞는다. 자기는 어떻게 자신을 알까? 우리 몸의 모든 세포가 낯선 이의 세포에서 발현되는 단백질들과 다른 나름의 조직적합성(H2) 단백질 집합을 발현하기 때문이다. 낯선 이의 피부나 골수가 당신의 몸에 이식될 때, 당신의 T세포는 그 MHC 단백질을 외부에서 온 것—비자기—으로 인식하고 그 침입한 세포를 거부한다.

그 단백질들을 만드는 이런 자기 대 비자기 유전자들은 어떤 것들일까? 바로 스넬과 고어가 발견해서 H2라고 이름을 붙인 바로 그 유전자들이다. 사람은 다수의 "고전적인" 주조직적합성 유전자major histocompatibility gene를 가지고 있으며, 아마 더 많이 있을 것이다. 그중 적어도 세 가지는—아마 더 있겠지만—이식 적합성 대 거부와 강한 관련이 있다. HLA-A라는 유전자는 변이체가 1,000가지를 넘으며, 흔한 것도 있고 아주 보기 드문 것도 있다. 우리는 그런 변이체를 모친과 부친에게서 하나씩 물려받는다. 또 하나는 HLA-B인데, 마찬가지로 수천 가지 변이체가 있다. 가변성이 아주 높은 이 두 유전자들만 따져도 엄청나게 많은 조합이 나올 것임을 짐작할 수 있다. 따라서 술집에서 우연히 만난 낯선 이와 같은 바코드를 공유할 확률은 아주 낮다(게다가 상대와 융합하지 말아야 할 이유는 훨씬 더 많다).

그렇다면 이런 단백질이 낯선 이의 이식편과 세포를 거부하지 않을 때는 어떤 일이 일어날까? 이는 적어도 사람에게는 명백히 인위적인 현상이다(그러나 해면동물 같은 생물들에게서는 아니다). 또 앨런 타운센드 같은 이들이 보여주었듯이, 그런 단백질의 본업은 세포의 내부 성분을 조사하여 바이러스 감염을 검출함으로써 면역 반응을 일으키는 것이다.

한마디로 H2(또는 HLA) 분자는 서로 연관된 두 가지 목적에 봉사한다. 펩타이드를 T세포 앞에 내놓아서 T세포가 감염과 다른 침입자들을 검출하여 면역 반응을 일으킬 수 있도록 한다. 그리고 한 사람의 세포를 다른 사람의 세포와 구별함으로써 한 생물의 경계를 정하는 결정 인자이기도 하다. 그럼으로써 이식 거부(원시 생물에게 중요할 것 같은)와 침입자 인지(복잡한 다세포 생물에게 중요한)는 하나의 체계로 통합된다. 두 기능 모두 MHC 펩타이드 복합체, 즉 변형된 자기를 인지하는 T세포의 능력에 의지한다.

이제 그 수수께끼의 다른 반쪽을 살펴보자. "약간 달라진" 자기라는 문제이다. 앞에서 말했듯이, T세포는 MHC 분자를 이용해서 자기를 인식하고 비자기를 거부한다. 그러나 자기 MHC가 내놓은 펩타이드가 정상 세포에서 온 것인지(다시 말해서 세포의 정상적인 펩타이드 목록에 속하는지), 아니면 세포로 들어가서 "현지화하여" 내부에서 살고 있는 바이러스 같은 외래 침입자에게서 온 것인지를 어떻게 구별할까? 나는 지금까지 전쟁에 관해서 많은 이야기를 했다. 병원체에 가하는 독성 공격인 캄프도, 이식 거부 반응도 그렇다. 그렇다면 **평화**는 어떨까? 독소를 지니고 보복에 힘쓰는 면역세포는 왜 우리 자신에게 등을 돌릴까?

자기-관용이라는 이 현상도 마찬가지로 면역학자들을 당혹스럽게 했다. 1940년대 초에 위스콘신 주, 매디슨에서 낙농업자의 아들이자 유전학자인 레이 오웬은 어떤 의미에서는 피터 메더워의 것과 개념상 정반대인 실험을 했다. 메더워는 거부, 즉 **비자기의 불관용**이라는 현상을 이해하고자 했다. 자매의 면역계는 왜 오빠의 피부를 거부할까? 오웬은 질문을 뒤집었다. T세포는 왜 자기 몸을 공격할까? T세포는 **자기에 대한 관용**을 어떻게 획득할까?

오웬은 농장에서 살았기 때문에 암소가 때때로 수소 두 마리에게서 수정된 쌍둥이를 낳는다는 사실을 알고 있었다. 건지 암소는 **각각** 건지 수소와 헤리퍼드 수소를 아비로 둔 쌍둥이를 임신할 수도 있었다. 가임기 동안에 두 수컷에게 수정될 수 있기 때문이다. 건지 수컷과 헤리퍼드 수컷의 수정을 통해서 태어난 쌍둥이는 태반을 공유한다. 그러나 적혈구는 서로 다르며, 항원도 서로 다르다. 대개 쌍둥이가 아닌 건지 암소는 헤리퍼드 소의 피를 거부할 것이다. 그러나 오웬은 태반을 공유한 이 희귀한 쌍둥이는 그런 거부 반응을 전혀 일으키지 않는다는 것을 알아냈다. 마치 태반에 있는 무엇인가가 태아의 면역계에 다른 쪽 쌍둥이의 세포를 "관용하라"고 가르치는 듯했다.

오웬의 개념은 대체로 무시되었다. 그러나 1960년대에 면역학자들이 관용 유도를 진지하게 살펴보기 시작하면서, 그의 관찰은 다시 주목을 받게 되었다. 배아 때 항원에 **노출되면** 면역계는 그 항원을 자기로 인식하고 그것을 가진 세포를 공격하지 않도록 관용화가 이루어지는 것이 틀림없다. 맥팔레인 버넷은 1969년에 내놓은 『자기와 비자기*Self and Not-Self*』라는 책에서(그 무렵에는 항체의 클론 이론으로 이미 노벨상을 받았다) 오웬의 관찰 결과를 언급하면서 급진적인 이론을 제시했다. 그는 앞서 오웬이 한 실험을 인정하면서 이렇게 썼다. "항원 결정 인자가 외래의 것임을 인지하려면 **배아 단계에서 몸에 없어야 할 것이다**"(강조는 저자).

이 관용은 "자기" 세포에 맞서서 반응을 일으키는 T세포, 즉 우리 자신(우리 자신의 세포에서 생겨나서 우리 자신의 MHC 분자가 담아 내놓는 단백질 조각)을 공격하는 면역세포가 유아기나 태아 발생 단계에서 어떻게

든 간에 면역계로부터 제거되거나 제외되기 때문에 이루어졌다. 면역학자들은 이런 자기-반응 세포를 "금지 클론forbidden clone"이라고 불렀다. 자기 펩타이드의 몇몇 측면에 감히 반응하므로, 성숙해서 자기를 공격할 수 있기 전에 제거되기 때문에 **금지된**다는 의미였다. 버넷은 그것들을 면역 반응의 "구멍"이라고 표현하기를 좋아했다. 자기가 주로 부정적인 것으로서, 즉 외래의 것을 인지하는 쪽에 난 구멍으로서 존재한다는 것은 면역의 철학적 수수께끼 중 하나이다. 자기는 어느 정도는 자기를 공격하지 못하게 금지된 것을 통해서 정의된다. 생물학적으로 말하면, 자기는 주장하는 것을 통해서가 아니라 보이지 않는 것을 통해서 경계가 정해진다. 즉 자기란 면역계가 볼 수 없는 것이다. "그것이 바로 너이다."

그런데 이런 금지 구멍은 어디에서 생겨났을까? T세포 같은 면역세포는 어떻게 자기 단백질을, 이를테면 적혈구나 콩팥 세포의 표면에 있는 항원을 외래의 것이라고 공격하지 않기 위해서 어떻게 인식 목록의 구멍을 만드는 것일까?

일련의 실험을 통해서 답이 나왔다. 자크 밀러가 보여주었듯이, T세포는 골수에서 미성숙한 세포로 생겨나서 가슴샘으로 옮겨진 뒤에 성숙한다. 콜로라도의 면역학자인 필리파 매랙과 존 캐플러는 가슴샘의 세포를 비롯한 생쥐 세포에서 한 외래 단백질을 강제로 발현시켰다. 정상적인 상황이라면 T세포가 그런 단백질을 인식하여 거부해야 한다. 그러나 버넷의 예측은 거의 들어맞았다. 연구진은 그 단백질 조각을 인식한 미성숙 T세포, 즉 자기를 공격한 T세포가 음성 선택negative selection이라는 과정을 통해서 가슴샘에서 제거된다는 것을 알아냈다. 제거된 T세포는 결코 성숙하지 않았다. 버넷이 자기-반응 T세포에 관해서 주장했던 바로 그 "구멍"을 남겼다.

그러나 가슴샘에서의 T세포 제거—중앙에서 성숙하는 모든 T세포에 영향을 미치기 때문에 이 메커니즘을 중심 관용central tolerance이라고 한다—만으로는 면역세포가 자기를 공격하지 못하도록 완벽하게 보장할 수가 없다. 중심 관용말고도 말초 관용peripheral tolerance이라는 현상이 있다. T세포가 가슴샘을 떠난 뒤에 유도되는 관용이다.

이런 메커니즘 중 하나에는 조절 T세포T regulatory cell, T reg라는 별나면서도 수수께끼 같은 세포가 관여한다. 이 세포는 T세포와 거의 똑같아 보인다. 면역 반응을 자극하는 대신에 조절 T세포는 억제한다는 점이 다를 뿐이다. 조절 T세포는 염증 부위로 모여들어서 T세포의 활성을 억제하는 수용성 인자—항염증 물질—를 분비한다. 이들이 엇나갈 때 생기는 질병은 이들이 어떤 활동을 하는지를 가장 명백하게 보여준다. 사람에게서 이 세포의 생성을 방해하는 희귀한 돌연변이가 일어나면 끔찍한 진행성 자가면역질환에 걸린다. T세포가 피부, 췌장, 갑상샘, 창자를 공격한다. 면역 조절 장애 다발내분비병증 장병증 X−연관immune dysregulation, polyendocrinopathy, enteropathy, X-linked 증후군의 약자인 아이펙스IPEX 증후군에 걸린 아이는 난치성 설사와 당뇨병에 시달리고 피부가 마르고 부서지고 벗겨지는 증상을 겪는다. 다른 T세포들을 통제하는 T세포, 즉 경찰관들을 단속하는 경찰관이 제 역할을 하지 못하는 바람에 T세포들이 몸을 공격하는 병이다.

활발한 면역력을 제공하고 염증을 자극하는 유형의 세포(T세포)와 이런 과정을 약화시키는 유형의 세포(조절 T세포)가 같은 모세포parent cell에서 생긴다는 것은 면역계의 별난 미해결 수수께끼 중 하나이다. 모두 골수의 T세포 전구체precursor에서 생긴다. 사실 유전적 표지에 아주 미묘한 차이가 있을 뿐, T세포와 조절 T세포는 해부학적으로는 구분이 되지 않는다. 게다가 둘의 기능은 상보적이다. 면역과 그 반대는 짝을 이룬다. 염증이라는 카인은 관용이라는 아벨과 결합되어 있다. 왜 진화가 이 세포들을 짝짓는 쪽을 선택했는지를 이해하려면 시간이 더 필요할 것이다. 겉모습을 보면 면역을 활성화할 것 같은데, 실제로는 억제한다는 점에서 조절 T세포는 아직 수수께끼로 남아 있다.

아이티에는 이런 속담이 있다. "산 너머에도 산이 있다." 통제를 벗어난 T세포는 몸에 해를 끼칠 수 있으므로, 보완 체계 너머에 또다른 보완 체계들이 마련되어 있다. 면역계가 자기 몸을 공격하지 못하게 막는 일을 하는 주된 조절 인자들이 더 이상 제 역할을 하지 못할 때 어떤 일이 벌어질까? 20세기에 들어설 무렵 저명한 생화학자 파울 에를리히는 그것을 자가독성 공포horror autotoxicus라고 했다. 몸이 자신을 중독시킨다는 뜻이다. 증상은 그 명칭에 딱 들어맞는다. 자가면역은 약한 것에서 광포한 것에 이르기까지 범위가 넓다. 자가면역질환인 원형 탈모증은 T세포가 털집 세포를 공격해서 생긴다고 여겨진다. T세포가 한 부위만 공격해서 한 부분만 머리가 빠지는 사람도 있는 반면, 모든 털집을 공격해서 완전히 대머리가 되는 사람도 있다.

2004년 의과대학 전임의 시절에, 나는 대학원 임상면역학 강의 조교를 맡겠다고 자원했다. 대학원생들과 함께 병원을 돌아다니면서 자가면역질환을 앓는 환자들을 만나서 그들의 동의를 얻어 신체 증상, 원인, 치료에 관한 토의를 하는 것이 내가 맡은 일이었다. 에를리히의 생생한 표현에서 내가 트집을 잡을 만한 부분은 오로지 그 용어가 단수로 적혀 있다는 것뿐이다. 자가독성 공포, 즉 자가면역은 너무나 다양한 양상과 형태로 나타나기 때문에, 공포라는 단어를 단수가 아니라 복수로 표기해야 더 어울린다.

우리는 피부경화증을 앓고 있던 30대 여성을 만났다. 면역계가 피부와 연결조직을 공격하는 병이다. 종종 그렇듯이, 그녀도 레이노병이라는 증상과 함께 그 병을 앓기 시작했다. 레이노병은 추위에 노출되면 손발가락이 창백해지는 질환이다. 그녀는 학생들에게 이렇게 말했다. "그 뒤로는 춥지 않아도 정서적 스트레스를 받거나 피곤할 때면 손가락이 창백해지기 시작했어요." 나는 셰익스피어의 희곡 『사랑의 헛수고Love's Labour's Lost』에서 겨울에 관한 시의 한 대목을 떠올렸다. 매서운 바람이 휘몰아칠 때 "양치기 딕은 손톱에 입김을 분다." 그러나 이 환자의 추위는 손발의 혈관이 갑자기 경련을 일으키면서 체내에서 생겼다. 마치 자가면역이 몸속을 얼어붙게 하는 듯했다.

낯선 이의 공격이 여성의 몸에 가해졌다. 면역계가 자신의 연결조직을 공격함에 따라 온몸 곳곳의 피부가 얼룩지면서 딱딱해지기 시작했다. 얼룩은 어떤 보이지 않는 힘이 당기는 양 뼈의 윤곽이 드러나도록 팽팽해지면서 반질거렸다. 입술도 딱딱해지고 흉터투성이가 되었다. 그녀는 면역 억제제와 함께 염증을 줄이기 위해서 코르티코스테로이드를 처방받았다. 그런데 후자는 조증을 일으켰다. "마치 랩으로 온몸을 칭칭 감는 것처럼, 내 피부가 나를 꽉 옥죄는 것 같았어요."

다음에 만난 환자는 전신 홍반 루푸스를 앓고 있던 남성이었다. 줄여서 그냥 루푸스라고도 한다. 이 병명은 늑대라는 뜻의 라틴어에서 나왔다. 로마 의사들이 이 자가독성 공포로 생긴 피부 병터에서 늑대에게 물린 자국을 떠올렸거나, 콧등을 가로질러서 양쪽 눈 밑으로 퍼지는 발진이 늑대의 표식처럼 보인다고 여겼기 때문인 듯하다. 후자일 가능성이 더 높다. 게다가 햇빛을 쬐면 발진이 더 악화될 수 있다는 사실 때문에 루푸스 환자들은 어쩔 수 없이 어둠이 깔린 뒤에 나와서 달빛을 받으면서 돌아다녀야 했기 때문에, 이 으스스하게 들리는 명칭이 굳어졌다. 병실에서도 늘 블라인드를 내려놓은 탓에, 한 줄기의 빛만이 비스듬하게 비칠 뿐이었다. 우리는 일종의 묘실에 들어와 있는 양, 그의 주위에 모여 있었다.

그는 가벼운 발진이 한 군데 있을 뿐이었지만—그는 그것을 가리려고 선글라스를 쓰고 다녔다—몸속의 콩팥도 공격받고 있었다. 또 지독한 통증이 팔꿈치부터 무릎에 이르기까지 이 관절에서 저 관절로 옮겨다니면서 나타났다. 루푸스는 종잡을 수 없이 요리조리 이동하는 병이다. 피부나 콩팥 같은 어느 한 기관계에만 영향을 미칠 수도 있고, 갑자기 여러 기관계를 한꺼번에 공격할 수도 있다. 이 환자는 새로운 면역 억제제 임상시험에 지원했는데, 증세가 조금 누그러진 듯했다. 루푸스 환자의 면역계가 정확히 무엇에 반응하는지는 여전히 수수께끼이지만, 세포핵의 항원, 세포막의 항원, DNA에 결합된 단백질의 항원이 관련이 있을 때가 많다. 게다가 때때로 공격받는 기관의 목록이 계속 늘어나기도 한다. 관절에서 콩팥으로, 이어서 피부로 병이 옮겨가는 식이다. 마치 불길이 계속 번지는 듯하다. 자기의 방벽이 일단 뚫리면, 자기를 이루는 모든 것이 공격을 받을 수 있다.

자가독성 공포의 깊숙한 곳에는 한 가지 중대한 과학적 교훈이 묻혀 있었다. 면역학자들이 그 교훈을 직시하기까지는 수십 년이 걸렸다. 자기 세포를 향한 공격인 자가면역을 연구하다 보면, 이런 의문이 떠오를 수밖에 없다. 면역 독성을 암세포 쪽으로 돌릴 수 있다면 어떻게 될까? 아무튼 악성 세포는 자기와 비자기 사이의 경계에 불안하게 놓여 있다. 정상 세포에서 파생되고 정상인 특징들을 많이 가지고 있지만, 악성 침입자이기도 하다. 한쪽에서 보면 코뿔소이고 다른 쪽에서 보면 유니콘이다. 1890년대에 뉴욕의 외과의인 윌리엄 콜리는 세균을 이용한 조제약으로 암 환자를 치료하고자 시도한 바 있었다. 이 조제약은 콜리 독소라고 불렸다. 그는 종양을 공격할 수 있는 강력한 면역 반응을 이끌어내고 싶어했다. 그러나 그 반응은 예측이 불가능했다. 그리고 1950년대에 세포를 죽이는 화학요법이 개발되면서, 암에 면역 공격을 가한다는 개념은 인기를 잃었다.

그러나 표준 화학요법을 받은 이후에도 암이 재발하는 사례들이 되풀이

되자, 면역요법 개념은 부활했다. 몸이 자신의 T세포에 산 채로 먹히지 않도록 하는 메커니즘을 잠시 떠올려보자. 정상 조직을 공격할 것이므로 성숙하기 전에 제거해야 하는 T세포인 "금지" 클론이 있다. 또 면역 반응을 약화시킬 수 있는 조절 T세포도 있다.

1970년대에 과학자들은 자기를 공격하지 않도록 T세포가 몸을 관용할 수 있게 유도하는 또다른 메커니즘들을 발견했다. 바이러스에 감염된 세포나 암세포 같은 표적을 죽이고자 할 때, T세포 수용체와 MHC-펩타이드 복합체가 관여하는 것만으로는 부족하다. 면역 공격을 자극하려면 T세포 표면의 다른 단백질들도 활성을 띠어야 했다. 즉 스위치는 하나가 아니라, 여러 개였다. 이렇게 보완 너머의 보완 조치들—산 너머의 산—은 총의 방아쇠 잠금장치와 안전 스위치와 마찬가지로, T세포가 실수로 정상 세포를 공격하지 않도록 단속하기 위해서 진화했다. 방아쇠 잠금장치는 우리 자신의 세포를 무차별적으로 죽이는 것을 막는 관문 역할을 할 것이다.

그러나 그런 방아쇠 잠금장치를 이해하고 무력화하려면, 먼저 특이성이라는 불확실하게 어른거리는 것부터 해결해야 했다. 사람의 T세포 반응을 암에 맞서는 쪽으로 돌릴 수 있을까? 메릴랜드 주, 베데스다의 국립암연구소의 외과종양학자 스티븐 로젠버그는 종양으로 침투한 면역세포가 그 종양을 인지할 능력을 틀림없이 지닐 것이라고 추론하고서, 흑색종 같은 악성 종양에서 자연 T세포를 채취했다. 로젠버그 연구진은 이런 종양 침윤 림프구를 수백만 개로 증식시킨 뒤, 다시 환자의 몸에 주입했다.

일부 환자들에게서는 강력한 반응이 나타났다. 로젠버그의 T세포 치료를 받은 흑색종 환자들은 종양이 줄어들었고, 완전히 사라진 뒤에 장기간 그 상태를 유지하는 이들도 있었다. 그러나 한편으로 이런 반응은 무작위적인 양상을 띠었다. 환자의 종양에서 수확한 T세포는 종양에 맞서 싸우는 훈련을 받은 것일 수도 있었고, 범죄 현장에 서성이고 있던 수동적인 목격자, 즉 방관자일 수도 있었다. 종양에 지쳤거나 익숙해진, 즉 관용적이 된 것일 수도 있었다.

암들은 다양하지만 몇 가지 공통점이 있다. 면역계에 보이지 않는다는 점도 그중 하나이다. 원리상 T세포는 종양에 맞서는 강력한 면역학적 무기가 될 수 있다. 일찍이 클래런스 리틀과 피터 고어가 1930년대에 보여주었듯이, 종양을 유전적으로 맞지 않는 생쥐에게 이식하면, 이식 대상자 생쥐의 T세포는 종양을 "외래"의 것이라고 거부한다. 그러나 리틀과 고어가 선택한 종양/수용 체계는 전혀 들어맞지 않는 것이었다. 종양의 표면에는 "외래"에서 온 것임을 즉시 알아볼 수 있고 따라서 빠르게 거부 반응을 일으킬 수 있는 MHC 분자가 표면에 제시되어 있었다. 더 최근에 에밀리 화이트의 사례에서는 자신의 백혈병 세포의 표면에 있는 단백질을 인식하도록 CAR-T세포를 변형시켰다.

그러나 사람의 암 대다수는 면역계에 훨씬 더 미묘한 도전 과제를 제시한다. 노벨상을 수상한 암 생물학자 해럴드 바머스는 암을 "우리의 정상자아의 일그러진 판본"이라고 했다. 실제로 그렇다. 암세포가 만드는 단백질은 몇 가지를 제외하고는 정상 세포가 만드는 것과 똑같다. 암세포가 이런 단백질들의 기능을 일그러뜨리고 세포를 강탈하여 악성 성장을 하게 만든다는 점이 다르다. 한마디로 암은 일탈한 자기일 수 있다. 일탈은 했을지언정 자기라는 점에는 의심의 여지가 없다.

그리고 두 번째로, 궁극적으로 사람에게서 임상적 병을 일으키는 암세포는 진화 과정을 통해 생긴다는 점이다. 선택의 주기를 되풀이한 뒤에 남은 세포들은 이미 면역을 회피할 수 있게 된 것들일 수 있다. 여러 해 동안 자신의 종양을 그냥 못 본 체하고 지나쳤던 샘 P.의 면역세포처럼 말이다.

암이 자기와 친족인 동시에 면역학적으로 보이지 않는다는 이 양면성을 띤 문제는 종양학자의 숙적이다. 암을 면역학적으로 공격하려면, 첫 번째로는 면역계에 다시 보이도록 만들어야 한다. 그리고 두 번째로는 면역계가 정상 세포를 부수적으로 파괴하지 않으면서 공격할 수 있도록 암 특유의 어떤 결정 인자를 찾아야 한다.[*]

스티븐 로젠버그의 실험은 이 양쪽 도전 과제들을 극복할 수 있음을 깜박거리면서 보여주는 초기 표지판이었다. 종양이 면역학적으로 검출 가능해짐으로써 T세포가 종양을 죽일 수 있었던 사례들이 몇 건 나타났다. 그런데 암세포는 정확히 어떤 **방법**으로 투명성을 획득했을까? 정상인 몸이 자신을 향한 공격을 막기 위해서 사용하는 바로 그 메커니즘을 이용할까? 즉 자가면역을 막는 방아쇠 잠금장치를 활성화하는 것일까?

1994년 겨울 버클리의 캘리포니아 대학교에서 연구 중이던 제임스 앨리슨은 T세포를 억제하는 메커니즘을 규명함으로써 어느 정도는 면역요법

---

[*] 세 번째이자 점점 더 중요해지고 있는 분야도 있는데, 바로 약물과 몸의 자연적인 메커니즘에 맞서 저항하는 암의 능력을 살펴보는 연구이다. 암세포는 약물이 침투할 수 없도록, 즉 능동적으로 약물 내성을 일으킬 수 있도록 자기 주변에 독특한 세포 환경을 조성하는 방향으로 진화한다. 대개 정상 세포들로 자기를 둘러싼다. 마찬가지로 이런 세포 환경은 T세포, NK 세포 같은 면역세포가 암세포 가까이 들어가는 것조차 막음으로써 면역을 회피하거나, 이 악성 세포에 영양소를 공급할 혈관을 끌어들일 수 있다. 다양한 약을 통해서 암의 혈액 공급을 차단하려는 임상시험들은 어느 정도의 성공만 거둬왔다. 면역세포가 암의 "미시환경"에서 계속 활동할 수 있게 하려는 임상시험들도 마찬가지이다. 최근에 내가 접한 가장 섬뜩한 과학 사진 중 한 장은 종양이 활동하는 T세포들을 막는 정상 세포들의 껍데기로 감싸여 있는 모습을 찍은 것이다. T세포들은 암이 자기 주위로 두른 세포 껍데기를 고리처럼 에워싸고 있지만, 뚫고 들어가지 못한다. 면역학자 루슬란 메지토프는 이를 "고객 세포(client cell)" 가설이라고 했다. 암 경찰—여기에서는 면역계—이 다른 곳을 보는 사이에 도둑이 털어갈 가게의 고객인 척하는 것처럼, 암세포는 자신이 자라는 기관의 "고객" 세포인 척한다. 아니 더 정확히 말하면, 닮도록 진화한다.

분야를 부활시킬 실험을 시작했다. 면역학 전공인 앨리슨은 T세포의 표면에 붙어 있는 CTLA4라는 단백질을 연구했다. 이 단백질은 1980년대부터 알려져 있었지만, 기능은 수수께끼로 남아 있었다.

앨리슨은 면역 반응에 저항한다고 잘 알려져 있는 종양을 생쥐에게 이식했다. 예상대로 종양은 모든 면역 거부 반응을 회피하면서 완강하게 자랐다. 1990년대에 면역학자 탁 막과 알린 샤프가 시행한 실험은 CTLA4가 T세포의 활성 억제에 쓰이는 방아쇠 잠금장치 중 하나일 수 있음을 시사했다. 그들이 생쥐에서 그 유전자를 제거하자, T세포가 마구 날뛰었고 생쥐는 치명적인 자가면역 질환에 걸렸다. 앨리슨은 그 실험을 재현하면서 한 가지 변화를 주었다. CTLA4 유전자를 완전하게 제거하는 대신에 약물로 CTLA4를 차단하면 T세포가 암을 공격하지 않을까?

앨리슨은 생쥐에게 CTLA4를 차단하는 항체를 주입했다. 그럼으로써 사실상 그 단백질의 기능을 차단했다. CTLA4 차단제를 주입한 생쥐에게서는 면역 내성 종양이 며칠 사이에 사라졌다. 그는 크리스마스 휴가 때 그 실험을 반복했다. 이번에도 CTLA4 차단제를 주입한 생쥐에게서 악성 종양이 사라졌다. 나중에 그는 활성을 띤 사나운 T세포의 침윤을 통해서 종양이 산 채로 먹힌다는 것을 발견했다.

이렇게 종양을 공격하도록 T세포를 활성화할 수 있다는 사실에 흥미를 느낀 앨리슨을 비롯한 몇몇 연구자들은 10년 넘게 그 단백질의 기능을 더 깊이 이해하고자 노력했다. 이전의 실험들에서도 드러났듯이, 그들은 CTLA4가 자가독성 공포를 막는 체계임을 알아차렸다. 그것이 바로 T세포의 방아쇠 잠금장치였다. 정상적인 상황에서는 활성 T세포의 CTLA4가 B7이라는 동족 결합체를 만난다.* B7은 T세포가 성숙하는 림프절 세포의

---

* 나는 면역학 전문 용어는 되도록 피하고자 했다. B7은 사실 CD80과 CD86이라는 두 분자의 복합체이다. 또 T세포가 부적절하게 활성을 띠지 못하게 막는 다른 보완 체계들도

표면에 있으며, 이 결합으로 안전 스위치가 켜진다. 이 성숙하는 T세포는 자기를 공격할 수도 없고, 종양을 거부할 수도 없다. 그러나 이 무력화 경로를 차단한다면, 안전 잠금장치가 꺼짐으로써 관용을 철회한다. CTLA4는 T세포의 활성화와 불활성화 사이에 장벽을 세웠다. 이 장벽에는 관문 checkpoint이라는 이름이 붙었다. 이 단백질이 T세포 활성화를 억제한다 check는 개념에 토대를 둔 것이다.[*]

나는 이런 일들이 고작 몇 분 사이에 일어난 것처럼 쓰고 있지만, 이런 중요한 깨달음들은 사실 수십 년에 걸친 고된 노력과 애정의 결과물이다. 나는 몇 년 전 뉴욕에서 앨리슨을 만났는데, 우리는 과학자들이 CTLA4의 기능을 밝혀내기까지 얼마나 고통스러운 길을 걸었는지에 대한 이야기를 나누었다. 그는 자신이 그 연구에 쏟은 힘겨운 10년이 그저 먼 과거의 기억인 양 유쾌하게 웃어넘겼다. "아무도 날 믿지 않았어요. T세포가 암세포를 억제하도록 하는 다른 수단이 있다고는 아무도 생각하지 않았어요. 그러나 우리는 그 문제에 계속 매달린 끝에 해결했죠."

앨리슨이 CTLA4의 기능을 밝히는 일에 매달려 있을 때, 교토에서 일하는 일본 과학자 혼조 다스쿠는 PD-1이라는 다른 수수께끼 같은 단백질의 기능을 파헤치고 있었다. 앨리슨이 그랬듯이, 그도 10년간 계속 서로 모순되기도 하는 기이한 결과들을 얻었다. 그러나 혼조 연구진은 서서히 PD-1의 기능을 밝혀냈다. 그들은 이 단백질이 관용화 인자tolerizer라는 점에서 CTLA4와 비슷하다는 것을 알아차렸다. CTLA4처럼 PD-1도 T세포에서 발현된다. 그것의 동족 결합체, 즉 실질적인 "꺼짐" 스위치는 PD-L1이라

있다. 그런 단백질 중 하나인 CD28은 원래 면역학자 크레이그 톰프슨이 발견했는데, 나뿐 아니라 여러 연구자들의 집중적인 연구 대상이 되었다.

[*] 시간이 흐르면서 연구자들은 T세포에 여러 관문이 있다는 것을 알게 되었다. 각 관문은 날뛰기 쉬운 T세포가 자기를 공격하지 못하게 막는 안전 스위치 역할을 한다.

고 한다. 이 스위치는 온몸의 일부 정상 세포들의 표면에 낮은 농도로 존재한다. T세포의 CTLA4를 총의 안전 스위치라고 본다면, 정상 세포에 있는 PD-L1은 무해한 구경꾼이 입고 있는 주황색 재킷이다. 재킷에는 이렇게 쓰여 있다. "쏘지 마. 나는 무해해!"*

수십 년이 흐르는 동안 두 가지 새로운 말초 관용 체계가 발견되었고, 불활성화 가능성에 대한 조사가 이루어졌다. 이런 체계들은 T세포의 CTLA4에 결합해서 T세포를 무력화한다. 정상 세포에 있는 PD-L1은 그 세포를 보이지 않게 만든다. 무력화와 투명성의 조합 어딘가에 몸이 자기 자신을 삼키는 것을 막는 쌍둥이 메커니즘이 들어 있다.

현재 우리는 암이 이 두 메커니즘을 이용해서 면역 공격을 회피할 수 있음을 안다. 본질적으로 일부 암세포는 PD-L1을 발현한다. 즉 투명성이라는 주황색 재킷을 껴입는다. "쏘지 마. 나는 무해해!" 혼조는 PD-1 억제제를 투여한 생쥐에게서 T세포가 주황색 재킷을 입은 면역 내성 종양까지 공격한다는 것을 발견했다. 종양의 속임수가 들통났다. 혼조와 앨리슨은 독자적으로 같은 패러다임에 도달했다. T세포의 안전 잠금장치를 끄면, 즉 암세포의 주황색 재킷을 벗기면 암을 공격하는 면역 반응을 일으킬 수 있다는 것이다. 그들은 관문을 해체했다.

이 연구로부터 새로운 유형의 약물이 탄생했다. CTLA4와 PD-1을 억제하는 항체가 여기에 속한다. 이런 신약들의 첫 임상시험 결과는 가능성을 보여주었다. 화학요법에 저항하는 흑색종도 줄어들고 사라졌다. 전이성 방광암도 공격받고** 거부되었다. T세포에 관용을 유도하는 꼬리표를 제

---

* 사실 PD-L1은 주황색 안전 재킷 역할만 하는 것이 아니다. T세포의 죽음까지 유도함으로써 T세포 공격을 완전히 무력화한다.

** 암세포는 왜 그리고 어떻게—왜, 왜, 왜, 어떻게, 어떻게—자신을 인식하고 죽이도록 고안된 T세포를 회피할 수 있는 것일까? 현재의 면역요법은 이 질문에 달려 있다. 고형

거하는 방식의 "관문 억제checkpoint inhibition"라는 새로운 유형의 암 면역요법이 탄생했다.

그러나 이런 요법들도 나름의 한계가 있다. 방아쇠 잠금장치를 끄면 공격하고자 날뛰는 활성화한 T세포가 정상 세포까지 공격할 수도 있다. 내 친구 샘 P.가 받은 그 치료를 궁극적으로 제약한 것은 그의 간 세포를 향한 이 자가면역 공격이었다. 관문 억제제는 T세포가 그의 흑색종을 공격하도록 풀어놓았고, 그 결과 악성 종양을 억제하기에 이르렀다. 그러나 T세포는 우리가 결코 회복시킬 수 없을 정도로 그의 간도 공격했다. 그것은 의학적으로 유도된 형태의 자가독성 공포였다. 그는 암과 자기 사이의 경계에 사로잡혔다. 이윽고 종양 세포는 그 경계를 우회하여 살아남았고, 샘은 뒤에 남겨졌다.

우연의 일치로 내가 이 장을 끝낸 것은 월요일 아침, 피를 살펴보는 날이었다. 나는 주로 글을 쓰는 공간인 사무실을 나와서 현미경실로 향하는 복도를 걸었다. 고맙게도 복도는 텅 비고 조용했다. 나는 햇빛을 가리고 현미경을 켰다. 실험대에는 살펴볼 슬라이드가 한 상자 쌓여 있었다. 나는 그

암의 무엇인가—아마도 그 암이 주변에 조성한 환경—는 T세포의 가장 강력한 재활성화조차도 회피하고 억제할 수 있다. 그 "무엇인가"가 과연 무엇일까? 가장 확실한 증거는 암을 향한 면역 공격이 호중구, 대식세포, 도움 T세포, 살해 T세포, 한 짜임새 있는 세포 구조를 포함하는 완전히 활성을 띤 림프 기관이 고형 암 내에 형성될 수 있어야만 진행될 수 있다는 것이다. 말장난을 하는 것이 아니다. 이 이차 림프 기관(secondary lymphoid organ, SLO)은 대개 T세포가 바이러스나 병원체를 공격할 때 형성되는 림프절일 가능성이 높다. 여기서는 종양을 공격하는 쪽으로 편제될 뿐이다. 그런 SLO가 형성될 수 없는 종양은 면역요법에 저항하는 반면, 형성되는 종양은 대개 면역요법이 통한다. 그러나 이는 상관관계이다. 인과관계 그리고 그런 SLO의 형성을 가능하게 또는 불가능하게 만드는 메커니즘은 아직 밝혀지지 않았다. 그 과정을 이해하고 나면, 새로운 세대의 면역요법 약물이나 조합을 암세포에 쓸 수 있게 될 것이다.

중 하나를 현미경에 올려놓고 손잡이를 돌려서 초점을 맞추었다.

피. 세포들의 우주. 쉬지 않는 세포들 : 적혈구. 지킴이 : 면역 반응의 첫 단계를 수행하는 여러 엽으로 된 핵을 지닌 호중구. 치료사 : 몸에 침입한 것에 우리가 어떻게 반응할지를 재정의한 작은 혈소판—원래는 쓸모없는 조각이라고 치부했던 것. 방어자, 식별자 : 항체 미사일을 만드는 B세포, 그리고 집집마다 돌아다니면서 암을 비롯한 침입자의 흔적까지도 검출할 수 있는 T세포.

한 세포에서 다른 세포로 눈을 이리저리 옮기면서, 나는 이 책의 궤적을 생각했다. 우리의 이야기는 흘러왔다. 우리의 어휘도 달라지고, 비유도 바뀌었다. 처음에 우리는 세포를 외로운 우주선이라고 상상했다. 그리고 "분열하는 세포" 장에서 세포는 더 이상 혼자가 아니라 두 세포, 이어서 네 세포의 조상이 되었다. 세포는 창시자, 즉 조직과 기관과 몸의 기원자였다. 세포 하나가 둘이 되고 넷이 되는 꿈을 충족시켰다. 그런 뒤 집합체로 변했다. 생물이라는 경관 내에서 각 세포들이 저마다의 자리를 찾아가서 정착하는 발생 단계의 배아이다.

그렇다면 피는? 피는 기관들의 복합체, 체계들의 체계이다. 피는 자신의 군대를 위한 훈련소(림프절), 세포가 이동할 고속도로와 샛길(혈관)을 만든다. 주민들(호중구와 혈소판)이 끊임없이 순찰을 돌고 수리를 하는 성채와 성벽도 있다. 주민을 알아보고 침입자를 몰아내는 신원 확인 체계(T세포)와 침입자로부터 자신을 지키는 군대(B세포)도 창안했다. 언어, 조직 체계, 기억, 건축 구조, 하부 문화, 자기 인지체계도 진화시켰다. 이제 새로운 비유가 떠오른다. 아마 우리는 세포의 문명을 생각해야 할 듯하다.

제4부

지식

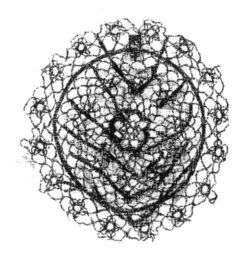

세계적 유행병

이탈리아 전역에서 가장 유명한 도시 피렌체에 무시무시한 흑사병이 들이
닥쳤습니다.……몇 해 전 동양에서 출현하여……지금은 불행히도
서양으로 퍼졌습니다.……이 병에는 의사의 치료도 어떤 약도 아무런
소용이 없어 보였습니다.……환자의 옷이든 환자가 만지거나 썼던 어떤
물건이든 간에 만지기만 해도 병이 옮았습니다.……사람들은 스스로
면역력을 확보하자고 생각했습니다. 어떤 이들은……다른 모든 이들과
격리되어 병든 사람이 아무도 없고 지내기 가장 좋은 집에
틀어박힌 채 살아갔습니다.
— 조반니 보카치오, 『데카메론*Decameron*』

우리의 자신감이 무너지기 전인 2020년 초겨울에, 우리는 몸의 모든 복잡
한 세포계 가운데 면역계를 가장 잘 이해하고 있는 양 보였다. 2018년 앨
리슨과 혼조가 종양이 어떻게 T세포 면역을 회피하는지를 발견한 공로로
노벨상을 받았을 때, 그 상은 우리의 면역 이해, 그리고 아마도 세포학 전
반의 이해가 최고 수준에 도달했음을 기념하는 듯했다. 게다가 면역학적
으로 종양을 숨기는 투명 망토를 벗겨낼 수 있는 강력한 약물들이 나오고
있었다. 물론 근본적인 수수께끼들은 남아 있었다. 이 체계가 어떻게 병원
체에 맞서서 강력한 면역 반응을 일으키는 한편으로 그 반응이 우리 몸을
향하지 않도록 하는 곡예 수준의 균형을 이루는지—미생물 침입자에 맞선
캄프가 어떻게 자가독성 공포의 내전으로 비화되지 않도록 하는지—는 여
전히 다소 심오한 수수께끼로 남아 있었다(샘 P.의 사례에서 우리는 암에
맞서는 면역요법이 야기한 자가면역 간염을 결코 통제할 수가 없었다). 그

러나 그 수수께끼의 핵심 조각들은 끼워맞춰지는 듯했다. 몇 해 전 나는 대학교를 떠나서 새로운 면역요법을 개발하는 생명공학 기업으로 가겠다는 박사후 연구원과 이야기를 나눈 적이 있다. 그는 면역계를 가동성—조작 가능하며 해독 가능하고 교체와 개선이 가능한—톱니바퀴와 부품으로 이루어진, 우리가 파악할 수 있는 기계라고 상상하는 연구자들이 점점 늘고 있다고 했다. 그의 낙관론에 오만함은 전혀 엿보이지 않았다. 2020년 미국 FDA가 승인한 약 50가지 약물들 가운데 8가지는 면역 반응과 관련이 있었다. 2018년에는 59가지 중 12가지였다. 발견되고 있는 약물 중 약 5분의 1이 면역계와 관련이 있었다. 우리가 기초 면역학에서 응용 면역학으로 아주 자신만만하게 넘어가고 있는 듯했다.

그러다가 재앙 수준으로 고꾸라졌다.

2020년 1월 19일, 중국 우한에서 출발한 비행기에서 막 내린 30대의 남성이 기침을 하면서 워싱턴, 스노호미시 카운티에 있는 한 병원에 들어왔다. 그해 3월에 「뉴잉글랜드 의학회지 *New England Journal of Medicine*」에 첫 사례 보고가 실렸다. 읽을수록 점점 오싹해지는 내용이었다.

"진료를 받으러 병원을 찾았을 때 환자는 대기실에서 마스크를 쓰고 있었다."

대기실에서 옆에는 누가 있었을까? 그에 앞서 며칠 동안 몇 명을 감염시켰을까? 우한에서 시애틀로 돌아오는 비행기에서 통로 맞은편에는 누가 앉아 있었을까?

"약 20분을 기다린 뒤 그는 진료실로 들어가서 진료를 받았다."

그를 진료한 의사는 마스크를 썼을까? 체온을 잰 간호사는? 그들은 지금 어디에 있을까?

"그는 가족을 만나러 중국 우한에 갔다가 1월 15일에 워싱턴으로 돌아왔다고 말했다."

1월 20일 코와 입을 면봉으로 문질러서 채취한 시료가(이어서 대변 시료도) 질병통제예방센터로 보내졌다. 양쪽 시료에서 새로운 코로나바이러스에 양성이라는 결과가 나왔다. 사스-코브2였다.

앓기 시작한 지 9일째—입원한 지 5일째—그의 상태가 악화되었다. 산소 포화도가 90퍼센트까지 떨어졌다. 폐 질환에 걸린 적이 없던 젊은 남성 치고는 명백히 비정상이었다. 가슴 X선 사진에서는 허파에 뿌옇게 불투명한 줄들이 나 있었다. 폐렴이 심해진다는 징후였다. 혈액 검사 결과, 간 기능이 비정상이라고 나왔다. 고열도 오락가락했다. 그는 죽음의 문턱까지 가기도 했지만, 결국 회복되었다.

기침을 하는 남성이 시애틀의 병원을 찾은 뒤로 2년 남짓이 흘렀다. 이 글을 쓰고 있는 2022년 3월에 감염자는 약 4억5,000만 명에 달했으며, 거의 600만 명이 사망했다(이 바이러스의 검사와 사망 기록의 신뢰성이 떨어진다는 점을 감안하면, 심하게 과소평가되었을 가능성이 높다). 감염은 전세계 구석구석까지 빠르게 퍼졌다. 알파, 델타, 오미크론처럼 새로운 돌연변이를 지닌 바이러스 균주들도 등장했고, 더 치명적인 균주들도 있었다. 이 바이러스를 겨냥한 백신 60여 종류가 임상시험 중이다. 미국은 3종류, 세계보건기구는 9종류를 승인했고, 몇 종류가 더 개발 중이다.

성숙한 보건 의료체계와 운송체계를 갖춘 부유한 나라들조차 바이러스에 굴복했다. 영국은 사망자가 16만 명을 넘었다. 미국의 공식 사망자 수는 96만5,000명이다. 사망자, 환자, 피해자, 집을 잃은 사람, 파산한 사람, 친지를 잃은 사람은 계속 늘어나고 있다.

나는 계속 떠오르는 이런 세계적인 대유행의 장면이나 소리를 떨쳐낼 수가 없다. 누가 그럴 수 있겠는가? 임시 영안실에 쌓여 있는 주황색 시신 주머니들. 칠레의 집단 매장지. 내가 일하는 병원 바깥에서 끊임없이 울리면서 점점 다가오다가 이윽고 하나로 합쳐져서 새된 소리로 병원을 에워싸는 구급차들의 사이렌. 2021년 봄 병원 구석구석이 환자들로 빼곡하게 들어차고 복도까지 들것에 실려온 사람들로 넘쳐나던 응급실. 환자들이 가쁜 숨을 내쉬면서 자신의 체액에 익사하는 모습. 매일 침대를 더 들이느라 소란스러웠던 중환자실. 매일 밤 지쳐서 좀비처럼 흐느적거리면서 내 사무실 밖 횡단보도를 건너는 의사와 간호사. N95 마스크 자국이 뺨에 짙게 남은 채 멍한 표정과 공허한 눈으로 걷는 그들의 모습. 신문 쪼가리들이 나뒹구는 을씨년스러운 텅 빈 도시 거리. 지하철에서 누군가 콜록거리거나 재채기를 할 때면 주변 사람들의 의심과 두려움에 젖은 표정.

한 친구가 보여준 사진에는 2년 전 여름에 리우데자네이루의 해변에서 두 팔을 치켜올리고 기뻐하는 사촌의 모습이 담겨 있었다. 건강하고 활기 넘치는 40대의 브라질 남성이었다. 2021년 7월 말 그는 그 바이러스에 감염되어 앓아누웠다. 폐렴이 심해졌다. 호흡은 분당 30여 회로 증가했다. 내게 떠오르는 것은 다른 장면뿐이다. 바로 그 사촌이 중환자실 침대에 누워서 입술이 파래진 채 목의 근육이 팽팽하게 당겨질 정도로 너무나 힘겹게 호흡하느라 애쓰는 모습이다. 그는 마찬가지로 두 팔을 치켜들었지만, 기쁨을 드러내기 위해서가 아니었다. 살고 싶은 마음에 처절하게 휘젓고 있었다. 나는 매일 밤 친구와 다급한 문자 메시지를 주고받았다. 얼마 동안은 안도감을 느꼈다. 그의 사촌은 인공호흡기를 달고 있었지만, 느리기는 해도 나아지고 있었다. 그러다가 4월 9일 밤 늦게 마지막 문자가 왔다. "안타깝게도 세상을 떠났어."

2021년 4월 인도를 휩쓴 두 번째 물결은 첫 번째 물결보다 훨씬 더 치명적이었다. 바이러스는 델타 균주라고 불리는 것으로 돌연변이를 일으킨 상태였다. 우한에서 출현한 원래 균주보다 감염성도 훨씬 강했고, 더 치명적일 가능성도 있었다. 델타는 인도 전역을 휩쓸었고, 이미 무너진 공중 보건체계를 박살내면서 잘 짜인 체계적인 대처 능력 자체가 없다는 사실을 충격적으로 드러냈다. 델리는 아예 폐쇄되었고 수백만 명에 달하는 이주 노동자들은 길거리를 헤매야 했다. 내 모친은 델리의 자택에 홀로 갇힌 신세가 되었다. 그렇게 갇혀 지내는 몇 주일 동안, 모친이 매일 같이 내게 보내는 안심시키는 문자 메시지는 점점 짧아져서 모스 부호처럼 변했다. "오늘: OK."

나는 뉴델리의 한 이주 노동자가 병원 앞에서 무릎을 꿇고서 가족에게 필요한 산소통을 달라고 애원하는 장면을 도저히 잊을 수가 없다. 러크나우의 65세 기자는 감염되어 고열에 시달리고 호흡이 가빠오자 여러 병원과 의사들에게 계속 전화를 걸었지만 아무도 대답이 없다고 트윗을 올렸다. 사이버 공간에서 글들만 계속 울려퍼질 뿐, 그는 점점 절망의 나락으로 빠져들었다. 세계가 절망과 두려움이 깊어지는 글들을 지켜보는 가운데, 그는 자신의 혈중 산소 농도가 점점 떨어지고 있음을 보여주는 사진을 올렸다. 52퍼센트, 31퍼센트. 생존 불가능한 수준이었다. 그는 창백한 손가락에 낀 맥박 산소 측정기를 찍은 사진을 마지막으로 올렸다. 산소 농도: 30퍼센트. 글은 더 이상 올라오지 않았다.

때로 신문을 아예 펼치고 싶지 않은 날들도 있었다. 마치 우리가 비애의 단계들을 다시 창안하는 듯했다. 분노는 비난으로, 다시 무력감으로 이어졌다. 인도의 모든 제도, 모든 사회적 망은 순식간에 무너지고 부식되고 녹아 사라졌다.

때로 나는 이 신화를 떠올리고는 한다. 악마 왕인 발리는 이승, 저승, 천상의 세 세계를 정복했다. 어느 날 키 작고 흐릿한 눈에 우산을 든 바마나라는 사람이 그의 앞에 나타났다. 비슈누의 화신인 바마나는 발리에게 소원 하나를 들어달라고 청했다. 오만이 극에 달했던 발리는 자비를 베풀기로 했다. 바마나의 요청은 우스꽝스러울 만치 사소했다. 세 걸음을 걸은 거리만큼의 정사각형 땅을 달라고 했다. 남자의 키가 기껏해야 두 팔의 길이에 불과하지 않나? 무한히 뻗은 왕국에서 고작 1제곱미터 남짓의 땅을 가지고 싶다고? 발리는 웃으면서 말했다. 그래, 원하는 땅을 주마.

그런 뒤 발리는 경악했다. 바마나의 몸이 거대하게 불어났다. 까마득히 높은 하늘에서 굽어볼 만치 커진 그가 첫 걸음을 내딛자, 이승 전체가 그 안에 들어갔다. 두 번째 걸음은 천상을 아울렀고, 세 번째 걸음은 저승을 건넜다. 더 이상은 줄 땅이 없었다. 그는 발리의 머리에 발을 대고 꾹 눌러서 지옥 깊은 곳으로 밀어넣었다.

이 신화는 여러 면에서 지금 상황에 딱 들어맞는 비유 역할을 한다. 바마나는 신성한 존재였고, 바이러스는 결코 신성한 존재가 아니었다. 불행히도 우리의 실패는 모두 지극히 인간적인 측면에서 일어났다. 경직되면서 해체되어가는 세계의 공중 보건체계, 준비 부족, 바이러스처럼 전 세계로 퍼지는 잘못된 정보, 보호 마스크와 일회용 의료 장비를 제공하지 못한 공급망 문제, 강력한 국가 지도자임을 자처했지만 바이러스 감염에 제대로 대처하지 못하는 무능함을 드러낸 이들.

그러나 우리의 머리를 짓누르고 있는 발은 진짜였다. 우리가 면역계의 세포학을 안다고 느꼈던 바로 그때, 우리의 자신감이 정점에 달했던 바로 그 순간에 과학자들의 머리는 지옥 깊은 곳으로 밀려 들어가고 있었다.

아주 작은 미생물이 이 대륙에서 저 대륙으로 건너뛰면서 전 세계로 퍼지기 시작했을 때, 우리는 도무지 이해할 수 없었다. 예일 대학교의 바이러스학자인 이와사키 아키코는 사스-코브2와 비슷한 코로나바이러스들이 인류 집단을 떠돈 것은 수백만 년 전부터였지만, 이런 황폐한 양상을 빚어낸 것은 전혀 없었다고 내게 말했다. 사스SARS와 메르스MERS 같은 친척 바이러스들은 코브2보다 더 치명적이기는 했지만, 금방 통제되었다. 사스-코브2와 사람 세포의 상호작용이 어떤 특징을 지녔기에, 이 바이러스가 세계적 대유행을 일으킬 수 있었던 것일까?

언뜻 보면 불길한 느낌은 거의 들지 않는 독일의 한 병원에서 나온 의학보고서에는 두 가지 단서가 담겨 있었다. 2020년 1월(돌이켜보면 그 짧았던 차분한 시기에 우리가 얼마나 순진하고 자만심에 차 있었던가. 세 걸음을 걸어봤자 얼마나 되겠는가?) 뮌헨에 사는 33세의 남성은 상하이에서 온 여성과 업무 회의를 했다. 며칠 뒤 그는 열과 두통 등 독감 같은 증상들을 보였다. 그는 집에서 몸을 추스린 뒤 다시 출근하여 몇몇 동료들과 회의에 참석했다. 열과 두통, 그리고 빠른 회복. 일상적인 감염이었다. 그저 감기에 걸렸을 뿐이었다.

며칠 뒤 그는 뮌헨의 병원에 입원했다. 상하이 여성도 중국행 비행기를 탈 무렵에 이미 앓고 있었다. 검사하니 그녀는 사스-코브2 양성으로 나왔다. 그런데 의아한 점이 하나 있었다. 그녀는 그를 만날 당시에는 아무런 증상도 없었다. 지극히 건강해 보였다. 그녀는 이틀 뒤에야 앓기 시작했다. 한마디로 그녀는 증상이 나타나기 전에 남성에게 바이러스를 전파한 것이다. 어느 누구도 그녀나 노출된 남성에게 그녀가 바이러스의 보균자라고 말할 수 없었다. 증상을 토대로 격리를 했더라도 바이러스의 전파를 막을 수 없었을 것이다.

남성을 검사하자 수수께끼는 더 심해졌다. 그때쯤 그의 증상은 사라진 상태였다. 그는 다시 출근했고 건강을 완전히 회복한 듯했다. 그런데 침에서 그 바이러스가 검출되었고, 그는 끓어오르는 감염의 가마솥임이 드러났다. 침 1밀리미터에 감염성 바이러스 입자가 1억 개나 들어 있었다. 기침 몇 번만 해도 방 안이 강한 감염성을 띤 보이지 않은 안개로 자욱해지는 셈이었다. 그도 증상이 전혀 없는 상태에서 바이러스를 퍼뜨리고 있었다.

접촉자들을 계속 추적하자, 바이러스의 불길한 두 번째 특징이 드러났다. 남성은 3명을 감염시켰다. 즉 바이러스의 "감염력"—감염 확산 양상을 결정하는 핵심 요소 중 하나—은 적어도 3이었다. 1명이 3명을 감염시킬 수 있다면, 감염은 필연적으로 기하급수적으로 확산된다. 3명, 9명, 27명, 81명. 이 주기가 20번 되풀이되면 감염자 수는 3,486,784,401명에 달한다. 전 세계 인구의 약 절반이다.

무증상/증상 전 전파. 기하급수적 확산. 그 무해해 보이는 보고서에는 이미 세계적 대유행이라는 요리법의 두 가지 핵심 재료가 들어 있었다. 세 번째 재료도 곧 뚜렷이 드러났다. 예측 불가능하면서 수수께끼 같은 치명성이었다. 그때쯤 우한의 안과의가 휴대전화 카메라로 찍은 흐릿한 사진이 최초의 환자 보고 사례였음을 과연 누가 알아차렸을까? 그는 이윽고 자신의 목숨을 앗아갈 폐렴에 맞서 싸우면서 힘겹게 호흡을 이어가며 땀에 젖은 모습이었다. 감염이 퍼짐에 따라 세계는 그 섬뜩한 치명적인 양상에 경각심을 가지게 되었다. 시애틀, 뉴욕, 로마, 런던, 마드리드에서 중환자실마다 환자들로 가득했고, 사망자 수도 계속 증가했다. 그리고 온갖 질문들이 마찬가지로 격렬하게 쏟아졌다. 증상 전 감염의 토대는 무엇일까? 바이러스가 어떻게 누군가에게는 비교적 약한 증상을 일으키는 반면에, 누군가에게는 그렇게 치명적인 양상을 보일 수 있는 것일까?

코로나19 유행병의 의학적 수수께끼가 세포를 다루는 책의 핵심에 놓이는 이유가 무엇인지 의아해할 독자도 있을 것이다. 이유는 세포학이 그 의학적 수수께끼의 핵심이기 때문이다. 세포와 그 상호작용에 관해서 우리가 이해한 모든 것을 다시 살펴보고 낱낱이 분석해야 한다. 면역계가 병원체에 어떻게 반응하는지, 면역세포들이 서로 어떻게 의사소통을 하는지, 바이러스가 어떻게 그렇게 참을성 있게 허파 세포 안에서 증식하면서 주변 세포에 전혀 경계심을 일으키지 않으면서 증상 전 감염을 일으킬 수 있는 지, 소화계의 세포들이 어떻게 병원체의 일차 반응자 역할을 할 수 있는지. 세계적 대유행 질환을 파악하려면 다양한 증상의 사망자들을 부검해야 하지만, 우리의 세포학 지식도 부검할 필요가 있다. 이 책을 쓰려면 코로나 이야기도 반드시 들어가야 했다.[*]

2020년, 코로나에 걸렸을 때 중증으로 진행될 가능성을 높이는 유전자를 찾던 네덜란드 연구진은 어렴풋이나마 답을 알아냈다. 연구진은 두 가족에게서 유달리 그 병을 심하게 앓은 형제 두 쌍을 찾아냈다. 유전자 서열을 분석하자, 한 형제 쌍이 TLR7이라는 유전자를 불활성화하는 돌연변이를 물려받은 것으로 드러났다(평균적으로 형제끼리는 절반의 유전자를 공통으로 지닐 것이다). 놀랍게도 두 번째 형제 쌍도 바로 그 유전자에 활성을 줄이는 듯한 돌연변이를 물려받았다(정확한 돌연변이는 달랐지만, 같은 유전자에 있었다).

TLR7 유전자가 사스-코브2 감염의 중증에 관여한다는 것을 어떻게 설명할 수 있을까? 감염 첫 단계에서 세포들이 보내는 위험 신호나 패턴에 반응하는 선천면역계를 떠올려보라. 선천면역계가 활성을 띨 수 있으려면, 먼저 세포가 침입을 **검출**해야 한다. TLR7(톨 유사 수용체 7Toll Like Receptor 7)은 바이러스 침입의 주요 검출자 중 하나임이 드러났다. TLR7

---

[*] 나는 세계적 유행병에 오로지 기술적 또는 '기술관료적' 해결책을 제시하려는 의도는 없다. 코로나 같은 세계적 유행병에 대처하는(그리고 모든 질병의 부담을 줄이는) 일의 상당 부분은 공중 보건 사업, 접근성과 위생의 개선, 생활습관과 행동 변화에 달려 있다. 그러나 이 책에서 다루는 것은 세포학이며, 나는 세포학과 바이러스 감염의 면역학에 초점을 맞출 것이다. 또한 바이러스 유행병의 면역학적 수수께끼를 이해하는 것이 예방에 중요하다는 점을 겸허하게 인정한다.

은 세포가 바이러스에 감염될 때 "켜지는" 세포에 내재된 분자 감지기이다. TLR7의 활성화는 세포의 위험 신호를 촉발한다. 그런 신호 분자 중 하나인 제1형 인터페론은 다른 세포들에게 항바이러스 방어 수단을 증진시키고 면역 반응을 시작하라고 알린다.

양쪽 형제들에게서 TLR7의 돌연변이는 어떻게든 간에 그 단백질을 불활성화하거나 기능을 약화시켰다고 여겨진다. 그 결과 제1형 인터페론—위험 신호—의 분비가 제대로 이루어지지 않았다. 침입은 검출되지 않았고, 경보는 결코 울리지 않았으며, 선천면역계도 제대로 반응하지 않았다. 이렇게 바이러스에 감염된 초기에 선천적인 세포 반응이 제 기능을 하지 못했기 때문에, 네덜란드의 두 형제 쌍은 사스—코브2에 걸렸을 때 극심한 증상에 시달렸다.

과학자들이 사스—코브2 및 면역과 그 바이러스의 상호작용 연구에 매달리자, 더 시사적인 단서들이 출현했다. 뉴욕의 벤 테노에버 연구실은 바이러스가 감염 직후에 세포 "재프로그램"을 수행한다는 것을 발견했다. 2020년 1월 나는 당시 마운트시나이 병원에서 일하던 40세의 면역학자인 테노에버와 이야기를 나눈 바 있다. 그는 내게 말했다. "마치 바이러스가 세포를 강탈한 것 같았어요."

세포 "강탈"에는 기이할 만치 교활한 책략이 쓰인다. 사스—코브2는 세포를 바이러스 입자 수백만 개를 생산하는 공장으로 바꾸면서도, 감염된 세포가 제1형 인터페론을 분비하지 못하게 막는다. 뉴욕 록펠러 대학교의 장 로랑 카사노바도 같은 결론에 다다랐다. 그는 가장 증세가 심각한 사스—코브2 감염자들—대개 남성—이 감염 뒤에 제1형 인터페론 신호를 제대로 이끌어낼 능력이 없는 이들임을 알아차렸다. 때때로 세포학은 가장 특이하면서 예기치 않은 결과를 빚어내고는 한다. 이런 중증 코로나 환자들은 제1형 인터페론을 공격하는 자가—항체를 미리 지니고 있었다. 즉 감염되기 前에 이미 자기 몸의 공격을 받아서 인터페론 단백질이 제 기능을 하지 못했다. 이 환자들은 이미 제1형 인터페론 반응이 일어나지 않았다. 그 바이러스의 공격을 받기 전까지는 그 사실을 몰랐을 뿐이다. 그들에게서 코로나 감염은 오래 전부터 있었지만 드러나지 않았던 자가면역 질환을 드러나게 했다. 휴면 상태여서 알지 못했던 자가독성 공포(바이러스 경보를 발할 제1형 인터페론을 공격하는)가 사스-코브2 감염을 통해서 비로소 드러났던 것이다.

이렇게 퍼즐의 조각들처럼 연구 결과들이 맞춰지기 시작했다. 초기 항바이러스 반응이 기능적으로 마비된 사람이 이 바이러스에 감염되었을 때 가장 치명적인 증상을 보였다. 한 저술가는 이를 "잠기지 않은 집에 침입한 약탈자"라고 표현했다. 한마디로 사스-코브2의 병원성은 자신이 병원성을 띠고 있지 않다고 믿도록 세포를 속이는 능력에 달려 있는 듯하다.

점점 더 많은 연구 결과들이 쏟아졌다. 초기 위험 신호를 보내는 능력에 지장이 있는 상태에서 감염된 숙주 세포는 단순히 "잠기지 않은 집"이 아니었다. 오히려 한 가지가 아니라 두 가지 경보체계가 망가진, 잠기지 않은 집이었다. 조기 경보—여러 신호들 가운데 제1형 인터페론—을 발할 수 없었을 뿐 아니라, 집이 불탈 때 세포는 강력한 이차 경보를 울리는 방아쇠를 당김으로써 면역세포들을 부르는 일련의 각기 다른 위험 신호들—사이토카인—을 보낸다. 그 결과 통제되지 않는 세포들의 군대, 혼란에 빠져서 마구 날뛰는 병사들이 감염 부위로 밀려들어서 융단 폭격을 가했다. 너무 심하게, 너무 늦게. 이 난폭한 면역세포들은 바이러스를 없애기 위해서 독소를 안개처럼 퍼부었다. 그리하여 바이러스 자체뿐 아니라 바이러스에 맞선 전쟁 자체가 위기를 심화시키기에 이르렀다.

허파는 체액에 잠겼다. 죽은 세포의 잔해가 공기주머니를 틀어막았다. 이와사키가 내게 말했다. "코로나19로 향하는 길에는 병이라는 결과가 나올지 여부를 결정하는 갈림길이 있는 듯해요. 감염 초기 단계에 탄탄한 선천면역 반응을 일으킨다면[아마도 온전한 제1형 인터페론 반응을 통해서], 바이러스를 억제하고 가볍게 앓고 지나갈 거예요. 그렇지 못하다면 허파에서 바이러스가 걷잡을 수 없이 증식할 테고 [……] 염증 반응에 불을 질러서 중증 질환으로 이어질 거고요." 이와사키는 이런 유형의 과다 활성 기능 이상 염증을 기술하기에 딱 맞는 아주 생생한 표현을 썼다. 그녀는 이것을 "면역 오발"이라고 했다.

바이러스는 왜, 어떻게 "면역 오발"을 일으킬까? 모른다. 어떻게 세포의 인터페론 반응을 강탈할까? 단서가 몇 가지 있기는 하지만, 결정적인 답은 없다. 반응 시기가 문제일까? 초기 단계에서는 반응을 보이지 못하다가 나중 단계에서 과다 활성을 띠는 것이 주된 문제일까? 모른다. 감염된 세포의 바이러스 단백질 조각을 검출하는 T세포는 어떤 역할을 할까? 바이러스 감염 증세가 심해지지 않도록 어떤 보호를 할 수 있을까? T세포 면역이 감염의 심각성을 약화시킬 수 있음을 시사하는 증거가 약간 있기는 하지만, 보호한다는 견해를 뒷받침하지 않는 연구 결과들도 있다. 한마디로 우리는 모른다. 이 바이러스는 왜 여성보다 남성에게 더 심각한 병을 일으킬까? 마찬가지로 가설 수준의 답들만 존재할 뿐, 결정적인 답은 없다. 왜 어떤 이들은 감염 뒤에 중화시키는 강력한 항체를 생성하는 반면, 어떤 이들은 그렇지 않을까? 왜 어떤 이들은 만성 피로, 졸음, "몽롱함", 탈모, 호흡 곤란을 비롯한 온갖 증후군을 계속 겪는 장기적인 후유증에 시달릴까? 모른다.

이 무미건조한 답은 우리를 비참하게, 미치게 만든다. 우리는 모른다. 모른다.

세계적인 유행병을 통해서 우리는 유행병학 지식을 습득한다. 그러나 인식론 측면에서도 우리가 배우는 것이 있다. 자신이 아는 것을 어떻게 아는가 하는 문제이다. 사스-코브2는 면역계에 가장 강력한 과학적 조명을 비추라고 우리에게 강요해왔으며, 그 결과 이 세포들의 공동체와 그들 사이에 오가는 신호가 가장 집중적인 조사 대상이 되었다고 말할 수 있을 것이다. 그러나 사스-코브2에 관해서 우리가 이해했다고 여기는 것들은 아마 면역계에 관해서 우리가 이미 알고 있는 것에 한정될 것이다. 즉 알려져 있는 아는 것들이다. 우리는 모른다는 사실조차 모르는 것들은 알 수 없다.

그리고 아마 이 유행병은 우리의 이해에 또다른 빈틈도 있음을 지적해왔을 것이다. 아마 사스-코브2처럼 다른 바이러스들도 예기치 않은 방식으로 면역계의 세포를 왜곡함으로써 병원성을 일으킬 수 있는데, 우리가 그런 더 깊은 설명을 무시해왔다는 것을 말이다(사실 우리는 거대세포 바이러스나 엡스타인바 바이러스 등의 바이러스가 그런 메커니즘을 지닌다는 것을 안다). 사스-코브2는 왜 그렇게 우리 면역계를 잘 강탈할까? 아마 우리가 지금까지 한 이야기는 지극히 불완전할 것이다. 면역계의 진정한 복잡성을 이해하고자 애써왔지만, 우리는 이해했다고 여긴 것들 중에서 일부를 다시 면역계라는 블랙박스로 쑤셔넣어야 했다.

과학은 진리를 사냥한다. 제이디 스미스의 한 글에는 잊히지 않는 이미지가 담겨 있는데, 찰스 디킨스가 자신이 창조한 모든 캐릭터들에 둘러싸여 있는 만화이다. 잘 맞지 않는 조끼 차림의 땅딸막한 픽윅 씨, 중절모를 쓴 모험심 가득한 데이비드 카퍼필드, 옷자락을 땅에 질질 끌고 있는 순진한 리틀 넬.

스미스는 저자들, 특히 소설가가 자신이 창작한 인물의 마음과 몸과 세계에 완전히 몰입할 때 느끼는, 자기 몸을 떠나 다른 사람이 될 때 겪는 경험을 이야기한다. 그 친숙함 또는 친밀함은 "진리"처럼 느껴진다. 스미스는 그 만화에 이렇게 적었다. "디킨스는 걱정하지도 부끄러워하지도 않는 듯했다. 그가 조현병이나 다른 어떤 병리학적 증상을 보이는 것 같지도 않았다. 그에게는 자신의 상황에 들어맞는 이름이 있다. 바로 소설가이다."

이제 다른 캐릭터를 상상해보자. 이 캐릭터는 반쯤은 유령 같은 존재들에게 에워싸여 있다. 제1형 인터페론, 톨 유사 수용체, 호중구 등 이런 "캐릭터들" 가운데 일부는 대체로 눈에 보이지만, 어스름한 불빛에 흐릿하게 보일 뿐이다. 우리는 그것들을 알고 이해하고 있다고 생각하지만, 사실은 그렇지 않다. 그림자만 드리우는 것들도 있고, 아예 보이지 않는 것들도 있다. 정체를 착각하게 만드는 것들도 있다. 우리 주변에 있지만 아예 감지조차 하지 못하는 것들도 있다. 만난 적도 없고 이름도 붙이지 못한 것들이다.

나도 이런 상황에 들어맞는 이름을 가지고 있다. 바로 과학자이다. 우리는 보고 창안하고 상상한다. 그러나 현상에 관한 불완전한 설명만 찾아낼 뿐이다. 그 현상조차도 우리의 연구를 통해서 (일부만) 발견된 것일 수 있다. 우리는 그들의 마음에 깃들 수가 없다.

코로나19는 우리가 주변의 이런 캐릭터들과 함께 살아가려면 겸손해야 한다는 것을 드러냈다. 우리는 디킨스와 비슷하다. 그림자, 유령, 사기꾼에게 둘러싸여 있다는 점만 다를 뿐이다. 한 의사가 내게 한 말이 떠오른다. "우리는 우리 자신이 무엇을 모르는지조차도 알지 못합니다."

세계적인 유행병에 관해서 할 수 있는 다른 이야기도 있다. 의기양양한 이야기는 이런 식으로 전개된다. 면역학자들과 바이러스학자들은 세포학과 면역학의 토대를 수십 년에 걸쳐서 꾸준히 쌓아왔기 때문에 사스-코브2에 맞서는 백신을 기록적으로 짧은 시간에 개발했다. 우한에서 온 남성이 시애틀 병원에 온 지 1년도 채 지나지 않은 시점이었다. 이런 백신들 가운데 상당수는 화학적으로 변형한 mRNA를 이용하는 식으로 완전히 새로운 방식으로 면역을 유도한다. 이 역시 면역세포가 어떻게 외래 단백질을 검출하고 어떻게 감염을 물리치는지를 수십 년 동안 연구해서 쌓은 지식에서 나온 것이다.

그러나 이 의기양양함은 사망자가 600만 명을 넘는다는 사실 앞에서 무너진다. 세계적인 유행병은 면역학에 활기를 불어넣었지만, 우리의 지식에 나 있는 거대한 균열들도 드러냈다. 우리에게 꼭 필요했던 겸손함을 투여했다. 과학의 역사에서 우리가 안다고 생각했던 체계에 관한 우리의 생물학적 지식에 그토록 심오하면서 근본적으로 결함이 있다는 사실을 드러내는 순간이 과연 또 있었을까? 우리는 아주 많은 것을 배웠다. 그리고 배워야 할 것들이 아주 많이 남아 있다.

제5부

기관

우리는 이런저런 기관들을 꽤 많이 다루어왔지만, 사실상 아직 만나지 않은 기관이 하나 있다. 바로 피이다. 앞에서 세포의 협력과 의사소통의 모형으로서 만난 바 있는 피는 단순한 "기관"이 아니다. 피는 오히려 기관들의 체계이다. 한 기관은 산소를 운반하고(적혈구), 다른 기관은 상처에 반응하며(혈소판), 또다른 기관은 감염과 염증에 반응한다. 피의 체계 안에는 다른 체계들이 들어 있다. 학습면역계(병원체에 특이성을 띠는 면역 반응을 일으키는 법을 배우고 적응하는 B세포와 T세포)와 협력하는 선천면역계(병원체를 검출하고 죽이는 능력을 갖춘 호중구와 대식세포)가 그렇다.

생물학에서 "기관"은 구조적 및 해부학적 단위로서 정의된다. 세포들이 공통의 목적을 위해서 모인 집합체이다. 더 작은 동물에서는 더 적은 수의 세포들이 모여서 같은 목적에 종사할 것이다. 많은 생물학자들이 연구하는 선형동물인 예쁜꼬마선충의 신경계는 302개의 뉴런으로 이루어진다. 사람의 뇌에 있는 뉴런은 그보다 약 3억 배 더 많다.

생물이 점점 커지고 복잡해짐에 따라서, 기관도 더 크고 복잡해질 수밖에 없다. 그러나 기관을 정의하는 근본적인 특징—공통의 목적 또는 피르호가 상상했던 "시민"으로서의 세포들—은 그대로 남아 있으며, 지금도 그렇다. 동물의 기관은 해부학적으로 정의되므로 어떤 기관에 들어 있는 세포들은 세포 시민으로서 생리 활동이 가능하도록 조화롭게 행동할 수 있다.

뒤에서 살펴보겠지만, 기관의 세포도 세포학의 기본 원리를 여전히 이용한다. 단백질 합성, 대사, 노폐물 처리, 자율성. 그러나 각 기관의 각 세포는 나름의 특징을 갖춘 전문가이기도 하다. 기관 전체에 봉사하는 독특한 기능을 획득하며, 궁극적으로 사람 생리의 특정한 측면에 협력한다. 따라서 인체 기관과 그 세포는 점점 더 특화된 기능을 습득해야 했다. 선형동물은 피부로 호흡을 할 수 있지만, 사람은 허파가 필요하다. 그리고 사람 같은 아주 많은 세포들로 이루어진 생물은 기관과 세포가 맡은 영역이 아주 넓다. 췌장은 심장이 고동칠 때마다 발가락에 있는 세포에까지 인슐린을 보낸다. 대다수의 선충이 평생 이동하는 거리보다 더 멀다.

세포의 분화와 시민권—한 기관에 속해 있다는 세포학적 증명서—은 인체 생리의 심오한 "창발적" 특성을 빚어낸다. 다수의 세포가 각자의 기능을 조화시키면서 협력할 때 비로소 출현할 수 있는 특성을 말한다. 심장 박동. 생각. 일정한 상태로의 회복, 즉 항상성의 조율이 그렇다.

따라서 사람의 생물학을 이해하려면 기관을 이해해야 한다. 그리고 기관, 기관이 병에 걸렸을 때의 기능 이상, 회복 가능성을 이해하려면, 기관을 작동시키는 세포의 생물학을 이해해야 한다.

시민 세포

소속의 혜택

아무도 없다가 갑자기 출현하는 군중은 신비로우면서 보편적인
현상이다. 처음에는 그저 몇 명이 모여 있었을지도 모른다. 5명이나 10명,
12명이었을지도 모르지만 더 많지는 않았을 것이다. 어떤 선포도 없고,
모일 것이라고 예상할 수도 없다. 그러다가 뜬금없이 여기저기에서
사람들이 새까맣게 몰려들고, 마치 거리에 일방통행만이 가능해진 양
사방에서 더욱 많은 이들이 밀려든다.
— 엘리아스 카네티, 『군중과 권력*Crowds and Power*』

혈액 순환이라는 개념은 전통 의학을 파괴하는 것이 아니라 발전시킨다.
— 윌리엄 하비, 1649년

뉴욕에 세계적인 유행병이 돌기 시작한 초기의 암울한 몇 달 동안, 나는 아
무것도 쓸 수가 없었다. 의사로서의 나는 "필수 인력", 따라서 "필수 업무"
를 수행한다고 여겨졌다. 2020년 2–8월에 감염병이 강력한 토네이도처럼
도시를 휩쓸 때, 나는 필수적으로 써야 하는 N95 마스크를 착용하고 컬럼
비아의 사무실로 갔고, 의료를 필요로 하는 환자들을 돌보았다(최소한의
인력만 남아 있었지만 암 센터는 여전히 운영되고 있었고, 우리는 그럭저
럭 필수적인 화학요법, 수혈 같은 예정된 일정들을 수행했다). 환자들 중
에 그 바이러스에 감염된 이들도 있었지만—전백혈병에 걸린 60대 여성과
줄기세포 이식을 받아야 하는 골수종 환자—다행히도 두 명만 중환자실

로 옮겨졌고 사망자는 없었다. 다른 이들은 회복되었다.

그러나 나는 마음이 텅 빈 상태에서 로봇처럼 움직이고 있었을 뿐이다. 밤이 되면 때로 한두 시까지 화면을 응시하면서 한두 단락쯤 썼다가, 아침에 휴지통에 처넣기를 반복했다. 저술가로서의 내가 느낀 것은 꽉 막혔다는 느낌이 아니라 무력감이었다. 나는 무엇인가를 쓰기는 썼다. 그러나 내가 쓴 것들은 모두 생명력과 활기가 부족해 보였다. 나는 미국과 이어서 전 세계가 최악의 위기를 겪을 때 우리가 목격했던 기반시설과 항상성의 붕괴에 사로잡혀 있었다.

나의 좌절감이 최악으로 치달았을 때, 나는 거의 토하듯이 한 편의 글을 썼고, 그 글은 나중에 「뉴요커」에 실렸다. 진심 어린 호소와 변화에 대한 청원과 유행병의 와중에 내가 목격한 부검 사례를 뒤섞은 글이었다. 나는 의학이 검은 가방을 든 의사가 아니라고 썼다. 의학은 많은 체계와 과정으로 엮인 복잡한 그물이다. 그리고 우리가 건강한 인체처럼 스스로 조절하고 교정한다고 믿었던 체계는 위중한 병을 앓는 신체처럼 교란에 극도로 민감하다는 것이 드러났다.

나는 질병에 굴복하는 몸, 침입자와 싸울 태세를 갖춘 세포계를 생각하면서 거의 1년을 보냈다. 그러나 2021년 봄이 다가왔을 때, 전투라는 널리 쓰이는 비유는 이미 들어맞지 않았다. 나는 정상성과 회복, 인체 생리의 기반시설을 이루는 세포계들(또 거꾸로 미래에 이루어질 망가진 인체 계통들의 수선과 회복)을 다루고 싶었다. 나는 항상성과 자가-교정을 다루고 싶었다. 나는 몸이 자신에게 속하지 않은 것—바이러스—을 어떻게 인지하는지를 생각하다가 지친 상태였다. 그래서 시민권, 소속감 쪽으로 방향을 돌리고 싶었다.

몸의 모든 기관들 중에서 심장은 소속감을 대변한다. 우리는 "속하다"라는 단어를 애착이나 사랑을 가리킬 때 쓴다. 그리고 심장은 수천 년 동안 그 감정의 핵심 기표로 쓰여왔다(물론 현재 우리는 정서 생활의 많은 부분을 뇌가 담당한다는 사실을 알지만). "내 심장은 네게 속해 있어"라고 말할 때, 우리는 심장과 애착이 연결되어 있다고 말하는 것이다.

어릴 때 내 심장은 모친에게 속해 있었다. 부친과는 거리감이 있었다. 믿음직하고 너그러웠지만, 데면데면하고 다가가기가 조금은 어려웠다. 친할머니도 우리와 함께 살았다. 할머니는 인도-파키스탄 분할 당시의 이주 경험이 마음의 상처로 남아서, 홀로 방에 틀어박혀 지냈고 손수 요리와 빨래를 하지 않고는 못 배겼다. 할머니에게는 집이라는 것이 언제든 빼앗길 수 있는 일시적인 피신처인 듯했다. 할머니의 소지품들은 거의 손도 대지 않은 채 신문지에 싸여 동파키스탄에서 인도로 넘어올 때 가져온 강철 여행 가방에 그대로 들어 있었다. 할머니 방에는 침대와 낡은 이불 외에는 거의 아무것도 없었다. 할머니는 이별의 가능성 자체와 결별한 상태였다. 할머니가 나를 어루만져준 기억이 전혀 없다. 할머니의 심장은 부서져 있었다.

성년기로 접어들 무렵 부친과의 관계에 변화가 생겼다. 휴대전화와 이메일도 없던 시절에 스탠퍼드 대학교에 진학했기 때문에, 나는 부친에게 편지를 쓰기 시작했다. 우리의 편지는 처음에는 짧고 딱딱했지만, 시간이 흐르면서 길어지고 따스해졌다. 나는 부친을 새로운 관점에서 이해하기 시작했다. 부친에게는 집을 잃는 것이 익숙해 보였다. 1946년 막 10대가 된 부친은 마을에서 내쫓겨 밤에 배를 타고 콜카타로 향했다. 당시 거의 무너지기 직전의 도시였다. 1950년대 말에 부친은 젊은 관리자가 되어 델리로 이사했다. 델리는 동벵골 출신의 젊은이에게는 문화적으로도 사회적으로도 이질적인 도시였다. 원반을 날리고 요구르트를 꿀꺽꿀꺽 마시고 맥주에 찌든 캘리포니아 기숙사 생활이 내게 이질적이었던 것과 마찬가지였다. 1989년 첫 학기를 시작한 지 5주째에 샌프란시스코 인근 로마프리타에서 지진이 발생했다. 당시 나는 기숙사 방문 틀 아래에 서 있었는데, 복도가 뒤틀리고 시멘트 벽이 물결치듯이 출렁거리는 것이 보일 정도로 엄청난 규모였다. 마치 갑작스럽게 깨어난 뱀의 등에 서 있는 듯했다. 부친은 지진 뉴스를 듣자마자 내게 편지를 보냈다. 부친이 델리에서 첫 자택을 짓는 중이던 1960년에 지진이 일어나는 바람에 저축한 돈을 몽땅 쏟아부은 그 단층집이 폭삭 무너졌다. 부친은 부서진 잔해더미에 앉아서 밤새 울었다고 했다. 누구에게도 한 적이 없는 이야기였다.

나는 잠시라도 좋으니 집으로 돌아가고 싶었다. 어느 날 오후 우편함 속에 두툼한 봉투가 하나 들어 있었다. 부친이 보낸 그 봉투 안에는 놀랍게도 첫 겨울방학 때 델리로 돌아갈 항공권이 들어 있었다. 16시간을 비행하는 내내 나는 잠을 잤다. 이윽고 짙은 안개에 잠긴 도시의 불빛이 보였고, 착륙 직전에 바퀴 해치가 열리면서 코끼리가 내지르는 것 같은 굉음이 들렸다. 그 뒤로 인도까지 40여 차례 날아갔지만, 그 굉음이 들릴 때면 기이한 기쁨이 차오르면서 심장이 두근거리는 것이 느껴진다.

세관원이 내게 소액의 사례금을 요구했을 때 나는 그를 껴안고 싶었다. 드디어 고국에 왔다는 느낌이 들었기 때문이다. 공항을 나올 때 느꼈던 심장의 두근거림이 지금도 느껴진다. 밀려드는 기억들과 혈액으로의 에피네프린 분비 등 그때 내게 어떤 식으로 신경 연쇄반응이 일어났는지 나열할 수는 있겠지만, 그 자극이 뇌에서 촉발되었다고 해도 그 경험을 느낀 것은 내 심장이었다. 하얀 숄을 몸에 두른 부친이 나를 맞이했고, 들고 있던 숄로 나를 감쌌다. 그 뒤로 해마다 내가 인도로 돌아갈 때면 늘 그랬다. 돌아가기. 소속감.

비유를 넘어서 심장은 정말로 세포들 사이의 소속감과 시민권이 대단히 중요한 기관이다. 무엇이 심장 세포를 그렇게 특별하게 만드는 것일까? 우리가 심장 박동이라고 인식하는 정확히 조율된 활동을 매초, 매일 수행할 수 있는 것은 무엇 때문일까? 심장 박동을 생각해보자. 심장은 사람의 평균 수명 동안 20억 번 이상 뛸 것이다. 많은 이들은 이 현상을 일상적인 일이라고 생각할지도 모르지만, 사실은 세포가 빚어낸 기적과도 같은 복잡한 성과물이다. 심장은 세포 협력, 시민권, 소속감의 모형이다.

한 예로 아리스토텔레스는 심장을 동등한 것들 중에서 으뜸이라고 생각했다. 모든 기관들 가운데 가장 중요한 시민, 몸에서 생명력의 중심이라고 보았다. 그는 심장 주위에 모여 있는 다른 기관들은 그저 데우고 식히는 일을 하는 방일 뿐이라고 보았다. 허파는 풀무처럼 부풀었다가 줄어들었다가 하면서 심장이라는 엔진을 계속 식혔다. 간은 심장이 과열되지 않도록, 이 가장 핵심적인 기관에서 생기는 지나친 열을 딴 데로 돌리는 칭찬할 만한 열 흡수원이었다. 페르가몬의 갈레노스는 그 개념을 더 발전시켰다. "심장은 말하자면 동물이 이용하는 열의 원천이자 달구어진 돌이다."

그러나 다른 모든 기관들이 단지 그 엔진을 데우고 식히는 도관에 불과할 만치 심장이 인간 생명의 핵심에 놓인다고 하면, 이런 의문이 떠오를 수밖에 없다. 이 기관이 하는 일이 무엇일까? 1000년경에 살았던 중세의 생리학자 이븐시나(또는 아비센나)는 『의학정전al-Qanun fi'at-Tibb』이라는 대작에서 이 문제를 다루고자 했다(Qanun이라는 단어는 "법칙"으로도 번역할 수 있으며, 이븐시나는 생리를 관장하는 보편법칙을 찾고자 했다). 이븐시나는 맥박에 초점을 맞추었다. 그는 맥박이 파동 같은 성질을 지니며, 심장 박동과 상관관계를 보인다는 사실을 알아차렸다. 맥박이 불규칙할 때면 심장 박동도 불규칙했다. 그리고 맥박과 심장이 두근거리면 기절이나 졸음증 같은 증상들이 생긴다는 것도 알았다. 심장 박동이 약해지면 맥박도 그랬고, 그 증상은 죽음의 전조였다. 불안해지면 맥박과 함께 심장 박동도 증가했다. 이븐시나는 "상사병", 즉 갈망이나 소속감도 마찬가지 증상을 일으킨다고 썼다. 한 친구는 내게 맥박을 잘 짚는다는 티베트 의사를 찾아갔던 일화를 들려주었다. 의사는 형식적인 질문을 몇 가지 하더니, 맥박을 짚었다. "지독한 이별을 겪었군요. 결코 예전의 삶으로 돌아가지 못할 겁니다." 티베트 의사의 말은 옳았다. 뛰는 속도든 활력이든 간에 맥박은 갈망과 소속감에 관한 어떤 단서를 제공했다. 친구는 이별했고, 그의 삶은 완전히 달라졌다.

이븐시나가 심장을 맥박의 원천이라고, 즉 본질적으로 펌프라고 기술한 것은 심장의 기능을 묘사하려는 최초의 시도 중 하나였다. 그러나 인체에서 펌프로서의 심장이 구성하는 회로를 제대로 기술한 사람은 1600년대의 영국 생리학자 윌리엄 하비였다. 하비는 파도바에서 의학을 공부한 뒤 케임브리지로 돌아와서 의학 공부를 계속했다. 1609년 그는 연봉 33파운드를 받고 세인트바솔로뮤 병원에서 의사로 일했다. 작달막하고 둥근 얼굴에 "눈은 작지만 아주 검고 기백이 넘치고" "까마귀처럼 검은 곱슬머리"인 그는 취향이 소박했다. 병원 의사였으므로 병원 근처의 두 배 더 큰 집에 살 수도 있었지만, 그는 황폐한 러드게이트의 작은 집에서 살았다. 그의 물질적 금욕주의를 실험 방법의 금욕과 연결 짓고 싶은 유혹을 느끼게 된다. 오로지 붕대와 지혈대, 그리고 이따금 동맥이나 정맥 조이기만으로 하비는 수백 년간 생리학자들을 혼란스럽게 했던 문제를 해결하러 나섰다.

우리는 이미 발생학과 생리학에서 관행을 타파하는 탐구심 가득한 하비를 만난 바 있다. 그는 배아가 자궁에 "미리 형성되어" 있다거나 피가 몸의 난방유라는 개념을 가장 강력하게 비판한 축에 속했다. 그러나 그가 기여한 가장 중요한 과학적 공헌은 바로 심장과 순환에 관한 선구적인 연구였다. 하비는 성능 좋은 현미경이 없었으므로, 가장 단순한 생리학 실험을 통해서 심장의 활동을 이해하고자 했다. 그는 동물의 동맥에 구멍을 뚫어

피가 동맥에서 빠져나가면 이윽고 정맥에도 피가 없어진다는 것을 알아냈다. 그래서 그는 동맥과 정맥이 하나의 회로로 연결되어 있는 것이 분명하다고 결론지었다. 그가 동맥을 조이자, 심장에 피가 차면서 부풀었다. 주요 정맥을 조였을 때에는 심장에 피가 차지 않았다. 따라서 동맥은 피를 심장 밖으로 내보내고, 정맥은 심장으로 들여오는 일을 하는 것이 틀림없었다. 혈액 순환의 이해에 너무나도 명백한 핵심이 되는 결론인데, 왜 그전까지 생리학자들이 그 점을 알아차리지 못했는지 정말로 수수께끼이다.

가장 중요한 점은 심장의 왼쪽과 오른쪽을 가르는 격벽을 살펴보니, 너무나 두꺼웠고 어떤 구멍도 없었다는 것이다. 따라서 왼쪽으로 들어온 피는 먼저 허파로 갔다가 오른쪽으로 다시 들어와야 했다(피가 그냥 허파를 지나서 심장으로 들어간다는 갈레노스를 비롯한 초기 해부학자들의 믿음에 직접 타격을 가했다). 하비는 심장이 뛰는 것을 보았을 때, 수축과 이완도 보았다. 따라서 심장은 동맥에서 정맥을 거쳐 다시 돌아오는 식으로 온몸으로 퍼진 하나의 회로를 통해서 피를 보내는 펌프임이 분명했다.

1628년 하비는 『동물의 심장과 혈액의 운동에 관한 해부학적 연구』라는 7권짜리 논문을 통해서 자신의 결론을 제시했다. 그 논문은 기존의 심장 해부학과 생리학을 그 토대부터 뒤엎었다. 하비는 심장이 혈액을 온몸으로 순환시키는, 즉 동맥에서 정맥을 거쳐 다시 돌아오도록 하는 펌프라고 주장했다. 그는 이 견해에 "흡족해하는 이들도 있고 그렇지 않은 이들도 있을" 것이라고 썼다. "어떤 이들은……나를 비난했고 감히 모든 해부학자들의 전제와 견해에서 벗어나는 죄악을 저질렀다고 했다. 반면에 어떤 이들은 새로운 개념이 고려할 가치가 있으며, 아마 중요한 용도가 있을 것이라고 말하면서 더 많은 설명을 원했다."

하비의 심장 해부학 연구를 비롯한 많은 연구들 덕분에 현재 우리는 심장이 실은 두 개의 펌프로 이루어져 있음을 안다. 자궁 속의 쌍둥이처럼 좌

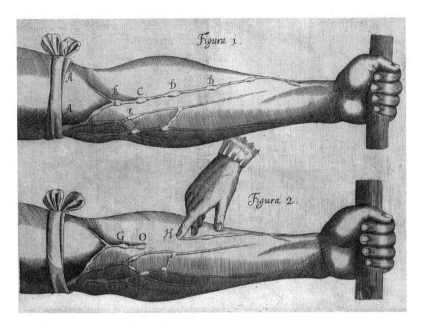

윌리엄 하비의 논문에 실린 정맥과 동맥을 조이는 것 같은 단순한 실험을 통해서 피가 정맥에서 심장으로, 심장에서 동맥으로 흐른다는 것을 보여주는 그림.

우로 나란히 놓여 있다.

모두 하나의 원으로 이어져 있으므로, 오른쪽에서 시작해보자. 오른쪽 펌프는 몸의 정맥에서 피를 수거한다. 산소와 영양소를 기관에 전달했기 때문에 지치고 고갈된 "정맥 피"(새빨간 동맥 피보다 색이 더 짙을 때가 많다)는 우심방이라는 심장 오른쪽 위에 있는 방으로 쏟아져 들어온다. 그런 다음 판막을 통해서 아래쪽 펌프실, 즉 우심실로 들어간다. 우심실은 힘차게 피를 허파로 뿜어낸다. 이 정맥에서 심장을 거쳐 허파로 이어지는 경로가 회로의 오른쪽을 구성한다.

심장의 오른쪽에서 피를 받은 허파는 피에서 이산화탄소를 빼내고 대신 산소를 불어넣는다. 산소로 가득하고 깨끗해진 피는 이제 새빨간 색을 띠며, 심장의 왼쪽으로 향한다. 심장의 좌심방으로 들어간 피는 다시 좌심실로 밀려 들어간다. 아마 몸에서 가장 쉼 없이 움직이는 근육일 좌심실은 이 피를 세차게 굵은 심장동맥으로 뿜어낸다. 이 주요 혈관을 거쳐서 산소가 가득한 피는 뇌를 비롯한 온몸으로 퍼진다.

이렇게 피는 원을 그리면서 돌고 또 돈다. 하비는 이렇게 썼다. "혈액의 순환이라는 개념은 의학을 파괴하는 것이 아니라 발전시킨다."

그러나 심장을 펌프라고 기계적으로 상상하다가는 심장의 핵심 수수께끼를 잊게 된다. 어떻게 세포로 펌프를 만들까? 아무튼 펌프는 고도로 조화를 이룬 기계이다. 심장에는 팽창을 일으킬 신호와 압축을 일으킬 신호가 필요하다. 피가 거꾸로 흐르는 것을 막을 밸브도 필요하다. 목적도 방향도 없이 그냥 부풀었다가 쪼그라들었다 하는 것을 막는 메커니즘도 필요하다. 조율되지 않은 펌프는 울렁거리는 풍선과 다를 바 없다.

1912년 1월 17일 뉴욕 록펠러 연구소의 프랑스 과학자 알렉시스 카렐은 18일 된 닭 태아의 심장 조각을 잘라내어 액체 배지에 배양했다. "조각은 며칠 동안 규칙적으로 고동치면서 자라서 넓게 퍼졌다.……첫 세척 뒤…… 다시 배지에서 아주 넓게 퍼지면서 자랐다." 그는 배양한 것을 꺼내 일부 조각을 잘라서 다시 배양해도 고동이 일어난다는 것을 발견했다. 처음 심장에서 조각을 떼어낸 지 3개월 뒤인 3월에도, "분당 60-84번의 속도로 여전히 고동치고 있었다." 이윽고 "3월 12일에 고동은 불규칙해졌고, 조각은 3-4번 잇달아 고동친 뒤에 약 20초 동안 멈추었다." 배양접시에 든 닭의 심장 조각은 약 3개월 동안 900여 만 번 고동쳤다.

카렐의 실험은 기관이 몸 바깥에서 살아갈 수 있다는, 게다가 제 기능을 할 수 있다는 증거라고 널리 알려졌다. 그런데 그 실험은 마찬가지로 중요한 한 가지 개념도 시사하고 있었다. 몸 밖에서 배양한 심장 조각이 리드미컬하게 고동칠 **자율적인** 능력이 있다는 것이었다. 그 세포들에는 "펌프 같은", 즉 조화롭게 고동치는 행동을 할 수 있도록 만드는 무엇인가가 내재되어 있었다. 같은 해에 하버드의 생리학자 W. T. 포터는 개의 심장에서 신경을 잘라도 여전히 심실이 자율적으로 고동칠 수 있음을 보여주었다. 카렐이 배양접시에서 보여준 현상을 "살아 있는" 몸에서 보여준 사례였다.

이 심장 세포들의 조화로운 고동은 생리학자들의 흥미를 끌었다. 1880년대에 독일의 생물학자 프리드리히 비더는 심장의 세포들이 "가지를 뻗고 상호 소통하면서 연속체를 이룬다"고 썼다. 세포들의 협회, 즉 세포들로 이루어진 단체라고 말이다. 수축력의 원천은 이들의 통합, 소속감에 있는 듯했다.

그런데 수축력은 어떻게 생성되었을까? 1940년대에 헝가리 출신의 생리학자 알베르트 센트죄르지는 세포가 수축하고 이완할 능력을 어떻게 획득하는지 조사하기 시작했다. 당시에 그는 이미 가장 저명한 생리학자에 속했다. 그는 비타민 C를 발견한 공로로 노벨상을 받았고, 세포가 어떻게 에너지를 생산하는지를 연구했다. 미토콘드리아가 에너지 분자를 생산하는 반응에 관한 우리의 지식 가운데 상당수가 그의 연구로부터 나왔다. 그는 확신이 강하고 다방면에 호기심이 많은 사람이었다. 제1차 세계대전 당시 의무대에서 복무하면서 시신을 보는 것이 너무나 끔찍했고, 전쟁에 환멸을 느꼈던 그는 스스로 자기 팔에 총을 쏜 뒤 적의 포화에 다쳤다고 주장했다. 그리하여 과학과 의학 연구로 돌아올 수 있었다. 그는 프라하, 베를린, 영국 케임브리지, 매사추세츠 우즈홀 등 이 대학 저 대학, 이 연구실 저 연구실, 이 도시 저 도시로 계속 옮겨다니면서 세포 호흡의 생화학, 몸에서 산과 염기의 생리학, 비타민과 생명에 필수적인 생화학 반응을 연구했다.

1940년대에 그의 호기심은 심장근육을 연구하는 쪽으로 향했다. 그를 사로잡은 질문은 심장의 기능 이해에 핵심적인 것이었다. 펌프질하는 힘은 어떻게 생겨날까? 센트죄르지는 피르호의 개념에서 출발했다. 어떤 기관이 수축하고 팽창할 수 있다면, 그 기관의 세포가 수축과 팽창을 할 수 있는 것이 분명했다. 센트죄르지는 각 근육 세포 안에 방향성을 띤 힘을 생성할 수 있는, 따라서 세포의 길이를 줄이는 어떤 특수한 분자나 분자 집합이 들어 있어야 한다고 생각했다. 즉 수축시키는 분자가 들어 있지 않을까 생각했다. "짧아지게 할 수 있는 체계를 만들려면, 자연은 가늘고 긴 단백질 입자를 이용해야 한다." 그는 그렇게 썼다. 당시 "가늘고 긴 단백질"은 이미 하나 발견되었다. "자연이 수축성 물질을 만드는 데에 쓰는 실처럼 아주 가늘고 긴 단백질인 '미오신myosin'이다."

그러나 가늘고 긴 단백질은 단지 밧줄일 뿐이다. 밧줄을 세포의 양 끝에 묶으면, 수축 기구의 기본 요소들은 갖추어진 셈이다. 그런데 이 밧줄 체계를 어떻게 당기고 느슨하게 할까? 센트죄르지와 동료들은 미오신 섬유가 다른 가늘고 긴 섬유로 이루어진 치밀하고 잘 짜인 연결망과 긴밀하게 연결되어 있다는 것을 발견했다. 주로 액틴actin이라는 단백질로 이루어진 망이었다. 한마디로, 근육 세포 안에는 상호 연결된 액틴과 미오신, 두 섬유 체계가 있었다.

근육 세포의 수축 비결은 액틴과 미오신이라는 이 두 섬유가 두 개의 밧줄 망처럼 서로 미끄러지는 것이다. 한 세포가 자극을 받아서 수축할 때, 미오신 섬유의 일부가 액틴 섬유의 한 지점에 결합한다. 한 밧줄에 붙은 손이 다른 밧줄을 움켜쥐는 것과 비슷하다. 그런 다음 결합을 풀고 더 앞쪽으로 뻗어서 다음 자리에 결합한다. 한쪽 밧줄에 매달린 사람이 한 손을 뻗어 다른 밧줄을 움켜쥐고서 몸을 끌어당긴 뒤, 다음 자리를 움켜쥐는 식이다. 움켜쥠, 당김, 놓음. 움켜쥠, 당김, 놓음.

각 근육 세포에는 그런 줄줄이 늘어선 밧줄이 수천 개이다. 액틴 띠가 미오신 띠와 나란히 늘어서 있다.* 나란히 늘어선 밧줄들이 서로를 향해 미끄러지면서 점점 더 많이 겹쳐질 때—움켜쥠, 당김, 놓음—세포의 양쪽 끝도 당겨지며, 세포는 수축한다. 물론 이 과정에는 에너지가 필요하며, 모든 심장 세포와 근육 세포에는 두 섬유가 미끄러지는 데에 필요한 에너지를 공급하기 위해서 미토콘드리아가 빼곡하게 들어차 있다(여기에서 한 가지만 더 말하고 넘어가자. 이 체계의 한 가지 특이한 점은 액틴이 미오신을 움켜쥘 때가 아니라, 미오신을 놓을 때 에너지가 필요하다는 것이다. 생물이 죽으면 에너지원도 사라지며, 따라서 근육 섬유들은 꽉 움켜쥔 손을 풀 수가 없으므로 영구히 움켜쥐고 있다. 즉 묶인 채로 있는 셈이다. 모든 근육의 세포 밧줄은 팽팽한 채로, 몸이 수축한 채로 굳는다. 이 현상을 **사후 경직**이라고 한다).

그러나 이것은 한 세포의 수축 여정을 기술할 뿐이다. 심장이 기관으로서 기능을 하려면, 심장의 모든 세포들이 조화롭게 수축해야 한다. 바로 여기에서 프리드리히 비더의 관찰이 중요해진다. 심장근육의 세포들이 하나의 "연속체"를 이루고 있는 듯하다는 것 말이다. 1950년대에 현미경학자들은 심장 세포가 틈새 이음gap junction이라는 미세한 분자 통로를 통해서 서로 연결되어 있음을 발견한다. 다시 말해서 이 모든 세포는 본래 옆 세포와 소통하도록 설계되어 있다. 많기는 해도 세포들은 하나처럼 **행동한다**. 한 세포에서 수축하라는 자극이 생성되면, 그 자극은 자동적으로 옆 세포로 전달되어 수축을 일으키며, 이윽고 세포들 전체가 함께 수축한다.

---

* 인체에는 세 가지 근본적인 유형의 근육 세포가 있다. 이 장에서 다루고 있는 심장근, 명령을 받아서 팔 등을 움직이는 근육인 뼈대근, 창자에 든 음식물을 움직이는 근육처럼 끊임없이 자발적으로 움직이는 민무늬근이다. 세 근육 모두 나름의 액틴/미오신 체계를 이용하며, 여기에 수축성을 높이는 다른 단백질들이 섞여 있다.

그 "자극"이란 무엇일까? 심장 세포의 막에 있는 특수한 통로를 통해서 세포 안팎으로 이온—주로 칼슘—이 움직이는 것이다. 휴지 상태일 때 심장 세포는 칼슘 농도가 낮다. 수축하라는 자극을 받으면, 칼슘은 심장 세포로 왈칵 흘러들며, 그것이 수축을 촉발한다. 그리고 칼슘의 유입은 자기-증폭 고리를 이룬다. 칼슘 유입은 심장 세포로부터 더 많은 칼슘의 방출을 자극함으로써, 칼슘 농도가 갑작스럽게 급증한다. 세포 사이의 상호 연결, 즉 1950년대에 파악된 "이음"은 세포 사이로 이온 메시지를 전달한다. 하나가 다수가 된다. 군중은 동력을 생성한다. 따라서 기관—세포의 연속체—은 하나의 전체로서 행동한다.

심장의 기능에 본질적인 두 가지 최종 세포 요소가 더 있다. 첫째, 피가 거꾸로 흐르지 않도록 방 사이에 판막이 있다. 피가 모이는 방인 심방의 세포들이 먼저 수축해서 피를 심실로 보낸다. 그러면 심방과 심실 사이의 판막이 탁 소리를 내면서 닫힌다. 첫 번째 심장 소리lub이다. 그 뒤에 심실의 세포들이 마찬가지로 조화롭게 수축한다. 그리고 심실의 출구 판막이 닫힌다. 이때 두 번째 심장 소리dub가 난다. 두근두근. 시민들이 발맞춰 함께 일하는 소리이다.

펌프의 마지막 요소는 리듬 생성기, 즉 메트로놈이다. 생리학자들은 심장에 들어 있는 특수한 신경처럼 생긴 세포가 수축을 자극하는 전기 충격을 일정한 간격으로 리듬 있게 생성한다는 것을 알아냈다. 또다른 신경—빠르게 전달하는 전선—은 이 충격을 먼저 심방, 이어서 심실로 보냄으로써 심장 전체로 보낸다. 일단 신경 충격이 한 세포에 다다르면, 세포들 사이의 이음을 통해서 모든 세포들로 그 충격이 전달된다.

그 결과, 기적과도 같은 조화로운 움직임이 나타난다. 심방 수축. 심실 수축. 심장의 세포들은 잘 조율된 시민 전체로서 행동한다. 심장근의 각 세포는 정체성을 유지한다. 그러나 각 세포는 인접 세포와 너무나 긴밀하게 연결되어 있어서, 수축하라는 신경 충격이 도달하면 목적에 맞게 조화롭게 협력하면서 수축이 일어난다. 심장은 그냥 울렁거리지 않는다. 심실은 수축하면서 세게 한 번에 밀어낸다. 우리는 심장을 하나의 목적을 가지고 하나의 세포처럼 행동하는 기관이라고 상상할 수도 있다.

심사숙고하는 세포

다목적 뉴런

뇌는 하늘보다 넓어
나란히 놓으면
하나가 다른 하나를 담을 테니까
아주 쉽게, 게다가 당신까지도

뇌는 바다보다 더 깊어
파란색을 띠는 둘을 함께 담으면
하나가 다른 하나를 흡수할 테니까
스펀지처럼, 양동이처럼
— 에밀리 디킨슨, 1862년경

심장이 하나의 목적을 가진 기관이라면, 뇌는 다목적 기관이다. 먼저 솔직히 인정하자. 이렇게 엄청나게 복잡한 기관의 기능은 책의 한 장은커녕 책한 권으로도 다루기가 불가능하다.

그러나 기능은 잠시 제쳐두고, 구조를 먼저 살펴보자. 의과대학 해부학 실습에서는 학생들을 소집단으로 나누었다. 내가 포함된 집단은 4명이었는데, 우리는 포름알데하이드에 절여진 흐느적거리는 사람의 뇌를 건네받았다. 장기 기증 선서를 한 교통사고 사망자인 40대 남성이 의과학에 남긴 선물이었다. 크기와 모양이 커다란 권투 장갑만 한 기관을 들고서, 이것이 기억, 의식, 언어, 성격, 감각, 감정의 저장소라고 상상하니, 정말로 기분이 이상했다. 사랑. 질투. 증오. 연민. 이 모든 것이 뒤엉킨 뉴런 속에 들어 있었다. 나는 **그를**, 이름도 신원도 결코 알지 못할 이 사람을 들고 있다고 생각했다. 그 기관의 어딘가에는 예전에 모친의 얼굴을 기억했던 신경세포가 살았다. 어딘가에는 차가 도로에서 나뒹굴기 전 마지막 순간의 기억이, 또 어딘가에는 좋아하는 노래의 선율이 들어 있었을 것이다.

모든 기관들 중에서도 가장 특별한 이 기관은 겉모습이 유달리 칙칙하다. 올록볼록한 회백질로 감싼 조직 덩어리일 뿐이다. 그 아래에 아이의 주먹만 한 크기의 2개의 엽lobe으로 나뉜 소뇌가 달려 있다. 소뇌의 양옆으로 튀어나온 돌기도 있다. 옆에서 보니 권투 장갑의 "엄지" 같았다. 원래 척수에 연결되었던 부위가 잘려서 남은 조직 그루터기였다.

그러나 이 조직을 옆으로 자를 때, 나는 마치 경이로움으로 가득한 상자를 여는 양 느껴졌다. 무한히 많은 구조가 들어 있는 듯했다. 신경들의 통로, 액체가 찬 공간, 주머니, 샘, 핵이라고 하는 빽빽하게 뭉친 신경세포 덩어리. 몸에서 쌍을 이루지 않는 소수의 구조물 중 하나인 뇌하수체는 정중앙에 작은 열매처럼 매달려 있었다. 데카르트가 영혼이 자리한 곳이라고 여긴 솔방울샘도 한가운데에 있었다. 이 각각의 샘과 핵에는 특수하면서 때로는 유일한 기능을 전담하는 독특한 세포들이 들어 있었다. 세포학 책에 담을 수 없는 뇌의 심오한 기능들을 빚어내는 것은 궁극적으로 이런 한없이 다양한 구조들—그리고 마찬가지로 한없이 다양한 세포들(뉴런, 호르몬 생성 세포, 신경아교 세포, 신경의 기능을 지원하는 기타 세포)—이다. 그러나 뇌를 이해하려면, 뇌 전체에서 가장 핵심 단위인 뉴런의 기능부터 살펴보아야 할 것이다.

19세기 후반에는 몸에서 가장 다재다능하면서 수수께끼 같은 세포가 세포 취급도 받지 못했다. 사실 대다수의 현미경학자에게는 보이지조차 않았다. 뉴런의 구조는 대체로 숨겨져 있었다. 1873년 파비아에서 일하던 이

탈리아의 생물학자 카밀로 골지는 투명한 신경 조직 조각에 질산은 용액을 첨가하자, 화학반응이 일어나서 일부 뉴런의 안쪽이 검게 염색되는 것을 발견했다. 현미경으로 살펴보니 레이스 그물 같은 것이 보였다. 그는 이 그물이 어떤 연속적으로 이어진 연결을 나타낸다고 생각했다. 그래서 "그물 구조reticulation"라는 이름을 붙였다. 세포론은 아직 유아기였기 때문에 —슈반과 슐라이덴은 1838-1839년에 모든 생물이 세포의 집합이라고 주장했다— 한 저술가의 표현에 따르면, 골지는 신경계 전체가 "세포 부속지"로 이루어진 거미집, 상호 연결되어 죽 이어져 있는 세포 연장 부위들의 "풀 수 없이 엉킴"이 아닐까 하고 생각했다. 한마디로 공허한 이론이었다. 골지는 신경계 전체가 뇌에서 뻗어나온 실 같은 연장선들로 이루어진 그물망 같다고 상상했다.

스페인의 반항적인 한 젊은 병리학자가 골지의 이론을 반박하고 나섰다. 체육인이자 운동선수이자 열정적인 데생 화가—한 전기작가는 "수줍음이 많고 사교성이 떨어지고 말수가 적고 퉁명스럽다"고 묘사했다—인 산티아고 라몬 이 카할은 해부학 교사의 아들이었다. 부친은 베살리우스의 전통에 따라서 해부할 표본을 구하러 마을 묘지로 갈 때면 어린 아들을 데려갔다. 어린 시절 카할은 교묘한 장난을 치는 것으로 유명했다. 그의 첫 "책"은 새총을 만드는 법을 다루었다. 말하자면, 정확성을 애호하는 마음과 권위를 경멸하는 태도의 융합물이었다. 또한 그는 강박적으로 그림을 그려댔다. 새알, 둥지, 잎, 뼈, 생물 표본, 해부구조 등. 모든 자연물은 그의 흥미를 끌었고, 그는 공책에 스케치를 했다. 나중에 그는 이 그리는 습관을 "어찌할 수 없는 광증"이라고 했다. 카할은 사라고사에서 의과대학을 다닌 뒤 발렌시아로 이사했고, 그곳에서 해부학과 병리학 교사로 일했다. 그뒤 마드리드에서 그는 파리에서 골지의 염색법을 배우고 막 돌아온 친구를 우연히 만났다.

많은 과학자들은 골지의 염색법을 재현하려고 했지만, 그 반응은 시시때때로 달라지는 변덕스러운 양상을 띠었다. 조직이 그냥 새까맣게 얼룩질 때도 많았다. 염색이 잘 되면, 대개 골지로 하여금 신경계를 연속된 선들의 복잡한 연결이라고 상상하게 만든 빽빽한 그물 구조를 보여주었다. 그러나 카할은 천재적인 능력을 발휘하여 그 염색법을 정확성 애호와 권위에 대한 경멸을 조합해 거침없이 변형시켰다. 그는 질산염을 한 방울씩 떨어뜨리면서 정확한 희석 비율을 찾아냈고, 조직을 면도날처럼 얇고 정밀하게 잘라냈으며, 가장 성능 좋은 현미경으로 "흑색 반응"으로 염색된 뉴런을 면밀하게 들여다보았다. 또 골지와 달리, 카할이 본 것은 근본적으로 다른 세포 조직이었다. 신경계에는 뒤엉킨 "그물 구조"도 없었고, 마구 뻗어나간 연장선 같은 것도 없었다. 오히려 뻗어나가서 다른 신경세포와 연결된 복잡하면서 섬세한 해부구조를 지닌 각각의 신경세포가 있었다.

카할은 검은 잉크로 직접 신경세포를 하나하나 스케치하여 과학의 역사에서 가장 아름다운 그림을 그려냈다. 어떤 신경세포는 천 개의 가지를 뻗은 나무처럼 보였다. 정중앙에 피라미드 모양의 세포체가 있고 위쪽으로 빽빽하게 가지를 뻗고, 아래쪽으로는 굵은 줄기를 뻗은 모양이었다. 폭발하는 별처럼 생긴 것도 있었고, 머리가 여럿 달린 히드라처럼 보이는 것도 있었다. 아주아주 가느다란 많은 손가락을 뻗은 것도 있었다. 아주 작은 것도 있었고, 뇌의 표면에서 더 깊은 층까지 뻗어 있는 것도 있었다.

카할은 이렇게 한없이 다양함에도 불구하고, 뉴런들이 공통적인 특징을 보인다는 점을 알아차렸다. 뉴런은 세포체를 지녔고, 그 세포체에서 가지돌기soma라는 것이 수십, 수백, 때로는 수천 개까지 뻗고는 했다. 또 다음 세포를 향해 뻗은 출력 통로, 즉 "축삭axon"도 지녔다. 특이한 점은 한 뉴런의 축삭, 즉 출력 지점이 두 번째 뉴런과 미세한 틈새를 두고 떨어져 있다는 것이었다. 이 틈새에는 이윽고 "시냅스synapse"라는 이름이 붙었다.

따라서 신경계는 배선되어 있었다. 그러나 그 "선wire"은 세포가 틈새를 두고 다른 세포와 연결되고 그 세포는 다시 틈새를 두고 또다른 세포와 연결되면서 만들어졌다.

카할은 섬세하고 아름다울 뿐 아니라 법의학적으로 정확한 이 그림들을 토대로 신경계의 구조를 설명하는 이론을 제시했다. 그는 신경에서 정보가 한 방향으로 흐른다고 주장했다. 가지돌기, 즉 그가 신경의 세포체에서 싹이 움트는 것처럼 그린 돌기들은 신경 충격을 "받았다." 받아들인 신경 충격은 세포체를 지나 나아갔다. 이윽고 축삭을 통해서 나아가 시냅스를 지나 옆 신경세포로 전달되었다. 이 과정은 다음 세포에서도 반복되었다. 그 세포의 가지돌기가 신경 충격을 받아서 세포체로 전달했고, 그 신경 충격은 이어서 축삭을 따라 흘러가서 다음 세포로 전달되었다. 그런 식으로 무한히 이어진다.

따라서 신경 전도 과정은 세포에서 세포로의 신경 충격의 이동인 셈이었다. 골지가 제시한 것과 같은 "세포 부속지"의 단일한 그물도, 심장에 있는 것 같은 시민 세포들의 융합체도 아니었다. 대신에 신경세포들은 (가지돌기를 통해서) 입력을 취합하고 (축삭을 통해서) 출력을 생성함으로써 서로 "수다를 떨었다." 그리고 지각, 감각, 의식, 기억, 생각, 감정 같은 신경계의 심오한 특성들을 낳는 것은 바로 이 세포의 수다, 아니 더 정확히 말하면 세포들 사이의 수다였다.

1906년 카할과 골지는 신경계의 구조를 밝힌 공로로 노벨상을 공동 수상했다. 노벨상 역사상 가장 기이한 사례였을지도 모르겠다. 이들의 공동 수상이 임시 휴전 제시에 더 가까웠기 때문이다. 신경계의 구조에 관한 카할과 골지의 개념은 서로 정반대였다. 머지않아 성능이 더 좋은 현미경이 발명되면서 카할의 이론이 옳다는 것이 입증되었다. 즉 개별적인 뉴런들이 서로 의사소통을 하며, 한 세포에서 다른 세포로 신경 충격이 한 방향으로 흐른다는 이론이다. 신경계는 선과 회로로 이루어져 있었지만, "선"은 죽 이어진 그물이 아니라, 정보를 모으고 다른 뉴런으로 전달할 수 있는 개별 세포였다.

카할의 유산 중 하나는 그가 세포학 실험을 단 한 차례도 하지 않았다는 것이다. 적어도 전통적인 의미의 실험은 한 적이 없었다. 그의 뉴런 그림을 보면 그저 **보는** 것만으로도 얼마나 많은 것을 배울 수 있는지를 깨닫게 된다. 그리기를 생각하기라고 상상한 다빈치나 베살리우스 같은 인물에게도 돌아간다. 예리한 관찰자와 데생 화가도 실험가 못지않게 과학 이론을 세울 수 있다. 카할은 자신이 본 것을 스케치했고, 세포를 그리고 결론을 이끌어냄으로써 신경계가 어떻게 "작동하는지"를 이해하게 되었다. "결론을 이끌어내다"라는 영어 어구조차도 생각하기와 그리기가 관련이 있음을 잘 보여준다. 영어의 "draw"는 단지 그림으로 보여주는 것뿐 아니라, 내용을 추출하고 진리를 끌어내는 것을 가리킨다. 카할의 "어찌할 수 없는 광증"—진리를 그리고, 진리를 이끌어내려는—은 신경과학의 토대를 닦았다.

잠시 카할의 뉴런 개념으로 돌아가보자. 뉴런은 신경 충격—메시지—을 다른 세포로 전달할 수 있는 개별 세포이다. 그렇다면 그 메시지는 무엇이고, 누가 보낸 것일까?

수세기 동안 과학자들은 신경이 수도관처럼 속이 빈 관이라고 믿었고, 일종의 체액이나 공기—숨pneuma—가 그 안으로 흐르면서 한 신경에서 다음 신경으로, 신경에서 근육으로 정보의 물결을 전달하여 궁극적으로 근육을 수축시킨다고 보았다. 이른바 "풍선 이론balloonist theory"은 근육이 일종의 풍선이며, 그 안에 숨이 채워지면 공기로 채워진 공기주머니처럼 부푼다고 보았다.

1791년 이탈리아의 생물리학자 루이기 갈바니는 신경과학의 경로를 바꾼 실험을 통해서 "풍선 이론"을 납작하게 만들었다. 지어냈을 가능성이 높기는 하지만, 전해지는 이야기에 따르면 어느 날 그의 조수가 수술칼로 죽은 개구리를 해부하다가 우연히 신경을 건드렸다고 한다. 그때 정전기로 수술칼에 전기 불꽃이 튀겼고, 죽은 개구리의 근육이 마치 되살아난 양 꿈틀거렸다.

놀란 갈바니는 이렇게 저렇게 변형시키면서 그 실험을 반복했다. 그는 개구리의 다리와 척수에 각각 철로 만든 전선, 청동으로 만든 전선을 연결했다. 양쪽 전선을 가져다대자, 양쪽 전극 사이에 전류가 흐르면서 불꽃이 튀겼고, 마찬가지로 개구리의 다리가 꿈틀거렸다(갈바니는 동물이 본래부터 척수에서 근육으로 이동하는 전기를 지니고 있다고 가정했고, 그 현상에 동물 전기라는 이름을 붙였다. 갈바니의 동료인 알레산드로 볼타는 그의 실험에 매료되었고, 이윽고 전기가 동물이 아니라 죽은 개구리의 체액에 일부 잠겨 있는 두 금속의 접촉으로부터 생겨난다는 것을 발견했다. 곧 볼타는 이 개념을 토대로 최초의 원시적인 전지를 고안했다).

갈바니는 그 뒤로 생애의 대부분을 "동물 전기" 연구에 쏟았다. 그는 그 독특한 유형의 생물 에너지가 자신의 가장 대단한 발견이라고 여겼다. 그러나 부수적이라고 보았던 것이야말로 오히려 가장 중요한 발견임이 드러났다. 전기뱀장어와 전기가오리를 제외한 동물들 대부분은 생물 전기를 방출하지 않는다. 오히려 갈바니가 덜 중요하다고 여긴 것이 혁신적인 발견임이 드러났다. 신경에서 신경으로, 신경에서 근육으로 전달되는 신호가 공기가 아니라 전기, 즉 하전 이온의 유입과 유출이라는 개념이었다.

1939년 영국 케임브리지 대학교를 갓 졸업한 앨런 호지킨은 플리머스에 있는 해양생물학협회의 생리학자 앤드루 헉슬리로부터 신경 전도 연구를 함께하자는 요청을 받았다. 연구실은 시터들 힐에 자리한 대형 벽돌 건물에 있었고, 세찬 바닷바람이 복도를 헤집고 지나갔다. 그 연구실의 위치는 중요했다. 연구자들은 플리머스 만이 내려다보이는 창가에서 조업을 마치고 돌아오는 어선들을 볼 수 있었다. 어부들이 바다에서 잡은 것들 중에는 연구자들에게 몹시 귀중한 것이 있었다. 바로 신경세포가 가장 큰 동물 중 하나인 오징어였다. 카할이 공책에 그린 가늘고 작은 신경세포보다 거의 100배 더 크다.

호지킨은 우즈홀 해양연구소에서 오징어의 뉴런을 해부하는 법을 배웠다. 두 사람은 은으로 핀의 끝보다 더 날카롭게 벼린 미세한 전극을 세포에 찔러넣었다. 그들은 신경 충격을 보내고 출력을 기록함으로써, 한 뉴런이 떨어대는 "수다"를 엿보는 방법을 터득했다.

1939년 9월 호지킨과 헉슬리가 축삭에서 나오는 신경 충격을 기록하고 있을 때, 나치가 폴란드를 침략하면서 유럽 대륙이 전쟁에 휩싸였다. 두 사람은 첫 전기 전도 기록을 마친 상태였기 때문에, 서둘러 「네이처」에 논문을 발표했다. 단 2장의 그림이 담긴 놀라운 논문이었다. 첫 번째 그림은 실험 방식을 담은 것으로, 오징어 축삭에 가느다란 은선이 꽂혀 있었다.

두 번째 그림은 경이로웠다. 작은 전기 충격—작은 파동—이 도착한 뒤, 하전 입자의 큰 파동이 뉴런 안으로 밀려들었다. 큰 파동이 잦아들고 가라앉은 뒤, 신경계는 정상 상태로 재설정되었다. 그들이 축삭을 자극할 때마다 동일한 전하 극파spike가 치솟았다가 정상 상태로 되돌아가는 양상이 반복되었다. 신경이 신호를 다른 신경으로 보내는 동역학을 관찰한 것이었다.

전쟁 때문에 호지킨과 헉슬리의 공동 연구는 거의 7년 동안이나 중단되었다. 전시에 공학자이자 만물 수리공인 호지킨은 조종사용 산소 마스크와 레이더 제작에 참여했다. 수학자인 헉슬리는 방정식을 풀어서 기관총의 정확도를 높이는 일을 했다. 1945년 전쟁이 끝나자마자 그들은 플리머스에서 연구를 재개했다. 어선을 뒤지면서 오징어를 구하고 신경계를 점점더 깊이 파고들면서, 뉴런에서 전하의 흐름을 더 정확히 측정할 방법을 찾아냈고, 이윽고 뉴런에서 이온의 이동을 기술할 수학 모형을 개발했다.

거의 70년 뒤인 지금도 신경과학자들은 호지킨과 헉슬리의 방정식과 그들의 실험 방법을 활용하여 신경계를 연구하고 있다. 뉴런이 어떻게 "수다를 떠는지" 지금은 대체로 잘 알려져 있다. 카할의 그림들 중 하나를 이용해서 신호가 신경을 통해서 어떻게 이동하는지를 설명할 수도 있다. 먼저 "휴지" 상태의 신경이 있다고 상상하자. 쉬고 있을 때 신경의 내부는 칼륨 이온 농도가 높고 나트륨 이온의 농도가 최저로 유지된다. 이렇게 신경 내부의 나트륨을 낮은 농도로 유지하는 것이 대단히 중요하다. 성채의 성벽 바깥에 나트륨 이온들이 구름처럼 몰려들어서 들여보내달라고 닫힌 성문을 마구 두들긴다고 상상할 수도 있겠다. 나트륨이 뉴런 안으로 밀려들어야 자연적인 화학적 평형이 이루어질 것이다. 휴지 상태일 때, 세포는 에너지를 써서 나트륨 이온을 밖으로 퍼냄으로써, 나트륨이 안에 쌓이지 않도록 능동적으로 막는다. 그 결과 호지킨과 헉슬리가 1939년 실험에서 발견한 것처럼, 휴지 상태의 뉴런은 음전하를 띤다.

이제 카할의 그림에서 많은 가지를 뻗은 형태의 구조물인 가지돌기로 눈을 돌리자. 가지돌기는 뉴런에서 신호의 "입력"을 받는 부위이다. 자극은 대개 "신경전달물질"이라는 화학물질을 통해서 일어나는데, 가지돌기의 어느 하나에 다가온 신경전달물질은 막에 붙은 동족 수용체에 결합한다. 그러면 신경 전도의 연쇄반응이 시작된다.

화학물질이 수용체에 결합하면 막에 있는 통로가 열린다. 성문이 갑자기 활짝 열리면서 나트륨 이온들이 세포 안으로 밀려든다. 이온이 계속 밀려들면서, 뉴런의 순 전하net charge는 바뀐다. 이렇게 이온들이 유입될 때마다 작은 양전하 펄스가 생성된다. 결합하는 신경전달물질이 더 늘어날수록, 통로는 더 많이 열리고 펄스의 진폭은 커진다. 이 누적된 펄스는 세포체로 향한다.

이제 이온 침략군이 가지돌기를 떠나 뉴런의 세포체로 진군하고, 더 나아가 이윽고 "축삭 둔덕"이라는 중요한 지점에 다다른다고 상상해보자. 바로 여기에서 신경 전도를 일으키는 중요한 생물학적 주기가 시작된다. 축삭 둔덕에 도달한 펄스가 정해진 문턱값보다 더 크면, 이온들의 자기충족적 순환이 일어난다. **이온들은 축삭에서 더 많은 통로가 열리도록 자극한다.** 생물학에서는 어떤 화학물질이 같은 화학물질의 분비를 자극할 때, 양의 되먹임 고리가 나타난다. 즉 그 물질이 점점 더 많아진다. 이온에 민감한 이온 통로는 축삭 전도의 핵심이다. 마치 군중이 더 많은 군중을 계속 끌어들이는 것처럼, 자기-전파가 일어난다. 밀려드는 군중에 더 많은 성문이 열림으로써, 더 많은 나트륨이 쏟아져 들어온다. 나트륨이 통로로 밀려들 때, 다른 이온인 칼륨은 밖으로 빠져나간다.

이 과정은 증폭된다. 밀려드는 이온은 더 많은 성문을 열어젖힘으로써, 더욱 많은 나트륨 이온이 밀려들도록 한다. 통로가 더욱더 많이 열리면서 나트륨 이온의 유입과 칼슘 이온의 유출의 파동이 일어나면서, 호지킨과 헉슬리가 1939년에 처음 관찰한 커다란 양성 극파가 생긴다. 축삭의 순 전하는 음성에서 강한 양성으로 바뀐다. 일단 극파가 생성되면, 멈출 수 없이 연쇄적으로 전도가 일어나면서 극파가 축삭을 따라 계속 나아간다.[*] 이 과정은 자기-전파 양상을 띤다. 한 통로 집합이 열리고 닫히면서 전기 극

---

[*] 뉴런 내의 이런 전도 메커니즘, 즉 나트륨 통로가 열려서 나트륨이 안으로 밀려드는 현상이 **모든** 뉴런에서 나타나는 것은 아니다. 일부 뉴런은 칼슘 등 다른 이온을 신호 전달 메커니즘으로 이용한다.

파를 일으킨다. 첫 극파는 신경의 몇 마이크로미터 앞쪽에 있는 이온 통로 집합을 열고, 그럼으로써 아주 짧은 거리에 있는 그 지점에 두 번째 극파가 생성된다. 다시 몇 마이크로미터 앞쪽에 세 번째 극파가 생기고, 그런 식으로 신경 충격은 축삭 끝까지 진군한다.*

그러나 극파가 뉴런을 지나간 뒤에는 평형이 회복되어야 한다. 뉴런에서 극파의 진군이 끝나면, 통로는 닫히기 시작한다. 뉴런은 나트륨을 퍼내고 칼륨을 들여오면서 평형을 복구하기 시작하며, 이윽고 음전하를 띤 휴지 상태로 돌아간다.

카할의 그림에서 구불구불 깊이 들어가는 뉴런을 하나하나 따라가보면, 또 한 가지 특이한 점을 알아차릴 것이다. 그가 가장 얇게 자른 조각을 주 세밀하게 그린 그림들을 보면, 뉴런들이 서로 겹치지 않으며, 한 뉴런의 끝인 신경 충격이 끝나는 지점(즉 축삭의 끝)과 다음 뉴런이 시작되는 지점, 즉 신경 충격이 다음 신경 충격을 일으킬 지점(나뭇가지처럼 생긴 가지돌기가 시작되는 지점) 사이에 미세한 틈새가 있다.

예를 들면, 다음의 그림에서 "g"라고 적힌 부위를 자세히 보라. 한 신경의 끝을 나타내는 종말 단추bouton가 다음 신경의 가지돌기와 거의 닿을 듯하다. 그러나 닿아 있지는 않다. 시인인 케이 라이언은 이렇게 썼다. "용감한 사람은 여백을 남긴다." 그리고 데생 화가이자 과학자인 카할은 결코 소심하지 않았다. 간격이 약 20-40나노미터인 공간을 빈 곳으로 놔두었다. 너무 미미해서 그냥 없앨 수도 있었을 것이다. 현미경이나 염색 때문에

---

* 대부분의 뉴런은 전선의 플라스틱 피복재와 비슷하게 말이집(myelin sheath)으로 감싸여 있다. 이 절연재는 축삭을 따라 몇 마이크로미터 간격으로 끊겨 있다. 이온 통로는 뉴런 막의 이 "감싸이지 않은" 부위에 있다. 전기 극파도 바로 이 지점에서 생성된다. 극파가 생긴 부위로부터 몇 마이크로미터 떨어진 "감싸이지 않은" 다음 부위에서 다음 극파가 생긴다.

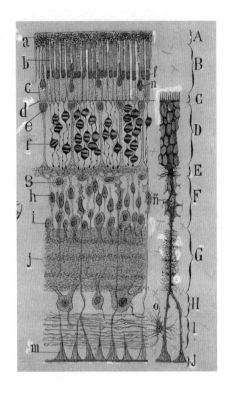

산티아고 라몬 이 카할의 그림. 뇌에서 뉴런들이 여러 층을 이루고 있는 모습이다. 자세히 보면, 일부 뉴런의 끝이 단추 모양을 이루고 있다(f층에서 뚜렷이 보인다). 그 부위에 시냅스가 있다. 또 축삭의 끝이 두 번째 뉴런에서 뻗어나온 섬세한 가지돌기와 물리적으로 닿아 있지 않은 곳도 많이 보인다. 이 빈 틈새가 바로 시냅스이며, 나중에 화학적 신호(신경전달물질)가 이 틈새로 전달되면서 두 번째 뉴런을 활성화하거나 억제한다는 것이 드러났다. 특히 f층의 뉴런에서 이 틈새를 두고 두 번째 뉴런의 가지돌기가 가까이 놓여 있는 양상이 뚜렷이 드러난다.

생긴 착시일 수도 있지 않을까? 그러나 동양화의 여백처럼, 그 공간이 전체 그림에서, 아니 나아가 신경계의 생리학 전체에서 가장 중요한 요소를 나타내는 것일 수도 있지 않을까? 여기에서 왜 그런 빈 공간이 존재하는가라는 의문이 곧바로 떠오른다. 전선으로 신경계를 만든다고 할 때, 전선을 잇지 않고 끊어놓는다면, 과연 전기 기사는 일을 제대로 하는 것일까? 그러나 카할은 자신이 본 것을 정확히 그렸다. 관찰이라는 말이 이론이라는 수레를 끌도록 했다. 그러나 이 분야의 역사에서 종종 그러했듯이, 본다고 해서 다 믿는 것은 아니었다.

호지킨과 헉슬리는 신경 충격이 신경을 건너뛴다고 했는데, 어떻게 다음 신경으로 넘어가는 것일까? 1940-1950년대에 신경전달 분야를 이끌던 저명한 신경생리학자 존 에클스는 그 신호 전달 수단이 전기뿐이라고 강력하게 주장했다. 뉴런이 전도체, 즉 "전선"인데, 굳이 전기 충격이 아닌 다른 것을 써서 신호를 한 전선에서 다른 전선으로 보낼 이유가 있을까? 전선과 전선 사이에서 다른 방식으로 신호를 전달하는 배선 장치는 들어본 적도 없지 않은가? 에클스의 동료인 생리학자 존 풀턴은 1949년에 출간한 책에 이렇게 썼다. "신경 종말에서 화학물질 매개체가 방출되어 두 번째 뉴런이나 근육에 작용한다는 개념은 여러 면에서 미흡해 보였다."

과학의 문제들을 크게 두 가지 유형으로 분류하는 것이 유용할 때도 있다. 첫 번째는 "모래폭풍 속의 눈" 문제라고 부를 수 있는데, 너무나 엄청난 혼란이 일어나서 패턴도, 도로 지도도 전혀 볼 수가 없는 상황에서 발생한다. 어디를 보든 휘몰아치는 모래뿐이며, 이제껏 없던 생각의 전환이 필요하다. 양자론은 좋은 사례이다. 1900년대 초 원자와 아원자 세계가 발견되었을 때, 뉴턴 물리학의 발견적 원리는 그 현상을 설명하기에 미흡했고, 그 모래폭풍에서 빠져나오려면 이 원자/아원자 세계에 관한 패러다임 전환이 필요했다.

두 번째는 반대 상황이다. 이를 "눈 속의 모래" 문제라고 하자. 모든 것이 완벽하게 들어맞는다. 그 아름다운 이론에 아무리 해도 들어맞지 않는 추한 사실이 하나 있다는 것만 빼면 말이다. 그 추한 사실은 눈에 들어간 모래알처럼 과학자들을 짜증나게 한다. 이 짜증나는 모순되는 사실은 대체 왜 없어지지 않는 것일까?

1920-1930년대에 영국의 신경생리학자 헨리 데일과 평생의 동료인 오토 뢰비에게는 뉴런 사이의 틈새가 눈 속의 모래 문제가 되어 있었다. 그들은 뉴런 사이의 전달이 전기를 이용한다는 데에는 동의했다. 호지킨과 헉슬리가 뉴런의 전기 충격을 엿봄으로써 알아낸 전기 신호는 반박할 여지가 전혀 없었다. 그러나 모든 것이 전선으로 되어 있다면, 신경 사이의 틈

새는 대체 왜 있는 것일까?

케임브리지에서 공부한 데일은 베를린의 에를리히 연구실에서 잠시 지
낸 뒤, 학계를 떠나―장래가 너무 불안하다고 여겨서―영국 웰컴 연구소
에서 약리학자로 일하는 당시로서는 특이한 행보를 보였다. 존 랭글리와
월터 딕슨이 세운 그곳에서 그는 신경계에 심오한 영향을 미치는 화학물
질을 분리하기 시작했다. 아세틸콜린 같은 화학물질을 고양이에게 주사하
면, 심장 박동을 늦출 것이다. 반면에 심장 박동을 촉진할 수 있는 화학물
질도 있을 것이다. 또 근육에 있는 뉴런의 활성을 자극할 수 있는 화학물
질도 있을 것이다. 1914년 데일은 런던 외곽의 밀힐에 자리한 국립의학연
구소의 소장이 되었다. 그는 이런 화학물질이 뉴런 사이, 또는 뉴런과 뉴
런이 약화시키는 근육 세포 사이의 정보 "전달물질"이라고 조심스럽게 추
정했다. 고양이의 몸에 심장을 느리게 뛰게 하는 신경을 자극하는 화학물
질을 주사하면, 심장 박동이 느려지고 심박수를 높이는 활동도 약해졌다.
그리고 이런 **화학물질**은 다음 전기 충격을 재개했다. 데일의 생각은 계속
회귀했다. 신경에서 근육으로, 더 나아가 신경에서 신경으로 전기 충격을
―전기가 아니라―화학물질이 전달할 수도 있지 않을까?

오스트리아 그라츠의 신경생리학자 오토 뢰비의 생각도 화학적 신경전
달물질이라는 개념 쪽으로 귀결되고 있었다. 1920년 부활절 일요일 전날
밤, 전쟁의 포화가 잠시 멎은 시기에 그는 실험을 하는 꿈을 꾸었다. 잠에
서 깬 그는 꿈을 거의 기억하지 못했고, 그저 개구리의 근육과 신경에 관한
실험이라는 것만 생각났다. "나는 전등을 켜고 얇은 쪽지에 몇 자 휘갈겼다.
그런 뒤 다시 잠이 들었다. 아침 6시에 깨어났을 때 밤에 뭔가 중요한 것을 적었
다는 생각이 떠올라서 살펴보았지만, 뭐라고 적었는지 도무지 알아볼 수 없
다. 다음날 밤 오전 3시에 다시 그 꿈을 꾸었다. 내가 17년 전에 말했던 화학적
전달 가설이 옳은지 여부를 판단하는 실험을 설계하는 꿈이었다. 나는 즉시 일

어나 연구실로 가서, 꿈속의 설계에 따라서 개구리의 심장을 활용한 단순한 실험을 했다."

뢰비는 부활절 일요일 오전 3시를 조금 넘은 시각에 연구실로 달려갔다. 먼저 그는 한 개구리의 미주신경을 잘랐다. 그럼으로써 심장 박동의 주요 원동력 하나를 떼어낸 셈이었다. 미주신경은 심장 박동을 늦추는 신경 충격을 보냈으며, 따라서 예상대로 미주신경이 잘린 개구리는 심장 박동이 빨라졌다. 이어서 그는 두 번째 개구리의 온전한 미주신경을 자극했고, 그러자 심장 박동이 느려졌다. 이 역시 예상대로였다. 억제 신경을 자극하면, 심장 박동이 느려져야 했다.

그런데 자극을 받은 온전한 미주신경의 어떤 요소가 심장 박동이 느려지도록 자극한 것일까? 에클스가 그토록 강력하게 주장했듯이 전기 충격이라면, 그 충격을 한쪽 개구리에서 다른 쪽 개구리에게로 결코 전달할 수 없을 것이다(전달되는 동안 하전 이온이 확산되어 희석될 테니까). 이 실험의 핵심은 바로 그 옮기기에 있었다. 뢰비는 자극받은 미주신경에서 나온 화학물질("관류액")을 채취하여, 첫 번째 개구리의 심장에 주입했다. 그러자 앞서 빨라졌던 심장 박동이 느려졌다. **첫 번째** 개구리의 미주신경을 잘랐기 때문에, 그 화학물질은 개구리 자신의 미주신경에서는 나올 수 없었다. 관류액에서 나온 것일 수밖에 없었다.

요약하자면, 미주신경에서 나오는 어떤 **화학물질**—전기 충격이 아니라—을 한 동물에서 다른 동물로 옮겨서 심장 박동을 조절할 수 있었다. 그 화학물질, 즉 신경전달물질은 디름 아닌 헨리 데일이 발견한 바로 그 물질이었음이 나중에 드러났다. 바로 아세틸콜린이었다.

1940년대 말에 데일과 뢰비의 가설을 뒷받침하는 증거들이 늘어남에 따라서, 결국 에클스도 이를 받아들였다. 데일과 뢰비는 1936년에 노벨상을 받았고, 에클스의 전향이 "사울이 다마스쿠스로 가는 길에 '갑자기 쏟아진

빛에 눈에서 비늘이 떨어져 나간 것'과 같았다"고 썼다.

지금 우리는 방출된 화학물질, 즉 신경전달물질이 축삭 끝의 액포(막으로 둘러싸인 주머니)에 저장된다는 것을 안다. 전기 충격이 축삭의 끝에 다다르면, 이 액포는 들어 있던 화물을 밖으로 방출한다. 이 화학물질들은 뉴런 사이의 공간, 즉 시냅스를 가로질러서 다음 뉴런에 다다르고, 그럼으로써 자극을 일으키는 과정을 재개한다. 이 화학물질들이 다음 뉴런의 가지돌기에 있는 수용체에 결합하면, 이온 통로가 열리고, 그 두 번째(신호를 받은) 뉴런에서 신경 충격이 재개된다.* 이 신호는 세 번째 뉴런으로 나아간다. 수다를 떠는 친절한 뉴런이 다음 뉴런에 "말을 전했다." 뉴런의 두 대위선율은 번갈아 나오면서 하나로 엮어서 아이의 노래처럼 이어진다. 전기, 화학, 전기, 화학, 전기, 화학.

이런 의사소통 유형의 한 가지 중요한 특징은 시냅스가 위의 사례에서처럼 뉴런을 흥분시켜서 발화시킬 수 있을 뿐 아니라, 다음 뉴런의 흥분을 억제하는 **억제** 시냅스도 될 수 있다는 것이다. 따라서 하나의 뉴런은 다른 뉴런들로부터 양성 입력과 음성 입력을 모두 받을 수 있다. 뉴런이 하는 일은 이런 입력을 "통합하는" 것이다. 뉴런의 발화 여부를 결정하는 것은 흥분 입력과 억제 입력의 통합 총계이다.

지금까지 뉴런이 어떻게 기능하는지, 그리고 그 기능이 뇌의 구조와 어떤 관련이 있는지를 개괄했다. 그러나 이는 가장 기초적인 겉핥기라고 할

---

* 동물의 뉴런 중에는 신경 충격을 전기 자극으로 직접 전달하는 것도 소수 있다. 이런 뉴런은 신경전달물질을 방출하는 대신에 틈새 이음이라는 특수한 구멍을 통해서 서로 전기적으로 직접 연결되어 있다. 심장 세포들을 서로 연결하는 구멍과 비슷하다. 따라서 뉴런 사이가 더욱 가깝다. 간격이 화학 시냅스의 10분의 1이다. 다만 이런 "전기 시냅스"는 드물다. 이런 시냅스의 주된 이점은 속도이다. 전기가 한 세포에서 다른 세포로 빠르게 이동하므로 속도가 핵심인 세포 회로에서 발견되고는 한다. 군소는 포식자를 피해 달아날 때 전기 회로를 써서 먹물을 뿜어 포식자의 시야를 가린다.

수 있다. 몸의 모든 세포 중에서 뉴런은 아마 가장 미묘하면서도 가장 장엄할 것이다. 요약하면 이렇다. 우리는 뉴런을 단지 수동적인 "전선"이 아니라, 적극적인 통합자라고 상상해야 한다.* 그리고 일단 각 뉴런을 능동적인 통합자라고 생각하고서, 이 능동적인 전선으로 매우 복잡한 회로를 만든다고 상상해보자. 이 복잡한 회로는 더욱 복잡한 계산 모듈을 세우는 토대가 될 수 있다. 기억, 지각, 감정, 생각, 감각을 뒷받침할 수 있는 모듈들이다. 이런 계산 모듈들은 하나로 모여서 인체에서 가장 복잡한 기계를 만들 수 있다. 바로 사람의 뇌이다.

---

* 여기에서 한 가지 철학적, 생물학적 의문이 떠오른다. 신경 회로는 왜 완전히 전기로 작동하지 않을까? 전기에서 화학 신호로 옮겨갔다가 다시 전기로 옮겨가는 주기를 끝없이 되풀이하는 대신에, 단순히 전기를 전도하는 배선계를 만든다는 에클스의 개념대로 하면 왜 안 될까? 아마 답은 늘 그렇듯이 신경 회로의 진화와 발달에 있을 것이다. 신경 회로는 단순히 뇌에서 다른 신체 부위들로 신호를 전달하는 전선이 아니다. 위에 말했듯이, 생리의 "통합자"이다. 심장은 더 빨리 또는 더 느리게 뛰어야 할 때가 많다. 게다가 신경 회로는 더 복잡한 상황에도 관여해야 한다. 기분이나 동기를 조절해야 할 때도 있다. 신경 회로가 전기 배선계라는 "닫힌 상자" 안에 밀봉되어 있다면, 그것을 몸의 생리와 통합하기가 어렵거나 아예 불가능할 것이다. 게다가 통합 차원을 넘어서 화학 시냅스는 신호를 증폭하거나 약화시킬 능력도 있다. 이 현상 덕분에 신경계의 복잡성을 갖추는 데에 필요한 회로를 만들기가 더 쉬워진다. 내부 배선계를 지닌 닫힌 상자인 당신의 노트북을 생각해보라. 노트북은 당신이 좌절했는지 짜증을 내는지, 더 빨리 일해야 할 때와 더 느긋해도 될 때가 언제인지 "알" 수 없다. 당신의 감정이나 정신 상태와 시냅스로 연결되지 않은 전기 배선과 회로 상자이다. 반면에 기관은 밀봉된 상자일 수가 없다. 뉴런 사이에 전달되는 신호나 혈액이나 다른 뉴런을 통해서 운반되는 호르몬과 전달물질은 다른 신호들과 교차하면서 기관의 기능을 조절하고 변화시킬 수 있어야 하며, 그럼으로써 신경 생리를 몸의 다른 부위들의 생리와 통합해야 한다. 그리고 용해성 화학물질 매개자는 이상적인 해결책으로, 회로의 활성을 촉진하거나 늦출 수 있다. 이는 상황에 적절히 반응하는 복잡한 "지적인" 노트북이라고 할 수 있다. 당신의 기분이 별로라고 알려주면, 나중에 후회하게 될 분노의 이메일을 보내지 말라고 당신에게 피드백을 줄 수 있다. 또 마감 시한을 알려주면, 작업 속도를 높인다.

생물학자 E. O. 윌슨은 이렇게 조언했다. "어떤 주제가……매혹적인 분위기를 드러낸다면, 그 연구자들이 많은 상금이 주어지는 상을 받는다면, 그 주제와 거리를 두기를." 뇌를 탐구하는 세포학자들에게 뉴런은 아주 노골적일 만치 매혹적이다. 너무나 수수께끼 같고 헤아릴 수 없이 복잡하고 기능도 너무나 다양하고 형태도 극도로 화려하기 때문에, 주변에 늘 있는 동료 세포들은 뒷전으로 밀려났다. 신경아교 세포glial cell는 유명 영화배우의 그늘에 늘 가려져 있는 조역 같았다. "접착제glue"를 뜻하는 그리스어에서 유래한 그 이름조차도 발견된 뒤로 한 세기 동안 무시되는 데 한몫했다. 신경아교 세포는 뉴런들을 붙이는 풀일 뿐이라고 간주되었다. 하지만 카할이 얇게 자른 뇌 조각에서 이 세포를 묘사한 1900년대 초부터, 이 세포를 꾸준히 연구한 소수의 고집 센 신경과학자들이 있었다.

신경아교 세포는 신경계 전체에 퍼져 있다. 뉴런과 수가 거의 같다. 예전에는 신경아교 세포가 10배 더 많다고 생각했고, 그래서 "뇌의 채움재"라는 가설이 지지를 받았다. 뉴런과 달리 신경아교 세포는 전기 충격을 생성하지 않으며, 구조와 기능이 아주 다양하다. 지방 함량이 높은 가지를 뻗어서 뉴런을 감싸는 덮개를 만드는 종류도 있다. 이 덮개를 말이집myelin sheath이라고 하며, 전선을 감싸는 플라스틱처럼 뉴런의 절연재 역할을 한다. 일부 신경아교 세포는 돌아다니면서 뇌에서 찌꺼기와 죽은 세포를 제거하는 청소원 역할을 한다. 또 뇌에 영양을 공급하는 종류도 있고, 시냅스에서 신경전달물질을 청소해서 뉴런 신호를 재설정하는 종류도 있다.

신경과학의 뒷전에 있던 신경아교 세포가 탐구의 중앙 무대로 진출하게 된 것은 신경계의 생물학에 흥미로운 전환이 일어나고 있음을 말해준다. 몇 년 전에 나는 하버드 대학교의 베스 스티븐스 연구실을 방문한 적이 있다. 그녀는 10년 넘게 신경아교 세포를 연구했다. 아주 많은 생물학자들처럼, 그녀도 뉴런을 거쳐서 신경아교 세포에 안착했다. 2004년 그녀는 스탠퍼드 대학교에 박사후 연구원으로 들어가서 눈의 신경 회로 형성을 연구하기 시작했다.

눈과 뇌 사이의 신경 연결은 태어나기 한참 전에 이루어져서 배선과 회로가 완성되기 때문에, 아기는 태어나자마자 세상을 시각적으로 감지하기 시작한다. 눈을 뜨기 오래 전, 시각계가 발달하는 초기부터 망막에서 뇌로 자발적인 활성 파동이 흘러간다. 마치 춤꾼이 공연을 하기 전에 연습을 하는 것과 비슷하다. 이 파동이 뇌의 배선 틀을 짠다. 즉 뉴런 사이의 연결을 강화하거나 느슨하게 하면서, 앞으로 구성될 회로를 미리 연습한다(이 자발적인 활성의 파동을 발견한 신경생물학자 카를라 샤츠는 이렇게 썼다. "함께 발화하는 세포들은 함께 배선된다"). 눈이 실제로 기능하기 전에 신경 연결을 짜는 이 태아의 준비 운동은 시각계의 실제 공연에 매우 중요하다. 세상을 실제로 보기 전에 꿈을 꾸어야 한다.

이 연습 기간에 신경세포 사이의 시냅스, 즉 화학적 연결 지점은 심하게 과잉 생성되며, 나중에 발달하는 동안에 비로소 솎아진다. 뉴런은 시냅스를 형성할 때 축삭의 종말에 특수한 구조를 만들며, 작은 망울처럼 부풀어오른 이곳에는 신호를 다음 뉴런으로 전달할 화학물질들이 저장되어 있다. 시냅스 "가지치기"는 이 특수한 구조를 축소시킴으로써, 그 부위의 시냅스 연결을 제거하는 식으로 이루어진다고 여겨진다. 두 전선 사이의 납땜 부위를 제거하거나 잘라내는 것과 비슷하다. 정말로 기이한 현상이다. 우리 뇌는 연결을 과도하게 형성한 뒤에 솎아낸다.

이렇게 시냅스 가지치기를 하는 이유는 수수께끼로 남아 있지만, 약하고 불필요한 시냅스를 제거하고, "올바른" 시냅스를 남겨서 강화하는 과정이라고 여겨진다. 보스턴의 한 정신과의는 내게 이렇게 말했다. "오래된 직관적 통찰을 뒷받침하죠. 학습의 비밀은 과잉을 체계적으로 제거하는 데 있다는 거죠. 우리는 대체로 죽음으로써 성장합니다." 우리는 고정된 배선을 아로새기지 않도록 아로새겨져 있으며, 이 해부학적 가소성可塑性, plasticity이야말로 우리 마음의 가소성의 열쇠일지도 모른다.

그런데 시냅스 가지치기는 누가 하는 것일까? 2004년 겨울 스티븐스는 스탠퍼드의 신경과학자가 벤 바레스의 연구실에 합류했다. 그녀는 내게 이렇게 말했다. "내가 벤의 연구실에 들어갔을 당시에는 특정한 시냅스가 어떻게 제거되는지 알려진 것이 거의 없었어요." 스티븐스와 바레스는 시각 뉴런에 초점을 맞추었다. 이 시신경을 형성함으로써 눈은 뇌의 눈이 된다.

2007년 스티븐스와 바레스는 신경아교 세포가 바로 시각계에서 시냅스 연결의 가지치기를 맡는다는 놀라운 발견을 발표했다. 「셀Cell」에 발표된 이 논문은 엄청난 주목을 받았지만, 수많은 새로운 질문들도 낳았다. 가지치기를 맡은 신경아교 세포는 어떤 종류일까? 가지치기의 메커니즘은 무엇일까? 다음해에 스티븐스는 보스턴 아동병원으로 자리를 옮겨서 자신의 연구실을 마련했다. 2015년 3월의 몹시 추운 날 아침에 내가 방문했을 때, 그녀의 연구실은 활기가 넘쳤다. 여기저기에 현미경을 들여다보고 있는 대학원생들이 보였다. 한 여성은 실험대에서 생검을 통해 얻은 신선한 사람 뇌 조각을 막자사발에 넣고 단호하게 짓이기고 있었다. 각각의 세포로 분리한 뒤에 플라스크에서 조직 배양을 하기 위해서였다.

스티븐스는 활기가 넘치는 사람이었다. 말할 때 그녀의 손과 손가락은 생각의 흐름에 따라서 저절로 움직이면서 허공에 시냅스를 그렸다가 해체하고는 했다. "이 새 연구실에서 우리가 초점을 맞춘 문제는 내가 스탠퍼드에서 품었던 것들의 연장선상에 있어요."

2012년 스티븐스 연구진은 시냅스 가지치기를 연구할 실험 모형을 세웠고, 가지치기를 맡은 세포를 찾아냈다. 미세아교 세포microglia라는 특수한 세포였다. 손가락이 여럿 달린 거미 같은 모양의 이 세포가 뇌 속을 기어다니면서 찌꺼기를 청소하고, 병원체와 세포 노폐물을 제거한다는 것은 수십 년 전부터 알려져 있었다. 그런데 스티븐스는 이들이 제거하라는 표시가 된 시냅스를 감싸는 모습을 발견했다. 미세아교 세포는 뉴런 사이의 시냅스 연결을 갉아먹어서 양쪽 뉴런을 떼어놓았다. 한 기자는 이 세포를 "쉼 없이 일하는 뇌의 정원사"라고 했다.

아마 시냅스 가지치기의 유달리 놀라운 특징은 뉴런 사이의 연결을 제거할 때 면역 메커니즘을 이용한다는 점일 것이다. 면역계의 대식세포는 포식 작용을 한다. 즉 병원체와 세포 잔해를 먹어치운다. 뇌의 미세아교 세포는 비슷한 단백질과 과정을 이용해서 갉아먹을 시냅스에 표시를 한다. 병원체를 먹어치우는 대신에, 시냅스 연결 부위의 뉴런을 갉아먹는다는 점이 다를 뿐이다. 용도 전용의 흥미로운 또다른 사례라고 할 수 있다. 몸에서 병원체 제거에 쓰이는 바로 그 단백질과 경로를 뉴런 사이의 연결을 다듬는 용도로도 사용하는 것이다. 미세아교 세포는 우리 자신의 뇌 조각을 "먹도록" 진화했다.

스티븐스는 말했다. "미세아교 세포가 관여한다는 것을 알게 되자, 온갖 의문들이 떠올랐어요. 미세아교 세포는 어느 시냅스를 제거할지 어떻게 알까?……우리는 시냅스들이 서로 경쟁하고, 그중 가장 강한 시냅스가 이긴다는 것을 알아요. 그런데 가장 약한 시냅스에 가지를 칠 대상이라는 꼬리표를 어떻게 붙일까? 우리 연구실에서는 지금 이런 문제들을 연구 중이에요."

신경아교 세포의 시냅스 가지치기는 집중 연구 대상이 되어왔다. 스티븐스의 연구실에서만이 아니다. 최근의 실험들은 조현병이 신경아교 세포의 가지치기 기능 이상과 관련이 있음을 시사한다. 즉 가지치기가 제대로 일어나지 않아서 생기는 병일 수 있다는 것이다. 다른 아교 세포의 다른 기능들은 알츠하이머병, 다발경화증, 자폐증과 관련이 있음이 드러났다. 스티븐스는 말했다. "더 깊이 들여다볼수록 더 많은 것이 드러나요." 신경생물학에서 신경아교 세포가 관여하지 않는 영역은 찾아보기가 어렵다.

나는 스티븐스의 연구실을 나와서 케네스 코크의 시 "한 열차는 다른 열차를 가릴 수 있다"를 머릿속으로 읊으면서 얼음으로 덮여서 미끄러운 보스턴의 거리를 걸었다.

가족일 때 한 자매가 다른 자매를 가릴 수도 있어,
그러니 구애를 할 때는 자매들을 다 보는 편이 가장 나아[……]
그리고 연구실에서는
한 발명이 다른 발명을 가릴 수도 있어,
한 저녁은 다른 저녁을, 한 그림자는 다른 겹친 그림자들을 가릴 수도 있어.

수십 년 동안 뉴런은 세포학의 중앙 무대를 아주 우아하게 뽐내면서 가로질렀기 때문에, 신경아교 세포를 가렸다. 그러나 과학적 통찰이나 발명을 추구한다면, 무대에서 뽐내는 세포만이 아니라 모든 세포를 살펴보는 것이 가장 낫다. 신경아교 세포는 "겹친 그림자들"에서 튀어나왔다. 그중 한 아류처럼, 신경아교 세포는 신경생물학 분야 전체를 덮개처럼 감싸고 있었다. 유명인의 조역이기는커녕, 이 분야의 새로운 주인공이다.

2017년 봄 나는 지금까지 겪었던 것보다 더욱 극심한 우울증의 물결에 휩싸였다. 나는 일부러 물결이라는 단어를 썼다. 몇 달 동안 서서히 밀려들면서 고조되던 물결이 마침내 내게 들이닥쳤을 때, 나는 수면으로든 물속으로든 헤엄쳐 나갈 수 없는 슬픔의 조류에 익사하고 있는 듯했다. 언뜻 볼 때 내 삶은 완벽하게 제어되고 있었지만, 내면은 슬픔에 푹 잠겨서 허우적거리고 있었다. 침대에서 일어나거나 신문을 가지러 문 밖을 나서는 것조차 이루 말할 수 없이 힘겨운 날들도 있었다. 아이의 재미있는 상어 그림이

나 엄청나게 맛있는 버섯 수프 같은 작은 기쁨의 순간조차도 상자에 쑤셔 넣고 잠근 뒤 열쇠를 깊은 바다에 내던진 양 느껴졌다.

이유가 무엇일까? 알 수 없었다. 그 전 해에 세상을 떠난 아버지와 얼마간 관련이 있기는 했다. 아버지가 돌아가신 뒤, 나는 나 자신에게 슬퍼할 시간도, 그럴 여지도 주지 않기 위해서 미친 듯이 일에 매달렸다. 노화의 불가피함을 실감하게 된 것도 얼마간 관련이 있었다. 나이가 40대 말에 접어들면서 문득문득 눈앞에 심연 같은 것이 펼쳐져 있는 듯한 기분이 들고는 했다. 달릴 때면 무릎이 아프고 삐걱거렸다. 뜬금없이 배벽탈장도 일어났다. 언제든 암송할 수 있던 시들은? 이제는 어디론가 사라진 단어를 찾아서 뇌를 뒤적거려야 했다("나는 파리가 윙윙거리는 소리를 들었어—내가 죽었을 때—/내 방의 고요함은/……같았어"……음……무엇과 같았다는 거였지? 뭐였더라?). 나는 조각나고 있었다. 공식적으로 중년에 들어서고 있었다. 축 처지기 시작한 것은 내 피부가 아니라 뇌였다. 나는 파리가 윙윙거리는 소리를 들었다.

상황은 점점 나빠졌다. 나는 무시하는 식으로 대응했지만, 이윽고 우울 증상은 정점으로 치달았다. 나는 수온이 조금씩 오르는 바람에 물이 끓기 시작할 때까지도 알아차리지 못한다는 속담에 나오는 솥단지 속의 개구리와 다름없었다. 나는 항우울제를 먹기 시작했고(도움이 되기는 했지만 어느 정도뿐이었다), 정신과의를 찾아갔다(훨씬 더 도움이 되었다). 그러나 갑작스럽게 밀려든 우울증의 물결과 치료를 거부하는 그 완강함에 나는 의아했다. 내가 느끼는 것이라고는 오로지 작가 윌리엄 스타이런이 『보이는 어둠*Darkness Visible*』에서 말한 "눅눅한 무기쁨dank joylessness"뿐이었다.

나는 록펠러 대학교 교수인 폴 그린가드에게 전화를 했다. 그를 처음 만난 것은 몇 년 전 메인 주의 한 휴양지에서였는데, 같은 과학자임을 알게 된 우리는 하얀 자갈이 깔린 바람 부는 해변을 1.5킬로미터 남짓 걸으면서 세포와 생화학에 대한 이야기를 나누었다. 그는 나보다 나이가 훨씬 더 많았지만 우리는 가까운 친구가 되었다. 당시 그는 여든아홉 살이었다. 그러나 그의 마음은 영원한 젊음을 유지하는 듯했다. 우리는 뉴욕에서 가끔 만나 점심을 먹거나 요크 거리나 록펠러 대학교 교정을 오래도록 천천히 걸었다. 대화 주제는 아주 다양했다. 신경과학, 세포학, 대학 관련 잡담, 정치, 우정, 현대 미술관의 최근 전시회, 암 연구 분야에서 새로 이루어진 발견 등등. 폴은 모든 것에 관심이 있었다.

1960-1970년대에 그린가드는 실험을 하다가 뉴런의 의사소통을 새로운 관점에서 보게 되었다. 시냅스를 연구하는 신경생물학자들은 대체로 뉴런 사이의 의사소통을 빠른 과정이라고 기술했다. 전기 충격이 뉴런의 끝, 즉 축삭 종말에 다다른다. 그러면 화학적 신경전달물질이 특수한 공간, 즉 시냅스로 방출된다. 이 화학물질은 다음 뉴런에 있는 통로를 열고, 그러면 이온이 밀려들면서 다시 전기 충격이 일어난다. 이것은 "전기" 뇌이다. 전선과 회로가 든(그리고 두 전선 사이에서 화학적 신호, 즉 신경전달물질이 투척되는) 상자 말이다.

그러나 그린가드는 다른 종류의 신경전달도 있다고 주장했다. 한 뉴런이 보낸 화학적 신호가 다음 뉴런에서 "느린" 신호들의 연쇄반응을 일으키기도 한다는 것이다. 한 세포에서 다음 세포로 가는 뉴런 신호는 수신한 세포에 **생화학적으로**, 그리고 **대사적으로** 큰 변화를 촉발한다. 신호를 받은 뉴런에서 복잡한 화학적 변화가 연쇄적으로 진행된다. 대사, 유전자 발현, 시냅스로 분비되는 화학적 전달물질의 특성과 농도에 변화가 일어난다. 이런 "느린" 변화들은 이어서 신경에서 신경으로 나아가는 전기 충격의 전도에도 변화를 가져온다. 수십 년 동안 이런 느린 연쇄반응은 사소한 것이라고 간주되었다(한 연구자는 그린가드의 연구를 이렇게 평했다. "냅둬, 그러다가 돌아오겠지"). 그러나 지금은 신경세포에 일어난 생화학적 변화들, 즉 "그린가드 연쇄반응"이 뇌 전체에서 일어나며, 뉴런의 기능을 바꾸고 많은 후속 특성들을 규정한다는 것이 알려져 있다.

따라서 우리는 뇌의 병리를 "빠른" 신호(신경세포의 빠른 전기 전도)에 영향을 미치는 것, "느린" 신호(신경세포에서 일어나는 연쇄적인 생화학 반응들)에 영향을 미치는 것, 그 사이의 어딘가에 놓이는 것으로 나눌 수도 있다.

우울증이라고? 그린가드에게 내가 슬픔의 짙은 안개 속을 허우적거리고 있다고 말하자, 그는 와서 점심을 같이 먹자고 했다. 때는 2017년 늦가을이었다. 우리는 대학 교내 식당에서 식사를 했다. 그는 마치 생물 표본을 살펴보는 양 포크에 찍은 음식물을 입에 넣기 전에 하나하나 검사하면서 천천히 가려가면서 먹는 사람이었다. 식사 뒤 우리는 교정을 산책했다. 그의 베른 산악견인 앨파도 침을 흘리며 느릿느릿 함께 걸었다.

"우울증은 느린 뇌 문제야." 그가 말했다.

나는 칼 샌드버그의 시를 떠올렸다. "안개가 다가온다/작은 고양이의 발에./고양이는 말없이 웅크린 채/항구와 도시를/바라보다가/이윽고 떠난다." 마치 어떤 동물이 말없이 천천히 웅크렸지만 떠나지 않는 양, 나의 뇌는 계속 안개에 잠겨 있는 것 같았다.

작가 앤드루 솔로몬은 우울증을 "사랑의 결함flaw in love"이라고 묘사했다. 그러나 의학적으로 볼 때, 우울증은 신경전달물질과 그 신호의 조절에 생기는 문제였다. 화학물질의 결함이다.

"어느 화학물질이죠? 어떤 신호죠?" 나는 폴에게 물었다.

나는 신경전달물질인 세로토닌이 관련이 있다는 것은 알고 있었다.

폴은 우울증의 "뇌 화학물질" 이론이 어떻게 나오게 되었는지를 들려주었다. 1951년 가을 스태튼 섬의 시뷰 병원에서 결핵 환자들에게 이프로니아지드iproniazid라는 신약을 투여했던 의료진은 환자들의 기분과 행동이 갑작스럽게 바뀌는 것을 보았다. 대개 기운 없이 죽어가는 환자들로 가득한 침울하고 조용하던 병동이었는데, 한 기자의 표현을 빌리자면 "지난주에는 남녀의 행복한 표정으로 환해졌다." 잃었던 활기가 넘치고 식욕도 돌아왔다. 여러 달 동안 앓으면서 축 늘어져 있던 많은 환자들이 갑자기 아침으로 달걀을 5개씩 달라고 했다. 취재하러 병원을 찾은 「라이프Life」의 사진 기자가 본 환자들은 더 이상 무기력하게 침대에 누워 있지 않았다. 카드놀이를 하거나 복도를 경쾌하게 걷고 있었다.

나중에 연구자들은 이프로니아지드가 뇌의 세로토닌 수치를 증가시키는 부작용이 있다는 것을 발견했다. 그러자 시냅스에 신경전달물질 세로토닌이 부족해서 우울증이 생긴다는 개념이 정신의학계를 휩쓸었다. 시냅스에 세로토닌이 부족하면, 그 화학물질에 반응하는 전기 회로가 충분한 자극을 받지 못한다. 기분을 조절하는 뉴런이 충분한 자극을 받지 못해서 우울증이 생긴다는 것이다.

우울증을 오로지 그것만으로 설명할 수 있다면, 뇌의 세로토닌 농도를 높이면 우울증이 해결될 터였다. 1970년대에 스웨덴 예테보리 대학교의 생화학자 아르비드 칼손은 제약회사 아스트라 AB와 공동으로 뇌의 이 신경전달물질 농도를 높이는 약물인 지멜리딘zimelidine을 개발했다. 이 초기 약물들에 이어서 뇌의 세로토닌 농도를 선택적으로 높이는 화학물질들이 개발되었다. 프로작과 팍실 같은 SSRI(선택적 세로토닌 재흡수 억제제)였다.* 그리고 SSRI로 치료를 받은 우울증 환자들 중에는 정말로 증상이 대폭 완화되는 이들이 나타났다. 작가인 엘리자베스 워첼은 1994년에 내놓

---

* 신경생리학자 칼손은 신경전달물질 도파민과 그것이 파킨슨병에 미치는 효과를 연구한 사람으로 이미 잘 알려져 있었다. 도파민의 전구물질인 L-DOPA에 관한 그의 연구를 토대로 이 물질은 파킨슨병의 운동 장애를 치료하는 약물로 개발되었다.

은 베스트셀러 회고록『프로작 네이션*Prozac Nation*』에 이 변화의 경험을 적었다. 항우울제 치료를 시작하기 전에 그녀는 잇달아 "자살 환상"에 시달렸다. 그런데 프로작을 투여하자 겨우 몇 주일 사이에 삶이 달라졌다. "어느 날 아침 깨어나자 정말로 살고 싶다는 마음이 들었다······마치 낮이 되면서 샌프란시스코의 안개가 걷히듯이 나를 덮고 있던 우울의 안개가 싹 걷힌 것 같았다. 프로작 때문이었을까? 틀림없었다."

그러나 모든 환자가 SSRI에 긍정적인 반응을 보인 것은 아니었다. 또 SSRI의 임상시험과 실제 투약 결과에서도 모순되는 사례들이 나타났다. 가장 심각한 우울증을 앓는 환자들을 대상으로 한 일부 임상시험에서는 속임약을 먹은 이들에 비해 약물을 먹은 이들의 증상이 뚜렷이 개선되었다. 그러나 다른 임상시험에서는 효과가 미미하거나 거의 없다시피 했다. 그리고 효과가 나타나는 데에 종종 몇 주일 또는 몇 달이 걸리기도 한다는 것은 세로토닌 농도 증가가 단순히 일부 전기 회로를 재설정함으로써 우울증을 완화하는 것이 아님을 시사했다. 나는 팍실, 이어서 프로작을 먹어보았지만, 뇌의 안개는 걷히지 않았다. 한 가지는 분명했다. 우울증은 기분 조절 뉴런의 시냅스에 있는 세로토닌 농도를 조절하는 것만으로 단순히 해결할 수 있는 문제가 아니라는 것이었다.

폴도 고개를 끄덕여서 동의했다. 록펠러 대학교의 그린가드 연구실은 세로토닌에 자극을 받은 "느린" 경로가 우울증을 일으킬 수도 있다는 것을 발견했다. 그린가드를 비롯한 연구자들이 밝혀낸 바에 따르면, 세로토닌은 "빠른" 신경전달물질로서만 작용하는 것이 아니며, 우울증은 시냅스에서 세로토닌 농도를 높임으로써 재설정될 수 있는 잘못된 신경 회로만의 문제가 아니다. 오히려 세로토닌은 몇몇 세포 내 단백질의 활성과 기능에 변화를 일으키는 등 뉴런에서 "느린" 신호를 일으킴으로써 작용한다. 고양이의 걸음처럼 살며시 다가오는 생화학적 신호이다. 그린가드는 이 단백질들이 무엇인지 알아냈다.

폴은 신경 활성에 변화를 일으키는 이런 단백질들이 기분과 정서 항상성을 조절하는 뉴런에서 느린 신호 전달에 중요한 역할을 한다고 믿는다. 이전 연구에서 그는 그런 인자들 중 하나인 DARPP-32가 뉴런이 다른 신경전달물질인 도파민에 반응하는 양상에 중요한 역할을 한다는 것을 보여주었다. 도파민은 마음이 보상과 중독에 반응하는 것을 비롯하여 여러 신경학적 기능에 관여한다.

"세로토닌 수치만이 아니야." 폴은 손가락으로 허공을 찔러대면서 열띤 어조로 말했다. 뉴욕의 공기는 맑고 살을 에는 듯이 추웠고, 그가 숨쉴 때마다 나온 입김이 한 줄기의 연무가 되어 뒤쪽으로 흘러갔다. "그건 너무 단순해. 중요한 것은 세로토닌이 뉴런에 어떤 일을 **하는가**야. 그것이 뉴런의 화학과 대사를 바꾸는 방식이지. 그리고 그 방식은 사람마다 다를지도 몰라." 그는 나를 쳐다보면서 말했다. "자네의 경우에는 입력, 즉 유전적 이유로 반응을 유지하거나 회복하기가 어려운 것일 수도 있어."

그는 덧붙였다. "우리는 이 느린 경로에 영향을 미칠 신약을 찾고 있어." 그는 우울증의 전혀 새로운 패러다임, 따라서 이 장애를 치료할 새로운 방법을 찾고 있었다.

우리의 산책은 끝이 났다. 그는 내게 손을 대지 않았지만, 나는 마치 그가 내 안의 어떤 응어리진 상처를 치유한 느낌이었다. 나는 작별 인사로 손을 흔들었고, 그가 연구실로 돌아가는 모습을 지켜보았다. 앨파는 지쳤지만, 폴은 활기찼다.

우울증은 사랑의 결함이다. 그러나 더 근본적인 차원에서 보면, 뉴런이 신경전달물질에—느리게—반응하는 방식의 결함이기도 하다. 그린가드는 단지 배선 문제가 아니라, 세포 장애로 본다. 신경전달물질의 자극을 받는 신호가 어떤 식으로든 간에 기능 이상을 일으켜서 뉴런을 기능 이상

상태로 만듦으로써 우울증이 나타난다고 믿는다. 즉 우리 세포의 결함이 바로 사랑의 결함이 되는 셈이다.

폴 그린가드는 2019년 4월 아흔세 살의 나이에 심장마비로 세상을 떠났다. 나는 그가 무척 그립다.

나는 2021년 11월의 어느 오후 뉴욕 마운트시나이 병원에서 헬렌 메이버그를 만났다. 그녀의 교수실로 걸어가는 동안 찬 바람에 얼굴이 따끔따끔했다. 낙엽이 눈송이처럼 떨어지면서, 겨울이 오고 있음을 알렸다. 메이버그는 신경정신질환을 전공한 신경학자로서 어드밴스드 서킷 세러퓨틱스라는 센터를 운영한다. 그녀는 심층 뇌 자극deep brain stimulation, DBS이라는 기법의 선구자 중 한 사람이다. 이것은 뇌의 특정 부위에 수술로 미세한 전극을 깊이 삽입하여 전극을 통해서 신경정신질환을 일으킬 가능성이 높은 뇌 세포로 미세한 전기를 흘려보내는 기법이다. 메이버그는 뇌의 그 영역을 전기 자극으로 조절함으로써, 정상적인 치료법이 무용지물인 가장 난치성 우울증을 치료할 수 있기를 바란다. 일종의 세포요법, 아니 그보다는 세포 회로를 겨냥한 요법이다.

2000년대 초 메이버그는 프로작과 팍실 같은 약물을 처방하는 당시의 주류 치료 방식을 아예 외면한 채, 다양한 기법을 활용해서 뇌에서 우울증을 일으킬 가능성이 높은 세포 회로들의 지도를 작성하기 시작했다. 심층 뇌 자극은 이미 파킨슨병 치료에 쓰이고 있었고, 연구자들은 그것이 파킨슨병 환자의 운동 능력을 개선할 수 있음을 보여주었다. 메이버그는 강력한 영상 촬영 기술, 신경세포 회로 지도 작성, 신경정신질환 검사를 동원하여 정서 수준, 불안, 동기, 충동, 성찰, 더 나아가 수면까지 조절하는 듯한 세포들이 있는 것으로 추정되는 브로드만 영역 25Brodmann area 25, BA25를 찾아냈다. 우울증을 앓을 때면 이런 기능들에 뚜렷하게 문제가 생긴다. 메이버그는 난치성 우울증 환자의 BA25가 과다 활성을 띤다는 것을 발견했다. 그녀는 만성 전기 자극이 뇌 영역의 활성을 줄일 수 있다는 것을 알았다. 이 말이 모순처럼 들릴 수도 있지만, 그렇지 않다. 신경 회로에 고주파 만성 전기 자극을 가하면 활성을 줄일 수 있다. 메이버그는 BA25의 세포에 전기 자극을 주면 만성 중증 우울증의 증상들을 완화할 수 있을 것이라고 추론했다.

브로드만 영역 25는 접근하기 쉬운 곳이 아니다. 사람의 뇌를 주먹을 쥐고 뻗은 권투 장갑이라고 상상한다면, BA25는 주먹의 깊은 중심에 자리한다. 가운뎃손가락 부위이다(뇌 양쪽 반구에 하나씩 있다). 어느 기자는 이렇게 썼다. "크기와 모양이 신생아의 구부러진 손가락과 비슷한 뇌들보밑 띠다발이라는 한 쌍의 연분홍 뉴런 살덩어리의 손가락 끝 부위에 [브로드만] 영역 25가 있다." 2003년 메이버그는 토론토의 신경외과의들과 공동으로 뇌의 양쪽에 전극을 삽입해서 난치성 우울증을 앓는 환자들의 BA25를 자극하는 임상시험을 시작했다. 신생아의 손가락 끝을 간질여서 웃게 만드는 것과 비슷한, 불가능할 만치 섬세한 작업 같았다.

참가한 환자는 6명으로, 각각 남성 3명과 여성 3명에, 나이는 37-48세였다. "환자들을 한 명 한 명 다 기억해요. 1번 환자는 신체 장애가 있는 간호사였어요. 그녀는 자신이 완전히 마비된 것 같다고 했어요." 영원히 마취된 것처럼 말이다. "더 먼저 만났거나 그 뒤에 만난 많은 환자들처럼 그녀도 자신의 병을 수직적인 것에 비유했어요. 그녀는 구멍 안에, 공허에 갇혀 있었죠. 그녀는 그 안으로 떨어졌어요. 다른 이들은 동굴에 비유하곤 해요. 어떤 힘의 장이 그들을 동굴 속으로 밀어넣은 거죠. 나는 당시에는 깨닫지 못했지만, 비유에 귀를 기울이는 것이 대단히 중요했어요. 비유 덕분에 환자가 반응하는지 여부를 추적할 수 있었거든요."

메이버그와 협력하는 신경외과의 안드레스 로자노는 전극을 BA25에 삽입하기 위해서, 환자의 머리를 틀에 고정시켰다(이 틀은 일종의 삼차원 GPS 시스템으로, 의사는 이 틀을 이용해서 뇌에 전극을 찔러넣을 때 그 위치를 추적할 수 있었다). 메이버그가 삼차원 틀을 단단히 고정시키는 동안, 환자는 멍하니 그녀를 바라보고 있었다. 두려워하거나 걱정하는 기색은 전혀 없었다. "머리에 구멍을 뚫어서 검증되지 않은 치료법을 자신의 뇌에 적용하려는 바로 그 순간에도 그녀는 그저 무감각해 보였어요. 다른 것은 전혀 개의치 않았죠. 마비가 그녀에게 얼마나 지독한 것인지를 바로 그때 깨달았어요."

메이버그는 그녀를 수술실로 데려갔다. "우리는 너무나 걱정스러웠어요. 자극했을 때 어떤 일이 벌어질지 전혀 알 수 없었으니까요." 혈압을 떨어뜨릴까? 신경과학자들이 아무것도 모르는 세포 회로를 켜는 것일까? 어떤 예기치 않은 정신병을 야기하지는 않을까? 의사는 환자의 머리뼈에 구멍을 뚫고 전극을 삽입했다. 제자리에 들어간 듯하자 메이버그는 전원을 켜고 천천히 주파수를 높였다.

"그러자 뭔가 일어났어요. 알맞은 주파수에 이르자마자, [그녀가] 갑자기 이렇게 말했어요. 뭐한 거예요?"

"무슨 뜻이죠?" 메이버그가 물었다.

"뭔가 하지 않았나요? 공허함이 걷혔어요."

공허함이 걷혔다. 메이버그는 자극기를 껐다.

"어, 방금 좀 그냥 이상한 기분이 들었나 봐요. 그냥 넘어가요."

메이버그는 다시 전원을 켰다.

다시 공허함이 걷혔다. "어떤 기분인지 말해줘요." 메이버그는 재촉했다.

"나도 잘 모르겠어요. 미소와 폭소의 차이 같아요."

"비유에 귀를 기울여야 하는 이유가 바로 그거예요." 메이버그가 내게 말했다. 미소와 폭소의 차이. 그녀의 교수실에는 강 한가운데에 깊은 구멍

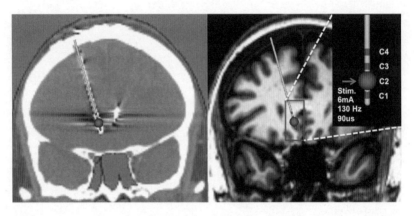

메이버그의 논문에 실린 사진. 머리뼈를 뚫고 뇌 깊숙한 브로드만 영역 25에 전극을 삽입했다. 이 영역의 신경세포에 만성 전기 자극을 줌으로써 난치성 우울증을 치료했다.

이 나 있고 사방에서 그 안으로 물이 쏟아져 들어가는 사진이 걸려 있다. "한 환자가 자신의 우울증을 묘사하기 위해서 내게 보낸 거예요." 또다른 공허, 구멍이다. 수직의 피할 수 없는 덫이다. 메이버그가 자극기를 켜자, 여성은 구멍에서 나와 물 위의 바위에 앉아 있는 자신을 보았다고 말했다. 그녀는 구멍 속에 있는 예전의 자신을 볼 수 있었다. 지금의 자신은 구멍 위의 바위에 앉아 있었다. "이런 사진, 이런 묘사는 우울증 평가 척도에 실린 질의 항목들보다 훨씬 더 많은 것을 알려줘요." 메이버그는 DBS로 환자 5명을 더 치료한 뒤, 결과를 발표했다. 그녀가 자극기를 켠 후에 일어난 일들은 이러했다. "모든 환자가 전기 자극에 반응해서 '갑작스러운 차분함 또는 경쾌함', '공허함 소멸', 의식이 맑아진 느낌, 흥미 증가, '연결성', 세세한 것들이 뚜렷이 보이고 색깔이 선명해지는 것을 비롯해서 갑작스럽게 방이 환해진 느낌 같은 급성 효과가 저절로 나타났다고 말했다."

환자들은 전극과 전지를 장착한 채로 퇴원했다. 6개월 뒤에 조사하니, 6명 중 4명은 유의미하고 객관적인 기분 개선 척도로 볼 때 여전히 반응했다. 메이버그는 기자에게 말했다. "전반적으로 증상이 회복됩니다. 환자에 따라서 매우 극적인 개선 양상을 보일 수도 있고, 개선이 뚜렷해지기까지 시간이 좀 걸릴 수도 있어요. 길면 1–2년 정도로요. 반면에 별반 도움이 되지 않는 듯한 환자들도 있는데, 이유는 아직 불명확해요."

메이버그는 거의 100명의 환자를 치료했다. 그녀는 내게 말했다. "반응하지 않는 이들도 있는데, 이유는 몰라요." 어떤 환자에게는 거의 즉시 효과가 나타난다. 마찬가지로 간호사인 또 한 여성은 자신의 병을 정서적, 아니 심지어 감각적 연결도 전혀 느끼지 못하는 것이라고 기술했다. "그녀는 아이를 안을 때에도 아무것도 느끼지 못한다고 말했어요. 감각도 위안도 기쁨도 전혀요." 메이버그가 DBS를 켜자, 환자는 그녀를 쳐다보면서 말했다. "뭐가 이상해졌는지 알아요? 선생님과 연결되었다는 느낌이 들어요." 또다른 환자는 병이 발생한 순간을 정확히 기억했다. "그녀는 반려견과 함께 호숫가를 걷고 있었는데, 갑자기 모든 색깔이 사라진 것을 느꼈어요. 흑백이 된 거예요. 아니 그냥 회색뿐이었어요." 메이버그가 DBS를 켜자, 환자는 깜짝 놀란 모습이었다. "색깔이 그냥 튀어나왔어요." 또 한 여성은 마치 계절이 바뀌려고 하는 것 같았다고 묘사했다. 아직 봄은 아니었지만, 그녀는 봄의 전조를 느꼈다. "크로커스 꽃이에요. 막 피어났죠."

메이버그는 말을 이었다. "내가 이해하지 못한 온갖 수수께끼들은 여전히 있어요. 알다시피 우울증에는 정신운동적 요소가 있어요. 환자들은 종종 꼼짝도 못 하겠다는 기분이 들곤 해요. 마냥 누워 있고, 긴장 상태에 빠져들죠. DBS를 켜면, 환자들은 다시 움직이고 싶어해요. 그런데 그들이 하고 싶어하는 활동에는 방 청소가 들어 있어요. 주방 쓰레기를 치우고, 설거지를 하고요. 한 환자는 우울증에 빠지기 전에는 짜릿한 극한 체험을 좋아했대요. 낙하산을 메고 비행기에서 뛰어내렸죠. DBS를 켜자, 다시 움직이고 싶어졌대요."

"뭘 하고 싶은데요?" 메이버그가 묻자 그는 대답했다.

"차고를 청소하고 싶어요."

현재 난치성 우울증에 DBS가 효과가 있는지를 살펴보는 더 엄밀한 연구들—여러 연구 기관들에서 진행하는 무작위 대조 임상시험—이 이루어지고 있다. 그런데 2008년에 시작된 한 중요한 연구—브로드만 영역 25 심층 뇌 신경 조절의 약자인 브로든BROADEN 연구—는 중단되었다. 초기 데이터에 메이버그가 첫 연구에서 관찰한 효과에 가까운 것조차 전혀 보이지 않았기 때문이다. 2013년 적어도 6개월 동안 DBS 치료를 받은 환자 약 90명의 자료를 정리했더니, 우울 점수가 대조군과 별반 다르지 않다고 나왔다. 대조군은 수술을 받았지만 자극기를 켜지 않은 환자들이었다(게다가 수술의 여러 가지 후유증을 앓는 환자들도 있었다. 감염을 일으킨 환자, 도저히 참을 수 없는 두통을 겪는 환자, 우울증과 불안이 더 **심해졌다**는 환자도 나타났다). 임상시험을 지원하던 세인트주드스(그 뒤에 애벗에 인수되었다)라는 기업은 지원을 중단했다. 한 기자는 이렇게 썼다. "애타는 심정으로 지켜보고 있던 메이버그는 자신의 첫 번째 연구 원칙으로 돌아갔다. 시험 참가자를 뽑는 기준을 꼼꼼히 검토하고, 이식 수술 경험이 부족한 수술진에게 맞추어 이식 과정을 개선할 방법을 마련하고, 환자에게 이식한 장치를 조작하는 방법을 개선하고, 가장 중요한 요소인 DBS가 특정한 환자에게 효과가 없는 이유를 밝혀낼 연구를 수행하고, 수술을 하기 전에 그런 환자를 미리 파악할 방법을 알아내는 것이다. 그 반대 방향으로도 연구가 이루어지고 있다. 수술을 하기 전에 도움이 될 가능성이 높은 환자가 누구인지, 그리고 누가 가장 빨리 효과를 볼지를 파악하는 연구이다."

메이버그는 브로든 연구가 어려움을 겪게 된 이유가 여러 가지라고 생각한다. "알맞은 환자, 알맞은 영역, 반응을 추적하는 알맞은 방식을 찾아야 해요. 아직 알아내야 할 것이 많아요." 여전히 불신하면서 그녀를 가장 혹독하게 비판하는 이들도 있다(한 블로거는 자신의 독자들이 뻔히 알아차릴 만치 신랄하게 비꼬았다. "전자약 회사는 잘나가고, 제약 회사는 한물갔다").

그런데 흥미롭게도 중단된 연구에 참여했던 환자들 중에서 그 뒤로도 계속 DBS를 켜두는 쪽을 택한 이들은 여러 달이 지나는 동안 강력하면서도 객관적인 반응을 경험하기 시작했다. 처음 분석했던 6개월이 아니라 2년 동안 추적한 결과를 담은 논문이 2017년 「랜싯 정신의학*Lancet Psychiatry*」에 발표되었다. 그 결과 31퍼센트는 증상이 완화되었다. 메이버그가 첫 연구에서 얻은 완화율과 거의 비슷했다. 이 결과에 힘입어서 만성 중증 우울증을 DBS로 치료하려는 열기가 부활했다. "그저 제대로 연구하기만 하면 돼요." 메이버그는 말했다. 이 분야 자체도 주기적인 기분 장애를 겪어온 셈이다. 희망 없음, 이어서 흥분되는(그리고 아마도 성급한) 낙관론, 다시 절망. 마지막으로 다시금 조심스럽게 희망이 돌아왔다. 11월의 그날 오후에 메이버그는 계절이 바뀌기 시작했음을 느끼는 것처럼 보였다. 마운트시나이 병원 바깥의 뜰에 크로커스는 피어 있지 않지만—아무튼 11월이었으니까—나는 2월이면 꽃들이 피어날 것임을 알 수 있었다.

한편 심층 뇌 자극, 즉 내가 "세포 회로" 요법이라고 생각하는 것은 강박 장애와 중독을 비롯한 신경정신질환과 신경학적 장애에도 시도되고 있다. 요점은 이렇다. 세포 회로의 전기 자극은 새로운 유형의 의학이 되기 위해서 시도 중이다. 이런 시도 중 일부는 성공할지도 모른다. 물론 실패도 있을 것이다. 그러나 이런 시도가 어느 정도의 성공만 거둔다고 해도, 새로운 유형의 사람(그리고 사람다움)이 출현할 것이다. 자신의 세포 회로를 조절하는 "뇌 조절기"가 이식된 사람이다. 그들은 허리에 충전식 배터리를 장착하고서 세상을 돌아다니고 아마 공항 검색대를 통과할 때면 이렇게 말할 것이다. "이 배터리는 머리뼈 속에 박힌 전극으로 뇌 세포에 전기 충격을 가해서 기분을 조절하는 데 쓰는 겁니다." 아마 그중에는 나도 있지 않을까.

지휘하는 세포

항상성, 고정성, 균형

설령 다른 부위로부터 자극을 받는다고 할지라도,
모든 세포는 나름의 특수한 활동을 한다.
— 루돌프 피르호, 1858년

이제 열둘까지 세면
모두 꼼짝도 안 하기로 하자.
지표면에서 한번만이라도
어떤 언어로도 말하지 말고
잠시 멈추고
팔도 많이 움직이지 말자.
— 파블로 네루다, "침묵 속에서"

우리가 지금까지 만난 세포들은 대부분 서로 가까이에서 대화를 나누었
다. 신호를 보내서 멀리 있는 세포들을 감염이나 염증 부위로 불러모을 수
있는 면역계의 세포를 제외하고, 세포의 수다 소리가 생물의 몸에서 멀
리까지 다다를 수 있는 사례는 많지 않았다. 신경세포는 시냅스를 통해서 다
음 신경세포에게 속삭인다. 심장 세포들은 물리적으로 서로 붙어 있어서
세포 사이의 틈새 이음을 통해 한 세포의 전기 충격을 직접 옆 세포로 전달
한다. 웅얼거림은 많지만, 외치는 소리는 거의 없다.

그러나 생물은 국지적인 의사소통에만 의존할 수 없다. 한 기관계만이
아니라 몸 전체에 영향을 미치는 사건을 상상해보자. 기아, 만성 질환, 수

면, 스트레스. 각 기관은 저마다 이 사건에 특정한 반응을 일으킬지도 모른다. 그러나 몸이 세포 시민 정부라는 피르호의 개념으로 돌아가면, 기관들 사이의 메시지는 지휘를 받아야 한다. 일부 신호, 즉 자극은 세포 사이를 이동하면서 몸이 전체적으로 어떤 "상태"에 있는지를 세포들에게 알려야 한다. 신호는 피를 통해 한 기관에서 다음 기관으로 운반된다. 몸의 한 부위가 몸의 먼 부위와 "만나는" 수단이 분명히 있어야 한다. 우리는 이런 신호를 "호르몬hormone"이라고 부르는데, 추진하다, 즉 어떤 행동을 일으키다라는 뜻의 그리스어 호르몬hormon에서 나왔다. 어떤 의미에서 호르몬은 몸이 하나의 전체로 작동하도록 추진한다.

배 깊숙한 굽은 부위, 위장과 구불구불한 창자 사이의 구부러지는 부위에 잎처럼 생긴 기관이 있다. 한 병리학자는 "수수께끼처럼, 숨겨진" 기관이라고 묘사했다. 각각 "머리"와 "꼬리"라고 부르는 두 엽이 몸통으로 이어져 있다. 기원전 300년경에 알렉산드리아에서 살던 해부학자 헤로필로스는 아마 최초로 이것을 별도의 기관이라고 인식한 사람에 속할 것이다. 그러나 그는 이름을 붙이지 않았다(알다시피 이름을 붙이지 않았다면 발견자로 인정받기 어렵다). 췌장(pancreas, 이자)이라는 이름은 아리스토텔레스가 쓴 의학 문헌에 나타난다. 그는 조금은 경멸조로 "이른바 췌장"이라고 적었지만, 그 단어에는 기능을 암시하는 내용이 전혀 없었다. 그냥 전부라는 뜻의 "판pan"과 살이라는 뜻의 "크레아스kreas"를 결합한 단어였다. 즉 온통 살로 된 기관이라는 뜻이었다. 헤로필로스로부터 400년이 흐른 뒤 갈레노스는 해부학 저서에서 췌장이 분비물로 채워져 있다고 썼다. 그도 췌장이 어떤 기능을 하는지는 확신하지 못했지만, 그래도 으레 그렇듯이 개의치 않고 대담하게 추측을 내놓았다. "정맥, 동맥, 신경이 위장 바로 뒤에서 합쳐지는데, 이 혈관들은 모두 분열 지점에서 아주 취약하다……따라서 자연은 현명하게도 췌장이라는 샘 기관을 만들어서 이 기관들의 아래와 주위의 빈 공간을 채우도록 함으로써, 지지를 받지 못하면 찢어질 수도 있는 이 기관들이 상하지 않게 했다."

몇 세기 후에 베살리우스는 이 기관의 가장 상세한 도해를 그렸고, 이 기관이 위장 및 간과 관련이 있다고 했다. 그는 췌장이 "커다란 샘 기관"처럼 보인다고 했지만—따라서 샘이 다 그렇듯이 무엇인가를 분비하는 것이 틀림없다—갈레노스처럼 베살리우스도 췌장이 주로 위장이 등뼈에 닿아서 혈관을 짓누르지 않게 막는 지지 구조라는 개념으로 돌아갔다. 한마디로, 체액이 약간 차 있는 방석이라고 보았다. 기특한 베개였다.

췌장이 방석이라는 개념에 동의하지 않은 사람은 한 명뿐인 듯한데, 그는 단순한 해부학적 추론에 기대어 논리를 펼쳤다. 16세기 파도바의 생물학자 가브리엘 팔로피우스는 도무지 납득할 수가 없었다. 그는 네 발로 걷는 동물에게 위장 등쪽에 방석을 놓는 것이 도대체 무슨 의미가 있겠냐고 반문했다. "엎드린 자세로 걷는 동물에게는 무용지물일 것이다." 그러나 그의 통찰력 있는 추론은 자신이 고찰한 기관과 마찬가지로 곧 잊혔다.

췌장 세포의 기능을 발견하는 과정은 불길하게도 결국 살인으로 끝난 두 해부학자의 다툼과 함께 시작되었다. 요한 비르숭은 파도바에서 일하는 대단히 존경받는 독일인 교수였다. 1642년 3월 2일 성 프란치스코회가 운영하는 병원에서 그는 교수형을 당한 죄수의 배를 갈라 췌장을 떼어냈다. 몇몇 조수가 부검을 도왔는데, 그중에 학생인 모리츠 호프만도 있었다. 비르숭은 떼어낸 췌장을 자세히 살펴보다가 전에 알아차리지 못한 특징을 하나 발견했다. 바로 그 속에 창자로 뻗은 도관이 하나 들어 있었다. 이 관은 나중에 주 췌장관main pancreatic duct이라는 이름이 붙여졌다. 비르숭은 자신의 발견을 묘사한 그림들을 출간했고, 그 도관이 어떤 기능을 하는지는 거의 언급하지 않은 채(말하지 않아도 이런 의문이 자연스레 떠올랐을 것이다. 무엇인가를 운반하는 것이 아니라면, 해부학적 방석에 도관이 있을 만한 이유가 있을까?) 당대의 저명한 해부학자들에게 그림을 보냈다.

비르숭이 자신이 그 해부학적 발견을 했다고 주장함으로써 오래된 경쟁심을 자극한 탓일까? 췌장관을 발견했다는 소식이 퍼진 지 1년 남짓 지난 1643년 8월 22일 저녁, 그는 집 근처 골목길을 걷다가 벨기에 암살자의 총에 사망했다. 그가 왜 이렇게 기이하고 잔혹하게 살해당했는지는 모른다. 그러나 살인 동기가 될 만한 것이 적어도 하나 있다. 비르숭의 뛰어난 제자인 모리츠 호프만은 스승과 심한 논쟁을 벌인 적이 있었다. 호프만은 자신이 비르숭에게 조류에게 췌장관이 있다는 것을 보여준 적이 있는데, 비르숭이 자신의 발견을 토대로 사람에게서 같은 관을 발견했으면서 자신의 공로를 전혀 인정하지 않았다고 주장했다. 호프만은 그 해부학계의 거장이 사실은 능란한 표절가라고 말한 셈이었다.

비르숭의 암살로 췌장 해부학계 전체가 섬뜩한 기분을 느꼈을지도 모르지만—내 생각에 도관 때문에 살인이 벌어지는 일은 두 번 다시 없을 것이다—췌장의 기능에 대한 관심이 촉발된 것은 분명했다. 췌장이 위장의 방석이 아니라면, 하는 일이 무엇일까? 안에 묻혀 있는 관은 무엇을 운반하는 것일까? 1848년 3월 25일 토요일 아침, "항상성" 개념을 내놓은 파리의 생리학자 클로드 베르나르는 중요한 실험을 했다. 당시는 유럽 전역이 혁명의 물결에 휩싸여 있었기 때문에 과학에 집중하기가 어려운 시기였다. 프랑스 국왕은 막 폐위되었고, 군대가 거리를 돌아다니고 있었지만, 베르나르는 연구실에 틀어박혀 있었다. 그는 세포가 어떻게 안정 상태를 유지할 수 있는지와 더불어 몸의 균형을 회복하는 쪽에 더 관심이 있었다(피르호와 달리 그는 국가를 안정시키는 일에는 별 관심이 없었다).

그는 개의 췌장 "즙"을 채취한 뒤, 거기에 동물 지방 덩어리를 넣었다.

약 8시간이 지나자, 즙이 유화 작용을 일으켜서 지방이 물에 둥둥 뜬 우유 방울들처럼 작은 알갱이로 쪼개져 있었다. 다른 생리학자들의 연구를 토대로 베르나르는 췌장 세포가 분비하는 췌장 즙이 녹말과 단백질을 분해한다는 것도 알아냈다. 본질적으로 복잡한 음식물 분자를 더 단순하고 소화 가능한 단위 분자로 분해했다. 1856년 베르나르는 췌장이 이런 즙을 분비해서 소화를 가능하게 한다는 개념을 상세히 논의한 『췌장에 관한 회고 *Mémoire sur le Pancréas*』를 발표했다. 따라서 비르숭이 발견한 도관은 이런 즙을 내보내는 중앙 통로였다. 그 즙을 모아서 소화계로 보내고, 소화계에서 즙은 복잡한 음식물 분자를 단순한 분자로 분해했다. 그는 드디어 그 샘의 기능을 찾아낸 것이다.

그러나 세상은 눈으로도 측정해야 한다. 베르나르가 췌장의 생리학 연구 결과를 내놓을 무렵에 세포론은 완전히 꽃을 피웠고, 현미경학자들은 이미 췌장샘의 미세 구조를 현미경으로 들여다보고 있었다. 1869년 겨울 생리학자 파울 랑게르한스는 얇게 자른 췌장 조직을 현미경으로 들여다보다가 그 기관에 또다른 놀라운 특징이 숨어 있다는 것을 발견했다. 예상대로 비르숭이 묘사한 도관이 있었고, 부풀어오른 커다란 베리류를 닮은 세포들이 그 주위를 에워싸고 있었다. 이 세포들이 소화즙을 생산한다는 것이 나중에 드러났다. 이윽고 이 세포에 "샘꽈리acinar"라는 이름이 붙었다. "베리류"라는 뜻의 라틴어 아키누스acinus에서 나온 말이다. 그런데 랑게르한스가 시선을 다른 곳으로 옮기자, 샘꽈리 세포 말고 또다른 세포 구조가 보였다. 췌장 안에 샘꽈리 세포가 아닌, 하늘색으로 염색된 세포들이 작은 섬처럼 흩어져 있었다. 소화즙을 생산하는 세포와는 전혀 달라 보였다.[*] 이

---

[*] 섬 세포는 글루카곤, 소마토스타틴, 그렐린 등 다양한 호르몬을 생산한다.

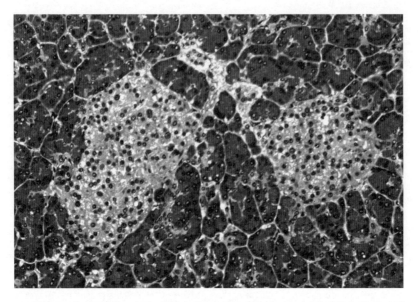

두 가지 주요 세포 유형을 보여주는 췌장의 단면. 소화 효소를 만드는 커다란 샘꽈리 세포들이 인슐린을 분비하는 섬 세포(더 작은 세포)로 이루어진 "섬"을 에워싸고 있다.

들은 서로 멀리 떨어져 있을 때가 많았고, 마치 췌장 조직의 바다에 떠 있는 섬들의 제도처럼 보였다. 머지않아 이 섬들의 집단에 랑게르한스 섬이라는 이름이 붙었다.

이런 섬의 기능을 놓고 온갖 의문과 추측이 나오면서 이 분야는 다시 활기를 띠었다. 췌장은 계속해서 무엇인가를 내놓는 샘이었다.

1920년 7월 프레더릭 밴팅은 토론토 교외에서 외과의로 일하고 있었다. 그의 병원은 작았고 사정도 그다지 좋지 않아서 환자 한 명 없이 홀로 진료실에 앉아 있을 때가 많았다. 그해 7월에는 수입이 겨우 4달러였고, 9월에는 48달러였다. 병원 운영은커녕 기본 생활도 유지하기 어려웠다. 그는 주인이 5번이나 바뀐 낡은 중고차를 몰았는데, 약 400킬로미터를 탔을 때 산산이 부서졌다. 그해 가을 빚도 회의감도 마구 쌓여가자, 그는 토론토 대학교에서 의학 시연자—강사를 돕는 조수—로 일하는 쪽을 택했다.

1920년 10월의 어느 날 밤, 그는 학술지 「외과, 부인과, 산부인과Surgery, Gynecology and Obstetrics」에서 소화즙을 분비하는 관이 돌로 막히는 등 췌장에 생긴 다양한 병을 앓는 환자들에게 당뇨병도 생긴다는 논문을 읽었다. 저자는 이런 질병 중 일부, 특히 췌장관이 막혀서 생기는 병이 소화 효소를 생산하는 샘꽈리 세포의 퇴화로 이어진다고 썼다. 그런데 이상하게도 관이 막혔을 때 대개 **샘꽈리** 세포는 일찍부터 쪼그라들어 퇴화하지만, 섬 세포는 훨씬 더 늦게까지 버텼다. 논문의 저자는 대개 랑게르한스 섬 세포가 마침내 퇴화한 뒤에야 비로소 당뇨병이 발병한다고 거의 지나가듯이 덧붙였다.

밴팅은 흥미를 느꼈다. 섬 세포가 어떤 기능을 하는지는 아직 알려지지 않은 상태였다. 당뇨병과 어떤 관련이 있지 않을까? 몸이 당이 있음을 감지하지 못하거나 세포들에 제대로 알리지 못함으로써, 혈액에 당이 쌓이고 소변으로 흘러넘치는 당 대사 질환인 당뇨병은 수수께끼 같은 병이었다. 밴팅은 밤새 잠 못 이루고 뒤척이면서 그 생각을 곱씹었다. 아마 엽이 두 개인 췌장은 마음도 두 개가 아닐까? 여러 세대의 생리학자들, 그중에서도 가장 두드러진 인물이었던 베르나르는 오로지 소화즙의 분비라는 외부 기능에만 초점을 맞추었다. 그런데 섬 세포가 포도당을 감지하고 조절하는 화학물질—내부 물질—을 분비한다면? 이 세포의 기능에 이상이 생기면 몸이 포도당을 감지할 수 없게 되고, 그 결과 당뇨병의 근본적인 표지인 혈당 수치가 아주 높아질 것이다. "나는 강의와 논문을 생각했고 나 자신의 비참한 처지를 떠올렸고, 어떻게 하면 빚더미와 걱정거리에서 벗어날지를 고심했다." 밴팅은 그렇게 썼다. 그런 와중에도 그는 한 실험의 모호한 개요를 적었다.

만약 "외부" 기능과 "내부" 기능을, 즉 샘꽈리 세포의 분비물과 섬 세포의 분비물을 분리할 수 있다면, 당 조절을 담당하는 물질을, 즉 당뇨병을 이해할 열쇠를 찾아낼 수 있지 않을까?

"당뇨병." 그날 밤에 그는 이렇게 썼다.

"개의 췌장관을 묶는다. 섬 세포를 남기고 샘꽈리 세포가 퇴화할 때까지 개를 살려둔다. 섬 세포의 내부 분비물을 채취하여 당뇨[소변의 당, 당뇨병의 징후]를 줄이는지 알아본다."

저명한 과학사학자인 칼 포퍼는 이런 가상의 일화를 상상했다. 석기시대에 누군가가 친구에게 먼 훗날 바퀴가 발명된다는 상상을 해보라고 말한다. "이 발명품이 어떤 모습일지 생각해봐." 친구는 말로 묘사하기 위해서 고심한다. "둥글고 딱딱할 거야. 접시처럼. 가운데 바퀴통이 있고 바퀴살로 연결되어 있을 거야. 음, 그리고 축을 통해 마찬가지로 접시처럼 생긴 다른 바퀴에도 연결되어 있겠지." 그러다가 친구는 문득 말을 멈추고 자신이 방금 무엇을 했는지 되짚어본다. 바퀴의 발명을 예견하다가, 이미 바퀴를 발명하고 말았다.

훗날 밴팅은 그 10월 밤에 적은 내용이 그 바퀴의 발명과 매우 흡사하다고 말했다. 그는 당을 조절하는 호르몬, 나중에 인슐린이라고 불릴 물질을 이미 발견했다.

그런데 그것을 증명할 실험을 어디에서 할 수 있을까? 불안과 흥미가 뒤섞이다가 어떤 식으로인지는 몰라도 그에게 확신을 불어넣었고, 곧 그는 용기를 내어 토론토에서 가장 연륜 있는 교수 중 한 명을 찾아갔다. 존 매클라우드라는 진지하고 학구적인 스코틀랜드인 교수에게 개 실험을 하게 해달라고 요청했다.

1920년 11월 8일의 첫 만남은 엉망진창이었다. 그들은 매클라우드의 교수실에서 만났다. 책상에는 논문들이 쌓여 있었고, 교수는 계속 논문을 뒤적거리면서 건성으로 대화를 이어갔다. 매클라우드는 수십 년 동안 당 대사를 연구했고, 그 분야의 권위 있는 인물이었다. 온정적이기는 하지만 엄격한 성격이었다. 그는 밴팅의 말에 별 흥미를 느끼지 못했다. 아마 그는 밴팅이 당뇨병과 당의 대사 반응을 깊이 이해했겠거니 기대했을 것이다. 그런데 연구 경험이 거의 없는 어설픈 젊은 외과의가 나타나서는 거의 알지도 못하는 기관을 이야기하면서 엉성하기 그지없는 실험 계획을 더듬더듬 떠들고 있었다. 그럼에도 결국 매클라우드는 자기 연구실에서 밴팅이 개 몇 마리를 실험해도 좋다고 동의했다. 밴팅이 실험을 해야 한다고 끝까지 졸라댔기 때문이다. 매클라우드는 학생 두 명을 불러서 누가 밴팅을 도울지 결정하라고 했다. 학생들은 동전을 던져서 정했다. 재능 있는 젊은 연구자인 찰스 베스트가 뽑혔다.

밴팅과 베스트는 1921년 여름 찌는 듯한 더위 속에서 의학동 꼭대기층 타르 지붕으로 덮인 먼지 자욱한 버려진 방에서 개를 수술하는 실험을 시작했다. 5월 17일 매클라우드는 베스트와 밴팅에게 개의 췌장 절제술 시범을 보였다. 학술지에 기재된 것보다 훨씬 까다로운 두 단계로 이루어진 과정이었다. 실험실은 장비가 거의 없었고, 견딜 수 없을 정도로 더웠다. 실험복을 타고 손으로 땀이 줄줄 흘러내리자, 밴팅은 소매를 아예 잘라냈다. 그는 "날이 너무 더워서 상처를 깨끗이 유지하기가 거의 불가능했다"고 불평했다.

밴팅이 고안한 실험은 원리는 단순했지만, 실제로 하려니 지독히도 복잡했다. 밴팅이 읽은 논문에서처럼, 그들은 개의 췌장관을 수술로 꿰매어 막은 뒤 샘꽈리 세포가 위축되어 죽고 섬 세포만 남을 때까지 기다릴 생각이었다. 또다른 개에게서는 췌장을 통째로 떼어낼 예정이었다. 그 개는 샘꽈리 세포도 섬 세포도, 따라서 섬 세포가 분비하는 "물질"도 없는 상태가 될 것이었다. 그런 뒤 섬 세포가 있는 개의 분비물을 섬 세포가 없는 개에게 주사하면, 섬 세포의 기능과 더 나아가 섬 세포가 분미하는 물질을 알아낼 수 있을 터였다.

첫 시도는 실패했다. 베스트가 마취제를 과다 투여하는 바람에 첫 번째 개는 죽었다. 두 번째 개는 출혈로, 세 번째는 감염으로 죽었다. 밴팅과 베스트는 이렇게 몇 차례 시행착오를 반복한 끝에 실험의 첫 단계를 수행할 수 있을 때까지 개를 살려두는 데에 성공했다.

기온이 아직 떨어지지 않은 늦여름에 그들은 410번 개—하얀 테리어—의 췌장을 떼어냈다. 예상대로 개는 약하게 당뇨병 증세를 보이기 시작했다. 혈당 수치가 정상보다 약 2배 높아졌다. 가장 극단적인 사례와는 거리가 멀었지만, 밴팅과 베스트는 그 정도로도 충분하다고 판단했다. 이제 중요한 단계가 남았다. 그들은 섬 세포가 남아 있던 개의 췌장을 떼어서 잘게 간 뒤, 즙을 추출해서 테리어에게 주사했다. "섬 세포 물질"이 존재한다면, 당뇨 증상이 사라져야 했다. 한 시간 뒤 테리어의 혈당 수치는 정상으로 돌아왔다. 그들은 나중에 개의 혈당 수치가 오른 뒤에 다시 주사했다. 혈당은 다시 정상으로 돌아왔다.

밴팅과 베스트는 이 실험을 계속해서 되풀이했다. 섬 세포만 온전히 남은 개에게서 췌장 즙을 추출했다. 그 추출물을 당뇨병에 걸린 개에게 주사한 뒤, 혈당 수치를 쟀다. 여러 번 시도한 끝에 그들은 섬 세포가 분비하는 무엇인가가 혈당을 낮춘다는 것을 확신하기 시작했다. 그들은 추출물 형태로만 본 그 물질에 아일레틴isletin이라는 이름을 붙였다.

아일레틴은 다루기가 까다로운 물질이었다. 변덕스럽고 불안정하고 예측 불가능했다. 이름이 시사하듯이, 편협했다. 그러나 매클라우드는 설령 신호가 약하기는 해도, 밴팅과 베스트가 정말로 중요한 것을 발견했다고 믿기 시작했다. 곧 그는 그 실험에 과학자를 한 명 더 붙여주었다. 제임스 콜립이라는 젊은 캐나다 생화학자였는데, 생화학물질을 추출하는 능력이 탁월했다. 콜립은 밴팅과 베스트가 마련한 췌장 추출물에서 그 모호한 물질인 아일레틴을 정제하는 일을 맡았다.

처음 정제한 물질은 엉성했고 효과도 실망스러웠다. 콜립은 췌장을 간 걸쭉한 슬러지에 물을 계속 부어 희석하면서 밴팅과 베스트가 개에게서 관찰한 혈당 저하 활동을 일으킬 물질을 정제하려고 시도했다. 그렇게 해서 처음 얻은 물질은 희석되고 불순물이 섞여 있기는 했지만, 그럼에도 췌장에서 나온 것임에는 분명했다.

이제 그 추출물이 사람의 당뇨병을 치료할 수 있는지 알아보는 중요한 실험을 할 차례였다. 긴장된 임상시험이었다. 참가자는 심각한 당뇨병에 시달리던 열네 살의 소년 레너드 톰슨이었다. 당이 소변에 섞여 쏟아지고 있었다. 굶주리고 쇠약해진 소년의 몸은 뼈와 가죽만 남은 듯했다. 소년은 혼수상태를 오락가락하고 있었다. 1922년 1월 밴팅은 그 엉성하게 정제된 추출물을 소년의 몸에 주사했다. 결과는 실망스러웠다. 거의 알아차리기도 어려울 만치 약하게 반응이 일어나는 듯하다가 곧 사라졌다.

밴팅과 베스트는 낙심했다. 첫 인체 실험이 실패로 끝났으니 당연했다. 그러나 콜립은 점점 더 순도가 높은 추출물을 만들어냈다. 그 "물질"이 췌장의 모든 곳에 존재한다면, 그것을 정제할 방법을 찾아낼 수 있을 것 같았다. 그는 새로운 용매를 조사하고, 새로운 증류법을 찾아내고, 온도를 다양하게 바꿔보고, 알코올 농도를 달리하면서 녹여보는 등 온갖 시도를 거듭한 끝에 고도로 정제된 물질을 얻을 수 있었다.

1922년 1월 23일 연구진은 다시 톰슨에게 갔다. 여전히 중병에 시달리던 소년에게 콜립이 고도로 정제한 물질을 주사했다. 그 즉시 효과가 나타났다. 혈당 수치가 갑작스럽게 떨어졌다. 소변에서도 당이 사라졌다. 숨을 쉴 때마다 나오던 달콤한 과일 같은 케톤 냄새, 즉 몸이 심각한 대사 위기에 처해 있음을 알려주는 불길한 경고도 사라졌다. 반쯤 혼수상태에 빠져 있던 소년은 곧바로 깨어났다.

밴팅은 더 많은 환자를 치료하기 위해서 더 많은 추출물을 원했다. 그러나 늦게 합류한 콜립은 정제법을 연구진에게 알려주고 싶지 않다고 거부했다. 어쨌거나 수수께끼는 해결하지 않았나요? 이 물질을 찾는 일에 몰두했던 밴팅은 심리적으로나 육체적으로나 거의 한계에 다다른 상태였다. 『모비딕Moby-Dick』의 에이해브 선장처럼 그는 콜립의 연구실로 쳐들어가서 그의 멱살을 움켜쥐었다. 그는 콜립을 밀어붙여 의자에 앉히고 양손으로 목을 움켜쥐고는 꽉 조를 것처럼 위협했다. 베스트가 제때 개입해서 두 사람을 떼어놓지 않았다면, 췌장은 한 번이 아니라 두 번의 살인을 초래했을 것이다.

결국 콜립, 베스트, 매클라우드, 밴팅 사이에 불안정한 휴전이 이루어졌다. 그들은 정제된 물질의 특허를 신청하고 환자 치료를 위해서 그 물질을 생산할 실험실을 마련했다. 그 물질의 이름은 아일레틴에서 인슐린으로 바뀌었다. 그들은 더 큰 규모의 임상시험에서도 마찬가지로 극적인 성공을 거두었다. 인슐린을 주사한 환자들에게서 혈당 수치가 급감했다. 케톤산증에 시달리면서 혼수상태를 오락가락하던 아이들은 깨어났다. 긴장 상태에 시달려면서 쇠약해진 몸에 체중이 불어나기 시작했다. 곧 인슐린이 당 대사의 주된 조절 인자임이 명백해졌다. 당을 감지해서 온몸의 세포로 신호를 보내는 호르몬이었다.

밴팅과 베스트가 첫 실험을 한 지 겨우 2년 뒤인 1923년, 밴팅과 매클라우드는 인슐린을 발견한 공로로 노벨상을 공동 수상했다. 밴팅은 베스트 대신에 매클라우드가 공동 수상자로 선정되자 몹시 혼란스러워했고 상금을 베스트와 나누겠다고 선언했다. 그러자 매클라우드도 콜립과 상금을 나누겠다고 받아쳤다. 아마 타당한 결과였겠지만, 이 연구 계획이 진행되는 동안 회의적인 태도와 지원하는 태도 사이를 오락가락했던 매클라우드는 결국 세월이 흐르자 뒤편으로 밀려났다. 지금은 인슐린을 발견한 사람이 밴팅과 베스트라고 널리 인정받고 있다.

현재 우리는 인슐린이 췌장의 섬 세포 중에서 베타 세포가 합성하며, 혈액에 포도당이 있을 때 자극을 받아 분비된다는 것을 안다. 그런 뒤 혈액에 실려 온몸으로 운반된다. 거의 모든 조직이 인슐린에 반응한다. 당이 있다는 말은 에너지를 추출하고 그 에너지를 이용하는 모든 과정—단백질과 지방의 합성, 나중에 쓸 화학물질 저장, 뉴런의 발화, 세포 성장—을 진행할 수 있다는 의미이다. 아마 인슐린은 핵심 조정자 역할을 하고 온몸의 대사를 지휘하는 "장거리" 메시지 중에서도 가장 중요한 축에 들 것이다.

전 세계 수백만 명이 앓고 있는 제1형 당뇨병은 면역계가 췌장의 베타 섬 세포를 공격하는 병이다. 인슐린이 없으면 몸은 당이 있어도 감지하지 못한다. 혈액에 당이 충분히 있어도 그렇다. 몸의 세포들은 몸에 당이 전혀 없다고 여기고서 다른 연료를 확보하는 일에 매달리기 시작한다. 한편 당은 이미 잔뜩 차 있음에도 갈 곳이 없으므로 혈중 농도가 위험할 만치 치솟고, 이윽고 소변에 섞여 나온다. 당은 어디에나 있지만, 그 당을 충분히 흡수해야 할 세포 안에는 전혀 들어 있지 않다. 그리하여 인체의 독특한 대사 위기 중 하나가 발생한다. 바로 풍요로운 가운데 세포는 굶주린다.

인슐린이 발견된 뒤로 수십 년 동안 제1형 당뇨병 환자 수백만 명의 삶이 달라졌다. 1990년대에 내가 의학을 공부할 당시에는, 환자가 피 한 방울을 장치에 떨어뜨려 화면에 뜬 혈당 수치를 본 뒤, 도표에 따라서 적당량의 약물을 직접 주사했다. 지금은 계속 혈당을 검사하여 자동으로 적정량의 인슐린을 주입하는 이식용 혈당 측정기, 연속 혈당 측정기가 나와 있다. 일종의 닫힌 순환계이다.

그러나 당뇨병 연구자들의 꿈은 인체에 이식할 바이오 인공 췌장을 만드는 것이다. 베타 세포를 이식 가능한 주머니 안에서 배양하여 인체에 삽입할 수 있다면, 그 세포들은 알아서 제 기능을 할 것이다. 포도당을 감지하고 인슐린을 분비하고, 더 나아가 분열해서 베타 세포를 더 만들 것이다. 그런 장치는 혈액으로부터 영양과 산소를 공급받고, 인슐린을 내보낼 구멍을 갖추어야 할 것이다. 더 중요한 점은 애초에 당뇨병을 일으킨 면역 공격을 막아야 한다는 것이다. 즉 면역계가 섬 세포를 죽이는 자가면역이 일어나지 않도록 해야 한다.

2014년 하버드의 더그 멜턴 연구진은 사람 줄기세포를 단계적으로 구슬려서 인슐린을 생산하는 베타 세포로 분화시키는 방법을 발표했다. 원래 멜턴은 배아가 기관을 만드는 데에 이용하는 신호와 줄기세포가 그 신호에 반응하는 양상을 연구하는 발생학자이자 줄기세포 연구자였다.

당시 멜턴의 두 아이가 제1형 당뇨병 증상을 보였다. 아들인 샘은 생후 6개월부터 몸을 부들부들 떨면서 토하기 시작했고, 이윽고 증상이 너무 심해져서 멜턴은 서둘러 병원으로 향했다. 검사하니 소변에 당이 가득했다. 몇 년 앞서 태어난 딸 엠마도 이윽고 당뇨병에 걸렸다. 멜턴이 기자에게 한 이야기를 옮기자면, 얼마 동안은 엄마가 아이들의 췌장 역할을 했다. 하루에 네 번 손가락을 찔러서 혈당을 검사한 뒤, 적정량의 인슐린을 주사했다. 세월이 흐르면서 멜턴은 당뇨병 연구자가 되어 사람의 베타 세포를 생산해서 몸에 이식하는, 즉 바이오 인공 췌장을 만드는 연구에 강박적일 만치 매달렸다.

멜턴의 전략은 사람의 발생 과정을 재현하는 것이었다. 모든 사람은 하나의 만능 세포(즉 몸의 모든 조직을 만들 수 있는 세포)에서 삶을 시작하며, 그 세포로부터 이윽고 당을 감지하고 인슐린을 생산하는 섬 세포를 갖춘 췌장이 생겨난다. 멜턴은 자궁에서 그런 일이 일어날 수 있다면, 배양 접시에서도 알맞은 인자들과 단계들을 거치면 그것이 가능할 것이라고 믿었다. 그 뒤로 20년 동안 멜턴 연구실의 여러 과학자들은 사람의 만능 줄기세포를 구슬려서 섬 세포로 분화시키는 연구를 해왔으나, 성숙하기 직전의 단계에서 늘 가로막혔다.

2014년의 어느 날 저녁, 멜턴 연구실의 박사후 연구원 펠리시아 파글리우카는 늦게까지 남아 실험을 하고 있었다. 집에 와서 저녁을 함께 먹자는 남편의 전화를 받았지만, 끝내야 할 실험이 남아 있었다. 그녀는 파랗게 변하기를 기대하면서 섬 세포로 분화하는 경로를 따르도록 구슬린 줄기세포에 염료를 떨어뜨렸다. 파란색으로 변하면 인슐린을 생산한다는 의미였다. 처음에는 파란 색깔이 희미하게 보이는가 싶더니, 점점 더 짙어졌다. 그녀는 또다시 쳐다보았고, 눈이 잘못된 것이 아닌지 확인하기 위해서 다시 쳐다보았다. 세포가 진짜로 인슐린을 만들고 있었다.

멜턴과 파글리우카 연구진은 그해에 성공 소식을 발표했다. 연구진은 자신들이 만든 세포에서 "성숙한 베타 세포에서 발견되는 표지 발현, 포도당에 반응한 칼슘 이동[당을 검출했다는 징후], 인슐린을 분비 과립으로 포장, 체외에서 다양한 농도의 포도당에 반응하여 성체 베타 세포에 맞먹는 양의 인슐린 분비"가 일어났다고 썼다. 즉 그들은 살아가면서 제 기능을 하고 수백만 개의 세포로 불어날 수 있는 사람 베타 세포 생성에 가장 근접했다.

줄기세포로 만든 인슐린 분비 세포는 현재 임상시험에 들어갔다. 한 가지 전략은 이 섬 세포 수백만 개를 직접 환자의 몸에 주입하면서 거부 반응을 막을 면역억제제도 함께 투여하는 것이다. 오하이오 주에 거주하는 57세의 브라이언 셸턴은 처음으로 치료를 받은 제1형 당뇨병 환자들 중 한 명인데, 당 조절이 이루어지는 듯 보인다. 이 전략이 효과가 있음을 말해주는 중요한 첫 단계이다. 현재는 이 임상시험에 참가하려는 환자들이 빠르게 늘고 있다.

다음 단계는 면역 공격으로부터 보호를 제공하고, 영양소가 드나들 수 있는 입출구를 갖춘, 몸에서 안정적으로 유지되는 장치에 이런 세포들을 넣는 것일 수 있다. 하버드의 제프 카프 연구진은 이 목표를 이루어줄 이식 가능한 작은 장치를 개발하는 중이다.

언젠가는 주사도 배터리도 삑삑거리는 측정기도 쓰지 않는 새로운 유형의 당뇨병 환자를 보게 될 수도 있다. 대신에 파킨슨병 환자나 우울증 환자에게 쓰이는 심층 뇌 자극 장치처럼 배터리와 측정기가 몸에 내장될 것이다. 그토록 많은 오류와 오해, 한 번의 살인, 한 번의 목 조르기, 사등분된 노벨상 상금 그리고 세포 덩어리가 파랗게 염색되던 잊지 못할 순간이 지난 후인 지금, 우리는 두 마음을 가진 기관의 수수께끼를 풀고 그것을 바이오 인공 장치에 넣으려고 하고 있다. 이 새로운 기관이 우리 몸에 통합된다면, 대사의 조정자이자 모든 조직이 반응하는 호르몬의 생산자인 췌장은 그 그리스 이름처럼 살게 될 것이다. 즉 우리의 일부, 새로운 형태의 "모든 살"이 될 것이다.

어느 날 당신은 저녁 식사를 하러 외출한다. 아마 이탈리아 베네치아일 것이다. 산마르코 항구 근처에 있는 자르디니 공원 부근의 멋진 식당으로 간다. 먼저 베네치아가 포르투갈에서 들여와서 나름 개량하여 국민 음식이 된 염장 대구 요리인 바칼라 만티카토로 식사를 시작한다. 구운 빵 한 무더기와 파스타가 담긴 커다란 그릇이 뒤따라 나오고, 작은 운하를 채울 만큼 많은 화이트와인도 곁들여진다.

아마 당신은 깨닫지 못하겠지만, 걸어서 돌아오는 동안 몸에서는 세포 연쇄반응이 진행되고 있다. 소화는 잠시 제쳐두자. 호텔로 돌아오는 동안 당신의 몸속에서 일어나는 세포학의 작은 기적인 대사 연쇄반응—그리고 화학적 균형의 회복—을 말한다.

빵과 파스타의 탄수화물은 소화되어 당, 궁극적으로 포도당이 된다. 포도당은 창자에서 포획되어 혈액으로 흡수된 뒤 온몸으로 운반된다. 혈액이 당을 췌장까지 운반하면, 췌장은 포도당이 증가했음을 감지하고 인슐린을 분비한다. 인슐린은 혈액에 든 당이 온몸의 세포로 들어가도록 자극한다. 세포 안에서 포도당은 필요에 따라서 저장되거나 에너지 생산에 쓰일 수 있다. 뇌는 이 신호의 궁극적 수신자이다. 혈당이 너무 낮아지면, 뇌는 역 신호를 보냄으로써 반응한다. 또다른 세포들은 다른 호르몬들을 분비하여 저장된 당을 혈액으로 방출하라고 신호를 보낸다. 그러면 간 세포가 저장된 포도당을 방출함으로써 적어도 일시적으로 평형이 회복된다.

그런데 섭취한 염분은 어떻게 될까? 몸은 방금 염화나트륨의 폭격을 받았다. 평형이 회복되지 않는다면, 조금 전에 앉았던 식당 옆 운하의 짠물과 마찬가지로 혈액은 서서히 바닷물이 될 것이다. 당신은 아마 자신도 모르게 갈증을 느낄 것이다. 물을 한 잔, 두 잔, 아마 석 잔도 마실 것이다. 그러면 이제 두 번째 대사 감지기가 작동한다. 염분이 어떻게 제거되는지를 이해하려면, 다른 지휘 기관의 세포학을 이해해야 한다. 바로 콩팥이다.

콩팥 안쪽 깊숙한 곳에는 콩팥 단위(네프론nephron)라는 다세포 구조가 들어 있다. 콩팥 단위는 1600년대 말에 세포해부학자들이 처음 발견했으며, 꼬마 콩팥이라고 상상할 수 있다. 바로 여기에서 피와 콩팥 세포가 만나며, 첫 소변 방울이 생겨난다. 혈액은 순환하면서 혈장에 녹은 염분을 콩팥으로 운반한다. 콩팥에서 동맥은 갈라지고 또 갈라지면서 점점 가늘어지고 벽도 얇아진다. 이윽고 가장 가느다란 동맥들은 스스로 감겨서 얇은 벽으로 감싸인 세포 둥지를 만든다. 이것이 바로 콩팥 단위이다. 너무나 섬세하고 구멍이 많아서 혈액의 비세포 성분, 즉 혈장은 혈관에서 이 꼬마 콩팥으로 새어나온다.

체액은 혈관을 둘러싼 막을 통과한 다음, 특수한 콩팥 세포의 벽에 여기저기 나 있는 창문으로 들어간다. 혈관에서 스며나가고 막을 통과하고 이어서 콩팥 세포의 벽으로 들어가는 이 각 단계에서 지나는 장벽은 일종의 여과기 역할을 한다. 커다란 단백질과 세포는 남겨지고 염, 당, 대사 노폐물 같은 작은 분자들만 통과할 수 있다. 이렇게 빠져나온 액체, 즉 소변은 그릇에 모인 뒤 콩팥 요세관이라는 세포들이 고리처럼 배열되어 만든 통로로 들어간다. 지류들이 모여서 강을 이루듯이 요세관들은 모여서 점점 더 큰 관을 이루며, 이윽고 요관이라는 큰 관이 된다. 요관은 소변을 방광으로 보낸다.

이제 당신이 먹은 나트륨으로 돌아가자. 몸에 나트륨이 지나치게 많아지면, 콩팥과 그 바로 위에 놓인 부신이 조절하는 호르몬 체계는 내보내는 신호를 줄인다. 그러면 콩팥 요세관의 세포는 과다 나트륨을 소변으로 배출함으로써, 염분을 버려서 나트륨 농도를 정상 수준으로 돌린다. 뇌에 있는 특수한 세포도 염분을 감지하며 혈액의 전반적인 염분 농도, 즉 삼투질 농도osmolality를 감시한다. 이 세포들은 삼투질 농도가 높다고 감지하면, 다른 호르몬을 분비하여 콩팥의 세포들에게 물을 더 많이 간직하라고 알린다. 몸으로 다시 흡수되는 물이 늘어남에 따라서 혈액의 나트륨은 희석되면서 농도가 다시 정상으로 돌아온다. 대신에 몸에 전체적으로 물이 더 많아지는 대가를 치러야 한다. 그래서 다음 날 아침에 퉁퉁 부은 발을 보게 될 수도 있다. 물론 신발은 맞지 않겠지만, 바칼라는 먹을 만했다고 끄덕일 수도 있다.

그렇다면 노폐물이 아닌 것들은 어떻게 처리될까? 소변을 눌 때마다 필수 영양소 분자나 당이 빠져나가지 않은 이유는 무엇일까? 당을 비롯한 필수 물질들은 세포들로 이루어진 특수한 통로를 통해 수거되어 몸으로

재흡수된다. 이런 해결책을 보면, 세포들이 종종 정말로 이상한 전략을 편다는 생각이 들기도 한다. 즉 세포들은 과잉 처리를 한 뒤에, 회수하여 정상 상태를 회복한다.

그렇다면 알코올은 어떨까? 이 세 가지(뇌까지 포함하면 네 가지) 지휘하는 세포들 중에서 마지막 유형은 간의 세포이다. 간 세포는 저장과 노폐물 처리, 분비, 단백질 합성을 비롯해서 수십 가지 기능을 갖추고 있다. 노폐물 처리는 몸에 매우 중요하며, 간은 특히 그 일을 하는 쪽으로 분화되어 있으므로 따로 살펴볼 가치가 있다.

우리는 대사를 에너지 생성 메커니즘이라고 생각하지만 뒤집어서 보면, 대사는 노폐물 생성 메커니즘이기도 하다. 위에 말했듯이, 콩팥은 소변을 통해서 노폐물 중 일부를 처리한다. 그러나 콩팥은 해독 설비가 아니다. 그저 하수구로 씻어 내보내는 것이 주된 처리 방식이다.

대조적으로 노폐물을 해독하고 처리하는 간 세포의 메커니즘은 수십 가지이다. 한 체계는 특정한 독성 물질에 달라붙어서 불활성화하는 자기 희생 분자를 만든다. 자기 희생 분자와 독소는 함께 분해되어 해독된다. 또 다른 특수한 반응을 일으켜서 화학물질을 파괴하여 노폐물을 처리하는 과정도 있다. 예를 들면, 알코올은 일련의 반응을 거쳐서 해독되어 무해한 화학물질로 분해된다. 간에는 죽었거나 죽어가는 적혈구 같은 세포를 분해하는 전담 세포도 있다. 죽은 세포에서 나오는 재활용 가능한 물질들은 재활용된다. 나머지는 창자로 배출되거나 콩팥을 통해서 배설된다. 한마디로 간 세포는 조절과 항상성이라는 "관현악단"의 일부이다. 췌장의 섬 세포와 달리 국부적으로 조절을 한다는 점이 다를 뿐이다. 췌장 세포는 대사 항상성을 유지하고, 콩팥은 나트륨 항상성을 유지한다. 간은 화학물질 항상성을 유지한다.

*   *   *

2020년 초봄에 코로나가 뉴욕을 비롯한 전 세계에서 유행하면서 연구실들도 폐쇄되었다. 나는 병원에서 제한된 수의 환자들을 돌보고 있었다. 이런 조치들은 의료진이 아직 백신 접종을 받지 않았기 때문에(아직 승인을 받은 백신이 나오지 않았을 때였다), 화학요법을 받느라 면역계가 치명적인 바이러스와 싸울 수 없는 환자들에게 바이러스를 전파할까봐 걱정이 되어서였다. 나는 증상이 극심하고 가장 취약한 환자들을 돌보았다. 병원의 종양학 병동은 간호사들의 영웅적인 활약으로 유지되고 있었다.

병원이나 연구실에 나가지 않은 주말에는 롱아일랜드 해협이 내려다보는 절벽 위의 집에서 지냈다. 이른 아침에 프리즘에서 나오는 빛줄기처럼 잔디밭으로 빛줄기들이 기하학적인 문양을 그리며 내리쬘 때면, 나는 그곳에 둥지를 튼 물수리 한 쌍을 지켜보고는 했다. 물수리들은 수면 위로 날아올랐다가 어느 방향으로든 간에 변덕스럽게 돌풍이 불더라도 기적처럼 허공에 가만히 멈춰 있었다. 같은 행동을 하는 박쥐를 관찰한 저술가 칼 짐머는 박쥐가 기적처럼 허공에 가만히 머물러 있는 모습을 또다른 유형의 항상성이 작동하는 것이라고 썼다.

간, 췌장, 뇌, 콩팥은 항상성을 조절하는 네 가지 주요 기관이다.* 췌장의 베타 세포는 인슐린 호르몬을 통해서 대사 항상성을 조절한다. 콩팥의 콩팥 단위는 염과 물을 조절하여 혈액 염도를 일정한 수준으로 유지한다. 여러 기능을 갖춘 간은 몸이 에탄올을 비롯한 독성물질에 절여지지 않게 막는다. 뇌는 농도를 감지하고, 호르몬을 보내고, 균형 회복의 지휘자 역할을 함으로써 이런 활동들을 조절한다.

---

* "주요"라고 썼다는 점에 유념하자. 몸의 모든 기관의 모든 세포는 나름의 항상성을 유지한다. 제1부에서 논의했듯이, 이런 항상성 중에는 독특한 것도 있고 모든 세포에 공통적인 유형도 있다.

가만히 있기. 12까지 세자. "이제 열둘까지 세면 모두 꼼짝도 안 하기로 하자." 아마 우리의 자질들 가운데 가장 저평가되는 것이 아닐까.

물론 결국 우리는 이런 세포 체계들 중 하나의 병리학적 일탈이라는 어떤 사나운 돌풍에 휘말려서 제자리에서 벗어날 것이다. 그러나 항상성의 네 지킴이는 날개와 꽁지깃의 체계처럼 바람의 방향 변화에 맞추어 조금씩 조정하면서 생물이 제자리를 지키도록 한다. 이 체계들이 성공적으로 유지될 때, 고정성이 있다. 생명이 있다. 이 체계들이 고장날 때, 섬세한 균형도 무너진다. 물수리는 더 이상 한 자리에 머물러 있지 못한다.

제6부

째탄생

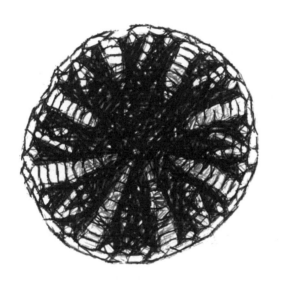

"노년은 대량 학살이다." 필립 로스는 그렇게 썼다. 그러나 사실 노년은 짓무름이다. 부상이 잇따르면서 계속 짓이겨지고, 기능이 기능 이상으로 멈출 수 없이 쇠퇴하고, 회복력이 가차 없이 상실되는 과정이다.

사람은 서로 겹치는 두 과정을 통해서 이 쇠퇴에 맞선다. 수선과 재생이다. "수선"은 부상으로 시작되는 세포의 연쇄반응을 말한다. 대개 염증이 생기는 것이 특징이며, 세포가 증식하면서 다친 부위를 메우는 과정이 뒤따른다. "재생"은 세포의 자연적인 죽음과 소멸에 반응하여 대개 줄기세포나 전구세포의 저장소로부터 세포들이 나와서 계속 보충되는 것을 말한다. 양쪽 다 나이를 먹으면서 급감한다. 즉 줄기세포의 수가 줄어들거나 기능이 쇠퇴한다. 수선 속도는 떨어지고, 재생 저장소도 무너진다.

세포학의 남은 수수께끼들 중 하나는 성년기에 왜 어떤 기관은 수선이 가능하고, 어떤 기관은 재생이 가능한 반면, 어떤 기관은 양쪽 능력을 모두 잃는가이다. 조혈 줄기세포는 혈액계를 완전히 재생할 수 있다. 반면에 뉴런이 죽는다면 새 뉴런이 재생되어 대체되는 일은 거의 일어나지 않는다. 다른 기관들은 이 양쪽 극단의 중간 어딘가에 해당한다. 뼈는 아마 가장 복잡한 양상을 보이는 축에 속할 것이다. 수선과 재생으로 쇠퇴에 맞선다. 뼈를 수선할 수 있는 세포는 나이를 먹을수록 기능이 상당히 떨어지기는 하지만 성년기 내내 남아 있다. 관절의 연골을 만드는 세포는 나이를 먹음에 따라 심하게 쇠퇴한다. 내 모친은 발목이 부러진 적이 있는데, 느리기는 했지만 뼈가 붙으면서 나았다. 그러나 무릎 관절은 돌이킬 수 없이 부어 있으며, 구아바 나무를 쉽게 기어오르던 어린 시절의 나긋나긋했던 무릎으로는 결코 돌아갈 수 없다.

마지막으로 쇠퇴를 거부하는 유형의 세포가 있다. 바로 암세포, 아니 다양한 암세포들이다. 이것이 일부 암이 재생의 저장소를 지닌 기관처럼 행동하기 때문일까? 암 줄기세포를? 아니면 기관이 부상을 입은 뒤에 스스로를 수선하는 것처럼, 그저 암세포가 새로운 세포들을 계속 만들어내기 때문일까? 암은 수선의 질병일까, 재생의 질병일까? 아니면 양쪽 다일까?

암의 또 한 가지 풀리지 않는 수수께끼는 왜 일부 악성 세포는 특정한 기관에서는 잘 자라는 반면에 다른 기관에서는 자라지 않는가이다. 암을 지지하거나 거부하는 어떤 세포 환경이 있는 것일까? 주변 환경이 공급하는 영양 때문일까?

암의 세포 생태에는 우리가 놓치고 있는 무엇인가가 분명히 있다. 따라서 우리는 생태학에서 빌려온 개념을 언급하면서 세포 이야기를 마칠 것이다. 우리는 세포, 세포계, 기관, 조직을 다루었다. 그러나 배워야 할 조직화의 층이 하나 더 남아 있다. 바로 세포들의 생태계이다. 세포학의 미해결 퍼즐 중 하나는 세포 생리의 복잡성—그리고 거꾸로 악성 병리의 연주 목록—을 추진하는 음악이 무엇인가이다.

재생하는 세포

줄기세포와 이식의 탄생

"그는 태어나느라 바쁜 것이 아니라 죽어가느라 바쁘네." [……]우리는
생애의 첫 긴 상승기 내내 태어나느라 바쁘지만, 정점을 지난 뒤에는
죽어가느라 바쁘다. 그것이 바로 그 구절의 논리이다.
— 레이철 쿠시너, 『단단한 군중*The Hard Crowd*』

줄기세포는 단순히 다른 세포로 변해서(분화라는 과정) 몸이 필요로
하는 것을 만든 뒤, 일을 다하면 조용히 사라지는 것이 아니다. 즉 다른
세포들의 조상 역할만 하는 것이 아니다. 혈액계에 재건이 필요할 때
부르면 즉시 응답할 수 있도록 스스로를—
다듬어지지 않은 미분화 상태에서—복제하기도 한다.
— 조 손버거, 『꿈과 상당한 주의*Dreams and Due Diligence*』

1945년 8월 6일 오전 8시 15분경, 일본의 히로시마 상공 약 9,500미터에서
에놀라게이라는 별명이 붙은 미 공군 B-29 폭격기가 리틀보이라는 별칭
으로 불리는 원자폭탄을 떨어뜨렸다. 폭탄은 약 45초 동안 떨어지다가 간
호사와 의사가 일하고 환자가 누워 있던 시마 외과병원 상공 580미터에서
공중 폭발했다. 이 폭발로 TNT 약 15킬로톤에 해당하는 에너지가 분출되
었다. 차량 폭탄 3만5,000개를 한꺼번에 터뜨리는 것과 비슷했다. 진원지
로부터 반지름이 6.5킬로미터가 넘는 불의 원이 퍼지면서 모든 것을 파괴
했다. 도로의 아스팔트는 끓어올랐고, 유리는 액체처럼 흘렀다. 집들은 마
치 불타는 거대한 손이 휘저은 양 산산이 흩어져 사라졌다. 스미토모 은행

앞의 돌계단에 있던 남성 또는 여성은 그 불길에 즉시 증발하면서 돌에 하얗게 말라붙은 거품 형태로 자신의 흔적을 남겼다.

죽음의 물결은 세 번에 걸쳐서 퍼져 나갔다. 폭발 직후에 그 도시 인구의 거의 30퍼센트에 해당하는 약 7만–8만 명이 불타서 사망했다. 폭격기 후미의 기총수는 나중에 이렇게 썼다. "나는 버섯구름, 이 광포한 덩어리를 묘사하려 애썼다. 깔아놓은 석탄 더미 곳곳에서 불길이 솟구치는 것처럼 여기저기에서 불길이 일었고……도시 전체가 용암이나 당밀로 덮인 듯했으며, 불길이 사방을 온통 뒤덮기 시작하면서 작은 골짜기들에서 평지로 이어지는 산기슭으로 번졌다."

이어서 두 번째 물결이 퍼져 나갔다. 방사선병이었다(처음에는 "원자폭탄병"이라고 했다). 정신의학자 로버트 제이 리프턴은 이렇게 말했다. "생존자들은 자신이 기이한 병에 걸렸음을 알아차리기 시작했다. 욕지기, 구토, 식욕 상실이 나타났고, 피가 섞인 설사를 했고, 열이 나고 쇠약해지고, 몸의 곳곳에 출혈이 일어나서 푸르뎅뎅한 반점들이 생기고……입과 목과 잇몸에는 염증과 궤양이 생겼다."

그러나 아직 세 번째 파멸의 물결이 남아 있었다. 방사선을 가장 낮은 수준으로 쬔 생존자들은 골수에 문제가 생기면서 만성 빈혈에 시달리기 시작했다. 백혈구 수가 오락가락하더니 몇 개월에 걸쳐 점점 감소하다가 폭락했다. 과학자 어빙 와이스먼과 주디스 시즈루는 이렇게 썼다. "가장 낮은 치사량의 방사선으로 죽은 이들은 조혈 장애로 사망한 것이 거의 확실했다." 즉 이 생존자들을 죽인 것은 혈액 세포의 급격한 죽음이 아니라, 혈액을 계속 보충하는 능력을 잃은 탓이었다. 혈액의 항상성 붕괴였다. 재생과 죽음의 균형이 깨진 탓이었다. 밥 딜런의 노래를 바꿔 말하자면, 태어나느라 바쁘지 않은 세포들은 죽어가느라 바빴다.

섬뜩하기 그지없었지만, 히로시마 원자폭탄 폭발은 인체가 단지 짧은 기간이 아니라 성년기 내내 피를 계속 생산하는 세포를 가지고 있음을 증명했다. 이런 세포들이 죽는다면—히로시마에서처럼—혈액 체계 전체가 이윽고 무너짐으로써 자연적인 붕괴 속도와 재생 속도의 균형을 맞출 수가 없게 된다. 머지않아 혈액을 재생할 수 있는 이런 세포에 "줄기세포" 또는 "조혈모세포"라는 이름이 붙었다.

줄기세포에 대한 우리의 이해는 역설에서 탄생했다. 즉 이루 말할 수 없이 폭력적인 전쟁을 종식하고 평화를 회복하기 위해서 가해진 이루 말할 수 없이 폭력적인 공격에서 나왔다. 그러나 줄기세포는 그 자체가 생물학적 역설이다. 언뜻 볼 때 줄기세포의 두 가지 주된 기능은 정반대인 듯하다. 한편으로 줄기세포는 기능적으로 "분화한" 세포를 생성해야 한다. 예를 들면, 혈액 줄기세포는 분열해서 혈액의 성숙한 성분들—백혈구, 적혈구, 혈소판 등—을 이루는 세포들을 생성해야 한다. 그런 한편으로 분열해서 스스로를 보충해야 한다. 즉 줄기세포를 더 만들어야 한다. 줄기세포가 전자의 기능만 해낸다면, 즉 제 기능을 하는 성숙한 세포로 분화하는 일만 한다면, 보급 창고는 결국 텅 빌 것이다. 성년기에 우리의 혈구 수는 해가 갈수록 계속 줄어들어서 결국 고갈될 것이다. 반대로 오로지 자기 자신을 보충하는 일만 한다면—"자기-재생"—피는 아예 생산되지 않을 것이다.

자기 보전과 이타주의, 즉 자기 재생과 분화 사이의 절묘한 균형이야말로 줄기세포를 생물에 필수불가결한 요소로 만들며, 그럼으로써 혈액 같은 조직의 항상성이 유지될 수 있다. 수필가 신시아 오직은 고대인들이 달팽이가 남긴 축축한 점액 자취를 달팽이 자아의 일부라고 믿었다고 썼다. 점액을 조금씩 분비함으로써 달팽이는 점점 고갈되다가 이윽고 완전히 사라진다. 줄기세포(또는 달팽이의 사례에서는 점액 생산 세포)는 축축한 점액 자취—즉, 새 세포—가 끊임없이 생성되게 하고, 달팽이가 점액을 문질러대다가 이윽고 사라지는 것을 막는 메커니즘이다.

비유를 하나 들어보자. 줄기세포를 까마득히 먼 조상 세포라고 생각해보라. 꽤 매혹적으로 들린다. 그 후손은 더 많은 후손을 낳고, 그렇게 계속 이어지면서 하나의 조상 세포로부터 방대한 계통이 형성된다.

그러나 이 조상이 진정한 **줄기세포**가 되려면 가장 기이한 행동을 해야한다. 먼저 자신의 계통을 유지하려면 자신을 쏙 **빼닮은** 자식을 낳아서 충원할 수 있어야 한다. 또 자식(방대한 계통을 확립하게 될)을 낳는 것 말고도, 자신의 사본도 낳아야 한다. 계속 살아 있을 쌍둥이다. 그리고 이 자기-재생 조상이 일단 태어나면, 재생 과정은 무한히 지속될 수 있다. 그런 설정에는 어떤 신화적 특성이 있다. 그리고 사실 신화에서는 강력한 왕이나 신이 어떤 끔찍한 일이 벌어졌을 때, 자신과 부족을 복구할 예비 쌍둥이(인형, 부두교 주술에 걸린 자, 동물에게 은밀하게 숨겨놓은 영혼, 호부에 가둔 쌍둥이 인격)를 만드는 사례를 종종 찾아볼 수 있다. 대다수의 실제 줄기세포처럼, 이런 신화 속의 쌍둥이는 대개 휴면 상태—무활동 상태—로 있다가 본체가 다치면 깨어난다. 그리고 부족 전체를 일깨우고 다시 퍼뜨린다. 그리하여 탄생이 아니라 재탄생이 이루어진다.

모든 성체 생물은 줄기세포를 가지고 있을까? 줄기세포는 모든 조직에 있을까, 아니면 일부 조직에만 있을까? 패션 분야와 마찬가지로 과학에서도 어떤 움직임이 잠시 유행하다가 그 뒤에 사라지고는 한다. 1868년 독일의 발생학자 에른스트 헤켈은 모든 다세포 생물이 하나의 세포에서, 즉 최초의 세포에서 출현했다고 주장했다. 그 논리를 연장하면, 최초의 세포는 혈액, 근육, 창자, 신경 등 모든 유형의 세포로 분화할 성질을 지녀야 한다. 그는 이 최초의 세포를 기술하기 위해서 줄기세포Stammzellen라는 용어를 창안했다. 그러나 헤켈의 "줄기세포"는 아직 느슨한 의미로 쓰였다. 이 최초의 세포가 분명히 생물 전체를 생성한 것은 분명한데, 자신의 사본도 만들었을까?

1890년대에 얼마 동안 생물학자들은 그런 전능 세포—몸의 모든 조직을 만들 수 있는—가 성체 생물의 어딘가에 숨겨져 있을지를 놓고 논쟁을 벌였다(어떤 의미에서 보면 암컷은 그런 세포의 전구물질을 지니고 있다. 바로 난자이다. 일단 수정이 되면 난자는 새로운 생물의 모든 조직을 생성할 수 있다. 비록 안타깝게도 모체를 재생하지는 않지만). 1892년 몸에 눈이 하나인 것처럼 보여서 그리스 신화에 나오는 거인의 이름을 딴 다세포 민물 벼룩인 검물벼룩Cyclops을 연구하던 동물학자 발렌틴 헤커는 그 안에서 둘로 분열하는 세포를 발견했다. 딸세포 하나는 생물의 일부를 형성하는 조직층을 만들었다. 다른 하나는 생식세포가 되었다. 나중에 그 생물의 모든 조직을 생성할 능력을 지닌 세포, 즉 줄기세포였다. 헤커도 헤켈의 용어를 빌려서 이런 세포에 줄기세포라는 이름을 붙였다. 그러나 헤켈과 달리, 헤커는 그 용어를 더 정확한 의미로 썼다. 그는 검물벼룩의 몸을 만드는 딸세포와 새로운 검물벼룩을 만들 수 있는 다른 딸세포로 분열하는 최초의 세포를 줄기세포라고 했다.

그런데 포유동물은? 포유동물의 몸을 이루는 모든 조직과 기관 중에서 그런 세포를 찾을 만한 곳은 혈액일 것이다. 적혈구와 일부 백혈구(예를 들면, 호중구)는 끊임없이 죽어가고 보충된다. 줄기세포가 존재한다면, 혈액 말고 달리 어디에 있겠는가? 1890년대 말에 골수를 연구하던 세포학자 아르투어 파펜하임은 혈액을 이루는 다양한 종류의 세포들이 재생되는 세포들의 섬을 발견했다. 마치 하나의 중심 세포가 여러 종류의 세포를 만들 수 있는 양 보였다. 1896년 생물학자 에드먼드 윌슨은 "줄기세포"라는 말을 사용해서 헤커가 검물벼룩에서 관찰했던 분화와 자기-재생을 할 수 있는 세포를 지칭했다.

1900년대 초 "줄기세포"라는 개념이 생물학에서 인기를 끌면서, 줄기세포도 더 계층적으로 정의되었다. 전능totipotent 세포는 생물의 모든 조직을 포함해서(태반, 탯줄, 배아를 보호하고 배아에 영양을 제공하는 구조를 포함하여) 모든 유형의 세포를 만들 수 있다. 한 단계 아래의 "만능pluripotent" 세포는 생물의 거의 모든 세포를 만들 수 있다(즉 태반과 태아와 모체를 연결하는 지지 구조를 제외한 태아의 모든 조직—뇌, 뼈, 창자—을 만들 수 있다). 그리고 이런 계층 구조의 더 아래쪽에 있는 "다능multipotent" 세포는 혈액이나 뼈 같은 특정한 유형의 조직에 속한 모든 종류의 세포를 만들 수 있다.

1890년대부터 1950년대 초까지 일부 생물학자들은 혈액의 여러 요소들—백혈구, 적혈구, 혈소판—이 모두 골수에 있는 동일한 "다능" 줄기세포에서 출현한다고 주장했다. 반면에 각 종류의 세포가 서로 다른 줄기세포에서 출현한다는 주장도 있었다. 양쪽 다 명확한 증거가 없었으므로, 이 수수께끼의 혈액 줄기세포를 향한 관심은 곧 잦아들었다. 1950년대에 이르자 생물학 문헌에서 줄기세포에 대한 언급은 대체로 사라졌다.

1950년대 중반에 캐나다의 두 연구자 어니스트 매컬러와 제임스 틸은 방사선에 노출된 혈액 세포가 어떻게 재생되는지를 생리학적으로 이해하고자 나섰다. 틸과 매컬러는 공동 연구에는 어울리지 않을 정도로 성장 배경이 확연히 달랐다. 한 전기작가의 표현에 따르면, 키 작고 억센 외형의 매컬러는 "토론토 부자 집안"의 자손이었다. 그는 활달하고 박식한 지성인이었다. "그는 동떨어진 점들을 서로 연결하는 수평적인 사고를 했다." 매컬러는 토론토 종합병원에서 내과를 전공했다. 그는 1957년 온타리오 암연구소의 혈액학과장으로 잠시 일하다가 단조로운 의료 행위에 지루함을 느끼고 곧 박차고 나와서 전업 연구자가 되었다.

반면 서스캐처원의 농가 출신인 틸은 키 크고 깡말랐으며, 예일 대학교에서 생물리학 박사학위를 받았다. 그는 목표 지향적이었고, 수학적으로 사고했으며, 세세한 부분까지 깊이 파고들었다. 매컬러가 창의성을 발휘해서 엉뚱한 제안을 하면, 그는 실험할 방법을 내놓았다. 또 그들의 관심사와 전문 분야는 상보적이었다. 틸은 방사선물리학을 전공했다. 그는 방사선량을 조절하면서 방사선이 몸에 미치는 효과를 측정하는 법을 알았다(코발트 방사선의 효과를 연구한, 엄격하기로 악명이 높았던 해럴드 존스에게서 배웠다). 매컬러는 혈액학자로서, 피와 그 생성에 관심이 있었다.

1957년 그들이 공동 연구를 시작했을 당시 토론토는 조용한 지방 소도시였다. 과학 뉴스는 시간이 조금 흐른 뒤에야 흘러들었다. 그러나 원자폭탄의 여파로 몸과 기관이 방사선의 치명적인 효과로부터 자신을 지킬 수 있는지 여부가 국제적인 관심사로 떠올라 있었다. 틸과 매컬러는 특히 방사선이 혈액에 미치는 효과에 관심이 많았다. 그런데 그 효과를 어떻게 정량화할까? 그들이 생쥐에게 다량의 방사선을 쬐었을 때, 혈액의 생성이 약 2.5주일 동안 중단되었고, 생쥐는 죽었다. 히로시마에 밀어닥친 세 번째 죽음의 물결에 희생된 이들과 비슷했다. 생쥐를 구할 방법은 오로지 다른 생쥐의 골수 세포를 이식하는 것뿐이었다. 다른 생쥐의 골수(혈액이 생성되는 기관)로부터 세포를 채취해 이식함으로써, 틸과 매컬러는 방사선을 쬔 생쥐를 구할 수 있었고, 생쥐는 혈액 생성을 재개했다. 거의 죽을 뻔한 생쥐를 구한 바로 이 엉성한 실험으로, 줄기세포 생물학에 새로운 길이 열렸다.

1960년 12월, 크리스마스를 며칠 앞둔 추운 일요일 오후, 틸은 실험 결과를 살펴보러 집을 나와 연구실로 향했다. 실험은 단순했다. 생쥐에게 강한 방사선을 쐬어 혈액 생성 능력을 없앤 뒤, 다른 생쥐의 골수 세포를 이식했다. 생쥐마다 주입 용량을 달리했기 때문에 이식받은 골수 세포의 수가 달랐다.

틸은 죽은 생쥐의 각 기관을 체계적으로 살펴보았다. 골수. 간. 혈액. 지라. 언뜻 볼 때는 눈에 띄는 점이 거의 없었다. 그러나 지라를 꼼꼼히 살피자, 작은 하얀 혹들이 보였다. 세포 집락이었다. 수학적 사고방식의 소유자인 그는 각 생쥐에게 있는 덩어리의 수를 세어 그래프로 나타냈다. "혹"은 이식된 골수 세포의 수와 거의 정확히 일치했다. 이식된 세포가 늘어날수록, 집락도 더 형성되었다. 이것이 무슨 뜻일까? 가장 단순한 답은 이런 집락이 이식된 세포들 중에서 우연히 지라로 들어간 무작위적 개수가 아니라, 특수한 유형의 세포가 얼마나 있는지를 알려주는 정량적 척도라는 것이다. 이 세포는 지라에서 집락을 형성하는 본질적 특성을 지닌 것이 분명했으며—재생의 징후—골수에서 고정된 비율로 존재하는 것이 분명했다(따라서 이식된 세포가 많을수록 혹 같은 집락이 더 많이 생산되었다).

틸과 매컬러는 곧 각각의 혹—집락—이 재생되고 있는 혈액 세포의 덩어리임을 발견했다. 그런데 아무렇게나 재생하는 덩어리가 아니었다. 이 집락은 혈액의 **모든** 활성 성분—적혈구, 백혈구, 혈소판—을 만들고 있었다. 그리고 골수의 세포 1만 개 중 1개꼴로 유달리 드물었다.

틸과 매컬러는 연구 결과를 방사선학 학술지에 "정상 생쥐의 골수 세포의 방사선 민감도에 대한 직접 측정"이라는 평범한 제목의 논문으로 발표했다. 여기에 "줄기세포"라는 단어는 언급조차 되지 않았다. 틸은 이렇게 썼다. "당시에는 이런 종류의 연구에 관심을 가진 연구자들이 소수였다는 점을 기억할 필요가 있다. 줄기세포를 둘러싼 온갖 흥분은 10년쯤 뒤에야 벌어졌다." 그러나 틸과 매컬러는 본능적으로 자신들의 연구 결과가 엄청나게 중요한 한 가지 원리를 드러낸다는 것을 알았다. 임시변통으로 만든 배로 바다를 건너는 불굴의 개척자들처럼, 이식된 골수 세포 중 일부는 지라로 이주하여 독립된 집락을 형성해서 혈액을 재생한다. 혈액의 주요 성분들을 전부 만든다. 과학 저술가 조 손버거는 이렇게 썼다. "이 논문은 다른 생물학적 사고에 일으킬 수 있는 온갖 변화를 전혀 언급하지 않은 채, 몸이 어떻게 피를 생성하는지를 살펴보는 완전히 새로운 방식을 제시했다. 이를테면 혈액이 그런 식으로 만들어진다면, 몸은 심장 근육이나 뇌 조직을 어떻게 만들까? 그러나 그 논문은 과학계에 곧바로 지각 변동을 일으키지 않았으며, 생물학계는 대체로 알아차리지 못한 채 지나쳤다."

1960년대 초에 틸과 매컬러는 루 시미노비치, 앤드루 베커와 공동으로, 이런 집락 형성 혈액 세포에 대해 더 깊이 연구했다. 첫째, 그들은 일부 집락이 세 가지 세포—적혈구, 백혈구, 혈소판—를 모두 생산함으로써 "다능" 세포의 정의에 들어맞는다는 것을 확인했다. 1년 뒤에는 각 집락이 하나의 "개척자" 세포로부터 생성된다는 점을 입증했다. 마지막으로, 그들은 지라에서 세포 집락을 분리해서 방사선을 쬔 생쥐에게 이식함으로써, 다능 집락을 생성하는 능력이 재현되는 것을, 즉 자기 재생 능력을 발견했다.

사실상 그들은 하나의 세포가 단지 한 계통이 아니라 여러 계통의 혈액 세포—적혈구, 백혈구, 혈소판—를 생성할 수 있음을 발견한 것이다. 바로 혈액을 만드는 조혈 줄기세포였다. 현재 스탠퍼드 줄기세포 연구소 소장인 어빙 와이스먼은 틸과 매컬러의 방사선 민감성 논문을 학생 때 처음 읽었는데, 훗날 이 논문에 대해서 이렇게 말했다. "그 발견은 '골수는 블랙박스이다, 우리는 아무것도 모른다'라는 개념을 '골수는 여러 종류의 세포를 만들 수 있는 세포들을 지닌다'라는 개념으로 바꾸었다."

와이스먼은 그 실험이 세포학의 세계에 어떻게 평지풍파를 일으켰는지를 기억한다. 틸과 매컬러는 "생명의 핵심 원천인 피를 바라보는 관점을 바꾸었다." "틸과 매컬러의 실험이 있기 전까지 사람들은 피에 들어 있는 각 종류의 세포가 저마다 다른 부모 세포에서 유래한다고 생각했어요." 와이스먼이 내게 말했다. "그런데 틸과 매컬러는 정반대임을 증명했어요. 적혈구 '모세포'와 백혈구 '모세포'와 혈소판 '모세포'가 모두 같은 줄기세포에서 생긴다는 거였지요. 게다가 이 줄기세포들은 모두 더욱더 많은 세포—적혈구, 백혈구, 혈소판—를 계속 만들어서 이윽고 혈액계를 완전히 새로 생성해요. 그 결과 골수 이식 분야에 엄청난 효과가 나타났어요. 이식 전문가가 이 세포를 찾아낸다면, 혈액계 전체를 재생할 수 있게 된 거죠." 그 줄기세포로부터 새 혈액을 만들 수 있었다.

그래서 와이스먼은 그 세포를 찾아나섰다. 이런 줄기세포, 즉 조상 세포는 어디에 있었을까? 줄기세포의 행동, 대사, 크기, 모양, 색깔은 무엇일까? 틸과 매컬러의 실험에서 영감을 얻은 와이스먼은 부부 연구자인 스탠퍼드의 리어노어와 렌 허젠버그가 개발한 흐름 세포 측정법flow cytometry으로 세포를 정제하기 시작했다. 간단히 말하자면, 흐름 세포 측정법은 세포를 크레용으로 칠하는 것과 같다. 세포 표면에 있는 단백질들의 조합에 따라서 세포마다 서로 다른 색깔을 조합해서 칠한다(어떤 것은 청색과 녹색, 또다른 것은 녹색과 적색으로). 여기서 "크레용"은 저마다 다른 색깔을 발하는 화학물질을 지닌 항체이며, 세포 표면에 있는 서로 다른 단백질에 달라붙는다. 기계는 이 색깔 조합을 감지하여 세포들을 분류할 수 있다.

와이스먼은 수십 가지 색깔 조합을 실험한 끝에 골수에서 생쥐 혈액 줄기세포를 분리할 수 있는 표지 조합을 찾아냈다. 틸과 매컬러가 예측했듯이, 이 세포는 드물지만—1만 개에 1개꼴—아주 강력했다. 이윽고 연구자들은 와이스먼의 방법을 다듬고 표지를 추가함으로써 혈액 줄기세포를 하나씩 분리한 뒤, 생쥐의 혈액계 전체를 재생할 수 있게 되었다. 그리고 한 생쥐에게서 그런 세포를 하나 추출해서 다른 생쥐의 혈액을 재생할 수 있었다. 1990년대 초에 와이스먼을 비롯한 연구자들은 같은 방법을 이용해서 사람의 조혈 줄기세포를 찾아냈다.

생쥐와 사람의 조혈 줄기세포는 비슷해 보인다. 치밀한 핵을 지닌 작고 둥근 모양이다. 쉬고 있을 때에는 대체로 휴면 상태로 존재한다. 즉 거의 분열하지 않는다. 그러나 화학물질 인자들이 적절히 갖추어진 환경에 집어넣거나 골수로부터 적절한 신호를 받으면, 왕성하게 세포 분열을 시작한다(1960년대에 오스트레일리아 연구자 도널드 멧캐프는 줄기세포로부터 특정한 유형의 세포들이 자라날 수 있도록 하는 화학물질 "인자"를 처음으로 발견한 연구자 중 한 명이다). 줄기세포 하나가 성숙한 적혈구와 백혈구 수십억 개를 생산할 수 있다. 즉 동물의 한 기관계 전체를 만들 수 있다.

1960년 봄, 낸시 로리라는 여섯 살 여자아이가 앓아누웠다. 아이는 검은 눈에 검은 머리카락을 눈썹에 닿을 만치 앞으로 늘어뜨린 모습이었다. 아이의 혈구 수는 줄어들기 시작했다. 소아과의사는 아이에게 빈혈 증세가 있음을 알아차렸다. 골수 생검을 하니, 골수에 이상이 생긴 재생 불량 빈혈이라는 병을 앓고 있음이 드러났다. 그런데 낸시의 일란성 쌍둥이인 바버라 로리는 아무런 문제가 없었다. 바버라의 혈구 수는 정상이었고, 골수에 이상이 있다는 증거는 전혀 없었다.

골수는 혈액 세포를 생산하며 혈액 세포는 정기적으로 보충되어야 하는데, 낸시의 혈액 세포는 수가 빠르게 줄어들고 있었다. 이 병의 기원은 수수께끼일 때가 많지만—감염이나 면역 반응, 심지어 약물에 대한 반응일 수도 있다—이 병에 걸리면 젊은 혈구가 형성되어야 할 공간이 서서히 하얀 지방 덩어리로 채워진다.

로리는 숲이 우거지고 비가 자주 내리는 워싱턴 주, 타코마에서 살았다. 낸시의 치료를 담당한 시애틀의 워싱턴 대학교 병원 의료진은 어떻게 해야 할지 갈피를 잡지 못했다. 그들은 적혈구를 수혈했지만, 혈구 수는 다시 줄어들었다. 그때 의료진 중 누군가가 의사이자 과학자인 E. 도널 "돈" 토머스가 사람 간의 골수 이식을 시도한 적이 있다는 이야기를 떠올렸다. 토머스는 뉴욕 쿠퍼스타운에서 일했다. 시애틀 의료진은 그에게 도움을 요청했다.

1950년대에 토머스는 새로운 치료법을 시도했다. 그는 백혈병 환자에게 건강한 일란성 쌍둥이에게서 채취한 골수 세포를 주입했다. 주입한 골수 세포에 든 혈액 줄기세포가 환자의 뼈 안으로 들어가서 "생착되었다"는 증거가 잠깐 비치기는 했지만, 환자는 곧 재발했다. 토머스는 개를 대상으로 혈액 줄기세포 이식 방법을 가다듬으려고 애써왔지만, 성과는 미미했다. 그런데 시애틀 의료진이 사람에게 다시 한번 해보자고 그를 설득했다. 낸시의 골수는 파괴되고 있었지만, 악성 세포는 전혀 없었다. 게다가 운 좋게도 로리는 일란성 쌍둥이였다. "조직적합성"이 완벽하게 일치하는, 즉 거부 반응을 전혀 일으키지 않으면서 골수를 이식받을 수 있는 사람이 있었다. 쌍둥이 중 한쪽의 골수에서 채취한 혈액 줄기세포를 다른 한쪽이 "받아들일" 수 있지 않을까?

토머스는 시애틀로 날아갔다. 1960년 8월 12일, 바버라에게 진정제를 투여한 뒤, 굵은 주삿바늘로 엉덩이와 다리의 뼈에 50번 구멍을 내어 크림색 골수를 채취했다. 골수를 식염수로 희석한 뒤, 낸시의 정맥을 통해서 주입했다. 의료진은 기다렸다. 세포는 낸시의 뼈로 들어가서 자리를 잡은 뒤 서서히 정상 혈액을 만들기 시작했다. 퇴원할 무렵에 낸시의 골수는 거의 완벽하게 재구성되어 있었다. 한마디로 낸시의 피는 쌍둥이 자매의 것이었다.

낸시 로리는 의학 역사상 최초의 골수 이식 성공 사례였다. 세포요법으로 목숨을 구한 중요 사례였다. 주사약도 알약도 아닌 쌍둥이의 세포가 낸시의 "약"이었다. 토론토에서 틸과 매컬러는 생쥐에게서 발견한 내용을 토대로 혈액 줄기세포의 특성을 밝혀내고 있었다. 스탠퍼드에서 와이스먼은 마침내 사람의 골수에서 그 세포를 분리하는 법을 알아냈다. 시애틀에서 도널 토머스는 이런 혈액 줄기세포를 치료에 도입했다. 그것으로 사람을 "살렸다."

1963년 토머스는 아예 시애틀로 자리를 옮겼다. 처음에 시애틀 보건국 병원에 연구실을 차렸다가 12년 뒤에는 신설된 프레드 허친슨 암 센터— 의사들은 허치라고 불렀다—에서 골수 이식으로 백혈병을 비롯한 질병들을 치료하기로 결심했다. 낸시와 바버라 로리는 일란성 쌍둥이였고, 두 사람 중 한쪽에 생긴 비발암성 혈액 질환을 다른 한쪽의 세포로 완치시킬 수 있었던 아주 드문 사례였다. 그런데 백혈병처럼 악성 혈구를 수반하는 질병이라면? 그리고 기증자가 쌍둥이가 아니라면? 우리 면역계는 다른 몸에서 온 물질을 외래의 것이라고 거부하는 성향이 있기 때문에 이식의 전망은 밝지 않았다. 조직이 완벽하게 일치하는 일란성 쌍둥이만이 이 문제를 피할 수 있다.

토머스는 이 문제를 피할 방법을 찾았다. 먼저 그는 골수의 기능을 파괴할 만치 강력한 화학요법과 방사선요법으로 악성 혈구를 없애고자 했다. 그러면 골수의 암세포뿐 아니라 정상 세포까지 모조리 파괴될 것이다. 대개는 치명적이겠지만, 일란성 쌍둥이로부터 골수 줄기세포를 공여받는다면 건강한 새 세포가 만들어져서 기존 세포를 대체할 수 있을 것이다.

그 다음 문제는 "동종allogeneic"(allo는 "남"이라는 뜻의 그리스어에서 유래했다) 이식을 시도할 때, 즉 일란성 쌍둥이가 아닌 누군가의 골수를 이식할 때 생겼다. 1958년 프랑스의 골수 이식 개척자인 조르주 마테는 실수로 유독한 수준의 방사선에 노출되어 급성 골수 이상 증세가 나타난 유고슬로비아 연구자들에게 여러 기증자들로부터 받은 골수를 이식했다. 기증자의 세포는 잠시 생착되었지만, 결국 사라졌다. 그러나 마테는 이식 직후에 예상한 것과는 정반대의 현상을 관찰했다. 바로 유고슬라비아 연구자들의 몸에서 급성 소모병이 발생한 것이다.

마테는 이 소모병이 기증자의 골수가 이식을 받은 환자의 몸을 공격하는 면역 반응으로 생긴다고 추론했다. 손님이 주인을 공격하고 있었다. 이 반응은 생물의 주권을 유지하려는(그리고 침입한 세포를 거부하는) 오래된 체계가 빚어낸 결과이다. 골수 이식에서는 주권의 방향이 뒤집혔을 뿐이다. 폭동을 일으켜서 낯선 배를 점령한 이들처럼, 기증자의 면역세포는 자기 주변의 몸을 외래의 것이라고 인식해서 공격한다. 타자(즉 이식편)가 자기가 되고, 자기는 타자가 된다.

장기 이식의 다른 개척자들은 기증자와 환자가 상당히 잘 일치한다면(조직적합성 유전자, 즉 환자가 기증자의 이식편을 받아들일지 여부를 결정하는 유전자의 발견을 다룬 대목을 떠올려보라), 이런 거부의 힘을 무력화할 수 있음을 알아차렸다. 그래서 화합성(또는 관용)을 예측하고 동종 이식 골수 세포가 생착할 기회를 높이는 데에 도움을 줄 검사가 이루어졌다. 그리고 다양한 면역억제제가 개발되어 환자의 저항력을 더욱 낮춤으로써 동종 이식편(즉 외래 기증자에게 받은)을 몸이 받아들이도록 하거나 손님이 주인을 공격하지 못하게 할 수 있었다.

그 뒤로 몇 년에 걸쳐서 토머스는 의료진을 이끌고 골수 이식의 최전선을 꾸준히 공략했다. 레이너 스토브는 조직형 검사와 이식요법에 중점을 둔 독일 태생의 키가 큰 조정 경기 애호가였다. 그의 아내인 비벌리 토록스 토브는 빈틈 없는 임상의였다. 생쥐의 면역계가 종양을 공격할 수 있다는 것(따라서 기증자의 면역계가 백혈병을 없앨 수 있다는 것)을 보여준 시베리아 출신의 자그마한 축구 애호가인 알렉스 페퍼도 있었다. 그리고 돈의 아내인 도티 토머스는 연구실과 병원의 살림을 도맡았고, 모두에게 "골수 이식의 어머니"라고 불렸다.

이 연구로 노벨상을 받은 토머스는 나중에 그들이 "초기 임상 성공"을 이끌었다고 밝혔다. 그러나 환자들을 돌본 간호사와 연구원—환자 자신은 말할 것도 없이—에게는 더할 나위 없이 가슴 아픈 경험이었을 수도 있다. 한 의사는 내게 말했다. "그 초창기에 이식을 받은 백혈병 환자 100명 가운데 83명은 수술을 받은 지 몇 달 사이에 사망했어요."

이 온갖 장애물들로 가득한 이야기의 마지막 대재앙은 기증자의 골수가 만드는 백혈구가 환자의 몸에 격렬한 면역 반응을 일으킬 때에 벌어졌다. 마테가 초기 이식 수술 당시에 발견한 이식편 대 숙주병graft-versus-host disease이라는 현상이었다. 지나가는 폭풍일 때도 있었고, 만성 증상일 때도 있었다. 급성이든 만성이든 간에 치명적일 수 있었다.

그러나 백혈병 환자에게 처음으로 골수를 이식한 의료진에 속했던 프레드 애플바움과 그 자료를 분석한 연구자들이 발견했듯이, 자기 자신을 향한 면역 공격—이식편 대 숙주—은 백혈병을 향한 면역 공격일 수도 있었다. 이 재앙에서 살아남은 이들은 백혈병을 이겨낸 이들일 가능성이 가장 높기도 했다. 외래 기증자에게서 받은 이식편이 몸에 생착되어 "재가동된" 면역계가 암을 거부함으로써 이 치명적인 유형의 혈액암이 치유된다는 가장 명확한 증거였다.

그 결과는 놀라우면서도 정신을 바짝 들게 했다. 독이 곧 치료제라는 의미였으니까. 내가 애플바움에게 초기의 이식 사례들에 대해서 묻자, 그의 눈에 그리움이 묻어났다. 마치 환자 한 명 한 명을 떠올리는 듯했다. 그는 여러 해 동안 실패를 거듭하면서 체득한 겸손함이 배어 있는 점잖은 분위기를 풍겼다. 그는 한 명도 살아남지 못한 시기를 떠올렸다. 그런 뒤 치명적인 질병의 세포요법을 받고서도 장기간 생존하는 환자가 한 명씩 나타났다. 그들은 성공했지만, 그 성공의 대가는 혹독했다.

나는 시카고의 한 학술대회에서 돈과 도티 토머스 부부를 만났다. 그들은 깡마르고 허약해진 모습이었고, 마치 카드 두 장이 서로를 받치고 있는 양 서로를 붙잡고 있었다. 한쪽을 떼어내면 다른 한쪽이 쓰러질 것처럼 보였다. 다른 찬미자들과 함께 나도 벌떡 일어서서 세포요법의 부모를 향해 경의를 표했다.

돈은 느릿느릿 걸어서 연단으로 올라갔다. 한때 거대한 체구로 유명했던 그는 웅크린 자세로 강연을 했고, 쉬엄쉬엄 천천히 말을 이어갔다. 회의장은 입구까지 빼곡히 들어찼다. 거의 5,000명에 달하는 혈액학자들이 강연을 듣기 위해서 모였다. 그리고 존경의 분위기가 흘러넘쳤다. 돈은 이식의 초창기를 떠올렸고, 최초의 동종 골수 이식으로 이어진 투지 넘치던 노력—그리고 최초 환자들의 마찬가지로 영웅적인 모습—을 이야기했다.

2019년 나는 그 초창기에 골수 이식 병동에서 일한 간호사들을 인터뷰하러 시애틀로 향했다. 대다수는 은퇴했지만, 병원과 연락이 닿는 이들이 몇 명 있었다. 나는 유전자요법 임상시험에 사용할 환자의 세포를 준비하는 반짝거리는 새 연구실들이 들어선 건물의 위층 회의실에 앉았다. 에밀리 화이트헤드를 완치시킨 CAR-T 세포 같은 것들을 준비하는 곳이었다.

간호사들은 들어올 때마다 서로 다정하게 인사를 나눴다. 그들은 서로의 별명을 기억했고, 그 초창기에 치료를 받은 환자들의 이름도 전부 떠올릴 수 있었다. 회상하면서 눈물을 짓는 이들도 있었다. 뜻밖의 재회였다.*

"첫 환자들은 어떤 분들이었나요?"

"첫 환자는 만성 백혈병을 앓고 있었어요." 간호사 A. L.이 말했다. "이름이 볼비였어요……나이가 지긋했어요." 그녀는 잠시 생각하다가 말을

---

* 나는 일부러 간호사들의 이름을 숨겼다. 그들이 골수 이식에 한 엄청난 공헌을 폄훼하려는 것이 아니라, 신원을 보호하고 사생활을 존중하기 위함이다.

바꾸었다. "아니, 겨우 50대였어요. 감염으로……사망했어요. 두 번째 환자는 백혈병에 걸린 젊은 남성이었고, 그다음은 여자아이였어요. 둘 다 사망했고요."

그들은 돈과 도티, 스토브 부부, 애플바움, 페퍼도 떠올렸다. 초기 세포 요법의 개척자이자 영웅인 이들이었다. "아침마다 그들 중 누군가가 회진을 돌면서 환자 한 명 한 명씩 손을 잡고서 밤에 어땠는지 묻곤 했죠."

그러자 다른 간호사도 덧붙였다. "1970년에는 백혈병에 걸린 열 살 남자아이가 들어왔어요. 아이는 살아서 대학까지 들어갔어요. 약 10년을 더 살았지요. 하지만 폐 감염 증세에 시달리다가 사망했어요."

나는 병원이 어떤 모습이었고, 분위기가 어떠했는지 물었다.

다른 간호사 J. M.이 대답했다. "병상이 20개였어요. 간호사실은 냉골이었죠. 비좁았던 것으로 기억해요." 그곳은 문을 닫았다. 모두가 다른 모두를 위해서 자리를 비워주고 있었다.

"매일 밤 같은 이야기를 듣고 싶어하던 아이가 있었어요. 동굴로 들어가서 곰을 죽이는 소년의 이야기였죠." 그래서 밤마다 정맥으로 화학요법 약물이 똑똑 들어가는 가운데, 아이는 그 이야기를 들으면서 잠이 들었다.

환자들이 방사선을 쬐는―혈구를 죽여서 새 골수가 들어갈 공간을 만들기 위해서―장소는 몇 킬로미터 떨어진 곳에 있던 동굴 같은 시멘트 벙커였다. 그 옆에서는 이식 실험을 위한 개들을 키웠기 때문에, 환자들은 문을 잠근 시멘트 병실 안에서 방사선을 쬐면서 개들이 끊임없이 짖어대는 소리를 들어야 했다.

처음에는 골수를 죽이는 방사선을 한 번에 왕창 쬐는 방법을 택했다.[*] "절반쯤 쬐고 나면 환자들은 극심한 욕지기를 느꼈어요." 한 간호사가 말

---

[*] 나중에는 방사선을 며칠에 걸쳐서 나누어 쬠으로써, 욕지기가 많이 줄어들었다. 또 조프란과 키트릴 같은 새로운 항구토제도 방사선으로 생기는 욕지기를 대폭 줄였다.

했다. "토하고 또 토했죠. 우리는 벙커 문을 열고 들어가서 그들을 보살피곤 했어요. 당시에는 강력한 항구토제가 없어서……물과 대야를 들고 가서 입을 닦고 젖은 수건으로 몸을 닦아주었어요. 일곱 살짜리 남자아이도……."

그녀는 울컥해서 말을 잇지 못했다. 다른 여성이 일어나서 그녀를 안아주었다.

"조종사 이야기도 해요." 한 명이 말했다.

그 조종사는 아나톨리 그리셴코였다. 1986년 체르노빌 원자로가 폭발했을 때, 그리셴코는 헬기로 유독한 방사성 기체가 뿜어져 나오는 원자로의 벌어진 구멍으로 모래와 콘크리트를 쏟아붓는 일에 동원되었다. 원전을 사실상 시멘트로 뒤덮어서 무덤으로 만드는 작업이었다. 그는 머리부터 발끝까지 납으로 차폐했지만, 방사선은 그의 몸으로 침투했고 결국 골수까지 침범했다.

1988년 그는 전백혈병 진단을 받았다. 1990년에 병은 진정한 백혈병으로 진행되었다. 연구진은 프랑스에서 골수가 거의 완벽하게 일치하는 여성을 발견했다. 허치에서는 의사를 파리로 보내서 골수를 채취하자마자 비행기로 곧바로 시애틀로 운반했다. 기다리고 있던 그리셴코는 곧바로 골수 이식을 받았다.

"하지만 그는 살아남지 못했어요. 우리는 며칠 동안 그를 지켜보았는데, 결국 백혈병이 재발했죠."

그렇지만 발전은 꾸준히 이루어졌다. "1970년에는 생존자가 한 명이었어요. 71년에는 세 명이었고요. 72년에는 몇 명으로 늘어났어요. 장기 생존자는 많지 않았어요. 그래도 스무 살, 서른, 마흔 살까지 생존한 사람들이 나타났어요. 1980년대 중반이 되자, 진정한 장기 생존자들이 나타나기 시작했죠. 이식 후에 5년, 10년까지 생존하는 사람들이 10여 명, 20여 명, 수십 명으로 늘어났어요."

아래층인 허치의 로비에는 이식이 거침없이 꾸준하게 발전을 거듭한 양 표현한 나선 조각품이 놓여 있었다. 자세히 살펴보니 해가 갈수록 나선형으로 감기면서 올라가는 숫자들이 보였다. 5명, 20명, 200명, 1,000명을 거쳐서 2021년에는 수천 명에 이르렀다. 그리고 치명적인 병들의 완치율도 증가했다. 한 연구에서는 급성 골수성 백혈병에 걸린 환자들의 이식 후 5년 생존율이 20-50퍼센트라고 나왔다.

한 간호사가 나와 함께 내려와서 조각품을 바라보았다. 그녀는 내 어깨에 두 손을 올렸다.

"당시에는 저렇게 쉽지가 않았어요." 그녀는 매끄러운 나선이 사실은 성공 사례가 드물게 나타나는 들쭉날쭉한 실패로 점철된 기록임을 알고 있었다. 그래도 성공 사례들이 쌓여갔다. 현재는 수십 가지 질병을 대상으로 해마다 수천 건의 골수 이식이 이루어진다. 성공률은 질병에 따라 다양하지만, 현재의 주류 세포요법 중 하나이다. 내가 일하는 병원에서도 치명적인 유형의 백혈병을 앓다가 골수 이식을 통해서 완치된 많은 환자들을 떠올릴 수 있다.

간호사는 매끄럽게 휘어지는 곡선을 따라서 손을 움직이면서 살짝 웃음을 지었다. 나는 유독한 플루토늄 안개에 에워싸인 채 헬기를 조종하는 그리센코를 상상했다. 동굴로 들어가서 곰을 잡는 아이도 생각했다. 바로 옆에서 개가 짖어대는 가운데 시멘트 병실 안에서 아이가 웅크리고 토하면서 겁에 질려 있는 모습도 상상할 수 있었다. 젖은 수건을 들고 대기하는 이들, 밤새 병실을 지키는 이들, 감염을 막기 위해서 애쓰는 이들, 온종일 환자의 손을 잡아주던 이들, 자신의 아이인 양 어린 환자를 돌보는 간호사들을 상상했다. 그 간호사들이 병원을 나갈 때 많은 의사와 직원들은 자리에서 일어났다. 그들의 많은 공헌에 보내는 말 없는 찬사였다. 내 눈에 저절로 눈물이 글썽거렸다.

혈액병의 세포요법은 가슴 아픈 과정을 거쳐 탄생했다.

줄기세포는 다양한 생물의 다양한 기관에서 발견되어왔다. 그러나 다양한 줄기세포 중에서 가장 흥미로우면서 아마도 계속해서 가장 논란이 되고 있는 것은 두 종류인 듯하다. 배아 줄기세포Embryonic stem cell, 즉 ES 세포와 더욱 기이한 사촌인 유도 만능 줄기세포induced pluripotent stem cell, 즉 iPS 세포이다.

1998년 위스콘신에 자리한 영장류 연구센터에서 일하던 발생학자 제임스 톰슨은 IVF에서 폐기된 사람 배아 14개를 얻었다. 그는 자신이 하려는 실험이 본질적으로 논란을 일으킬 것임을 알았기 때문에, 미리 두 생명윤리학자 R. 알타 차로와 노먼 포스트에게 자문을 구했다. 사람 배아는 배양기에서 배반포 단계에 이를 때까지 배양된 것이었다. 배반포는 사실상 속이 빈 공 모양이다. 배반포는 대개 자궁 내에서 자라지만, 특수한 조건을 갖춘 배양 접시에서 배양할 수도 있다. 이 공은 두 가지의 독특한 구조를 지닌다. 막처럼 감싼 바깥 껍질층은 나중에 태반을 비롯해서 배아를 모체와 연결하는 구조들을 만든다. 그 안에 배아를 형성할 작은 속세포덩이가 들어 있다.

톰슨은 이 속세포덩이를 추출하여 "영양 세포층"에서 배양했다. 영양 세포층은 생쥐 세포로 이루어진 층으로서, 사람 배아세포를 지탱하고 세포에 영양을 공급한다(세포 배양에 흔히 쓰이는 방법이다. 일부 세포는 아주 허약해서 스스로 살아갈 수가 없다. 배양을 시작한 며칠 동안은 더욱 그렇다. 이 초기 단계에서는 "보살펴줄" 영양 세포, 즉 도움 세포가 필요하다). 며칠이 지나는 동안 사람 세포주 다섯 계통이 형성되었다. "남성" 3계통과

"여성" 2계통이었다. 이들은 몇 달 동안 배양해도 눈에 띄는 유전적 손상이 전혀 없었고, 성장 잠재력도 온전히 간직했다.

면역력을 약화시킨 생쥐에게 주입하자, 이 세포들은 온갖 성숙한 사람 조직층(창자, 연골, 뼈, 근육, 신경, 피부 조직 등)을 형성했다. 이 세포들은 분명히 배양 접시에서 스스로 재생할 수 있었고, 다양한 (아마도 모든) 종류의 사람 조직으로 분화할 수 있었다.* 이 세포에는 "사람 배아 줄기세포human embryonic stem cell", 즉 h-ES 세포라는 이름이 붙었다. 그중 하나인 H-9—XX 염색체를 지닌 "여성"—는 표준 배아 줄기세포가 되었다. 전 세계 연구실 수백 곳의 배양기 수천 대에서 자라고 있으며, 수만 건의 실험이 이루어졌다.

나도 H-9를 배양하면서 이 세포들의 성장을 꾸준히 지켜보았다. 또 이 세포들이 뼈와 연골을 비롯한 다양한 종류의 성숙한 세포들로 분화하는 모습도 지켜보았다. 나는 지금도 이 세포주를 보면서 놀라움을 느낀다. 이 세포가 든 배양 접시를 현미경으로 살펴볼 때면 나는 지금도 살짝 전율이 인다. 미래에 펼쳐질 일을 초조하게 기대하는 느낌과 살짝 비슷하다. 원리상 이런 배아 줄기세포는 별난 사고실험을 자극한다. 시간을 되돌려서 이들을 원래 배반포의 세포 자궁으로 다시 주입한—작은 세포 덩어리로—다음 그 공을 사람 자궁에 다시 이식할 수 있다면? 아마 속세포덩이의 다른 세포들과 섞어야 할 테지만, 원래 왔던 곳으로 되돌려놓으면 사람으로

---

* 전문적인 사항 하나. 톰슨이 유도한 ES 세포는 속세포덩이(즉 나중에 배아를 형성할 세포들)에서 나왔으며, 세포의 바깥벽(태반, 탯줄 등 배아 바깥 구조를 형성할 부위)에서 나온 것이 아니다. 이 ES 세포는 전능이 아니다. 한 예로 태반은 속세포덩이가 아니라 세포의 바깥벽에서 유래하기 때문이다. 더 최근의 연구는 특정한 배양 조건에서 ES 세포 중 일부가 전능 상태로 남을 수 있음을 보여주었다. 즉 세포 바깥 조직까지 만들 수 있다는 것이다. 그러나 대다수 연구자들은 사람 ES 세포가 세포 바깥 조직을 제외한 모든 조직을 만들므로, 전능이 아니라 만능이라고 본다.

자랄까? 그녀, 이 새로운 유형의 세포 존재를 무엇이라고 부를까? 헬렌-9 라고? 배양 접시의 H-9에 유전적 변화를 일으킨다면, 사람은 그 변화를 간 직하게 될까? 그리고 자식에게 물려줄까? 그리고 사람의 H-9 세포가 난 자, 이어서 배아를 생산한다면, 배아에서 배반포, 배아 줄기세포, 사람을 거쳐서 다시 배아로 돌아가는 새로운 한살이를 목격하는 것이 아닐까?

톰슨의 논문은 1998년 「사이언스」에 발표되자마자 격렬한 논쟁을 불러일 으켰다. 많은 과학자들은 사람 배아 줄기세포가 본질적인 가치가 있다고 믿는 톰슨의 편을 들었다. 사람의 발생학을 더 깊이 이해할 수 있게 해줄 뿐 아니라, 치료용으로도 이루 말할 수 없는 가치를 지니게 될 것이라고 믿 었다. 톰슨은 그 선구적인 논문의 끝부분에 이렇게 썼다.

사람 ES 세포는 온전한 사람 배아에서 직접 연구할 수 없지만 선천성 결 함, 불임, 사산 등 임상 분야에서 중요한 결과들을 미치는 발생상의 사건 들을 이해하는 데에 기여할 것이다……사람 ES 세포는 생쥐와 사람 사이 에 차이를 보이는 조직들의 발생과 기능의 연구에 특히 유용할 것이다. 사 람 배아 줄기세포가 각 계통으로 체외 분화하는 양상을 토대로 한 선별 검 사는 새로운 약물의 유전자 표적, 조직 재생 요법에 쓰일 수 있는 유전자, 기형을 유발하거나 독성을 띠는 화합물을 찾아내는 데 적용될 수 있다.

분화를 제어하는 메커니즘을 밝혀낸다면, ES 세포가 특정한 유형의 세 포로 효율적으로 분화하도록 촉진할 수 있을 것이다. 심근 세포와 뉴런 같은 사람 세포를……표준화한 방식으로 순수하게 대량 생산한다면, 약 물 발견과 이식요법을 위한 세포를 무한정 공급할 원천을 가지게 될 것이 다. 파킨슨병과 소아당뇨병 같은 많은 질병들은 단 한 종류나 몇 종류의 세포들의 죽음이나 기능 이상에서 비롯된다.

그러나 비판자들, 특히 보수 종파 쪽 사람들은 이런 주장 중 어느 것도 받아들이려고 하지 않았다. 그들은 사람의 배아가 이 세포를 생산하는 과정에서 파괴되었으며—더럽혀졌으며—배아가 사람과 다름없다고 주장했다. IVF에서 나온 이 배아가 아직 지각을 획득하지 않았고, 기관도 없으며, 어쨌거나 폐기되었을 미분화 세포 덩어리에 불과하다는 사실도 그들의 생각을 거의 돌리지 못했다. 비판자들은 배아에는 장래 인간을 형성할 잠재력이 있기 때문에 현재 인간이라고 주장했다. 2001년 조지 W. 부시 대통령은 ES 세포 연구에 반대하는 이들의 압박을 받아서 이미 유도된 ES 세포(H-9 같은)를 대상으로 한 연구에만 연방 연구비를 지원하는 법안을 통과시켰다. 새로운 ES 세포를 만들려는 시도는 연방 연구비를 지원받을 수 없다. 독일과 이탈리아에서도 사람 ES 세포 연구는 극도로 제한되거나 사례에 따라서는 아예 금지되었다.

약 10년간 연구자들은 선택된 소수의 사람 ES 세포주만을 이용해서 사람 발생학과 배아 줄기세포로부터의 조직 분화를 연구해야 했다. 그러다가 2006–2007년에 이 분야는 또 한 번 근본적인 변화를 겪었다. 2000년대 초에 이 분야에서 유행했던 질문은 이것이다. **줄기세포를 특별하게 만드는 것은 과연 무엇일까?** 예를 들면, 피부 세포나 B세포가 어느 날 아침에 문득 깨어나서 ES 세포가 되기로 결심하지 않는 이유는 무엇일까? 왜 기원으로 거슬러 올라가지 않는가?

이 질문은 언뜻 들으면 불합리해 보인다. 내가 아는 발생학자 중에서 1990년대에 발생학이 양방향 통로라고 생각한 사람은 전혀 없었다. 순방향으로 나아가면 성숙한 세포들—신경 세포, 혈액 세포, 간 세포—를 갖춘 사람이 된다. 역방향으로 나아간다면, 성숙한 세포—신경, 혈액, 간—에서 출발하여 배아 줄기세포로 돌아간다. "미친 소리처럼 들렸죠." 한 연구자가 내게 말했다.

그러나 "양방향 통로"라는 환상을 존속시키는—적어도 소수의 발생학자들에게서—사실이 한 가지 있었다. 모든 세포(즉 유전체)의 DNA 서열이 거의 모든 세포에서 동일하다는 것이다.* 심장 세포나 피부 세포에는 "켜짐"과 "꺼짐"을 통해서 자신의 정체성을 결정하는 유전자 집합이 있다. 이 패턴을 바꿀 수 있다면? 피부 세포에서 줄기세포 유전자 집합을 컨다면? 그러면 피부 세포가 줄기세포로 바뀔까? 피부만이 아니라 뼈, 연골, 심장, 근육, 뇌의 세포를 만들 수 있는, 즉 몸의 모든 세포를 만들 수 있는 세포가 될까? 그리고 피부 세포가 바로 그렇게 변하지 않도록 막고 있는 것은 무엇일까?

2006년 일본 교토에서 연구하던 줄기세포 연구자 야마나카 신야는 생쥐 성체의 꼬리 끝에서 섬유아세포fibroblast—온몸에 다양한 형태로 존재하는 아주 평범한 방추형 세포로, 줄기세포와 가장 거리가 먼 채움재라고 할 수 있다—를 채취하여 4개의 유전자를 집어넣었다. 이 유전자들은 우연히 고른 것이 아니었다. 그는 여러 해 동안 연구한 끝에 성체 세포의 특성을 줄기세포와 비슷하게 "재프로그래밍"하는 독특한 능력을 지닌 Oct3/4, Sox2, c-Myc, Klf4를 골랐다. 1990년대 말에 그는 24개 유전자를 택해서 각 유전자의 효과를 비교하고 서로 조합하고 추가하면서 실험을 거듭한 끝에, 핵심적인 역할을 하는 유전자를 4개로 줄일 수 있었다(이런 유전자 하나하나는 다른 수십 가지 유전자를 켜고 끄는 분자 스위치 역할을 하는 주조절 단백질을 만든다). 그는 이 4개의 유전자가 사람과 생쥐의 ES 세포

---

* 현재 우리는 몸에 있는 각 세포의 유전체가 생물이 성숙할 때 돌연변이로 조금 변할 수 있다는 것을 안다. 한마디로 사람은 유전체로 보면 완전히 동일하지는 않은 세포들의 키메라이다. 이런 차이가 생물학적으로 얼마나 중요한 역할을 하는지는 아직 규명되지 않았다.

에서 줄기세포 상태를 유지하는 데에 핵심적인 역할을 한다는 것을 밝혀냈다. 그렇다면 성체의 비줄기세포—평범한 섬유아세포—에서 줄기세포에 정체성을 부여하는 이 주조절 유전자 4개가 강제로 발현되도록 유도한다면 어떻게 될까?

어느 날 오후 야마나카 연구실의 박사후 연구원 다카하시 가즈토시는 4개의 중요한 유전자를 억지로 발현시킨 섬유아세포들을 현미경으로 들여다보았다. "집락이 생겼어요!" 그가 소리치자, 야마나카가 달려왔다. 정말로 집락이 형성되어 있었다. 대개 방추형이고 단조로워 보이던 세포들의 형태가 바뀌어 있었다. 은은하게 빛나는 공 모양의 세포들이 덩이져 있었다. 나중에 야마나카가 알아차리게 되지만, DNA에 화학적 변화가 일어났다. DNA를 감고 포장해서 염색체로 만드는 단백질에 변화가 일어났다. 또한 세포의 대사에도 변화가 일어났다. 섬유아세포는 줄기세포로 바뀌어 있었다. ES 세포처럼 배지에서 저절로 불어났다. 그리고 면역력을 약화시킨 생쥐에게 주입하자, 마찬가지로 뼈, 연골, 피부, 신경 등 사람의 다양한 조직을 형성했다. 이 모두가 완전히 발달해서 피부 조직의 통합성을 유지하거나 상처를 수선하는 지지대 역할을 하는 것 말고는 아무런 역할을 하지 않는 피부 섬유아세포에서 생성된 것이었다.

생물학자들은 이 결과에 엄청난 충격을 받았다. 줄기세포 세계의 지각판을 뒤흔든 로마프리타 대지진이었다. 나는 우리 학과의 나이가 지긋한 생화학자가 야마나카가 연구 결과를 발표한 토론토의 세미나에 다녀와서는 눈에 띄게 당혹한 기색으로 못 믿겠다고 열변을 토하던 일을 기억한다. 그는 내게 말했다. "도저히 믿을 수가 없어. 하지만 같은 결과가 계속해서 나왔다고 하니까, 맞겠지." 야마나카는 섬유아세포로 줄기세포를 만들었다. 생물학계에서 불가능하다고 여겼던 일을 해낸 것이다. 마치 생물학적 시계를 거꾸로 돌린 것과 같았다. 그는 완전히 자란 성체를 아기로 되돌리는 차원을 넘어 배아로 되돌렸다.

2007년 야마나카는 이 기술을 이용해서 **사람**의 피부 섬유아세포를 배아 줄기세포와 비슷한 세포로 전환했다. 다음 해에 사람 배아 줄기세포 분야의 저명인사인 톰슨은 c-Myc와 Klf4를 다른 두 유전자로 대체해서 마찬가지로 섬유아세포를 배아 줄기세포로 바꾸었다(특히 c-Myc를 발현시켜서 ES 유사 세포를 만드는 것은 위험할 수 있다고 여겨졌다. 발암 유전자이기 때문이다. 생물학자들은 그렇게 만든 ES 유사 세포가 발암성을 띠게 될 것이라고 우려했다). 이렇게 만든 세포에는 유도 만능 줄기세포(iPS 세포)라는 이름이 붙었다. 유전자 조작을 통해서 성숙한 섬유아세포를 만능 세포로 유도했기 때문에 그런 이름이 붙었다.

야마나카는 그 발견으로 2012년 노벨상을 받았고, 그 발견 이래로 수백 곳의 연구실에서 iPS 세포를 연구하기 시작했다. 그 잠재력에 이끌렸기 때문이다. **자신**의 세포—피부 섬유아세포나 혈액 세포—를 채취해서 시간을 되돌려서 iPS 세포로 바꿀 수 있다는 것 말이다. 그리고 이제 iPS 세포로부터 연골, 신경, T세포, 췌장 베타 세포 등 원하는 모든 세포를 만들 수 있으며, 그 세포들은 모두 자신의 세포이다. 조직적합성에도 아무런 문제가 없을 것이다. 면역 억제도 필요 없다. 손님이 주인에게 면역 공격을 가할 것이라고 걱정할 이유도 전혀 없다. 그리고 원리상 이 과정을 무한히 반복할 수 있다. iPS를 베타 세포로 만들었다가 다시 iPS 세포로 만들고 다시 베타 세포로 만들 수도 있을 것이다(아직까지 이런 시도를 한 연구자는 없지만). 게다가 이 재귀성은 신인류에 관한 또다른 환상을 불러일으킨다. 모든 퇴화한 기관이나 조직을 재생할 수 있고, 이 재생을 무한히 반복할 수 있지 않을까?

나는 때때로 그리스 델피 신전의 배 이야기를 떠올린다. 배는 많은 널빤지로 이루어져 있다. 널빤지는 조금씩 썩어가고 이윽고 하나둘 새 널빤지로 교체된다. 이윽고 원래의 널빤지는 모두 새 널빤지로 바뀐다. 그러면 배는 바뀐 것일까? 같은 배라고 할 수 있을까?

이런 생각들은 지금은 형이상학적인 것처럼 보인다. 그러나 곧 현실이 될지도 모른다. 그리고 iPS 세포로 새로운 인체 부위를 만들고—많은 과학자들이 이미 하고 있다—그 새 부위로 다시 새 부위를 만들려고 시도하는 과학자들을 볼 때, 나는 신시아 오직의 달팽이도 떠올린다. 자신을 문질러서 없애는 것 외에, 달팽이는 불확실한 미지의 세계로 나아가면서 형이상학적 질문들을 자취로 남긴다. 결국 몸이 다 문질러져서 사라지고 대체되어도, 여전히 같은 달팽이일까?

수선하는 세포

상처, 소멸, 항상성

부드러움과 녹은
국경을 두고 맞닿아 있어.
그리고 녹은
호전적인 이웃이야
무지갯빛으로 반짝이면서
계속 침입하지.
— 케이 라이언, 2007

오스트레일리아의 박사후 연구원인 댄 워슬리는 여러 대양을 건너서 내 연구실로 왔다. 실제 대양뿐 아니라 형이상학적 대양도 건넜다. 그의 본래 전공은 위장병학으로, 내가 거의 모르는 분야이다. 원래 그는 잘록창자암과 잘록창자 세포의 재생, 잘록곧창자암을 연구하기 위해서 뉴욕 컬럼비아 대학교 팀 왕의 연구실로 왔다(컬럼비아 대학교의 교수인 왕은 내 오랜 친구이자 공동 연구자이다).

현재의 유전공학 기술은 생쥐에게서 유전자 하나를 골라 변형시켜서, 그 유전자가 만드는 단백질에 형광 표지를 붙일 수 있다. 이제 그 단백질은 어둠 속에서 빛나는 등불이 된다. 그 단백질이 언제 어디에 있든지 현미경으로 찾아낼 수 있다. 세포 주기를 제어하는 사이클린 유전자의 단백질에 그런 표지를 붙인다고 하자. 그러면 특정한 사이클린 단백질이 만들어질 때 세포가 빛나기 시작했다가 단백질이 분해되면 빛이 사라지는 양상을 보게 될 것이다. 액틴—세포의 뼈대를 만드는 단백질—에 표지를 붙인다면, 생쥐의 몸이 거의 다 어둠 속의 등불처럼 보일 것이다. T세포 수용체는 T세포에서만 빛날 것이다. 인슐린은 췌장 세포에서만 빛날 것이다. 이 빛을 내는 단백질은 해파리에게서 얻는다. 유전학적으로 보면, 이 생쥐의 일부는 바다 깊은 곳에서 흔들거리고 고동치는 동물의 것인 셈이다.

워슬리는 생쥐를 유전적으로 조작했다. 생쥐의 그렘린1Gremlin-1이라는 유전자에 이 기술을 적용했다. 세포에서 그렘린1 단백질이 만들어질 때마다 그 세포는 형광을 띠었고, 현미경으로 그 빛을 볼 수 있었다. 그는 이전의 발견을 토대로 그렘린1이 잘록창자의 세포들에서 빛을 낼 것이라고 예상했다. 예상대로 그는 잘록창자의 특정한 세포에서 그렘린1을 찾아냈다. 그러나 타고난 호기심과 꼼꼼함의 부추김을 받아서 그는 다른 조직들에서도 그렘린1 불빛이 보이는지 찾아보았다. 뼈에서도 불빛을 내는 세포들이 보였다. 그리고 바로 거기에서 우리의 관계가 시작되었다.

중요하지만 소홀하게 다루어진 인체 기관의 목록을 작성한다면, 또는 "현실 세계"에서의 중요성과 "과학적 무시"의 어떤 비율을 따진다면, 뼈는 아마 양쪽 목록에서 꼭대기에 놓일 것이다. 중세 해부학자들은 뼈를 피부를 걸치는 영광스러운 일을 맡은 받침대나 내장을 받치는 비계飛階라고 생각했다(이 추세에 맞서서 베살리우스는 정교한 뼈대 그림을 그렸고, 그의 그림들 중에는 다양한 뼈의 상세한 해부구조를 담은 것들도 있었다). 2000년대 초반에 내가 수련의로 근무한 매사추세츠 종합병원에서 정형외과 수련의들은 약간은 자조적인 낌새도 풍겼지만 농담 삼아 스스로를 돌대가리bonehead라고 불렀다. 그리고 로버트 서비스가 전시에 지은 시 "본헤드 빌Bonehead Bill"의 희비극적인 독백은 한 번 들으면 뇌리에 쏙 박힌다. 생각하지 말고 그냥 적을 죽이고 불구로 만드는 훈련을 받은 병사의 혼잣말이다.

"목숨과 팔다리를 앗아가는 것이 내 일이다/그런데……잘못된 것일까 옳은 것일까?"

그러나 뼈대는 가장 정교하고도 복잡한 세포계 중 하나임이 드러났다. 뼈는 어느 정도로 자라고, 언제 성장을 멈출지를 안다. 또 성체가 된 후에도 언제든 다치면 즉시 치유를 시작한다. 또 호르몬에 민감하게 반응한다. 더 나아가 스스로 호르몬까지 합성한다.[*] 뼛속의 공간인 골수는 하얀 벽으로 둘러싸인 혈액 생성실이다. 전 세계의 노령자 수백만 명의 사망에 기여하는 두 가지 주된 질환인 뼈관절염과 골다공증이 일어나는 곳이기도 하다. 그리고 뼈는 내게 개인적인 아픔을 준 부위이기도 하다. 내 부친은 쓰러지면서 머리뼈가 골절되었고, 출혈이 일어나 결국 세상을 떠나셨다.

댄과 그의 뼈 이야기로 돌아가자. 2014년 여름의 어느 날 아침, 댄은 뼈 슬라이드가 가득 담긴 상자를 들고 3층 아래에 있는 내 연구실로 내려왔다. 내가 곧바로 흥미를 느꼈다고 말할 수 있다면 좋겠지만, 아니었다. 여러 연구실에서 연구자들이 내 연구실의 박사후 연구원(그리고 나)을 찾아와서 뼈에 흥미로운 점이 있는지 살펴봐달라고 부탁하고는 하는데, 그런 방문은 그들의(그리고 나의) 시간을 계속 잡아먹는다. 나는 댄에게 정중하게 다음에 다시 오라고 했다.

그러나 댄은 굴하지 않았다. 키 작고 열정적이고 활기차며 목표를 정하면 거침없이 나아가는 그는 오스트레일리아산 수류탄 같았다. 그는 내가 뼈에 관심이 있음을 알았다. 종양학자로서 나는 백혈병, 즉 조혈 줄기세포

---

[*] 컬럼비아의 제라드 카젠티 연구진은 뼈가 단지 호르몬에 반응하는 것이 아니라 호르몬을 생산한다는 것을 보여주었다. 초기 실험에서는 뼈 세포가 만드는 그런 단백질 중 하나인 오스테오칼신(osteocalcin)이 당 대사, 뇌 발달, 남성의 성숙을 조절하는 듯하다고 나왔다. 이런 발견들 중에는 아직 재확인을 거치지 않은 것들도 있다.

가 사는 골수에서 생기는 병을 다룬다. 그리고 수십 년 동안 뼈 세포와 혈액 세포가 어떻게 상호작용하는지를 연구했다. 예를 들면, 뇌나 창자에는 왜 혈액 줄기세포가 없을까? 뼈를 그토록 특별하게 만드는 것이 무엇일까? 이 분야의 연구자들은 몇 가지 답을 찾아냈다. 골수에 거주하는 세포들이 제 기능을 유지하고 있는 혈액 줄기세포에 특정한 신호를 보낸다는 것도 그중 하나이다. 또 나는 여러 해 동안 뼈의 해부학과 생리학을 이해하고자 애써왔다. 어떤 일을, 이를테면 야구공을 던지는 행동 같은 것을 1만 시간 넘게 하면 전문가가 된다는 개념이 현재 인기를 끌고 있는데, 이 말을 세포학에 적용하면, 그 행동이란 들여다보는 것이 된다. 나는 현미경으로 1만 점이 넘는 뼈 표본을 들여다보았다.

댄은 일주일이 채 지나기도 전에 다시 찾아왔다. 똑같이 아부와 결의가 엿보이는 태도로 파란 슬라이드 상자를 들고 복도에서 서성거리고 있었다. 그는 나의 냉담한 태도에도 아랑곳하지 않았다. 나는 한숨을 쉬면서 들여다보기로 했다.

나는 방을 어둡게 한 뒤 현미경을 켰다. 청록색 형광이 방 전체로 흐릿하게 퍼졌다. 댄은 그렘린이라고 속삭이면서 우리에 갇힌 동물처럼 내 뒤에 섰다. 슬라이드는 마이크로톰microtome으로 잘 절단되어서 뼈의 전형적인 조직 구조가 잘 드러나 있었다.

언뜻 보기에 뼈는 단단한 칼슘 덩어리 같을지 몰라도, 사실은 많은 세포들로 이루어져 있다. 가장 친숙한 것은 연골 세포이며, 좀더 낯설게 들리는 세포가 두 종류 더 있다. 하나는 "뼈모 세포osteoblast"로, 층층이 칼슘과 단백질을 쌓아서 석화한 바탕질을 만들고, 그 안에 갇힘으로써 새로운 뼈를 형성하는, 그러니까 뼈를 만들고 뼈를 쌓는 세포이다. 대개 뼈모 세포는 뼈를 굵어지고 길어지게 한다.

세 번째는 뼈파괴 세포osteoclast이다. 핵이 여러 개인 이 커다란 세포는 뼈를 먹어치운다. 끊임없이 가지치기를 하는 정원사처럼, 바탕질을 뜯어먹거나 거기에 구멍을 냄으로써 뼈를 제거하고 재형성한다. 뼈모 세포와 뼈파괴 세포, 즉 뼈 만드는 자와 뼈 씹어먹는 자 사이의 역동적 균형은 뼈의 항상성을 유지하는 메커니즘 중 하나이다. 뼈모 세포를 없애면 새로운 뼈를 쌓을 수 없다. 뼈파괴 세포를 파괴하면, 뼈는 두꺼워지며—초기 병리학자들은 "돌뼈"라고 했다—겉으로는 튼튼해 보이지만 수선이 어려워진다. 골수가 들어차 있어야 할 뼛속 공간이 비좁아지면서 뼈화석증이라는 병이 생긴다.[*]

　뼈는 가늘어지고 두꺼워지기만 하는 것이 아니다. 더 길게 자라기도 한다. 그리고 뼈의 성장에는 세포학적 수수께끼가 하나 있다. 우리는 기관을 더 크게 만드는 세포 집합들을 이미 만난 바 있다. 그런데 세포 집합이 어떻게 기관을 한 방향으로 더 길게 자라도록 할 수 있는 것일까? 마리 프랑수아 그자비에 비샤 같은 초기 해부학자들은 뼈가 초기 발생 단계에서 아교 같은 연골로 이루어진 바탕질 형태로 시작된다는 것을 알아냈다. 거기에 칼슘이 쌓여서 단단해지면서 우리가 뼈라고 인식하는 구조가 되고 길어지기 시작한다. 그러나 길이의 주된 변화는 뼈의 양쪽 끝에서 일어난다. "중간"은 비교적 일정하게 남아 있다. 1700년대 중반에 외과의 존 헌터는 청소년의 성장 중인 뼈에 나사 2개를 박았다. 그는 그 거리가 변하지 않았다고 했다. 반면에 뼈의 양쪽 끝에 박은 나사 사이의 거리는 뼈가 길어짐에 따라서 서로 점점 벌어졌다. 마치 고무줄이 늘어나면서 양쪽 끝이 점점 멀어지듯이 말이다. 한마디로 새로운 세포를 만들어서 뼈를 늘리는 것은 뼈

---

[*] 나는 여기에서 뼈에 있는 세포들만을 열거했다. 골수에는 세포들이 훨씬 더 많다. 여기에는 혈액 줄기세포와 각종 혈액 전구세포들이 포함된다. 혈액 줄기세포를 지지하는 역할을 한다고 여겨지는 버팀질 세포(stromal cell)도 있다. 또 뉴런과 지방세포, 피를 골수로 들여오고 내보내는 혈관의 세포(내피세포)도 있다.

의 중간이 아니라 양쪽 끝에 있는 세포이다.

뼈에는 특수한 장소가 있다. 뼈의 머리—긴 뼈의 주먹 모양의 끝 부분—가 기둥과 만나는 곳이다. 그 연결부의 뼈 안쪽 어딘가에 "성장판"이라는 구조가 들어 있다. 주먹이 뼈의 머리이고 아래팔이 긴 뼈의 기둥이라고 상상하면, 성장판은 손목 근처에 놓일 것이다.

성장판은 유년기와 청소년기에 존재하며, X선 사진에 하얀 선처럼 보이기도 한다. 그러나 성년기에 다다르면서 서서히 닫힌다. 성장판을 어린 뼈 세포들이 다니는 유치원이라고 상상할 수도 있다. 성숙한 연골 세포와 뼈모 세포를 생성하는 것이 바로 성장판이다. 어린 연골 세포, 그 뒤에 뼈를 만드는 뼈모 세포가 성장판에서 튀어나와서 뼈 머리에 인접한 부위로 이동한 뒤 머리와 기둥 사이에 새로운 바탕질과 칼슘을 쌓는다. 그럼으로써 뼈가 길어진다.

그리고 댄의 슬라이드는 바로 여기에서 등장한다. "성장판"의 존재는 수십 년 전부터 알려져 있었다. 그런데 어떻게 뼈의 성장이 지속될까? 특히 매주 조금씩 왕성하게 성장이 이루어지는 청소년기에? 완전히 성숙한 연골—비대연골—은 성장도 분열도 하지 않는다는 것을 우리는 안다. 그렇다면 매주 뼈 세포를 만드는 것은 어떤 세포일까? 어린 연골 세포와 뼈 세포를 계속 생산하는 뼈대 세포의 저장소는 어디일까? 댄이 생쥐에게서 등불을 켠 세포들은 정확히 성장판에 놓여 있었다. 가지런히 놓인 치아처럼 살짝 굽은 선을 따라 산뜻하게 놓여 있었다. 나는 들여다보았고, 또 들여다보았다. 너무나도 흥미로웠다.

함께 일하는 과학자들—대개 두 명—사이에서는 아무런 말 없이도 공감이 이루어지는 순간이 있다. 그와 비슷한 일이 나와 댄 사이에도 일어났다. 언어—아니 적어도 전통적인 언어—가 사라졌다. 우리는 직감을 주고받았다. 생각의 페로몬이 우리 사이를 오갔으며, 때로는 말이 필요 없었다. 나는 다음에 어떤 실험을 해야 할지 생각하면서 밤 늦게까지 잠을 이루지 못했다. 다음날 아침에 연구실로 가니 댄이 벌써 나와 있었다.

처음으로 한 일련의 실험은 단순했다. 이 세포는 무엇일까? 어디에 살까? 어떤 시기에 존재할까? 댄의 첫 실험에서는 어린 생쥐의 성장판에 그렘린1을 발현하는 세포들이 있었다. 그는 생쥐 태아에서 새로운 뼈와 연골이 형성되는 바로 그 지점에서 그 세포들이 밝게 빛난다는 것을 알았다. 거기에서 작은 발이나 작은 손가락이 자라난다고 상상해보라. 이 세포들은 왕성하게 분열하는 바로 그 지점에 있었다.

그 세포들을 더 추적하자, 놀라운 일이 일어났다. 그 세포들은 신생아의 뼈 끝에서 성장판으로, 즉 긴 뼈의 기둥과 만나는 지점으로 이동했고, 성장판에 모여서 산뜻한 층을 이루었다. 생쥐가 더 자라서 뼈의 길이 성장이 끝나갈 무렵, 이 세포들은 서서히 수가 줄어들었다. 따라서 이 세포의 무엇인가가 뼈의 형성과 관련이 있는 것이 분명했다.

그런데 정확히 무엇일까? 댄이 만든 분자 표지는 또 한 가지 특성을 지녔다. 그 표지를 이용하면 한 세포가 분열한 뒤 어떤 운명을 겪는지 추적할 수 있다. 몇 가지 추가 조치가 필요하기는 하지만, 한 세포가 그렘린1 단백질을 언제 만드는지(따라서 언제 형광을 띠는지), 그 딸세포가 언제 형광을 띠고, 그 딸세포의 딸세포가 언제 형광을 띠는지를 계속해서 추적할 수 있다. 이 방법을 계통 추적이라고 한다. 시간적, 공간적으로 흩어졌다고 해도, 엄청난 대가족의 모든 구성원들을 어떻게든 찾아내는 것과 비슷하다. 분자 수준에서 가계도 전체를 보여주는 방식이다.

댄은 아주 어린 생쥐를 대상으로 이 실험을 했다. 그리고 그렘린을 발현하는 세포를 추적하자, 그 세포들이 새 연골을 만든다는 것이 드러냈다. 나는 흥미를 느꼈다. 연골 형성 세포에는 아직 밝혀지지 않은 수수께끼가 있었기 때문이다. 그런데 그가 그 조직을 더욱더 오래 지속적으로 관찰할수록, 가계도는 점점 더 복잡해졌다. 그 다음에 등불이 켜진 세포들은 성숙한 연골을 이루는 팽창하고 부풀어오른 세포들이었다. 이어서 뼈모세포, 즉 뼈를 만드는 세포들에 등불이 켜지기 시작했다. 마지막으로 전혀 모르던 유형의 세포에 불이 들어왔다. 바깥쪽으로 뻗어나온 방추형 섬유가 달린 세포인데, 어떤 기능을 하는지 모르던 것이었다. 우리는 그것에 그물 세포reticular cell라는 이름을 붙였다. 아마 가장 놀라운 점은 원래의 그렘린 꼬리표를 달고 있던 세포, 즉 처음에 등불이 켜졌던 세포가 사라지지 않았다는 것이다. 적어도 어린 생쥐에게서는 계속 남아 있었다. 한마디로 댄은 뼈의 두 주요 성분을 만드는 바로 그 세포―성장판에 자리를 잡고서 연골 세포를 만들고 그 뒤에 성숙해서 뼈모세포를 만드는 세포―를 발견한 것이다. 우리는 이들을 뼈osteo, 연골chondro, 망상reticular 세포, 줄여서 "오커OCHRE" 세포라고 불렀다.

댄은 나, 팀 왕과 공동으로 2015년 「셀」에 논문을 발표했다. 같은 시기에 스탠퍼드의 어빙 와이스먼 연구실에 있는 명석한 박사후 연구원(지금은 조교수가 되었다)인 척 챈도 뼈대 줄기세포를 발견했다.

홀쭉하고 키가 큰 챈은 펑크록 가수 같다. 마치 밤새 열띤 공연을 펼친 뒤에 연구실로 온 듯한 느낌이다. 그러나 실험할 때는 결코 흔들림이 없다. 챈, 와이스먼, 외과의에서 과학자로 전향한 마이클 롱거커는 뼈를 곱게 갈아서 와이스먼이 선호하는 기술인 흐름 세포 측정법으로 연골과 뼈를 생성하는 뼈대세포 집단을 분리했다. 그들의 논문과 우리 논문은 「셀」에 앞뒤로 실렸다. 우리의 두 세포는 유전적, 생리적, 조직학적 측면에서 놀라울 만치 서로 비슷했다. 얼마 동안 우리는 그 세포를 어떻게 부를지를 놓고 우호적인 경쟁을 벌였다. 내가 유달리 좋아하는 색깔이기도 한 오커로 굳어지는 듯하다.

댄과 척의 논문은 많은 의문도 불러일으켰다. 예를 들면, 이 그렘린 표지 세포가 먼저 어린 연골—중간 단계—을 만들고 그 뒤에 뼈모세포를 만드는지, 아니면 둘을 동시에 만드는지는 아직 불분명하다. 그 결정을 어느 한쪽으로 치우치게 하는 내적 또는 외적 인자가 있을까? 이 균형, 즉 항상성은 어떻게 유지될까? 그리고 이 세포는 자기-재생할까? 이 세포를 생쥐의 뼈에 이식하는 실험에서 나온 초기 결과들은 스스로 **재생한다**는 것을 시사한다. 그렇다면 그렘린 표지 세포는 진정한 **뼈대 줄기세포**, 즉 여러 유형의 세포로 분화할 수 있고 자기-재생도 할 수 있는 세포라는 기준에 들어맞을 것이다. 오커 세포—뼈대의 전구세포progenitor cell이거나 줄기세포일 가능성이 높은—는 나와 내 연구실이 가장 자랑할 만한 발견일 수 있다. 그 세포는 두 세대 전부터 이어진 수수께끼를 풀 수도 있을 답, 즉 이론을 제시한다. 뼈는 청소년기에 어떻게 성장할까? 뼈의 양쪽 끝 성장판에 자리한 특수한 세포 집단이 뼈가 길어질 수 있도록 하는 연골과 뼈모세포를 만들어 키가 큰다. 그리고 왜 성장을 멈출까? 시간이 흐르면서 이 세포의 수가 점점 줄어들다가 성년기 초에 이르면 거의 남지 않기 때문이다.

그러나 잠깐. 이 개요에 한 가지 더 추가할 사항이 있다. 와이스먼 연구실에 있었으며 내가 아는 줄기세포 연구자들 가운데 가장 끈기 있는 인물인 텍사스의 숀 모리슨은 골수 안에서 또다른 종류의 세포를 발견했다. 뼈모세포를 만들고 뼈를 침착시킬 수 있는 세포였다. 그렘린 표지가 붙은 세포와 달리, 모리슨의 세포(발현하는 한 유전자의 이름을 따서 LR 세포라고 하자)는 성년기에 출현하며, 주로 긴 기둥을 이루는 뼈를 만든다. 즉 성장판이 아니라, 성장판 사이의 긴 관에 해당하는 뼈에 들어 있다. 이 세포는 연골 세포도 망상 세포도 만들지 않는다. 뼈의 긴 기둥, 즉 중간의 어딘가가 부러지면, LR 세포는 활동을 시작해서 뼈를 만드는 세포들을 생성해서 다친 뼈를 수선한다.

정말 혼란스럽다고 생각할지도 모르겠지만, 정반대이다. 뼈는 한 곳에서만 젊은 세포를 새로 보충하는 기관이 아니다. 회복의 키메라이다. 적어도 두 곳에 두 가지의 공급원을 갖추고 있다. 성장판에는 뼈를 길어지게 하는 OCR(또는 OCHRE) 세포가 있다. 이 세포는 발생 초기에 생겨나며, 나이를 먹으면서 서서히 사라진다. 그리고 이후 청소년기와 성년기에 생겨나서 긴 뼈의 **굵기**를 유지하고 골절을 수선하는 일을 하는 LR 세포가 있다.

따라서 모리슨의 연구는 세 번째 수수께끼에 해답을 제공할 수도 있다. 성장판이 줄어들어서 사라지는 성년기에 뼈는 왜 굵어질—그리고 골절을 수선할—수 있는 것일까? 그 기능을 수행하는 다른 종류의 세포가—성장판이 아니라 골수에—들어 있기 때문일 것이다. 먼저 생겨난 세포(즉 댄이 발견한 세포)는 태아 때 뼈를 만들고 늘이다가, 성년기에는 성장판을 유지하는 더 한정된 역할을 한다고 여겨진다. 나중에 생겨난 세포(모리스가 발견한 것)는 제2군인 양 행군하면서 골절된 뼈를 붙이고 뼈의 통합성을 유지하는 일을 한다. 이 "이원화 군대"라는 해결책은 뼈를 만드는 기능과 유지하는 기능을 분리시킨다. 왜 이원화일까? 우리는 알지 못한다.

안타깝게도 댄은 2017년 오스트레일리아로 돌아갔다. 그러나 (무척 고맙게도) 또다른 수류탄을 대양 너머로 던졌다. 댄의 집중력과 성실함을 갖춘 키 작고 열정적인 지아 응이 2017년에 그렘린 표지 세포를 연구하러 우리 연구실로 왔다. 댄이 생리학적 질문을 했다면(뼈와 연골은 어떻게 성장할까?) 지아는 그것을 뒤집은 병리학에 관심을 보였다(어떻게 소멸할까?)

뼈관절염은 연골이 퇴화하는 병이다. 넙다리뼈와 골반뼈 사이처럼 뼈 사이에 끊임없이 마찰이 일어나면서 뼈 머리를 두르고 있는 윤활 작용을 하는 연골 막이 닳아서 사라지기 때문에 뼈관절염이 생긴다는 것이 기존의 견해였다. 관절의 표면을 감싸고 있던 연골 세포가 죽고, 이어서 그 안쪽에 있는 뼈가 마찰로 깎여나간다는 것이다. 그래서 지아는 댄이 연구실에서 개척한 방법으로 뼈관절염을 연구하기 시작했다.

가장 먼저 얻은 놀라운 결과는 위치였다. 이 의문도 저 의문도 모두 위치와 관련이 있었다. 우리는 새로운 연골과 뼈를 생성하는 성장판에 들어 있는 뼈대 줄기세포에 너무나 몰두했던 탓에, 그 세포가 다른 곳에도 있다는 사실을 놓치고 있었다. 새로운 시각으로 다시 살펴보니, 그렘린 표지 오커 세포가 뼈 머리 바로 위쪽의 장막 같은 얇은 층에도 있다는 사실이 눈에 들어왔다. 두 뼈가 만나는 관절에서 유혹하듯이 가물거리고 있었다. 뼈관절염이 시작되는 바로 그 부위였다.

그 뒤로 며칠 동안 우리는 이루 말할 수 없는 흥분의 도가니에 휩싸였다. 나는 아침에 서둘러 커피를 마시고 노트북을 챙겨서 고속도로를 달려 연구실에 도착하자마자, 현미경실로 가서 지아가 전날 밤에 준비한 슬라이드를 들여다보았다(지아는 저녁형 인간이고, 나는 아침형 인간이다). 현미경을 켜자마자 나는 들여다보면서 세기 시작했다. **보고 또 보았다.**

지아는 댄이 했던 계통 추적 실험으로 돌아갔다. 지워지지 않을 문신과 표지를 통해서 세포, 딸세포, 손녀세포 등으로 이어지는 계보를 계속 추적했다. 그리고 댄의 실험에서처럼 놀라운 결과가 나왔다. 맨 처음 세포들에 표지를 붙였을 때, 표지가 붙은 세포들은 관절 표면의 얇은 장막 같은 층에 있었다. 첫 주가 지날 즈음에는 관절에 연골을 층층이 쌓기 시작했다. 한 달이 되자, 연골 아래쪽에 뼈 세포가 출현했다.

그런데 관절염이 진행되는 동안에 이 세포에는 어떤 일이 벌어질까? 우리는 그렘린 표지 줄기세포(즉 오커 세포)가 재생 저장소 역할을 할 것이라고 제시하면서 연구비를 신청했다. 생쥐가 관절염에 걸리면, 오커 세포가 사라진 연골을 재생하려고 시도할 것이라고 추론했다. 다른 조직에서 조직이 소모되거나 상처를 입으면 줄기세포나 전구세포가 재생 활동을 시작하는 것과 흡사하게 말이다. 뼈관절염은 스스로를 수선하려고 시도하지만 실패하는 조직의 좌절 형태forme fruste라고 가정했다.

과학에는 어떤 가설이나 이론이 딱 들어맞는 순간의 희열에 대한 이야기들이 많이 돌아다닌다. 1900년대 초에 빛의 속도가 일정하다는 아인슈타인의 주장은 앞선 앨버트 마이컬슨과 에드워드 몰리의 실험 관측이 옳았음을 경이로운 방식으로 보여주었다(아인슈타인은 나중에 이렇게 썼다. "마이컬슨–몰리 실험이 우리를 몹시 당혹스럽게 만들지 않았다면, 아무도 상대성 이론을 [반쪽짜리] 구원이라고 여기지 않았을 것이다"). 그러나 과학에는 두 번째 유형의 기쁨도 있다. 완전히 잘못되었음이 드러날 때의 희열이다. 같은 수준이지만 정반대의 기분을 느끼게 하는 기쁨이다. 어떤 실험이 어떤 가설이 틀렸음을 증명함으로써 축의 **정반대** 방향에 진리가 있음을 가리킬 때이다.

지아가 생쥐에게 관절염을 일으킨 지 3주일이 지나고(한쪽 넙다리뼈 관절을 약화시키는 메커니즘을 비롯해서 다양한 방법이 있다. 유도한 손상은 가벼우며, 생쥐는 거의 언제나 회복된다), 우리는 현미경으로 관찰할 뼈 슬라이드를 만들었다. 우리는 형광 단백질로 빛나는 오커 세포가 왕성하게 증식하면서 상처를 보호하려고 애쓸 것이라고 예상했다. 현미경실은 다시금 청록색 불빛으로 채워졌다.

그런데 그 예상은 정확히 틀린 것으로 드러났다. 손상을 전혀 일으키지 않은 어린 생쥐에게서는 그렘린 표지를 지닌 오커 세포가 예상대로 관절 표면에 온전히 들어 있었다. 표면을 따라 가물거리는 세포층을 구성하고 있었다. 손상을 입은 생쥐에게서는 그 세포들이 죽었거나 죽어가고 있었다. 우리는 관절을 구하기 위해서 과다 활성을 띠면서 왕성하게 분열할 것이라고 예상했는데 정반대였다. **손상은 줄기세포를 죽였다.** 더 이상은 연골

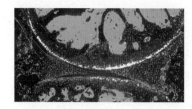
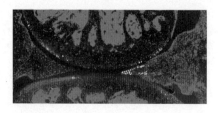

(a) 형광 단백질인 그렘린 표지를 지닌 어린 생쥐의 세포.

(b) 관절염을 유도하는 손상을 입은 뒤의 같은 관절. 그렘린 발현 세포들이 서서히 죽어 사라지고 있다. 사진은 지아 응의 연구 자료.

생성을 지속할 수 없는 지경에 이른 것이다.[*]

나는 현미경을 끄고 전등을 켰다. 아마도 뼈관절염은 줄기세포 상실의 병인 듯했다. 닳아서 없어지는—첫 단계에서—것은 연골을 만드는 줄기세포였고, 그 결과 연골 생성 속도가 닳는 속도를 따라갈 수 없게 되었다. 성장과 퇴화의 균형이 파괴되었다. 손상으로 사라진 것은 관절의 연골이 자체 균형을 유지하는 능력이었다. 새 연골의 성장(줄기세포를 통해서)과 오래된 연골의 소멸(노화와 손상을 통해서) 사이의 균형이 무너졌다.

이를 확인하기 위해서 많은 후속실험들이 이루어졌다. 캐나다에서 온 신중한 박사후 연구원 토그룰 자파로브가 지아의 연구를 이어받았다. 그는 아주 탁월한 실험 솜씨를 발휘해서 화학물질을 무릎 관절에 주사해서 그렘린 표지 세포들을 죽이는 방법을 터득했다. 본질적으로 지아의 실험을 뒤집은 것이다(뼈관절염이 그렘린 표지 세포가 죽어서 생긴다면, 그렘린 표지 세포를 죽이면 뼈관절염이 생길까?) 놀랍게도 생쥐는 뼈관절염에 걸렸다. 젊고 건강하고 활동적이면서 다른 면에서는 정상임에도 관절은 손상되기 시작했다. 생쥐는 절룩거렸다. 세포가 연골 성장을 재개할 때까

---

[*] 이 연구 논문은 현재 과학자들의 심사를 받고 있다.

지 말이다.

자파로브는 그 방향으로 실험을 이어갔다. 그는 그렘린 발현 세포의 유지에 중요한 유전자를 불활성화했고, 그럼으로써 그 세포를 유전적으로 죽였다. 이번에도 생쥐에게 뼈관절염이 생겼는데, 지금까지 본 그 어떤 관절염보다 훨씬 더 심각했다(나는 이 뼈를 보고서 경악했다. 뼈의 끝이 다이너마이트에 파인 산처럼 보일 정도로 군데군데 연골이 좀먹은 곳들이 있었다. 그 밑의 뼈 "암반"이 고스란히 드러나서 헐벗고 무너진 모습이었다).

그는 동물의 그렘린 양성 세포를 추출하여 조직 배양한 뒤, 생쥐에게 이식했다. 세포는 분열하여 그렘린 표지 세포를 더 많이 만들었고(비록 수는 적었지만) 이어서 다시 뼈와 연골을 만들기 시작했다. 그는 약물을 첨가하여 그렘린 표지 세포가 불어나서 관절 공간으로 침투하도록 했다. 그 생쥐는 뼈관절염에 걸리지 않았다.

토그룰, 지아, 댄, 나는 2021년 겨울에 논문을 제출했다. 우리는 뼈관절염에 관한 근본적으로 새로운 가설을 제시했다. 그 병은 그저 갈리고 찢겨서 연골 세포가 퇴화함으로써 생기는 것이 아니다. 무엇보다도 관절염은 그렘린 표지 연골 전구세포의 죽음으로 뼈와 연골이 충분히 생성되지 못하면서 관절의 수요를 따라잡지 못해서 발생하는 **불균형**이다. 우리는 4세대에 걸친 수수께끼에 답할 이론을 세웠다. 성인에게서 관절의 연골은 뼈의 골절과 달리 왜 수선되지 않는 것일까? 손상될 때 수선하는 세포 자체가 죽기 때문이다.

손상과 수선은 서로 국경을 맞대고 있다. 그리고 우리가 나이를 먹을수록 재생 능력은 약해지고 손상은 계속 울타리를 넘어 침투한다. 뼈관절염은 재생 질환에서 비롯되는 퇴행 질환이다. 즉 **재생 항상성의 결함**이다.

이런 실험에서 어떤 일반 원리를 끌어낼 수 있을까? 세포학의 가장 특이한 수수께끼들 중 하나는 기관의 초기 생성이 상대적으로 질서 정연한 양상을 따르는 듯한 반면,[*] 성년기에 조직의 유지와 수선은 조직마다 독특한 양 보인다는 점이다. 간은 절반을 잘라내면, 남은 간 세포들이 분열하여 불어나면서 거의 온전한 크기로 돌아갈 것이다. 성인에게서도 그렇다. 뼈가 부러지면 뼈모세포는 새로운 뼈를 쌓으면서 부러진 부위를 수선할 것이다. 나이를 먹음에 따라서 이 과정이 심하게 느려지기는 한다. 그러나 한 번 손상이 일어나면 영구히 낫지 않는 기관도 있다. 뇌와 척수의 뉴런은 일단 분열을 멈추면, 다시는 분열하지 않으므로 재생되지 않는다("분열 후" 단계, 즉 더 이상 분열할 수 없는 단계이다).[**] 특정한 콩팥 세포도 죽으면, 재생되지 않는다.

댄, 지아, 토그룰이 발견했듯이, 관절의 연골은 그 사이의 어딘가에 놓여 있다. 성체 생쥐의 관절에서 완전히 성숙한 연골 세포는 대체로 분열후 단계에 있다. 그러나 어린 생쥐에게는 연골을 생성할 수 있는 세포 저장고가 있다. 이것은 나이를 먹고 손상을 겪음에 따라 빠르게 줄어들다가 이윽고 완전히 사라진다.[***]

기관, 세포계마다 수선과 재생의 방식이 다른 듯하다. 새도 벌도 수선과 재생을 하지만, 새와 벌(또는 간과 뉴런)만의 특수한 방식으로 한다. 일반

---

[*] 앞에서 말했듯이, 배아의 속세포덩이는 분열하여 세 층을 만들며, 그 뒤에 척삭이 형성되고 신경관이 만들어진다. 배아는 다양한 구획으로 나뉘어 조직되고, 그 뒤에 세포들을 각자의 운명에 적응하도록 유도하는 외부 신호와 이런 신호를 통합한 세포의 내부 인자의 통제하에 몸의 축을 따라서 기관들이 형성된다.

[**] 동물과 사람에게서 신경이 재생되었다는 드문 사례들도 보고되기는 했다. 그러나 대부분의 신경은 결코 분열하지도 손상된 뒤에 재생되지도 않는다.

[***] 최근에 헨리 크로넨버그 연구진은 성숙한 연골 세포 중 일부가—적절한 신호를 받으면—"깨어나서" 분열을 재개할 수 있다는 논문을 내놓았다. 이 세포가 댄, 지아, 토그룰이 발견한 세포와 비슷한 것인지는 아직 밝혀지지 않았다.

원리들이 있는 것은 맞다. 예를 들면, 각 기관에는 손상과 노화를 감지할수 있는 "수선" 세포가 있다. 그러나 각 기관의 수선 방식이 독특하다는 것은 기관마다 나름의 세포 수선 기구들을 조합하여 갖추고 있으며, 그 독특한 방식이 유지된다는 것을 시사한다. 따라서 손상과 수선을 이해하려면, 기관별, 세포별로 살펴보아야 한다. 아니면 우리가 아직 모르는 수선의 일반 원리가 있을 수도 있다. 연구자들이 다른 세포계들에서 발견한 세포학의 일반 원리와 비슷한 무엇인가가 있을지도 모른다.

따라서 세포학적으로 보면, 부상이나 노화를 소멸 속도와 수선 속도 사이의 격렬한 전투라는 더 추상적인 관점에서 바라보는 편이 더 이해하기쉬울 수도 있다. 양쪽의 속도는 각 세포와 기관마다 다르다. 어떤 기관에서는 손상이 수선을 압도한다. 수선이 손상에 뒤처지지 않는 기관도 있다. 양쪽 속도 사이에 섬세한 균형이 유지되는 기관도 있다. 안정 상태에서 몸은 항상성을 유지하는—그 상태에서 멈추는—듯하다. **그냥 아무것도 하지 말고 그 상태로 있으라**는 명령을 따르는 것과 같다. 그러나 거기에 가만히 있다는 것 자체는 정체 상태가 아니라 왕성한 활동이 이루어지고 있는 과정이다. "가만히 있음", 즉 정체 상태처럼 보이지만 사실은 이 두 경쟁하는 속도 사이에서 역동적인 전투가 벌어지고 있다. 필립 라킨은 이렇게 썼다. "죽음을 맞이할 때 당신은 부서진다/자신을 이루었던 조각들로/조각들은 점점 속도를 올리면서 서로 영구히 멀어지기 시작한다/아무도 서로를 볼 수 없게 된다."

그러나 죽음은 기관들의 해체가 아니다. 치유의 희열에 맞서서 꾸준히 쇠약해지는 손상의 결과이다. 라이언의 표현처럼, 부드러움은 녹과 맞서 싸운다.

이 격렬한 전투의 주인공은 세포이다. 조직과 기관에서 죽어가는 세포, 조직과 기관에서 재생하는 세포이다. 잠시 항상성이라는 개념으로 돌아가면, 항상성이란 체내 환경에서 일정한 상태를 유지하는 것을 말한다. 앞에서 우리는 세포가 내부의 고정된 상태를 유지하는 방법을 이해하기 위해서 이 개념을 동원했다. 그런 뒤 이 개념을 이용해서 건강한 몸이 염분 조절, 노폐물 처리, 당 대사 같은 수단들을 통해 대사와 환경의 변화에 어떻게 적응하는지를 이해했다. 이제 그 개념을 손상과 수선의 균형 유지라는 쪽으로 적용해보자. 죽음—절대적인 것들 중에서도 가장 절대적인 것—은 사실 소멸과 회복이라는 두 힘 사이의 상대적인 균형이다. 그 균형이 한쪽으로 기울어진다면, 손상의 속도가 회복이나 재생의 속도를 압도한다면, 결국 균형이 깨진다. 바람의 방향에 맞춰 날던 물수리는 더 이상 공중에 떠 있을 수 없다.

이기적인 세포

생태 방정식과 암

화학이나 의학을 전공하지 않은 이들은 암의 문제가 진정으로 얼마나
어려운지를 깨닫지 못할 수도 있다. 이를테면, 거의—똑같지는 않지만
거의—왼쪽 귀를 녹여 없애면서 오른쪽 귀는 온전히 남겨두는
어떤 약물을 찾는 것만큼이나 어렵다.
— 윌리엄 워글럼, 1947년

결국 우리는 한 바퀴 돌아서 무한 재탄생을 할 수 있는 세포로, 바로 암세
포[*]로 돌아왔다. 연구자들이 암세포만큼 탄생과 재탄생을 집중적으로, 또
는 열정적으로 연구한 세포는 없다. 그렇게 수십 년 동안 연구를 이어왔음
에도 불구하고, 암의 탄생과 재탄생을 좌절시키려는 우리의 노력은 좌절
을 겪어왔다. 암의 기원, 재생, 확산의 특성과 메커니즘 가운데 명확하게
밝혀진 것들도 있다. 그러나 여전히 훨씬 더 많은 것들이 수수께끼로 남아
있다.

암세포의 악성 분열을 이해하려면, 정상 세포의 분열에서 시작해야 할
것이다. 손을 베인다고 하자. 베였을 때 일어나는 반응은 손상 뒤 조직의

---

[*] 물론 단일한 "암세포" 같은 것은 없다. 암은 다양한 질병의 집합이며, 하나의 암에도 여
러 종류의 세포들이 들어 있을 수 있다. 나는 이 책에서 대다수의 암세포에 공통적인 어
떤 일반 원리를 추출하고자 시도했다. 뒤에서 암세포들이 한 환자의 몸에서조차 서로
얼마나 다를 수 있는지를 더 상세히 다룰 것이다.

상태를 회복하려는 연쇄적인 세포 사건들이라고 할 수 있다. 항상성이 작동하는 것이다. 피가 배어나온다. 조직 손상에 자극을 받은 혈소판과 응고인자가 상처 주위로 모인다. 위험 신호를 감지한 호중구도 감염에 가장 먼저 반응하여 상처 부위로 몰려든다. 병원체가 자기의 경계를 침범할 기회를 얻지 못하도록 지키고 있다. 피떡이 생기고, 상처는 임시로 차단된다.

이어서 치유가 시작된다. 상처가 얕으면 갈라진 피부의 양쪽 끝이 서로 맞붙는다. 상처가 깊으면, 피부 밑의 섬유아세포—거의 모든 조직에 들어 있는 방추형 세포—가 상처 밑으로 밀려와서 단백질을 분비해서 바탕질을 쌓는다. 이어서 바탕질 위에서 피부 세포가 증식해서 상처를 덮는다. 때로 흉터가 남기도 한다. 이윽고 갈라진 양쪽의 피부 세포들까지 맞닿으면, 분열이 멈춘다. 많은 세포들이 이 과정을 조율한다. 상처는 치유된다.

그런데 여기에는 세포학적 수수께끼가 있다. 피부 세포가 자라기 시작하도록 만드는 것은 무엇일까? 그리고 암과 더 관련이 깊은 질문일 텐데, **멈추게** 하는 것은 무엇일까? 나무가 가지를 뻗듯이, 베일 때마다 새로운 부속지가 자라나지 않는 이유가 무엇일까?

이 답의 일부는 우리를 이 책의 첫머리로, 헌트, 하트웰, 너스가 발견한 세포 분열을 제어하는 유전자들에로 돌려놓는다. 손을 베이면 상처로부터 나오는 신호, 또 그 신호에 반응하는 세포들이 내보내는 신호—내적 단서와 외적 단서—가 유전자들을 연쇄적으로 활성화함으로써 수선을 맡은 세포를 분열시킨다. 그리고 치유가 끝나고 피부 세포가 서로 맞닿으면, 다른 신호 집합이 전달되면서 세포들에게 분열과 재생의 주기를 끝내라고 알린다. 우리는 이런 신호들을 자동차의 가속기와 제동장치라고 생각할 수도 있다. 도로가 뚫려 있을 때(상처가 난 직후) 차는 속도를 올리지만, 정체가 심해지면 세포 분열은 점점 느려지다가 이윽고 멈춘다. 세포 분열은 이런 식으로 조절되며, 모든 사람의 몸에서 매일 수백만 번씩 일어난다. 이것이 바로 세포 하나에서 생물이 발달하는 과정의 토대이다. 왜 어떤 배아는 크기가 20배로 폭발적으로 불어나지 않을까? 그 답은 바로 배아 발생의 토대이다. 우리는 왜 베일 때마다 새로운 팔다리가 자라지 않는 것일까? 그 답은 기관의 수선과 재생의 토대이다. 자매의 세포를 이식받은 낸시 로리의 몸에서는 왜 혈액이 터져나올 만치 만들어지지 않았을까? 그 답은 혈액 줄기세포가 어떻게 새로운 전구세포를 만드는지 뿐만 아니라 세포의 수가 정상으로 돌아왔을 때 분열을 멈추는지를 이해하는 토대가 된다.

그러나 암은 어떤 의미에서는 내부 항상성의 장애이다. 암의 특징은 세포 분열이 조절되지 않는다는 것이다. 이 가속기와 제동장치를 제어하는 유전자들은 고장나 있다. 즉 돌연변이를 일으켰다. 그래서 그 유전자들이 만드는 단백질, 세포 분열의 조절 인자는 더 이상 적절한 맥락에서 작동하지 않는다. 가속기가 계속 눌려 있거나 제동장치가 영구히 고장나 있다. 양쪽 사건이 함께 일어남으로써, 즉 가속기는 계속 눌려 있고 제동장치는 고장나서 암세포가 걷잡을 수 없이 성장하는 사례가 더 흔하다. 자동차는 정체가 일어나는 곳에서 속도를 높이고, 서로 부딪치고 엉겨서 종양을 일으킨다. 또는 다른 길로 마구 질주하여 전이를 일으킨다. 나는 암세포에 인격을 부여하려는 것이 아니다. 암세포의 증식은 자연선택을 요구하는 다윈주의적 과정이다. 성공한 세포는 생존 경쟁에서 이긴 적자이다. 자신이 속하지 않은 환경에서, 자신이 속하지 않은 조직에서 성장하고 분열하는 쪽으로 가장 잘 적응한 암세포는 자연히 선택된다. 자연선택은 스스로 만들어낸 법칙을 제외한, 소속감을 요구하는 모든 법칙을 거역하는 암세포를 만든다.

앞에서 말했듯이, 가속기나 제동장치 유전자의 "기능 이상"은 돌연변이로 생긴다. 즉 DNA에 (따라서 단백질에) 일어난 변화가 기능의 이상을 가져

옴으로써 대개 "켜짐" 또는 "꺼짐" 상태가 영구히 유지된다. 눌린 채로 있는 "가속기"는 종양 유전자oncogene이다. "고장난" 제동장치는 종양 억제인자tumor suppressor이다. 암을 일으키는 유전자는 대부분 세포 주기에 직접 명령을 하는 유전자가 아니다(다만 일부는 그렇다). 오히려 그들 중 상당수는 지휘관들의 지휘관이다. 그들은 다른 단백질들을 동원하고, 후자도 다른 단백질들을 끌어들임으로써, 이윽고 한 세포 내에서 악성 단백질들의 연쇄 신호가 휘몰아치면서 세포는 미친 듯이 분열하는 상태에 빠진다. 통제되지 않은 채 분열이 계속 이어진다. 세포는 계속 불어나면서 자신이 속하지 않았던 조직으로 침입한다. 세포적인 예의, 세포의 민주주의 법칙을 파괴한다.

이런 유전자들 중 상당수는 세포 분열을 제어하는 것 외에도 다른 유전자들의 발현을 활성화하거나 억제하는 등 다양한 기능을 수행한다. 이 유전자들 중 일부는 세포의 대사 활동에 동원됨으로써, 암세포가 영양소를 확보하여 악성 재탄생을 추진할 수 있도록 돕는다. 세포가 서로 접촉하면 분열을 멈추는 정상적인 억제 양상을 변형시키는 것들도 있다. 정상 세포라면 분열을 멈출 때 암세포는 계속 불어나면서 뒤엉킨다.

암의 한 가지 놀라운 특성은 어떤 암의 어떤 시료를 채취하든 간에 독특한 돌연변이 조합이 들어 있다는 것이다. 예를 들면, 한 여성의 유방암은 32가지 유전자에 돌연변이가 있을 수 있다. 다른 여성의 유방암은 63가지 유전자에 돌연변이가 있을 수 있고, 양쪽은 12가지만 겹칠 수도 있다. 병리학자가 현미경으로 들여다볼 때, 두 "유방암"은 조직학적 또는 세포학적으로 똑같아 보일 수도 있다. 그러나 두 암은 **유전적으로** 다를 수 있다. 서로 다르게 행동하며 근본적으로 다른 치료법이 필요할 수도 있다.

사실 "돌연변이 지문", 즉 각각의 암세포가 지닌 돌연변이 집합의 이 같은 이질성은 개별 세포 수준에서 나타난다. 32가지 돌연변이자 그 여성의 유방 종양 덩어리에 통째로 들어 있는 것일까? 아니다. 한 암세포에는 32가지 중 12가지만 있고, 그 바로 옆 암세포에는 16가지만 있을 수도 있다. 겹치는 것도 있고 겹치지 않는 것도 있다. 따라서 유방 종양 덩어리 하나도 사실은 잡다한 돌연변이 세포들의 집합이다. 즉 동일하지 않은 병들의 모임이다.

이런 돌연변이 중 어느 것이 종양의 병리학적 특징을 추진하고(운전자 돌연변이) 어느 것이 그저 분열할 때 DNA에 으레 일어나는 돌연변이가 누적되어 종양의 돌연변이 수 증가에 기여했는지(승객 돌연변이)를 쉽게 파악할 수 있는 방법이 아직 우리에게는 없다. 여러 암에서 공통적으로 나타나는 c-Myc 같은 유전자의 돌연변이는 "운전자"일 것이 거의 확실하다. 반면에 백혈병이나 특정한 유형의 림프종 같은 특정 암에만 나타나는 돌연변이도 있다. 조절되지 않는 악성 성장을 어떻게 일으키는지가 밝혀진 돌연변이 유전자도 있는 반면에 아직 밝혀지지 않은 유전자도 있다.

2018년 5월 병원으로 샘 P.를 만나러 갔을 때, 그는 바깥에서 잠시 기다려 달라고 했다. 욕지기가 올라와서 화장실에 다녀온 그는 속이 좀 가라앉자, 간호사의 도움을 받아 다시 침대에 누웠다.

어스름이 깔리기 시작하자, 그는 전등을 켰다. 그는 우리끼리 이야기하고 싶다고 간호사에게 자리를 비켜달라고 부탁했다.

"가망은 없는 거지? 끝이지?" 그는 내 얼굴을 똑바로 보면서 말했다. 그의 뇌가 내 뇌에 곧바로 구멍을 뚫어 접속한 듯했다. "솔직히 말해줘."

정말로 끝이었을까? 나는 그 질문을 곱씹었다. 그는 우리가 접한 가장 기이한 사례에 속했다. 그의 종양 중 일부는 면역요법에 반응하고 있었지만, 다른 일부는 완강하게 버티고 있었다. 그리고 우리가 면역 약물의 투여량을 늘릴 때마다 자가면역 감염, 즉 간의 자가독성 공포 때문에 우리는 다시 후퇴해야 했다. 마치 전이된 종양 각각이 나름의 재탄생과 저항 프로그램을 획득하고, 그의 몸에서 각자 나름 자리를 잡고, 저마다 다른 섬에 정착한 독립적인 식민지 개척자 집단처럼 행동했다. 우리는 동시에 여러 전선에서 싸우고 있었고, 이쪽에서는 이기고 있어도 저쪽에서는 지고 있었다. 그리고 면역요법 약물을 투여하는 식으로 암에 진화 압력을 가할 때마다, 일부 세포는 그 압력에서 탈출하여 새로운 난치성 집단을 형성했다.

나는 그에게 솔직히 털어놓았다. "나도 모르겠어. 그리고 정말로 끝에 다다르기 직전까지도 모를 거야." 수액이 다 되었다고 삑삑거리자 간호사가 수액을 교체하러 들어왔고, 우리는 대화 주제를 바꾸었다. 내가 배운 암의 규칙들 중 하나는 암이 집착하는 심문관 같다는 것이다. 주제를 바꾸는 것을 허용하지 않는다. 바꿀 수 있다고 생각할 때에도 바꾸지 못한다.

그가 신문사에서 일하고 있었던 몇 달 전에 나는 그가 친구 몇 명과 함께 좋아하는 음악 목록을 만드는 것을 보았다. 나는 내가 주최한 파티를 위해서 그 목록을 빌렸다. 내가 좋아하는 노래들이 잔뜩 들어 있었다.

"지금 무슨 노래 들어?" 내가 물었다. 잠시 이런저런 수다가 이어지고 긴장되었던 분위기가 풀리면서, 평범한 병실로 돌아온 듯했다. 두 친구가 노래 목록을 떠들어대고 있었다. 로큰롤, 힙합, 랩. 한 시간쯤 그렇게 떠들었을까. 이윽고 더 이상 피할 수 없는 질문을 할 시간이 도래한 것 같은 느낌이 찾아왔다. 집착하는 심문관이 돌아왔다.

"해줄 말 없어? 의사 선생님? 끝에 무슨 일이 일어나?" 그가 물었다.

끝에 무슨 일이 일어날까? 오래되었으면서 대답할 수 없는 질문이다. 나는 마지막 몇 주일 동안 환자들에게 무엇이 필요한지를 생각하다가 이기고 지는 일을 되풀이하면서 종잡을 수 없는 전투를 벌이는 환자들에 관한 생각으로 돌아갔다. 나는 그에게 할 수 있는 일을 세 가지 생각해보라고 했다. 누군가를 용서하라. 누군가에게 용서를 받아라. 그리고 사랑하는 이에게 사랑한다고 말하라.

그 순간 진실이 통하는 느낌이 들었다. 내가 보러 온 이유를 그가 이해한 것 같았다.

그때 갑자기 다시 구역질이 시작되었다. 곧 간호사가 대야를 들고 들어왔다. 그가 말했다. "또 보자. 다음 주 어때?"

"그래, 또 보자." 나는 단호하게 말했다.

그러나 나는 샘을 다시 보지 못했다. 그는 그 주에 세상을 떠났다. 나는 재탄생을 믿지 않지만, 힌두교도처럼 믿는 이들도 있다.

암세포의 재탄생에서 특이한 점은 암세포가 악성 성장을 지속할 수 있도록 하는 유전적 프로그램이 줄기세포에서도 어느 정도 가동되고 있다는 것이다. 예를 들면, 백혈병 줄기세포에서 "켜짐"과 "꺼짐" 상태를 유지하는 유전자들은 정상 혈액 줄기세포에서 "켜짐"과 "꺼짐" 상태를 유지하는 유전자들과 놀라울 만치 서로 겹친다(그래서 줄기세포를 보전하면서 암세포를 죽일 약물을 찾기가 거의 불가능하다). 뼈 암세포에서 "켜짐"과 "꺼짐" 상태를 유지하는 유전자들 중에는 뼈대 줄기세포에서 "켜짐"과 "꺼짐" 상태를 유지하는 유전자들과 겹치는 것들이 있다. 그리고 겹침은 거기에서 끝이 아니다. 야마나카 신야가 정상 세포를 배아 줄기 유사 세포로 전환할 때 "켠" 4개의 유전자 중에도 c-Myc가 있다(그는 이 iPS 세포로 노벨상을 받았다). 이 유전자는 조절에 이상이 생겼을 때 여러 종류의 암을 일으키는 주된 운전자들 가운데 하나가 된다. 한마디로 암과 줄기세포의 관계는 불편할 만치 아주 가깝다는 사실이 드러나고 있다.

여기에서 두 가지 중요한 질문이 떠오른다. 첫째, **줄기세포는 발암성을 띠게 될까?** 그리고 거꾸로 몸속의 암세포 집단에는 암의 지속적인 재생을 맡은 세포 **부분집합**이 있을까? 혈액과 뼈에 줄기세포 저장소가 있는 것처럼? 그것이 암의 지속적인 재생의 비밀일까? 암의 재생 저장소 역할을 하는 특수한 세포 부분집합이? 첫 번째 질문은 기원에 관한 것이다. 암세포는 어디에서 기원할까? 두 번째 질문은 재생에 관한 것이다. 악성 세포는 왜 계속 성장하는 반면, 다른 세포들은 제어를 받으면서 제한적으로만 성장할까?

이런 질문들은 종양학자와 암 연구자 사이에 격렬한 논쟁을 지속적으로 불러일으킨다. 첫 번째 질문을 살펴보자. 모형 시스템에서는 분명히 줄기세포나 그 직계 후손이 발암성을 띠게 만들 수 있다. 혈액을 연구하는 이들은 생쥐의 혈액 줄기세포 후손에 한 유전자를 도입하면, 치명적인 백혈병을 일으킬 수 있음을 보여주었다. 이 유전자—사실은 두 유전자를 융합시키는 돌연변이—는 가지가 많이 달린 복잡한 모양의 단백질을 만들며, 이 단백질은 연쇄적으로 많은 유전자를 켜고 끔으로써 줄기세포가 공격적인 백혈병을 일으키도록 만들 수 있다. 세포가 백혈병을 향해 나아갈 때 돌연변이 역시 점점 더 쌓여간다.

그러나 그 반대로 일을 진행하기는 훨씬 더 어렵다. 완전히 성숙해서 분화한 세포—완벽하게 선량한 시민 세포—를 악당으로 만들 수 있을까? 그렇다, 할 수는 있다. 그러나 많은 유전적 떠밀기를 해야 한다. 암을 유발할 극도로 강력한 온갖 유전적 신호를 쏟아부어서 세포를 자극해야 한다. 앞에서 신경계의 부속물로 마주친 신경아교 세포를 기억하는가? 이 완전히 성숙한 세포는 걷잡을 수 없는 성장을 하지 않는다. 2002년 하버드의 (지금은 텍사스에 있다) 론 드피뇨 연구진은 생쥐의 성숙한 신경아교 세포에서 암을 일으키는 강력한 유전자를 발현시켜서 치명적인 뇌종양인 신경아교종을 일으켰다. 이 현상이 현실에서도 일어날까? 우리는 알지 못한다.

두 번째 질문은 어떨까? 암에도 무한정 성장하게 해줄 저장소 역할을 하는 줄기세포가 있을까? 토론토의 존 딕 연구진은 골수에 생긴 백혈병 세포 덩어리 중에서 일부가 백혈병을 처음부터 새롭게 재생할 수 있음을 보여주었다. 소수의 혈액 세포 집단이 혈액을 재생할 수 있는 것과 마찬가지였다(딕은 이를 "백혈병 줄기세포"라고 이름 붙였다). 다시 말해서 일부 암은 "계층 구조"를 이룬다. 즉 마구 증식하면서 암을 진행시킬 수 있는 능력을 지닌 암세포는 소수이고, 나머지 암세포들은 증식할 능력이 거의 또는 전혀 없다. 이런 암 줄기세포는 침입하는 식물의 뿌리 같다. 그 식물은 뿌리를 제거하지 않는 한 없앨 수 없다. 같은 논리에 따라서, 암 줄기세포를 죽이지 않고서는 암을 죽일 수 없다.

그러나 **모든** 암에 줄기세포가 있다는 이론을 반박하는 이들도 있다. 텍사스의 숀 모리슨은 암 줄기세포 모형이 흑색종 같은 암에는 적용되지 않는다고 주장한다. 흑색종에서는 대다수의 암세포가 마구 증식하면서 암의 진행에 기여할 수 있다. 이 세포들은 줄기세포 같은 특성을 간직하면서 마구 불어날 수 있다. 이런 암은 암세포를 가능한 한 많이 제거하는 요법일수록 성공 가능성이 높다.

그리고 암 줄기세포 모형에 들어맞는 정도가 환자마다 달라지는 암도 있을 수 있다. 이를테면 암 줄기세포와 비줄기세포가 따로 있는 유방암과 뇌종양도 있을 수 있고, 그런 계층 구조가 없는 유방암과 뇌종양도 존재할 수 있다. 줄기세포의 정상적인 생리학 법칙은 적용되지 않는다. 일부 유전자의 스위치를 깜박거리는 것만으로도 암세포는 엄청난 유동성을 얻을 수 있기 때문이다.*

모리슨은 내게 말했다. "보면 볼수록 더 복잡해진다니까요. 골수성 백혈병 같은 일부 암은 정말로 암 줄기세포 모형을 따라요. 그렇지만 의미 있는 계층 구조를 전혀 보이지 않는 암도 있고, 그런 암은 줄기세포 집단을 표적으로 삼는다고 해도 완치되지 않을 거예요. 어느 암, 아니 어느 환자

---

* 물론 암세포는 당연히 스위치를 켜고 끌 지각이나 뇌가 있지는 않다. 특정한 유전자를 켬으로써 계속 재성장이 가능한 세포가 선택되는 방식으로 진화가 이루어지는 것일 뿐이다.

가 어느 범주에 들어갈지를 파악하는 것조차도 쉽지 않아요."

그러나 이 점은 확실하다. 일부 암세포와 줄기세포를 심오한 방식으로 "재프로그래밍" 하는 것이 가능하다는 점 말이다. 유전자는 그런 세포 안에서 켜지고 꺼지면서 지속적인 재탄생을 가능하게 한다. 암에서는 그 프로그램이 영구히 가동된다는 점이 다르다. 돌연변이 때문에 고정되어 세포가 연속 분열의 프로그램을 제어할 수 없기 때문이다. 정상적인 건강한 줄기세포에서는 이 프로그램이 융통성을 띤다. 세포가 뼈모 세포나 연골 세포, 적혈구나 호중구로 분화할 수 있기 때문이다. 줄기세포는 정체성의 프로그램을 바꿀 수 있다. 앞에서 말했듯이, 줄기세포는 자기-보전(자기-재생)과 자기-희생(분화) 사이에 균형을 이루고 있다. 대조적으로 암세포는 영속적인 재탄생이라는 프로그램에 갇혀 있다. 이기적인 세포의 최종판이다.

게다가 진화 압력—특정한 유전자를 표적으로 한 약물—을 가하면, 다른 유전자 프로그램을 택해서 약물에 저항할 수 있을 만치 암세포는 이질성과 유동성을 충분히 갖추고 있다. 저항하는 돌연변이를 지닌 세포가 전면으로 나설 수 있다. 조금 다른 유전자 프로그램을 지닌 세포이다(암의 유전자 프로그램에 "유동성"이 있다는 말은 바로 이런 의미에서 쓴 것이다). 약물이 닿지 않는 다른 곳으로 전이된 암세포는 검출과 제거에 저항할 새로운 유전자 프로그램을 활성화할 수 있다.

지난 수십 년 동안 우리는 암세포에서 특정한 유전자나 특정한 돌연변이를 표적으로 삼아, 암을 공격하려고 시도해왔다. 놀라운 성공을 거둔 사례들도 있다. Her-2 양성 유방암에 쓰이는 허셉틴, CML이라는 백혈병에 쓰이는 글리벡이 그렇다. 그러나 다른 유전자 돌연변이를 표적으로 한 임상시험들(맞춤 암 치료)에서는 효과가 더 미미하거나 아예 실패하기도 했다. 어느 정도는 세포가 내성을 획득하기 때문이다. 또 암세포들의 이질성도 관련이 있다. 암세포와 정상 세포, 특히 줄기세포의 공통점도 어느 정도

관여한다. 몸에 독성을 일으키지 않으면서 약물을 투여할 수 있는 상한선이 정해지기 때문이다. 칸트가 공포의 숭고함이라고 했을 법한 것의 세포학 판본이다.

샘의 병실을 나올 때 나는 그의 노래 목록을 생각했다. 세포에 있는 모든 유전자가, 즉 유전체 전체가 미리 선택되어 고정된 연주 목록이라고 상상해보라. 줄기세포는 어떤 노래가 어느 순서로 연주될지 선택할 수 있고, 그럼으로써 자기-재생에서 분화로 방향을 틀 수 있다. 자기-재생할 때는 특정한 연주 목록을, 분화할 때에는 다른 연주 목록을 튼다.

암에서는 돌연변이로 연주 목록이 고정되는 바람에 바꿀 수가 없다. 가속기는 영구히 눌린 상태로 고정되고 제동장치는 영구히 고장나 있다. 그 결과 정상 줄기세포와 달리, 몸은 암세포의 활동을 조절할 능력을 거의 가지고 있지 않다. 연주 목록은 고정되어 있다. 머릿속에서 떨쳐낼 수 없는 괴로운 선율처럼, 똑같은 노래들이 반복되어 계속 흘러나온다. 그리고 약물이나 면역요법 같은 선택압을 가하면, 암세포는 새로운 유전자 목록으로 바꾸거나, 연주 목록에 있는 노래들을 더욱 뒤죽박죽으로 뒤섞는다. 힙합과 쇼팽을 마구 섞어버리는 것처럼 말이다. 그럼으로써 악성 세포는 약물을 회피할 수 있다. 그런 일이 되풀이된다. 이제 암세포는 머릿속에서 떨쳐낼 수 없는 **새로운** 고정된 괴로운 선율을 틀어댄다.

암세포의 성장을 추진하는 유전자들의 목록이 2000년대 중반에 처음으로 작성되었을 때, 사람들은 암을 완치시킬 열쇠를 마침내 손에 넣었다는 흥분에 휩싸였다.

나는 이런 말로 환자를 어리둥절하게 만들었다. "환자분은 Tet2, SF3b1, DNMT3a에 돌연변이가 있는 백혈병에 걸리셨어요." 나는 마치 일요일 신문에 실린 단어 퍼즐을 풀었다는 양, 의기양양하게 환자를 바라보면서 말했다.

환자는 마치 어디 화성에서 온 거 아니냐는 표정으로 나를 쳐다보았다.

그런 뒤 내게 가장 단순한 질문을 했다. "그러니까 어떤 약을 쓰면 완치될지 안다는 거죠?"

"그럼요, 곧 알아낼 거예요." 나는 흥분해서 말했다. 그 뒤의 이야기는 이런 식으로 전개되었다. 암세포를 분리해서, 변형된 유전자를 찾아내고, 그 유전자를 표적으로 삼는 약을 찾아낸 뒤, 환자에게 해를 끼치지 않으면서 암을 죽인다는 식이다.

그래서 연구자들은 이 개념이 옳은지 입증하기 위해서 두 종류의 임상시험을 했다(어떻게 옳지 않을 수가 있겠는가?) 첫 번째는 "바구니형basket" 임상시험이라고 하는 것인데, 같은 돌연변이를 지닌 다양한 종류의 암들(폐암, 유방암, 흑색종)을 한 바구니에 몰아넣고서 같은 약물로 치료하는 것이다. 같은 돌연변이, 같은 약물, 같은 바구니, 같은 반응성. 아무 문제 없지 않나? 그런데 찬물을 끼얹는 결과가 나왔다. 2015년에 나온, 이정표가 된 연구에서는 같은 돌연변이를 지닌 폐암, 대장암, 갑상샘암 등에 걸린 환자 122명에게 베무라페닙이라는 같은 약물을 투여했다. 이 약은 일부 암에는 효과가 있었다. 폐암 환자에게서는 반응율이 42퍼센트였다. 그러나 전혀 반응하지 않은 암도 있었다. 예를 들면, 잘록창자암은 반응률이 0퍼센트였다. 게다가 대부분의 반응은 오래 지속되지 않았다. 환자들은 잠깐 나아졌다가 원래 상태로 돌아갔다.

두 번째 유형의 임상시험은 정반대였다. 우산형umbrella 임상시험이다. 여기에서는 폐암 같은 한 종류의 암에서 다양한 돌연변이를 조사한 뒤, 저마다 다른 돌연변이 집합을 지닌 폐암을 각기 다른 우산 아래에 놓았다. 저마다 다른 "우산" 아래에 놓인 각각의 폐암에 그 특정한 돌연변이 조합에 맞는 약물 조합을 투여했다. 한마디로 요약하면 서로 다른 돌연변이, 서로 다른 우산, 서로 다른 치료법, 따라서 개별적인 반응. 아무 문제 없지 않나? 그러나 이 방법도 먹히지 않았다. 배틀-2BATTLE-2라는 대규모 임상시험에서도 찬물을 끼얹는 결과가 나왔다. 거의 반응하지 않은 암이 대부분이었다. 한 평론가는 낙심한 어조로 말했다. "결국 임상시험들은 그 어떤 새로운 유망한 치료법도 찾아내지 못했다."

MIT의 암생물학자 마이클 야프는 「사이언스 시그널링Science Signaling」에 이렇게 썼다. "알코올 중독자들이 싸구려 독주에 중독된 것처럼 우리 생명의학자들은 데이터에 중독되어 있다. 술꾼이 잃어버린 지갑을 가로등 밑에서 찾고 있다는 오래된 농담처럼, 생명의학자들은 '불빛이 가장 밝은' 서열 분석 가로등 아래에서 무엇인가를 찾는 경향이 있다[가장 눈에 잘 띄는 곳이기 때문이다]. 즉 대다수의 데이터를 가능한 한 빨리 얻을 수 있는 곳 말이다. 데이터에 취한 양 우리는 진정으로 임상적으로 유용한 정보가 다른 곳에 있을 수 있는데도 유전체 서열 분석을 계속 살펴보고 있다."

서열 분석은 유혹적이다. 그런데 그것은 데이터이지, 지식이 아니다. 그렇다면 "진정으로 임상적으로 유용한 정보"는 어디에 있을까? 나는 암세포가 지닌 돌연변이와 세포 자신의 정체성이 교차하는 지점 어딘가에 있다고 믿는다. 바로 맥락이다. 세포가 어떤 종류인지(허파? 간? 췌장?). 세포가 살아가고 성장하는 곳이 어디인지. 배아의 기원과 발생 경로는 어떠한지. 세포에 독특한 정체성을 부여하는 인자들은 무엇인지. 세포를 유지하는 영양소들. 세포가 의지하는 이웃 세포들에도 달려 있다.

아마 새로운 세대의 암 요법은 이 중독을 극복할 수 있게 해줄 것이다. 수십 년 동안 우리는 암을 개별 악성 세포의 산물이라고 상상했다. "암세포"는 그 병의 사악한 행동, 즉 어긋난 세포의 자율성의 상징이 되었다(「암세포Cancer Cell」라는 학술지까지 있다). 암세포는 우리의 주목을 받게 되었다. 암세포를 죽이자, 그러면 암을 이긴다. "이 종양은 뇌로 침투하고 있어요." 수술실에서 한 외과의가 다른 의사에게 말한다(반면에 감기가 당신을 사로잡는다라고 말할 사람은 없을 것이다). 주어, 동사, 목적어를 다 쓰는 암은 자율적인 행위자, 공격자, 활동가이다. 숙주―환자―는 조용해진 청중, 앓는 희생자, 수동적인 구경꾼이다. 그렇다면 환자가 제공하는 맥락, **환자의 암세포가 하는 특이한 행동**, 암세포의 위치와 은밀한 이동성, 면역 반응. 이런 것들이 왜 중요할까?

그러나 샘의 사례를 보면, 전이된 자리마다 암은 다르게 행동했다. 그의 몸은 수동적인 구경꾼과 거리가 멀었다. 간에 전이된 암의 행동은 귓불에 전이된 암과 달랐다. 또 수수께끼처럼 암이 침투하지 않은 기관도 있는 반면, 암 덩어리들이 빽빽하게 들어찬 기관도 있었다.

여기에서 한 가지 중요한 의문이 떠오른다. 왜 어떤 곳에서는 전이된 암이 생존하고, 다른 곳―특히 콩팥과 지라―에서는 결코 전이가 일어나지 않는 듯할까? 아마 암세포도 기관이나 생물과 마찬가지로 **공동체**라고 상상해야 할지도 모른다. 그리고 그 공동체는 특정한 시간에 특정한 장소에서만 거주할 수 있는 듯하다. 암의 비유는 시간이 흐르면서 달라진다. 협력하는 집합체로서의 암. 어긋난 생태계로서의 암. 악당 세포와 그것이 점령한 환경 사이의 사악한 협약으로서의 암, 즉 세포와 그 세포가 번성할 수 있는 조직 사이의 휴전으로서의 암. 영국의 의사이자 암 연구자 D. W. 스미더스는 1962년 「랜싯」에 "교통 정체가 차량의 질병이 아니듯이 암도 결코 세포의 질병이 아니다"라고 썼다. "교통 정체는 달리는 차와 환경 사이의 정상적인 관계의 실패로 나타나며, 차 자체가 정상적으로 달리든 말든 간에 나타날 수 있다." 스미더스의 도발은 도를 넘어섰다. 곧바로 분노한 목소리들이 터져나오면서 소동이 벌어졌다(가장 영향력 있는 암 연구자 중 한 명인 로버트 와인버그는 내게 "터무니없는 헛소리"라고 말했다). 그러나 스미더스—그 도발적인 논조를 더욱 분명하게 밀어붙이면서—는 암세포에서 실제 환경에서 암세포가 하는 **행동** 쪽으로 주의를 돌리려고 시도하고 있었다.

그리하여 지금 우리는 그 병의 새로운 비유를 창안하는 중이다. 돌연변이는 잊어라. 대사를 공략하라. 예를 들면, 일부 암세포는 특정한 영양소와 특정한 대사 경로에 심하게 의존한다(의학 용어로 표현하자면 "중독된다"). 1920년대에 독일의 생리학자 오토 바르부르크는 많은 암세포가 빠르고 값싼 포도당 대사 방법을 통해서 에너지를 생산한다는 것을 발견했다. 악성 세포는 산소가 풍부할 때조차도 미토콘드리아에서 이루어지는 깊고 느린 연소보다는 산소 없이 이루어지는 발효를 더 선호한다. 대조적으로 정상 세포는 거의 언제나 느린 연소와 빠른 연소—산소 의존 호흡과 무산소 호흡—방식을 조합하여 에너지를 생산한다. 악성 세포의 이 독특한 대사 기벽을 암을 죽일 방법에 이용할 수 있다면 어떨까?*

---

* 암이 왜 빠르고 저렴한(그러나 매우 비효율적인) 에너지 생성방식을 선호하는지는 아무도 모른다. 어쨌거나 산소 호흡(호기성 호흡)은 ATP 분자를 36개 생성하는 반면, 무산소 발효(혐기성 호흡)은 겨우 2개 생산한다. 18배나 차이가 나는 셈이다. 암세포는 훨씬 더 많은 에너지를 추출할 수 있고 자원이 무한정 있을 때에도(예를 들어, 백혈병 세포는 말 그대로 피에 잠겨 있어서 호기성 호흡에 필요한 영양소와 산소가 충분하다) 왜 비효율적인 에너지 생성 체계를 이용할까? 답 중 일부는 산소 의존적 반응으로 에너지를 생성할 때 유독한 부산물이 생성된다는 사실에 담겨 있을 수도 있다. 이 부산물은 세포에 해롭기 때문에 배출하고 청소해야 할 고도로 반응성이 큰 화학물질이다. 산소 의존적 호흡의 유독한 부산물에는 DNA에 돌연변이를 유발하는 화학물질이 포함되어 있고, 따라서 세포에서 분열을 중단시키는 기구를 활성화한다(앞에서 G2기라는 검사 단계가 있다고 말한 바 있다. DNA의 품질을 확인하기 위해서 세포가 점검을 하는 시기이다). 암세포는 "최대한 활용하는" 쪽으로, 즉 본질적으로 에너지 효율을 희생함으로써 이 유독한 부산물을 피하는 쪽으로 진화한 것일 수도 있다. 이밖에도 많은 가설들이 있다. 즉 암세포가 발효를 선호하는 이유를 다른 식으로 설명하는 가설들이다. 최근에 랠프 디베

우리 연구진은 코넬 대학교 및 현재 하버드에 있는 루 캔틀리와 함께 임상시험을 진행 중이다. 우리는 암이 정상 세포와는 다른 당이나 단백질 대사에 의존하는 보편적인 방식을 활용할 수 있을 것으로 기대하고 있다. 캔틀리와 함께 우리는 일부(전부는 아니다) 암이 인슐린—포도당을 감지할 때 즉시 분비되는—을 강력한 항암제에 저항하는 메커니즘으로 삼는다는 것을 발견했다. 다시 말해서, 암세포는 실제로 항암제에 영향을 받지만, 교활한 범죄자처럼 인슐린을 이용해서 약물의 독성을 회피하는 방법을 터득한다. 이는 암세포가 특정한 영양소에 특이하게 의존하는 것이 아닐까—돌연변이를 제쳐둘 때—하는 의문을 불러일으킨다. 암세포가 영양소를 이용하는 독특한 방법을 무력화한 뒤 악성 세포에 약물을 투입한다면, 암세포는 그 약물에 다시 민감하게 반응하지 않을까? 또는 일부 암이 중독되어 있는 아미노산인 프롤린Proline을 몸에서 고갈시킨다면, 영양학적으로 암을 고사시킬 수 있지 않을까?

아니면 면역 회피에 초점을 맞출 수도 있다. 제임스 앨리슨과 혼조 다스쿠는 모든 암이 어느 시점에든 간에 면역계에 저항할 방법을 찾아야 한다는 개념을 이용했다. 암의 망토를 벗기면, 면역계에 의존하지 않는 치료법을 쓸 수 있다. 주다 포크먼이 1990년대에 내놓은 개념인 암의 혈관을 굶기는 방법도 있다. 에밀리 화이트헤드의 백혈병을 공격한 것처럼 T세포를

라디너스 같은 연구자들은 바르부르크 효과(Warburg effect), 즉 암세포가 비미토콘드리아 경로로 에너지를 생산하는 현상이 사실은 우리가 실험실에서 암세포를 배양하는 인위적인 조건 때문에 과장되어 나타나는 것일 수도 있다는 연구 결과를 내놓았다. 즉 실제 몸에서 자라는 암세포는 덜 그렇다는 것이다. 실험실에서 암세포를 배양할 때에는 대개 포도당을 아주 고농도로 첨가한다. 그 때문에 대사가 비미토콘드리아 경로로 치우는 것일 수도 있다. 그렇다고 해도, 바르부르크 효과는 실제로 존재한다. 실험실이 아니라 사람의 몸에서 자라는 "실제" 암 중에서도 비미토콘드리아 경로를 주된 에너지 생성 방식으로 채용하는 것들이 있다. 그래도 그 효과를 과장했을 수는 있다.

가공해서 사용할 수 있다.

그러나 먼저 암세포를 그것이 자라는 맥락에 놓고서 그 생리를 이해하도록 하자. 다른 모든 세포를 이해할 때에 적용되는 방식대로 말이다. 암세포가 살아가는 기관, 주변에서 지원하는 세포들, 암세포가 보내는 신호, 암세포의 의존성과 취약성을 이해하는 것이다.

수수께끼를 풀면 그 너머에 다시 수수께끼가 드러난다. 가공한 T세포는 백혈병과 림프종에 강한 활성을 띠지만, 난소암과 유방암에는 별 효과가 없다. 이유가 무엇일까? 샘에게 썼던 면역요법은 피부에 난 종양은 없앴지만, 허파의 종양은 제거하지 못했다. 이유가 무엇일까? 내 연구팀의 박사후 연구원이 발견했듯이, 식단을 이용해서 인슐린을 고갈시키려는 우리의 방법은 생쥐에게서 자궁내막암과 췌장암의 진행을 늦추었지만, 일부 백혈병의 진행을 **촉진했다**. 이유가 무엇일까? 우리는 모른다는 것조차 알지 못한다.[*]

---

[*] 이 장은 암세포와 그 행동, 이주, 대사에 초점을 맞추었기 때문에, 나는 일부러 암의 예방과 조기 검출은 다루지 않는 쪽을 택했다. 그런 주제들은 나의 이전 저서인 『암 : 만병의 황제의 역사』에서 일부 다룬 바 있는데, 예방과 조기 검출 분야에서 더 최근에 이루어진 발전은 향후 개정판에서 다룰 예정이다.

세포의 노래

어느 쪽이 더 좋은지 모르겠어
음조의 아름다움인지
아니면 암시의 아름다움인지
대륙검은지빠귀가 휘파람을 불 때인지
그 직후인지.
— 월리스 스티븐스, "대륙검은지빠귀를 보는 13가지 방법"

아미타브 고시는 생태와 기후를 다룬 책『육두구의 저주*The Nutmeg's Curse*』
(2021)에서 지역 마을의 한 젊은이의 안내를 받아 우림을 돌아다니는 저명
한 식물학 교수의 이야기를 들려준다. 젊은이는 다양한 식물 종을 하나하
나 식별할 수 있다. 교수는 그의 총명함에 놀라서, 그가 가진 지식을 칭찬
한다. 그러나 젊은이는 낙심한다. 그는 "고개를 숙이고 풀죽은 태도로 대
답한다. '맞아요, 이 식물들의 이름을 다 배웠어요. 하지만 식물들의 노래
는 아직 배우지 못했어요.'"

많은 독자들이 노래라는 단어를 비유로 여길지도 모른다. 그러나 내가
읽은 바로는 결코 비유가 아니다. 그 젊은이의 한탄은 우림 거주자들의 **상
호 연결성**, 즉 생태와 상호 의존성을 배우지 못했다는 것이다. 숲이 어떻게
전체로서 행동하고 살아가는지를 말이다. "노래"는 내부 메시지—흥얼거
림—이자 외부 메시지일 수 있다. 한 식물이 다른 식물에게 보내는 상호
연결성과 협력성을 알리는 메시지일 수 있다(노래는 함께 부르거나 서로에
게 부를 때가 많다). 우리는 세포들, 심지어 세포들의 체계를 열거할 수 있

지만, 앞으로 세포학의 노래를 배워야 한다.

그렇다면 할 일은 이것이다. 우리는 몸을 기관과 체계로 나누었다. 저마다 다른 기능을 수행하는 기관들(콩팥, 심장, 간)과 그런 기능들을 가능하게 하는 세포들(면역 세포, 신경 세포)의 체계이다. 그것들 사이를 움직이는 신호도 파악했다. 단거리를 오가는 것도 있고 장거리를 오가는 것도 있다. 그것만 해도 몸을 단일한 독립적인 살아 있는 블록들의 집합체라고 처음으로 상상한 훅과 레이우엔훅 이후로 이미 엄청난 발전이 이루어졌다고 할 수 있다. 그리고 우리는 피르호와 더 가까워졌다. 그는 몸을 하나의 시민이라고 상상했다.

그러나 우리는 세포들의 상호 연결성을 아직 온전히 이해하지 못하고 있다. 우리는 여전히 레이우엔훅이 상상했듯이, 세포를 "살아 있는 원자"로, 즉 몸이라는 공간을 떠다니는 단일하면서 독자적이고 고립된 우주선이라고 상상하는 세계에 살고 있다. 원자론적 세계를 떠나지 않는 한, 우리는 영국 외과의 스티븐 패짓이 한 질문의 답을 결코 알아내지 못할 것이다. 간과 지라가 크기가 같고 해부학적으로 이웃에 있으며 거의 같은 양의 혈액이 흐름에도 한쪽(간)은 암의 전이가 가장 자주 일어나는 자리에 속한 반면, 다른 한쪽(지라)은 전이가 거의 일어나지 않는 곳인 이유가 무엇일까? 또 파킨슨병 같은 특정한 신경퇴행 질환을 앓는 환자들이 암에 걸릴 위험이 뚜렷하게 낮은 이유가 무엇일까? 또 헬렌 메이버그가 내게 말했듯이, 자신의 우울증을 "존재론적 권태"(그녀의 표현)라고 표현하는 환자들이 대개 심층 뇌 자극에 반응하지 않는 반면, "수직 구멍으로 떨어지는" 것과 같다고 묘사한 이들은 종종 반응하는 이유가 무엇일까? 우림에서 풀죽은 젊은이처럼, 우리는 식물들의 이름을 배워왔지만, 나무들 사이에 오가는 노래는 배우지 못했다.

오래 전에 친구가 들려준 이야기가 지금도 떠오른다. 그가 남아프리카 케이프타운에서 온 할아버지와 함께 매사추세츠 주의 뉴턴을 걷고 있었는데, 할아버지가 어느 아파트 앞에서 멈춰섰다. 예전에 1세대와 2세대의 유대인 이민자들이 많이 살던 지역이었다. 원래 친구의 증조할아버지는 리투아니아에서 남아프리카로 이주했다. 할아버지는 건물로 다가가서 아파트 초인종에 적힌 이름들을 보고 싶어했다. "하지만 할아버지, 여기엔 우리가 아는 사람은 없는데요?" 그러자 할아버지는 걸음을 멈추고 웃음을 지었다. "아니야, 우리는 여기 사는 사람들을 다 알아."

세포로부터 신인류를 만들려면, 우리는 이름만이 아니라 이름들 사이의 연결성도 알아야 한다. 주소가 아니라 동네를, 명함이 아니라 거기 적힌 사람의 성격과 이야기와 개인사를 알아야 한다.

이 책을 마무리할 때가 가까웠으니, 아마 20세기 과학의 가장 강력한 철학적 유산 중 하나와 그 한계를 고민해볼 짬을 내도 될 듯싶다. "원자론"은 물질적, 정보적, 생물학적 대상이 단일한 물질로 만들어져 있다고 주장한다. 그것은 내가 이전 책에 썼듯이, 원자, 비트, 유전자이다. 우리는 여기에 **세포**를 덧붙일 수도 있다. 우리는 모양, 크기, 기능이 놀라울 만치 다양하지만 그럼에도 단일한 블록으로 만들어진다.

이유가 무엇일까? 답은 추정만 할 수 있을 뿐이다. 생물학적으로 보면, 단일한 블록들을 조합하고 결합하여 서로 다른 기관계를 만듦으로써 복잡한 생물이 진화하는 편이 더 쉽기 때문일 것이다. 각 기관계가 특화한 기능을 맡을 수 있는 한편으로, 모든 세포에 공통된 특징들(대사, 노폐물 처리, 단백질 합성)을 보전할 수 있다. 심장 세포, 신경세포, 췌장 세포, 콩팥 세포는 모두 이런 공통된 특징들에 의존한다. 에너지를 생산하는 미토콘드리아, 경계를 한정 짓는 지질막, 단백질을 합성하는 리보솜, 단백질을 밖으로 내보내는 ER과 골지체, 신호가 오갈 수 있도록 하는 막에 난 구멍, 유전체가 들어 있는 세포핵처럼 말이다. 그러나 이런 공통점이 있음에도, 세포들은 기능적으로 다양하다. 심장 세포는 미토콘드리아 에너지를 활용해서 수축하고 펌프로 행동한다. 췌장의 베타 세포는 미토콘드리아 에너지로 인슐린 호르몬을 합성하고 분비한다. 콩팥 세포는 막에 걸쳐 있는 통로를 써서 염을 조절한다. 신경세포는 다른 유형의 막 통로로 감각, 지각, 의식을 가능하게 하는 신호를 보낸다. 천 가지 모양의 레고 블록으로 얼마나 많은 건축물을 지을 수 있을지 상상해보라.

또는 그 답을 진화의 관점에서 고쳐 말할 수도 있다. 단세포 생물이 다세포 생물로 진화한 과정을 떠올려보라. 한 번이 아니라, 여러 차례에 걸쳐 독자적으로 이루어졌다. 우리는 그 진화를 자극한 추진력이 포식을 피하는 능력, 희소 자원 경쟁에서 이기는 능력, 전문화와 다양화를 통해서 에너지를 보존하는 능력이었다고 본다. 단일한 블록—세포—은 공통의 프로그램들(대사, 단백질 합성, 노폐물 처리)을 전문 프로그램들(근육 세포의 수축성, 췌장 베타 세포의 인슐린 분비 능력)과 조합함으로써 이 전문화와 다양화를 해내는 메커니즘을 발견했다. 세포들은 뭉쳤고, 목적을 바꾸었고, 다양화했고 정복했다.

그러나 앞에서 살펴보았듯이, "원자론"은 강력하기는 하지만 설명력의 한계에 다다르고 있다. 우리는 원자론적 단위들의 진화적 집적을 통해서 물리적, 화학적, 생물학적 세계의 많은 것들을 설명할 수 있지만, 그런 설명은 한계에 봉착하고 있다. 유전자 자체는 생물의 복잡성과 다양성의 설명으로서는 놀라울 만치 불완전하다. 생물의 생리와 운명을 설명하려면 유전자-유전자 상호작용과 유전자-환경 상호작용도 추가할 필요가 있다. 시대를 수십 년 앞섰던 유전학자 바버라 매클린톡은 유전체를 "세포의 민감한 기관"이라고 했다. 기관과 **민감하다**라는 두 단어의 조합은 1950-

1960년대의 유전학자들에게 너무나도 낯선 생각을 반영했다. 유전학자들이 선호한 원자론적인 유전자별 접근법에 맞서서, 매클린톡은 유전체를 오로지 환경에 반응하는 전체로서, 즉 "민감한 기관"으로서 해석할 수 있다고 주장했다.

같은 논리에 따르면, 세포도 그 자체로는 생물의 복잡성을 설명하기에는 불완전하다. 세포-세포 상호작용, 세포-환경 상호작용도 필요하다. 즉 세포학에 전체론을 끌어들여야 한다. 우리에게는 이런 상호작용을 가리키는 기본 용어들은 있지만—생태, 사회, "상호작용체"—그것들을 이해할 모델, 방정식, 메커니즘은 아직 없다. 나는 때때로 질병이 세포들 사이의 사회계약 위반이라는 생각이 든다.

전체론이라는 단어가 과학적으로 오명을 뒤집어써왔다는 점도 문제에 한몫을 한다. 전체론은 우리가 이해하는 모든 것을 고장난 부드러운 날(그리고 부드러운 헤드)가 달린 믹서기에 집어넣고 돌린다는 말과 동의어가 되어 있다. 오웰의 말을 달리 표현하면 이렇다. 방정식 하나는 좋지만, 네 개는 나쁘다.

게다가 상황은 더욱 나빠졌다. 포스트모던 과학적 사고의 한 형태는 그 방정식들을 그것을 적어놓은 칠판과 함께 쓰레기통에 처박았다. 아기를 목욕물과 함께 버린 꼴이었다. 그러나 그 사고도 입장만 다를 뿐 마찬가지로 헛소리이다. 뉴턴 공간에 뉴턴 공을 던지면 뉴턴 법칙을 따르기 마련이다. 공을 지배하는 법칙은 우주가 탄생했을 때와 마찬가지로 실재하며 현실적이다. 같은 논리에서, 세포도 유전자도 실재한다. 그저 고립되어 "실재하는" 것이 아닐 뿐이다. 세포는 근본적으로 협력하고 통합하는 단위이며, 함께 생물을 만들고 유지하고 수선한다. 나는 어떻게 하면 독자가 머릿속에서 양쪽 개념을 동시에 갖추도록 할 수 있을지 모르겠다. 그러나 여기에서 비서구의 철학을 접한 나의 경험이 조금은 도움이 될지도 모르겠다. "협력적이면서" "단일한" 것, 즉 이타적이면서 자기중심적인 것은 상호 배타적인 개념이 아니라는 것이다. 이 둘은 나란히 존재한다.

보편 원리는 우리를 만족시킨다. 즉 방정식 하나는 좋다. 우주에 질서가 있다는 우리의 믿음을 충족시키기 때문이다. 그런데 왜 "질서"가 그렇게 당당하고, 유일하고, 홀로 두드러져야 하는 것일까? 아마 세포학의 미래 선언에는 "원자론"과 "전체론"을 통합하자는 말이 들어갈 것이다. 다세포성은 여러 차례 진화했다. 세포들이 자신의 경계를 유지하면서도 시민이 되면 여러 혜택이 있음을 알아차렸기 때문이다. 아마 우리도 하나에서 다수로 나아가는 일을 시작해야 할 듯하다. 무엇보다도 그 편이 세포 체계와 더 나아가 세포 생태계를 이해하는 데에 유리하다. 우리는 이 건물에 사는 이들을 전부 알 필요가 있다.

1902년 1월 인종과 생물 인류학이라는 사이비 과학에 토대를 둔 독일 종파 분열의 죽음의 무도danse-macabre가 주변을 휩쓸기 시작할 무렵, 일정을 소화하느라 바빴던 루돌프 피르호는 베를린 라이프치거 거리의 전차에서 내리다가 발을 헛디뎠다. 그는 넘어졌고 다리를 다쳤다.

넙다리뼈가 골절된 그는 그때쯤 기력도 떨어지고 쇠약해진 상태였다. 한 조수는 이렇게 썼다. "작고, 누런 피부, 올빼미 같은 얼굴에 안경을 썼고, 눈은 깊이 꿰뚫는 듯하지만 조금 탁했고, 특이하게도 속눈썹이 다 빠지고 없었다. 눈꺼풀은 양피지 같았고 종잇장처럼 얇았다……우리가 들어갔을 때 그는 버터롤빵을 먹고 있었고, 쟁반 옆에 커피잔이 놓여 있었다. 그것이 아침과 저녁 사이에 유일하게 먹는 그의 점심이었다."

세포 병리의 양상이 연쇄적으로 펼쳐졌다. 골절은 뼈가 물러진 결과일 가능성이 높았고, 약해진 뼈는 뼈 세포가 노화해서 넙다리뼈의 구조적 통합성을 유지하거나 수선할 수 없게 된 결과일 가능성이 높았다.

그는 여름을 거치면서 회복되었지만, 또다른 병들이 찾아왔다. 면역계가 약해진(또다른 세포 변질) 탓에 감염이 일어났고, 연쇄 과정을 통해서 심근 경색(심장 세포의 기능 이상)이 찾아왔다. 한 사람을 이루고 있던 세포들의 사회, 즉 체계가 하나씩 해체되었다. 그는 1902년 9월 5일에 숨을 거두었다.

피르호는 죽는 순간까지 세포 생리와 그 반대인 세포 병리를 이해하기 위해서 애썼다. 그의 연구로부터 촉발된 많은 선구적인 개념들, 그리고 그 뒤로 수십 년에 걸쳐 파생된 많은 개념들은 꾸준히 이어지는 그의 유산이자 이 책에서 다루는 교훈이다. 그가 정립한 세포학의 교리는 내가 세어보니 적어도 10개까지 늘어났으며, 우리의 세포 이해 수준이 깊어질수록 더 늘어날 것이다.

1. 모든 세포는 세포에서 나온다.
2. 처음에 하나인 사람 세포에서 사람의 모든 조직이 생겨난다. 바로 그 사실 때문에 사람 몸의 모든 세포는 원리상 배아세포(또는 줄기세포)에서 생겨날 수 있다.
3. 세포는 모양과 크기가 아주 다양하지만, 모든 세포들을 관통하는 심오한 생리적 유사성이 있다.
4. 세포는 이런 생리적 유사성을 특수한 기능을 갖추는 쪽으로 돌릴 수 있다. 면역세포는 자신의 분자 기구를 미생물을 먹어서 소화하는 용도로 쓴다. 신경아교 세포는 비슷한 경로로 뇌에서 시냅스를 솎아낸다.
5. 특수한 기능을 갖춘 세포들의 체계는 단거리 또는 장거리 신호 전달을 통해서 서로 소통하면서, 개별 세포가 획득할 수 없는 강력한 생리적 기능을 획득할 수 있다. 상처 치유, 대사 상태의 신호 전달, 지각, 인지, 항상성, 면역 같은 것들이다. 인체는 협력하는 세포들의 민주주의로서 기

능한다. 이 민주주의가 붕괴할 때 우리는 건강한 상태에서 병든 상태로 넘어간다.

6. 따라서 세포 생리는 인체 생리의 토대이며, 세포 병리는 인체 병리의 토대이다.

7. 개별 기관의 쇠퇴, 수선, 재생 과정은 저마다 독특하다. 일부 기관에서는 계속해서 수선과 재생(피는 비록 재생 속도는 느려지지만 성년기 내내 재생된다)을 전담하는 특수한 세포가 있지만, 그런 세포가 없는 기관도 있다(신경세포는 거의 재생되지 않는다). 손상/쇠퇴와 수선/재생 사이의 균형은 궁극적으로 기관의 통합성이나 붕괴를 빚어낸다.

8. 홀로 떨어져 있는 세포를 이해하는 수준을 넘어서, 세포 민주주의의 내부 법칙들—관용, 소통, 분화, 다양성, 경계 형성, 협력, 생태 지위, 생태적 관계—를 해독하려는 노력은 궁극적으로 새로운 유형의 세포의학의 탄생으로 이어질 것이다.

9. 우리의 구성단위, 즉 세포로부터 새로운 사람을 만드는 능력은 대체로 현재 의학의 능력 범위 안에 들어간다. 세포 재설계는 세포 병리를 완화시키거나 더 나아가 역전시킬 수 있다.

10. 이미 우리는 세포공학으로 재설계한 세포로 인체의 부위를 재건할 수 있다. 이 분야를 더 깊이 이해할수록 우리가 누구인가라는 기본 정의에 의문을 제기하고 스스로를 얼마나 많이 바꾸고 싶은가라는 물음이 점점 쟁점으로 떠오르는 등 새로운 의학적 및 윤리적 난제들이 출현할 것이다.

이런 교리들은 지금도 계속해서 우리에게 활기를 불어넣고 우리를 전진하게 하고, 더 나아가 놀라게 한다. 의사로서의 우리는 이 원리들을 습득한다. 환자로서의 우리는 이 원리들을 안고 살아간다. 새로운 의학의 세계로 들어가는 인류로서의 우리는 이 원리들을 받아들이고 그것들에 도전하고 그것들을 우리의 문화, 사회, 자아에 통합시키는 방법을 배워야 할 것이다.

에필로그

"나의 더 나은 판본"

우리가 덜 인간적일 수 있다면
우리가 누군가의 혼탁한 시야 바깥에
서 있을 수 있다면
그리고 주머니에 잔돈이 가득하지 않다면
우리는 훔치지 않았다―그러나 훔쳐야 한다―
누가 그렇지 않겠는가?
― 케이 라이언, "스스로에게 하는 시험", 2010년

그러나 나는 또 만들었어
언젠가는
나의 더 나은 판본이 될 것들을
― 월터 슈랭크, "모든 크기의 전투 함성", 2021년

폴 그린가드가 세상을 떠나기 몇 주일 전, 우리는 록펠러 대학교의 매끄러운 대리석이 깔린 길을 다시 걸었다. 우리는 조지 펄레이드가 지하실에 연구실을 꾸려 생화학과 전자현미경으로 세포를 구성 부분으로 해부하고 더 세부적으로 해부하는 일을 시작한 건물을 지나쳤다. 교정의 일부에는 통제선이 둘러지고 비계가 설치되어 있었다. 인부들이 새 연구동을 짓고 있었다. 나는 그린가드와 새로운 인간을 만드는 문제를 이야기하고 싶었다.

"유전적으로 말이야?" 그가 물었다.

그가 언급한 것은 신기술, 특히 유전자 편집 기술이었다. 허젠쿠이 같은

연구자들이 사람 유전체를 의도적으로 변형할 수 있게 한 기술 말이다.

그러나 내 질문은 유전적인 것이 아니었다. 아니 적어도 유전적인 것만을 가리키지는 않았다. T세포를 암을 죽일 무기로 만듦으로써 면역계가 재구성된 에밀리 화이트헤드를 생각해보라. IVF를 통해서 태어난 첫 아기인 루이즈 브라운도. 기증자로부터 HIV에 내성이 있는 세포를 골수 이식을 통해서 받은 에이즈 환자 티머시 레이 브라운도 있다. 그 역시 새로운 세포로 면역계가 재구성되었다. 자매의 피를 받아서 목숨을 구한 낸시 로리도 있다. 뇌의 뉴런으로 에너지를 전달하는 작은 전기 자극기를 이식받은 헬렌 메이버그의 환자들도 있다.

인체 부위들을 재건하는 일을 다른 세포 체계들에까지 확대하지 말라는 법이 있을까? 제1형 당뇨병을 앓는 환자의 망가진 췌장을 인슐린 생성 세포로 재건하거나, 관절염을 앓는 여성의 삐걱거리는 관절에 새 연골을 집어넣을 수도 있지 않을까? 나는 그에게 버브가 영구히 콜레스테롤 수치를 낮게 유지하는 간 세포를 가진 사람을 만들려고 시도 중이라는 이야기도 들려주었다.

그린가드는 고개를 끄덕였다. 그는 막 신경 유사장기neural organoid에 관한 세미나에 참석했다가 나온 참이었다. 이 유사장기는 실험실에서 바탕질 비슷한 용액에서 배양할 때 나오는 작은 신경세포 덩어리로, 스스로 공 모양으로 뭉친 것이다. 연구자들은 이것을 "미니 뇌"라고 부르기 시작했는데, 과장된 표현임에는 분명하지만 서로 발화하고 의사소통하는 사람의 뉴런들로 이루어진 이 작은 공을 지켜보고 있자면, 으스스한 기분이 드는 것은 어쩔 수 없었다. 아무리 왜곡된 것이든 간에 그런 소기관 안에서 생각이 발화할 수 있을까? 쿡 찌르면, 감각을 느낄까?

어느 날 아침, 우리 연구실의 박사후 연구원인 토그룰 자파로브가 생쥐에게서 채취한 그렘린 발현 세포로 가득한 배지를 내게 보여주었다. 유전체에 형광 해파리 단백질(GFP)가 들어 있어서 녹색으로 빛났다.

처음에는 아무 일도 일어나지 않았다. 세포들은 플라스크 안에서 고집스럽게 가만히 있었다. 그러다가 분열을 시작했다. 처음에는 느렸지만, 이윽고 격렬해졌다. 그러면서 작은 연골을 형성해서 자신들을 감쌌다.

플라스크의 세포가 수백만 개로 불어났을 때, 자파로브는 사람 머리카락 두 가닥 굵기의 작은 바늘로 약간의 세포를 뽑아서 생쥐의 무릎 관절에 주사했다. 그는 이 과정을 몇 달 동안 반복하면서 서서히 완벽하게 다듬었다. 완벽한 잠수부가 물 한 방울 튀기지 않고 물을 가르고 들어가듯이, 상처 하나 없이 바늘을 관절에 찔러넣을 정도가 되었다.

몇 주일 뒤 그는 내게 무릎을 보여주었다. 그 세포들은 관절에 얇은 연골층을 형성했다. 무릎은 키메라가 되어 있었다. 조용히 빛나는 해파리 단백질을 지닌 세포들이 생쥐의 관절에 자리를 잡았다. 완벽한 것과는 거리가 멀었지만—겨우 세포 몇 개만 이식했다—새로운 세포 관절을 형성하는 첫 단계임은 분명했다.

가즈오 이시구로의 소설들 가운데 가장 기이한 『나를 보내지 마*Never Let Me Go*』는 인간 복제가 합법인 미래가 배경이다. 한 무리의 아이들이 등장한다. 그들은 헤일셤이라는 기숙학교에 사는데, 아마 가짜*sham* 학교임을 암시하는 명칭인 듯하다. 학생들은 자신들이 어른의 복제물이며, 오로지 그 어른에게 장기를 기증하는 용도라는 사실을 서서히 알아차린다. 그들의 장기는 하나둘 떼어져 나이 든 클론에게 "기증된다." 장기들을 떼어낸 뒤, 아이들은 필연적으로 죽게 된다.

소설에서 아이들 중 한 명인 캐시는 친구이자 이윽고 연인이 되는 토미가 그린 그림들을 본다. 그녀는 말한다. "각각이 너무나도 세밀하게 그려져서 깜짝 놀랐어. 사실 그것들이 동물임을 알아차리기까지는 시간이 좀 걸렸어. 내 첫 인상은 라디오에서 뒷판을 뜯어냈을 때의 모습 같았어. 작은 도관, 구불거리며 뻗은 힘줄, 작은 나사와 바퀴가 모두 강박적일 만치 정밀하게 그려져 있었고, 종이를 좀 멀리 들었을 때에야 비로소 아르마딜로나 어떤 새의 일종임을 알 수 있었거든……온갖 복잡한 금속 같은 특징을 지녔음에도, 각 동물에게는 뭔가 감미로우면서, 더 나아가 취약해 보이는 뭔가가 있었어."

"작은 도관, 구불거리며 뻗은 힘줄, 작은 나사와 바퀴"는 아마 해부구조—기관과 세포—를 블록처럼 꺼내어 재조립해서 한 사람에게서 다른 사람에게로 옮길 수 있는 설비에 비유한 것인 듯하다. 평론가 루이스 메넌드는 「뉴요커」에 이렇게 썼다. "『나를 보내지마』의 배경은 유전공학과 관련 기술이다." 그러나 그 말은 아주 정확한 것은 아니다. 그 배경은 **세포**공학이다.

나는 자파로브가 한 생쥐의 연골 세포를 채취하여 다른 생쥐에게 이식하는 동안 이시구로의 소설을 읽었다. 첫 생쥐는 희생될 수밖에 없었다. 실험은 헛되지 않았다. 그는 사람 관절염 치료제를 찾고 있었다. 수십만 명을 구부정하고 쇠약하게 해서 움직이지 못하게 만드는 병 말이다. 그러나 나는 그 실험을 생각하거나 그 실험에 관해서 쓸 때면, 그런 미래가 과연 어떤 결과를 낳을지 우려되면서 저절로 소름이 끼치고 후회의 마음도 든다.

우리는 이 책에서 내내 "신인류new humans"와 마주쳤다. 그리고 세포를 이용해서 이 부위 저 부위를 교체함으로써 더 새로운 사람을 만든다는 개념들도 접했다. 이런 개념들 중 일부는 아마 먼 미래에 속할 것이다. 그러나 이 글을 쓰는 현재 적용되고 있는 것들도 있다. 앞에서 말했듯이, 제프 카프와 더그 멜턴 연구진은 "인공 췌장"을 만들고 있으며, 이 신생 기관을 제1형 당뇨병 환자에게 이식할 수 있기를 기대한다. 버텍스와 바이어사이트,

이 두 회사는 이미 줄기세포를 췌장 세포로 분화시켜서 만든 췌장 인슐린 분비 세포를 주입할 환자를 모집하고 있다. 메이요 병원의 과학자들은 간 세포를 이용해서 바이오 인공 간을 만들고 있다. 지금까지 이식용 심장은 사망자의 몸에서 얻었지만, 줄기세포에서 유도한 심근 세포를 심장 모양으로 만든 콜라겐 뼈대에 붙여서 세포로부터 바이오 인공 심장을 만드는 야심 찬 세포공학 계획도 진행 중이다.

이시구로의 소설은 과학소설로 분류된다. 그리고 말 그대로 소설이다. 실제로 미래에 우리가 장기 기증자로 삼기 위해서 인간을 복제하여 희생시킨다는 것은 상상조차 할 수 없기 때문이다. 그런데 세포공학을 인간 강화 수단으로 삼는 것은 어떨까? 자파로브는 뼈-연골 줄기세포를 아주 어린 생쥐의 다리와 관절에 주입하는 실험도 하고 있다. 그 생쥐는 키가 더 커질까? 생쥐의 몸에 토끼의 다리를 가지게 될까? "생쥐-토끼"가? 이 실험도 할 일이 없어서 하는 것이 아니다. 세상에는 키가 아주 작은 사람들이 있고, 그들 중 일부는 키가 더 커졌으면 하고 바란다. 그러나 모두 그렇지는 않다. 키가 작아도 살아가는 데 아무 문제 없다고 말하는 이들도 있다. 건강하고 행복하게 사는 이들도 있다. 그들은 그런 자신을 "장애자"라고 지칭하는 것이 나머지 사람들이 어떤 독특한 "능력"이 있다고 말하는 것이나 다름없다고 주장한다(키를 **능력**이라고 볼 수 있을까?)

그러나 "정상"인 사람이 세포요법을 통해서 자신의 키를 늘리고 싶어한다면? 그 말은 과학소설처럼 들리지 않을 것이다. 가까운 미래에 가능해질 일처럼 들린다. 우리는 그런 일을 막을까? 막는다면 그 이유는 무엇일까?

철학자 마이클 샌델은 얼마 동안 이 문제로 고심했다. 몇 해 전에 나는 콜로라도, 애스펀에서 잠깐 그를 만난 적이 있다. 그가 완벽함을 추구하는 수단으로서의 유전공학과 인간 복제를 다룬 세미나에서 발표를 마친 뒤였다. 저 멀리 산들이 둘러선 가운데 사시나무의 잎들이 팔랑거리는 멋진 오후였다. 청색 재킷에 넥타이를 맨 그는 말끔하게 차려입은 전문직처럼 보였다(오해할까 봐 말해두는데, 그는 하버드 철학과 교수이다). 그의 발표 내용은 도발적이었다. 그는 인간의 강화 추구에 반론을 펼쳤는데, 그의 논리는 고인이 된 신학자 윌리엄 메이가 "요청하지 않은 것에 대한 개방성"이라고 부른 것에 토대를 두었다.

샌델은 "요청하지 않은 것", 즉 우연의 변덕 또는 선물이 인간 본성에 필수적이라고 주장한다. 우리 아이들은 저마다 선물 받은 재능으로 우리를 놀라게 하는데, 그런 놀람과 우리의 반응은 우리 각자가 강화를, 완벽을 추구하기 시작한다면 소멸할 것이다. "요청하지 않은 선물"을 없앤다면, 인간 정신의 본질적인 부분을 침해하게 될 것이다. 그는 이런 변덕을 붙들고 씨름하면서 최대한 이용하는 편이 더 낫다고 본다.

2004년 샌델은 자신의 생각을 "완벽에 대한 반론"이라는 글에 담았고, 곧 더 확장하여 책으로 펴냈다. 윤리학자 윌리엄 세일턴은 「타임스」에 이렇게 서평을 썼다. "[샌델이] 더 깊이 우려하는 점은 강화의 몇몇 유형이 인류의 관습에 배어 있는 규범을 침해한다는 것이다. 예를 들어, 우리는 야구에서 다양한 재능을 계발하고 찬미하는 활동이 일어날 것이라고 여긴다. 스테로이드는 야구를 왜곡한다. 또 부모가 조건적인 사랑뿐 아니라 무조건적인 사랑을 통해서 아이들을 기를 것이라고 여긴다. 태아의 성별을 고르는 행위는 이 관계를 배신한다."

세일턴은 인간 강화를 비판하는 주장을 이어간다. "샌델은 더 심오한 것을 요구한다. 스포츠, 예술, 육아에 있는 다양한 규범들의 공통 토대이다. 그는 그것이 재능이라는 개념에 들어 있다고 생각한다. 좋은 부모, 운동선수, 공연자가 된다는 것은 어느 정도는 **자신에게 주어진 원료를 받아들이고 소중히 여기는 것이다**[강조는 저자]. 몸을 단련하지만, 몸을 존중하라. 아이를 꾸짖지만, 아이를 사랑하라. 천성을 찬미하라. 모든 것을 통제하려고 들지 마라……왜 우리는 타고난 운을 재능이라고 받아들여야 할까? 그런 존중의 상실이 도덕의 경관을 바꿀 것이기 때문이다."

나는 샌델의 논리가 설득력 있다고 생각했다. 그러나 유전학과 세포공학의 결합된 힘이 인체와 개성을 점점 더 새로운 깊이까지 건드림에 따라서, "도덕의 경관"은 급속히 변해왔다. 질병의 유린(극도로 작은 키, 근육이 소모되는 종말증)에서 해방되는 것과 인간 특성의 증진(키 증가나 근육 증가)의 경계가 모호해지고 있다. 증진은 점점 새로운 해방이 되어왔다. 그리고 질병과 강화 사이의 경계가 더 모호해질수록, 세일턴이 묘사한 다른 무엇인가로 만들어지기를 기다리는 "원료"는 말 그대로의 의미로 받아들여질 가능성이 더 높아진다. 새롭게 만들어진, 새로운 유형의 인간이다. "원료"의 정반대인 "요리된 것"은 증진이라는 의미를 함축하고 있지만, 협잡이라는 의미도 있다. 하지만 강화가 협잡일까? 그것이 일어날 수도 있고 일어나지 않을 수도 있는 질병을 예방하는 데에 쓰인다면? 늙어가는 무릎이 뼈관절염에 걸리기 전, 즉 질병 전 상태일 때 연골 형성 줄기세포를 주입하는 것은 어떨까?

백혈병에 걸린 아이들이 새 혈액을 생성할 골수 이식을 기다리는 스탠퍼드의 병원에서 멀지 않은 실리콘밸리에서는 암브로시아라는 신생 기업이 "16~25세의 젊은이에게서 채취한" 젊은 혈장을 몸은 삐거덕거리지만 아주 부유한, 즉 몸이 쇠약해지는 늙은 억만장자들에게 수혈함으로써 회춘시킨다는 사업을 하고 있다. 시신에서 오래된 피를 빼내는 대신에, 젊은 피를 노인에게 주입한다. 뒤집힌 미라 처리이다(나는 뱀파이어에 비유하고 싶은 유혹을 느끼지만, 아마 이 섬뜩한 유형의 세포 재생 시도에 걸맞은 새로운 완곡어법이 있을 것이다. "재방부 처리"나 "탈미라화"는 어떨까?). "젊은 피" 1리터는 8,000달러, 2리터는 할인해서 1만2,000달러이다. 암브로시아는 그 요법이 효과가 있다고 주장하지만, 2019년 FDA는 효과도 없다고 말하면서 소비자들에게 주의하라고 엄중 경고했다.

"자신에게 주어진 원료를 받아들이고 소중히 여기자." 원료란 무엇일까? 샌델과 세일턴의 논의는 유전자에 초점을 맞춘다. 그리고 사실 지난 10년 동안 윤리학자, 의사, 철학자는 유전자 요법, 유전자 편집, 유전자 선택에 몰두해왔다. 그러나 유전자는 세포가 없으면 무생물이다. 인체의 진정한 "원료"는 정보가 아니라, 정보를 활성화하고 해독하고 변형하고 통합하는 방식이다. 즉 바로 세포가 하는 일이 그것이다. 샌델은 이렇게 썼다. "유전체 혁명은 일종의 도덕적 현기증을 유도해왔다. 그러나 이 도덕적 현기증을 실현하게 될 것은 세포 혁명이다."

월리엄 K.는 고대의 병을 앓는 젊은 남성이었다. 나는 보스턴에서 혈액학 연구원으로 일할 때 그를 보았다. 처음에는 병동에서, 그 뒤에는 내 진료실에서 만났다. 그는 스물한 살이었고, 낫적혈구빈혈을 앓고 있었다. 그는 한 달에 한 번 "위기"를 겪을 때 입원했다. 정맥으로 계속 모르핀을 투여해야만 가라앉을 만치 뼈와 가슴에 극심한 통증이 밀려들었다.

낫적혈구빈혈은 우리가 세포와 분자 수준에서 이해하고 있는 병으로, 적혈구에 들어 있는 산소 운반 분자인 헤모글로빈의 질병이다. 헤모글로빈은 진화를 통해서 고안된 가장 정교한 분자 기계 중 하나일 수도 있다. 헤모글로빈은 단백질 4개로 이루어진 복합체이며, 네 잎 토끼풀 모양을 하고 있다. "잎" 중 2개는 알파글로빈이라는 단백질, 다른 2개는 베타글로빈이라는 단백질로 되어 있다.

각 단백질의 한가운데에는 헴heme이라는 화학물질이 들어 있다. 그리고 헴의 한가운데에는 철 원자가 자리하고 있다. 그러니 인형 안에 인형이 들어 있고, 그 안에 또다른 인형이 들어 있는 구조이다. 적혈구에 헤모글로빈 분자가 들어 있고, 헤모글로빈에는 헴이 들어 있고, 헴에는 철 원자가 들어 있다. 산소는 바로 이 철 원자에 결합했다가 떨어졌다가 한다.

헤모글로빈 분자의 네 철 원자를 둘러싸고 있는 이 정교한 기구는 독특한 분자 목적을 가지고 있다. 적혈구는 단순히 산소와 결합해서 간직하는 것이 아니다. 필요할 때 그 산소를 방출해야 한다. 적혈구는 허파의 모세혈관에서 그 우편물, 즉 산소를 실은 뒤 떠난다. 적혈구가 몸에서 산소가 부족한 환경에 다다르면—심장 근육이 펌프질을 해서 계속 밀어냄에 따라서—헤모글로빈은 말 그대로 비틀리면서 철 원자에 결합된 산소를 떼어낸다. 헤모글로빈은 피에 숨겨진 비밀이다. 우리가 생물로서 살아가는 데에 너무나 중요한 단백질 복합체이기 때문에, 그것을 운반하는 가방 역할이 주된 임무인 세포가 진화한 것이다.

그러나 이 산소 전달 체계는 산소 운반체인 헤모글로빈이 기형일 경우에 망가진다. 낫적혈구빈혈을 앓는 사람은 베타글로빈 유전자의 양쪽 사본에 돌연변이가 있다. 이 돌연변이는 아주 미묘해서 베타글로빈의 아미노산 중 하나만 바꾼다. 그러나 그 효과는 엄청나게 파괴적이다. 아미노산 하나가 바뀐 이 단백질은 산소가 부족한 환경에서 더 이상 "둥근 모양"이 아니라 서로 엉켜서 섬유 같은 모양이 된다. 이 섬유 같은 덩어리는 적혈구의 모양을 바꾼다. 핏속을 떠다니기 쉬운 동전 모양이 아니라, 헤모글로빈 덩어리가 세포막을 잡아당겨서 모양이 변한다. 적혈구는 찌그러져서 초승달 모양이 된다. 이런 낫 모양 적혈구는 핏속을 잘 떠다니지 못한다. 혈관, 골수 깊숙한 곳, 손발가락 끝, 창자 깊숙한 곳처럼 특히 산소 함량이 낮은 조직에 있는 혈관에 모이면서 혈관을 막는다. 이렇게 모세혈관이 막히면서 생기는 통증은 타래송곳을 뼈에 틀어박는 것과 같다(윌리엄은 그런 일을 겪을 때마다 고문실에 끌려들어가는 것 같다고 묘사했다. "그런 뒤 모든 문이 잠기는 거예요"). 골수나 창자에 심장마비가 일어나는 것과 같다. 이 증후군을 가리키는 "낫적혈구 위기"라는 의학 용어도 있다.

윌리엄 K.는 매달 그런 일을 겪었다. 그는 고통에 몸부림치면서 입원했다. 이윽고 통증이 조금 가라앉으면, 퇴원해서 진통제를 복용했다. 그러나 아편제에 중독될 가능성과 다음 위기의 예견이라는 쌍둥이 악마가 늘 주변을 맴돌았고, 내 주변까지도 맴돌았다. 동료가 그를 돌보고 있을 때, 나는 약물을 과다 투여하지 않으면서 통증을 억제할 만큼 투여함으로써 이 악마들을 다스리는 일을 맡았다.

2019-2021년 여러 연구진들은 독자적인 유전자요법 전략을 이용해서 낫적혈구빈혈을 치료하는 임상시험을 하겠다고 발표했다. 한 전략은 표준 이식 방법에 따라서, 환자의 혈액 줄기세포를 채취한 뒤, 교정된 베타글로빈 유전자를 바이러스를 이용해서 그 줄기세포로 집어넣는 방법을 택했다. 이 교정된 유전자 사본을 지닌 환자의 혈액 줄기세포를 다시 환자의 몸에 이식한다. 그러면 그 줄기세포에서 생성된 피에는 교정된 유전자가 계속 들어 있다(비록 몇몇 환자들이 치료를 받았고 효과를 보이기는 했지만, 이 임상시험은 중단되었다. 두 명의 환자에게서 백혈병 유사 질환이 나타났기 때문이다. 백혈병이 바이러스 때문인지, 아니면 이식에 수반된 화학요법 때문인지는 밝혀지지 않았다).

나름 독창적인 또다른 전략은 인간 생리의 한 가지 묘한 특성을 이용한다. 성인의 적혈구와 달리 태아의 적혈구에는 다른 종류의 헤모글로빈이 들어 있다. 산소 농도가 극도로 낮은 양수에 잠겨 있는 태아는 탯줄을 통해서 들어오는 모체의 적혈구로부터 공격적으로 산소를 추출할 필요가 있다(나중에 허파가 제 기능을 하기 시작하면, 태아 적혈구는 성인 적혈구로 대체된다). 따라서 태아 적혈구에는 독특한 유형의 헤모글로빈, 즉 태아 헤모글로빈이 들어 있다. 태아의 환경에서 산소를 탈취하도록 특별히 설계된 형태이다. 성인 헤모글로빈처럼 태아 헤모글로빈도 4개의 단백질 사슬—알파글로빈 2개와 감마글로빈 2개—로 이루어져 있다. 그런데 베타 헤모글로빈(낫적혈구빈혈 환자에게 있는 돌연변이 유전자)이 만드는 사슬은 여기에 포함되지 않으므로, 낫적혈구는 생기지 않는다. 적혈구는 완벽하게 정상이며, 모양을 일그러뜨릴 속성도 지니지 않으며, 사실상 산소가 부족한 환경에서 특히 더 잘 기능할 수 있다.

스튜어트 오킨과 데이비드 윌리엄스는 세포요법 기업과 공동으로 혈액 줄기세포의 태아 헤모글로빈을 영구히 활성화함으로써 성인 헤모글로빈의 낫적혈구를 압도한다는 연구를 해왔다. 낫적혈구빈혈 환자에게서 혈액 줄기세포를 추출하여 유전자 편집기술로 성인에게서 태아 헤모글로빈이 "재발현되도록" 한 뒤, 환자의 몸에 다시 이식했다. 본질적으로 성인 적혈구를 태아 적혈구로 대체함으로써, 더 이상 낫적혈구빈혈을 겪지 않게 한다는 것이다. 늙은 피가 어린 피가 된다.

2021년 발표된 임상시험 자료를 보면, 낫적혈구빈혈을 앓는 33세의 여성이 이 전략으로 치료를 받았다. 치료 뒤 헤모글로빈 혈중 농도는 15개월 동안 거의 2배로 올라갔다. 치료받기 전 2년 동안 그녀는 해마다 7-9번 심각한 통증 위기를 겪었다. 치료 후 1년 반 동안은 그런 일이 전혀 없었다. 지금까지 그 연구에서 백혈병 발병 사례는 전혀 보고되지 않았다. 앞으로 부작용이 생길지 여부를 말하기에는 아직 너무 이르지만, 환자의 낫적혈구빈혈이 완치되었을 가능성은 있다. 또 스탠퍼드에서 맷 포티어스 연구진은 유전자 편집기술로 원인인 베타 헤모글로빈 유전자의 돌연변이를 바로잡는 연구를 하고 있다(태아 헤모글로빈을 활성화하는 대신에, 문제가 되는 유전자 돌연변이를 편집한다). 포티어스의 전략도 임상시험에 들어갔으며, 초기 결과는 유망하다.

나는 윌리엄 K.가 이런 새로운 요법들 가운데 어느 것을 택할지 알지 못한다. 나는 더 이상 그의 주치의가 아니다. 그러나 10년 동안 그와 가까이 있었고, 그가 모험심이 강하고 그의 지독한 통증 위기 빈도와 아편유사제 중독의 위험성을 알기 때문에, 아마 이런 임상시험 어딘가에 대기자로 등록하지 않을까 추측해본다.

그가 이식을 받는다면, 그 역시 경계를 넘게 된다. 그는 신인류가 될 것이다. 자신의 재설계된 세포로부터 만들어진 신인류가 말이다. 그는 새로운 부분들로 이루어진 새로운 합이 될 것이다.

감사의 말

이 책이 나오기까지 이루 말할 수 없이 많은 분들의 도움을 받았다. 먼저 기꺼이 원고를 읽어준 내 독자들인 세라 제, 수조이 바타차리야, 라누 바타차리야, 넬 브라이어, 릴라 무케르지-제, 아리아 무케르지-제, 리사 유스커비지에게 고맙다는 인사를 전한다.

그리고 과학 쪽으로 엄청난 도움을 준 분들께도 감사를 드린다. 숀 모리슨(줄기세포), 코리 바그만(발생), 닉 레인과 마틴 켐프(진화), 마르크 플라졸레(뇌), 배리 콜러(혈소판), 로라 오티스(역사), 폴 너스(세포 주기), 어빙 와이스먼(면역학), 헬렌 메이버그(신경학), 톰 화이트헤드, 칼 준, 브루스 러빈, 스티븐 그룹(CAR-T 요법), 해럴드 바머스(암), 론 러비(항체요법), 프레드 애플바움(이식). 로라 오티스, 폴 그린가드, 엔조 케룬돌로, 프란시스코 마티와의 대화는 더할 나위 없이 유익했다. 암 치료 과정의 초기 역사를 가장 감동적으로 설명해준 프레드 허친슨 암연구 센터의 간호사들에게도 감사드린다.

스크라이브너의 담당 편집자 낸 그레이엄, 보들리헤드의 스튜어트 윌리엄스, 펭귄랜덤하우스의 메루 고칼레에게도 큰 빚을 졌다. 와일리 에이전시의 라나 다스굽타와 저작권 대리인 세라 챌펀드도 중요한 도움을 주었다. 멋진 사진들을 찾아준 제리 마셜과 알렉산드라 트뤼트에게도 감사한다.

군사 작전에 가까운 일정을 소화하느라 애쓴 사브리나 피언, 주와 참고문헌을 정리하는 영웅적인 일을 한 레이철 로지, 쉼표 하나 각주 하나 놓치지 않고 꼼꼼히 교정을 봐준 필립 배시에게도 감사의 말을 전한다.

그리고 관대하게도 이 책을 우아하게 장식한 가장 매혹적인 세포 그림들을 제공한 키키 스미스에게도 감사한다. 모두에게 감사드리고 또 감사드린다.

주

부분들의 합에는 : Wallace Stevens, "On the Road Home," in *Selected Poems: A New Collection*, ed. John N. Serio (New York: Alfred A. Knopf, 2009), 119.

생명은 맥박, 걸음 : Friedrich Nietzsche, "Rhythmische Untersuchungen," in *Friedrich Nietzsche, Werke, Kristiche Gesamstaube*, vol. 2.3, ed. Fritz Bornmann and Mario Carpitella (Vorlesungsaufzeuchnungen [SS 1870–SS 1871]; Berlin: de Gruyter, 1993), 322.

들어가는 말

13 기본적인 거야. 추론자가 : Arthur Conan Doyle, *The Adventures of Sherlock Holmes* (Hertfordshire: Wordsworth, 1996), 378.

13 대화는 1837년 10월 저녁식사 : 슈반의 이 만찬 기억은 그가 1878년에 한 강연에 서 언급되었고, 나중에 책에 더 자세히 적었다. Theodor Schwann, *Microscopical Researches into the Accordance in the Structure and Growth of Animals and Plants*, trans. Henry Smith (London: Sydenham Society, 1847), xiv. Laura Otis, Müller's Lab (New York: Oxford University Press, 2007), 62–64; Marcel Florkin, *Naissance et déviation de la théorie cellulaire dans l'oeuvre de Théodore Schwann* (Paris: Hermann, 1960), 62.

13 그는 자신의 일을 "건초 수집"이라고 : Ulrich Charpa, "Matthias Jakob Schleiden (1804– 1881): The History of Jewish Interest in Science and the Methodology of Microscopic Botany," in *Aleph: Historical Studies in Science and Judaism*, vol. 3 (Bloomington: Indiana University Press, 2003), 213–45.

14 그가 채집한 표본은 식물학자들에게 : Details of his collection can be found in Matthias Jakob Schleiden, "Beiträge zur Phytogenesis," *Archiv für Anatomie, Physiologie und Wissenschaftliche Medicin* (1838): 137–76.

14 "각 세포는 두 개로 늘어난다" : Matthias Jakob Schleiden, "Contributions to Our

Knowledge of Phytogenesis," in *Scientific Memoirs, Selected from the Transactions of Foreign Academies of Science and Learned Societies and from Foreign Journals*, vol. 2, ed. Richard Taylor, trans. William Francis (London: Richard and John E. Taylor, 1841), 281.

14 발생하는 동물의 몸속에 : 슈반이 동식물의 구성단위로서의 세포와 관심을 가지게 된 것은 식물과 동물이 자율적이면서 독립적인 살아 있는 단위로 구성된다면, 요하네스 뮐러가 고집스럽게 집착한 개념인 생명이나 세포의 탄생을 설명하기 위해서 상정하는 특수한 "생기력을 지닌" 체액이 아예 필요 없어진다는 생각 때문이기도 했다. 그의 제자인 슐라이덴은 생기력 체액을 믿었지만, 그것이 세포에서 어떻게 기원하는지 나름의 이론을 세웠다. 슐라이덴은 결정이 형성되는 것과 비슷한 과정으로 생긴다고 보았다. 그 이론은 완전히 틀린 것으로 드러났다. 따라서 역설적이게도 세포론의 탄생은 잘못된 기원의 이야기가 아니라 기원이 잘못된 이야기이다. 슐라이덴과 슈반이 식물과 동물의 조직에서 본 공통점들—모든 생물이 세포로 이루어져 있다는 것 같은—지극히 현실이었지만, 이런 세포가 어떻게 생겨나는지에 관한 슐라이덴의 이론(슈반은 받아들이기는 했지만 점점 의구심을 품었다)은 틀린 것으로 드러났다. 틀렸음을 입증하는 데에 가장 두드러진 역할을 한 사람은 루돌프 피르호였다.

슐라이덴이 슈반과 대화를 하기 전에 이미 모든 식물 조직이 세포 단위로 이루어져 있다고 추론했는지, 아니면 그 대화에 자극을 받아서 자신의 표본들을 조사하여(또는 재조사하여) 세포 구조의 보편성을 새롭게 관찰했는지 여부는 알기 어렵다. 그러나 식사 날짜(1837년), 그 직후에 슐라이덴이 펴낸 논문(1838년), 동물 세포와 식물 세포의 유사성을 관찰하고자 슈반의 연구실을 방문한 일(잘 기록되어 있다)은 슈반과의 상호작용이 세포론의 토대와 보편성에 관한 슐라이덴의 생각에 중요한 촉매가 되었음을 시사한다. 게다가 슐라이덴과 슈반이 현대 세포론의 기원을 이야기할 때 서로를 경쟁자가 아니라 공동 창립자라고 쉽사리 받아들였다는 사실도 그들의 상호작용—즉 식사자리에서의 대화—이 모든 식물 조직이 세포로 이루어져 있다는 슐라이덴의 확신을 강화하는 데에 적어도 일부 역할을 했음을 시사한다. 슐라이덴과 달리 슈반은 1837년 저녁 대화의 중요성을 더 명확히 언급한다. 그는 자기 연구의 기본 방향을 바꾸었다고 했다. 앞에서 말한 1878년 강연에서 그는 슐라이덴의 식물 발생 관찰 연구가 동물 조직도 세포로 이루어져 있다는 자신의 발견에 핵심적인 역할을 했다고 기꺼이 인정했다.

15 "세포를 통한 형성이라는 공통의 수단" : Florkin, *Naissance et déviation de la théorie cellulaire*, 45.

15 1838년 슐라이덴은 관찰한 사항들을 : Schleiden, "Beiträge zur Phytogenesis," 137–76.

15 1년 뒤 슈반은 동물 세포 연구 논문 : Schwann, *Microscopical Researches*, 2.

15 "통합의 끈" : Ibid., ix.

15 슐라이덴은 1838년 말에 예나 대학교에 : Sara Parker, "Matthias Jacob Schleiden (1804–1881)," Embryo Project Encyclopedia, last modified May 29, 2017, https://embryo.asu.edu/pages/matthias-jacob-schleiden-1804-1881.

15 다음 해에는 슈반도 벨기에 루뱅에 있는 : Otis, *Müller's Lab*, 65.

16 나는 「뉴요커」에 3편의 글을 썼다 : Siddhartha Mukherjee, "The Promise and Price of Cellular Therapies," *New Yorker* online, last modified July 15, 2019; "Cancer's Invasion Equation," *New Yorker* online, last modified September 4, 2017; "How Does the Coronavirus Behave Inside a Patient?," *New Yorker* online, last modified March 26, 2020.

17 로이 포터의 『인류가 받은 가장 큰 혜택 : 인류 의학사』 : Roy Porter, *The Greatest Benefit to Mankind: A Medical History of Humanity from Antiquity to the Present* (London: HarperCollins, 1999).

17 헨리 해리스의 『세포의 발견』 : Henry Harris, *The Birth of the Cell* (New Haven, CT: Yale University Press, 2000).

서론

19 "우리는 언제나 세포로 돌아갈 것이다": Rudolf Virchow, *Disease, Life and Man: Selected Essays*, trans. Lelland J. Rather (Stanford, CA: Stanford University Press, 1958), 81.

19 나는 몸에 반역을 일으킨 세포 때문에 : 샘 P.의 사례에서 자세한 사항은 그 및 담당 의사와 2016년에 개인적으로 나눈 대화에서 따왔다. 익명성을 유지하고자 이름과 신원을 밝혀줄 만한 내용은 바꾸었다.

23 에밀리는 필라델피아 아동병원에서 : 자세한 사항은 2019년 에밀리, 부모, 의사와 개인적으로 나눈 대화에서 따왔다; Mukherjee, "Promise and Price of Cellular Therapies."

29 "살아 있는 원자" : Antonie van Leeuwenhoeck, "Observations, Communicated to the Publisher by Mr. Antony Van Leeuwenhoek, in a Dutch Letter of the 9th Octob. 1676. Here English'd: Concerning Little Animals by Him Observed in Rain-Well-Sea- and Snow Water; as Also in Water Wherein Pepper Had Lain Infused," *Philosophical Transactions of the Royal Society* 12, no. 133 (March 25, 1677): 821–32.

30 2010년 에밀리 화이트헤드가 : "CAR T-cell Therapy," National Cancer Institute Dictionary online, accessed December 2021, https://www.cancer.gov/publications/dictionaries/cancer-terms/def/car-t-cell-therapy.

31 "모든 이론, 가설, 관점은 자신의" : Serhiy A. Tsokolov, "Why Is the Definition of Life So Elusive? Epistemological Considerations," *Astrobiology* 9, no. 4 (2009): 401–12.

31 복잡한 다세포 생물은 내가 : 더 명확히 하자면, 이런 "창발적" 특성은 생명을 정의하는 특징은 아니다. 그보다는 살아 있는 세포의 체계에서 진화한 다세포 생물의 특성이다.

31 이 모든 특성이 궁극적으로 세포나 : 모든 세포가 모든 특성을 다 가지고 있지는 않다. 예를 들면, 복잡한 생물에서는 세포 분화가 이루어짐으로써 특정한 세포는 양분을 저장하고, 다른 세포는 노폐물을 처리하는 일을 맡는다. 효모와 세균 같은 단세포 생물은 이런 기능들을 갖춘 특수한 세포 내 구조들을 지닐 수 있지만, 사람 같은 다세포 생물은 이런 기능을 갖추기 위해서 분화한 세포로 이루어진 분화한 기관을 진화시켰다.

36 예일 대학교의 바이러스학자 이와사키 아키코는 : 저자와의 인터뷰, February 2020. See also "SARS–CoV–2 Variant Classifications and Definitions," Centers for Disease Control and Prevention online, last modified December 1, 2021, https://www.cdc.gov/coronavirus/2019–ncov/variants/variant-classifications.html. See also "Severe Acute Respiratory Syndrome (SARS)," World Health Organization online, accessed December 2021, https://www.who.int/health-topics/severe-acute-respiratory-syndrome#tab=tab_1.

38 나는 이 진보적인 견해를 가진 : Ibid. See also John Simmons, *The Scientific 100: A Ranking of the Most Influential Scientists, Past and Present* (New York: Kensington, 2000), 88–92. See also George A. Silver, "Virchow, The Heroic Model in Medicine: Health Policy by Accolade," *American Journal of Public Health* 77, no. 1 (1987): 82–88.

38 "세포병리학" : Virchow, *Disease, Life and Man*, 81.

기원 세포

41 진정한 지식은 자신의 무지를 깨닫는 것입니다 : Rudolf Virchow, "Letters of 1842," in *Letters to His Parents, 1839–1864*, ed. Marie Rable, trans. Lelland J. Rather (USA: Science History Publications, 1990), 28–29.

41 먼저 루돌프 피르호의 목소리가 : Elliot Weisenberg, "Rudolf Virchow, Pathologist, Anthropologist, and Social Thinker," *Hektoen International* 1, no. 2 (Winter 2009):

https://hekint.org/2017/01/29/rudolf-virchow-pathologist-anthropologist-and-6social-thinker/.

42 이탈리아 파도바 대학교의 교수인 플랑드르 출신의 : C. D. O'Malley, *Andreas Vesalius of Brussels 1514–1564* (Berkeley: University of California Press, 1964). See also David Schneider, *The Invention of Surgery: A History of Modern Medicine—from the Renaissance to the Implant Revolution* (New York: Pegasus Books, 2020), 68–98.

42 "높은 의자에 앉아서 갈까마귀처럼 수다를 떨어대는" : Andreas Vesalius, *De Humani Corporis Fabrica* (*The Fabric of the Human Body*), vol. 1, bk. 1, *The Bones and Cartilages*, trans. William Frank Richardson and John Burd Carman (San Francisco: Norman, 1998), li–lii.

43 베살리우스가 10년에 걸쳐서 그린 : Andreas Vesalius, *The Illustrations from the Works of Andreas Vesalius of Brussels*, ed. Charles O'Malley and J. B. Saunders (New York: Dover, 2013).

44 1543년 『인체의 구조』라는 제목의 : Vesalius, *Fabric of the Human Body*, 7 vols.

44 바로 그해에 폴란드의 천문학자 : Nicolaus Copernicus, *On the Revolutions of Heavenly Spheres*, trans. Charles Glenn Wallis (New York: Prometheus Books, 1995).

46 오스트리아 빈의 한 산부인과 의원은 : Ignaz Semmelweis, *The Etiology, Concept, and Prophylaxis of Childbed Fever*, ed. and trans. K. Codell Carter (Madison: University of Wisconsin Press, 1983).

46 루돌프 피르호는 베를린의 프리드리히빌헬름 의대에 : Izet Masic, "The Most Influential Scientists in the Development of Public Health (2): Rudolf Ludwig Virchow (1821–1902)," *Materia Socio-medica* 31, no. 2 (June 2019): 151–52, doi:10.5455/msm.2019.31.151−152.

47 외과대학에서는 선임 군의관들이 : Rudolf Virchow, *Der Briefwechsel mit den Eltern 1839–1864: zum ersten Mal vollständig in historisch-kritischer Edition* (*The Correspondence with the Parents, 1839–1864: For the First Time Complete in a Historical-Critical Edition*) (Germany: Blackwell Wissenschafts, 2001), 32.

47 "일요일을 빼고 오전 6시부터" : Ibid., 19.

48 "[미시 병리학을] 이해하고픈 절박하고도" : Rudolf Virchow, *Der Briefwechsel mit den Eltern*, 246, letter of July 4, 1844.

48 "제가 바로 저 자신의 조언자예요" : Manfred Stürzbecher, "Die Prosektur der Berliner Charité im Briefwechsel zwischen Robert Froriep und Rudolf Virchow," *Beiträge zur*

Berliner Medizingeschichte, 186, letter of Virchow to Froriep, March 2, 1847.

보이는 세포

49 모라비아의 수도사 그레고어 멘델은 : Gregor Mendel, "Experiments in Plant Hybridization," trans. Daniel J. Fairbanks and Scott Abbott, *Genetics* 204, no. 2 (2016): 407–22.

49 러시아의 유전학자 니콜라이 바빌로프는 : Nicolai Vavilov, "The Origin, Variation, Immunity and Breeding of Cultivated Plants," trans. K. Starr Chester, Chronica Botanica 13, no. 1/6 (1951).

49 영국의 자연사학자 찰스 다윈도 : Charles Darwin, *On the Origin of Species*, ed. Gillian Beer (Oxford, UK: Oxford University Press, 2008).

49 안경사인 얀선 자하리아스와 : "Lens Crafters Circa 1590: Invention of the Microscope," This Month in Physics History, *APS Physics* 13, no. 3 (March 2004): 2, https://www. aps.org/publications/apsnews/200403/history.cfm.

49 일부 역사가는 얀선 부자의 경쟁자인 : "Hans Lipperhey," in *Oxford Dictionary of Scientists* online, Oxford Reference, accessed December 2021, https://www. oxfordreference.com/view/10.1093/oi/authority.20110803100108176.

50 17세기 네덜란드는 직물 교역의 중심지로서 : Donald J. Harreld, "The Dutch Economy in the Golden Age (16th–17th Centuries)," EH.Net Encyclopedia of Economic and Business History, ed. Robert Whaples, last modified August 12, 2004, http://eh.net/ encyclopedia/the-dutch-economy-in-the-golden-age-16th-17th-centuries/. See also Charles Wilson, "Cloth Production and International Competition in the Seventeenth Century," *Economic History Review* 13, no. 2 (1960): 209–21.

51 당시 마흔두 살이던 레이우엔훅은 : Leeuwenhoek, "Observations, Communicated to the Publisher by Mr. Antony Van Leeuwenhoek, in a Dutch Letter of the 9th Octob. 1676. Here English'd: Concerning Little Animals by Him Observed in Rain-Well-Sea- and Snow Water; as Also in Water Wherein Pepper Had Lain Infused," 821–31. See also J. R. Porter, "Antony van Leeuwenhoek: Tercentenary of His Discovery of Bacteria," *Bacteriological Reviews* 40, no. 2 (1976): 260–69.

51 "내가 자연에서 발견한 경이 중에서" : Leeuwenhoek, "Observations, Communicated to the Publisher...", 821–31.

52 "생쥐 색깔에 달걀처럼 한쪽이" : Ibid.

510

52 "1675년에 빗물에서 생물들을" : Ibid.

53 1677년 레이우엔훅은 사람 정자 : M. Karamanou et al., "Anton van Leeuwenhoek (1632–1723): Father of Micromorphology and Discoverer of Spermatozoa," *Revista Argentina de Microbiologia* 42, no. 4 (2010): 311–14. See also S. S. Howards, "Antonie van Leeuwenhoek and the Discovery of Sperm," *Fertility and Sterility* 67, no. 1 (1997): 16–17.

53 "물에서 뱀이나 뱀장어처럼" : Lisa Yount, *Antoni van Leeuwenhoek: Genius Discoverer of Microscopic Life* (Berkeley, CA: Enslow, 2015), 62.

53 왕립학회 사무국장인 헨리 올든버그는 : Nick Lane, "The Unseen World: Reflections on Leeuwenhoek (1677) 'Concerning Little Animals,'" *Philosophical Transactions of the Royal Society B* 370, no. 1666 (April 19, 2015), https://doi.org/10.1098/rstb.2014.0344.

54 레이우엔훅이 "철학자도 의사도 신사도 아니었다" : Steven Shapin, *A Social History of Truth: Civility and Science in the Seventeenth Century* (Chicago: University of Chicago Press, 2011), 307. See also Robert Hooke to Antoni van Leeuwenhoek, December 1, 1677, quoted in Antony van Leeuwenhoek, *Antony van Leeuwenhoek and His Little Animals: Being Some Account of the Father of Protozoology & Bacteriology and His Multifarious Discoveries in These Disciplines*, comp., ed., trans. Clifford Dobell (1932; New York: Russell and Russell, 1958), 183.

55 이는 한마디로 과학이 남들의 선서에 : Lane, "The Unseen World."

55 "오랫동안 해온 내 연구는 내가 지금" : Leeuwenhoek to unknown, June 12, 1763, quoted in Carl C. Gaither and Alma E. Cavazos-Gaither, eds., *Gaither's Dictionary of Scientific Quotations* (New York: Springer, 2008), 734.

55 영국의 과학자이자 박식가인 로버트 훅도 : Allan Chapman, *England's Leonardo: Robert Hooke and the Seventeenth-Century Scientific Revolution* (Bristol, UK: Institute of Physics, 2005).

56 1666년 9월 런던 대화재가 일어나서 : Ben Johnson, "The Great Fire of London," Historic UK: The History and Heritage Accommodation Guide, accessed December 2021, https://www.historic-uk.com/HistoryUK/HistoryofEngland/The-Great-Fire-of-London/.

56 "어떤 대상을 아주 가까이 놓고 들여다보면" : Robert Hooke, preface, in *Microphagia: Or Some Physiological Descriptions of Minute Bodies Made by Magnifying Glasses with Observations and Inquiries Thereupon* (London: Royal Society, 1665).

56 "내 평생 읽은 책 중에서 가장" : Samuel Pepys, *The Diary of Samuel Pepys*, ed. Henry B. Wheatley, trans. Mynors Bright (London: George Bell and Sons, 1893), available at Project Gutenberg, https://www.gutenberg.org/files/4200/4200-h/4200-h.htm.

56 벼룩을 아주 크게 확대해서 : Martin Kemp, "Hooke's Housefly," *Nature* 393 (June 25, 1998): 745, https://doi.org/10.1038/31608.

57 "파리의 눈은······거의 격자처럼 보인다" : Hooke, *Microphagia*.

57 훅은 개미의 가지뿔을 상세히 그리기 : Ibid., 204.

57 "아주 깨끗한 코르크 조각을 구해서" : Ibid., 110.

58 "아주 많은 작은 상자들" : Ibid.

59 시연한 첫 실험은 후춧물이었다 : Thomas Birch, ed., *The History of the Royal Society of London, for Improving the Knowledge, from its First Rise* (London: A. Millar, 1757), 352.

59 "작은 동물에 관한 소설 같은 이야기만" : Antonie van Leeuwenhoek, "To Robert Hooke." 12 November 1680. Letter 33 of *Alle de brieven*: 1679–1683. Vol. 3. De Digitale Bibliotheek voor de Nederlandse Letteren (DBNL), 333.

59 "아니, 우리는 더 나아가서 이 작은 세계의" : Antonie van Leeuwenhoek, *The Select Works of Antony van Leeuwenhoek, Containing His Microscopal Discoveries in Many of the Works of Nature*, ed. and trans. Samuel Hoole (London: G. Sidney, 1800), iv.

59 "훅은 당시에 이런 구조가 모든" : Harris, Birth of the Cell, 2.

60 "코르크의 살아 있는 세포의 벽을" : Ibid., 7.

61 1687년 아이작 뉴턴은 : Isaac Newton, *The Principia: Mathematical Principles of Natural Philosophy*, trans. I. Bernard Cohen and Anne Whitman (Oakland: University of California Press, 1999).

61 사실 훅과 몇몇 물리학자들이 행성들이 : 훅과 뉴턴이 충돌한 것은 처음이 아니었다. 1670년대에 뉴턴은 왕립학회에서 백색광을 프리즘에 통과시키면 개별 색깔들로 이루어진 연속적인 무지개 같은 스펙트럼이 생긴다는 것을 보여주는 시연을 했다. 이 스펙트럼을 다른 프리즘에 통과시키면 다시 백색광을 얻는다. 당시 학회 회장이었던 훅은 뉴턴의 견해에 동의하지 않았고 신랄한 비평을 썼다. 가뜩이나 자신의 연구 결과가 유출될까봐 편집증을 가지고 있었던 뉴턴은 당연히 분개했다. 각자 자부심이 행성만 했던 17세기 영국의 두 천재는 그 뒤로 수십 년 동안 지속적으로 언쟁을 벌였다. 두 사람의 언쟁은 훅이 만유인력의 법칙을 자신이 발견했다고 주장하면서 정점에 이르렀다.

61 오늘날 훅의 이름을 들을 때 우리는 : 2019년 텍사스 대학교의 생물학 교수 래리 그리핑은 1680년경 메리 빌이 그린 신원 미상의 과학자 초상화를 조사했다. 그리핑은 그 그림이 훅의 초상화라고 믿는다. "Portraits," RobertHooke.org, accessed December 2021, http://roberthooke.org.uk/?page_id=227.

보편적인 세포

62 나는 벌집과 매우 흡사하게 : Hooke, *Microphagia*, 111.

62 현미경으로 식물의 구조를 : Schwann, *Microscopical Researches*, x.

62 "과학사에서 가장 기이한 침묵 중의 하나" : Leslie Clarence Dunn, *A Short History of Genetics: The Development of Some of the Main Lines of Thought, 1864–1939* (Ames: Iowa State University Press, 1991), 15.

62 "아주 작은 생물" : Leonard Fabian Hirst, *The Conquest of Plague: A Study of the Evolution of Epidemiology* (Oxford, UK: Clarendon Press, 1953), 82.

62 "살아 있는 감염" : Ibid., 81.

64 프랑스의 해부학자 비샤는 : Xavier Bichat, *Traité Des Membranes en Général et De Diverses Membranes en Particulier* (Paris: Chez Richard, Caille et Ravier, 1816). See also Harris, *Birth of the Cell*, 18.

65 라스파이는 세포가 하는 일이 있다고 : Dora B. Weiner, *Raspail: Scientist and Reformer* (New York: Columbia University Press, 1968).

65 "오늘 법정에는 저명한 과학자가" : Pierre Eloi Fouquier and Matthieu Joseph Bonaventure Orfila, *Procès et défense de F. V. Raspail poursuivi le 19 mai 1846, en exercice illégal de la médicine* (Paris: Schneider et Langrand, 1846), 21.

65 라스파이는 특유의 태도로 거부했다 : 1840년대 중반 라스파이의 지적 관심사는 바뀌어 있었고, 그는 소독, 위생, 사회의학에 몰두하기로 결심했다. 특히 재소자들과 가난한 이들에게 초점을 맞추었다. 그는 기생충과 벌레가 대다수 질병의 원인이라고 확신했다. 그러나 감염의 원인인 세균에는 결코 그다지 관심을 기울이지 않았다. 1843년 그는 『건강과 질병의 자연사(*Histoire naturelle de la santé et de la maladie*)』와 『건강 연감(*Manuel annuaire de la santé*)』을 썼다. 엄청난 성공을 거둔 이 두 책은 개인 위생과 건강을 다루었는데, 식단, 운동, 정신 활동, 맑은 공기에 관한 권고들도 담겨 있었다. 더 뒤에 라스파이는 정치로 눈을 돌렸고, 하원 의원으로 선출되었다. 그는 재소자와 극빈자를 위한 의료 개혁, 도시의 위생 개선 활동을 계속했다. 런던에서 의사 존 스노가 펼친 영웅적인 활동의 복사판이었다. 그는 의학 문헌에서는 거의 자취를 감

추었지만, 아마 빈센트 반 고흐의 「양파 접시가 있는 정물화」를 통해서 자신이 살았음을 계속 알릴 수 있을 것이다. 탁자의 양파 접시 옆에 라스파이의 『연감』이 놓여 있기 때문이다. 건강염려증 환자였던 반 고흐는 아마 거리에서 그 책을 샀겠지만, 눈물을 자극하는 채소 옆에 신랄한 남자의 길이 남을 작품을 놓은 것은 꽤 적절해 보인다. (François-Vincent Raspail, *Histoire naturelle de la santé et de la maladie chez les végétaux et chez les animaux en général, et en particulier chez l'homme* [Paris: Elibron Classics, 2006], and *Manuel-annuaire de la santé pour 1864, ou médecine et pharmacie domestiques* [Paris: Simon Bacon, 1854].)

65 "각 세포는 주변 환경으로부터" : Weiner, *Raspail*. 더 자세한 내용은 다음을 참조하라. Dora Weiner, "François-Vincent Raspail: Doctor and Champion of the Poor," *French Historical Studies* 1, no. 2 (1959): 149–71.

66 라스파이는 1825년 원고의 제사에 : 더 자세한 내용은 다음을 보라. Harris, *Birth of the Cell*, 33.

68 "그리고 모든 물활론적 자연이" : Samuel Taylor Coleridge, "The Eolian Harp," in *The Poetical Works of Samuel Taylor Coleridge*, ed. William B. Scott (London: George Routledge and Sons, 1873), 132.

70 1694년 네덜란드의 현미경학자 니콜라스 하르트수커는 : Matthias Jakob Schleiden, "Contributions to Our Knowledge of Phytogenesis," trans. William Francis, in *Scientific Memoirs, Selected from the Transactions of Foreign Academies of Science and Learned Societies and from Foreign Journals*, vol. 2, ed. Richard Taylor (London: Richard and John E. Taylor, 1841), 281. 자세한 내용은 다음을 보라. Raphaële Andrault, "Nicolas Hartsoeker, Essai de dioptrique, 1694," in Raphaële Andrault et al., eds., *Médecine et philosophie de la nature humaine de l'âge classique aux Lumières: Anthologie* (Paris: Classiques Garnier, 2014).

71 "완전히 개별적이고 독립적이며" : Schleiden, "Beiträge zur Phytogenesis," 137–76.

71 "동물 조직의 대부분은 세포에서" : Schwann, *Microscopical Researches*, 6.

71 "[기관과 조직의] 아주 다양한 모습은" : Ibid., 1.

72 "갈등하던, 수수께끼 같은, 과도기적인 인물" : 로라 오티스, 그녀의 부모님, 담당의와 저자의 인터뷰, 2022.

73 "사실 우리는 생물의 성장을 결정화와" : Schwann, *Microscopical Researches*, 212.

73 "[결정화는] 불확실하고 역설적인 측면이" : Ibid., 215.

73 "주된 결과는 발생의 토대를" : Harris, *Birth of the Cell*, 102.

73 "그러나 어쨌든 간에 궁극적" : J. Müller, *Elements of Physiology*, ed. John Bell, trans. W. M. Baly (Philadelphia: Lea and Blanchard, 1843), 15.

74 피르호는 그 증상을 백혈구증가증이라고 했다가 : Rudolf Virchow, "Weisses Blut, 1845," in *Gesammelte Abhandlungen zur Wissenschaftlichen Medicin*, ed. Rudolf Virchow (Frankfurt: Meidinger Sohn, 1856), 149–54; Virchow, "Die Leukämie," in ibid., 190–212.

74 "그는 안색이 거무스름하며" : John Hughes Bennett, "Case of Hypertrophy of the Spleen and Liver, Which Death Took Place from Suppuration of the Blood," *Edinburgh Medical and Surgical Journal* 64 (1845): 413–23.

74 "다음 사례는 특히 가치가 있어 보인다" : John Hughes Bennett, "On the Discovery of Leucocythemia," *Monthly Journal of Medical Science* 10, no. 58 (1854): 374–81.

75 1848년 이 꾸준함은 정치적 차원으로 : Byron A. Boyd, *Rudolf Virchow: The Scientist as Citizen* (New York: Garland, 1991).

75 피르호는 분개한 어조로 유행병을 다룬 : Rudolf Virchow, "Erinnerungsblätter," in *Archiv für Pathologische Anatomie und Physiologie und für Klinische Medicin* 4, no. 4 (1852): 541–48. See also Theodore M. Brown and Elizabeth Fee, "Rudolf Carl Virchow: Medical Scientist, Social Reformer, Role Model," *American Journal of Public Health* 96, no. 12 (December 2006): 2104–5, doi:10.2105/AJPH.2005.078436.

76 그는 이 병이 감염원뿐만 아니라 : Kurd Schulz, *Rudolf Virchow und die Oberschlesische Typhusepidemie von 1848. Jahrbuch der Schlesischen Friedrich-Wilhelms-Universität zu Breslau*. Vol. 19. Ed. (Göttingen Working Group, 1978).

76 "몸은 모든 세포가 시민인 세포 국가이다" : Rudolf Virchow, quoted in Weisenberg, "Rudolf Virchow, Pathologist, Anthropologist, and Social Thinker."

77 라스파이의 문구가 피르호의 핵심 원리가 되었다 : François Raspail, "Classification Generalé des Graminées," in *Annales des Sciences Naturelles*, vol. 6, comp. Jean Victor Audouin, A. D. Brongniart, and Jean-Baptiste Dumas (Paris: Libraire de L'Académie Royale de Médicine, 1825), 287–92. See also Silver, "Virchow, the Heroic Model in Medicine," 82–88.

77 "생명은 오로지 직접적인 계승을 통해서만 생겨난다" : Quoted in Lelland J. Rather, *A Commentary on the Medical Writings of Rudolf Virchow: Based on Schwalbe's Virchow-Bibliographie, 1843–1901* (San Francisco: Norman, 1990), 53.

78 『세포병리학』을 내놓았고 : Rudolf Virchow, *Cellular Pathology: As Based upon*

Physiological and Pathological Histology: Twenty Lectures Delivered in the Pathological Institute of Berlin During the Months of February, March, and April, 1858 (London: John Churchill, 1858).

80 "병원은 진료가 필요한 모든 아픈 사람들에게" : Quoted in Rather, *Commentary on the Medical Writings of Rudolf Virchow*, 19.

81 그는 1886년 「병리학 아카이브」에 : 인종주의에 대한 피르호의 반응에 대한 자세한 내용은 다음을 보라. Rudolf Virchow, "Descendenz und Pathologie," *Archiv für Pathologische Anatomie und Physiologie und für Klinische Medicin* 103, no. 3 (1886): 413–36.

81 "생명은 대체로 세포 활동이다" : Quoted in Rather, *Commentary on the Medical Writings of Rudolf Virchow*, 4.

82 "모든 질병은 살아 있는 몸에 있는" : Quoted in ibid., 101. See also "Eine Antwort an Herrn Spiess," *Virch. Arch*. XIII, 481. A Reply to Mr. Spiess. VA 13 (1858): 481–90.

82 스물세 살이던 M.K.는 : M. K. 사례의 자세한 사항은 2002년 M. K.와 만나면서 알게 된 것들이다. 익명성을 유지하고자 이름과 신원을 밝혀줄 만한 내용은 바꾸었다.

83 중증 복합 면역결핍증에 걸렸고 : "Severe Combined Immunodeficiency (SCID)," National Institute of Allergy and Infectious Diseases (NIAID) online, last modified April 4, 2019, https://www.niaid.nih.gov/diseases-conditions/severe-combined-immunodeficiency-scid#:~:text=Severe%20combined%20immunodeficiency%20(SCID)%20is,highly%20susceptible%20to%20severe%20infections.

83 "모든 동물은 그 자체가 생명력을" : Rudolf Virchow, "Lecture I," *Cellular Pathology as Based upon Physiological and Pathological Histology: Twenty Lectures Delivered in the Pathological Institute of Berlin During the Months of February, March, and April, 1858, trans. Frank Chance* (London: John Churchill, 1860), 1–23.

병원성 세포

87 소라게처럼 미생물도 자신이 : Elizabeth Pennisi, "The Power of Many," *Science* 360, no. 6396 (June 29, 2018): 1388–91, doi:10.1126/science.360.6396.1388.

88 1668년 프란체스코 레디는 : Francesco Redi, *Experiments on the Generation of Insects*, trans. Mab Bigelow (Chicago: Open Court, 1909).

88 레디는 물질이 썩어가는 첫 징후 중 하나인 : Ibid. See also Paul Nurse, "The Incredible Life and Times of Biological Cells," *Science* 289, no. 5485 (September 8, 2000): 1711–

16, doi:10.1126/science.289.5485.1711.

88 1859년 파리에서 루이 파스퇴르는 : René Vallery-Radot, *The Life of Pasteur*, vol. 1., trans. R. L. Devonshire (New York: Doubleday, Page, 1920), 141.

89 독일 볼슈타인에서는 로베르트 코흐라는 : Thomas D. Brock, *Robert Koch: A Life in Medicine and Bacteriology* (Madison, WI: Science Tech, 1988), 32.

89 1876년 초에 그는 감염된 소와 양에서 : Robert Koch, "The Etiology of Anthrax, Founded on the Course of Development of Bacillus Anthracis" (1876), in *Essays of Robert Koch.*, ed. and trans. K. Codell Carter (New York: Greenwood Press, 1987), 1–18.

91 "이 사실로 볼 때 탄저균이" : Quoted in Thomas Goetz, *The Remedy: Robert Koch, Arthur Conan Doyle, and the Quest to Cure Tuberculosis* (New York: Gotham Books, 2014), 74. See also Steve M. Blevins and Michael S. Bronze, "Robert Koch and the 'Golden Age' of Bacteriology," *International Journal of Infectious Diseases* 14, no. 9 (September 2010): e744–e51.

92 "독일인들의 탄저균에 해당" : Quoted in Robert Koch, "Über die Milz-brandimpfung. Eine Entgegnung auf den von Pasteur in Genf gehaltenen Vortrag," in *Gesammelte Werke von Robert Koch*, ed. J. Schwalbe, G. Gaffky, and E. Pfuhl (Leipzig, Ger.: Verlag von Georg Thieme, 1912), 207–31.

92 "지금까지 파스퇴르의 탄저균 연구는" : Ibid. See also Robert Koch, "On the Anthrax Inoculation," in *Essays of Robert Koch*, 97–107.

92 파스퇴르는 프랑스 동료에게 과학적 경의를 : Agnes Ullmann, "Pasteur-Koch: Distinctive Ways of Thinking About Infectious Diseases," *Microbe* 2, no. 8 (August 2007): 383–87, http://www.antimicrobe.org/h04c.files/history/Microbe%202007%20Pasteur-Koch.pdf. See also Richard M. Swiderski, *Anthrax: A History* (Jefferson, NC: McFarland, 2004), 60.

93 양쪽이 어떻게 이어지는지 단서를 : Semmelweis, *Childbed Fever.*

93 "병동 바깥에서 출산하는 사람들이" : Ibid., 81.

94 제멜바이스가 도울 수 있는 방법은 : Ibid., 19.

95 존 스노라는 영국 의사는 : John Snow, *On the Mode of Communication of Cholera* (London: John Churchill, 1849).

95 "거의 모든 사망자들이 우물에서" : John Snow, "The Cholera Near Golden-Square, and at Deptford," *Medical Times and Gazette* 9 (September 23, 1854): 321–22.

96 "스스로 번식하는 특성을 지닌" : Snow, *Mode of Communication of Cholera*, 15.

100 리스터의 시대에 외과의는 : Dennis Pitt and Jean-Michel Aubin, "Joseph Lister: Father of Modern Surgery," *Canadian Journal of Surgery* 55, no. 5 (October 2012): e8-e9, doi:10.1503/cjs.007112.

101 파울 에를리히와 사하치로 하타가 발견한 : Felix Bosch and Laia Rosich, "The Contributions of Paul Ehrlich to Pharmacology: A Tribute on the Occasion of the Centenary of His Nobel Prize," *Pharmacology* 82, no. 3 (October 2008): 171–79, doi:10.1159/000149583.

101 1928년 알렉산더 플레밍이 곰팡이 핀 배양접시에서 : Siang Yong Tan and Yvonne Tatsumura, "Alexander Fleming (1881–1955): Discoverer of Penicillin," *Singapore Medical Journal* 56, no. 7 (2015): 366–67, doi:10.11622/smedj.2015105.

101 세균에서 분리한 스트렙토마이신이 : H. Boyd Woodruff, "Selman A. Waksman, Winner of the 1952 Nobel Prize for Physiology or Medicine," *Applied and Environmental Microbiology* 80, no. 1 (January 2014): 2-8, doi:10.1128/AEM.01143-13.

102 과학 저술가 에드 용의 선구적인 저서 : Ed Yong, *I Contain Multitudes: The Microbes Within Us and a Grander View of Life* (New York: Ecco, 2016).

102 한 감염병 전문가는 내게 사람이 : Francisco Marty, 저자와의 인터뷰, February 2018.

103 우리가 몇몇 난해한 미생물만이 : Carl R. Woese and G. E. Fox, "Phylogenetic Structure of the Prokaryotic Domain: The Primary Kingdoms," *Proceedings of the National Academy of Sciences of the United States of America* 74, no. 11 (November 1977): 5088–90, https://doi.org/10.1073/pnas.74.11.5088.

103 고세균은 세균과 "거의 같지도" 않고 : Carl R. Woese, O. Kandler, and M. L. Wheelis, "Towards a Natural System of Organisms: Proposal for the Domains Archaea, Bacteria, and Eucarya," *Proceedings of the National Academy of Sciences of the United States of America* 87, no. 12 (June 1990): 4576–79, doi:10.1073/pnas.87.12.4576.

103 1998년 생물학자 에른스트 마이어는 : Ernst Mayr, "Two Empires or Three?," *Proceedings of the National Academy of Sciences of the United States of America* 95, no. 17 (August 18, 1998): 9720-23, https://doi.org/10.1073/pnas.95.17.9720.

103 「사이언스」는 우즈를 "흉터투성이 혁명가" : Virginia Morell, "Microbiology's Scarred Revolutionary," *Science* 276, no. 5313 (May 2, 1997): 699-702, doi:10.1126/science.276.5313.699.

104 런던 유니버시티 칼리지의 진화생물학자 닉 레인은 : Nick Lane, *The Vital Question:*

Energy, Evolution, and the Origins of Complex Life (New York: W. W. Norton, 2015), 8.

105 이 세 가지 구성요소(막, RNA 정보 보유자, 복제자)가 : Jack Szostak, David Bartel, and P. Luigi Luisi, "Synthesizing Life," *Nature* 409 (January 2001): 387–90, https://doi.org/10.1038/35053176.

106 생물학자들은 어느 시점에 이르렀을 때 : Ting F. Zhu and Jack W. Szostak, "Coupled Growth and Division of Model Protocell Membranes," *Journal of the American Chemical Society* 131, no. 15 (April 2009): 5705–13.

106 "이 조상은 대체로 세균에게는 없는" : Lane, *The Vital Question*, 2.

107 이 "현대" 진핵세포가 고세균에서 출현했음을 : James T. Staley and Gustavo Caetano-Anollés, "Archaea-First and the Co-Evolutionary Diversification of Domains of Life," *BioEssays* 40, no. 8 (August 2018): e1800036, doi:10.1002/bies.201800036. See also "BioEsssays: Archaea-First and the Co-Evolutionary Diversification of the Domains of Life," YouTube, 8:52, WBLifeSciences, https://www.youtube.com/watch?v=9yVWn_Q9faY&ab_channel=CrashCourse.

107 "설명되지 않은 공백……생물학의" : Lane, *The Vital Question*, 1.

조직된 세포

111 나에게 생명을 지닌 유기물 액포[세포]를 : François-Vincent Raspail, quoted in Lewis Wolpert, *How We Live and Why We Die: The Secret Lives of Cells* (New York: W. W. Norton, 2009), 14.

111 세포학은 마침내 한 세기에 걸친 꿈을 : George Palade, banquet speech at the Nobel Banquet, December 10, 1974, Nobel Prize online, http://nobelprize.org/nobel_prizes/medicine/laureates/1974/palade-speech.html.

111 "세포는 그 안에……자신의" : Rather, *Commentary on the Medical Writings of Rudolf Virchow*, 38.

112 그래서 오버턴은 세포막이 기름기 있는 층임이 : Ernest Overton, *Über die osmotischen Eigenschaften der lebenden Pflanzen-und Tierzelle* (Zurich: Fäsi & Beer, 1895), 159–84. See also Overton, *Über die allgemeinen osmotischen Eigenschaften der Zelle, ihre vermutlichen Ursachen und ihre Bedeutung für die Physiologie* (Zurich: Fäsi & Beer, 1899). See also Overton, "The Probable Origin and Physiological Significance of Cellular Osmotic Properties," in *Papers on Biological Membrane Structure, ed. Daniel Branton and Roderic B. Park* (Boston: Little, Brown, 1968), 45–52. See also Jonathan

Lombard, "Once upon a Time the Cell Membranes: 175 Years of Cell Boundary Research," *Biology Direct* 9, no. 32 (December 19, 2014), https://doi.org/10.1186/s13062-014-0032-7.

113 1920년대에 에버트 호르터르와 프랑수아 그렌델은 : Evert Gorter and François Grendel, "On Bimolecular Layers of Lipoids on the Chromocytes of the Blood," *Journal of Experimental Medicine* 41, no. 4 (March 31, 1925): 439–43, doi:10.1084/jem.41.4.439.

114 가스 니컬슨과 시모어 싱어라는 두 생화학자는 : Seymour Singer and Garth Nicolson, "The Fluid Mosaic Model of the Structure of Cell Membranes," *Science* 175, no. 4023 (February 18, 1972): 720–31, doi:10.1126/science.175.4023.720.

116 백혈구는 미생물에 다가갈 때 : Orion D. Weiner et al., "Spatial Control of Actin Polymerization During Neutrophil Chemotaxis," *Nature Cell Biology* 1, no. 2 (June 1999): 75–81, https://doi.org/10.1038/10042.

117 루마니아계 미국인 세포학자 조지 펄레이드가 : James D. Jamieson, "A Tribute to George E. Palade," Journal of Clinical Investigation 118, no. 11 (November 3, 2008): 3517–18, doi:10.1172/JCI37749.

118 콩팥 모양의 소기관은 비록 모호하게 : Richard Altmann, *Die Elementaror-ganismen und ihre Beziehungen zu den Zellen* (Leipzig, Ger.: Verlag von Veit, 1890), 125.

118 1967년 진화생물학자 린 마굴리스는 : Lynn Sagan, "On the Origin of Mitosing Cells," *Journal of Theoretical Biology* 14, no. 3 (March 1967): 225–74, doi:10.1016/0022–5193(67)90079–3.

118 닉 레인은 『바이털 퀘스천』에서 마굴리스가 : Lane, *Vital Question*, 5.

120 "조용히 타오르는 이 작은 불꽃 수십억 개가" : Eugene I. Rabinowitch, "Photo-synthesis—Historical Development of Scientific Interpretation and Significance of the Process," in *The Physical and Economic Foundation of Natural Resources: I. Photosynthesis—Basic Features of the Process* (Washington, DC: Interior and Insular Affairs Committee, House of Representatives, United States Congress, 1952), 7–10.

121 "세포학은 마침내 한 세기에 걸친 꿈을 실현시키고 있다" : George Palade, quoted in Andrew Pollack, "George Palade, Nobel Winner for Work Inspiring Modern Cell Biology, Dies at 95," *New York Times*, October 8, 2008, B19.

121 "그는 자신을 『천로역정』에 나오는" : Paul Greengard, 저자와 나눈 개인적인 대화, February 2019.

121 이 지하 감옥은 세포학자들에게는 : Ibid. See also George Palade, "Intracellular Aspects

of the Process of Protein Secretion" (Nobel Lecture, Stockholm, December 12, 1974).

121 "이 새로운 분야에는 전통이라는 것이" : G. E. Palade, "Keith Roberts Porter and the Development of Contemporary Cell Biology," *Journal of Cell Biology* 75, no. 1 (November 1977): D3–D10, https://doi.org/10.1083/jcb.75.1.D1.

121 펄레이드는 포터 및 클로드와 : 안타깝게도 클로드는 1949년 록펠러 연구소를 떠나서 고국인 벨기에로 돌아갔다. 1974년 그는 펄레이드, 다른 세포학자인 크리스티앙 드 뒤브와 공동으로 노벨상을 수상했다. Palade, "Keith Roberts Porter and the Development of Contemporary Cell Biology," D3–D18.

122 "전통적으로 현미경학자들이 짐작했던" : Palade, "Intracellular Aspects of the Process of Protein Secretion," Nobel Lecture.

125 꼬리표가 붙은 단백질은 골지체의 : George E. Palade, "Intracellular Aspects of the Process of Protein Synthesis," *Science* 189, no. 4200 (August 1, 1975): 347–58, doi:10.1126/science.1096303.

125 벨기에 생물학자 크리스티앙 드 뒤브는 : David D. Sabatini and Milton Adesnik, "Christian de Duve: Explorer of the Cell Who Discovered New Organelles by Using a Centrifuge," *Proceedings of the National Academy of Sciences of the United States of America* 110, no. 33 (August 13, 2013): 13234–35, doi:10.1073/pnas.1312084110.

128 지구에 사는 사람의 모든 DNA를 : Barry Starr, "A Long and Winding DNA," KQED online, last modified on February 2, 2009, https://www.kqed.org/quest/1219/a-long-and-winding-dna.

128 "우리는 유전학자 J. B. S. 홀데인이" : Thoru Pederson, "The Nucleus Introduced," *Cold Spring Harbor Perspectives in Biology* 3, no. 5 (May 1, 2011): a000521, doi:10.1101/cshperspect.a000521.

129 "내부 환경의 일정함은 자유롭고" : Claude Bernard, *Lectures on the Phenomena of Life Common to Animals and Plants*, trans. Hebbel E. Hoff, Roger Guillemin, and Lucienne Guillemin (Springfield, IL: Charles C. Thomas, 1974).

131 재레드라는 열한 살의 아이스하키 선수는 : Valerie Byrne Rudisill, *Born with a Bomb: Suddenly Blind from Leber's Hereditary Optic Neuropathy*, ed. Margie Sabol and Leslie Byrne (Bloomington, IN: AuthorHouse, 2012).

131 레베르 유전성 시신경 병증에 대한 자세한 사항은 다음을 참조하라 : "Leber Hereditary Optic Neuropathy (Sudden Vision Loss)," *Cleveland Clinic* online, last modified February 26, 2021.

132 이 유전자는 인간 유전체 계획이 출범하기 : D. C. Wallace et al., "Mitochondrial DNA Mutation Associated with Leber's Hereditary Optic Neuropathy," *Science* 242, no. 4884 (December 9, 1988): 1427–30, doi:10.1126/science.3201231.

132 "11778. 내 하키 사물함, 자전거 자물쇠" : Jared, quoted in Rudisill, *Born with a Bomb*.

133 "기타 교습소에서 부모님께 처음으로" : Ibid.

133 2011년 중국 허베이의 안과의들은 : Byron Lam et al., "Trial End Points and Natural History in Patients with G11778A Leber Hereditary Optic Neuropathy," *JAMA Ophthalmology* 132, no. 4 (April 1, 2014): 428–36, doi:10.1001/jamaophthalmol.2013.7971.

134 2011년 중국 의사들은 LHON 환자 8명을 : Shuo Yang et al., "Long-term Outcomes of Gene Therapy for the Treatment of Leber's Hereditary Optic Neuropathy," *eBioMedicine* (August 10, 2016): 258–68, doi:10.1016/j.ebiom.2016.07.002.

134 레스큐RESCUE 시험이 완료되었다고 : Nancy J. Newman et al., "Efficacy and Safety of Intravitreal Gene Therapy for Leber Hereditary Optic Neuropathy Treated Within 6 Months of Disease Onset," *Ophthalmology* 128, no. 5 (May 2021): 649–60, doi: 10.1016/j.ophtha.2020.12.012.

분열하는 세포

137 재생산 같은 것은 없다 : Andrew Solomon, *Far from the Tree: Parents, Children and the Search for Identity* (New York: Scribner, 2013), 1.

137 프랑스의 생물학자 프랑수아 자코브는 : Quoted in Jacques Monod, *Chance and Necessity: An Essay on the Natural Philosophy of Modern Biology* (New York: Alfred A. Knopf, 1971), 20.

138 정신과의의 아들인 발터 플레밍은 : Neidhard Paweletz, "Walther Flemming: Pioneer of Mitosis Research," *Nature Reviews Molecular Cell Biology* 2, no. 1 (January 1, 2001): 72–75, https://doi.org/10.1038/35048077.

139 "세포에서 눈에 보이는 형태를 지닌" : Walther Flemming, "Contributions to the Knowledge of the Cell and Its Vital Processes: Part 2," *Journal of Cell Biology* 25, no. 1 (April 1, 1965): 1–69, https://www.ncbi.nlm.nih.gov/pmc/articles/PMC2106612/.

139 나중에 테오도어 보베리와 월터 서턴은 : Walter Sutton, "The Chromosomes in Heredity," *Biological Bulletin* 4, no. 5 (April 1903): 231–51, https://doi.org/1535741; Theodor Boveri, *Ergebnisse über die Konstitution der chromatischen Substanz des*

Zellkerns (Jena, Ger.: Verlag von Gustav Fischer, 1904).

140 "핵 속의 형체들이 분열 때 스스로" : Ibid., 1–9.

144 유전체 지킴이라는 단백질들 : "The p53 Tumor Suppressor Protein," in *Genes and Disease* (Bethesda, MD: National Center for Biotechnology Information, last modified January 31, 2021), 215–16, available online at https://www.ncbi.nlm.nih.gov/books/NBK22268/.

146 "아버지는 블루칼라 노동자셨어요" : Paul Nurse, 저자와의 인터뷰, March 2017. "Sir Paul Nurse: I Looked at My Birth Certificate. That Was Not My Mother's Name," *Guardian* (International edition) online, last modified August 9, 2014, https://www.theguardian.com/culture/2014/aug/09/paul-nurse-birth-certificate-not-mothers-name.

148 "1982년경에 성게 알의 단백질 합성 조절 연구는" : Tim Hunt, "Biographical," Nobel Prize online, accessed February 20, 2022, https://www.nobelprize.org/prizes/medicine/2001/hunt/biographical/.

148 "시험관과 주사기, 배지, 심지어 연동 펌프" : Tim Hunt, "Protein Synthesis, Proteolysis, and Cell Cycle Transitions" (Nobel Lecture, Stockholm, December 9, 2021).

150 "우리는 같은 것을 그저 다른 방향에서" : Nurse, 저자와의 인터뷰, March 2017.

153 1950년대 중반 비정통적이면서 비밀스러운 성향의 : Stuart Lavietes, "Dr. L. B. Shettles, 93, Pioneer in Human Fertility," *New York Times*, February 16, 2003, 1041.

154 셰틀즈의 연구에 대한 자세한 내용은 다음을 참조하라 : Tabitha M. Powledge, "A Report from the Del Zio Trial," *Hastings Center Report* 8, no. 5 (October 1978): 15–17, https://www.jstor.org/stable/3561442.

154 과학사가 마거릿 마시의 말을 빌리자면 : Quoted in "Test Tube Babies: Landrum Shettles," *PBS American Experience* online, accessed March 14, 2022, https://www.pbs.org/wgbh/americanexperience/features/babies-bio-shettles/.

154 두 사람의 연구에 대한 자세한 사항은 다음을 참조하라 : Martin H. Johnson, "Robert Edwards: The Path to IVF," *Reproductive Biomedicine* Online 23, no. 2 (August 23, 2011): 245–62, doi:10.1016/j.rbmo.2011.04.010. See also James Le Fanu, *The Rise and Fall of Modern Medicine* (New York: Carroll & Graf, 2000), 157–76.

154 "장학금은 다 떨어졌고, 빚도 있었다" : Robert Geoffrey Edwards and Patrick Christopher Steptoe, *A Matter of Life: The Story of a Medical Breakthrough* (New York: William Morrow, 1980), 17.

155 하버드의 과학자 존 록과 미리엄 멘킨의 : John Rock and Miriam F. Menkin, "In Vitro

Fertilization and Cleavage of Human Ovarian Eggs," *Science* 100, no. 2588 (August 4, 1944): 105–7, doi:10.1126/science.100.2588.105.

155 1951년 매사추세츠 우스터 연구소에서 생식을 : M. C. Chang, "Fertilizing Capacity of Spermatozoa Deposited into the Fallopian Tubes," *Nature* 168, no. 4277 (October 20, 1951): 697–98, doi:10.1038/168697b0.

156 "3시간, 6시간, 9시간, 12시간이" : Edwards and Steptoe, *A Matter of Life*, 43.

156 "사람 같은 영장류 난자의 성숙 프로그램이" : Ibid., 44.

156 "너무 일찍 쳐다볼 생각을 말자" : Ibid., 45.

157 "믿을 수 없을 만치 흥분되었다" : Ibid.

157 "복강경 검사는 아무짝에도" : Ibid., 62.

159 1968년 늦겨울의 어느 오후 에드워즈와 : Quoted in "Recipient of the 2019 IETS Pioneer Award: Dr. Barry Bavister," *Reproduction, Fertility and Development* 31, no. 3 (2019): vii–viii, https://doi.org/10.1071/RDv31n3_PA.

159 "정자가 첫 번째 난자로 막" : Jean Purdy, quoted in ibid.

159 에드워즈, 스텝토, 배비스터는 1969년 : Robert G. Edwards, Barry D. Bavister, and Patrick C. Steptoe, "Early Stages of Fertilization In Vitro of Human Oocytes Matured In Vitro," *Nature* 221, no. 5181 (February 15, 1969): 632–35, https://doi.org/10.1038/221632a0.

160 "아마 지금은 이해하기 어렵겠지만" : Johnson, "Robert Edwards: The Path to IVF," 245–62.

160 "1965년에서 1969년 사이에 피임법 개발" : Martin H. Johnson et al., "Why the Medical Research Council Refused Robert Edwards and Patrick Steptoe Support for Research on Human Conception in 1971," *Human Reproduction* 25, no. 9 (September 2010): 2157–74, doi: 10.1093/humrep/deq155.

161 1977년 11월 10일, 쌀알보다 : Robin Marantz Henig, *Pandora's Baby: How the First Test Tube Babies Sparked the Reproductive Revolution* (Boston: Houghton Mifflin, 2004).

161 "[아기는] 인공호흡이 전혀 필요" : Martin Hutchinson, "I Helped Deliver Louise," *BBC News* online, last modified July 24, 2003, http://news.bbc.co.uk/2/hi/health/3077913.stm.

162 "사실 너무 피곤했어요" : Ibid.

162 수정 때 시험관은 거의 쓰이지 않기 : Victoria Derbyshire, "First IVF Birth: 'It Makes

Me Feel Really Special,'" *BBC News Two* online, last modified July 23, 2015, https://www.bbc.co.uk/programmes/p02xv7jc.

162 "브라운 부부는……아이의 품격을 떨어뜨리고" : Quoted in Ciara Nugent, "What It Was Like to Grow Up as the World's First 'Test-Tube Baby,'" *Time* online, last modified July 25, 2018, https://time.com/5344145/louise-brown-test-tube-baby/.

162 「타임」의 7월 31일자 표지에는 : Cover image, *Time*, July 31, 1978, available online at http://content.time.com/time/magazine/0,9263,7601780731,00.html.

163 "남들과는 좀 다르게 태어났다" : Derbyshire, "First IVF Birth." See also Elaine Woo and *Los Angeles Times*, "Lesley Brown, British Mother of First In Vitro Baby, Dies at 64," *Health & Science*, *Washington Post* online, June 25, 2012, https://www.washingtonpost.com/national/health-science/lesley-brown-british-mother-of-first-in-vitro-baby-dies-at-64/2012/06/25/gJQAkavb2V_story.html.

164 그가 1962년에 발표한 논문은 : Robert G. Edwards, "Meiosis in Ovarian Oocytes of Adult Mammals," *Nature* 196 (November 3, 1962): 446–50, https://doi.org/10.1038/196446a0.

165 이 분자들이 방출되고 활성을 띨 때 : Deepak Adhikari et al., "Inhibitory Phosphorylation of Cdk1 Mediates Prolonged Prophase I Arrest in Female Germ Cells and Is Essential for Female Reproductive Lifespan," *Cell Research* 26 (2016): 1212–25, https://doi.org/10.1038/cr.2016.119.

165 스탠퍼드 연구진은 사람 배아 242개를 : Krysta Conger, "Earlier, More Accurate Prediction of Embryo Survival Enabled by Research," *Stanford Medicine News Center*, last modified October 2, 2010, https://med.stanford.edu/news/all-news/2010/10/earlier-more-accurate-prediction-of-embryo-survival-enabled-by-research.html.

166 단세포 배아 중 약 3분의 1만이 : Ibid.

제멋대로 주무른 세포

167 "딤과 나는 다른 문제를 논의하고" : Jon Cohen, "The Untold Story of the 'Circle of Trust' Behind the World's First Gene-Edited Baby," *Asia/Pacific News, Science* online, last modified August 1, 2019, https://www.science.org/content/article/untold-story-circle-trust-behind-world-s-first-gene-edited-babies.

167 JK의 일화를 : Ibid.

168 사실상 착상시킬 "좋은" 배아를 : Richard Gardner and Robert Edwards, "Control of

the Sex Ratio at Full Term in the Rabbit by Transferring Sexed Blastocysts," *Nature* 218 (April 27, 1968): 346–48, https://doi.org/10.1038/218346a0.

169 "사람을 포함한 여러 포유동물에게서" : Ibid.

171 이 명단은 짧게 줄인 것이다 : Https://www.broadinstitute.org/what-broad/areas-focus/project-spotlight/crispr-timeline.

173 델타 32라는 자연적인 돌연변이로 : L. Meyer et al., "Early Protective Effect of CCR−5 Delta 32 Heterozygosity on HIV-1 Disease Progression: Relationship with Viral Load. The SEROCO Study Group," *AIDS* 11, no. 11 (September 1997): F73–F78, doi:10.1097/00002030-199711000-00001.

174 그로부터 얼마 지나지 않아서 : "28 Nov 2018—International Summit on Human Genome Editing—He Jiankui Presentation and Q&A," YouTube, 1:04.28, WCSethics, https://www.youtube.com/watch?v=tLZufCrjrN0.

174 "희소식입니다!" : Pam Belluck, "Gene-Edited Babies: What a Chinese Scientist Told an American Mentor," *New York Times*, April 14, 2019, A1.

175 "30분, 아니 45분 동안 그들에게" : Cohen, "Untold Story of the 'Circle of Trust.'"

175 "참고하세요. 아마 최초의 사람" : Ibid.

176 이 자리에 계신 분들께 상기시키자면 : Robin Lovell−Badge, introduction, "28 Nov 2018—International Summit on Human Genome Editing—He Jiankui Presentation and Q&A," YouTube.

176 그는 한 배반포에서 떼어낸 세포를 : David Cyranoski, "First CRISPR Babies: Six Questions That Remain," *News, Nature* online, last modified November 30, 2018, https://www.nature.com/articles/d41586-018-07607-3.

178 "여기에서 성공적이라는 말은 모호하다" : Mark Terry, "Reviewers of Chinese CRISPR Research: 'Ludicrous' and 'Dubious at Best,'" *BioSpace*, last modified December 5, 2019, https://www.biospace.com/article/peer-review-of-china-crispr-scandal-research-shows-deep-flaws-and-questionable-results/.

179 "나는 실험 과정이 투명했다고 보지 않습니다" : Badge, introduction, "28 Nov 2018—International Summit on Human Genome Editing—He Jiankui Presentation and Q&A," YouTube. See also US National Academy of Sciences and US National Academy of Medicine, the Royal Society of the United Kingdom, and the Academy of Sciences of Hong Kong, *Second International Summit on Human Genome Editing: Continuing the Global Discussion, November, 27–29, University of Hong Kong, China* (Washington,

DC: National Academies Press, 2018).

180 "솔직히 말하면, 나는 이건 가짜일 거야" : Cohen, "Untold Story of the 'Circle of Trust.'"

180 "허 박사의 발표를 듣고 나니" : David Cyranoski, "CRISPR-baby Scientist Fails to Satisfy Critics," *News, Nature* online, last modified November 30, 2018, https://www.nature.com/articles/d41586-018-07573-w.

180 그러나 신중함 여부를 떠나서 : David Cyranoski, "Russian 'CRISPRbaby' Scientist Has Started Editing Genes in Human Eggs with Goal of Altering Deaf Gene," *News, Nature* online, last modified October 18, 2019, https://www.nature.com/articles/d41586-019-03018-0.

183 이 점은 또다른 의문을 낳는다 : Nick Lane, 저자와의 인터뷰, January 2022.

183 그들은 다세포성으로의 전이가 "크나큰 유전적" : László Nagy, quoted in Pennisi, "The Power of Many," 1388–91.

183 그러나 아마 다세포성의 가장 놀라운 특징은 : Richard K. Grosberg and Richard R. Strathmann, "The Evolution of Multicellularity: A Minor Major Transition?," *Annual Review of Ecology, Evolution, and Systematics* 38 (December 2007): 621–54, doi/10.1146/annurev.ecolsys.36.102403.114735.

184 진화생물학자 리처드 그로스버그와 : Ibid.

184 가장 흥미로운 실험 중 하나를 시행했다 : William C. Ratcliff et al., "Experimental Evolution of Multicellularity," *Proceedings of the National Academy of Sciences of the United States of America* 109, no. 5 (2012): 1595–600, https://doi.org/10.1073/pnas.1115323109.

184 금속테 안경을 쓴 랫클리프는 : William Ratcliff, 저자와의 인터뷰, December 2021.

185 여러 세대에 걸친 선택과 증식을 : Ibid.

187 진화생물학자들은 효모뿐 아니라 변형균 : Elizabeth Pennisi, "Evolutionary Time Travel," *Science* 334, no. 6058 (November 18, 2011): 893–95, doi:10.1126/science.334.6058.893.

187 집합체를 향한 진화적 경쟁에 대해서는 다음을 참조하라 : Enrico Sandro Colizzi, Renske M. A. Vroomans, and Roeland M. H. Merks, "Evolution of Multicellularity by Collective Integration of Spatial Information," *eLife* 9 (October 16, 2020): e56349, doi:10.7554/eLife.56349. See also Matthew D. Herron et al., "De Novo Origins of Multicellularity in Response to Predation," *Scientific Reports* 9 (February 20, 2019), https://doi.org/10.1038/s41598-019-39558-8.

발생하는 세포

189 생명은 "존재한다"라기보다는 : Ignaz Döllinger, quoted in Janina Wellmann, *The Form of Becoming: Embryology and the Epistemology of Rhythm, 1760–1830*, trans. Kate Sturge (New York: Zone Books, 2017), 13.

191 카스파르 프리드리히 볼프는 「발생론」이라는 : Caspar Friedrich Wolff, "Theoria Generationis" (dissertation, U Halle, 1759. Halle: U H, 1759).

192 "그 형태를 보고 있으면 자연이" : Johann Wolfgang von Goethe, "Letter to Frau von Stein," *The Metamorphosis of Plants* (Cambridge, MA: MIT Press, 2009), 15.

192 알베르투스 마그누스와 그 뒤에 카스파르 볼프가 : Joseph Needham, *History of Embryology* (Cambridge, UK: University of Cambridge Press, 1934).

193 영양막의 발전 과정에 대한 자세한 내용은 다음을 참조하라 : Martin Knöfler et al., "Human Placenta and Trophoblast Development: Key Molecular Mechanisms and Model Systems," *Cellular and Molecular Life Sciences* 76, no. 18 (September 2019): 3479–96, doi: 10.1007/s00018-019-03104-6.

194 "어느 시점에 사람 뇌의 모든 부위를" : Lewis Thomas, *The Medusa and the Snail: More Notes of a Biology Watcher* (New York: Penguin Books, 1995), 131.

195 슈페만과 만골트는 아주 초기의 개구리 배아에서 : Edward M. De Robertis, "Spemann's Organizer and Self-Regulation in Amphibian Embryos," *Nature Reviews Molecular Cell Biology* 7, no. 4 (April 2006): 296–302, doi:10.1038/nrm1855.

196 이식한 조직은 스스로 재편되었을 : Scott F. Gilbert, *Development Biology*, vol. 2 (Sunderland, UK: Sinauer Associates, 2010), 241–86. See also Richard Harland, "Induction into the Hall of Fame: Tracing the Lineage of Spemann's Organizer," *Development* 135, no. 20 (October 15, 2008): 3321–23, fig. 1, https://doi.org/10.1242/dev.021196. See also Robert C. King, William D. Stansfield, and Pamela K. Mulligan, "Heteroplastic Transplantation," in A Dictionary of Genetics, 7th ed. (New York: Oxford University Press, 2007), 205. See also "Hans Spemann, the Nobel Prize in Physiology or Medicine 1935," the Nobel Prize online, accessed February 4, 2022, https://www.nobelprize.org/prizes/medicine/1935/spemann/facts/. See also Samuel Philbrick and Erica O'Neil, "Spemann-Mangold Organizer," *The Embryo Project Encyclopedia*, last modified January 12, 2012, http://embryo.asu.edu/pages/spemann-mangold-organizer. See also Hans Spemann and Hilde Mangold, "Induction of Embryonic Primordia by Implantation of Organizers from a Different Species," International Journal of

Developmental Biology 45, no. 1 (2001): 13–38.

197 1957년 독일 제약사인 그뤼넨탈 화학은 : Katie Thomas, "The Story of Thalidomide in the U.S., Told Through Documents," *New York Times*, March 23, 2020. See also James H. Kim and Anthony R. Scialli, "Thalidomide: The Tragedy of Birth Defects and the Effective Treatment of Disease," *Toxicological Sciences* 122, no. (2011): 1–6.

198 "약물이 안전하다는 입증 책임은" : *Interagency Coordination in Drug Research and Regulations: Hearings Before the Subcommittee on Reorganization and International Organizations of the Committee on Government Operations*, US Senate, 87th Congress. 93 (1961) (letter from Frances O. Kelsey).

199 "영국에서 그 약물이 말초신경염과" : Ibid.

200 "이 상황에 대중이 엄청난 관심을" : Thomas, "Story of Thalidomide in the U.S."

200 "최고의 전문가인 의사들" : Ibid.

201 다양한 다수의 세포들이 탈리도마이드에 : Tomoko Asatsuma-Okumura, Takumi Ito, and Hiroshi Handa, "Molecular Mechanisms of the Teratogenic Effects of Thalidomide," *Pharmaceuticals* 13, no. 5 (2020): 95.

201 1962년 그녀는 대통령 명예 훈장을 : Robert D. McFadden, "Frances Oldham Kelsey, Who Saved U.S. Babies from Thalidomide, Dies at 101," *New York Times*, August 7, 2015.

쉬지 않는 세포

207 세포는……연결점이다 : Maureen A. O'Malley and Staffan Müller-Wille, "The Cell as Nexus: Connections Between the History, Philosophy and Science of Cell Biology," *Studies in History and Philosophy of Science Part C: Studies in History and Philosophy of Biological and Biomedical Sciences* 41, no. 3 (September 2010): 169–71, doi:10.1016/j.shpsc.2010.07.005.

207 나 자신이 너무나 우유부단하고 : Rudolf Virchow, "Letters of 1842," 26 January 1843, *Letters to his Parents, 1839 to 1864*, ed. Marie Rable, trans. Lelland J. Rather (United States of America: Science History, 1990), 29.

211 150년경 페르가몬의 갈레노스 : Rachel Hajar, "The Air of History: Early Medicine to Galen (Part 1)," *Heart Views* 13, no. 3 (July–September 2012): 120–28, doi:10.4103/1995-705X.102164.

212 1628년 영국의 생리학자 윌리엄 하비는 : William Harvey, *On the Motion of the Heart*

and Blood in Animals, ed. Alexander Bowie, trans. Robert Willis (London: George Bell and Sons, 1889).

213 "나는 내심 어떤 움직임" : Ibid., 48.

213 "피는 허파와 심장을 지나서" : William Harvey, "An Anatomical Study on the Motion of the Heart and the Blood in Animals," in *Medicine and Western Civilisation*, ed. David J. Rothman, Steven Marcus, and Stephanie A. Kiceluk (New Brunswick, NJ: Rutgers University Press, 1995), 68–78.

213 "건강한 몸속의 이 붉은 혈구[적혈구]는" : Antonie van Leeuwenhoek, "Mr. H. Oldenburg." 14 August 1675. Letter 18 of *Alle de brieven*: 1673–1676. De Digitale Bibliotheek voor de Nederlandse Letteren (DBNL). 301.

213 17세기 이탈리아의 해부학자 : Marcello Malpighi, "De Polypo Cordis Dissertatio," Italy, 1666.

213 1770년대 영국의 해부학자이자 생리학자인 : William Hewson, "On the Figure and Composition of the Red Particles of the Blood, Commonly Called Red Globules," *Philosophical Transactions of the Royal Society of London* 63 (1773): 303–23.

214 1840년 독일의 생리학자 프리드리히 휘네펠트는 : Friedrich Hünefeld, *Der Chemismus in der thierischen Organisation: Physiologisch-chemische Untersuchungen der materiellen Veränderungen oder des Bildungslebens im thierischen Organismus, insbesondere des Blutbildungsprocesses, der Natur der Blut körperchenund und ihrer Kenrchen: Ein Beitrag zur Physiologie und Heilmittellehre* (Leipzig, Ger.: Brockhaus, 1840).

215 같은 해에 드니스는 동물의 피를 : Peter Sahlins, "The Beast Within: Animals in the First Xenotransfusion Experiments in France, ca. 1667–68," *Representations* 129, no. 1 (2015): 25–55, https://doi.org/10.1525/rep.2015.129.1.25.

216 1900년 오스트리아의 과학자 : Karl Landsteiner, "On Individual Differences in Human Blood" (Nobel Lecture, Stockholm, December 11, 1930).

216 "혈구를 자신의 혈청과 섞는" : Ibid.

218 "수혈 뒤 사고가 무척 잦아서" : Reuben Ottenberg and David J. Kaliski, "Accidents in Transfusion: Their Prevention by Preliminary Blood Examination—Based on an Experience of One Hundred Twenty–eight Transfusions," *Journal of the American Medical Association* (*JAMA*) 61, no. 24 (December 13, 1913): 2138–40, doi:10.1001/jama.1913.04350250024007.

219 "수혈 기술의 대폭적인 발전은" : Geoffrey Keynes, *Blood Transfusion* (Oxford, UK: Oxford Medical, 1922), 17.

219 1923년 마운트시나이 병원의 : Ennio C. Rossi and Toby L. Simon, "Transfusions in the New Millennium," in Rossi's *Principles of Transfusion Medicine*, ed. Toby L. Simon et al. (Oxford, UK: Wiley Blackwell, 2016), 8.

220 "6월 13일 선생님이 제 다리를 잘랐고" : A. C. Taylor to Bruce Robertson, letter, August 14, 1917, L. Bruce Robertson Fonds, Archives of Ontario, Toronto.

220 전쟁이 끝날 무렵까지 적십자사가 : "History of Blood Transfusion," American Red Cross Blood Services online, accessed March 15, 2022, https://www.redcrossblood. org/donate-blood/blood-donation-process/what-happens-to-donated-blood/blood-transfusions/history-blood-transfusion.html.

220 "전쟁은 인류에게 결코 후한" : "Blood Program in World War II," Annals of Internal Medicine 62, no. 5 (May 1, 1965): 1102, https://doi.org/10.7326/0003-4819-62-5-1102_1.

치유하는 세포

224 오만한 카이사르도 죽어 : William Shakespeare, *Hamlet*, ed. David Bevington (New York: Bantam Books, 1980), 5.1: 213–16.

224 1881년 이탈리아의 병리학자이자 : Douglas B. Brewer, "Max Schultze (1865), G. Bizzozero (1882) and the Discovery of the Platelet," *British Journal of Haematology* 133, no. 3 (May 2006): 251–58, https://doi.org/10.1111/j.1365-2141.2006.06036.x.

224 1865년 독일의 현미경 해부학자 : Max Schultze, "Ein heizbarer Objecttisch und seine Verwendung bei Untersuchungen des Blutes," Archiv für mikroskopische Anatomie 1 (December 1865): 1–14, https://doi.org/10.1007/BF02961404.

224 "사람의 피를 깊이 연구하려는 사람이라면" : Ibid.

224 "최근 들어 몇몇 연구자들은" : Giulio Bizzozero, "Su di un nuovo elemento morfologico del sangue dei mammiferi e sulla sua importanza nella trombosi e nella coagulazione," *Osservatore Gazetta delle Cliniche* 17 (1881): 785–87.

225 "혈류에 휩쓸려서 떠다니는" : Ibid.

226 1924년 핀란드의 혈액학자 : I. M. Nilsson, "The History of von Willebrand Disease," *Haemophilia* 5, supp. no. 2 (May 2002): 7–11, doi: 10.1046/j.1365-2516.1999.0050s2007.x.

227 1886년 현대 의학의 개척자 중 한 명인 : William Osler, *The Principles and Practice of Medicine* (New York: D. Appleton, 1899). See also William Osler, "Lecture III: Abstracts of the Cartwright Lectures: On Certain Problems in the Physiology of the Blood Corpuscles" (lecture, Association of the Alumni of the College of Physicians and Surgeons, New York, March 23, 1886), 917–19.

228 콜레스테롤 대사의 메커니즘 : Joseph L. Goldstein et al., "Heterozygous Familial Hypercholesterolemia: Failure of Normal Allele to Compensate for Mutant Allele at a Regulated Genetic Locus," *Cell* 9, no. 2 (October 1, 1976): 195–203, https://doi.org/10.1016/0092-8674(76)90110-0.

229 "현대의 심장병 유행은 1930년대에" : James Le Fanu, *The Rise and Fall of Modern Medicine* (London: Abacus, 2000), 322.

230 1897년 독일 제약사인 바이엘에서 : G. Tsoucalas, M. Karamanou, and G. Androutsos, "Travelling Through Time with Aspirin, a Healing Companion," *European Journal of Inflammation* 9, no. 1 (January 1, 2011): 13–16, https://doi.org/10.1177/1721727X1100900102.

230 1940–1950년대에 캘리포니아 교외에서 : Lawrence L. Craven, "Coronary Thrombosis Can Be Prevented," *Journal of Insurance Medicine* 5, no. 4 (1950): 47–48.

233 활성 혈전을 분해하는 혈전용해제도 있고 : Marc S. Sabatine and Eugene Braunwald, "Thrombolysis in Myocardial Infarction (TIMI) Study Group: JACC Focus Seminar 2/8," *Journal of the American Journal of Cardiology* 77, no. 22 (2021): 2822–45, doi: 10.1016/j.jacc.2021.01.060. See also X. R. Xu et al., "The Impact of Different Doses of Atorvastatin on Plasma Endothelin and Platelet Function in Acute ST-segment Elevation Myocardial Infarction After Emergency Percutaneous Coronary Intervention," *Zhonghua nei ke za zhi* 55, no. 12 (2016): 932–36, doi: 10.3760/cma.j.issn.0578-1426.2016.12.005.

지킴이 세포

235 1736년 나는 네 살배기 귀여운 아들을 : Benjamin Franklin, *Autobiography of Benjamin Franklin* (New York: John B. Alden, 1892), 96.

235 1840년대에 프랑스 파리의 병리학자 : Gabriel Andral, *Essai D'Hematologie Pathologique* (Paris: Fortin, Masson et Cie Libraires, 1843).

235 1843년 윌리엄 애디슨이라는 : William Addison, *Experimental and Practical Researches on Inflammation and on the Origin and Nature of Tubercles of the Lung*

(London: J. Churchill, 1843), 10.

235 "20세의 건강한 젊은 남성은" : Ibid., 62.

236 "상당히 많은 결절들" : Ibid., 57.

236 "과립으로 채워져" : Ibid., 61.

236 1882년 방랑벽이 있는 동물학 교수 : Siddhartha Mukherjee, "Before Virus, After Virus: A Reckoning," *Cell* 183 (October 15, 2020): 308–14, doi: 10.1016/j.cell.2020.09.042.

236 "두꺼운 방석층" : Ilya Mechnikov, "On the Present State of the Question of Immunity in Infectious Diseases" (Nobel Lecture, Stockholm, December 11, 1908).

237 "이동 세포들이 외래 물질" : Ibid.

237 그는 이 현상을 포식작용 : Elias Metchnikoff, "Über eine Sprosspilzkrankheit der Daphnien: Beitrag zur Lehre über den Kampf der Phagocyten gegen Krankheitserreger," *Árchiv für Pathologische Anatomie und Physiologie und für Klinische Medicin* 96 (1884): 177–95.

237 그는 생물과 침입자 사이의 관계를 : Mechnikov, "Present State of the Question of Immunity."

238 대식세포, 단핵구, 호중구는 : Katia D. Filippo and Sara M. Rankin, "The Secretive Life of Neutrophils Revealed by Intravital Microscopy," *Frontiers in Cell and Developmental Biology* 8, no. 1236 (November 10, 2020), https://doi.org/10.3389/fcell.2020.603230. See also Pei Xiong Liew and Paul Kubes, "The Neutrophil's Role During Health and Disease," *Physiological Reviews* 99, no. 2 (February 2019): 1223–48, doi:10.1152/physrev.00012.2018.

238 그는 이 개념을 특이 친화성이라고 : Paul R. Ehrlich, *The Collected Papers of Paul Ehrlich*, ed. F. Himmelweit, Henry Hallett Dale, and Martha Marquardt (London: Elsevier Science & Technology, 1956), 3.

242 "그 상처는 흔히 고름물집이" : Quoted in O. P. Jaggi, *Medicine in India* (Oxford, UK: Oxford University Press, 2000), 138.

242 한 번 병에 걸리고 나면 : Arthur Boylston, "The Origins of Inoculation," *Journal of the Royal Society of Medicine* 105, no. 7 (July 2012): 309–13, doi:10.1258/jrsm.2012.12k044.

242 중국 의사들은 이 개념을 활용하기 : Wee Kek Koon, "Powdered Pus up the Nose and Other Chinese Precursors to Vaccinations," *Opinion, South China Morning Post* online, April 6, 2020, https://www.scmp.com/magazines/post-magazine/short-reads/

article/3078436/powdered-pus-nose-and-other-chinese-precursors.

242 1760년대에 수단의 전통적인 : Ahmed Bayoumi, "The History and Traditional Treatment of Smallpox in the Sudan," *Journal of Eastern African Research & Development* 6, no. 1 (1976): 1–10, https://www.jstor.org/stable/43661421.

243 이곳에는 뜨거운 열기가 : Lady Mary Wortley Montagu, *Letters of the Right Honourable Lady M——y W——y M——u: Written During Her Travels in Europe, Asia, and Africa, to Persons of Distinction, Men of Letters, &c. in Different Parts of Europe* (London: S. Payne, A. Cook, and H. Hill, 1767), 137–40.

244 1775년 의학을 잠깐 기웃거렸던 : Anne Marie Moulin, *Le dernier langage de la médecine: Histoire de l'immunologie de Pasteur au Sida* (Paris: Presses universitaires de France, 1991), 23.

244 1762년 약종상의 실습생인 : Stefan Riedel, "Edward Jenner and the History of Smallpox and Vaccination," *Baylor University Medical Center Proceedings* 18, no. 1 (2005): 21–25, https://doi.org/10.1080/08998280.2005.11928028. See also Susan Brink, "What's the Real Story About the Milkmaid and the Smallpox Vaccine?," History, National Public Radio (NPR) online, February 1, 2018.

245 "따라서 그 병은 말에서 소의" : Edward Jenner, "An Inquiry into the Causes and Effects of the Variole Vaccine, or Cow-pox, 1798," in *The Three Original Publications on Vaccination Against Smallpox by Edward Jenner*, Louisiana State University, Law Center, https://biotech.law.lsu.edu/cphl/history/articles/jenner.htm#top.

245 1774년 영국 도싯 옛민스터 마을의 : James F. Hammarsten, William Tattersall, and James E. Hammarsten, "Who Discovered Smallpox Vaccination? Edward Jenner or Benjamin Jesty?," *Transactions of the American Clinical and Climatological Association* 90 (1979): 44–55, https://www.ncbi.nlm.nih.gov/pmc/articles/PMC2279376/pdf/tacca00099-0087.pdf.

246 생쥐의 선천면역계를 유전적으로 : Mar Naranjo-Gomez et al., "Neutrophils Are Essential for Induction of Vaccine-like Effects by Antiviral Monoclonal Antibody Immunotherapies," *JCI Insight* 3, no. 9 (May 3, 2018): e97339, published online May 3, 2018, doi:10.1172/jci.insight.97339. See also Jean Louis Palgen et al., "Prime and Boost Vaccination Elicit a Distinct Innate Myeloid Cell Immune Response," *Scientific Reports* 8, no. 3087 (2018): https://doi.org/10.1038/s41598-018-21222-2.

방어하는 세포

251 몸이 몸을 만나서 : Robert Burns, "Comin Thro' the Rye" (1782), in James Johnson, ed., *The Scottish Musical Museum; Consisting of Upwards of Six Hundred Songs, with Proper Basses for the Pianoforte*, vol. 5 (Edinburgh: William Blackwood and Sons, 1839), 430–31.

252 나일 강의 따뜻한 공기가 도움이 될 것이라고 : Cay-Rüdiger Prüll, "Part of a Scientific Master Plan? Paul Ehrlich and the Origins of his Receptor Concept," *Medical History* 47, no. 3 (July 2003): 332–56, https://www.ncbi.nlm.nih.gov/pmc/articles/PMC1044632/.

253 가장 극적인 결과를 낳은 실험은 : Paul Ehrlich, "Ehrlich, P. (1891), Experimentelle Untersuchungen über Immunität. I. Über Ricin," DMW—Deutsche Medizinische Wochenschrift 17, no. 32 (1891): 976–79.

253 기타자토와 폰 베링은 파상풍이나 : Emil von Behring and Shibasaburo Kitasato, "Über das Zustandekommen der Diphtherie-Immunität und der Tetanus-Immunität bei Thieren," *Deutschen Medicinischen Wochenschrift* 49 (1890): 1113–14, https://doi.org/10.17192/eb2013.0164.

253 폰 베링은 디프테리아 논문에 : J. Lindenmann, "Origin of the Terms 'Antibody' and 'Antigen,'" *Scandinavian Journal of Immunology* 19, no. 4 (April 1984): 281–85, doi:10.1111/j.1365-3083.1984.tb00931.x.

253 이 항독소가 무엇이고 : Emil von Behring, "Untersuchungen über das Zustandekommen der Diphtherie-Immunität bei Thieren," *Deutschen Medicinischen Wochenschrift* 50 (1890): 1145–48. See also William Bulloch, *The History of Bacteriology* (London: Oxford University Press, 1938). See also L. Brieger, S. Kitasato, and A. Wassermann, "Über Immunität und Giftfestigung," *Zeitschrift für Hygiene und Infektionskrankheiten* 12 (1892): 254–55. See also L. Deutsch, "Contribution à l'étude de l'origine des anticorps typhiques," *Annales de l'Institut Pasteur* 13 (1899), 689–727. See also Paul Ehrlich, "Experimentelle Untersuchungen über Immunität. II. Ueber Abrin," *Deutsche Medizinische Wochenschrift* 17 (1891): 1218–19; and "Über Immunität durch Vererbung und Säugung," *Zeitschrift für Hygiene und Infektionskrankheiten, medizinische Mikrobiologie, Immunologie und Virologie* 12 (1892): 183–203.

255 "이 두 단어는 로미오와 줄리엣" : Lindenmann, "Origin of the Terms 'Antibody' and 'Antigen,'" 281–85.

256 항체 분자의 진정한 : Rodney R. Porter, "Structural Studies of Immunoglobulins" (Nobel Lecture, Stockholm, December 12, 1972).

256 1959–1962년에 각각 옥스퍼드 대학교와 : Gerald M. Edelman, "Antibody Structure and Molecular Immunology" (Nobel Lecture, Stockholm, December 12, 1972).

258 1940년 캘리포니아 공과대학의 : Linus Pauling, "A Theory of the Structure and Process of Formation of Antibodies," *Journal of the American Chemical Society* 62, no. 10 (1940): 2643–57.

259 스탠퍼드의 유전학자 조슈아 레더버그는 : Joshua Lederberg, "Genes and Antibodies," *Science* 129, no. 3364 (1959): 1649–53.

260 버넷은 그 비유를 B세포로 확장했다 : Frank Macfarlane Burnet, "A Modification of Jerne's Theory of Antibody Production Using the Concept of Clonal Selection," *CA: A Cancer Journal for Clinicians* 26, no. 2 (March–April 1976): 119–21. See also Burnet, "Immunological Recognition of Self" (Nobel Lecture, Stockholm, December 12, 1960).

261 "연결이 이루어지고 특정한" : Lewis Thomas, *The Lives of a Cell: Notes of a Biology Watcher* (New York: Penguin Books, 1978), 91–102.

262 1980년대에 일본의 면역학자 : Susumu Tonegawa, "Somatic Generation of Antibody Diversity," *Nature* 302 (1983): 575–81.

266 밀스테인과 쾰러는 1975년 : Georges Köhler and Cesar Milstein, "Continuous Cultures of Fused Cells Secreting Antibody of Predefined Specificity," *Nature* 256 (August 7, 1975): 495–97, https://doi.org/10.1038/256495a0.

267 1975년 8월 보스턴에 사는 : Lee Nadler et al., "Serotherapy of a Patient with a Monoclonal Antibody Directed Against a Human Lymphoma-Associated Antigen," *Cancer Research* 40, no. 9 (September 1980): 3147–54, PMID: 7427932.

268 "우리는 한 종류의 항체를" : Ron Levy, 저자와의 인터뷰, December 2021.

식별하는 세포

272 가슴샘의 기능을 알아내기까지 : Jacques Miller, "Revisiting Thymus Function," *Frontiers in Immunology* 5 (August 28, 2014): 411, https://doi.org/10.3389/fimmu.2014.00411.

272 1961년 런던에서 박사과정 중이던 : Jacques F. Miller, "Discovering the Origins of Immunological Competence," *Annual Review of Immunology* 17 (1999): 1–17, doi:10.1146/annurev.immunol.17.1.1.

273 오히려 그대로 붙은 채 : Ibid.

274 현재 우리는 이런 바이러스들에서 : Margo H. Furman and Hidde L. Ploegh, "Lessons from Viral Manipulation of Protein Disposal Pathways," *Journal of Clinical Investigation* 110, no. 7 (2002): 875–79, https://doi.org/10.1172/JCI16831.

278 앨런 타운센드는 「네이처 면역학」에 : Alain Townsend, "Vincenzo Cerundolo 1959–2020," *Nature Immunology* 21, no. 3 (March 2020): 243, doi: 10.1038/s41590-020-0617-5.

279 1970년대에 오스트레일리아에서 : Rolf M. Zinkernagel and Peter C. Doherty, "Immunological Surveillance Against Altered Self Components by Sensitised T Lymphocytes in Lymphocytes Choriomeningitis," *Nature* 251, no. 5475 (October 11, 1974): 547–48, doi: 10.1038/251547a0.

282 "그 단백질 NP는 결코" : Alain Townsend, 저자와의 인터뷰, 2019.

285 현재 캘리포니아 공과대학의 결정학자 : Pam Bjorkman and P. Parham, "Structure, Function, and Diversity of Class I Major Histocompatibility Complex Molecules," *Annual Review of Biochemistry* 59 (1990): 253–88, doi:10.1146/annurev.bi.59.070190.001345.

285 "MHC 분자의 결합 자리의" : Alain Townsend and Andrew Mc-Michael, "MHC Protein Structure: Those Images That Yet Fresh Images Beget," *Nature* 329, no. 6139 (October 8–14, 1987): 482–83, doi:10.1038/329482a0.

285 여전히 새로운 형상들을 : William Butler Yeats, "Byzantium," in *The Collected Poems of W. B. Yeats* (Hertfordshire, UK: Wordsworth Editions, 1994), 210–11.

286 스탠퍼드의 마크 데이비스 : James Allison, B. W. McIntyre, and D. Bloch, "Tumor-Specific Antigen of Murine T-Lymphoma Defined with Monoclonal Antibody," *Journal of Immunology* 129, no. 5 (November 1982): 2293–300, PMID: 6181166. See also Yusuke Yanagi et al., "A Human T cell–Specific cDNA Clone Encodes a Protein Having Extensive Homology to Immunoglobulin Chains," *Nature* 308 (March 8, 1984): 145–49, https://doi.org/10.1038/308145a0. See also Stephen M. Hedrick et al., "Isolation of cDNA Clones Encoding T cell-Specific Membrane-Associated Proteins," *Nature* 308 (March 8, 1984): 149–53, https://doi.org/10.1038/308149a0.

288 지금은 워싱턴 대학교 의과대학의 : Javier A. Carrero and Emil R. Unanue, "Lymphocyte Apoptosis as an Immune Subversion Strategy of Microbial Pathogens," *Trends in Immunology* 27, no. 11 (November 2006): 497–503, https://doi.org/10.1016/

j.it.2006.09.005.

290 이 펩타이드는 CD4 T세포라는 : Charles A. Jane way et al., *Immunobiology: The Immune System in Health and Disease*, 5th ed. (New York: Garland Science, 2001): 114–30, https://www.ncbi.nlm.nih.gov/books/NBK27098/.

291 "말벌처럼 림프구도 탐사용으로" : Lewis Thomas, *A Long Line of Cells: Collected Essays* (New York: Book of the Month Club, 1990), 71.

291 추도사의 제목은 : Philip D. Greenberg, "Ralph M. Steinman: A Man, a Microscope, a Cell, and So Much More," *Proceedings of the National Academy of Sciences of the United States of America* 108, no. 52 (December 8, 2011): 20871–72, https://doi.org/10.1073/pnas.1119293109.

292 "소모열, 체중 감소" : Mirko D. Grmek, *History of AIDS: Emergence and Origin of a Modern Pandemic*, trans. Russell C. Maulitz and Jacalyn Duffin (Princeton, NJ: Princeton University Press, 1993), 3.

292 닉이라는 환자가 기이한 소모성 질환에 : Ibid., 5.

292 1981년 4월 미국 질병통제센터의 : Robert D. McFadden, "Frances Oldham Kelsey, Who Saved U.S. Babies from Thalidomide, Dies at 101," *New York Times*, August 8, 2015, A1.

293 1981년 6월 5일은 하나의 이정표가 : "Pneumocystis Pneumonia—Los Angeles," *US Centers for Disease Control Morbidity and Mortality Weekly Report* (*MMWR*) 30, no. 21 (June 5, 1981): 1–3, https://stacks.cdc.gov/view/cdc/1261.

293 "면역결핍증의 임상 증상이" : Ibid.

293 "검사를 받은 3명은 모두" : Ibid.

294 1981년 3월 「랜싯」에는 : Kenneth B. Hymes et al., "Kaposi's Sarcoma in Homosexual Men—A Report of Eight Cases," *Lancet* 318, no. 8247 (September 19, 1981): 598–600, doi:10.1016/s0140-6736(81)92740-9.

294 1981년 「랜싯」의 한 호에는 : Robert O. Brennan and David T. Durack, "Gay Compromise Syndrome," Letters to the Editor, *Lancet* 318, no. 8259 (December 12, 1981): 1338–39, https://doi.org/10.1016/S0140-6736(81)91352-0.

294 "게이 연관 면역결핍증" : Grmek, *History of AIDS*, 6–12.

294 1982년 7월 의사들이 원인을 밝히려고 : "Acquired Immuno-Deficiency Syndrome—AIDS," US Centers for Disease Control *Morbidity and Mortality Weekly Report* (MMWR), 31, no. 37 (September 24, 1982): 507, 513–14, available at https://stacks.

cdc.gov/view/cdc/35049.

294 1981년에 뉴욕과 LA의 세 연구진은 : M. S. Gottlieb et al., "Pneumocystis Carinii Pneumonia and Mucosal Candidiasis in Previously Healthy Homosexual Men: Evidence of a New Acquired Cellular Immunodeficiency," *New England Journal of Medicine* 305, no. 24 (December 10, 1981): 1425–31, doi:10.1056/NEJM198112103052401. See also H. Masur et al., "An Outbreak of Community-Acquired Pneumocystis Carinii Pneumonia: Initial Manifestation of Cellular Immune Dysfunction," *New England Journal of Medicine* 305, no. 24 (December 10, 1981): 1431–38, doi:10.1056/NEJM198112103052402. See also F. P. Siegal et al., "Severe Acquired Immunodeficiency in Male Homosexuals, Manifested by Chronic Perianal Ulcerative Herpes Simplex Lesions," *New England Journal of Medicine* 305, no. 24 (December 10, 1981): 1439–44, doi:10.1056/NEJM198112103052403.

294 한 연구진은 에이즈가 : Jonathan M. Kagan et al., "A Brief Chronicle of CD4 as a Biomarker for HIV/AIDS: A Tribute to the Memory of John L. Fahey," *Forum on Immunopathological Diseases and Therapeutics* 6, no. 1/2 (2015): 55–64, doi:10.1615/ForumImmunDisTher.2016014169.

295 1983년 3월 20일에 마침내 프랑스 : Françoise Barré-Sinoussi et al., "Isolation of a T-Lymphotropic Retrovirus from a Patient at Risk for Acquired Immune Deficiency Syndrome (AIDS)," *Science* 220, no. 4599 (May 20, 1983): 868–71, doi:10.1126/science.6189183.

295 그들은 「사이언스」에 그 새 바이러스가 : J. Schüpbach et al., "Serological Analysis of a Subgroup of Human T−Lymphotropic Retroviruses (HTLV-III) Associated with AIDS," *Science* 224, no. 4648 (May 4, 1984): 503–5, doi:10.1126/science.6200937; Robert C. Gallo et al., "Frequent Detection and Isolation of Cytopathic Retroviruses (HTLV-III) from Patients with AIDS and at Risk for AIDS," *Science* 224, no. 4648 (May 4, 1984): 500–503, doi: 10.1126/science.6200936; M. G. Sarngadharan et al., "Antibodies Reactive with Human T-Lymphotropic Retroviruses (HTLV-III) in the Serum of Patients with AIDS," *Science* 224, no. 4648 (May 4, 1984): 506–8, doi:10.1126 / science.6324345; and M. Popovic et al., "Detection, Isolation, and Continuous Production of Cytopathic Retroviruses (HTLV-III) from Patients with AIDS and Pre-AIDS," *Science* 224, no. 4648 (May 4, 1984): 497–500, doi: 10.1126/science.6200935.

295 그 바이러스에는 사람 면역결핍 바이러스 : Robert C. Gallo, "The Early Years of

HIV/AIDS," *Science* 298, no. 5599 (November 29, 2002): 1728–30, doi: 10.1126/science.1078050.

295 이 분야의 중요한 논문 전체를 보려면 다음을 참조하라 : Ruth Kulstad, ed., *AIDS: Papers from Science, 1982–1985* (Washington DC: American Association for the Advancement of Science, 1986).

298 살만 루슈디는 1981년 소설 : Salman Rushdie, *Midnight's Children* (Toronto: Alfred A. Knopf, 2010).

300 한 연구에서는 항바이러스제인 : L. Gyuay et al., "Intrapartum and Neonatal Single-Dose Nevirapine Compared with Zidovudine for Prevention of Mother-to-Child Transmission of HIV-1 in Kampala, Uganda: HIVNET 012 Randomised Trial," *Lancet* 354, no. 9181 (September 4, 1999): 795–802, https://doi.org/10.1016/S0140-6736(99)80008-7 (https://www.sciencedirect.com/science/article/pii/S0140673699800087).

300 2007년 2월 7일 HIV 양성인 : Timothy Ray Brown, "I Am the Berlin Patient: A Personal Reflection," *AIDS Research and Human Retroviruses* 31, no. 1 (January 1, 2015): 2–3, doi:10.1089/aid.2014.0224. See also Sabin Russell, "Timothy Ray Brown, Who Inspired Millions Living with HIV, Dies of Leukemia," Hutch News Stories, Fred Hutchinson Cancer Research Center online, last modified September 30, 2020, https://www.fredhutch.org/en/news/center-news/2020/09/timothy-ray-brown-obit.html.

301 "나는 정신착란을 일으켰고" : Brown, "I Am the Berlin Patient," 2–3.

관용적인 세포

304 내가 생각하는 것은 당신도 : Walt Whitman, "Song of Myself," in *Leaves of Grass: Comprising All the Poems Written by Walt Whitman* (New York: Modern Library, 1892), 24.

304 『이상한 나라의 앨리스』에서 애벌레가 : Lewis Carroll, *Alice in Wonderland* (Auckland, NZ: Floating Press, 2009), 35.

304 "다른 종끼리, 아니 같은 종의" : Elda Gaino, Giorgio Bavestrello, and Giuseppe Magnino, "Self/Non-self recognition in Sponges," *Italian Journal of Zoology* 66, no. 4 (1999): 299–315, doi:10.1080/11250009909356270.

306 아리스토텔레스는 자기를 존재의 : Aristotle, *De Anima*, trans. R. D. Hicks (New York: Cosimo Classics, 2008).

306 기원전 5–2세기 인도의 일부 : Brian Black, *The Character of the Self in Ancient India: Priests, Kings, and Women in the Early Upanishads* (Albany: State University of New York Press, 2007).

308 특히 기원전 800–600년 무렵에 살았던 : Marios Loukas et al., "Anatomy in Ancient India: A Focus on Susruta Samhita," *Journal of Anatomy* 217, no. 6 (December 2010): 646–50, doi:10.1111/j.1469-7580.2010.01294.x.

308 1942년 "가슴, 오른쪽 옆구리" : James F. George and Laura J. Pinderski, "Peter Medawar and the Science of Transplantation: A Parable," *Journal of Heart and Lung Transplantation* 29, no. 9 (September 1, 2001), 927, https//:doi.org/10.1016/S1053-2498)01)00345-X.

308 메더워는 비자기가 T세포가 : Ibid.

310 스넬은 이 동물들을 통해서 자기와 : George D. Snell, "Studies in Histocompatibility" (Nobel Lecture, Stockholm, December 8, 1980).

313 오웬은 질문을 뒤집었다 : Ray D. Owen, "Immunogenetic Consequences of Vascular Anastomoses Between Bovine Twins," *Science* 102, no. 2651 (October 19, 1945): 400–401, doi: 10.1126/science.102.2651.400.

313 "항원 결정 인자가 외래의 것임을" : Macfarlane Burnet, *Self and Not-Self* (London: Cambridge University Press, 1969), 25.

314 콜로라도의 면역학자인 필리파 매럭과 : J. W. Kappler, M. Roehm, and P. Marrack, "T Cell Tolerance by Clonal Elimination in the Thymus," *Cell* 49, no. 2 (April 24, 1987): 273–80, doi:10.1016/0092-8674(87)90568-x.

315 중심 관용말고도 말초 관용이라는 : Carolin Daniel, Jens Nolting, and Harald von Boehmer, "Mechanisms of Self-Nonself Discrimination and Possible Clinical Relevance," *Immunotherapy* 1, no. 4 (July 2009): 631–44, doi:10.2217/imt.09.29.

316 그것을 자가독성 공포라고 했다 : Paul Ehrlich, *Collected Studies on Immunity* (New York: John Wiley & Sons, 1906), 388.

317 나는 셰익스피어의 희곡 : William Shakespeare, "When Icicles Hang by the Wall," *Love's Labour's Lost*, *London Sunday Times* online, last modified December 30, 2012, https://www.thetimes.co.uk/article/when-icicles-hang-by-the-wall-by-william-shakespeare-1564-1616-5kgxk93bnwc.

318 1890년대에 뉴욕의 외과의인 윌리엄 콜리는 : William B. Coley, "The Treatment of Inoperable Sarcoma with the Mixed Toxins of Erysipelas and Bacillus Prodigiosus:

Immediate and Final Results in One Hundred Forty Cases," *Journal of the American Medical Association (JAMA)* 31, no. 9 (August 27, 1898): 456–65, doi:10.1001/jama.1898.92450090022001g; William B. Coley "The Treatment of Malignant Tumors by Repeated Inoculation of Erysipelas," *Journal of the American Medical Association (JAMA)* 20, no. 22 (June 3, 1893): 615–16, doi:10.1001/jama.1893.02420490019007; and William B. Coley "II. Contribution to the Knowledge of Sarcoma," *Annals of Surgery* 14, no. 3 (September 1891): 199–200, doi:10.1097/00000658-189112000-00015.

319 로젠버그 연구진은 이런 종양 침윤 : Steven A. Rosenberg and Nicholas P. Restifo, "Adoptive Cell Transfer as Personalized Immunotherapy for Human Cancer," *Science* 348, no. 6230 (April 2015): 62–68, doi:10.1126/science.aaa4967.

322 앨리슨은 생쥐에게 CTLA4를 차단하는 : James P. Allison, "Immune Checkpoint Blockade in Cancer Therapy" (Nobel Lecture, Stockholm, December 7, 2018).

323 그러나 혼조 연구진은 서서히 : Tasuku Honjo, "Serendipities of Acquired Immunity" (Nobel Lecture, Stockholm, December 7, 2018).

324 이 연구로부터 새로운 유형의 : Julie R. Brahmer et al., "Safety and Activity of anti-PD-L1 Antibody in Patients with Advanced Cancer," *New England Journal of Medicine* 366, no. 26 (June 28, 2012): 2455–65, doi:10.1056/NEJMoa1200694. See also Omid Hamid et al., "Safety and Tumor Responses with Lambrolizumab (anti-PD-1) in Melanoma," *New England Journal of Medicine* 369, no. 2 (July 11, 2013): 134–44, doi:10.1056/NEJMoa1305133.

세계적 유행병

329 이탈리아 전역에서 가장 유명한 도시 : Giovanni Boccaccio, *The Decameron of Giovanni Boccaccio*, trans. John Payne (Frankfurt, Ger.: Outlook Verlag, 2020), 5.

330 첫 사례 보고서는 다음에서 읽을 수 있다 : Mechelle L. Holshue et al., "First Case of 2019 Novel Coronavirus in the United States," *New England Journal of Medicine* 382, no. 10 (2020): 929–36, doi: 10.1056/NEJMoa2001191.

332 2021년 4월 인도를 휩쓴 두 번째 물결은 : The Wire and Murad Banaji, "As Delta Tore Through India, Deaths Skyrocketed in Eastern UP, Analysis Finds," *The Wire*, February 11, 2022, https://science.thewire.in/health/covid-19-excess-deaths-eastern-uttar-pradesh-cjp-investigation/.

333 러크나우의 65세 기자는 감염되어 : Aggarwal, Mayank Aggarwal, "Indian Journalist

Live-Tweeting Wait for Hospital Bed Dies from Covid," *Asia, India. Independent*, April 21, 2021, https://www.independent.co.uk/asia/india/india-journalist-tweet-covid-death-b1834362.html.

334 예일 대학교의 바이러스학자인 이와사키 아키코는 : Akiko Iwasaki, 저자와의 인터뷰, April 2020.

335 뮌헨에 사는 33세의 남성은 상하이에서 : Camilla Rothe et al., "Transmission of 2019-nCoV Infection from an Asymptomatic Contact in Germany," *New England Journal of Medicine* 328 (2020): 970–71, doi: 10.1056/NEJMc2001468.

337 2020년 코로나에 걸렸을 때 중증으로 진행될 : Caspar I. van der Made et al., "Presence of Genetic Variants Among Young Men with Severe COVID-19," *Journal of the American Medical Association (JAMA)* 324, no. 7 (2020): 663–73, doi: 10.1001/jama.2020.13719.

338 뉴욕의 벤 테노에버 연구실은 : Daniel Blanco–Melo et al., "Imbalanced Host Response to SARS-CoV-2 Drives Development of COVID-19," *Cell* 181, no. 5 (2020): 1036–45, doi: 10.1016/j.cell.2020.04.026.

338 "마치 바이러스가 세포를 강탈한 것 같았어요" : Ben tenOever, 저자와의 인터뷰, January 2020.

338 뉴욕 록펠러 대학교의 장 로랑 카사노바도 : Qian Zhang et al., "Inborn Errors of Type I IFN Immunity in Patients with Life-Threatening COVID-19," *Science* 370, no. 6515 (2020): eabd4570, doi: 10.1126/science.abd4570. See also Paul Bastard et al., "Autoantibodies Against Type I IFNs in Patients with Life-Threatening COVID-19," Science 370, no. 6515 (2020): eabd4585, doi: 10.1126/science.abd4585.

339 "잠기지 않은 집에 침입한 약탈자" : James Somers, "How the Coronavirus Hacks the Immune System," *New Yorker* (November 2, 2020), https://www.newyorker.com/magazine/2020/11/09/how-the-coronavirus-hacks-the-immune-system.

339 "코로나19로 향하는 길에는 병이라는" : Akiko Iwasaki, 저자와의 인터뷰, April 2020.

341 제이디 스미스의 한 글에는 잊히지 않는 : Zadie Smith, "Fascinated to Presume: In Defense of Fiction," *New York Review of Books*, October 24, 2019, https://www.nybooks.com/articles/2019/10/24/zadie-smith-in-defense-of-fiction/.

시민 세포

347 아무도 없다가 갑자기 출현하는 군중은 : Elias Canetti, *Crowds and Power*, trans.

Carol Stewart (New York: Continuum, Farrar,-Straus and Giroux, 1981), 16.

347 혈액 순환이라는 개념은 전통 의학을 : William Harvey, *The Circulation of the Blood: Two Anatomical Essays*, trans. Kenneth J. Franklin (Oxford, UK: Blackwell Scientific Publications, 1958), 12.

348 나는 의학이 검은 가방을 든 의사가 : Siddhartha Mukherjee, "What the Coronavirus Crisis Reveals about American Medicine," *New Yorker* (April 27, 2020), https://www.newyorker.com/magazine/2020/05/04/what-the-coronavirus-crisis-reveals-about-american-medicine.

351 한 예로 아리스토텔레스는 심장을 : Aristotle, *On the Soul, Parva Naturalia, On Breath*, trans. W. S. Hett (London: William Heinemann, 1964).

351 "심장은 말하자면 동물이 이용하는" : Galen, *On the Usefulness of the Parts of the Body*, trans. Margaret Tallmadge May (New York: Cornell University Press, 1968), 292.

351 1000년경에 살았던 중세의 생리학자 : Izet Masic, "Thousand-Year Anniversary of the Historical Book: "Kitab al-Qanun fit-Tibb"—The Canon of Medicine, Written by Abdullah ibn Sina," *Journal of Research in Medical Sciences* 17, no. 11 (2012): 993–1000, https://www.ncbi.nlm.nih.gov/pmc/articles/PMC3702097/.

352 인체에서 펌프로서의 심장이 구성하는 : D'Arcy Power, *William Harvey: Masters of Medicine* (London: T. Fisher Unwin, 1897). See also W. C. Aird, "Discovery of the Cardiovascular System: From Galen to William Harvey," *Journal of Thrombosis and Hemostasis* 9, no. 1 (2011): 118–29, doi: 10.1111/j.1538-7836.2011.04312.x.

352 "눈은 작지만 아주 검고 기백이 넘치고" : Edgar F. Mauer, "Harvey in London," *Bulletin of the History of Medicine* 33, no. 1 (1959): 21–36, https://www.jstor.org/stable/44450586.

353 "흡족해하는 이들도 있고 그렇지 않은 이들도 있을" : William Harvey, *On the Motion of the Heart and Blood in Animals*, trans. Robert Willis, ed. Jarrett A. Carty (Eugene, OR: Resource Publications, 2016), 36.

355 1912년 1월 17일 뉴욕 록펠러 연구소의 : Hannah Landecker, *Culturing Life: How Cells Became Technologies* (Cambridge: Harvard University Press, 2007), 75.

355 "조각은 며칠 동안 규칙적으로" : Alexis Carrel, "On the Permanent Life of Tissue Outside of the Organism," *Journal of Experimental Medicine* 15, no. 5 (1912): 516–30, https://www.ncbi.nlm.nih.gov/pmc/articles/PMC2124948/pdf/516.pdf.

356 같은 해에 하버드의 생리학자 W. T. 포터는 : W. T. Porter, "Coordination of Heart Muscle Without Nerve Cells," *Journal of the Boston Society of Medical Sciences* 3, no. 2 (1898), https://pubmed.ncbi.nlm.nih.gov/19971205/.

356 1880년대에 독일의 생물학자 프리드리히 비더는 : Carl J. Wiggers, "Some Significant Advances in Cardiac Physiology During the Nineteenth Century," *Bulletin of the History of Medicine* 34, no. 1 (1960): 1–15, https://www.jstor.org/stable/44446654.

356 헝가리 출신의 생리학자 알베르트 센트죄르지는 : Beáta Bugyi and Miklós Kellermayer, "The Discovery of Actin: 'To See What Everyone Else Has Seen, and to Think What Nobody Has Thought,'" *Journal of Muscle Research and Cell Motility* 41 (2020): 3–9, https://doi.org/10.1007/s10974-019-09515-z. See also Andrzej Grzybowski and Krzysztof Pietrzak, "Albert Szent Györrgi (1893–1986): The Scientist who Discovered Vitamin C," *Clinics in Dermatology* 31 (2013): 327–31, https://www.cidjournal.com/action/showPdf?pii=S0738-081X%2812%2900171-X. See also Albert Szent-Györgyi, "Contraction in the Heart Muscle Fibre," *Bulletin of the New York Academy of Medicine* 28, no. 1 (1952): 3–10, https://www.ncbi.nlm.nih.gov/pmc/articles/PMC1877124/pdf/bullnyacadmed00430-0012.pdf.

357 "짧아지게 할 수 있는 체계를" : Ibid.

심사숙고하는 세포

361 뇌는 하늘보다 넓어 : Emily Dickinson, "The Brain Is Wider than the Sky," 1862, *The Complete Poems of Emily Dickinson*, ed. Thomas H. Johnson (Boston: Little, Brown, 1960), 312–13.

362 1873년 파비아에서 일하던 이탈리아의 : Camillo Golgi, "The Neuron Doctrine—Theory and Facts," Nobel Lecture, Sweden (December 11, 1906), https://www.nobelprize.org/uploads/2018/06/golgi-lecture.pdf.

363 "풀 수 없이 엉킴" : Ennio Pannese, "The Golgi Stain: Invention, Diffusion and Impact on Neurosciences," *Journal of the History of the Neurosciences* 8, no. 2 (1999): 132–40, doi: 10.1076/jhin.8.2.132.1847.

363 "수줍음이 많고 사교성이 떨어지고" : Larry W. Swanson, Eric Newman, Alfonso Araque, and Janet M. Dubinsky, *The Beautiful Brain: The Drawings of Santiago Ramon y Cajal* (New York: Abrams, 2017), 12.

363 산티아고 라몬 이 카할은 해부학 교사의 : Marina Bentivoglio, "Life and Discoveries

of Santiago Ramón y Cajal," *Nobel Prize* (April 20, 1998), https://www.nobelprize. org/prizes/medicine/1906/cajal/article/. See also Luis Ramón y Cajal, "Cajal, as Seen by His Son," *Cajal Club* (1984), https://cajalclub.org/wp-content/uploads/ sites/9568/2019/08/Cajal-As-Seen-By-His-Son-by-Luis-Ram%C3%B3n-y-Cajal-p.-73. pdf, and Santiago Ramón y Cajal, "The Structure and Connections of Neurons," Nobel Lecture, Sweden (December 12, 1906), https://www.nobelprize.org/uploads/2018/06/ cajal-lecture.pdf.

363 나중에 그는 이 그리는 습관을 "어찌할 수 없는 광증"이라고 : Santiago Ramón y Cajal, *Recollections of My Life*, trans. E. Horne Craigie, and Juan Cano (Cambridge: MIT Press, 1996), 36.

365 1906년 카할과 골지는 신경계의 구조를 밝힌 : "The Nobel Prize in Physiology or Medicine 1906," Nobel Prize, https://www.nobelprize.org/prizes/medicine/1906/ summary/.

366 그의 뉴런 그림을 보면 그저 : Pablo Garcia-Lopez, Virginia Garcia-Marin, and Miguel Freire, "The Histological Slides and Drawings of Cajal," *Frontiers in Neuroanatomy* 4, no. 9 (2010), doi: 10.3389/neuro.05.009.2010.

367 지어냈을 가능성이 높기는 하지만 : Henry Schmidt, "Frogs and Animal Electricity," *Explore Whipple Collections*, Whipple Museum of the History of Science (University of Cambridge), https://www.whipplemuseum.cam.ac.uk/explore-whipple-collections/ frogs/frogs-and-animal-electricity.

367 1939년 영국 케임브리지 대학교를 : Christof J. Schwiening, "A Brief Historical Perspective: Hodgkin and Huxley," *Journal of Physiology* 590, no. 11 (2012): 2571–75, doi: 10.1113/jphysiol.2012.230458.

368 서둘러 「네이처」에 논문을 발표했다 : Alan Hodgkin and Andrew Huxley, "Action Potentials Recorded from Inside a Nerve Fibre," *Nature* 144, no. 3651 (1939): 710–11, doi: 10.1038/144710a0.

371 "용감한 사람은 여백을 남긴다" : Kay Ryan, "Leaving Spaces," *The Best of It: New and Selected Poems* (New York: Grove Press, 2010), 38.

373 "신경 종말에서 화학물질 매개체가" : J. F. Fulton, *Physiology of the Nervous System* (New York: Oxford University Press, 1949).

373 1920–1930년대에 영국의 신경생리학자 : Henry Dale, "Some Recent Extensions of the Chemical Transmission of the Effects of Nerve Impulses," Nobel Lecture (December 12,

1936), https://www.nobelprize.org/prizes/medicine/1936/dale/lecture/.

374 케임브리지에서 공부한 데일은 : Report of the Wellcome Research Laboratories at the Gordon Memorial College, *Khartoum*, vol. 3 (Khartoum: Wellcome Research Laboratories, 1908), 138.

374 오스트리아 그라츠의 신경생리학자 : Otto Loewi, "The Chemical Transmission of Nerve Action," Nobel Lecture (December 12, 1936), https://www.nobelprize.org/prizes/medicine/1936/loewi/lecture/. See also Alli N. McCoy and Yong Siang Tan, "Otto Loewi (1873–1961): Dreamer and Nobel Laureate," *Singapore Medical Journal* 55, no. 1 (2014): 3–4, doi: 10.11622/smedj.2014002.

374 "나는 전등을 켜고 얇은" : Otto Loewi, "An Autobiographical Sketch," *Perspectives in Biology and Medicine* 4, no. 1 (1960): 3–25, https://muse.jhu.edu/article/404651/pdf.

375 "사울이 다마스쿠스로 가는 길에" : Don Todman, "Henry Dale and the Discovery of Chemical Synaptic Transmission," *European Neurology* 60 (2008): 162–64, https://doi.org/10.1159/000145336.

376 동물의 뉴런 중에는 신경 충격을 : Stephen G. Rayport and Eric R. Kandel, "Epileptogenic Agents Enhance Transmission at an Identified Weak Electrical Synapse in Aplysia," *Science* 213, no. 4506 (1981): 462–64, https://www.jstor.org/stable/1686531.

377 이 복잡한 회로는 더욱 복잡한 계산 모듈을 : Annapurna Uppala et al., "Impact of Neurotransmitters on Health through Emotions," *International Journal of Recent Scientific Research* 6, no. 10 (2015): 6632–36, doi: 10.1126/science.1089662.

378 "어떤 주제가……매혹적인 분위기를 드러낸다면" : Edward O. Wilson, *Letters to a Young Scientist* (New York: Liveright, 2013), 46.

378 신경아교 세포는 신경계 전체에 : Christopher S. von Bartheld, Jami Bahney, and Suzana Herculano-Houzel, "The Search for True Numbers of Neurons and Glial Cells in the Human Brain: A Review of 150 Years of Cell Counting," *Journal of Comparative Neurology* 524, no. 18 (2016): 3865–95, doi:10.1002/cne.24040.

378 뉴런과 달리 신경아교 세포는 전기 충격을 : Sarah Jäkel and Leda Dimou, "Glial Cells and Their Function in the Adult Brain: A Journey through the History of Their Ablation," *Frontiers in Cellular Neuroscience* 11 (2017), https://doi.org/10.3389/fncel.2017.00024.

379 눈과 뇌 사이의 신경 연결은 : Dorothy P. Schafer et al., "Microglia Sculpt Postnatal Neural Circuits in an Activity and Complement− Dependent Manner," *Neuron* 74, no.

4 (2012): 691–705, doi: 10.1016/j.neuron.2012.03.026.

379 "함께 발화하는 세포들은 함께 배선된다" : Carla J. Shatz, "The Developing Brain," *Scientific American* 267, no. 3 (1992): 60–67, https://www.jstor.org/stable/24939213.

379 "오래된 직관적 통찰을" : Hans Agrawal, 저자와의 인터뷰, October 2015.

380 2007년 스티븐스와 바레스는 신경아교 세포가 : Beth Stevens et al., "The Classical Complement Cascade Mediates CNS Synapse Elimination," *Cell* 131, no. 6 (2007): 1164–78, https://doi.org/10.1016/j.cell.2007.10.036.

380 "이 새 연구실에서 우리가 초점을" : Beth Stevens, 저자와의 인터뷰, February 2016.

381 한 기자는 이 세포를 : Virginia Hughes, "Microglia: The Constant Gardeners," *Nature* 485 (2012): 570–72, https://doi.org/10.1038/485570a.

381 최근의 실험들은 조현병이 : Andrea Dietz, Steven A. Goldman, and Maiken Nedergaard, "Glial Cells in Schizophrenia: A Unified Hypothesis," *Lancet* Psychiatry 7, no. 3 (2019): 272–81, doi: 10.1016/S2215-0366(19)30302-5.

382 케네스 코크의 시 "한 열차는 다른 열차를 가릴 수 있다"를 : Kenneth Koch, "One Train May Hide Another," *One Train* (New York: Alfred A. Knopf, 1994).

383 작가 윌리엄 스타이런이 『보이는 어둠』에서 말한 : William Styron, *Darkness Visible: A Memoir of Madness* (New York: Open Road, 2010), 10.

384 "냅둬, 그러다가 돌아오겠지" : Paul Greengard, 저자와의 인터뷰, January 2019.

385 "우울증은 느린 뇌 문제야" : Ibid. See also Jung-Hyuck Ahn et al., "The B"/PR72 Subunit Mediates Ca2+-dependent Dephosphorylation of DARPP-32 by Protein Phosphatase 2A," *Proceedings of the National Academy of Sciences* 104, no. 23 (2007): 9876–81, doi: 10.1073/pnas.0703589104.

385 나는 칼 샌드버그의 시를 떠올렸다 : Carl Sandburg, "Fog," *Chicago Poems* (New York: Henry Holt, 1916), 71.

385 작가 앤드루 솔로몬은 우울증을 : Andrew Solomon, *The Noonday Demon: An Atlas of Depression* (New York: Scribner, 2001), 33.

385 1951년 가을 스태튼 섬의 시뷰 병원에서 : Robert A. Maxwell and Shohreh B. Eckhardt, *Drug Discovery: A Casebook and Analysis* (New York: Springer Science +Business Media, 1990), 143–54. See also Siddhartha Mukherjee, "Post-Prozac Nation," *New York Times Magazine* (April 19, 2012), https://www.nytimes.com/2012/04/22/magazine/the-science-and-history-of-treating-depression.html., and Alexis Wnuk, "Rethinking Serotonin's Role in Depression," *Brain-Facts* (March 8, 2019), https://www.sfn.

org/sitecore/content/home/brainfacts2/diseases-and-disorders/mental-health/2019/rethinking-serotonins-role-in-depression-030819.

386 취재하러 병원을 찾은 「라이프」의 : "TB Milestone: Two New Drugs Give Real Hope of Defeating the Dread Disease," *Life* 32, no. 9 (1952): 20–21.

386 1970년대에 스웨덴 예테보리 대학교의 생화학자 : Arvid Carlsson, "A Half-Century of Neurotransmitter Research: Impact on Neurology and Psychiatry," Nobel Lecture, Sweden (December 8, 2000), https://www.nobelprize.org/uploads/2018/06/carlsson-lecture.pdf.

386 작가인 엘리자베스 워첼은 1994년에 내놓은 : Elizabeth Wurtzel, *Prozac Nation* (New York: Houghton Mifflin, 1994), 203.

387 "어느 날 아침 깨어나자 정말로" : Ibid., 454–55.

388 그는 그런 인자들 중 하나인 DARPP-32가 : Per Svenningsson et al., "P11 and Its Role in Depression and Therapeutic Responses to Antidepressants," *Nature Reviews Neuroscience* 14 (2013): 673–80, doi: 10.1038/nrn3564. 도파민 신호 전달에 관한 그린가드의 논문은 다음을 참조하라. John W. Kebabian, Gary L. Petzold, and Paul Greengard, "Dopamine-Sensitive Adenylate Cyclase in Caudate Nucleus of Rat Brain, and Its Similarity to the 'Dopamine Receptor,'" *Proceedings of the National Academy of Science* 69, no. 8 (August 1972): 2145–49. doi:10.1073/pnas.69.8.2145.

389 2000년대 초 메이버그는 프로작과 : Helen S. Mayberg, "Targeted Electrode-Based Modulation of Neural Circuits for Depression," *Journal of Clinical Investigation* 119, no. 4 (2009): 717–25, doi: 10.1172/JCI38454.

390 "크기와 모양이 신생아의 구부러진 손가락과" : David Dobbs, "Why a 'Lifesaving' Depression Treatment Didn't Pass Clinical Trials," *Atlantic* (April 17, 2018), https://www.theatlantic.com/science/archive/2018/04/zapping-peoples-brains-didnt-cure-their-depression-until-it-did/558032/.

390 "환자들을 한 명 한 명 다 기억해요" : Helen Mayberg, 저자와의 인터뷰, November 2021.

392 "모든 환자가 전기 자극에 반응해서" : Helen S. Mayberg et al., "Deep Brain Stimulation for Treatment-Resistant Depression," *Neuron* 45 (2005): 651–60, doi: 10.1016/j.neuron.2005.02.014. See also H. Johansen-Berg et al., "Anatomical Connectivity of the Subgenual Cingulate Region Targeted with Deep Brain Stimulation for Treatment-Resistant Depression," *Cerebral Cortex* 18, no. 6 (2008): 1374–83, doi:

10.1093/cercor/bhm167.

394 2008년에 시작된 한 중요한 연구 : Dobbs, "Why a 'Lifesaving' Depression Treatment Didn't Pass Clinical Trials."

394 "애타는 심정으로 지켜보고 있던" : Peter Tarr, "'A Cloud Has Been Lifted': What Deep-Brain Stimulation Tells Us About Depression and Depression Treatments," *Brain and Behavior Research Foundation* (September 17, 2018), https://www.bbrfoundation.org/content/cloud-has-been-lifted-what-deep-brain-stimulation-tells-us-about-depression-and-depression.

395 "전자약 회사는 잘나가고" : "BROADEN Trial of DBS for Treatment-Resistant Depression Halted by the FDA," *The Neurocritic* (January 18, 2014), https://neurocritic.blogspot.com/2014/01/broaden-trial-of-dbs-for-treatment.html.

395 처음 분석했던 6개월이 아니라 : Paul E. Holtzheimer et al., "Subcallosal Cingulate Deep Brain Stimulation for Treatment-Resistant Depression: A Multisite, Randomised, Sham-Controlled Trial," *Lancet Psychiatry* 4, no. 11 (2017): 839–49, doi: 10.1016/S2215-0366(17)30371-1.

지휘하는 세포

397 설령 다른 부위로부터 자극 : Rudolf Virchow, "Lecture I: Cells and the Cellular Theory," trans. Frank Chance, *Cellular Pathology as Based Upon Physiological and Pathological Histology: Twenty Lectures Delivered in the Pathological Institute of Berlin* (London: John Churchill, 1860), 1–23.

397 이제 열둘까지 세면 : Pablo Neruda, "Keeping Still," trans. Dan Bellum, *Literary Imagination* 8, no. 3 (2016): 512.

398 "수수께끼처럼, 숨겨진" : Salvador Navarro, "A Brief History of the Anatomy and Physiology of a Mysterious and Hidden Gland Called the Pancreas," *Gastroenterología y hepatología* 37, no. 9 (2014): 527–34, doi: 10.1016/j.gastrohep.2014.06.007.

398 기원전 300년경에 알렉산드리아에서 살던 : John M. Howard and Walter Hess, *History of the Pancreas: Mysteries of a Hidden Organ* (New York: Springer Science+Business Media, 2002).

398 "정맥, 동맥, 신경이 위장 바로": Quoted in ibid., 6.

399 "커다란 샘 기관" : Ibid., 12.

399 "엎드린 자세로 걷는 동물에게는" : Ibid., 15.

399 비르숭은 떼어낸 췌장을 자세히 살펴보다가 : Ibid., 16.

400 그는 집 근처 골목길을 걷다가 : Sanjay A. Pai, "Death and the Doctor," *Canadian Medical Association Journal* 167, no. 12 (2002): 1377–78, https://www.ncbi.nlm.nih.gov/pmc/articles/PMC138651/.

401 1856년 베르나르는 췌장이 이런 즙을 : Claude Bernard, "Sur L'usage du suc pancréatique," *Bulletin de la Société Philomatique* (1848): 34–36. See also Claude Bernard, *Mémoire sur le pancréas, et sur le role du suc pancréatique dans les phénomènes digestifs; particulièrement dans la digestion des matières grasses neutres* (Paris: Kessinger Publishing, 2010).

402 1920년 7월 프레더릭 밴팅은 토론토 : Michael Bliss, *Banting: A Biography* (Toronto: University of Toronto Press, 1992).

403 1920년 10월의 어느 날 밤 : Lars Rydén and Jan Lindsten, "The History of the Nobel Prize for the Discovery of Insulin," *Diabetes Research and Clinical Practice* 175 (2021), https://doi.org/10.1016/j.diabres.2021.108819.

404 1920년 11월 8일의 첫 만남은 : Ian Whitford, Sana Qureshi, and Alessandra L. Szulc, "The Discovery of Insulin: Is There Glory Enough for All?" *Einstein Journal of Biology and Medicine* 28, no. 1 (2016): 12–17, https://einsteinmed.edu/uploadedFiles/Pulications/EJBM/28.1_12–17_Whitford.pdf.

405 그들은 개의 췌장관을 수술로 : Siang Yong Tan and Jason Merchant, "Frederick Banting (1891–1941): Discoverer of Insulin," *Singapore Medical Journal* 58, no. 1 (2017): 2–3, doi: 10.11622/smedj.2017002.

406 첫 시도는 실패했다 : "Banting & Best: Progress and Uncertainty in the Lab," *Insulin 100: The Discovery and Development, DefiningMoments Canada* (n.d.), https://definingmomentscanada.ca/insulin100/timeline/banting-best-progress-and-uncertainty-in-the-lab/.

406 기온이 아직 떨어지지 않은 늦여름에 : Michael Bliss, *The Discovery of Insulin* (Toronto: McClelland & Stewart, 2021), 67–72.

409 면역계가 췌장의 베타 섬 세포를 : Justin M. Gregory, Daniel Jensen Moore, and Jill H. Simmons, "Type 1 Diabetes Mellitus," *Pediatrics in Review* 34, no. 5 (2013): 203–15, doi: 10.1542/pir.34-5-203.

410 2014년 하버드의 더그 멜턴 연구진은 : Douglas Melton, "The Promise of Stem Cell-Derived Islet Replacement Therapy," *Diabetologia* 64 (2021): 1030–36, https://doi.

org/10.1007/s00125-020-05367-2.

410 당시 멜턴의 두 아이가 제1형 : David Ewing Duncan, "Doug Melton: Crossing Boundaries," *Discover* (June 5, 2005), https://www.discovermagazine.com/health/doug-melton-crossing-boundaries.

410 멜턴이 기자에게 한 이야기를 옮기자면 : Karen Weintraub, "The Quest to Cure Diabetes: From Insulin to the Body's Own Cells," *The Price of Health, WBUR* (June 27, 2019), https://www.wbur.org/news/2019/06/27/future-innovation-diabetes-drugs.

411 2014년의 어느 날 저녁 : Gina Kolata, "A Cure for Type 1 Diabetes? For One Man, It Seems to Have Worked," *New York Times* (November 27, 2021), https://www.nytimes.com/2021/11/27/health/diabetes-cure-stem-cells.html.

411 "성숙한 베타 세포에서 발견되는" : Felicia W. Pagliuca et al., "Generation of Functional Human Pancreatic Cells in Vitro," *Cell* 159, no. 2 (2014): 428–39, doi: 10.1016/j.cell.2014.09.040.

411 오하이오 주에 거주하는 57세의 : Kolata, "A Cure for Type 1 Diabetes?"

415 대조적으로 노폐물을 해독하고 처리하는 : John Y. L. Chiang, "Liver Physiology: Metabolism and Detoxification," *Pathobiology of Human Disease*, ed. Linda M. McManus and Richard N. Mitchell (San Diego: Elsevier, 2014), 1770–82, doi:10.1016/B978-0-12-386456-7.04202-7.

416 박쥐가 기적처럼 허공에 가만히 머물러 있는 : Carl Zimmer, *Life's Edge: The Search for What It Means to Be Alive* (New York: Penguin Random House, 2021), 128–37.

제6부

420 "노년은 대량 학살이다" : Philip Roth, *Everyman* (London: Penguin Random House, 2016), 133.

재생하는 세포

421 "그는 태어나느라 바쁜 것이 아니라" : Rachel Kushner, *The Hard Crowd* (New York: Scribner, 2021), 229.

421 줄기세포는 단순히 다른 세포로 : Joe Sornberger, *Dreams and Due Diligence: Till and McCulloch's Stem Cell Discovery and Legacy* (Toronto: University of Toronto Press, 2011), 30–31.

421 1945년 8월 6일 오전 8시 15분경 : Jessie Kratz, "Little Boy: The First Atomic Bomb,"

Pieces of History, National Archives (August 6, 2020), https://prologue.blogs.archives.gov/2020/08/06/little-boy-the-first-atomic-bomb/. See also Katie Serena, "See the Eerie Shadows of Hiroshima That Were Burned into the Ground by the Atomic Bomb," *All That's Interesting* (March 19, 2018), https://allthatsinteresting.com/hiroshima-shadows.

422 "나는 버섯구름, 이 광포한 덩어리를 묘사하려" : George R. Caron and Charlotte E. Meares, *Fire of a Thousand Suns: The George R. "Bob" Caron Story: Tail Gunner of the Enola Gay* (Littleton, CO: Web Publishing, 1995).

422 "생존자들은 자신이 기이한" : Robert Jay Lifton, "On Death and Death Symbolism," *American Scholar* 34, no. 2 (1965): 257–72, https://www.jstor.org/stable/41209276.

422 과학자 어빙 와이스먼과 주디스 시즈루는 : Irving L. Weissman and Judith A. Shizuru, "The Origins of the Identification and Isolation of Hematopoietic Stem Cells, and Their Capability to Induce Donor-Specific Transplantation Tolerance and Treat Autoimmune Diseases," *Blood* 112, no. 9 (2008): 3543–53, doi: 10.1182/blood-2008-08-078220.

423 수필가 신시아 오직은 고대인들이 : Cynthia Ozick, *Metaphor and Memory* (London: Atlantic Books, 2017), 109.

424 1868년 독일의 발생학자 에른스트 헤켈은 : Ernst Haeckel, *Natürliche Schöpfungsgeschichte Gemeinverständliche wissenschaftliche Vorträge über die Entwickelungslehre im Allgemeinen und diejenige von Darwin, Göthe und Lamarck im Besonderen, über die Anwendung derselben auf den Ursprung des Menschen und andern damit zusammenhängende Gründfragen der Natur-Wissenschaft. Mit Tafeln, Holzschnitten, systematischen und genealogischen Tabellen* (Berlin: Berlag von Georg Reimer, 1868). See also Miguel Ramalho-Santos and Holger Willenbring, "On the Origin of the Term 'Stem Cell,'" *Cell* 1, no. 1 (2007): 35–38, https://doi.org/10.1016/j.stem.2007.05.013.

425 1892년 몸에 눈이 하나인 것처럼 보여서 : Valentin Hacker, "Die Kerntheilungsvorgänge bei der Mesoderm-und Entodermbildung von Cyclops," *Archiv für mikroskopische Anatomie* (1892): 556–81, https://www.biodiversitylibrary.org/item/49530#page/7/mode/1up.

425 1890년대 말에 골수를 연구하던 세포학자 : Artur Pappenheim, "Ueber Entwickelung und Ausbildung der Erythroblasten," *Archiv für mikroskopische Anatomie* (1896): 587–643, https://doi.org/10.1007/BF0196990.

425 1896년 생물학자 에드먼드 윌슨은 : Edmund Wilson, *The Cell in Development and Inheritance* (New York: Macmillan, 1897).

426 1900년대 초 "줄기세포"라는 개념이 : Wojciech Zakrzewski et al., "Stem Cells: Past, Present and Future," *Stem Cell Research and Therapy* 10, no. 68 (2019), https://doi.org/10.1186/s13287-019-1165-5.

426 두 사람의 삶과 연구에 대해서는 다음을 참조하라 : Lawrence K. Altman, "Ernest McCulloch, Crucial Figure in Stem Cell Research, Dies at 84," *New York Times* (February 1, 2011), https://www.nytimes.com/2011/02/01/health/research/01mcculloch.html.

426 "토론토 부자 집안"의 자손이었다 : Joe Sornberger, *Dreams and Due Diligence: Till and McCulloch's Stem Cell Discovery and Legacy* (Toronto: University of Toronto Press, 2011). See also Edward Shorter, *Partnership for Excellence: Medicine at the University of Toronto and Academic Hospitals* (Toronto: University of Toronto Press, 2013), 107–14.

428 틸과 매컬러는 연구 결과를 : James E. Till Ernest McCulloch, "A Direct Measurement of the Radiation Sensitivity of Normal Mouse Bone Marrow Cells," *Radiation Research* 14, no. 2 (1961): 213–22, https://tspace.library.utoronto.ca/retrieve/4606/RadRes_1961_14_213.pdf.

428 "당시에는 이런 종류의 연구에" : Sornberger, *Dreams and Due Diligence*, 33.

429 "이 논문은 다른 생물학적" : Ibid.

429 그 발견은 '골수는 블랙박스이다 : Ibid., 38.

430 "그런데 틸과 매컬러는 정반대임을" : Irving Weissman, 저자와의 인터뷰, 2019.

430 틸과 매컬러의 실험에서 영감을 얻은 : Gerald J. Spangrude, Shelly Heimfeld, and Irving L. Weissman, "Purification and Characterization of Mouse Hematopoietic Stem Cells," *Science* 241, no. 4861 (1988): 58–62, doi: 10.1126/science.2898810. See also Hideo Ema et al., "Quantification of Self-Renewal Capacity in Single Hematopoietic Stem Cells from Normal and Lnk-Deficient Mice," *Developmental Cell* 8, no. 6 (2006): 907–14, https://doi.org/10.1016/j.devcel.2005.03.019.

430 와이스먼은 수십 가지 색깔 조합을 : Spangrude, Heimfeld, and Weissman, "Purification and Characterization of Mouse Hematopoietic Stem Cells," 58–62, doi: 10.1126/science.2898810. See also C. M. Baum et al., "Isolation of a Candidate Human Hematopoietic Stem-Cell Population," *Proceedings of the National Academy of*

Sciences of the United States of America 89, no. 7 (1992): 2804–08, doi: 10.1073/ pnas.89.7.2804, and B. Péault, Irving Weissman, and C. Baum, "Analysis of Candidate Human Blood Stem Cells in 'Humanized' Immune-Deficiency SCID Mice," *Leukemia* 7, suppl. 2 (1993): S98–101, https://pubmed.ncbi.nlm.nih.gov/7689676/.

431 1960년대에 오스트레일리아 연구자 : W. Robinson, Donald Metcalf, and T. R. Bradley, "Stimulation by Normal and Leukemic Mouse Sera of Colony Formation in Vitro by Mouse Bone Marrow Cells," *Journal of Cellular Therapy* 69, no. 1 (1967): 83–91, https://doi.org/10.1002/jcp.1040690111. See also E. R. Stanley and Donald Metcalf, "Partial Purification and Some Properties of the Factor in Normal and Leukaemic Human Urine Stimulating Mouse Bone Marrow Colony Growth in Vitro," *Australian Journal of Experimental Biology and Medical Science* 47, no. 4 (1969): 467–83, doi: 10.1038/icb.1969.51.

431 1960년 봄 낸시 로리라는 여섯 살 : Carrie Madren, "First Successful Bone Marrow Transplant Patient Surviving and Thriving at 60," *American Association for the Advancement of Science* (October 2, 2014), https://www.aaas.org/first-successful-bone-marrow-transplant-patient-surviving-and-thriving-60. See also Siddhartha Mukherjee, "The Promise and Price of Cellular Therapies," *Annals of Medicine, New Yorker* (July 15, 2019), https://www.newyorker.com/magazine/2019/07/22/the-promise-and-price-of-cellular-therapies.

432 그때 의료진 중 누군가가 의사이자 : Frederick R. Appelbaum, "Edward Donnall Thomas (1920–2012)," *The Hematologist* 10, no. 1 (January 1, 2013), https://doi. org/10.1182/hem.V10.1.1088.

433 먼저 그는 골수의 기능을 파괴할 만치 : Israel Henig and Tsila Zuckerman, "Hematopoietic Stem Cell Transplantation—50 Years of Evolution and Future Perspectives," *Rambam Maimonides Medical Journal* 5, no. 4 (2014), doi: 10.5041/ RMMJ.10162.

433 1958년 프랑스의 골수 이식 개척자인 : Geoff Watts, "Georges Mathé," *Lancet* 376, no. 9753 (2010): 1640, https://doi.org/10.1016/S0140−6736(10)62088−0. See also Douglas Martin, "Dr. Georges Mathé, Transplant Pioneer, Dies at 88," *New York Times* (October 20, 2010), https://www.nytimes.com/2010/10/21/health/research/21mathe.html.

434 그 뒤로 몇 년에 걸쳐서 토머스는 : Sandi Doughton, "Dr. Alex Fefer, 72, Whose Research Led to First Cancer Vaccine, Dies," *Seattle Times* (October 29, 2010), https://

www.seattletimes.com/seattle-news/obituaries/dr-alex-fefer-72-whose-research-led-to-first-cancer-vaccine-dies/. See also Gabriel Campanario, "At 79, Noted Scientist Still Rows to Work and for Play," *Seattle Times* (August 15, 2014), https://www.seattletimes.com/seattle-news/at-79-noted-scientist-still-rows-to-work-and-for-play/, and Susan Keown, "Inspiring a New Generation of Researchers: Beverly Torok-Storb, Transplant Biologist and Mentor," *Spotlight on Beverly Torok-Storb, Fred Hutch, Fred Hutchinson Cancer Research Center* (July 7, 2014), https://www.fredhutch.org/en/faculty-lab-directory/torok-storb-beverly/torok-storb-spotlight.html?&link=btn.

435 마테가 초기 이식 수술 당시에 발견한 : Marco Mielcarek et al., "CD34 Cell Dose and Chronic Graft-Versus-Host Disease after Human Leukocyte Antigen-Matched Sibling Hematopoietic Stem Cell Transplantation," *Leukemia & Lymphoma* 45, no. 1 (2004): 27–34, doi: 10.1080/1042819031000151103.

435 그러나 백혈병 환자에게 처음으로 : Frederick R. Appelbaum, "Haematopoietic Cell Transplantation as Immunotherapy," *Nature* 411 (2001): 385–89, doi: https://doi.org/10.1038/35077251.

435 내가 애플바움에게 초기의 이식 : Frederick Appelbaum, 저자와의 인터뷰, June 2019.

438 1986년 체르노빌 원자로가 폭발했을 때 : "Anatoly Grishchenko, Pilot at Chernobyl, 53," *New York Times* (July 4, 1990), https://www.nytimes.com/1990/07/04/obituaries/anatoly-grishchenko-pilot-at-chernobyl-53.html. See also Tim Klass, "Chernobyl Helicopter Pilot Getting Bone-Marrow Trans-plant in Seattle," *AP News* (April 13, 1990), https://apnews.com/article/5b6c22bda9eba11ec767dffa5bbb665b.

439 아래층인 허치의 로비에는 : Avichai Shimoni et al., "Long-Term Survival and Late Events after Allogeneic Stem Cell Transplantation from HLAMatched Siblings for Acute Myeloid Leukemia with Myeloablative Compared to Reduced-Intensity Conditioning: A Report on Behalf of the Acute Leukemia Working Party of European Group for Blood and Marrow Transplantation," *Journal of Hematology & Oncology* 9 (2016), https://doi.org/10.1186/s13045-016-0347-1. See also "Acute Myeloid Leukemia (AML)—Adult," *Transplant Indications and Outcomes, Disease-Specific Indications and Outcomes. Be the Match.* National Marrow Donor Program, https://bethematchclinical.org/transplant-indications-and-outcomes/disease-specific-indications-and-outcomes/aml---adult/.

440 1998년 위스콘신에 자리한 영장류 연구센터에서 : Gina Kolata, "Man Who Helped Start Stem Cell War May End It," *New York Times* (November 22, 2007), https://www.

nytimes.com/2007/11/22/science/22stem.html.

441 더 최근의 연구는 특정한 배양 조건에서 : Sophie M. Morgani et al., "Totipotent Embryonic Stem Cells Arise in Ground-State Culture Conditions," *Cell Reports* 3, no. 6 (2013): 1945–57, doi: 10.1016/j.celrep.2013.04.034.

442 톰슨의 논문은 1998년 「사이언스」에 : James A. Thomson et al., "Embryonic Stem Cell Lines Derived from Human Blastocysts," *Science* 282, no. 5391 (1998): 1145–47, doi: 10.1126/science.282.5391.1145.

443 그러나 비판자들, 특히 보수 종파 쪽 : David Cyranoski, "How Human Embryonic Stem Cells Sparked a Revolution," *Nature* (March 20, 2018), https://www.nature.com/articles/d41586-018-03268-4.

443 2001년 조지 W. 부시 대통령은 : Varnee Murugan, "Embryonic Stem Cell Research: A Decade of Debate from Bush to Obama," *Yale Journal of Biology and Medicine* 82, no. 3 (2009): 101–3, https://www.ncbi.nlm.nih.gov/pmc/articles/PMC2744932/#:~:text=On%20August%209%2C%202001%2C%20U.S.,still%20be%20eligible%20for%20funding.

444 2006년 일본 교토에서 연구하던 : Kazutoshi Takahashi and Shinya Yamanaka, "Induction of Pluripotent Stem Cells from Mouse Embryonic and Adult Fibroblast Cultures by Defined Factors," *Cell* 126, no. 4 (2006): 663–76, doi:10.1016/j.cell.2006.07.024. See also Shinya Yamanaka, "The Winding Road to Pluripotency," Nobel Lecture, Sweden, (December 7, 2012), https://www.nobelprize.org/uploads/2018/06/yamanaka-lecture.pdf.

445 "집락이 생겼어요!" : Megan Scudellari, "A Decade of iPS Cells," *Nature* 534 (2016): 310–12, doi: 10.1038/534310a.

445 이 모두가 완전히 발달해서 : M. J. Evans and M. H. Kaufman, "Establishment in Culture of Pluripotential Cells from Mouse Embryos," *Nature* 292 (1981): 154–56, https://doi.org/10.1038/292154a0.

446 2007년 야마나카는 이 기술을 이용해서 : Kazutoshi Takahashi et al., "Induction of Pluripotent Stem Cells from Adult Human Fibroblasts by Defined Factors," *Cell* 131, no. 5 (2007): 861–72, https://doi.org/10.1016/j.cell.2007.11.019.

수선하는 세포
448 부드러움과 녹은 : Ryan, "Tenderness and Rot," *The Best of It*, 232.

450 "목숨과 팔다리를 앗아가는 것이" : Robert Service, "Bonehead Bill," *Canadian Poets, Best Poems Encyclopedia*, https://www.best-poems.net/robert_w_service/bonehead_bill.html.

450 초기 실험에서는 뼈 세포가 만드는 : Sarah C. Moser and Bram C. J. van der Eerden, "Osteocalcin—A Versatile Bone-Derived Hormone," Frontiers in Endocrinology 9 (January 2019): 794, https://doi.org/10.3389/fendo.2018.00794. See also Cassandra R. Diegel et al., "An Osteocalcin-Deficient Mouse Strain Without Endocrine Abnormalities," *PLoS Genetics* 16, no. 5 (2020): e1008361, https://doi.org/10.1371/journal.pgen.1008361, and T. Moriishi et al., "Osteocalcin Is Necessary for the Alignment of Apatite Crystallites, but Not Glucose Metabolism, Testosterone Synthesis, or Muscle Mass," *PLoS Genetics* 16, no. 5 (2020): e1008586, https://doi.org/10.1371/journal.pgen.1008586.

452 골수에는 세포들이 훨씬 더 많다 : Li Ding et al., "Clonal Evolution in Relapsed Acute Myeloid Leukaemia Revealed by Whole-Genome Sequencing," *Nature* 481 (2012): 506–10, https://doi.org/10.1038/nature10738. See also Lei Ding and Sean J. Morrison, "Haematopoietic Stem Cells and Early Lymphoid Progenitors Occupy Distinct Bone Marrow Niches," *Nature* 495, no. 7440 (2013): 231–35, doi: 10.1038/nature11885, and L. M. Calvi et al., "Osteoblastic Cells Regulate the Haematopoietic Stem Cell Niche," *Nature* 425, no. 6960 (2003): 841–46, doi: 10.1038/nature02040.

455 댄은 나, 팀 왕과 공동으로 2015년 : Daniel L. Worthley et al., "Gremlin 1 Identifies a Skeletal Stem Cell with Bone, Cartilage, and Reticular Stromal Potential," *Cell* 160, no. 1–2 (2015): 269–84, doi: 10.1016/j.cell.2014.11.042.

455 같은 시기에 스탠퍼드의 어빙 와이스먼 연구실에 : Charles K. F. Chan et al., "Identification of the Human Skeletal Stem Cell," *Cell* 175, no. 1 (2018): 43–56.e21, doi: 10.1016/j.cell.2018.07.029.

456 그렘린 표지가 붙은 세포와 달리 : Bo O. Zhou et al., "Leptin-Receptor-Expressing Mesenchymal Stromal Cells Represent the Main Source of Bone Formed by Adult Bone Marrow," *Cell Stem Cell* 15, no. 2 (August 2014): 154–68, doi: 10.1016/j.stem.2014.06.008.

459 "마이클슨—몰리 실험이 우리를" : Albrecht Fölsing, *Albert Einstein: A Biography*, trans. Ewald Osers (New York: Penguin Books, 1998), 219.

461 우리는 뼈관절염에 관한 근본적으로 : Ng Jia, Toghrul Jafarov, and Siddhartha

Mukherjee unpublished data.

462 최근에 헨리 크로넨버그 연구진은 성숙한 : Koji Mizuhashi et al., "Resting Zone of the Growth Plate Houses a Unique Class of Skeletal Stem Cells," *Nature* 563 (2018): 254–58, https://doi.org/10.1038/s41586-018-0662-5.

463 "죽음을 맞이할 때 당신은" : Philip Larkin, "The Old Fools," *High Windows* (London: Faber & Faber, 2012).

이기적인 세포

465 화학이나 의학을 전공하지 않은 : William H. Woglom, "General Review of Cancer Therapy," *Approaches to Tumor Chemotherapy*, ed. F. R. Moulton (Washington, DC: American Association for the Advancement of Sciences, 1947), 1–10.

465 암에 대한 대략적인 설명을 다음을 참조하라 : Vincent DeVita, Samuel Hellman, and Steven Rosenberg, *Cancer: Principles & Practice of Oncology*, 2nd ed., ed. Ramaswamy Govindan (Philadelphia: Lippincott Williams & Wilkins, 2012). See also Siddhartha Mukherjee, *The Emperor of All Maladies: A Biography of Cancer* (London: Harper Collins, 2011).

469 승객과 운전자 세포에 대한 설명은 다음을 보라 : K. Anderson et al., "Genetic Variegation of Clonal Architecture and Propagating Cells in Leukaemia," *Nature* 469 (2011): 356–61, https://doi.org/10.1038/nature09650. See also Noemi Andor et al., "Pan-Cancer Analysis of the Extent and Consequences of Intratumor Heterogeneity," *Nature Medicine* 22 (2016): 105–13, https://doi.org/10.1038/nm.3984, and Fabio Vandin, "Computational Methods for Characterizing Cancer Mutational Heterogeneity," *Frontiers in Genetics* 8, no. 83 (2017), doi: 10.3389/fgene.2017.00083.

472 이 유전자—사실은 두 유전자를 융합시키는 돌연변이 : Andrei V. Krivstov et al., "Transformation from Committed Progenitor to Leukaemia Stem Cell Initiated by MLL-AF9," Nature 442, no. 7104 (2006): 818–22, doi: 10.1038/nature04980.

472 2002년 하버드의(지금은 텍사스에 있다) 론 드피뇨 : Robert M. Bachoo et al., "Epidermal Growth Factor Receptor and Ink4a/Arf: Convergent Mechanisms Governing Terminal-Differentiation and Transformation Along the Neural Stem Cell to Astrocyte Axis," Cancer Cell 1, no. 3 (2002): 269–77, doi: 10.1016/s1535-6108(02)00046-6. See also E. C. Holland, "Gliomagenesis: Genetic Alterations and Mouse Models," *Nature Reviews Genetics* 2, no. 2 (2001): 120–29, doi: 10.1038/35052535.

473 딕은 이를 "백혈병 줄기세포"라고 : John E. Dick and Tsvee Lapidot, "Biology of Normal and Acute Myeloid Leukemia Stem Cells," *International Journal of Hematology* 82, no. 5 (2005): 389–96, doi: 10.1532/IJH97.05144.

473 텍사스의 숀 모리슨은 : Elsa Quintana et al., "Efficient Tumor Formation by Single Human Melanoma Cells," *Nature* 456 (2008): 593–98, doi: https://doi.org/10.1038/nature07567.

474 Her–2 양성 유방암에 쓰이는 허셉틴 : Ian Collins and Paul Workman, "New Approaches to Molecular Cancer Therapeutics," *Nature Chemical Biology* 2 (2006): 689–700, doi: https://doi.org/10.1038/nchembio840.

476 그래서 연구자들은 이 개념이 옳은지 : Jay J. H. Park et al., "An Overview of Precision Oncology Basket and Umbrella Trials for Clinicians," *CA: A Cancer Journal for Clinicians* 70, no. 2 (2020): 125–37, https://doi.org/10.3322/caac.21600.

476 2015년에 나온, 이정표가 된 연구에서는 : David M. Hyman et al., "Vemurafenib in Multiple Nonmelanoma Cancers with BRAF V600 Mutations," *New England Journal of Medicine* 373 (2015): 726–36, doi: 10.1056/NEJMoa1502309.

477 배틀–2라는 대규모 임상시험에서도 : Chul Kim and Giuseppe Giaccone, "Lessons Learned from BATTLE-2 in the War on Cancer: The Use of Bayesian Method in Clinical Trial Design," *Annals of Translational Medicine* 4, no. 23 (2016): 466, doi: 10.21037/atm.2016.11.48.

477 "결국 임상시험들은 그 어떤 새로운" : Sawsan Rashdan and David E. Gerber, "Going into BATTLE: Umbrella and Basket Clinical Trials to Accelerate the Study of Biomarker-Based Therapies," *Annals of Translational Medicine* 4, no. 24 (2016): 529, doi: 10.21037/atm.2016.12.57.

477 "알코올 중독자들이 싸구려 독주에 중독된" : Michael B. Yaffe, "The Scientific Drunk and the Lamppost: Massive Sequencing Efforts in Cancer Discovery and Treatment," *Science Signaling* 6, no. 269 (2013): pe13, doi: 10.1126/scisignal.2003684.

478 "교통 정체가 차량의 질병이 아니듯이" : D. W. Smithers and M. D. Cantab, "Cancer: An Attack on Cytologism," *Lancet* 279, no. 7228 (1962): 493–99, https://doi.org/10.1016/S0140-6736(62)91475-7.

479 1920년대에 독일의 생리학자 오토 바르부르크는 : Otto Warburg, K. Posener, and E. Negelein, "The Metabolism of Cancer Cells," *Biochemische Zeitschrift* 152 (1924): 319–44.

479 최근에 랠프 디베라디너스 같은 연구자들은 : Ralph J. DeBerardinis and Navdeep S. Chandel, "We Need to Talk About the Warburg Effect," *Nature Metabolism* 2, no. 2 (2020): 127–29, doi: 10.1038/s42255-020-0172-2.

세포의 노래

482 어느 쪽이 더 좋은지 모르겠어 : Wallace Stevens, "Thirteen Ways of Looking at a Blackbird," *The Collected Poems of Wallace Stevens* (New York: Alfred A. Knopf, 1971), 92–95.

482 "고개를 숙이고 풀죽은 태도로" : Amitav Ghosh, *The Nutmeg's Curse: Parables for a Planet in Crisis* (Chicago: University of Chicago Press, 2021), 96.

485 "세포의 민감한 기관" : Barbara McClintock, "The Significance of Responses of the Genome to Challenge," Nobel Lecture, Sweden (December 8, 1983), https://www.nobelprize.org/uploads/2018/06/mcclintock-lecture.pdf.

487 "작고, 누런 피부, 올빼미 같은" : Carl Ludwig Schleich, *Those Were Good Days: Reminiscences, trans. Bernard Miall* (London: George Allen & Unwin, 1935), 151.

에필로그

491 우리가 덜 인간적일 수 있다면 : Ryan, "The Test We Set Ourselves," *The Best of It*, 66.

491 그러나 나는 또 만들었어 : Walter Shrank, *Battle Cries of Every Size* (Blurb, 2021), 45.

491 "유전적으로 말이야?" : Paul Greengard, 저자와의 인터뷰, February 2019.

493 가즈오 이시구로의 소설들 중에서 : Kazuo Ishiguro, *Never Let Me Go* (London: Faber & Faber, 2009).

493 "각각이 너무나도 세밀하게" : Ibid., 171–72.

494 "작은 도관, 구불거리며 뻗은 힘줄" : Ibid., 171.

494 "『나를 보내지마』의 배경은" : Louis Menand, "Something About Kathy," *New Yorker* (March 28, 2005).

495 메이요 병원의 과학자들은 간 세포를 : Doris A. Taylor et al., "Building a Total Bioartificial Heart: Harnessing Nature to Overcome the Current Hurdles," *Artificial Organs* 42, no. 10 (2018): 970–82, doi: 10.1111/aor.13336.

495 철학자 마이클 샌델은 얼마 동안 : Michael J. Sandel, "The Case Against Perfection," *Atlantic* (April 2004), https://www.theatlantic.com/magazine/archive/2004/04/the-case-against-perfection/302927/.

496 "요청하지 않은 것에 대한 개방성" : Quoted in ibid.

496 "[샌델이] 더 깊이 우려하는 점은" : William Saletan, "Tinkering with Humans," *New York Times* (July 8, 2007), https://www.nytimes.com/2007/07/08/books/review/Saletan.html.

497 "16–25세의 젊은이에게서 채취한" : Luke Darby, "Silicon Valley Doofs Are Spending $8,000 to Inject Themselves with the Blood of Young People," *GQ* (February 20, 2019), https://www.gq.com/story/silicon-valley-young-blood.

498 "유전체 혁명은 일종의 도덕적" : Sandel, "The Case Against Perfection."

500 2019–2021년 여러 연구진들은 : Ornob Alam, "Sickle-Cell Anemia Gene Therapy," *Nature Genetics* 53, no. 8 (2021): 1119, doi: 10.1038/s41588-021-00918-8. See also Arthur Bank, "On the Road to Gene Therapy for Beta -Thalassemia and Sickle Cell Anemia," *Pediatric Hematology and Oncology* 25, no. 1 (2008): 1–4, doi: 10.1080/08880010701773829. G. Lucarelli et al., "Allogeneic Cellular Gene Therapy in Hemoglobinopathies—Evaluation of Hematopoietic SCT in Sickle Cell Anemia," *Bone Marrow Transplantation* 47, no. 2 (2012): 227–30, doi: 10.1038/bmt.2011.79. R. Alami et al., "Anti-Beta S-Ribozyme Reduces Beta S mRNA Levels in Transgenic Mice: Potential Application to the Gene Therapy of Sickle Cell Anemia," *Blood Cells, Molecules and Diseases* 25, no. 2 (1999): 110–19, doi: 10.1006/bcmd.1999.0235. A. Larochelle et al., "Engraftment of Immune-Deficient Mice with Primitive Hematopoietic Cells from Beta-Thalassemia and Sickle Cell Anemia Patients: Implications for Evaluating Human Gene Therapy Protocols," *Human Molecular Genetics* 4, no. 2 (1995): 163–72, doi: 10.1093/hmg/4.2.163. W. Misaki, "Bone Marrow Transplantation (BMT) and Gene Replacement Therapy (GRT) in Sickle Cell Anemia," *Nigerian Journal of Medicine* 17, no. 3 (2008): 251–56, doi: 10.4314/njm.v17i3.37390. Also see Julie Kanter et al., "Biologic and Clinical Efficacy of LentiGlobin for Sickle Cell Disease," *New England Journal of Medicine* 10, no. 1056 (2021), https://www.nejm.org/doi/full/10.1056/NEJMoa2117175.

500 백혈병이 바이러스 때문인지 : Sunita Goyal et al., "Acute Myeloid Leukemia Case after Gene Therapy for Sickle Cell Disease," *New England Journal of Medicine* (2022), https://www.nejm.org/doi/full/10.1056/NEJMoa2109167. See also Nick Paul Taylor, "Bluebird Stops Gene Therapy Trials after 2 Sickle Cell Patients Develop Cancer," *Fierce Biotech* (February 16, 2021), https://www.fiercebiotech.com/biotech/bluebird-

stops-gene-therapy-trials-after-2-sickle-cell-patients-develop-cancer.

501 스튜어트 오킨과 데이비드 윌리엄스는 : Christian Brendel et al., "Lineage-Specific BCL11A Knockdown Circumvents Toxicities and Reverses Sickle Phenotype," *Journal of Clinical Investigation* 126, no. 10 (2016): 3868–78, doi: 10.1172/JCI87885.

501 2021년 발표된 임상시험 자료를 보면 : Erica B. Esrick et al., "Post-Transcriptional Genetic Silencing of BCL11A to Treat Sickle Cell Disease," *New England Journal of Medicine* 384 (2021): 205–15, doi: 10.1056/NEJMoa2029392.

501 스탠퍼드에서 매트 포티어스 연구진은 : Adam C. Wilkinson et al., "Cas9-AAV6 Gene Correction of Beta-Globin in Autologous HSCs Improves Sickle Cell Disease Erythropoiesis in Mice," *Nature Communications* 12, no. 1 (2021): 686, doi: 10.1038/s41467-021-20909-x.

501 포티어스의 전략도 임상시험에 들어갔으며 : Michael Eisenstein, "Graphite Bio: Gene Editing Blood Stem Cells for Sickle Cell Disease," *Nature* (July 7, 2021), https://www.nature.com/articles/d41587-021-00010-w.

참고 문헌

Ackerknecht, Erwin Heinz. *Rudolf Virchow: Doctor, Statesman, Anthropologist*. Madison: University of Wisconsin Press, 1953.

Ackerman, Margaret E., and Falk Nimmerjahn. *Antibody Fc: Linking Adaptive and Innate Immunity*. Amsterdam: Elsevier, 2014.

Addison, William. *Experimental and Practical Researches on Inflammation and on the Origin and Nature of Tubercles of the Lung*. London: J. Churchill, 1843.

Aktipis, Athena. *The Cheating Cell: How Evolution Helps Us Understand and Treat Cancer*. Princeton, NJ: Princeton University Press, 2020.

Alberts, B., A. Johnson, J. Lewis, M. Raff, and K. Roberts. *Molecular Biology of the Cell*. 5th ed. New York: Garland Science, 2002.

Alberts, B., D. Bray, K. Hopkin, A. D. Johnson, J. Lewis, M. Raff, K. Roberts, and P. Walter. *Essential Cell Biology*. 4th ed. New York: Garland Science, 2013.

Appelbaum, Frederick R. *E. Donnall Thomas, 1920–2012*. Biographical Memoirs. National Academy of Sciences online, 2021, http://www.nasonline.org/publications/biographical-memoirs/memoir-pdfs/thomas-e-donnall.pdf.

Aristotle. *De Anima*. Translated by R. D. Hicks. New York: Cosimo Classics, 2008.

———. *On the Soul, Parva Naturalia, On Breath*. Translated by W. S. Hett. London: William Heinemann, 1964. First published 1691.

Aubrey, John. *Aubrey's Brief Lives*. London: Penguin Random House UK, 2016.

Barton, Hazel B., and Rachel J. Whitaker, eds. *Women in Microbiology*. Washington, DC: American Society for Microbiology Press, 2018.

Bazell, Robert. *Her-2: The Making of Herceptin, a Revolutionary Treatment for Breast Cancer*. New York: Random House, 1998.

Biss, Eula. *On Immunity: An Inoculation*. Minneapolis: Graywolf Press, 2014.

Black, Brian. *The Character of the Self in Ancient India: Priests, Kings, and Women in the Early Upanishads.* Albany: State University of New York Press, 2007.

Bliss, Michael. *Banting: A Biography.* Toronto: University of Toronto Press, 1992.

————. *The Discovery of Insulin.* Toronto: McClelland & Stewart, 2021.

Boccaccio, Giovanni. *The Decameron of Giovanni Boccaccio.* Translated by John Payne. Frankfurt, Ger.: Outlook Verlag GmbH, 2020.

Boyd, Byron A. *Rudolf Virchow: The Scientist as Citizen.* New York: Garland, 1991.

Bradbury, S. *The Evolution of the Microscope.* Oxford, UK: Pergamon Press, 1967.

Brasier, Martin. *Secret Chambers: The Inside Story of Cells and Complex Life.* Oxford, UK: Oxford University Press, 2012.

Brivanlou, Ali H., ed. *Human Embryonic Stem Cells in Development.* Cambridge, MA: Academic Press, 2018.

Burnet, Macfarlane. *Self and Not-Self.* London: Cambridge University Press, 1969.

Cajal, Santiago Ramón y. *Recollections of My Life.* Translated by E. Horne Craigie and Juan Cano. Cambridge, MA: MIT Press, 1996.

Camara, Niels Olsen Saraiva, and Tárcio Teodoro Braga, eds. *Macrophages in the Human Body: A Tissue Level Approach.* London: Elsevier Science, 2022.

Campbell, Alisa M. *Monoclonal Antibody Technology: The Production and Characterization of Rodent and Human Hybridomas.* Amsterdam: Elsevier, 1984.

Canetti, Elias. *Crowds and Power.* Translated by Carol Stewart. New York: Continuum, Farrar, Straus and Giroux, 1981.

Carey, Nessa. *The Epigenetics Revolution: How Modern Biology Is Rewriting Our Understanding of Genetics, Disease and Inheritance.* London: Icon Books, 2011.

Caron, George R., and Charlotte E. Meares. *Fire of a Thousand Suns: The George R. "Bob" Caron Story: Tail Gunner of the Enola Gay.* Westminster, CO: Web, 1995.

Carroll, Lewis. *Alice in Wonderland.* London: Penguin Books, 1998.

Chapman, Allan. *England's Leonardo: Robert Hooke and the Seventeenth-Century Scientific Revolution.* Bristol, UK: Institute of Physics Publishing, 2005.

Conner, Clifford D. *A People's History of Science: Miners, Midwives, and "Low Mechanicks."* New York: Nation Books, 2005.

Copernicus, Nicolaus. *On the Revolutions of Heavenly Spheres.* Translated by Charles Glenn Wallis. New York: Prometheus Books, 1995.

Crawford, Dorothy H. *The Invisible Enemy: A Natural History of Viruses.* Oxford, UK:

Oxford University Press, 2002.

Danquah, Michael K., and Ram I. Mahato, eds. *Emerging Trends in Cell and Gene Therapy*. New York: Springer, 2013.

Darwin, Charles. *On the Origin of Species*. Edited by Gillian Beer. Oxford, UK: Oxford University Press, 2008.

Davis, Daniel Michael. *The Compatibility Gene: How Our Bodies Fight Disease, Attract Others, and Define Our Selves*. Oxford, UK: Oxford University Press, 2014.

Dawkins, Richard. *The Selfish Gene*. Oxford, UK: Oxford University Press, 1989.

Dettmer, Philipp. *Immune: A Journey into the Mysterious System That Keeps You Alive*. New York: Random House, 2021.

DeVita, Vincent, Samuel Hellman, and Steven Rosenberg. *Cancer: Principles & Practice of Oncology*. 2nd ed. Edited by Ramaswamy Govindan. Philadelphia: Lippincott Williams & Wilkins, 1985.

Dickinson, Emily. *The Complete Poems of Emily Dickinson. Edited by Thomas H. Johnson*. Boston: Little, Brown, 1960.

Dobson, Mary. *The Story of Medicine: From Leeches to Gene Therapy*. New York: Quercus, 2013.

Döllinger, Ignaz. *Was ist Absonderung und wie geschieht sie?: Eine akademische Abhandlung von Dr. Ignaz Döllinger*. Würzburg, Ger.: Nitribitt, 1819.

Doyle, Arthur Conan. *The Adventures of Sherlock Holmes*. Hertfordshire, UK: Wordsworth, 1996.

Dunn, Leslie. *Rudolf Virchow: Four Lives in One*. Self-published, 2016.

Dunn, Leslie Clarence. *A Short History of Genetics: The Development of Some of the Main Lines of Thought, 1864–1939*. Ames: Iowa State University Press, 1991.

Dyer, Betsey Dexter, and Robert Allan Obar. *Tracing the History of Eukaryotic Cells: The Enigmatic Smile*. New York: Columbia University Press, 1994.

Edwards, Robert Geoffrey, and Patrick Christopher Steptoe. *A Matter of Life: The Story of a Medical Breakthrough*. New York: William Morrow, 1980.

Ehrlich, Paul R. *The Collected Papers of Paul Ehrlich*. Edited by F. Himmelweit, Henry Hallett Dale, and Martha Marquardt. London: Elsevier Science & Technology, 1956.

———. *Collected Studies on Immunity*. New York: John Wiley & Sons, 1906.

Florkin, Marcel. *Papers About Theodor Schwann*. Paris: Liège, 1957.

Frank, Lone. *The Pleasure Shock: The Rise of Deep Brain Stimulation and Its Forgotten Inventor*. New York: Penguin Random House, 2018.

Friedman, Meyer, and Gerald W. Friedland. *Medicine's 10 Greatest Discoveries*. New Haven, CT: Yale University Press, 1998.

Galen. *On the Usefulness of the Parts of the Body*. Translated by Margaret Tallmadge May. Ithaca, NY: Cornell University Press, 1968.

Geison, Gerald L. *The Private Science of Louis Pasteur*. Princeton, NJ: Princeton University Press, 1995.

Ghosh, Amitav. *The Nutmeg's Curse: Parables for a Planet in Crisis*. Chicago: University of Chicago Press, 2021.

Glover, Jonathan. *Choosing Children: Genes, Disability, and Design*. Oxford, UK: Oxford University Press, 2006.

Godfrey, E. L. B. *Dr. Edward Jenner's Discovery of Vaccination*. Philadelphia: Hoeflich & Senseman, 1881.

Goetz, Thomas. *The Remedy: Robert Koch, Arthur Conan Doyle, and the Quest to Cure Tuberculosis*. New York: Gotham Books, 2014.

Goodsell, David S. *The Machinery of Life*. New York: Springer, 2009.

Greely, Henry T. *CRISPR People: The Science and Ethics of Editing Humans*. Cambridge, MA: MIT Press, 2022.

Grmek, Mirko D. *History of AIDS: Emergence and Origin of a Modern Pandemic*. Translated by Russell C. Maulitz and Jacalyn Duffin. Princeton, NJ: Princeton University Press, 1993.

Gupta, Anil. *Understanding Insulin and Insulin Resistance*. Oxford, UK: Elsevier, 2022.

Hakim, Nadey S., and Vassilios E. Papalois, eds. *History of Organ and Cell Transplantation*. London: Imperial College Press, 2003.

Harold, Franklin M. *In Search of Cell History: The Evolution of Life's Building Blocks*. Chicago: University of Chicago Press, 2014.

Harris, Henry. *The Birth of the Cell*. New Haven, CT: Yale University Press, 2000.

Harvey, William. *On the Motion of the Heart and Blood in Animals*. Edited by Jarrett A. Carty. Translated by Robert Willis. Eugene, OR: Resource, 2016.

―――. *The Circulation of the Blood: Two Anatomical Essays*. Translated by Kenneth J. Franklin. Oxford, UK: Blackwell Scientific, 1958.

Henig, Robin Marantz. *Pandora's Baby: How the First Test Tube Babies Sparked the Reproductive Revolution*. Cold Spring Harbor, NY: Cold Spring Harbor Laboratory Press, 2006.

Hirst, Leonard Fabian. *The Conquest of Plague: A Study of the Evolution of Epidemiology*. Oxford, UK: Clarendon Press, 1953.

Ho, Anthony D., and Richard E. Champlin, eds. *Hematopoietic Stem Cell Transplantation*. New York: Marcel Dekker, 2000.

Ho, Mae-Wan. *The Rainbow and the Worm: The Physics of Organisms*. 3rd ed. Hackensack, NJ: World Scientific, 2008.

Hofer, Erhard, and Jürgen Hescheler, eds. *Adult and Pluripotent Stem Cells: Potential for Regenerative Medicine of the Cardiovascular System*. Dordrecht, Neth.: Springer, 2014.

Hooke, Robert. *Microphagia: Or Some Physiological Description of Minute Bodies Made by Magnifying Glasses with Observations and Inquiries Thereupon*. London: Royal Society, 1665.

Howard, John M., and Walter Hess. *History of the Pancreas: Mysteries of a Hidden Organ*. New York: Springer Science+Business Media, 2002.

Ishiguro, Kazuo. *Never Let Me Go*. London: Faber & Faber, 2009.

Jaggi, O. P. *Medicine in India: Modern Period*. Oxford, UK: Oxford University Press, 2000.

Janeway, Charles A., et al. *Immunobiology: The Immune System in Health and Disease*. 5th ed. New York: Garland Science, 2001.

Jauhar, Sandeep. *Heart: A History*. New York: Farrar, Straus and Giroux, 2018.

Jenner, Edward. *On the Origin of the Vaccine Inoculation*. London: G. Elsick, 1863.

Joffe, Stephen N. *Andreas Vesalius: The Making, the Madman, and the Myth*. Bloomington, IN: AuthorHouse, 2014.

Kaufmann, Stefan H. E., Barry T. Rouse, and David Lawrence Sacks, eds. *The Immune Response to Infection*. Washington, DC: ASM Press, 2011.

Kemp, Walter L., Dennis K. Burns, and Travis G. Brown. *The Big Picture: Pathology*. New York: McGraw-Hill, 2008.

Kenny, Anthony. *Ancient Philosophy*. Oxford, UK: Clarendon Press, 2006.

Kettenmann, Helmut, and Bruce R. Ransom, eds. *Neuroglia*. 3rd ed. Oxford, UK:

Oxford University Press, 2013.

Kirksey, Eben. *The Mutant Project: Inside the Global Race to Genetically Modify Humans*. Bristol, UK: Bristol University Press, 2021.

Kitamura, Daisuke, ed. *How the Immune System Recognizes Self and Nonself: Immuno receptors and Their Signaling*. Tokyo: Springer, 2008.

Kitta, Andrea. *Vaccinations and Public Concern in History: Legend, Rumor and Risk Perception*. New York: Routledge, 2012.

Koch, Kenneth. *One Train*. New York: Alfred A. Knopf, 1994.

Koch, Robert. *Essays of Robert Koch*. Edited and translated by Ed. K. Codell Carter. New York: Greenwood Press, 1987.

Kulstad, Ruth. *AIDS: Papers from Science, 1982–1985*. New York: Avalon Books, 1986.

Kushner, Rachel. *The Hard Crowd: Essays, 2000–2020*. New York: Scribner, 2021.

Lagerkvist, Ulf. *Pioneers of Microbiology and the Nobel Prize*. Singapore: World Scientific, 2003.

Lal, Pranay. *Invisible Empire: The Natural History of Viruses*. Haryana, Ind.: Penguin/ Viking, 2021.

Landecker, Hannah. *Culturing Life: How Cells Became Technologies*. Cambridge, MA: Harvard University Press, 2007.

Lane, Nick. *Power, Sex, Suicide: Mitochondria and the Meaning of Life*. Oxford, UK: Oxford University Press, 2005.

————. *The Vital Question: Energy, Evolution, and the Origins of Complex Life*. New York: W. W. Norton, 2015.

Lee, Daniel W., and Nirali N. Shah, eds. *Chimeric Antigen Receptor T-Cell Therapies for Cancer*. Amsterdam: Elsevier, 2020.

Le Fanu, James. *The Rise and Fall of Modern Medicine*. London: Abacus, 2000.

Lewis, Jessica L., ed. *Gene Therapy and Cancer Research Progress*. New York: Nova Biomedical, 2008.

Lostroh, Phoebe. *Molecular and Cellular Biology of Viruses*. New York: Garland Science, 2019.

Lyons, Sherrie L. *From Cells to Organisms: Re-Envisioning Cell Theory*. Toronto: University of Toronto Press, 2020.

Marquardt, Martha. *Paul Ehrlich*. New York: Schuman, 1951.

Maxwell, Robert A., and Shohreh B. Eckhardt. *Drug Discovery: A Casebook and Analysis*. New York: Springer Science+Business Media, 1990.

McCulloch, Ernest A. *The Ontario Cancer Institute: Successes and Reverses at Sherbourne Street*. Montreal: McGill-Queen's University Press, 2003.

McMahon, Lynne, and Averill Curdy, eds. *The Longman Anthology of Poetry*. New York: Pearson/Longman, 2006.

Mickle, Shelley Fraser. *Borrowing Life: How Scientists, Surgeons, and a War Hero Made the First Successful Organ Transplant*. Watertown, MA: Imagine, 2020.

Milo, Ron, and Rob Philips. *Cell Biology by the Numbers*. New York: Taylor & Francis, 2016.

Monod, Jacques. *Chance and Necessity: An Essay on the Natural Philosophy of Modern Biology*. New York: Alfred A. Knopf, 1971.

Morris, Thomas. *The Matter of the Heart: A History of the Heart in Eleven Operations*. London: Bodley Head, 2017.

Mukherjee, Siddhartha. *The Emperor of All Maladies: A Biography of Cancer*. New York: Scribner, 2011.

———. *The Gene: An Intimate History*. New York: Scribner, 2016.

Needham, Joseph. *History of Embryology*. Cambridge, UK: University of Cambridge Press, 1934.

Neel, James V., and William J. Schull, eds. *The Children of Atomic Bomb Survivors: A Genetic Study*. Washington, DC: National Academy Press, 1991.

Newton, Isaac. *The Principia: Mathematical Principles of Natural Philosophy*. Translated by I. Bernard Cohen and Anne Whitman. Oakland: University of California Press, 1999.

Nuland, Sherwin B. *Doctors: The Biography of Medicine*. New York: Random House, 2011.

Nurse, Paul. *What Is Life? Understand Biology in Five Steps*. London: David Fickling Books, 2020.

O'Malley, C. D. *Andreas Vesalius of Brussels, 1514–1564*. Berkeley: University of California Press, 1964.

O'Malley, Charles, and J. B. Saunders, eds. *The Illustrations from the Works of Andreas Vesalius of Brussels*. New York: Dover, 2013.

Ogawa, Yoko. *The Memory Police*. Translated by Stephen Snyder. New York: Pantheon Books, 2019.

Otis, Laura. *Müller's Lab*. Oxford, UK: Oxford University Press, 2007.

Oughterson, Ashley W., and Shields Warren. *Medical Effects of the Atomic Bomb in Japan*. New York: McGraw-Hill, 1956.

Ozick, Cynthia. *Metaphor & Memory*. New York: Random House, 1991.

Perin, Emerson C., et al., eds. *Stem Cell and Gene Therapy for Cardiovascular Disease*. Amsterdam: Elsevier, 2016.

Pelayo, Rosana, ed. *Advances in Hematopoietic Stem Cell Research*. London: Intech Open, 2012.

Pepys, Samuel. *The Diary of Samuel Pepys*. Edited by Henry B. Wheatley. Translated by Mynors Bright. London: George Bell and Sons, 1893. Available at Project Gutenberg, https://www.gutenberg.org/files/4200/4200-h/4200-h.htm.

Pfennig, David W., ed. *Phenotypic Plasticity and Evolution: Causes, Consequences, Controversies*. Boca Raton, FL: CRC Press, 2021.

Playfair, John, and Gregory Bancroft. *Infection and Immunity*. Oxford, UK: Oxford University Press, 2013.

Ponder, B. A. J., and M. J. Waring. *The Genetics of Cancer*. Amsterdam: Springer Science+Business Media, 1995.

Porter, Roy, ed. *The Cambridge History of Medicine*. Cambridge, UK: Cambridge University Press, 2006.

———. *Greatest Benefit to Mankind. A Medical History of Humanity from Antiquity to the Present*. London: HarperCollins, 1999.

Power, D'Arcy. *William Harvey: Masters of Medicine*. London: T. Fisher Unwin, 1897.

Prakash, S., ed. *Artificial Cells, Cell Engineering and Therapy*. Boca Raton, FL: CRC Press, 2007.

Rasko, John, and Carl Power. *Flesh Made New: The Unnatural History and Broken Promise of Stem Cells*. California: ABC Books, 2021.

Raza, Azra. *The First Cell: And the Human Costs of Pursuing Cancer to the Last*. New York: Basic Books, 2019.

Reaven, Gerald, and Ami Laws, eds. *Insulin Resistance: The Metabolic Syndrome X*. Totowa, NJ: Humana Press, 1999.

Redi, Francesco. *Experiments on the Generation of Insects*. Translated by Mab Bigelow. Chicago: Open Court, 1909.

Rees, Anthony R. *The Antibody Molecule: From Antitoxins to Therapeutic Antibodies*. Oxford, UK: Oxford University Press, 2015.

Reynolds, Andrew S. *The Third Lens: Metaphor and the Creation of Modern Cell Biology*. Chicago: University of Chicago Press, 2018.

Ridley, Matt. *Genome: The Autobiography of a Species in 23 Chapters*. London: HarperCollins, 2017.

Robbin, Irving. *Giants of Medicine*. New York: Grosset & Dunlap, 1962.

Robbins, Louise E. *Louis Pasteur: And the Hidden World of Microbes*. New York: Oxford University Press, 2001.

Rogers, Kara, ed. *Blood: Physiology and Circulation*. New York: Britannica Educational, 2011.

Rose, Hilary, and Steven Rose. *Genes, Cells and Brains: The Promethean Promise of the New Biology*. London: Verso, 2014.

Roth, Philip. *Everyman*. London: Penguin Random House, 2016.

Rudisill, Valerie Byrne. *Born with a Bomb: Suddenly Blind from Leber's Hereditary Optic Neuropathy*. Edited by Margie Sabol and Leslie Byrne. Bloomington, IN: AuthorHouse, 2012.

Rushdie, Salman. *Midnight's Children*. Toronto: Alfred A. Knopf, 2010.

Ryan, Kay. *The Best of It: New and Selected Poems*. New York: Grove Press, 2010.

Sandburg, Carl. *Chicago Poems*. New York: Henry Holt, 1916.

Sandel, Michael J. *The Case Against Perfection: Ethics in the Age of Genetic Engineering*. Cambridge, MA: Harvard University Press, 2007.

Schneider, David. *The Invention of Surgery*. New York: Pegasus Books, 2020.

Schwann, Theodor. *Microscopical Researches into the Accordance in the Structure and Growth of Animals and Plants*. Translated by Henry Smith. London: Sydenham Society, 1847.

Sell, Stewart, and Ralph Reisfeld, eds. *Monoclonal Antibodies in Cancer*. Clifton, NJ: Humana Press, 1985.

Semmelweis, Ignaz. *The Etiology, Concept, and Prophylaxis of Childbed Fever*. Edited and translated by K. Codell Carter. Madison: University of Wisconsin Press, 1983.

Shah, Sonia. *Pandemic: Tracking Contagions, from Cholera to Coronaviruses and Beyond*. New York: Sarah Crichton Books, 2016.

Shapin, Steven. *The Scientific Revolution*. Chicago: University of Chicago Press, 2018.

————. *A Social History of Truth: Civility and Science in the Seventeenth Century*. Chicago: University of Chicago Press, 2011.

Shorter, Edward. *Partnership for Excellence: Medicine at the University of Toronto and Academic Hospitals*. Toronto: University of Toronto Press, 2013.

Simmons, John Galbraith. *Doctors & Discoveries: Lives That Created Today's Medicine*. Boston: Houghton Mifflin, 2002.

————. *The Scientific 100: A Ranking of the Most Influential Scientists, Past and Present*. New York: Kensington, 2000.

Skloot, Rebecca. *The Immortal Life of Henrietta Lacks*. London: Macmillan, 2010.

Snow, John. *On the Mode of Communication of Cholera*. London: John Churchill, 1849.

Solomon, Andrew. *Far from the Tree: Parents, Children and the Search for Identity*. New York: Scribner, 2013.

————. *The Noonday Demon: An Atlas of Depression*. New York: Scribner, 2001.

Sornberger, Joe. *Dreams and Due Diligence: Till and McCulloch's Stem Cell Discovery and Legacy*. Toronto: University of Toronto Press, 2011.

Spiegelhalter, David, and Anthony Masters. *Covid by Numbers: Making Sense of the Pandemic with Data*. London: Penguin Books, 2022.

Stephens, Trent, and Rock Brynner. *Dark Remedy: The Impact of Thalidomide and Its Revival as a Vital Medicine*. New York: Basic Books, 2009.

Stevens, Wallace. *Selected Poems: A New Collection*. Edited by John N. Serio. New York: Alfred A. Knopf, 2009.

Styron, William. *Darkness Visible: A Memoir of Madness*. New York: Open Road, 2010.

Swanson, Larry W., et al. *The Beautiful Brain: The Drawings of Santiago Ramón y Cajal*. New York: Abrams, 2017.

Tesarik, Jan, ed. *40 Years After In Vitro Fertilisation: State of the Art and New Challenges*. Newcastle, UK: Cambridge Scholars, 2019.

Thomas, Lewis. *A Long Line of Cells: Collected Essays*. New York: Book of the Month Club, 1990.

————. *The Medusa and the Snail: More Notes of a Biology Watcher*. New York:

Penguin Books, 1995.

Vallery-Radot, René. *The Life of Pasteur*. Vol. 1. Translated by R. L. Devonshire. New York: Doubleday, Page, 1920.

Van den Tweel, Jan G., ed. *Pioneers in Pathology*. New York: Springer, 2017.

Vesalius, Andreas. *The Fabric of the Human Body*. 7 Vols. Vol. 1. Book I. *The Bones and Cartilages*. Translated by William Frank Richardson and John Burd Carman. San Francisco: Norman, 1998.

Virchow, Rudolf. *Cellular Pathology as Based upon Physiological and Pathological Histology: Twenty Lectures Delivered in the Pathological Institute of Berlin During the Months of February, March, and April, 1858*. Translated by Frank Chance. London: John Churchill, 1860.

———. *Disease, Life and Man: Selected Essays*. Translated by Lelland J. Rather. Stanford, CA: Stanford University Press, 1938.

Wadman, Meredith. *The Vaccine Race: How Scientists Used Human Cells to Combat Killer Viruses*. London: Black Swan, 2017.

Wapner, Jessica. *The Philadelphia Chromosome: A Genetic Mystery, a Lethal Cancer, and the Improbable Invention of Life-Saving Treatment*. New York: The Experiment, 2014.

Wassenaar, Trudy M. *Bacteria: The Benign, the Bad, and the Beautiful*. Hoboken, NJ: Wiley-Blackwell, 2012.

Watson, James D., Andrew Berry, and Kevin Davies. *DNA: The Secret of Life*. London: Arrow Books, 2017.

Watson, Ronald Ross, and Sherma Zibadi, eds. *Lifestyle in Heart Health and Disease*. London: Elsevier, 2018.

Wellmann, Janina. *The Form of Becoming: Embryology and the Epistemology of Rhythm, 1760–1830*. Translated by Kate Sturge. New York: Zone Books, 2017.

Whitman, Walt. *Leaves of Grass: Comprising All the Poems Written by Walt Whitman*. New York: Modern Library, 1892.

Wiestler, Otmar D., Bernhard Haendler, and D. Mumberg, eds. *Cancer Stem Cells: Novel Concepts and Prospects for Tumor Therapy*. New York: Springer, 2007.

Wilson, Edmund. *The Cell in Development and Inheritance*. New York: Macmillan, 1897.

Wilson, Edward O. *Letters to a Young Scientist*. New York: Liveright, 2013.

Wolpert, Lewis. *How We Live and Why We Die: The Secret Lives of Cells*. London: Faber and Faber, 2009.

Wurtzel, Elizabeth. *Prozac Nation*. New York: Houghton Mifflin, 1994.

Yong, Ed. *I Contain Multitudes: The Microbes Within Us and a Grander View of Life*. London: Bodley Head, 2016.

Yount, Lisa. *Antoni van Leeuwenhoek: Genius Discoverer of Microscopic Life*. Berkeley, CA: Enslow, 2015.

Zernicka-Goetz, Magdalena, and Roger Highfield. *The Dance of Life: Symmetry, Cells and How We Become Human*. London: Penguin Books, 2020.

Zhe-Sheng Chen, et al., eds. *Targeted Cancer Therapies, from Small Molecules to Antibodies*. Lausanne, Switz.: Frontiers Media, 2020.

Zimmer, Carl. *Life's Edge: The Search for What It Means to Be Alive*. New York: Penguin Random House, 2021.

———. *A Planet of Viruses*. Chicago: University of Chicago Press, 2015.

Žižek, Slavoj. *Pandemic! COVID-19 Shakes the World*. London: Polity Books, 2020.

이미지 출처

본문 내부 이미지

3쪽 : Walther Flemming, "Contributions to the Knowledge of the Cell and Its Vital Processes," *Journal of Cell Biology* 25, no. 1 (April 1, 1965): 3–69, https://doi.org/10.1083/jcb.25.1.3.

44쪽 : © Royal Academy of Arts, London. Photographer: John Hammond

51쪽, a : Sarin Images/The Granger Collection

51쪽, b : Division of Medicine and Science, National Museum of American History, Smithsonian Institution

54쪽, 위 : Courtesy of Dr. Lesley Robertson, Delft School of Microbiology at Delft University of Technology

54쪽, 아래 : Universal History Archive/Getty Images

57쪽 : *Micrographia: or some physiological descriptions of minute bodies made by magnifying glasses. With observations and inquiries thereupon*, by R. Hooke. Wellcome Collection. Attribution 4.0 International (CC BY 4.0)

58쪽 : *Micrographia: or some physiological descriptions of minute bodies made by magnifying glasses. With observations and inquiries thereupon*, by R. Hooke. Wellcome Collection Attribution 4.0 International (CC BY 4.0)

80쪽 : *Archiv für Pathologische Anatomie und Physiologie*, 1847, first issue. Wikimedia Commons, CC BY 1.0

90쪽 : The anthrax bacillus: ten examples, as seen through a microscope. Colour photograph, ca. 1948, after A. Assmann, ca. 1876, after R. Koch and F. Cohn, ca. 1876. Wellcome Collection. Attribution 4.0 International (CC BY 4.0)

96쪽 : On the mode of communication of cholera, by John Snow. Wellcome Collection. Public Domain Mark

113쪽 : Don W. Fawcett/Science Source

123쪽 : Courtesy of the author

126쪽, a : Don W. Fawcett/Science Source

126쪽, b : Courtesy of the author

141쪽 : Adapted from Walther Flemming, CC0. Anderson et al. eLife 2019;8:e46962. DOI: https://doi.org/10.7554/eLife.46962

186쪽 : "Experimental Evolution of Multicellularity," William C. Ratcliff, R. Ford Denison, Mark Borrello, Michael Travisano, *Proceedings of the National Academy of Sciences* 109, no. 5 (January 2012): 1595–1600; DOI: 10.1073/pnas.1115323109. Courtesy of Michael Travisano, PhD

196쪽 : Courtesy of the author

225쪽 : Source: Julius Bizzozero, "Ueber einen neuen Formbestandtheil des Blutes und dessen Rolle bei der Thrombose und der Blutgerinnung," *Archiv für pathologische Anatomie und Physiologie und für klinische Medicin* 90, no. 2 (1882): 261–332.

254쪽 : *Proceedings of the Royal Society of London*. Wellcome Collection. Attribution 4.0 International (CC BY 4.0)

254쪽 : Courtesy of the author

354쪽 : *Exercitatio anatomica de motu cordis et sanguinis in animalibus*, by Guilielmi Harvei. Wellcome Collection. Public Domain Mark

372쪽 : Courtesy of Instituto Cajal del Consejo Superior de Investigaciones Científicas, Madrid, © 2022 CSIC

392쪽 : Example of Deep Brain Stimulation Lead Location and Patient-Specific Volume of Tissue Activated (VTA) Used for Tractography Maps from K. S. Choi, P. Rivia-Posse, R. E. Gross et al., "Mapping the 'Depression Switch' During Intraoperative Testing of Subcallosal Cingulate Deep Brain Stimulation," *JAMA Neurology* 72, no. 11 (2015): 1252–60. Courtesy of Dr. Ki Sueng Choi

402쪽 : Ed Reschke/Getty Images

460쪽 : Courtesy of the author

39, 109, 205, 327, 345, 419쪽 : Kiki Smith

화보

1. Emily Whitehead Foundation

2. National Library of Medicine

3. Rijksmuseum http://hdl.handle.net/10934/RM0001.COLLECT.46995

4. GL Archive/Alamy Stock Photo

5. Photo by ADN/picture alliance via Getty Images

6. Courtesy of The Rockefeller Archive Center

7. Photo by Central Press/Hulton Archive/Getty Images

8. Photo by Anthony Wallace/AFP via Getty Images

9. Science Source

10. Leonard Mccombe/The LIFE Picture Collection/Shutterstock

11. AP Photo/Bob Schutz

12. National Archives (111-SC-192575-S)

13. Portrait of Paul Ehrlich and Sahachiro Hata. Wellcome Collection. Attribution 4.0 International (CC BY 4.0)

14. Photo by Gerard Julien/AFP via Getty Images

15. Courtesy of Instituto Cajal del Consejo Superior de Investigaciones Científicas, Madrid, © 2022 CSIC

16. The Thomas Fisher Rare Book Library, University of Toronto

17. Peter Foley/EPA/Shutterstock

18. REUTERS/Anthony P. Bolante/Alamy Stock Photo

역자 후기

원고를 교정하다가 문득 어릴 때의 일이 하나 생각났다. 버스를 타고 가던 중이었는데 누군가가 올라타자, 조금 달콤한 듯하면서도 시큼하기도 하고 어떤 음식이나 과일의 냄새나 향기라고 콕 찍어 말하기가 어려운 묘한 냄새가 풍겼다. 돌아보니 키가 작고 바짝 마르고 얼굴이 누렇게 뜬 어른에게서 나는 듯했다.

처음 맡아보는 냄새이자 그 뒤로도 거의 맡아본 적이 없었기에 기억에 남기는 했지만 그러려니 했는데, 이제와 생각하니 그 어른이 아마도 당뇨병을 앓던 것이 아니었을까 하는 생각이 든다. 가난했던 시절이라 아마 인슐린 주사를 제대로 맞지 못했던 것이 아닐까?

이 책을 읽고 있자면 지난날 스쳐가면서 접했던 그런 일화들이 문득문득 떠오르고는 한다. 겉으로 드러나거나 드러나지 않은 병을 앓고 있던 숱한 사람들. 그냥 스쳐 지나가는 낯선 사람일 때도 있었고, 가까운 사람일 때도 있었다. 그리고 언젠가는 남들의 눈에 내가 그렇게 보일 수도 있다.

저자는 그런 사례들을 특유의 잔잔한 어조로 이야기하면서, 그런 질병들이 우리 몸과 더 나아가 생명의 기본 단위인 세포와 어떻게 관련이 있는지를 하나하나 짚어간다. 그리고 몸이 어떤 세포들로 이루어져 있고 각 세포가 어떤 역할을 하는지를 이야기한다.

즉 이 책의 주제는 세포이다. 세포를 다룬 책은 많이 나와 있다. 그런데 이 책의 다른 점은 세포의 정상적인 활동에만 초점을 맞추고 있지 않다는

579

것이다. 저자는 세포의 정상적인 기능에 문제가 생겼을 때, 정상적인 생리가 병리가 될 때 어떤 일이 일어나는지도 상세히 다루고 있다. 세포를 중심으로 생물학과 의학 양쪽을 다 살펴본다.

그렇기에 세포의 질병을 이기려는 이들의 노력도 다각도로 살펴본다. 의사와 연구자만이 아니다. 저자의 시선은 환자와 가족, 간호사에게도 향한다. 그러면서 감염 질환, 당뇨병, 백혈병 같은 세포 병리를 해결하기 위해서 사람들이 어떤 희생을 겪고 노력을 해왔는지를 애정 어린 시선으로 이야기한다.

또 질병을 치료하려면 세포에 뭐가 문제가 생긴 것인지 알아야 하며, 세포와 그 소기관의 구조와 기능과 활동 양상을 깊이 파헤쳐야 한다. 거꾸로 그런 지식을 토대로 질병을 치료하고 몸을 회복시킬 수 있다면, 그 지식을 강화하고 증폭하는 쪽으로 활용하려는 유혹도 생기기 마련이다. 세포와 기관의 기능과 능력을 증진시키고, 건강과 수명을 늘리는 쪽으로 말이다.

이 책은 그렇게 지식 강화와 신체 강화 양쪽으로 인류가 어떤 노력을 해왔는지도 이야기한다. 문제를 해결했다고 확신했을 때 또다른 문제가 터져 나오면서 좌절을 겪고는 하는 이야기, 타고난 자연 상태의 몸이 아니라 인공적으로 약물이나 유전자나 세포를 써서 많든 적든 몸을 바꿔온 신인류의 이야기도 들려준다. 듣고 있다 보면 우리의 지식에 얼마나 균열이 많은지, 그리고 우리가 자신의 세포를 바꾸려는 욕망을 알게 모르게 얼마나 드러내고 추구해왔는지를 깨닫는다. 그리고 세포가 생물의 기본 단위라는 말에 얼마나 많은 의미가 함축되어 있는지도 실감할 수 있을 것이다.

2023년 겨울
이한음

인명 색인

하르트수커 Hartsoeker, Nicolaas 70

하비 Harvey, William 191, 212-214, 352-355

하타 사하치로 秦佐八郎 101

하트웰 Hartwell, Lee 146-147, 149-151, 155, 164, 466

해리스 Harris, Henry 17, 59

핸디사이드 Handyside, Alan 169

허젠버그(렌과 리어노어) Herzenberg, Len and Leonore 430

허젠쿠이 "JK" 賀建奎 "JK" 167, 173, 175, 177, 179, 182, 234, 301, 491

헉슬리 Huxley, Andrew 368-370, 372-373

(윌리엄)헌터 Hunter, William 78

(존)헌터 Hunter, John 78, 452

헌트 Hunt, Tim 147-151, 155, 164-165, 466

헤로필로스 Herophilos 398

헤르트비히 Hertwig, Oscar 141-142

헤커 Häcker, Valentin 425

헤켈 Haeckel, Ernst 424-425

호르바트 Horvath, Philippe 171

호르터르 Gorter, Evert 113-114

호지킨 Hodgkin, Alan 367-370, 372-373

(모리츠)호프만 Hoffman, Moritz 399-400

(율레스)호프만 Hoffman, Jules 247

(펠릭스)호프만 Hoffman, Felix 230

혼조 다스쿠 本庶佑 323-324, 329, 480

홀데인 Haldane, J. B. S. 128

홉스 Hobbs, Helen 229

화이트헤드 Whitehead, Emily 23, 26, 30, 35, 38, 436, 480, 492

훅 Hooke, Robert 55-61, 64, 70-71, 104, 121, 291, 483

휘네펠트 Hünefeld, Friedrich 214

휘터 Hütter, Gero 301

휴슨 Hewson, William 213-214